|增訂第二版|

國境管理與國土安全

柯雨瑞 主編
許義寶、高佩珊、蔡政杰、王寬弘、黃文志、林盈君、江世雄
陳明傳、洪銘德、游智偉、柯雨瑞、曾麗文、黃翠紋、吳冠杰 著

五南圖書出版公司 印行

推薦序

警察大學犯罪防治研究所攻讀博士學程，讓我深深體會理論必須要有實務的驗證，才不至於空中樓閣；實務也必須要有學理的支撐，才能做的周延完備。本書的作者群大多來自中央警察大學，教學與研究過程中，始終與實務界保有一定的互動，有關專業論述均能貼近實務的思維，希望未來能予專精「國土安全及邊境管理」的讀者們，帶來有效的幫助及無限的啟發。

海洋委員會海巡署署長

陳國恩 推薦

2020.06

推薦序

本巨著內我國國土安全祖師爺中央警察大學國境警察學系暨研究所兼任教授陳明傳，於第八章國土安全之相關定義及體系運作前言提到，國土安全為2001年美國遭受911恐怖攻擊之後，迅速發展而成一個研究之新學門、新領域。美國政府2003年成立國土安全部，並以國土安全的名義發布了一系列總統指令。2005年8月29日卡崔娜颶風（Hurricane Katrina）侵襲紐奧良，9月1日紐奧良出現了無政府狀態的混亂局面，便擴大了國土安全的概念，將其包括了重大災害、重大突發公共衛生事件以及其他威脅美國經濟、法治和政府運作的事件。

我國行政院處務規程第7條第12款明訂，行政院設國土安全辦公室，分二科辦事。第18條規定，國土安全辦公室掌理下列事項之政策研議、法案審查、計畫核議及業務督導：

一、反恐基本方針、政策、業務計畫及工作計畫。

二、反恐相關法規。

三、配合國家安全系統職掌之反恐事項。

四、本院與所屬機關（構）反恐演習及訓練。

五、反恐資訊之蒐整研析及相關預防整備。

六、各部會反恐預警、通報機制及應變計畫之執行。

七、反恐應變機制之啟動及相關應變機制之協調聯繫。

八、反恐國際交流及合作。

九、國土安全政策會報。

十、其他有關反恐業務事項。

行政院國土安全政策會報設置及作業要點第1點第2項規定，前項所稱國土安全，指為預防及因應各種重大人為危安事件或恐怖活動所造成之危害，維護與恢復國家正常運作及人民安定生活。

從上述資料，美國的國土安全為反恐及救災；我國的國土安全好像只有反恐。惟近年來洗錢防制法、資恐防制法、資通安全管理法、國家資通安全戰略報告相繼制定、修正、公布，亦列入警察特考、移民特考之考試範圍，惟市面上之國土安全專書，內容仍係反恐及救災。

當我看到本巨著的目錄，很佩服中央警察大學國境警察學系及研究所許義寶教授兼系主任，倡議、帶領警大國境系教授團隊：陳明傳教授、柯雨瑞教授、王寬弘警監教官、黃翠紋教授、高佩珊副教授、江世雄副教授、游智偉副教授、黃文志助理教授、林盈君助理教授、洪銘德博士、吳冠杰講師、曾麗文博士、蔡政杰隊長，含其本人共14位國境管理、移民政策及國土安全領域的專家、學者，貢獻彼等在相關領域的專精，提供兼具理論與實務的論著。要準備移民特考、警察特考、升官等考試及相關研究所入學考試的考生有福了，本書出版後，有此一書，就不必為國土安全之用書，到處蒐集資料了。

我國國土安全還有一位祖師爺，即中央警察大學國境警察學系教授兼恐怖主義研究中心主任汪毓瑋，未能參與本巨著團隊，甚為可惜。

前移民署署長
何榮村 推薦
2020.06.20

推薦序

C.I.Q.S.（Customs, Immigration, Quarantine, Security）為國家主權的象徵；海關主管物流，移民署掌管人流，在新冠疫情中，突顯檢疫部門的重要性，負責安檢的航警、海巡、保三總隊等單位亦有其不可替代的功能。這些組織分別在國境管理、人口移動管理、維護國土安全、防制恐怖主義等層面，扮演重要角色，凡此為國境系所一貫強調的研究重點，歷年來累積成果豐碩，本書之集成付梓，即其成果之一。

在本書中，許義寶主任從法的觀點，對國境管理之入出國境證照查驗，防止不法危害，有全面的表述。王寬弘老師對國境物流管理之機場安檢，有周全的論述。

在全球化趨勢下人口流動十分頻繁，美國畢竟是移民的最大國度，非法移民數量也居首位，高佩珊教授深具國際觀，論述美國移民政策及管理機制上的問題與川普總統作為，可作為人流管理之借鏡。蔡政杰老師則對非法移民有詳盡論述。

就國土安全而言，涉及國家安全、國防安全，資通安全，陳明傳教授全般闡述美國國土安全現況、策略和體系運作，另有專章談論緊急事件之管理，不失為泰斗身分。洪銘德、游智偉教授共同介紹我國國土安全公私協力體系；國軍救災及民間支援體系現況與發展。柯雨瑞、曾麗文兩位老師對數位資訊與國土安全相關之理論，以及在5G趨勢下華為與我國資通安全之關聯性加以探討，相當實際。柯、曾加黃翠紋教授，對我國八大關鍵基礎設施（能源、水資源、通訊傳播、交通、銀行與金融、緊急救援與醫院、重要政府機關及高科技園區）之保護機制現況論述周全。柯、黃和吳冠杰3位老師論述國際災害防救機制，對我國有相當的啟示作用。

近年來恐怖主義攻擊事件頻傳，各國政府對防範恐怖主義及打擊手段極為重視，本書第五到七章，對反恐課題有不同角度的論述。黃文志教授以其對組織犯罪的了解，闡述兩者匯合之類型，包括毒品、人口販運，武器、古物走私，智慧財產犯罪，綁架勒贖，資源剝削。林盈君教授用心探討外國恐怖主義組織近年發展，以及聯合國全球反恐戰略。江世雄教授對國際打擊恐怖主義犯罪之措施、困境與回應對策也有充分的表述。

本人忝為教授與從事移民實務多年，深知大學為國家的智庫，學術研究是國家發展的張本，警察大學國境系所師資十分優秀，在系主任許義寶教授帶領之下，多數教席發揮專長，撰寫上述相關論述，彙集成「國境管理與國土安全」專書，交由五南書局出版，嘉惠各方，深值推薦。

內政部移民署前副署長

吳學燕　誌

2020.07.01

推薦序

國境管理向來是國家安全維護的重要一環，透過人員入出境管理、貨物進出口申報管制與安全檢查、動植物與人員流行性傳染病入境檢疫等移民／海關／檢疫（ICQ）作為，國家得以有效行使主權、確保國土安全與維護國家利益。近年以來，在跨國組織犯罪遏阻成效不彰、國際恐怖活動防制對策侷限以及新興傳染病健康威脅方興未艾的衝擊與影響下，各國國境管理之政策規劃、機制調整與工作執行，正面臨改革壓力，亟待創新之倡議與作為，以有效面對當前挑戰。

另方面，國土安全可以說是21世紀才正式出現的新安全概念，其內容應明顯有別於冷戰時期以軍事、外交與經濟為主的傳統國家安全；對於美國而言，國土安全初期聚焦境內反恐，卡崔娜颶風後，乃兼顧災防應變，隨安全情勢趨緩，納入國境管理、移民執法、跨國犯罪防制、網路安全、關鍵基礎設施保護、防災韌力等綜合性任務，乃構成當前美國版本的國土安全概念與制度發展。對於台灣而言，國土安全早期從應變體系整合與備援體系建構著手，繼而兼掌反恐、防災以及相關國境安全工作，如今，則是災防、反恐、網路安全等政策與工作，分由不同機制負責，再加上向來獨立運作之流行病防治機制，致使台灣的國土安全制度乃呈現出體系分裂、四足分立狀態，是否能夠有效因應先後或同時涉及天災、人禍、網路與流行疾病等複合性災害襲擊事件與情勢，實值得深思與謀劃對策。

如今，中央警察大學國境警察學系為針對國境管理與國土安全相關議題，進行更新與深入的問題研析與對策探討，乃集結該系專兼任教授，並邀約外事警察學系、公共安全學系、行政警察學系以及犯罪防治等多位系所教授，共同完成本書。事實上，多年以來，國境系教授們以個人或多人合作方式，已然出版十餘本相關學術論著，包括：「全球化下之國境執法」、「國土安全導論」、「國土安全專論」、「國境執法」、「國土安全與移民政策」、「恐怖主義威脅與反恐政策與作為」、「移民理論與移民行政」等，不僅提供政府相關單位作為政策修訂、機制調整與工作精進之重要參考，同時亦可豐富教學內容，有助於學生學習。本書的完成，實乃更加充實有關國境管理與國土安全的研究成果，深值肯定與敬佩。

在此，謹向國境系系主任許教授義寶以及負責編著工作的柯教授雨瑞致謝，給我提早拜讀此書的機會，獲益良多，同時也感佩他們兩位以及參與撰述之教授同仁們對於學術研究的投入與成果，相信本書的問世，應能讓外界更加認識與提升國境管理與國土安全研究的內涵及地位。

佛光大學公共事務學系
張中勇 教授
2020.06.18

推薦序

個人於民國88年，有幸至中央警察大學國境警察學系服務，並於民國90年接任中央警察大學國境警察學系系主任一職，前後擔任系主任共約六年時間。此期間發行了「國境警察學報」創刊號，並與國立臺灣海洋大學海洋法律研究所締結為姐妹系所，舉辦多場次之校內外學術研討會及成立「移民研究中心」。因此個人與中央警察大學國境警察學系的老師們、我國國境執法之專業警察幹部教育及學術研究有著深厚不解之緣。之後，在因緣際會之下，個人調至內政部入出國及移民署服務，先後擔任入出國及移民署副署長及署長等職務，期間仍積極地與中央警察大學國境警察學系加強移民學術與實務之合作，在個人之多方努力、協調之下，促成中央警察大學國境警察學系另外再成立非常專業之移民事務組。

美國於2001年發生了舉世震驚的911恐怖攻擊後，「國境管理」與「國土安全」已被高度重視及重新定義，亦即「資安即國安」的「數位國土」的新概念，業已取代了往昔之思維模式。時序進入2020年以來，隨著資訊科技的廣泛被應用，各國之關鍵基礎設施均與應用資訊系統進行密切之結合，由於對資訊科技的高度依賴，造成源自網路區域空間的資訊戰爭及數位恐怖攻擊，已足以破壞我國社會安定並威脅國土安全。

由許義寶教授兼系主任、陳明傳教授、王寬弘警監教官、黃翠紋教授、柯雨瑞教授、高佩珊副教授、江世雄副教授、游智偉副教授、黃文志助理教授、林盈君助理教授、洪銘德博士、蔡政杰隊長、吳冠杰講師、曾麗文博士等學者專家，共同合著之《國境管理與國土安全》一書，本書之主要撰寫目的，乃欲從2020年之新思維，進而建構新世紀之國境管理與國土安全之機制，期望我國成為世界上之強國與富國。本書共計分為二篇，第一篇為國境管理篇，本篇包括了國境管理概說；移民安全機制之體系、現況、困境與對策；因應非法移民涉及恐怖主義作為；國境物流管理之安全檢查；聯合國因應恐怖主義與組織犯罪匯合之情勢分析；恐怖主義組織與其威脅趨勢；國際打擊恐怖主義犯罪之措施及困境與回應對策；另外，第二篇則為國土安全篇，本篇包括了國土安全之相關定義及體系運作；國土安全與國軍救災及民間支援之體系、困境與對策；數位（資訊）國土安全理論與實務；保護關鍵基礎設施結構之機制、困境與對策；緊急事件管理與我國災害防救機制之體系及對策；國際災害防救機制等章別。本書二個篇章分別精闢地講述了國境管理與國土安全的新定義、新思維、現況、困境與對策。

個人承蒙本書之主編、吾之好友、昔日同事雨瑞教授之積極、熱情邀請，為本書推薦作序，本人經由拜讀後，獲益頗多，遂將讀後心得分享。本書乃為國內新世紀之國境管理與國土安全之前導研究、專門學術著作及相關研究之重要參考文獻。本書作者，分別在國境管理與國土安全之學術研究與實務工作上，均具備有多年實務經驗及學術領域上之豐富研究成果。本書藉由作者之共同智慧，結合理論、實務的研究，相信定能對我國的國境管理與國土安全之相關研究與實務工作，有著相當程度之重大貢獻、助益；且本書所展現之多元新論點，內容深入，所提之建議，頗具參考價值。相信本書亦為相關研究所及國家考試，不可或缺的參考書籍，因此特別向讀者們推薦。

內政部移民署前署長

謝立功 於國立臺灣海洋大學

2020.06.23

二版序

在面對全球化的浪潮下，不論是國家、非政府組織及個人，在國際社會中，都扮演著重要的角色，國際社會之間人流、物流、金流、資訊流的頻密互動，對於提升國家經濟及繁榮確實有正面助益，但也可能為政府及人民帶來一些負面的效應，諸如：人流往來，可能產生非法移民、偷渡的問題；物流交易可能出現走私的問題； 金流匯兌可能涉及跨國組織犯罪、洗錢、資助恐怖等的問題；國家、非政府組織及個人間資訊流之互通，則有資通安全的疑慮，每一個層面的問題，都會對於國內國家安全、軍事安全、國土安全、社會治安造成極大的影響，因此，要如何落實國境管理與維護國土安全，應是國家政府與人民需要正視的重大議題。

國土安全的威脅來自於境外及境內，為了將可能的危害阻絕於境外，國境線上的安全管理作為、措施，就變得相當重要，本書即以國土安全及國境管理為核心，分別從恐怖主義、組織犯罪、非法移民、關鍵基礎設施、資通安全及災防機制等多個面向，深入探討國際社會及國家政府面對相關問題時的處理機制及因應對策，期能作為我國政府施政與執法的借鏡，以強化我國國土安全及國境管理之成效，藉以提升我國防衛國土安全的能量。

本書自2020年7月初版迄今亦逾三年，這三年來國際局勢變化相當大，如2019年末COVID-19新冠肺炎疫情蔓延全球，使得各國對於國境人流管理都作出相關的應變作為；2022年2月俄烏戰爭正式爆發，至今還在持續中，亦產生不少國際移民與難民的問題；除了國際議題外，國內的國境、移民相關法令，亦作了相當大幅度的修正，如人口販運防制法於2023年6月14日修正公布全文47條；入出國及移民法於2023年6月28日修正公布51條條文、增訂5條條文、刪除8條條文及第七章章名；在國家資通安全戰略報告之部分，於2021年，國家安全會議國家資通安全辦公室公布新版之國家資通安全戰略報告——資安即國安2.0。不論是國際局勢的變遷，或是國內法令的修正，均與本書國境管理與國土安全的主題息息相關，所以本書之內容也必須跟隨時事修正，並再版之。

本書除了適合提供學界及實務界人士作為教科書及工具書以外，更是考生在準備移民特考、警察特考、升官等考試及相關研究所入學考試時，不可或缺的參考書。亦希望透過各界對於本書的推廣，讓更多的人可以關注國境管理與國土安全的議題，並投入研究，能為國家社會作出更多、更具體的貢獻。

最後，非常感謝五南圖書公司之相關人員，諸如：發行人楊榮川先生、總經理楊士清先生、總編輯楊秀麗小姐、副總編輯劉靜芬小姐、責任編輯林佳瑩小姐、封面設計陳亭瑋小姐、校對編輯吳肇恩小姐等人之大力協助，本書始能正式出版，在本書之撰寫、出版、再版過程中，本書作者們之一致性看法，咸認為五南圖書公司之上述團隊群，結合專業、熱誠、對學術的高度熱愛與堅持，令人動容，是我們學習之榜樣、標竿與典範，在此，特別向五南圖書公司之上述團隊群，致上非常崇高、萬分的謝意與敬意。

柯雨瑞、蔡政杰 謹誌

2023年7月19日於中央警察大學國境警察學系

自序

在面對全球化的浪潮下，不論是國家、非政府組織及個人，在國際社會中，都扮演著重要的角色，國際社會之間人流、物流、金流、資訊流的頻密互動，對於提升國家經濟及繁榮確實有正面助益，但也可能為政府及人民帶來一些負面的效應，諸如：人流往來可能產生非法移民、偷渡的問題；物流交易可能出現走私的問題；金流匯兌可能涉及跨國組織犯罪的問題；國家、非政府組織及個人間資訊流之互通，則有資通安全的疑慮，每一個層面的問題，都會對於國內社會治安造成極大的影響，因此，要如何落實國境管理與維護國土安全，應是國家政府需要正視的重大議題。

國土安全的威脅多來自於境外，為了將可能的危害阻絕於境外，國境線上的安全管理作為、措施，就變得相當重要，本書即以國土安全及國境管理為核心，分別從恐怖主義、組織犯罪、非法移民、關鍵基礎設施、資通安全及災防機制等多個面向，深入探討國際社會及國家政府面對相關問題時的處理機制及因應對策，期能作為我國政府的借鏡，以強化我國國境管理，藉以提升我國防衛國土安全的能量。

本書之緣起、發想，主要是由中央警察大學國境警察學系及研究所之許義寶教授兼系主任，於2018年之系務會議中，加以積極地倡議、帶領，本案並責由本人主其事，負責主編本書。並由國境管理、移民及國土安全領域的專家、學者共同撰寫之，作者群包含：許義寶教授、陳明傳教授、王寬弘警監教官、黃翠紋教授、高佩珊副教授、江世雄副教授、游智偉副教授、黃文志助理教授、林盈君助理教授、洪銘德博士、吳冠杰講師、曾麗文博士、蔡政杰隊長及本人等人，每一位作者在相關領域都有所專精，所撰之文章內容，更是兼具理論與實務，亦感謝每一作者的辛勞參與，共同關心並參與研討國境管理及國土安全的過去、現在與未來，所發生、面臨的種種問題及提出可行之解決對策。

本書除了適合提供學界及實務界人士作為教科書及工具書以外，更是考生在準備移民特考、警察特考、升官等考試及相關研究所入學考試時，不可或缺的參考書。也希望透過各界對於本書的推廣，讓更多的人可以關注國境管理與國土安全的議題，並投入研究，能為國家社會作出更多、更具體的貢獻。

最後，非常感謝五南圖書公司之相關人員，諸如：發行人楊榮川先生、總經理楊士清先生、總編輯楊秀麗小姐、副總編輯劉靜芬小姐、責任編輯林佳瑩小姐、封面設計王麗娟小姐、校對編輯吳肇恩小姐等人之大力協助，本書始能正式出版，在本書之撰寫、出版過程中，本書作者們之一致性看法，咸認為五南圖書公司之上述團隊群，結合專業、熱誠、對學術的高度熱愛與堅持，令人動容，是我們學習之榜樣、標竿，在此，特別向五南圖書公司之上述團隊群，致上非常崇高、萬分的謝意與敬意。

柯雨瑞、蔡政杰　謹誌

2020年6月15日於中央警察大學國境警察學系

目錄

第一篇

國境管理

第一章

國境管理概說——法規範的觀點

許義寶

第一節　前言

國家入出境管理對象，分成人與物之管理；人的部分主要又以外國人爲主[1]。因屬本國國民者，依憲法第10條所保障之「居住遷徙自由」精神，原則上出入我國，並不須要受到事先之許可。由於我國政治、歷史背景等原因，國家之名稱與定位，尙未處於完全一致的看法，間接的影響我國國家領土、國民範圍之界定問題。依此所衍生在入出境管理的人的對象中，人民分成：一、在台灣地區設有戶籍國民；二、在台灣地區未設有戶籍國民；三、大陸地區人民；四、外國人等，分別有不同之法規範。

現代之國境管理，亦涉及國土安全考量之面向。國土安全在爲保護國家之內部安全，有別於傳統之國防安全。對於恐怖主義活動之威脅，國家須事先規劃及預防，以避免國內遭受重大不測之破壞。國境安全因地緣關係，極容易有不法之人、物進到我國。因此，國家在各項行政措施、流程必須有效的預防可能之危害。國境安全包括四大領域：人流管理、跨境犯罪防制、國家關稅、預防檢疫。本四大主管機關須有明確、周延之執法計畫與依據，始得維護我國國境之安全[2]。

我國爲海島型國家，人民經常出入國、外國人進入我國從事各類投資、商務、工作、觀光之活動。依憲法第10條規定人民有居住、遷徙之自由，其旨在保障人民有自由設定住居所、遷徙、旅行，包括入出國境之權利。人民爲構成國家要素之一，從而國家不得將國民排斥於國家疆域之

1　相關日文文獻，請參考豐田透譯（2016），外国人の入国及び滞在並びに庇護権に関する法典（抄），特集国と社会の安全と安定，外国の立法：立法情報・翻訳・解說（267），頁95-124。法務省入国管理局企画官室（2005），国際化の潮流，外国人の入国・在留の現状と出入国管理行政の展望——第三次出入国管理基本計画の概要，自治体国際化フォ-ラム，第192期，頁16-18。

2　相關文獻，請參考卓忠宏（2016），移民與安全：歐盟移民政策分析，全球政治評論，第56期，頁47-73。蔡明星（2011），美國國土安全與人權，主計月刊，第662期，頁23-26。

外。惟為維護國家安全及社會秩序，人民入出境之權利，並非不得限制。近來我國法治、人權均有所發展，惟在入出國管理案例上之問題，仍有待探討入出境權利問題，以增進對國境法規之認識。

主權國家在國際社會中，擁有對外獨立及對內最高之權力；國家主權之事務，不容其他國家干預；國家之主權，來自於國民，國民為國家之核心。但在現代立憲主義國家，各權力之運作，均須受到憲法原則之支配，方不致於權力之行使，有所偏差，危害國家全體之利益。我國亦為主權獨立之國家，依據憲法體制，我國屬五權憲法之國家，國家各機關權力分由五個主要機關行使。有關入出境管理之機關，依其性質，屬行政機關之任務，依法定職權，目前主要由內政部移民署負責。

第二節　國境管理之概念

壹、國境管理是國家主權行為

國家主權為多義的概念，一般以下述三種不同的意義來說明：一、主權就是國家權力本身，即國家統治權；二、主權就是國家權力屬性的最高獨立性，即對內最高，對外獨立；三、主權就是有關國政的最高決定[3]。於民主法治國家，國家權力的正當性來自於國民的同意。國民主權乃委託於具有民主合法性的政府實施。公務員為全民服務，亦屬國民主權之落實。以國民主權的觀點，國家權力之實行莫不源於國民全體之付託，故所有國家權力之運作皆須為全體人民之利益而為[4]。

國家對國內外國人之管轄權，基於地主國同意特定外國人進入其領土後，根據國際法之共同接受原則，處於一國境內之外國人，應受到地主

3　蘆部信喜著，李鴻禧譯（1995），憲法，月旦法律叢書3，台北：元照出版社，頁62-63。

4　李惠宗（1998），憲法精義，台北：敦煌書局，頁52-53。

國之管轄，係基於「屬地管轄原則」（the principle of territoriality），外國人進入一國境後，即必須遵守地主國之法律與命令。而各國根據主權行使管轄權，其對外國人之待遇其他國家原則上無權置喙。從國際法角度觀察，此際地主國對其領土內之一切人民行使主權，而外國人原屬母國政府之「屬人管轄」（personal jurisdiction）遭到排除。因爲外國人必須服從地主國之法律，是以除非條約另有規定者外，地主國對外國人擁有相當大之斟酌決定權[5]。

依國際慣例之相互遵守上，因國家之間皆有交往權。相對地，任何一個國家皆有開放與他國交往之義務。基此，任何國家皆不得任意全面阻絕外國人入國。但是，各國得自由訂定入國的條件及方式，且得基於合理的理由，禁止特定個人或團體的入國。各國並無給予外國人永久居留的義務。惟有些學者認爲，一個國家若領土廣大而人口稀少，則應收納外國移民，否則即有權利濫用之嫌。

如准許外國人入國後，各國固然得決定外國人得停留之期間，但各國不得任意驅逐外國人出國，應在有合理理由情形，始得執行。在國際法上，國家驅逐外國人出國，實踐中常用的理由如下：一、有危害居留地國的安全與秩序，例如：從事不法政治活動、罹患傳染病、不良之生活型態；二、侮辱居留地國；三、危害及侮辱其他國家；四、在居留地國或其他國家中有犯罪行爲；五、有害居留地國之經濟秩序，例如：行乞、流浪、生活沒有著落；六、違法居留。

有關外國人的生存權問題，以在日本之非法居留外國人而言，因種族、宗教、文化歧見原因，其人權及生存權受到侵害由來已久，依法律制度要解決此問題，有實際上困難。在1980年代後半期，日本勞動制度修改成不聘僱單純勞動外國人，改以研修制度、技能實習制度（資格）來代替。原居住在日本工作之外國人，形成逾期居留之非法外國人，法律對其

---

5 姜皇池（1999），論外國人之憲法權利——從國際法觀點檢視，憲政時代，第25卷第1期，頁137。

之生活保障、加入國民健康保險，加以排除[6]，致形成一社會問題。

主權獨立國家，對於相關人員入出境及安全管理事項，具有絕對、完全的自主性及管轄權，政府決不允許主權、安全自主性及管轄權遭到侵犯，此一立場從未有所改變。有關兩岸之間的交流，中國大陸人士赴金從事小三通交流活動，陸方人員之申請案多次活動包括經貿交流、金門自中國大陸引水以及海漂垃圾防治等交流活動，也有從事藝文和旅遊的推廣活動，均依據中華民國憲法、臺灣地區與大陸地區人民關係條例（以下簡稱兩岸關係條例）及其他相關法律處理兩岸事務[7]。

貳、出國自由與限制

一、出國管理之措施

人民有出國之自由法理上如參考日本憲法法理，即日本國民有「往外國之出國自由」與「放棄國籍自由」，爲日本憲法第22條第2項明定。此權利應不限於經濟方面，在精神方面自由，亦應被包括。國民之出國自由，應包括經濟及精神二部分而言，如只著重其中之一，從被規範之客體——國民之立場解釋，經濟自由與精神自由，應屬相同。個人出國目的，有行爲自由性之本質，在管理政策上除考量本國國民之自由出國外，亦應兼具顧慮外國人之出國自由問題[8]。依國際法規範，國家應保障人民

6　吉成勝男（2002），非正規滯在外國人における生存權保障の實態，法學セミナ—，第566期，頁42。

7　行政院大陸委員會網頁（2017）。國境安全管理是主權行爲，媒體報導「陸方維安做到金門」偏離事實，政府嚴正駁斥。https://www.mac.gov.tw/News_Content.aspx?n=05B73310C5C3A632&sms=1A40B00E4C745211&s=ACB88633A36968B2。瀏覽日期：2020年2月17日。

8　相關日文文獻，請參考高坂晶子（2019），改正入管法の施行に向けて～問題点と求められる対応～，日本總研。https://www.jri.co.jp/MediaLibrary/file/report/researchfocus/pdf/10880.pdf。瀏覽日期：2020年2月28日。

基本權利，並依國家主權發展而定，部分之行政措施，仍得對外國人權利予以限制。在日本憲法解釋上，外國人與本國國民間出國之權利，不必然應受到同等之保障[9]。

爲確實掌握從本國出國的本國人、外國人資料，以有效管理出入國，一般國家，對個別人民、外國人出國事實，均加以查驗確認（入出國管理及難民認定法第25條之2）。本項規定，並不實質限制外國人出國。在執行上，出國確認的對象，排除船員，因其與船舶進出（國）一致，鑑於船員出入國次數頻繁，規定依特別的管理方法搭乘船舶的船員等有關資料，船長有報告的義務。

外國人出國的法律效果，有其在本國居留期間的居留資格及居留期間或特殊入國的許可，歸於消滅。惟已受再入國許可的外國人出國，如依再入國許可的期間，再入國，原來居留資格及居留期間，可以繼續有效[10]。對此，外國人必須接受出國確認。前述課予外國人出國，必須接受入國審查官之出國確認義務。如違反本項，並有罰則之規定[11]。

二、一般權利之保障

人權之保障範圍，通說及判例均認爲及於外國人。日本憲法所規定之人權條款，亦及於所有之人，因人權性質爲先於國家所存在之權利。國家憲法上，所採取保障外國人人權之方式，除注意本國人之利益外，亦應兼顧考量國際間之互惠原則。因此，在解釋上認爲外國人，當然亦應被包括於人權保障之範圍內。但具體之外國人法律地位，在國內之個別具體法律上，並不能要求一切與本國人完全平等，國家仍得依外國人特性，在實定

---

9 清水睦（1979），基本的人權の指標，現代法學選書7，東京：勁草書房，頁206-207。

10 板中英德、齋藤利（1997），新版出入国管理及び難民認定法逐條解說，東京：日本加除出版株式會社，頁527。

11 相關文獻，請參考高橋済（2016），我が国の出入国管理及び難民認定法の沿革に関する一考察，中央ロー・ジャーナル，第12巻第4期，頁63-117。

法上劃分其適用及有關規定[12]。因此，通說上認爲人權之具體項目，外國人之具體適用，須依人權之性質而個別檢討[13]。

在管理外國人入出國之政策上，應注意外國人之出入國自由之問題，其範圍至少有以下三個層次：（一）在個人人權上：個人有在國內及往國外遷徙之自由權利。此須考量國際上慣例，因此原則上，不得任意限制外國人自由出國；（二）人權之主體：以國家爲例，本國國民及外國人，均應爲人權之主體。外國人人權問題上，國家決定其是否有自由出入國權利前，應不能只侷限於本國利益單方面之考量，在國際上涉及他國之主權及利益等，亦須注意。個人之出入國自由，已屬超國家憲法範圍，達到國際間組織之保障所規定之保障人權範圍；（三）出入國管理性質：出國爲有一定目的之自本國離去，其行爲自由，應有實質之自由性，亦稱形式上自由。

三、國家管轄權

1948年12月聯合國《世界人權宣言》，其中基本人權[14]之賦予均視爲人類天賦權利。但就政治權利而言，對外國人有差別待遇是可以接受的；

---

12 如依我國入出國及移民法規定，入國居留之外國人有捺印指紋、隨身攜帶護照、居留證等義務。

13 依日本判例情形，一般認爲外國人應享有憲法第三章所規定之基本人權。憲法學說上亦肯定外國人應適用一般之人權規定。但在適用個別情況時，不只重視對待之合理，另國際上之慣例亦應考量。荻野芳夫（1981），外國人の法的地位，公法研究，第43號，日本公法學會，東京：有斐閣，頁33-34。

14 人性尊嚴保障人的基本權利，其保障主體乃是人類，不問本國人或外國人。只要人類的生命存在，即享有人性的尊嚴，而不是以該主體是否認識此一尊嚴並自已維護其尊嚴爲必要。在行政程序上，人性尊嚴的保障也要求人民不得單純作爲行政程序的客體，亦即原則上也應給予法律上聽審的機會，使行政程序透明化與民主化，以避免錯誤，提高行政品質。防止行政濫用權力，減少突襲性決定，並保護人民之權利。陳清秀（1997），憲法上人性尊嚴，現代國家與憲法，李鴻禧教授六秩華誕祝賀論文集，台北：月旦出版社，頁97-104。

或者至少不被禁止。《世界人權宣言》第2條第二部分明示「不得因人所隸屬國家或地區地位之不同而有所區別」，但是並無助於政治權。因此，其僅指於國家或地區之地位，並未提及個人的地位。人權宣言即已暗指「公民身分」可以作爲特別對待或差別待遇之基礎[15]。

1953年《歐洲人權公約》則對外國人之權利有更進一步的限制。第16條不僅免除簽署國賦予外國人投票權，且允許限制外國人之表意自由，以及集會結社自由[16]。因政治參與權利爲本國主權之根本，限制外國人的政治參與權，爲確保本國主權之所必要。

人民基本權利之保障中，基本權利之主體核心部分，係所有自然人，包括本國人及外國人，就所涉及之基本權利，若從入出境觀點言，最值得一提的是平等權、遷徙自由及庇護權。外國人在他國公法上之法律地位，國際法以條約、慣例、一般法律原則、判例、學說及國際組織決議方式爲之[17]。因此，基於外國人之基本人權、國際慣例，及國家與國家間之來往，對外國人在國內之活動應有限度予以保障，一般平等權及自由權，應與我國國民受到同樣之保障。因此在限制外國人出境依據上，至少須符合法律保留原則。

參、護照與簽證之管理

爲加強護照防僞功能，我國發行晶片護照，採取以下重點措施：一、防範護照遭變造及冒用。晶片護照因爲植入晶片，儲存持照人基本資料及臉部特徵，一經寫入即無法更改，並以電子簽章加密保護，大幅提升

---

15 在許多移民國家內，有關外國人的政治權，即有許多爭論。如在德國與瑞典之憲法本文中「人民」一詞，存有爭議，其可意謂永久居住人口——居住於該國人民——因此，不僅包含本國公民，亦包含擁有永久居權者。參閱刁仁國節譯（1994），外國人的民權，新知譯粹，第9卷第6期，中央警察大學，彙編第四輯法律及其他類，頁192。

16 同前註，頁193。

17 李震山（1995），論德國關於難民之入出境管理法制——以處理請求政治庇護者及戰爭難民爲例，中央警官學校國境警察學系論文研討會「難民問題」論文集，頁54。

護照安全性，不法人士縱使取得遺失護照，極難破解電子簽章，杜絕晶片資料遭篡改之可能；二、便利國人國內外通關。我國及其他世界主要先進國家陸續依國際規範建置自動查驗通關閘門，便於國人享有快速便捷通關服務；三、與國際標準接軌。發行晶片護照已成爲國際趨勢，我國爲全球第六十個發行晶片護照國家，其設計係遵循國際民航組織（ICAO）規範，並經相關國際相容性及通用性之測試及肯定；四、配合國際反恐作爲。美國911事件發生後，主要國家均已陸續發行晶片護照，以杜絕恐怖分子變造或冒用護照情事。我身爲國際社會一分子，自當配合國際社會反恐訴求，發行晶片護照[18]。

要求首次申請護照者須親辦，以強化護照安全。爲提升我國護照安全及公信力爲避免護照遭不法人士冒辦，保障個人資料安全，以維護民眾權益，並爭取更多國家給予我國人免簽證待遇，自100年7月1日起推動「首次申請護照親辦」措施，即全面實施首次申請護照者，須親自至本局或外交部中部、南部、東部或雲嘉南辦事處申請護照[19]。

有關簽證服務，繼104年底已有158個國家地區給予我國免簽、落地簽證及電子簽證等便利簽證待遇後，近期之具體成效包括：一、適時檢討免簽證及落地簽證政策實施之成效爲促進與澳大利亞間旅遊、文化與經貿交流，延長試辦予澳大利亞國民來台商旅觀光免簽證；二、修訂「亞太經濟合作商務旅行卡發行作業要點」持續擴大APEC商務旅行卡（ABTC）機制，外交部已擴大商務旅行卡適用對象，並鼓勵我企業人士多加利用商務卡前往APEC會員體洽商，以享受免簽證及快速通關之便利，節省申請簽證之成本及時間，進而提升我企業國際競爭力；三、東南亞外籍勞工居留簽證申請者按捺指紋機制：101年10月15日起全面實施「東南亞四國

---

[18] 外交部領事事務局爲民服務白皮書（2016），頁23-24。

[19] 全國户政事務所人別確認針對首次申辦護照民眾，自103年7月1日起可至全國任一户政事務所辦理人別確認後，即可委任代理人（如申請人之親屬、同學、交通部觀光局核准之綜合或甲種旅行業等）辦理護照。外交部領事事務局爲民服務白皮書（2016），頁23-24。

外籍勞工居留簽證申請者按捺指紋機制」，並自102年起將指紋檔案交換予內政部移民署供比對查驗，以進一步強化維護國境安全及提升行政效率等[20]。

近年來發生滯台藏人取得我國國籍並在台設籍後，因申請其海外親屬來台，始查獲其原藏族身分資料與國人身分不符，當事人旋透過人權團體等管道訴諸人道、家庭等考量，請求我政府再予特准其親屬來台；另亦有該類藏族國人取得我國籍及護照後轉赴加拿大逾停，再改以藏族身分向加國政府請求庇護之情事，類似案例高達近30件，其中亦有加國政府查獲後要求我駐處協助遣返之例，滯台藏族人士顯係以取得我國籍作爲前往第三國之跳板。爲避免海外藏族有心人士心存僥倖，於設法取得簽證來台後蓄意滯留，並一再陳請援例辦理，不利未來我駐外館處之簽證審核及我國境管理，建請由內政部修法刪除前開條文，並以研訂「難民法」爲正辦（立法院第8屆第8會期第11次會議議案關係文書、第9屆第1會期第14次會議議案關係文書、公報第105卷第77期院會紀錄參照）。足見滯台藏族人士居留問題，並非僅止於個案人道、家庭因素之考量，尙須兼顧對我國整體人口及移民政策、簽證審核及國境管理等公益之影響[21]。

有關國境安全與開放免簽政策，近來我國行政院召開跨部會會議，討論如何促進台灣觀光，包括外交部領務局、內政部移民署與交通部觀光局等單位。包括如何強化國內觀光旅遊、國際行銷、是否加開航機航班、開拓新南向國家跟北邊的日、韓、俄遊客來台觀光等議題。至於越南與印尼來台遊客是否開放免簽或鬆綁簽證措施，會在配合國境安全的前提下開放[22]。

---

20 「電子簽證」（eVisa）計畫：爲朝國際旅行安全文件e化發展之趨勢、配合推動吸引更多觀光客來台及簡化外籍菁英旅客來台手續、爭取各國互惠改善對我國人簽證待遇，於104年年底建置完成「電子簽證」系統，並自105年1月12日起正式實施。外交部領事事務局爲民服務白皮書（2016），頁29-31。

21 台北高等行政法院109年度訴字第87號判決。

22 中央社（2019），越南印尼是否免簽，國境安全前提下開放。

適用免簽證情況，如持用緊急或臨時護照者（美國國民除外）應向我駐外館處申請簽證或於抵達台灣時申請落地簽證。回程機（船）票或次一目的地之機（船）票及有效簽證。其機（船）票應訂妥離境日期班（航）次之機（船）位。經中華民國入出國機場或港口查驗單位查無不良紀錄[23]。

對邦交國給予免簽待遇方面，從發展歷程來看，國人之所以能「走出去」，獲得100多個國家或地區給予免簽證待遇，在於台灣表現出的公民素質，以及護照的信用度，獲得國際肯定；至於外籍人士來台，目前政府僅開放60個國家或地區。相較之下，對於政府這一年多迅速開放的免簽證國家，是否也都具同樣的國際信用，恐有商榷之處。就國境安全而言，簽證具重要把關作用，尤其國際上越來越重視反恐措施，部分開放免簽的對象，是否容易僞造護照入台？有些國家與台灣所得差距甚大，是否會滯台衍生經濟或社會問題？這些層面須先有嚴謹的國安評估。讓他國人士來台領略台灣之美，從內需的觀光及消費，乃至提高國際互動的可能等，固然重要，但國境安全是根本，如無平衡作法，恐難帶來交流的正面能量[24]。

肆、國境安全管理之重點

一、入出國查驗

基於政治及歷史因素，我國國境管制法規，依照人員身分之不同，於入出國及移民法、兩岸關係條例及香港澳門關係條例設有相關規定，其中兩岸關係條例及港澳條例適用對象特定，分別係規範台灣地區與大陸地區間人民、港澳居民，而入出國及移民法原僅適用於中華民國國民（包括居住台灣地區設有戶籍國民及臺灣地區無戶籍國民）、外國人、無國籍

---

23 免簽證。外交部領事事務局網頁。https://www.boca.gov.tw/cp-10-4485-149c7-1.html。瀏覽日期：2023年7月13日。

24 自由電子報（2017），對邦交國給予免簽待遇。

人，嗣該法於96年間修正，將移民署職權行使對象（第63條）、入出國查驗時之暫時留置（第64條）、停留、居留或定居申請案件之面談實施（第65條）、查察登記（第71條）等規定適用於大陸地區人民及港澳居民，於100年12月9日修正施行時，又配合國家安全法第3條、第6條第1項規定之刪除，將禁止出國（第21條第4項）、未經許可入國或受禁止出國處分而出國之處罰（第74條）等規定，擴大納入大陸地區人民及港澳居民為該法之規範對象[25]。

在國境管理上，入出國及移民法第18條第1項第3款規定，外國人有冒用護照或持用冒領之護照之情形，入出國及移民署即「得」禁止其入國。核此等規定之規範意旨，固然有將原本屬於主權統治作用下，對領土國境管理高度自由裁量的事項，藉由所列事由，羈束被告關於外國人得否入國之行政決定免於恣意的用意，以提高外國人入境我國個案行政決定的可預測性。然而，鑑於外國人在憲法的上位階規範上、或以國際人權法的國際明文標準，都不享有當然得以入境我國的自由或權利，且依入出國及移民法第18條第1項文義之規範方式，僅針對國境管理機關的裁量作業，以客觀法的形式，指明其裁量的標準，而非積極賦予外國人除有入出國及移民法第18條第1項各款限制情形外，即得入境我國的權利，參照其立法理由，也明揭得禁止外國人入國之條件。綜合而言，入出國及移民法第18條第1項之規定，確有規範被告應依該條項規定而為國境管理裁量的客觀法性質，對於諸如原告之外國人入境我國主觀期待的實現，雖可提高行政的可預測性，但僅僅由該規定本身，尚難反面推導出該主觀期待已有由法律擔保並賦予主觀公權利的地位，使外國人倘不符合境管機關依該條項規定裁量而得予限制之情形者，就當然享有得以入境我國的主觀公權利[26]。

內政部移民署國境事務大隊職司我國各機場、港口旅客入出國境之安全管理工作，駐點分布於松山、桃園、台中、嘉義、台南、高雄、台東、花蓮、金門及澎湖等10座機場，以及基隆、台北、台中、麥寮、布袋、安

---

25 台北高等行政法院109年度訴字第1242號判決。

26 台北高等行政法院109年度訴字第492號判決。

平、高雄、花蓮、和平、蘇澳、澎湖馬公、金門水頭及料羅、馬祖福澳及白沙等15座港口。主要任務係執行旅客證照查驗，防止不法人士持用僞（變）造及冒領（用）護照非法闖關偷渡，以維護國境安全[27]。

二、國境資訊科技運用

爲強化國境安全管理，移民署已建置「航前旅客資訊系統」（Advanced Passenger Information System, APIS）與「航前旅客審查系統」（Advanced Passenger Processing System, APPS），將國境防線延伸至航班抵達前，有效事前篩濾入、出及過境之管制對象，俾供預作防範與處理。另自104年8月1日起於全國各主要入出境機場港口全面實施外來人口個人生物特徵（臉部特徵與指紋）之錄存及比對作業，以避免外來人口冒用他人身分入出國。復於105年1月4日啓用「僞變造護照辨識比對系統」，建立各國護照樣本庫，可協助比對護照細部防僞特徵、強化新進人員辨識僞變造護照能力，使驗照藏於無形，兼顧服務品質。

爲提供國人及具居留身分之外來人口（具永久居留身分或具居留身分且取得多次重入國許可證者）便捷的通關服務，本署運用臉部與指紋生物特徵辨識技術，建置「自動查驗通關系統e-Gate」，旅客只需事前申請註冊即可使用，通關時間僅需12秒，同時亦爲便捷外來旅客通關效率，節省出境查驗人力，105年9月於高雄國際機場啓用外來人口出境快速查驗閘門，提升外籍旅客出國通關效率。爲使自動通關服務更具友善，移民署在108年整合目前自動查驗通關系統功能，籌建國人及外籍旅客共用之第三代自動查驗通關系統。移民署透過前揭國境資訊系統之建置，可提升整體旅客通關服務品質，並有效防堵不法於國境線上，使企圖持用假照闖關之不法分子無所遁形。

27 移民署網頁。國境安全管理。https://www.immigration.gov.tw/5385/5388/7175/126014/。瀏覽日期：2020年2月17日。

三、國境通關服務

爲方便經常來台之外來人士查驗通關，本署設有專屬快速查驗通關櫃檯，提供由經濟部推薦或一年來台3次以上之外籍商務人士（常客證）、持亞太商務旅行卡、學術及商務旅行卡、梅花卡、國際人才白金卡及就業金卡旅客，使用專檯查驗通關；另爲配合行政院照顧弱勢民眾之政策方針，針對嬰幼兒、年長或行動不便者，設有「行動不便與攜帶嬰幼兒」專檯，讓旅客享受便捷通關之餘，亦同時感受政府溫馨、便民之貼心服務。

四、國境人蛇查緝

爲加強查緝人蛇利用我國過境轉機偷渡其他國家的不法行爲，針對往來美國、加拿大、日本、澳洲及歐洲等國之過境班機，規劃於候機室及過境室等場所實施查察作爲，發現可疑旅客立即盤查與核對身分，以防杜轉機偷渡[28]。

曾發生偷渡的案例，移民署表示2016年11月22日晚間移民官於桃園機場執行人蛇查緝勤務時，發現M男獨自端坐於候機室內，由於其衣著簡便，身背登山背包，手持平板電腦，僞裝成時下流行的背包客，加上皮膚白皙、五官輪廓深邃，實在很難由外觀發現與美、加國民有何不同。但移民官盤查旅客過程中，發現M男不諳英語，且說話口音特殊，形跡可疑，乃上前表明身分要求查核護照，發現護照內黏貼的是僞造加拿大簽證，也讓該男子加拿大「移民夢」破滅。該男稱自己在喬治亞擔任公司經理，但因薪水不多，想到加拿大找朋友接濟，尋求更好的發展機會，所以特別到土耳其伊斯坦堡以2,000歐元代價向人蛇集團購得僞造加拿大簽證一張，自馬來西亞來台轉機偷渡。準備以此入境加拿大，未料在桃園機場轉機時卻栽在我國移民官手中，全案將依違反入出國及移民法遣返來台前的啓程地[29]。

---

[28] 同前註。

[29] 自由時報（2016），桃機過境偷渡客讓人嘖嘖稱奇的巧合。

第三節　入出國境之證照查驗與物品檢查

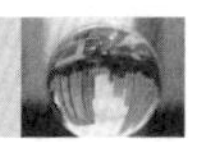

壹、入出國境之意義

一、入出國

入出國管理者，係指針對入出一國國境之人、物（包括貨物及交通工具）所施行措施之總稱。所謂「國境」，可因自然環境及人爲設施，分爲陸境、水境、空境，一般所稱邊境者，大都被理解爲一國地理上之外緣，事實上，任何得以進入一國主權範圍之點或線，皆屬國境範圍，除邊境外尚包括商港、漁港、機場（空港）[30]。

「查驗」與「入出國」爲法律規範之二個分別要件；「出國」與「入國」爲相對概念，即所謂前往國外領域（領海、領空）的意思。法律規範外國人出國的程序要件，除確認該人身分外，另須該人有出國的意思始能構成。「國外」的領域爲本國主權所不及的地區（陸地），除外國政府所管轄之土地外，另南極大陸、本國主權所不及之地區皆屬之。公海及外國的領海，皆不屬「本國以外地區」。「出國的意思」，其要件不只是單就當事人主觀意思而定，另是否有預定機船票、持有護照等情形，亦須調查以作爲判斷[31]。

出入國境主題約可分爲：（一）本國人與外國人[32]；（二）出入國與

---

30 涉及出入國管理之國家機關甚多，有內政、司法、國防、外交、財政等，其管理有採集中制或分離制，各國並非一致。至於入出國管理事務之範疇，就人的部分，不分本國人或外國人。事的部分，則包括證照查驗、國境安全維護、出國義務之強制履行。關於物的部分，則涉及貨物與交通工具之安全檢查等。李震山（1999），入出國管理之範疇，入出國管理及安全檢查專題研究，中央警察大學，頁14。

31 出入國管理法令研究會編集（1992），出入國管理・外國人登錄實務六法，東京：日本加除出版社，頁65。

32 有關外國人之基本權利，請參考李震山（2003），論移民制度與外國人基本權利，台灣本土法學雜誌，第48期，頁51以下。

出入境；（三）漁民出海或人民申請出海；（四）從機場或港口之地點出境等。理論上外國人出國自由，原則受保障，依學說、國際慣例，及國際人權條約中有關出國自由，皆有明確規定。相對的外國人的入國自由，則不受保障；在國際慣例及國際人權條約中，對外國人的入國自由，亦均未保障[33]。

入國須備之證件，如日本「出入國管理及難民認定法」，其第3條規定略以：「下列外國人不得進入本國。一、進入本國之外國人，未具備有效護照。惟機船員，持有有效機船員手冊者，不在此限。二、未經入國審查官之查驗或許可者（第一項）。在日本從事機船員工作的外國人，有關前項的規定，視爲機船員（第二項）[34]。」

「入出國」爲表示國家主權領域之概念，國家法秩序規範中所謂「入出境」或「入出國」者，應均係自各個「點」的概念，所架構建立起來之規範。因我國國際地位較特殊，因此國境管理法規範上，除稱「入出國」外，並有「入出境」之概念用語存在。如果將我國在國際法上的定位爭論及兩岸對此之歧見，暫置之不論，我國治權所及之台灣地區，均爲島嶼，入出國管理規範上之國境，應不存在陸地入出境之出入問題。至於究

33 因爲外國人無入國權利，所以其居留權利，亦不受保障。岩澤雄司（2000），外国人の人権をめぐる新たな展開── 国際人権法と憲法の交錯，法學教室，第238期，頁15。

34 日本出入國管理及難民認定法第6條規定：「進入日本國内之外國人（機船員除外），必須具備有效護照及經過日本領事館等館處的簽證。惟，依國際協定或日本政府通告外國政府，不必經過日本領事館簽證的外國人護照，依本法二十六條規定受再入國許可者的護照或第六十一條之二．六規定持有難民旅行證書之人，該證明書無須經日本領事館簽證（第一項）。依前項規定的外國人，其進入日本國内前，在出入國機場港口，須依法務省令規定的程序，向入國審查官申請登陸，並接受登陸審查（第二項）。」出國確認，依日本出入國管理及難民認定法第25條規定：「將從日本領土往其他地區出國之外國人（機船員除外、包括依第二十六條規定受再入國計可者），出國前，該人在出入國機場港口，必須依法務省令規定的程序，接受入國審查官的出國確認（第一項）。前項外國人，出國必須接受出國確認，始得出國（第二項）。」

竟有無將入出台灣地區，依其目的地爲外國或香港、澳門及大陸地區，區別爲「入出國」或「入出境」似有疑問[35]，如此區別之意義與價值，亦著重在解決政治上或國際上之意涵或難題。

二、入出境

有學者對「入出境」之看法認爲，「境」指國境，即領土主權所及之範圍。但是，入出境並非單純地指某次航行之進入及離開領海（12浬處），而是泛指下列兩種情形：（一）入境：以外國國境內地點爲出發點，而以本國國境內地點爲目的地之航行；（二）出境：以本國境內地點爲出發地，而以外國境內地點爲目的地之航行[36]。似採海洋法概念，從船舶管理之目的爲出發點之定義。

我國早期依國家安全法第3條規定：「人民入出境，應向內政部警政署入出境管理局申請許可。未經許可者，不得入出境。人民申請入出境，有左列情形之一者，得不予許可：一、經判處有期徒刑以上之刑確定尚未執行或執行未畢，或因案通緝中，或經司法或軍法機關限制出境者……。」在入出國及移民法制定之前，人民之入出國境均須先依「國家安全法」申請許可，違反者依國家安全法處罰，其適用範圍包括外國人、大陸地區人民[37]、台灣地區人民等。

依入出國及移民法規定，往外國地區稱爲「出入國」；「出入境」之用語，爲進出港、澳、大陸地區之稱謂。依兩岸關係條例第2條規定：「本條例用詞，定義如左：一、臺灣地區：指臺灣、澎湖、金門、馬祖及政府統治權所及之其他地區。二、大陸地區：指臺灣地區以外之中華民國領土。」同條例第9條規定：「臺灣地區人民進入大陸地區，應向主管機

---

35 簡建章（2002），偷越國境罪若干基本問題之研究，2002年國境警察學術研討會——國境安全執法問題論文集，頁96。

36 黃異（2001），水域安檢制度芻議，軍法專刊，第47卷第1期，頁3。

37 至於大陸漁工入境行爲，是否違反「國家安全法」之規定，其構成則有程度上之不同。最高法院91年度台上字第6470號刑事判決。

關申請許可。」採以地區之概念，加以規範進出之行為[38]。

出境其程序依台灣地區入出境管理作業規定辦理，「出境」因其內容為人民之入出境應持有效證照經機場港口查驗相符，加蓋入出境驗訖戳記後，許可其入出境[39]。如僅「出海」因無出入國境之意思，並非進出國境之行為，雖從防止非法入國、偷渡之目的而言，入出國、入出境、出海之行為，有其不同之重要性，在法規範上為分別依不同之法令接受檢查或查驗，其違反之法律效果亦有不同。

三、進出港

我國為因應人民進出各港口、海岸線之安全檢查與防護之必要，及考量指揮調度之統一性，我國成立海巡署，統合有關海域及海岸之各項巡防、安全檢查之職掌。岸巡機關之任務，為負責各港口安檢與海岸安全維護，防止非法入國等工作，如防止非法入國、外國人入國查驗、治安事件處理等[40]。

人民之「進出港」，法定之安全檢查主管機關，目前由海巡署負責執行，一般人民之出海必須依程序申請，而漁民須依相關法規規定接受檢查。依「臺灣地區人民機關學校團體申請進出港口安全檢查作業規定」，如一般機關學校團體及人民有進出港必要者，依規定，必須要事先提出申請，進出港口時並要接受檢查。有下列情形之一者，不予受理報驗，並應告知當事人：（一）經判有期徒刑以上之刑確定，尚未執行或執行未完畢

---

[38] 且台灣地區人民之進入大陸地區，依「臺灣地區與大陸地區人民關係條例」規定，並須經過許可。

[39] 最高法院91年度台上字第4255號刑事判決：「所謂查驗，依規定如係持用護照者，應係指查驗護照有效期與回台加簽、入出境許可而言，從而本次入出境以前之入出境照查驗之戳章所蓋用之紀錄……。」

[40] 在各不相隸屬行政機關顯然無法各行其事，宜將機關間橫向關係法制化，依「行政程序法」明定有協力關係，包括必要時在個案上相互協助或通案上委託無隸屬關係之其他機關辦理。李震山（2019），行政法導論，11版，台北：三民書局，頁119。

或因案通緝中者。但於假釋中或保護管束期間，經法院或檢察署同意出港者，不在此限；（二）依法限制或禁止進出港口者；（三）犯走私或非法入出境案件，尚在偵審期間者。但經法院或檢察署同意出港者，不在此限等。

貳、機場證照查驗與安全檢查權限

一、機場證照查驗

移民署爲強化國境安全管控，防範管制對象闖關，特規劃建置「人別確認輔助系統」，以影像辨識協助移民署執行國境安全管控相關業務。「人別確認輔助系統」將提供移民署各應用系統進行人臉比對服務，以及各重要出入口進出人員與管制對象比對的應用，後續再逐步擴展至更多的重點區域[41]。

我國國際機場證照查驗人員——移民署國境事務大隊執行職務人員，對於外國人持用護照入出境之證照是否具有實質審查權限。依入出國及移民法第64條第1項第1款規定，入出國及移民署國境事務大隊執行職務人員於入出國查驗時，有事實足認當事人所持護照或其他入出國證件顯係無效、僞造或變造等情形，得暫時將其留置於勤務處所進行調查。如查獲非法入出國及移民犯罪時，依入出國及移民法第89條規定，國境事務大隊所屬辦理入出國及移民業務之薦（委）任職或相當薦（委）任職以上人員，於執行非法入出國及移民犯罪調查職務時，分別視同刑事訴訟法第229條、第230條之司法警察官或第231條之司法警察。

民眾出國時要出示護照及登機證，此時會先用電腦刷護照，再進行電腦審核，看是否爲境管對象，就是查看是否受到電腦列管，若是遭電腦列管者，電腦就會停止不會繼續運作。若未受列管者，就依基本資料、當事

---

41 科技新聞通訊社編輯部（2019）。https://www.govtechnews.org/post/。瀏覽日期：2020年2月17日。

人、電腦資料以及當事人所提示之護照。移民署國境事務大隊對於外國人證照查驗時，有權審查該外國人所持用之護照眞僞、有無冒名等情事，並得拒絕其入出境（包括暫時留置處理或逮捕送辦等），因此可認國際機場證照查驗人員（即國境事務大隊執行職務人員）對於外國人持用其護照入出境之證照查驗具有實質審查權限，並非僅能作形式上之審查[42]。

二、出國安全檢查

公權力的執行，貴在可預見性與明確性，以使人民得以遵循。出國安全檢查之實施程序，亦應公告或明確指引，始符合現代程序法與人權之要求。在實施檢查之過程中，亦會造成人民的不便或禁止人民攜帶特定物品，此已對人民自由、財產權產生干預之效果[43]。

（一）確認身分

旅客出境報到、托運行李前，須確認身分，此屬航空公司實施，包括私法上運送契約之確認當事人身分，另依「民用航空法」、「國家安全法」、「入出國及移民法」等相關規定，航空公司亦有確認當事人身分之義務[44]。國內線之登機前，依法亦須先確認搭乘者之眞實身分，此主要是安全上之預防目的，確認旅客之基本資料及所攜帶之物品。

---

42 林克穎前開持系爭護照出境之行爲，不構成刑法第21條使公務員登載不實文書罪，對被告邱凱、董玉琪自不得以上開罪名之共犯相繩。台灣高等法院102年上易字第1289號刑事判決。

43 以下引自許義寶（2017），人民出國檢查之法規範與航空保安，收錄於氏著，移民法制與人權保障，桃園：中央警察大學出版社，頁361以下。

44 例如入出國及移民法第48條：「航空器、船舶或其他運輸工具入出機場、港口前，其機、船長或運輸業者，應於起飛（航）前向入出國及移民署通報預定入出國時間及機、船員、乘客之名冊或其他有關事項。乘客之名冊，必要時，應區分爲入、出國及過境。」

（二）託運行李之安檢

旅客托運行李須經過安全檢查，以過濾及篩檢有危害顧慮之物品，確保飛航之安全。禁止攜帶上飛機之物品，依法由民航局公告。在法律性質上，屬於即時強制之扣留危險物。因在航空器上，此類物品容易造成危害，故依法予以管制、禁止攜入。

有關安檢之程序，要求嚴密與有效率，二者如何予以兼顧，亦須考量。目前採用機器之X光機掃描，如發現有異狀之物品，再請當事人會同檢查，確認爲管制物品後，依法告知不得攜帶上航空器，請予放棄或由其他親友帶回。

託運行李於裝載至航空器前應先經安檢：《芝加哥公約》（*Chicago Convention*）[45]締約國必須防止託運行李於檢查至登機的過程中遭受未經授權之干擾；締約國應確保民用航空運輸營運者對未登機旅客之託運行李禁運；除經程序驗證和不間斷之執行程序且經其他締約國安檢確認，原則上應對民用班機轉機之託運行李爲登機前安檢[46]。

（三）手提與隨身物品之安檢

上機前之程序，對於手提行李仍須經過X光機之掃描，以確認所攜帶之物品無危險物，當事人配合檢查，爲法定之義務。即搭乘航空器之前提

---

45 有關《芝加哥公約》，由於第二次世界大戰對航空器技術發展起到了巨大的推動作用，使得世界上已經形成了一個包括客貨運輸在內的航線網絡，但隨之也引起了一系列急需國際社會協商解決的政治上和技術上的問題。因此，在美國政府的邀請下，52個國家於1944年11月1日至12月7日參加了在芝加哥召開的國際會議，產生了三個重要的協定——《國際民用航空公約》、《國際航班過境協定》和《國際航空運輸協定》，爲國際航空運輸多邊管理框架的形成奠定了基礎。《國際民用航空公約》（*Convention on International Civil Aviation*），也稱《芝加哥公約》，爲管理世界航空運輸奠定了法律基礎，是國際民航組織的憲法。和訊法律法規網。http://law.hexun.com.tw/100016692.html?mark=1&category=10008。瀏覽日期：2012年5月6日。

46 許鼎正（2011），國際航空法下航空保安之近期發展，東吳大學法律學系碩士論文，頁56。

要件，未經過安全檢查，則不得登上航空器之內；其目的在爲整體之飛航安全考量[47]。

當事人對於攜帶物品之認知，與飛航之管制，往往有一些距離。因此在事前或相關之資訊公開處所，應予宣導，使旅客事先得知，而遵守相關之規定，或因此而避免損及個人之財物。

對有關旅客及其客艙行李的措施規定，《芝加哥公約》締約國應於民用航空運輸旅客及其客艙行李（手提行李）登機前對其進行安檢；除經程序驗證和不間斷之執行程序（validation process and continuously implement procedures）且經其他締約國安檢確認，原則上應對民用班機轉機之旅客及其行李爲登機前安檢。應防止經安檢之旅客及其客艙行李，於自檢查點至登機的過程中遭受未經授權之干擾[48]。

（四）人身之安檢

曾發現有一些違法行爲，是旅客將違法物品，藏於個人之私密處，以走私及規避檢查之發現。此大多屬走私毒品或槍械之犯罪案件。另在安全考量上，亦有意圖不法之旅客，將可作爲兇器之物品，藏於衣服之內等，因此，在人身安全檢查程序中，以要求通過X光機門，及輔以金屬探測器檢查，加以確認是否有攜帶可疑違法之物品。

（五）其他

告知旅客須配合之事項，亦甚爲重要。行政程序重在透明與可以預見，因此，事先公告禁止攜帶之物品、安檢程序之明確流程、告知旅客在安檢上必須配合之事項等，均屬重要。安全檢查屬於具有法律效力之公權

---

47 101年4月間，外國曾發生一件案例，即旅客抱怨安檢程序過於冗長且麻煩，索性自己將全身衣服脫光，造成安檢程序之一陣騷動；後被依公然猥褻嫌疑逮捕，並在稍後即行被釋放。

48 許鼎正（2011），國際航空法下航空保安之近期發展，東吳大學法律學系碩士論文，頁56。

力措施，其與一般經意思表示之行政處分[49]，有所不同。即安全檢查透過以實力執行之方式，達成行政之目的。

民航局依國際航空公約規定與民用航空法之授權，公告旅客搭乘航空器禁止攜帶之物品，此公告之法律效果屬於法規命令。而在程序上，須公告讓旅客周知，而使便於遵守。

依國家安全法第5條第1項規定：「警察或海岸巡防機關於必要時，對下列人員、物品及運輸工具，得依其職權實施檢查：一、入出境之旅客及其所攜帶之物件。二、入出境之船舶、航空器或其他運輸工具。三、航行境內之船筏、航空器及其客貨。四、前二款運輸工具之船員、機員、漁民或其他從業人員及其所攜帶之物件。」

國家安全法第14條規定：「無正當理由拒絕或逃避依第五條規定所實施之檢查者，處六月以下有期徒刑、拘役或科或併科新臺幣一萬五千元以下罰金。」[50]另依民用航空法規定，出境旅客及所攜帶之物品，必須接受航空警察局之安全檢查，始得登機[51]。

出境安全檢查爲一公權力之實施程序，並未涉及限制人民出國之權利。另一方面，依行政程序法第92條規定，廣義之行政處分，包括具有法律效果之公權力措施；因此，出境安全檢查，亦應被視爲屬於廣義之行政處分，如在執行上有侵害人民權利，當有提起行政救濟之可能[52]。

---

49 行政程序法第92條規定：「本法所稱行政處分，係指行政機關就公法上具體事件所爲之決定或其他公權力措施而對外直接發生法律效果之單方行政行爲。」

50 國家安全法第5條第2項規定：「對前項之檢查，執行機關於必要時，得報請行政院指定國防部命令所屬單位協助執行之。」

51 民用航空法47條之3規定：「航空器載運之乘客、行李、貨物及郵件，未經航空警察局安全檢查者，不得進入航空器。但有下列情形之一者，不在此限：一、依條約、協定及國際公約規定，不需安全檢查……。」

52 引自許義寶（2017），人民出國檢查之法規範與航空保安，收錄於氏著，移民法制與人權保障，桃園：中央警察大學出版社，頁361以下。

參、外國人入國與禁止入國

一、外國人的入國與管理

在基本人權的保障上，通說及判例原則上及於外國人；但入國自由，依其性質並不保障外國人，爲一般學說之理論。對此，形式上日本憲法對外國人的入國自由並沒有明文保障，又國際習慣法，對於外國人的入國許可與否的決定，爲由各個國家自由裁量。事實上，國家爲保護國家安全及國民福祉之必要，在認爲有造成危害之虞時，得拒絕外國人入國（例如爲了確保本國國民就業機會，可以拒絕外國工作者的入國等）。因此，並不認爲外國人可自由進入一國家，惟此並不是意味著國家可以恣意、無一定原則的一概決定不許可外國人入國。一般外國人入國許可與否的審查，國家必須依據法律，並依照妥適正當的法定程序來決定[53]。

如依日本法的規範，其外國人入國的法律，爲「出入國管理及難民認定法」。依照本法外國人必須持有有效的護照（第3條），並具有一定的居留資格（第4條），且不得具有法定拒絕入國的原因（第5條），如此，原則可以認爲得進入本國。拒絕入國的事由中，有一條款爲有害日本國家利益或公安情形，是否具有此種疑慮，法務大臣（主管機關首長）有廣泛的裁量權。再者，許可外國人入國，除永住者的許可外，一般決定三年以內的居留期間（第4條第2項），依此須確定外國人的居留資格，及有關活動的限制（例如以觀光資格入國者，不得就業）。居留期間更新或居留資格變更，須受到法務大臣的許可，才爲合法（判例有關居留期間的更新許可，法務大臣亦有廣泛的裁量權）。

有關難民的申請庇護，其爲遭受到本國政府的迫害之人，逃離至他國（逃亡者、政治難民）並請求他國予以保護之權利的意思。庇護權爲《世界人權宣言》及西歐幾個國家憲法中，加以明定；而日本憲法對此並無明

---

53 户波江二（1983），外國人の入國限制，收錄於和田英夫編，憲法100講，東京：學陽書房，頁144-145。

文。在憲法解釋上，可以導出保障庇護權，屬有力的學說（和田英夫《現代日本的憲法狀況》、荻野芳夫《基本人權的研究》），惟一般解釋上，採取否定見解。又，政治犯不引渡原則，及禁止驅逐、遣返難民原則，應爲國際習慣法上，已經確立。此亦應爲保障庇護權，已有所進展，惟判例採消極說（最判昭51.1.26）。但日本因受到國內外輿論的壓力，在1981年簽署加入《難民條約》。

對外來人口於本國有犯罪行爲，並予以一定管制。國際交通發達，人流來往頻繁，外來人口進入本國後，對社會犯罪率、經濟、衛生及社會發展等層面皆有所衝擊，故各國對於外來人口以不同事由入國時，核給不同停留效期，目的即在掌握人流以維持社會穩定與民眾福祉。而爲保障本國人民之工作權，外來人口若欲在本國工作須經主管機關許可，故針對外來人口未經許可於本國非法工作，予以一定管制，係爲保障本國人民之就業機會，避免妨礙本國之勞動條件與國民經濟。另就犯罪行爲而言，爲保障本國人民之生命、身體、自由及安全，對於外來人口於本國有犯罪行爲，予以一定管制，目的係爲維持國家安全、社會安定及保障人民權益。可知，各種違規態樣之管制各有其所保護之法益。又不予許可期間係賦予行政機關以直接形成符合法律要求之行政秩序之方式，積極地防患未然，實現阻絕違法於境外之行政目的之權限。倘大陸地區人民在台曾有多種違規行爲者，其再次入台對國境管理安全及民眾福祉之危害程度顯然較僅單一違規行爲者大，其管制時間依違規樣態行爲個別計算再予以累計，具有防範及警示大陸地區人民不得入台從事危害國家安全及公共秩序之作用[54]。

二、禁止入國管制

依據禁止外國人入國作業規定，對符合之對象，移民署會依法予以執行管制入國。移民署基於維護國境安全，統籌入出國（境）管理，亦負有保障移民人權之責，自應審視國際情勢變化，通盤檢視相關法規並進行滾

---

54 台北高等行政法院108年度訴字第1407號判決。

動式修正，就個案審酌合理管制期限，俾貫徹我國「人權立國」之基本國策[55]。

家庭團聚權係國際公約揭櫫之普世基本人權，入出國及移民法爲確保國境安全，訂有禁止外國人入國之相關規定，另授權「禁止外國人入國作業規定」訂定管制入國期限，該作業規定雖已考量家庭團聚權，訂有得申請縮短管制期限或得（申請）不予禁止入國等要件，然對於持用不法取得、僞造、變造之護照或簽證者，冒用護照或持用冒領之護照者，不論其是否因故意或過失，均一律管制十年，縱符合縮短管制期限要件，仍有個案面臨長達五年之管制期限。

曾有民眾陳情，指其印尼籍配偶在不知情下，遭人力仲介公司以不實文件申辦簽證來台工作，經我國查獲後禁止入國十年；而後兩人結婚，向移民署申請解除入國管制，但該署僅同意減爲五年；有監委認爲，此已嚴重影響其家庭團聚、共同生活及養育子女的基本權益，促請該署檢討合理管制期限。移民署基於維護國境安全，統籌入出國管理，也負有保障移民人權之責，自應審視國際情勢變化，通盤檢視相關法規並進行滾動式修正，就個案審酌合理管制期限，以貫徹我國「人權立國」的基本國策[56]。

有關管制期間之核定，爲管制性不利處分；即對同一大陸地區人民同時構成大陸地區人民進入臺灣地區許可辦法（以下簡稱進入許可辦法）第14條第1項第2款所列數項管制事由者，其應受管制拒絕入境之期間（併於一行政處分中裁量核定），應如何行使？不予許可期間處理原則對此並未明確規範，自應由主管機關即被告體察規範目的，視個案情節，就該「個人整體」呈現對臺灣地區境管之安全危害程度，爲綜合性之衡量評估，爲合義務之裁量。又大陸地區人民同時構成進入許可辦法第14條第1項第2款所列數項管制事由者，如屬已入境者，其應受管制拒絕入境之起算期間，

---

55 監察院網頁。移民署在維護國境安全前提下，辦理外國籍配偶申請不予（縮短）禁止入國管制時，亦應考量其家庭團聚權，監察院促請該署檢討合理管制期限。https://www.cy.gov.tw/News_Content.aspx?n=528&s=14162。瀏覽日期：2020年2月17日。

56 自由電子報（2019），外配婚後仍遭管制入境五年，監院促請移民署檢討。

上揭規定均明文「自出境之日」起算，且最長管制期間均爲五年。而此管制期間之核定爲管制性不利處分，並非針對不法行爲逐一評價施以適當制裁之行政罰。鑑於倘大陸地區人民在台曾有多種違規行爲者，其再次入台對國境管理安全及民眾福祉之危害程度，顯然較僅單一違規行爲者大，被告於個案裁量時，自應予以綜合衡量評估，而得於上揭許可辦法所定五年期間內定其管制期間；倘認在數款事由加總之綜效上，顯現其將來對我台灣地區境管安全或民眾福祉之危險性，有酌定逾五年管制期間之特殊必要時，亦得於合理說明理由後爲之[57]。

肆、大陸地區人民須經許可，始得進入台灣地區

依兩岸關係條例第10條第1項及第3項規定：「大陸地區人民非經主管機關許可，不得進入臺灣地區。……前二項許可辦法，由有關主管機關擬訂，報請行政院核定之。」進入許可辦法第12條第1項第11款規定：「大陸地區人民申請進入臺灣地區，有下列情形之一者，得不予許可；已許可者，得撤銷或廢止其許可，並註銷其入出境許可證：……十一、現（曾）於依本辦法規定申請時，爲虛僞之陳述或隱瞞重要事實。」

實務上曾發生行爲人（原告）明知大陸地區未爲戶籍統整，致有兩個身分證明，而未及時向大陸有關機關辦理更正，反而使用該二身分三度與台灣地區人民結婚及入出境，有規避國境管理、檢查之故意，被告爰依進入許可辦法第12條第1項第11款及第14條第1項第3款規定，不予許可原告申請來台團聚，其不予許可期間，自出境之日（102年10月17日）起算五年。

依進入許可辦法第14條第1項第3款規定：「大陸地區人民申請進入臺灣地區，有下列情形之一，已入境者，自出境之日起，未入境者，自不予許可、撤銷、廢止許可之翌日起算，於一定期間內不予許可其申請進入臺灣地區停留。但曾入境已出境者，自出境之日起算：……三、有第十二

57 台北高等行政法院109年度訴字第71號判決。

條第一項第六款、第十一款或本條例第十八條第一項第一款情形者，其予許可期間爲二年至五年[58]。」

伍、機場防疫與國境安全

一、檢疫與國境安全

有關國境安全，其中一項是檢疫工作，桃園機場的檢疫醫師和檢疫犬，負責檢疫旅客疫病與輸入物品，他（牠）們憑著「察言觀色」本領和敏銳嗅覺，扮演國境安全把關的靈魂角色。如對H1N1新型流感，各國都採取防堵措施，防止疫情擴散，在現代航空交通便利的地球村，各國入境檢疫格外嚴格，普遍設立發燒篩檢站，針對體溫過高的旅客執行檢疫工作。桃園國際機場的檢疫工作分別由行政院衛生署疾病管制局和行政院農業委員會動植物防疫檢疫局執行，兩機關各有執勤利器，防堵可能的危害[59]。

只要經由問診，多半都可以找出原因，其中最多的是登革熱、屈公熱，而這些都是因蚊子叮咬引發的疾病。另外，禽流感、一般感冒、急性腸胃炎、痢疾、桿菌性痢疾很多疾病都會呈現發燒症狀，檢疫醫師就要依據病人發燒症狀和其他身體上症狀，以及旅遊史、接觸史等，研判診斷其可能罹患的疾病，必要時，要安排後送到醫院進行其他檢查，才能找出可能的問題所在。檢疫犬的工作重點，是要阻絕影響台灣生態環境病蟲害入境，像肉類製品、活體動物、帶土植物、水果等，這些可能是美味的食物，也可能是漂亮的植物或果苗，但背後所隱藏的危害，卻超過本身價值的數千萬倍[60]。

109年2月間，我國中央流行疫情指揮中心宣布防疫措施，對居住地

---

58 台北高等行政法院105年度訴字第501號判決。

59 大紀元（2009）。檢疫醫師和檢疫犬國境安全把關靈魂角色。https://www.epochtimes.com/b5/9/5/31/n2543191.htm。瀏覽日期：2020年2月17日。

60 同前註。

在中國的陸人暫緩入境，入境民眾如有中港澳旅遊史，需列居家檢疫對象。另外，指揮中心也宣布提升港澳旅遊疫情警示提升，提醒前往當地的民眾應作好防護措施。中央流行疫情指揮中心指出，有鑑於中國新型冠狀病毒肺炎疫情近日累積確診病例數持續快速上升，考量中國疫情嚴峻且與我國往來密切，全中國不含港澳，列二級以上流行地區，居住地在中國各省市的陸人暫緩入境[61]。在國境防疫執行方面，因防疫是國安問題，警察是國安系統的一員，執行國家安全工作。此防疫工作涉及國安問題，警察是台灣國安九大系統人數排名第二，因此，警察須在第一線共同協助執行[62]。

依內政部警政署航空警察局組織規程第2條：「本局掌理下列事項：一、民用航空事業設施之防護。二、機場民用航空器之安全防護。三、機場區域之犯罪偵防、安全秩序維護及管制。四、機場涉外治安案件及其他外事處理。五、搭乘國內外民用航空器旅客、機員及其攜帶物件之安全檢查。六、國內外民用航空器及其載運貨物之安全檢查。七、機場區域緊急事故或災害防救之協助。八、執行及監督航空站民用航空保安事宜，防制非法干擾行爲事件及民用航空法令之其他協助執行。九、其他依有關法令應執行事項（第一項）。本局執行民用航空業務時，受交通部民用航空局之指揮及監督（第二項）。」前述五、搭乘國內外民用航空器旅客、機員及其攜帶物件之安全檢查，及九、其他依有關法令應執行事項。航空警察之任務，協助執行防疫有關。

61 中央廣播電台（2020），居住地在中國的陸人暫緩入境，中港澳旅遊史者需居家檢疫。

62 自由時報（2020），員警支援桃機防疫，國家安全靠你們了。

第四節　防止偷渡與非法走私等不法危害

壹、非法偷渡之概念

爲維護我國家安全與治安秩序，大陸地區人民或外國人入出我國，依法事先須取得我國之許可，並依一定程序接受查驗檢查，始爲合法。近來發現多起案例，爲不法人蛇集團利用現階段法令的漏洞、海防領域寬廣、執法機關間聯繫問題、我國法令對偷渡犯處罰輕微、非法工作容易等原因，屢見組織性人蛇集團安排偷渡、從中牟利，影響台灣地區國家安全、治安甚鉅。

所謂「人蛇」，原爲港人用語，港人因見偷渡客，大多是多人擁擠於一個小小的密室內進行偷渡，有如蛇類之蜷縮於洞內，因此稱偷渡客爲人蛇，組織偷渡事宜的人爲蛇頭。人蛇集團操縱偷渡，有其複雜性原因。經分析其具有：一、可獲暴利性：可因安排、協助偷渡入國，獲得暴利；二、隱密性：人蛇集團之偷渡一旦成功，事後難以追查該犯罪集團成員；三、有組織性：該人蛇集團成員均已組織化、集團化，分工細密，不容易發掘，且以此爲職業；四、危害性重大：大量安排偷渡，造成社會重大危害，經常與其他犯罪結合（如走私槍械毒品）；五、易造成傷亡性：在偷渡過程中，易造成偷渡人民之傷亡；六、危害社會治安性：因偷渡犯從事非法工作或行爲，將危害人民生活安寧、整體社會治安及國家安全[63]。

人蛇集團協助、安排非法偷渡行爲，影響國家安全與治安秩序甚大。人蛇集團行爲之危害性、犯意與單純個人之違反入出國管理規定，差異甚大；且其具有營利性質之常業犯罪，不管從境外偷渡入國或是協助本國人犯逃至境外，均對國家之法秩序，造成一重大衝擊。因此，世界各先

---

[63] 相關日文文獻，請參考本田稔（2013），集団密航助長罪の解釈論上の問題について：東京高裁平成21年12月2日第9刑事部判決を契機にして，浪花健三教授退職記念論文集。藤本昌志（2005），現代日本の海の管理に関する法的問題，神戸大学海事科学部紀要(2)，頁1-29。

進國家對於「人蛇集團之非法偷渡」均非常重視，並且修改法律加重罰則，分別其違反行爲處罰、健全入出國境管理層面，如移民業者、漁民、船員、機員手冊管理，港口進出檢查制度之健全化、非法人蛇偷渡前科業者之列管等有效之措施。

人蛇集團偷渡之方式，約有：一、人蛇集團安排來台賣春的大陸妹或來台動機不明的大陸男子，搭乘台灣籍漁船，直接進入台灣漁港，偷渡上岸；二、來台打工或賣春的男女偷渡犯，搭乘大陸漁船或俗稱「黑金剛」的快艇，在岸邊搶灘，再由台灣本地的集團接應，進入內陸；三、人蛇集團以高價替因案通緝或遭限制出境者製作假身分證，再代辦入出境證方式偷渡出境；四、人蛇集團勾結大陸地區公安辦理假證件，以「假結婚或依親名義」，安排大陸人民來台；此可能與中共有計畫透過該集團，對我國進行滲透與情蒐，危害國家安全；五、將有意來台之大陸地區人民，申請假冒爲馬祖人身分，以依親名義來台定居；六、安排偷渡犯從廈門到泰國，再從泰國轉機到台灣，後在台灣利用交換登機證方式掩護轉機偷渡至日本或他國等。

未經許可入國之行爲，國家安全法第6條第1項與入出國及移民法第74條均有處罰之規定，惟依入出國及移民法第1條規定：「爲統籌入出國管理，確保國家安全、保障人權；規範移民事務，落實移民輔導，特制定本法。」觀之，入出國及移民法係爲統籌入出國管理之特別規定，且該法就未經許可入國，既已於同法第74條有處罰之明文，依同法第1條規定之意旨，該規定爲國家安全法第6條第1項之特別規定，自應優先適用入出國及移民法第74條處罰。是被告未經許可，以偷渡方式進入我國台灣地區，核其所爲，係犯入出國及移民法第74條之未經許可入國罪[64]。

外國防制偷渡的情形及作法：一、如美國對從陸路入境者，在邊界

64 爰審酌被告犯罪之動機、目的、手段，因經濟目的未經許可進入我國台灣地區，破壞我國境管理制度，且在我國非法居留時間長達六年有餘，犯罪所生之危害，及其犯罪後坦承犯行，態度尚稱良好等一切情狀，量處有期徒刑一年二月，以資懲儆。台灣新北地方法院100年度易字第664號刑事判決。

巡檢上已經強化，對入境車輛展開仔細搜查，入境者也得回答一連串的問題。美加邊境雖然不像危險區域，仍有巡檢員進駐。海岸防衛隊更組成400人的安全巡檢專家團，分成4組不定期進駐重要港口；二、日本方面，從2000年9月開始，對居住在中國大陸三個城市的市民開放到日本觀光，但是已經相繼出現不少在日本失蹤不歸的旅客。日本警視廳對於大陸客假藉旅遊而入境充滿戒心，並表示如果此項業務再繼續進行的話，則將會有蛇頭大舉進軍旅遊業；三、發生在2000年6月的多佛慘案，當日淩晨英國海關官員在港口城市多佛進行例行檢查時，發現該悲慘的一幕，即在一輛掛著荷蘭牌照的密封卡車上，檢查人員發現了58具中國大陸地區非法移民的屍首，英國警方正追查幕後集團，並已逮捕不法人蛇集團嫌犯。英國方面調查人員認爲，本案背後一定有一龐大之人蛇集團組織操縱。

另2019年10月23日，英國艾塞克斯郡爆出駭人的貨櫃車凍屍案，8名女性與31名男性非法移民躲在攝氏零下25度的冷凍貨櫃，慘遭活活凍死。英國警方最初稱死者都來自中國，但命案傳出後，越南有不少偷渡者家屬跨海要求協尋親友。英國警方最新消息證實，39位死者均是越南籍[65]。

非法偷渡入國之案件，影響國內治安及國家安全。究其原因，以人蛇集團從中拉線、安排、行程協助、載運及安排工作爲最主要；而人蛇集團因此可獲取暴利，該行爲對國內治安、國家整體安全等層面，影響至爲深遠。又近年「人蛇集團」安排大陸偷渡犯持中華民國或他國的變造護照，再由香港、澳門、吉隆坡、泰國等地來台轉機偷渡赴美國、加拿大、澳洲，被查獲案件每年都有100多件。對此，治安機關亟需尋求因應防制之道。如海巡機關即提議爲有效遏止人蛇集團之操縱偷渡，擬對大型的偷渡集團，蒐報、調查該安排偷渡仲介情節、分工、危害情節，如涉及組織犯罪事證，將依法以組織犯罪移送法辦等作法，以達遏止目的。

在防制非法偷渡入國上，應有下列重點：一、針對偷渡人蛇集團，各專責部會單位，如何相互合作、情資交流、共同合作進行偵查及防制

---

65 風傳媒（2019），英國屍速貨櫃車39名死者證實全爲越南人，家屬控人蛇集團隱瞞偷渡路徑、釀成悲劇。

方法；二、針對假結婚事件日多，移民署研議具體對策方案，以「實質審查」取代現行「形式審查」，同時對違法出借人頭身分者加重罰則，並循追查應召站資金之來源；三、區分出「人蛇集團」非法犯罪類型、要件，如非法以漁船載運偷渡上岸、僞造證件從機場入境、以合法目的掩飾非法方式入國、有特定目的入國蒐集國家安全情報等類型，並提出妥善對策。對此非法「人蛇集團」，因有各種不法行爲類型，其主謀、共同正犯、幫助犯之犯罪類型各有不同，對治安之危害程度，亦不相同，須加以規範；四、各種人蛇集團之危害行爲，法規範是否明確，如出海載運與入出境、入出國、安排工作、藏匿等，是否均構成人蛇集團犯罪行爲；五、入出國境查驗、檢查更周延之法定程序，探討檢查工作流程與監督方式，是否適當、周全，以防止流程上產生漏洞。

對此，海巡署強調隨著社會變遷、科技發展，犯罪情勢日趨複雜，犯罪手法推陳出新，海域、海岸犯罪已發展爲組織性、國際性、跨區性模式，並結合以往傳統性犯罪途徑交互運用。海巡署肩負海域、海岸治安維護主要責任，爲防制非法入出國及槍枝、毒品、農漁畜產品、菸、酒、動物活體等走私入境，以「追查犯罪源頭」爲任務目標，結合相關部會能量加強查緝[66]。

貳、偷渡行為危害國境管理之秩序

偷渡行爲嚴重破壞漁業經營秩序，造成國人對傳統產業負面觀感，又直接危害出入境國之國境管理秩序，間接影響國際關係、國家尊嚴與聲譽及社會治安，更可能衍生各種意外事件，對國家、社會、家庭、個人均造成莫大的傷害。

曾發生非法之行爲人，即本件原告2人不法載運大陸地區人民偷渡出境，違法從事非漁業行爲。原告2人爲謀不法利益，以非法手段將7名違

66 海巡署網頁。嚴查走私偷渡犯罪。https://www.cga.gov.tw/GipOpen/wSite/public/Attachment/f1409135023791.pdf。瀏覽日期：2020年2月28日。

反國家安全法之大陸地區人民載運出境，妨礙警察機關追緝，影響社會治安，其行爲除對漁業秩序產生危害，亦違反被告依漁業法核准漁船經營漁撈相關作業之事項，且偷渡爲射倖性犯罪，如不予嚇阻，恐造成國人對漁業產業之誤解，連帶對台灣社會治安構成潛在性之嚴重威脅[67]。

參、防制大陸地區人民非法入境

非法移民會影響國家內部安全秩序。不法移民的方式，包括偷渡、以虛僞方法進入我國、逾期居停留、在我國從事不法活動或行爲、在我國內發展不法組織等。國境警察——移民署負責國家邊境之安全，對於無合法證件之人，必須即時查證、制止與執行遣返。近來國際交通便利，各國爭相發展國際觀光，對於人流之管理與防止不法人士入境已成爲國境警察之重要工作。

大陸地區人民來台觀光，要有相當財產證明，並限制我國（台灣地區）甲級旅行社能接辦陸客觀光團，許多大陸市級公務人員爲圖方便，透過大陸旅行業者與台灣非甲級旅行業聯繫，另闢來台蹊徑。曾發生大陸官員以每人1,000元到2,000元代價，透過台灣旅行社找新北市水資源經濟發展協會等人頭協會，遞交「專業活動計畫書」、「邀請函」等申請書，向移民署辦理「短期專業交流」入台許可，這些公務員還同時可以收到台灣邀請名義來台，向當地政府申請出訪補助。此行爲已涉僞造文書、兩岸關係條例使大陸人民非法入台等罪嫌[68]。

---

67 紫豐祥號漁船船長郭盧家虹於96年8月29日載運2名大陸人士偷渡出境，經台灣高雄地方法院以96年度易字第4063號判決判處有期徒刑十月，緩刑二年；昇長發參號漁船楊姓船長及楊姓與許姓船員於96年7月6日載運大陸人士偷渡出境，復經該院以96年度易字第3551號判決判處船長有期徒刑六月，兩名船員各判處有期徒刑四月，緩刑二年。台北高等行政法院101年訴字第1237號判決。

68 ETtoday社會（2019），涉暗助大陸官員「非法入境」，前記者坦承開人頭協會發邀請函。

肆、非法走私毒品

一、概說

藥物濫用及毒品的危害，是全世界各國面臨的共同問題。據估計2006年全球的古柯產量約爲984噸。在198個國家和地區中，有172個國家和地區報告種植有大麻，全球有1.6億人口吸食大麻。大麻因此成爲全球吸食人口最多的非法麻醉藥品。安非他命類興奮劑是全球使用人口第二多的毒品[69]。

二、利用進口貨物走私毒品

有不法犯罪集團，採取集團性、跨國走私毒品之方式牟利。依其跨境犯罪之罪質、規模、及利用進口貨物相關表單、聯邦快遞貨物追蹤資料、扣案毒品照片及鑑定書等文書證據，已嚴重危害國境安全之管理。

本件被告廖某因違反「毒品危害防制條例」等案件，其坦承起訴書所載犯罪事實，且有證人即同案被告陳某、證人賴某之證述，及進口貨物相關表單、聯邦快遞貨物追蹤資料、扣案毒品照片及鑑定書等文書證據可資佐證；又被告所涉運輸第三級毒品罪嫌之最輕本刑爲有期徒刑七年，屬最輕本刑五年以上有期徒刑之重罪，衡諸常人趨吉避凶、迴避刑責之天性，有相當理由足認有逃亡之虞；另依被告及同案被告陳某所述，本件主謀共犯「黑哥」之活動範圍爲我國境內，且尚未到案，再被告就本件共犯謀議內容、犯罪行爲之整體流程、犯罪故意之型態，與同案被告陳某所述亦多有出入。

被告自承曾出國約4至5次，若加計本案前往泰國則有約6次等語，及依本案所涉犯罪情節係由其出國所爲等情狀，予以綜合考量，堪認被告有在外國爲相當程度滯留之能力，故上開羈押原因仍然存在；又經權衡本件

69 林明佐（2010），兩岸毒品走私對我國國家安全威脅之研究，政治大學國家安全與大陸研究碩士在職專班學位論文。

集團性、跨境犯罪之罪質、規模及被告陳述擔保、經濟能力及人身自由之保障，認尚難以具保、責付、限制住居等手段形成足夠之拘束力，以替代羈押之強制處分[70]。

三、利用大型漁船走私毒品

有嫌犯與毒梟合作，利用泰國籍大型漁船到公海載運來自泰緬邊境毒品，到台灣近海後再指派舢舨小船接駁搶灘小琉球，未料搶灘過程風浪太大，部分毒品掉落海中，漂到屏東滿州及台東南田海邊意外被發現。台東縣大武警分局接獲遊客報案，達仁鄉南田海邊有大批漂上岸的海洛因磚，警方封鎖搜查，拾獲32塊印有「雙獅牌」、「興旺發」的泰國金三角海洛因磚，隔天海巡人員又在附近拾獲6塊，26日屏東滿州海邊也找到6塊，合計拾獲44塊。檢警第一時間研判是毒梟運毒遺漏，與屏東、台東有地緣關係，利用警政署建置的大數據資料庫過濾7萬多筆資料，並清查南迴公路、屏鵝公路、省道台一線屏東至枋寮路段數百支監視器，過濾數萬格畫面，發現有毒品前科的屏東鍾姓、李姓男子密集往來雙東間涉有重嫌，展開跟監。專案小組持搜索票至屏東逮捕鍾、李二人，在鍾住處搜出92塊「興旺發」海洛因磚及25包安非他命，李的住處查獲60塊「興旺發」海洛因磚[71]。

---

70 台灣桃園地方法院108年度訴字第166號刑事裁定。

71 本案兩人被收押後，檢警再追出全案與中南部毒梟林姓男子有關，分析扣案手機和通聯紀錄、監視器畫面，去年12月17日分別在花蓮、屏東及高雄逮捕林嫌等6人，並查出貨主謝姓男子已潛逃泰國，協請泰國警方逮捕押解回台，7人全數遭法院裁定收押。聯合報（2020），海邊撿到海洛因，追出9毒梟。

伍、輸入未經檢疫之製品

一、申請檢疫之義務

利用走私方式，逃漏國家稅捐或運送非法管制物品入境，會對我國造成危害。

檢疫物之輸入人或代理人應於檢疫物到達港、站前向輸出入動物檢疫機關申請檢疫，繳驗輸出國檢疫機關發給之動物檢疫證明書；有檢疫物之輸入人或代理人、管理人違反第34條第1項、第5項或第6項規定，未申辦檢疫之情形者，處5萬元以上100萬元以下罰鍰，動物傳染病防治條例第34條第1項前段、第43條第12款分別定有明文。

曾發生原告爲系爭貨物之輸入人，其進口實際上屬於檢疫物之貨物，於輸入前，負有申請檢疫及繳驗動物檢疫證明書之義務。原告以附表所示之品名報關，未向動物檢疫機關申請檢疫，亦未繳驗大陸檢疫主管機關簽發之動物檢疫證明書，自違反其申請檢疫及繳驗動物檢疫證明書之作爲義務[72]。

二、輸入未經檢疫之豬肉製品

擅自自大陸地區輸入未經檢疫之豬肉製品，可能傳播動物傳染病原體，影響國內動物及人體之健康，對主管機關管控、防範人畜共通傳染病造成潛在之重大危害。如擅自輸入禁止輸入之檢疫物，核其所爲，係犯「動物傳染病防治條例」第41條第1項之非法輸入檢疫物罪。我國主管機關爲防堵疫情隨著兩岸密集之旅客、貨物往來而蔓延至台灣，立即於107年下半年在機場、海關等地嚴格禁止擅自攜帶或輸入大陸地區之肉品來台，並藉由新聞之強力播送及祭出高額罰款，避免台灣成爲下一個疫區，以保護國內動物及人體之健康。

本案被告輸入豬肉製品之時間爲107年1月17日，固然當時因大陸地

---

72 台灣台北地方法院106年度簡字第193號行政判決。

區之非洲豬瘟疫情未經各類資訊傳播媒體流傳而廣爲台灣人民所知，然爲確保被告記取教訓並建立尊重法治之正確觀念，認有課予一定負擔之必要[73]。

第五節　非法移民之查緝及執行遣返

壹、驅逐出國與強制出境

對違法之外國人，依入出國及移民法第36條第2項規定：「外國人已取得居留、永久居留許可而有前項第二款、第六款、第七款、第九款或第十款情形之一者，入出國及移民署於強制驅逐其出國前得召開審查會，並給予當事人陳述意見之機會。」

日本對於被認定非法之外國人，受到遣返出境處分後，其是否可提起救濟，請求撤銷該遣返出境處分？如該處分已執行，是否有請求之實益等，依日本出入國管理及難民認定法第51條規定強制離境命令書之製作。依據同法第47條第4項規定：「就強制離境手續，所發給之強制離境命令書，須記載被強制離境人之姓名、年齡、國籍、強制離境之理由，發給日期……。」執行強制出境之措施，其具有行政裁量權。該強制出境令書，具有行政處分屬性。

對「驅逐出國的執行」，日本最高法院認爲對已執行驅逐出國者，抗告人亦可對本案提出訴訟，其可採取由代理人的方式依程序提出。再者，如果本案訴訟，有必要對本人爲調查、訊問，要求本人到庭時，依有關程序本人亦可依法再入國。因此，驅逐出國的執行，抗告人雖被執行驅逐出國，應無否定抗告人的訴訟權利。以訴訟進行中主張驅逐出國的停止執

73 被告所爲行爲係有害於社會法益之犯罪，爰併依刑法第74條第2項第4款規定，命其應向公庫支付如主文第1項所示之金額，冀能使被告確實明瞭其行爲所造成之危害，以期符合緩刑之目的。台灣橋頭地方法院108年度訴字第28號刑事判決。

行，應不被認可[74]。日本法制上對「驅逐出國」之救濟制度，亦爲提起行政訴訟由法院介入判決，但是其國之「出入國管理及難民認定法」中，有特別居留之規定，可供執行機關作爲特殊情形之決定。

另對違法之大陸地區人民，則採取「強制出境」處分。其爲依法律所授權之行政處分[75]，對受處分當事人之居住權、工作權、家庭權、人身自由權、生存權等，均可能受到影響。主管機關裁定本項處分前，自應依法定程序通知當事人，當事人如有不服，自可提出行政救濟。「強制出境」處分之執行，爲直接強制，拘束當事人之身體，主管機關以實力之遣送方式，達成排除大陸地區人民繼續在我國居住之目的。

強制出境處分之救濟，日本判決認爲可適用「特別居留許可」。如已長時間在國內居住、生活及工作上安定與有一定的資產、與本國國民有親屬關係、已育有子女等情形。應給予特別居留的許可，如果強制驅逐出國，應超過裁量的範圍[76]。對驅逐出國處分的救濟，大都是採取提起行政訴訟。依東京高裁判決的意見認爲，外國人對於違法的驅逐出國處分，主張其本身權利、利益受到侵害，依據日本憲法第23條規定，向日本法院提起訴訟，要求司法救濟的權利，乃理所當然。因此，外國人可依行政事件訴訟法的規定，對該處分提起撤銷訴訟，附帶的請求執行停止。此爲認同

74 松村博（1980），外國人の公法上の地位——一般外國人の退去強制を中心として，收錄於日本國憲法の再檢討——大石義雄先生喜壽紀念論文集，京都：嵯峨野書院，頁287。

75 最高行政法院93年度裁字第26號裁定：「按行政處分，係指行政機關就公法上具體事件所爲之決定或其他公權力措施而對外直接發生法律效果之單方行政行爲，行政程序法第九十二條第一項及訴願法第三條第一項定有明文。又行政機關行使公權力，就特定具體之公法事件所爲對外發生法律上效果之單方行政行爲，皆屬行政處分，不因其用語、形式以及是否有後續行爲或記載不得聲明不服之文字而有異。若行政機關以通知書名義製作，直接影響人民權利義務關係，且實際上已對外發生效力者，如以仍有後續處分行爲，或載有不得提起訴願，而視其爲非行政處分，自與憲法保障人民訴願及訴訟權利之意旨不符，觀之司法院釋字第四二三號解釋甚明。」

76 昭34.11.10最高裁三小（行）判決、民集13.12.1493。

對驅逐出國處分的提出停止執行；在其他的判例上，多數亦認爲可對收容及驅逐出國處分，提出請求停止執行[77]。

強制出境處分與「執行」，應屬二個部分。依法務部解釋：「執行措施性質上多屬事實行爲，不涉及行政實體法上判斷，縱執行措施兼具行政處分之性質或爲另一行政處分，然執行程序貴在迅速終結，法律既明定聲明異議爲其特別救濟程序，則舉凡執行程序中之執行命令、方法等有關措施，均應一體適用特別救濟程序，不得再循行政處分之一般爭訟程序，請求救濟，以免影響執行程序之迅速終結。……綜上說明，行政執行程序中，異議人對於執行機關之直接上級主管機關所爲之聲明異議決定，不得再依一般行政爭訟程序請求救濟，亦不得再次聲明異議[78]。」

現行入出國及移民法第36條第4項本文：「移民署依規定強制驅逐外國人出國前，應給予當事人陳述意見之機會；強制驅逐已取得居留或永久居留許可之外國人出國前，並應召開審查會。」依修正前之規定，原告雖事涉違反「入出國及移民法」第18條第1項第11款「曾經被拒絕入國」，遭被告依同法第36條第2項第1款「入國後，發現有第18條禁止入國情形」予以驅逐出國，惟查原告係於99年3月30日以免簽證入境來台，於停留期限屆滿前即應出境，與「外國人已取得居留、永久居留許可」經撤銷（廢止）居留許可並驅逐出國不同，故並不符合召開驅逐出國審查會要件[79]。

外國人如被禁止入國，有入出國及移民法第36條第2項第1款規定，入國後，被發現有第18條禁止入國情形（曾經被拒絕入國），得強制驅逐出國之情形，並依同法第38條第1項第1款規定，於原告受驅逐出國處分尚

---

77 東京高裁昭和42年3月18日判時489號，頁41。

78 法務部民國90年5月14日法90律字第015961號函。

79 另日本制度，請參考相關日文文獻：洞澤秀雄（2004），判例情報判例解說退去強制令書の執行停止が収容部分については認められなかった事例（平成16年5月31日最高一小決），第一法規法令解說資料総覧，第273期，頁105-108。渡辺賢（2005），判例紹介退去強制令書の収容部分の執行停止が否定された事例（平成16年5月31日最高裁第一法庭決定），民商法雑誌，第131卷第6期，東京：有斐閣，頁906-914。

未辦妥出國手續前，暫予收容[80]。

貳、受禁止出國處分而出國之處罰

刑法第164條第1項規定所稱「使之隱避」，乃指藏匿以外使犯人隱蔽逃避之方法而言，並不以使之隱避於確定之一地點爲必要（最高法院77年度台非字第10號刑事判決參照）；又該條所謂之「犯人」，尚不以起訴後之人爲限（最高法院24年度總會決議參照）。故凡觸犯刑罰法規所規定之罪名者，不問其觸犯者係普通法或特別法、實質刑法或形式刑法，只須其爲實施犯罪行爲之人，且所犯之罪不問已否發覺或起訴或判處罪刑，均屬此之所謂「犯人」。

實務案例指出林○○所涉刑案，部分已經有罪判決確定，部分則經二審判處有罪後，上訴最高法院審理中，是林○○自屬刑法第164條第1項所稱之「犯人」無訛。因此，被告邱○及董○○就事實一所爲，均係犯刑法第164條第1項後段之使犯人隱避罪、刑法第30條第1項前段及入出國及移民法第74條後段幫助受禁止出國處分而出國罪。被告邱○、董○○，就藏匿林○○而觸犯刑法第164條第1項後段之使犯人隱避罪，及幫助林○○違反入出國及移民法第74條後段之受禁止出國處分而出國罪之行爲，無非皆係基於隱避林○○之犯罪決意所爲，且渠等行爲於時間、空間上皆具有緊密連接而於社會通念上難以分割爲數行爲，皆應認係以一行爲而觸犯數罪名之想像競合犯，故皆應從一重論以幫助受禁止出國處分而出國罪[81]。

參、外國人以非法方式進入我國

入出國及移民法第74條[82]前段之未經許可入國罪，旨在防止外國人民

---

80 台北高等行政法院99年訴字第2319號判決。

81 台灣高等法院102年上易字第1289號刑事判決。

82 入出國及移民法第74條第1項：「違反本法未經許可入國或受禁止出國（境）處分而出國（境）者，處五年以下有期徒刑、拘役或科或併科新臺幣五十萬元以下罰金。違反

非法進入我國[83]，以維護我國之安全與安定；而所稱「未經許可」，應從實質上之合法性予以判斷，凡評價上違反法秩序之方法，均屬之。並不限於偷渡一途，舉凡一切不符合或規避法規範目的之方式均包括在內。參照「行政程序法」第119條第1款、第2款規定，受益人以詐欺、脅迫或賄賂方法，使行政機關作成行政處分者；或對重要事項提供不正確資料或爲不完全陳述，致使行政機關依該資料或陳述而作成行政處分者，其信賴均不值得保護。是被告以上開僞造之私文書向我國駐越南代表處申請入境簽證，因而獲得之簽證，雖該簽證形式上係屬合法，惟既係以行使僞造私文書之詐欺方法而取得，即不具實質上之合法性，揆諸前開說明，自應認「未經許可」進入我國，而應論以未經許可入國罪[84]。

本案被告爲入境來台打工，竟以非法之方式入境我國，犯罪結果嚴重影響移民署對於外國人入出境之管理及行政院勞動部對於外勞之管理，且有害國境管理、勞動市場、經濟發展與社會秩序之維護與安定，對於整體台灣社會、經濟、治安均構成實質及潛在之危害，其所爲殊非可取。是其乃外國人，其以非法方式進入我國，因而受上開有期徒刑之宣告，顯已不適宜繼續在我國居留，爰依刑法第95條之規定，諭知其應於刑之執行完畢或赦免後，予以驅逐出境[85]。

肆、依法撤銷停留、居留與定居許可

台灣地區與大陸地區關係特殊，既合作亦復緊張，與國際間兩國正

臺灣地區與大陸地區人民關係條例第十條第一項或香港澳門關係條例第十一條第一項規定，未經許可進入臺灣地區者，亦同。」

83 相關文獻，請參考刁仁國（2008），九一一事件後美國移民政策初探，中央警察大學國境警察學報，第10期，頁103-132。楊翹楚（2011），全球化對我國移民制度之影響，中央警察大學國土安全與國境管理學報，第15期，頁117-161。

84 相關日文文獻，請參考松村雅之（2006），不法外国人の入国を阻止せよ，特集国際化と警察の課題，日本現代警察季刊，第32卷第3期，頁20-23。

85 台灣高等法院台南分院105年度上訴字第185號刑事判決。

常邦交關係有異，有藉由嚴格管控確認大陸地區人民來台目的及影響，以降低可能之政治、經濟及社會風險，確保台海地區國土安全。是以，大陸地區人民雖得申請來台從事商務或觀光活動，但應受相當管制，其辦法經兩岸關係條例第16條第1項授權訂定之。大陸地區人民來臺從事觀光活動許可辦法第17條第1項第4款即明定，大陸地區人民經許可來台從事觀光活動，於抵達機場、港口之際，移民署應查驗入出境許可證及相關文件，如發現有申請來台之目的作虛僞陳述者，得禁止其入境，並廢止其許可及註銷其入出境許可證。因此而廢止其許可者，自應認曾在台灣地區從事與許可目的不符之活動或工作，依同辦法第16條第1項第7款規定，五年內不予許可申請來台觀光活動。

本案原告前於104年9月1日、同年11月6日以短期商務爲由申請來台，嗣於105年12月26日、106年2月17日、106年4月20日則以觀光爲由申請來台，半年內因觀光入境次數高達10次，顯非個人旅遊之常態[86]。移民署認有疑慮，乃於入境面談時，依據原告申請系爭許可證之在職證明、資力證明、本次來台旅遊目的及住宿連絡地址等資訊所顯示可疑慮處，請原告說明，時間達約1小時。然原告前後答覆齟齬，就重要工作內容、服務地點、來台經歷等經驗資訊避重就輕，終經被告確認其來台目的爲驗貨，並非觀光，乃諭知原告既已不在揚升公司工作，不得再以該公司之在職證明申請觀光入境，而爲公司驗貨，此經原告於調查筆錄上簽名確認等節，除有移民署原告申請入境及入出境資料附卷可憑外，並經兩造就調查時錄製之光碟作成逐字翻譯稿相互比對，得以確認移民署調查筆錄乃擇要旨記載[87]。

---

86 相關日文文獻，請參考菱川孝之（2005），刑事判例研究(81)不法残留を理由に退去強制令書の発付を受けた者が自費出国の許可を得た後同許可の際指定された出国予定時までの間身柄を仮放免されて本邦に滞在していた行爲と不法残留罪の成否——最一小決平成15年12月3日，判例研究，第1284期，頁148-152。

87 台北高等行政法院107年度訴字第456號判決。

伍、健康檢查與居留簽證

依規定外籍人士辦理居留或定居健康檢查之項目，包括：一、胸部X光肺結核檢查（懷孕婦女及12歲以下兒童免驗，懷孕婦女於產後應補辦理）；二、腸內寄生蟲糞便檢查（來自居留或定居健康檢查項目表附錄三之國家／地區者免驗）；三、梅毒血清檢查（15歲以下兒童免驗）；四、麻疹及德國麻疹之抗體陽性檢查報告或預防接種證明（不分性別、年滿1歲以上者須檢附）；五、漢生病檢查（來自居留或定居健康檢查項目表附表四之國家／地區者免驗）。6歲以下兒童免辦理健康檢查，但須檢具預防接種證明備查（年滿1歲以上者，至少接種一劑麻疹、德國麻疹疫苗）[88]。

衛福部依據內政部主管之入出國及移民法、外國人停留居留及永久居留辦法、外交部主管之外國護照簽證條例，公告外籍人士辦理居留或定居時健檢項目，健檢項目爲X光肺部檢查、HIV抗體檢查、腸內寄生蟲（含痢疾阿米巴等原蟲）糞便檢查、尿液中安非他命類藥物、鴉片代謝物檢查、一般體格檢查（含精神狀態）及癩病檢查（於衛生署公告外籍人士辦理居留或定居時健檢項目之前，其健檢項目比照外籍勞工健檢項目，較上述健檢項目增列梅毒血清檢查、B型肝炎表面抗原檢查）。

外籍人士申請居留簽證時，需檢附健康檢查合格證明，我國駐外單位對健康檢查不合格者則不核發居留簽證。外國人申請永久居留，依內政部之「外國人停留及永久居留辦法」第12條規定，應檢附健康檢查合格證明向境管局辦理。另依據內政部之「大陸地區人民在臺灣地區依親居留長期居留或定居許可辦法」第13條規定，大陸地區人民申請在台灣地區定居或居留，需檢附健康檢查合格證明，健康檢查不合格者，移民署不予許可[89]。

---

88 衛福部網頁。辦理居留或定居健康檢查之項目。https://www.cdc.gov.tw/Category/MPage/stSVgprnEAjd3LmsXeCTLA。瀏覽日期：2020年2月28日。

89 監察院調查報告，我國移民政策與制度總體檢案調查報告（五），監察院公報，第2588期，頁19-20。

陸、為維護安全之撤銷定居許可

爲確保本國安全與民眾福祉，兩岸關係條例對大陸地區前來本國申請定居者，設有特別規定。

曾發生抗告人與本國人民通謀虛僞結婚[90]，所涉僞造文書刑事案件，經花蓮地院判決有期徒刑四月，減爲有期徒刑二月確定。對此，主管機關採取相關撤銷定居許可、定期不許可再申請定居及強制出境。原處分之執行固然於抗告人之權益有所影響，且有部分容難回復，但本國與大陸地區關係極爲特殊，以假結婚依親來台而經許可定居者，即使辦妥戶籍登記，仍應撤銷其定居許可（兩岸關係條例第17條第9項授權制定大陸地區人民在臺灣地區依親居留長期居留或定居許可辦法第33條第1項第2款、第4項），蓋大陸地區人民以詐欺手法入境本國者，除具有一定反社會人格外，並有特定必須於本國實現之政經目的，爲維護國土安全，有即撤銷定居許可，強制出境之必要，此涉及重大公益[91]。

第六節　小結

國境管理，係針對入出一國國境之人、物（包括貨物及交通工具）所施行措施之總稱。所謂「國境」，可因自然環境及人爲設施，分爲陸境、水境、空境，一般所稱邊境者，大都被理解爲一國地理上之外緣，事實上，任何得以進入一國主權範圍之點或線，皆屬國境範圍，除邊境外尚包括商港、漁港、機場（空港）。

在全球化與原則自由通行的時代，國家對國境管理之任務，也隨之改變。面對更多挑戰，對於入出國人員身分之「查驗」，須兼顧效率與國境

---

90 相關文獻，請參考陳美華（2010），性化的國境管理：「假結婚」查察與中國移民／性工作者的排除，台灣社會學，第19期，頁55-105。

91 最高行政法院105年度裁字第1668號裁定。

安全維護。「出國」與「入國」爲相對概念，法律規範外國人出國的程序要件，除確認該人身分外，另須該人有出國的意思始能構成。「出國的意思」，其要件不只是單就當事人主觀意思而定，另是否有預定機船票、持有護照等情形，亦須調查。

現代之國境管理，亦與國土安全之維護有關。國土安全在爲保護國家內部之安全，有別於傳統之國防安全。對於恐怖主義活動之威脅，國家須事先規劃及預防，以避免國內遭受重大不測之破壞。國境安全因地緣關係，極容易有不法之人、物進到我國之處，因此，國家在各項行政措施、流程必須有預防之能力。在本文中大略探討，國境安全包括之四大領域，分別爲人流管理、跨境犯罪防制、國家關稅、預防檢疫。各主管機關須有明確、周延之執法計畫與依據及其執行之理論基礎，始得維護我國國境之安全。

參考書目

一、中文文獻

刁仁國（2008），九一一事件後美國移民政策初探，中央警察大學國境警察學報，第10期，頁103-132。

刁仁國節譯（1994），外國人的民權，新知譯粹，第9卷第6期，中央警察大學，彙編第四輯法律及其他類。

李惠宗（1998.1），憲法精義，台北：敦煌書局。

李震山（2019），行政法導論，11版，台北：三民書局。

李震山（1995.3.23），論德國關於難民之入出境管理法制－以處理請求政治庇護者及戰爭難民爲例，中央警官學校國境警察學系論文研討會「難民問題」論文集。

李震山、許義寶、李寧修、陳正根、李錫棟、蔡庭榕、蔡政杰（2022.9），入出國及移民法逐條釋義，台北：五南圖書出版公司。

卓忠宏（2016），移民與安全：歐盟移民政策分析，全球政治評論，第56期，頁47-73。

林明佐（2010），兩岸毒品走私對我國國家安全威脅之研究，政治大學國家安全與大陸研究碩士在職專班學位論文。

姜皇池（1999），論外國人之憲法權利－從國際法觀點檢視，憲政時代，第25卷第1期，頁132-155。

許義寶（2017），人民出國檢查之法規範與航空保安，收錄於氏著，移民法制與人權保障，桃園：中央警察大學出版社。

陳美華（2010），性化的國境管理：「假結婚」查察與中國移民／性工作者的排除，台灣社會學，第19期，頁55-105。

陳清秀（1997.3），憲法上人性尊嚴，收錄於現代國家與憲法，李鴻禧教授六秩華誕祝賀論文集，台北：月旦出版社。

黃異（2001），水域安檢制度芻議，軍法專刊，第47卷第1期，頁1-8。

楊翹楚（2011），全球化對我國移民制度之影響，中央警察大學國土安全與國境管理學報，第15期，頁117-161。

監察院調查報告，我國移民政策與制度總體檢案調查報告（五），監察院公報，第2588期。

蔡明星（2011），美國國土安全與人權，主計月刊，第662期，頁23-26。

蔡庭榕（2003），論國境檢查，警察法學，第2期。

簡建章（2002.3.28），偷越國境罪若干基本問題之研究，2002年國境警察學術研討會－國境安全執法問題論文集。

蘆部信喜著，李鴻禧譯（1995.12），憲法，月旦法律叢書3。

二、外文文獻

戶波江二（1983.5），外國人の入國限制，收錄於和田英夫編，憲法100講，學陽書房。

吉成勝男（2002.2），非正規滯在外國人における生存權保障の實態，法學セミナ，第566期。

岩澤雄司（2000.7），外国人の人権をめぐる新たな展開—国際人権法と憲法の交錯，法學教室，第238期。
松村雅之（2006），不法外国人の入国を阻止せよ，特集国際化と警察の課題，日本現代警察季刊，第32卷第3期。
板中英德、齋藤利（1997.8），新版出入国管理及び難民認定法逐條解說，日本加除出版株式會社。
法務省入国管理局企画官室国際化の潮流，外国人の入国・在留の現状と出入国管理行政の展望－第三次出入国管理基本計画の概要，自治体国際化フォ-ラム，第192期。
高坂晶子（2019.1）。改正入管法の施行に向けて～問題孳と求められる対応～。日本總研。https://www.jri.co.jp/MediaLibrary/file/report/researchfocus/pdf/10880.pdf，瀏覽日期：2020年2月28日。
清水睦（1979.4），基本的人權の指標，現代法學選書7，東京：勁草書房。
荻野芳夫（1981），外國人の法的地位，公法研究，第43號，日本公法學會，東京：有斐閣，頁33-34。
高橋済（2016.3），我が国の出入国管理及び難民認定法の沿革に関する一考察，中央ロー・ジャーナル，第12卷第4期。
菱川孝之（2005.2.15），不法残留を理由に退去強制令書の発付を受けた者が自費出国の許可を得た後同許可の際指定された出国予定時までの間身柄を仮放免されて本邦に滞在していた行爲と不法残留罪の成否－最一小決平成15.12.3，判例研究，第1284期。
豊田透譯（2016.3），外国人の入国及び滞在並びに庇護権に関する法典（抄），特集国と社会の安全と安定，外国の立法：立法情報・翻訳・解說（267）。

第二章

移民安全機制之體系、現況、困境與對策——以川普政府為例

高佩珊

第一節　前言

在大航海時代當哥倫布發現新大陸後，歐洲國家如西班牙、英國和法國等國的勢力便伸入美洲新大陸，透過貿易與大規模的人口移動，來自歐洲列強的移民不只在此進行定居亦征服、控制、殖民原已居住在此的其他居民。爲維持與歐洲母國的貿易生意往來與聯繫，歐洲國家不只奴役美洲印第安人，在需要大批勞動力之下，來自非洲的黑人成爲主要奴隸來源。期間歐洲列強在美洲各地建立殖民地，發生多場戰爭直到美國獨立戰爭（1775年至1783年）成功，建立美利堅合眾國，美國開始向西部擴張。19世紀末期，來自俄羅斯與中國的移民亦開始移往美國西部定居；自此美國成爲一個由多國移民所組成的多元社會。在移民帶來的豐沛人力資源下，美國經濟高度成長，政治民主自由、社會環境安定，進而吸引更多菁英移民的移入，「美國夢」（American Dream）成爲全球移民的夢想；與此同時，美國社會亦需要大量中低階勞動移民。在勞動與就業市場供需問題上，無論是白領專業菁英、中低階就業者或者是非法移民大批湧向美國，移民法規成爲聯邦最複雜的法規之一。

長期以來，民主黨傾向於推動就地合法，幫助非法移民取得合法身分；然共和黨始終堅持打擊非法、嚴守邊境之政策。以民主黨籍的歐巴馬（Barack Obama）總統爲例，歐巴馬政府於2011年5月發表「建構21世紀」（Building a 21st Century Immigration System）藍皮書，強調移民不僅能爲美國創造更多就業機會，也會爲政府增加更多稅收，但承諾美國也將運用一切資源來保障國境安全，加強國家內部及工作場所的有效執法，及改善合法的移民系統。[1]2013年1月底，歐巴馬政府又提出「創造21世紀的移民體系」（Creating an Immigration System for the 21st Century），說明將持續加強邊境安全、打擊僱用非法移民的雇主、幫助非法移民合

1　詳見"Building a 21st Century Immigration System," *The White House*, May 2011. http://www.whitehouse.gov/sites/default/files/rss_viewer/immigration_blueprint.pdf.。

法化、簡化合法移民程序等四大原則。[2]歐巴馬的移民改革方案於同年6月17日經參議院通過，參議院通過的改革方案，以「滯留非法移民之合法化」、「改革移民體系與經濟發展」、「查證受僱者系統」、「外籍勞工與勞工人權」等四大主軸爲核心；然此改革方案並未於眾議院通過。[3]自川普（Donald J. Trump）上台後，一如競選時期多次強調當選後將嚴厲打擊非法、嚴守邊界，在在於移民政策上展現強硬態度。例如，川普上台後，隨即簽署兩項強化邊境安全的行政命令（executive order），要求建築美墨邊境長城、加強邊境巡邏、增加邊境執法人員、刪減給予庇護城市（sanctuary cities）聯邦預算等。因此，本章重點將探討川普上台後，所實行之一系列移民管理機制與措施，除相關文獻探討外，亦將分析川普政府移民政策思維，最後作出結論。

第二節　相關文獻探討

本節將列出幾篇與本章題目相關之文獻，進行分析與探討，以了解美國移民議題及學界就美國移民政策及管理機制作出之相關研究，提供本文參考。華斯林（Michele Waslin）在最新發表的文章〈利用行政命令和宣言制定移民政策：從歷史角度看川普〉（The Use of Executive Orders and Proclamations to Create Immigration Policy: Trump in Historical Perspective）一文中指出，[4]如果從歷任總統頒布的行政命令（EOs）數量來看，[5]川普

2　詳見"Creating an Immigration System for the 21st Century," *The White House*, January 29, 2013. http://www.whitehouse.gov/issues/immigration。

3　林奎霖、何祥麟（2014），內政部入出國及移民署移民資訊組自行研究報告，頁15。

4　Michele Waslin, "The Use of Executive Orders and Proclamations to Create Immigration Policy: Trump in Historical Perspective," *Journal on Migration and Human Security*, Vol. 8, Issue 1, March 3, 2020, pp. 1-14.

5　總統行政命令（executive order）與總統公告（proclamation）不同。一般而言，行政命令是美國總統針對政府內部事務發布給行政官員的命令，用以指導他們的行動；總統簽署的數量與過往歷屆政府相當；然而，若從公告宣言（proclamation）的數量來看，相較於過去幾任總統確實相對的高。但川普頒布與移民有關的行政命令和宣言有一些地方與過去總統不同。自1945年以來發布的56項與移民有關的行政命令和公告宣言中，川普發布了10份行政命令和9份公告。總體而言，二戰結束以來，與移民管理機制有關的行政命令和公告僅有總量的1%，然而川普時期與移民有關的行政命令和公告卻分別占8%和2.4%。華斯林觀察與歷屆總統大相徑庭的是，川普簽署的行政命令和公告中，有更大比例屬於實質性決策文件，旨在限制合法移民的入境及加強邊境和美國內部的執法。該篇文章詳細分析川普非正規地使用行政工具制定移民政策以繞過國會，甚至是他自己的政府成員。因此華斯林提出幾點建議：第一，國會應舉行監督聽證會，並應考慮撤銷或修改根據國會賦予總統權力所發布的行政命令和公告，而不是根據行政部門憲法權力發布的公告。第二，支持各組織應持續挑戰總統協商和程序不足的行政作爲，所造成的法律或憲法正當性問題及衝擊。國會應該詳細清點並記錄它賦予行政部門的移民權力，無論是明確的或隱含的權力，並決定何時能夠或應該限制行政部門這一權力。第三，國會應該透過立法更新和改革美國移民制度，從而澄清其在這方面對美國移民法、政策和行政權力的意圖。

另一篇討論川普移民政策的文章是施密特（Paul Wickham Schmidt）的〈川普時代的美國移民和庇護政策概述與評論〉（An Overview and Critique of US Immigration and Asylum Policies in the Trump Era），[6]該篇期刊從作者四十六年的公務員生涯出發，對美國移民和庇護政策進行一番

公告則是針對政府外部事務，兩者具有相同的法律效力。國會可以藉由立法或拒絕通過預算來推翻總統行政命令；但過去至今，爲尊重憲法給予總統的行政權，國會很少推翻總統行政命令。參見Philip Cooper (2002). *By Order of the President: the Use and Abuse of Executive Direct Action*, US: University Press of Kansas, p. 116.

6 Paul Wickham Schmidt, "An Overview and Critique of US Immigration and Asylum Policies in the Trump Era," *Journal on Migration and Human Security*, Vol. 7, Issue 3, August 14, 2019, pp. 92-102.

概述和批判。這篇文章透過假設不同類別的成員：俱樂部的正式成員（美國公民）、準會員（合法永久居民、難民、庇護者）、朋友（非移民者和臨時身分持有人），以及俱樂部以外的人（無證者）等，敘述適用於這些不同類組人群的法律框架，以及與他們相關的聯邦法律和政策的最新發展。該篇文章亦指出影響這些人口的一系列貫穿各領域的問題，包括移民拘留、移民法院案件積累、州和地方移民政策，以及延伸至非公民者的憲法權利。最後，施密特對於美國庇護制度改革提出了一系列建議和結論。該篇文章描述美國規範永久成員資格的法令規則如何有利於3個群體——家庭、技術工人和難民、庇護者，卻只提供有限的機會給那些尋求成員資格的低階勞工。施密特認爲在美國的無證件者擁有特定公認的權利，包括接受公立初級和中等教育的權利，以及被驅逐出俱樂部和（或）被逐出工作場所時得以要求公平對待的權利。因此，要大規模驅逐1,070萬美國無證居民的可能性相當低，因爲這些人在被遣返前皆能享有正當程序的權利。此外，大規模的驅逐會對美國家庭、許多產業和社區造成巨大災難。然而，行政部門對於移民仍然擁有很大的自由裁量權，且可以撤銷前幾屆政府給予他們的行政保護，終止或限制海外難民入境計畫，並加緊逮捕、拘留和遣返。雖然這些行動可能適得其反，而且浪費人力和資源，但毫無疑問，這些行動在政治上仍然會受到某些投票族群的歡迎。因此，作者認爲在可預見的將來，移民或許仍然極具爭議性，在公眾眼中也是如此。

洛杉磯時報曾在2020年3月發表的一篇社論中指出，[7]在川普就職前，一直以來移民在美國就已經是一個極具爭議性的議題，但川普對於移民問題傾向採取單方面的行動，以及他對於移民對美國社會貢獻的忽視，使得對於移民議題的討論變得更加艱難。不只川普從種族的角度看待世界，美國國會無法有效的面對或抵抗川普的作爲，只會讓情況變得更糟。該篇社論批評，川普就職以來的過去三年中，不只無視國會，在某些情況下

---

7 The Times Editorial Board, “Editorial: Trump’s war against immigration is grinding on-with unfortunate success,” *Los Angeles Times*, March 1, 2020. https://www.latimes.com/opinion/story/2020-03-01/trump-immigration-border-asylum-detention.

甚至無視聯邦法律，以一系列行政命令、部門裁定和內部指示重塑美國移民政策，這對數十年來美國鼓勵來自世界各地的移民來到這個國家的政策無異是一大侮辱。該時報認爲美國長期以來皆鼓勵年邁的父母赴美與其移民子女們團聚、鼓勵具備國家需求有技能的勞工移民、鼓勵富有的企業家來美投資，以及在其他移民類別中無法取得簽證的人能從每年的樂透移民中取得資格。此外，美國長期履行承諾，要接收在戰區和在本國遭受迫害的難民。然而，這一切情況都變了，不是因爲國會的行動而改變，而是因爲國會的不作爲。川普和一些民族主義者極大地重新定義確定誰能被允許成爲美國人，他們必須如何來到美國，他們必須來自何處以及哪些原因可以作爲被接受的標準，所有這些都無需國會的參與。而且，在某些情況下，完全藐視國會的存在。該報將川普的行爲稱爲「川普烏托邦」（Trumptopia），批評長久下來川普的主要反移民支持者顯然能從總統那裡得到更多他們想要的東西。問題是，過去多年美國依賴移民來實現經濟增長和創新的歷史，是否將因爲川普反移民的這些政策，讓情況變得更加惡化？

另一篇由兩位美國史丹佛大學學者阿薩德（Asad L. Asad）與黃杰（Jackelyn Hwang）所撰寫的文章〈美墨移民中原住民區域與無證身分的製造〉（Indigenous Places and the Making of Undocumented Status in Mexico-US Migration）認爲，[8]社區之間經濟和社會資源的分配不均，往往是沿著民族和種族的面相分布。很少有人口統計學家考慮過在移出國中這樣的地方分層軸是否與個人在移民接收國中獲得經濟和社會資源的途徑有關。因此兩位學者以美國墨西哥移民流入爲研究重點，觀察源自墨西哥本土區域主要軸心分層的居民，是否與移民跨越邊境時的證件身分具有相關性。研究者利用墨西哥移民項目中的個人數據與墨西哥人口普查的市政

---

[8] Asad, Asad L., and Jackelyn Hwang, "Indigenous Places and the Making of Undocumented Status in Mexico-US Migration," *International Migration Review*, Vol. 53, Issue 4, 2019, pp. 1032-1077.

數據結合起來，使用多層級模型研究發現，與非原住民社區的移民相比，墨西哥土著社區居民更有可能使用無證而非持有合法文件的方式移民到美國；也就是過去區隔出的經濟與社會資源網絡有助於國際移動。作者們試圖找出讓原住民居於經濟和社會劣勢條件下的區域，以不成比例的方式將移民導向無證地位。此項研究有助於理解跨境背景下的分層組織過程對於美國不平等現象的發生具有影響。阿薩德與黃杰在共同發表的另一份研究〈從墨西哥原住民社區移民到美國〉（Migration to the United States from Indigenous Communities in Mexico）中指出，過去關於墨西哥移民到美國的研究，[9]長期以來都一直認爲移民社區的特徵會形塑並影響個人進行國際移動的機會。因此，兩位學者試圖利用墨西哥移民計畫項目調查中的143個社區數據，加上墨西哥人口普查的數據作爲補充，使用多層次模型描述移民社區原住民分享如何與移民過程的其他方面形成關聯。該研究專注於移居美國的決定，以及移民首次赴美國旅行時使用的證件。兩位作者並未發現移民社區中原住民的集中與遷移到美國的決定並無相關；然而，他們的研究確實發現，原住民人口相對較多的社區中的人，更有可能以無證移民而不是有證件的方式移民。因此該份研究得出的結論是，原住民集中在社區中可能是因爲其經濟和社會狀態處於不利地位，這因此限制了居民進行國際遷徙的可能性。綜合以上文獻資料，本文將在下二節就川普政府上台後所簽署與移民相關之總統行政命令與公告作一介紹，以及由此所推行之移民新政策與管理機制。

9　Asad, Asad L., and Jackelyn Hwang, "Migration to the United States from Indigenous Communities in Mexico," *The ANNALS of the American Academy of Political and Social Science*, Vol. 684, Issue 1, July 8, 2019, pp. 120-145.

第三節 與移民相關之總統行政命令[10]

據美國白宮網站資料，總統行動（Presidential Actions）包含總統行政命令（executive orders）、備忘錄（memoranda）、公告（proclamations）、提名與派令（nominations and appointments）。總統行動的內涵領域分爲預算與支出（budget and spending）、經濟與就業（economy and jobs）、教育（education）、能源與環境（energy and environment）、外交政策（foreign policy）、醫療（healthcare）、移民（immigration）、基礎設施與科技（infrastructure and technology）、土地與農業（land and agriculture）、法律與司法（law and justice）、國家安全與國防（national security and defense）、社會計畫（social programs）與退役軍人（veterans）等13個項目。截至2020年4月1日爲止，川普上台後所簽署和發布的總統行動，包含行政命令、備忘錄和公告共有451個，其中與移民有關的有28個，占比6.2%。[11]當川普總統於2017年1月20日就職後，隨即在第一週簽署3項與移民有關的行政命令，此舉被外界視爲有損並威脅美國境內和全球範圍內的移民和難民的尊嚴和權利。[12]例如，1月25日，川普在國土安全部（Department of Homeland Security）簽署關於「邊境安全與加強移民執法」（Border Security and Immigration Enforcement Improvements）和「加強美國境內公共安全執法」（Enhancing Public Safety in the Interior of the United States）的行政命

---

[10] 川普所簽署和發布的所有總統行動，與移民有關的於移民項目內的有22項，於國家安全與國防項目中有1項，於健康醫療項目中的有5項；詳見白宮官方網站"Presidential Actions," *The White House*, March 28, 2020. https://www.whitehouse.gov/presidential-actions/。本章僅就移民與國家安全部分之23項移民相關總統行動作一介紹。

[11] 同前註。

[12] 川普上任百日內即簽署90個行政命令，可見Rebecca Harrington, "Trump signed 90 executive actions in his first 100 days, here's what each one does," *Business Insider*, May 3, 2017. https://www.businessinsider.com/trump-executive-orders-memorandum-proclamations-presidential-action-guide-2017-1。

令；[13]1月27日，又簽署關於特定國家的難民和簽證持有人入境美國的行政命令。本節將就白宮網站中，川普就移民、國家安全與國防項目中所簽署和發布與移民相關的行政命令作一介紹。

壹、加強美國境內公共安全之行政命令（Enhancing Public Safety in the Interior of the United States）[14]

此項行政命令指出許多非法入境、逾期停留或違反簽證條款、從事犯罪行爲之外國人對美國國家安全和公共安全構成重大威脅，因此加強內部執行移民法令相當重要。國內一些庇護所故意違反聯邦法律以保護外國人免於被驅逐出境，對美國人民和國家造成極大傷害。這當中有許多人被釋放到美國各地，許多是在美國監獄服役的罪犯，也被母國拒絕接受遣返；這些人的存在與美國國家利益背道而馳。儘管聯邦移民法爲聯邦政府與州之間的夥伴關係提供框架加強移民法，以確保能遣散無權在美居留的外國人；但聯邦政府未能履行這一基本主權責任，因此該命令指示行政部門採取一切合法手段忠實執行移民法，並在預算允許範圍內，另外僱用1萬名移民官員完成相關培訓進行執法。依照該命令，國土安全部長需審查以前的移民行動和政策並採取適當行動終止2014年11月20日發布之備忘錄中所述的「優先執行計畫」（PEP），並重新啓動該備忘錄中稱爲「安全社區」的移民計畫。司法部長和國土安全部長應共同制定合作戰和實施計畫，以確保有足夠的資源用於起訴美國的移民犯罪，以減少暴力犯罪和跨國犯罪組織進入美國。國土安全部長和國務卿應進行合作，國務卿應在法律允許的最大範圍內，確保外交努力和與外國的談判包括接受那些被驅逐出美國的外國人。國土安全部長應指示「移民和海關

---

[13] "Executive Order: Border Security and Immigration Enforcement Improvements," *The White House*, January 25, 2017. https://www.whitehouse.gov/presidential-actions/executive-order-border-security-immigration-enforcement-improvements/.

[14] "Executive Order: Enhancing Public Safety in the Interior of the United States," *The White House*.

執法局」（Immigration and Customs Enforcement）局長採取一切適當行動設立一個「受外國人傷害之受害者辦公室」（Office for Victims of Crimes Committed by Removable Aliens），爲受害者及其家庭成員提供協助。除本命令另有規定外，國土安全部長和司法部長均應分別在本命令發布後90天內及180天內向總統提交本命令所載指令進度報告，以及蒐集包含在聯邦監獄、州監獄和地方拘留所被關押之所有外國人移民身分、狀況之有關數據和提供季度報告。

貳、邊境安全與加強移民執法之行政命令（Executive Order on Border Security and Immigration Enforcement Improvements）

爲確保美國國家安全和領土完整，以及爲確保忠實執行國家的移民法，川普於2017年1月25日發布此行政命令。該文件指出邊境安全對美國國家安全至關重要，任何未經檢查或非法入境美國的外國人嚴重威脅美國國家安全和公共安全。近期由於與墨西哥相連的南部邊界非法移民激增，對於聯邦資源造成極大負擔，使得負責邊境安全之移民執法機構，以及許多安置外國人的社區亦不堪重負。此外，跨國犯罪組織在美國南部邊界經營複雜的販毒和人口販運網絡與走私活動，極大地增加暴力犯罪和因危險藥物造成的死亡；而那些企圖透過恐怖或犯罪行爲傷害美國人者多爲非法入境者。有鑑於持續湧進的非法移民已經對美國國家利益構成明顯和立即性的危險，該命令指示行政部門和機構採取一切合法手段確保南部邊界安全，防止非法移民進一步進入美國，並持續加速人道遣返。該命令第二部分說明行政部門之政策爲：

一、透過在南部邊境立即建造實物牆，並由適當數量人員監督以確保邊界安全，用以防止非法移民、毒品和人口販運以及恐怖主義行爲。

二、拘留涉嫌違反聯邦或州法律，包括聯邦移民法而被逮捕者並起訴該違法行爲。

三、迅速確定被逮捕者是否具繼續在美國居住資格之主張。

四、迅速移出任何適當民事或刑事制裁後，依法被拒絕留在美國者。

五、與州和地方執法機構充分合作，建立聯邦與州夥伴關係以優先執行聯邦移民工作，以及符合聯邦法律之監督和拘留計畫。

依照該命令，川普要求國土安全部長取得對南部邊界的全面營運與控制，並準備必要預算採取適當步驟，使用適當材料和技術，立即在南部邊界沿線規劃、設計和建造隔離牆，以有效實現對南部邊界之控制。此外，政府應採取一切適當行動，立即將庇護人員分配至移民拘留設施，以便進行庇護面談和聽證。至於違反移民法而被逮捕者，需在法律允許範圍內將其驅逐出境、拘留或遣返，以終止過去歐巴馬時代的「抓了就放」的政策；另外，政府亦將額外僱用5,000名邊境巡邏人員。該命令要求國土安全部長須在命令發布60天內提交一份綜合報告說明過去五年美國每年向墨西哥政府之直接和間接援助或援助的來源，包括所有雙邊和多邊發展援助、經濟援助、人道主義援助以及軍事援助。同時行政部門亦授權州和地方執法機構在法律允許的最大範圍內履行美國移民官的職能，司法部長應採取一切適當步驟，制定起訴指南並分配適當資源，以確保聯邦檢察官將起訴與南部邊界有關聯之犯罪活動列爲最先優先事項。國土安全部長需以每月可公開獲得資訊的方式，以國土安全部之數據報告在南部邊界或其附近被捕之外國人人數。

參、防止外國恐怖主義分子進入美國之行政命令（Executive Order Protecting the Nation from Foreign Terrorist Entry into the United States）[15]

該命令表示根據憲法和法律，包括「移民與國籍法」（Immigration

---

15 "Executive Order Protecting the Nation from Foreign Terrorist Entry into the United States," *The White House*, January 27, 2017. https://www.whitehouse.gov/presidential-actions/executive-order-protecting-nation-foreign-terrorist-entry-united-states/.

and Nationality Act, INA）之規定，授予總統權力，為保護美國人民免受入境之外國人恐怖襲擊，該命令目的為：作為發現與恐怖主義關聯之人並阻止其入境美國，簽證簽發過程具有重要作用。911恐怖攻擊之後，為更能發現潛在恐怖分子獲得簽證，對簽證發放程序進行重新審視及修改，但這些措施並未阻止已許可入境之外國人對美國的攻擊。許多被定以恐怖主義有關罪刑的外國人，包括獲得觀光、學生或工作簽證入境美國的外國人，或透過美國難民安置計畫入境的外國人。某些國家因戰爭、衝突、災難及內亂而導致局勢惡化，增加恐怖分子使用一切可能之手段入境美國的可能性。美國在簽證簽發過程中必須保持警覺，以確保獲准入境者無傷害美國人之傾向，也未與恐怖主義有任何關聯。美國必須確保許可入境之人對美國及美國建國原則不懷有敵對態度，不能更不應接納不支持憲法或將暴力意識形態置於美國法律之上者。此外，亦不應接納從事偏執或仇恨行為之人（包括對婦女以其他形式施以暴力殺人或迫害不同於自己宗教的人）或因種族、性別或性取向而壓迫美國人之人。

為保護公民免受於美國實施恐怖攻擊之外國人的侵害，並防止意圖持惡意目的利用移民法的外國人，據此中止核給簽證及其他移民相關利益予特定國家之國民。國土安全部部長應與國務卿和國家情報局局長協商並立即進行審查，以確保每個國家／地區是根據移民與國籍法來裁定有關簽證、入境許可或其他利益，確定該受益人身分非為安全或公共威脅來源。國土安全部長應會同國務卿和國家情報局局長，在此命令發布後30天內向總統提交審查結果報告，包括國土安全部部長對裁決所需資訊的決定及未提供充足資訊的國家或地區之列表；國土安全部部長同時應提供該報告的副本予國務卿及國家情報局局長。為減輕有關機構的調查負擔並確保適當審查，及最大程度利用可用資源篩選外國人並確保制定適當標準，中止從該命令發出之日起90天內，以此類移民身分作為移民和非移民進入美國之外國人（不包括持外交簽證、北大西洋公約組織簽證、前往聯合國旅行的C-2簽證及G-1、G-2、G-3和G-4簽證），防止外國恐怖分子或罪犯滲透。國務卿應在收到有關裁決所需資訊報告後，立即要求所有不提供此類資訊之外國政府在接到通知後60天內提供其國民資訊。60天期限到期後，國土安全部部長應會同國務卿向總統提交建議列入總統公告的國家名單，並將禁止未提供資訊之國家人民入境，直到其實踐相關要求。在提交清單後，國務卿或國土安全部部長仍可隨時向總統提交任何建議採取類似待遇的其他國家名單。國務卿和國土安全部長應於命令發布日起30天內向總統提交一份執行進展的聯合報告，60天內提交第二次報告，90天內提交第三次報告，並於120天內提交第四次報告。此外，國務卿、國土安全部長、國家情報局局長及聯邦調查局局長應實施所有移民計畫統一篩選標準，作爲移民相關利益裁決程序。該計畫包括制定統一的篩選標準和程序，例如面談、建立申請人提供的身分證明文件數據庫，以防止多個申請人使用複製的相同文件、使用修訂後的申請表，其中包括以識別欺騙性回答和惡意意圖爲目的的問題、建立能確保申請人身分的機制、建立申請人成爲社會積極貢獻者的可能性及其爲國家利益作出貢獻之能力評估、建立申請人入境美國後是否有犯罪或恐怖行爲的評估機制。對此，國土安全部長應會同國務卿、國家情報局局長及聯邦調查局局長於命令發布後60天內向總統提交有關該指令進展的初步報告，並於100天內提交第二份報告，200天內提交第三份報告。

該命令第5節要求重新調整2017財政年度的「難民認定計畫」（The United States Refugee Admissions Program, USRAP），指示國務卿應將此計畫中止120天。在此期間內，國務卿應會同國土安全部部長與國家情報局局長，審查難民認定計畫的申請和裁決，以確定應採取哪些程序確保批准入境之難民不會對美國的安全和福祉構成威脅。一旦啓動和完成再審查程序，已提出申請的難民申請人得以被接納。在此命令發出之日後的120天，國務卿、國土安全部長及國家情報局局長針對特定國家的人民恢復難民認定計畫，且共同確定此程序足以確保美國的安全和福祉。恢復難民認定計畫認定程序後，國務卿將與國土安全部部長協商，進一步指示在法律允許範圍內進行修正，優先考慮個人在基於宗教迫害下提出的難民認定請求，但前提是該人的宗教在該原籍國中是少數宗教；在必要和適當的情況下，國務卿和國土安全部部長應向總統建議立法，以協助決定優先次序。該命令宣布，敘利亞國民以難民身分入境美國有害美國利益，因此中止任何此類入境，直到難民認定計畫進行足夠之修改，以確保此接納符合國家利益。另外，2017財政年度，超過5萬名難民入境將不利於美國利益，因此中止任何此類入境，直到總統確定接納難民符合國家利益爲止。然國務卿和國土安全部長得依據自身判斷，根據具體情況共同決定接納個人以難民身分入境美國，惟前提是認定這些人爲難民符合國家利益，包括該人因屬少數宗教而於其原籍國內面臨迫害時，且接受該人符合國際協定；或者該人過境時其難民認定遭拒將導致過度苦難，並且不會對美國的安全或福祉構成威脅。國務卿應在命令發布日起100天內向總統提交一份初步報告，說明有關個人基於宗教迫害提出之優先認定權請求之進展情況，並應在200天內提交第二份報告。行政部門政策爲在法律允許且可行範圍內，授予州政府和地方政府管轄權，以確定有資格進入美國的外國人在其管轄範圍內作爲難民身分進行安置。爲此，國土安全部部長應審查現行法律，以決定州政府和地方政府在何種程度上可以更妥適地參與難民在其管轄區內的安置，並應提出一項能合法地促進此種參與之提案。

該命令同時要求爲所有入境美國的旅客加速完成生物特徵出入境追蹤系統。國土安全部部長應應在該命令公布日起100天內向總統提交此指令進展情況，200天及365天內提交第二及第三次報告；部長亦應在系統完全運行後每180天提交一份報告。國務卿亦應立即中止簽證面談豁免計畫，要求所有尋求非移民簽證者接受面談，並在可能預算下，立即擴大領事人員計畫，包括大幅度增加人數，延長服務任期或分配人員至其主要工作範圍外之職位，使其可在外國服務機構培訓以進行語言訓練，以確保不會對非移民簽證面談之等待時間產生過度的影響。國務卿應審查所有非移民簽證之互惠協議，以確保每種簽證類別之效期及費用均適當可行，並符合移民法規。爲對美國人民更加透明並有效地執行符合國家利益政策和作法，國土安全部長應協同司法部長，根據適用之法律和國家安全概念，蒐集並在180天內及此後之每180天向公眾公開有關在美期間被起訴與恐怖主義相關罪行、犯罪人、與恐怖主義有關之活動、隸屬關係或與恐怖主義相關組織的物質支援、移民身分等資訊。

肆、防止外國恐怖主義分子進入美國之行政命令（Executive Order Protecting the Nation from Foreign Terrorist Entry Into the United States）[16]

爲保護國家免受入境美國之外國人發動之恐怖活動侵害，繼2017年1月27日第13769號行政命令「防止外國恐怖主義分子進入美國之行政命令」後，川普於同年3月6日宣布依照第13769號行政命令將來自七個國家（伊朗、伊拉克、蘇丹、敘利亞、利比亞、索馬利亞和葉門）的外國人暫停入境90天；包含擁有美國簽證或綠卡身分者。由於恐怖組織試圖透過難民計畫滲透到一些國家，「難民行動計畫」亦將暫停120天。[17]該命令採用美國國務院「2015年恐怖主義國家報告」，說明以下七國對於美國國家安全可能之風險，例如，伊朗自1984年以來即被認定爲恐怖主義支持者，支持各種恐怖組織，包括眞主黨、哈馬斯和伊拉克的恐怖組織；亦與蓋達組織有所聯繫，允許其將資金和戰鬥人員通過伊朗運送到敘利亞和南亞，且伊朗在反恐行動中不與美國合作。利比亞是一個活躍的戰鬥區，國際公認其政府與競爭對手間存在敵對行動，且在該國許多地區，安全和執法職能是由武裝民兵而非國家所提供。包括伊拉克和敘利亞伊斯蘭國（ISIS）在內的暴力極端主義團體利用這些條件擴大在利比亞的存在。利比亞政府雖與美國進行反恐合作，但它無法確保數千英里陸地和海洋邊界的安全，從而導致武器、非法移民和外國恐怖分子的流動。索馬利亞的部分地區爲恐怖主義避風港，蓋達組織下屬的恐怖組織青年黨在該國活動多年，且索馬利亞邊界鬆散，大多數國家不承認其國民證件；索馬利亞政府雖在一些反恐行動中與美國合作，卻無能力承受軍事壓力或調查可疑恐怖分子。蘇

16 "Executive Order Protecting the Nation from Foreign Terrorist Entry Into the United States," *The White House*, March 6, 2017. https://www.whitehouse.gov/presidential-actions/executive-order-protecting-nation-foreign-terrorist-entry-united-states-2/.

17 但該命令允許國務卿和國土安全部長在符合國家利益時，仍能共同給予旅遊禁令和難民計畫個案豁免。

丹自1993年以來就被指定爲國家恐怖主義支持者，因其支持包含眞主黨和哈馬斯在內的國際恐怖組織。從歷史上看，蘇丹爲蓋達組織和其他恐怖組織提供聚會和訓練場所；儘管蘇丹對蓋達組織的支持已經停止，並且與美國進行反恐合作，但與蓋達組織和與伊斯蘭國有關聯的恐怖組織主要分子仍在該國活躍。敘利亞自1979年以來，就已被認定爲恐怖主義支持者，敘利亞政府爲控制該國部分地區而與ISIS及其他人持續進行武裝衝突；同時，敘利亞亦繼續支持其他恐怖組織，允許或鼓勵極端分子穿過其領土進入伊拉克。此外，ISIS繼續吸引外國戰鬥人員到敘利亞，並利用其在敘利亞的基地策劃或鼓勵包括美國在內的全球襲擊，敘利亞亦未配合美國的反恐行動。葉門在現任政府與胡塞領導的反對派之間持續不斷衝突，ISIS和阿拉伯半島蓋達組織（AQAP）皆利用這一衝突擴大在葉門的存在並發動數百次襲擊，經由葉門邊界走私的武器被用於資助AQAP和其他恐怖活動。葉門雖一直支持美國，但未能與美國在反恐行動中合作，因此，將暫停從以上六國國民入境。至於伊拉克則自2014年以來，ISIS在伊拉克北部和中部重要領土發揮主導作用。儘管伊拉克政府和武裝部隊的努力和犧牲以及與美國領導的盟軍的合作，這種影響已大大減少，但持續的衝突影響伊拉克政府確保邊境安全和辨認僞造旅行證件之能力。然而美國與民主選舉的伊拉克政府之間仍有密切合作關係，美國在伊拉克的強大外交與軍事勢力，以及伊拉克打擊ISIS的承諾皆證明需對伊拉克採取不同待遇。自發布13769號行政命令以來，伊拉克政府已採取明確步驟，加強旅行證件審查、與美國共享資訊，以及接受遭驅逐的伊拉克國民返國。關於簽證的發放或准予伊拉克國民入境美國的決定應受到進一步審查，以確定申請人是否與ISIS或其他恐怖組織有聯繫，否則仍會對國家安全或公共安全構成威脅。

該命令指出，一些透過美國移民系統入境美國的人已證明對美國國家安全構成威脅，當中包含持合法簽證入境的人和以難民身分進入的個人。鑑於上述情況，川普撤銷13769號行政命令並以此命令作爲替代。川普要求終止核發簽證及其他移民相關利益予特定國家之國民，並要求國土安全部長應與國務卿和國家情報總監協商，進行全球審查，以確定是否需要外國提供補充資料，裁定該國家國民申請簽證、入境或其他利益，以確定個人不是國家或公共安全威脅，並向總統提交全球審查結果報告，包括國土安全部長在本命令生效日起20天內確定對每個國家／地區裁決所需的資訊以及未提供足夠資訊的國家／地區的清單。國土安全部長亦應向國務卿、司法部長和國家情報總監提供報告的副本。關於裁決每個國家所需之資料，國務卿應要求所有不提供此類資料的外國政府在通知後50天內提供。上述期限屆滿後，國土安全部長應與國務卿和司法部長協商，向總統提交一份總統公告建議，禁止未提供所需資訊之外國國民入境，直到該國提供爲止或直到國土安全部長證明該國有適當的計畫或其他方式充分分享資訊。國務卿、司法部長或國土安全部長亦可向總統提交其他國家建議名單，對其進行必要的其他合法限制或享受美國的福利；亦可建議刪除任何國家。國務卿和國土安全部部長應在本總統命令生效日起60天內向總統提交一份關於執行該命令進展之聯合報告，生效日90天內向總統提交第二份報告，120天內提交第三份報告，150天內提交第四份報告。川普同時宣布2017財政年度僅接受5萬名難民入境以免損害美國國家利益直到確定其他條目符合國家利益之時爲止。

伍、恢復加強審查美國難民計畫之總統行政命令（Presidential Executive Order on Resuming the United States Refugee Admissions Program with Enhanced Vetting Capabilities）[18]

此命令言明美國的政策爲保護其人民免受恐怖主義襲擊及其他公共安全威脅，因而確定哪些外國人，包括經由難民計畫進入美國之有關篩選和

[18] "Presidential Executive Order on Resuming the United States Refugee Admissions Program with Enhanced Vetting Capabilities," *The White House*, October 24, 2017. https://www.whitehouse.gov/presidential-actions/presidential-executive-order-resuming-united-states-refugee-admissions-program-enhanced-vetting-capabilities/.

審查程序具有相當重要之作用。審查程序得以發現可能從事、協助或支持恐怖主義行爲或對美國國家安全或公共安全構成威脅的外國國民的能力，並且加強防止此類人員進入美國的能力。依照2017年3月6日第13780號行政命令「防止外國恐怖主義分子進入美國之行政命令」第5款，總統指示國務卿、司法部長、國土安全部長和國家情報局長建立統一標準程序，審查所有進入美國之旅客。按照該13780號行政命令第6(a)節要求進行檢討，以加強USRAP的審查程序，該命令同時指示國務卿根據該方案暫停難民入境美國，並指示國土安全部局長中止對難民地位申請之核准，雖然得以接受某些例外狀況。該命令第6(a)節還要求國務卿、國土安全部長與國家情報局長協商，對USRAP申請和裁決程序進行爲期120天的審查，以便確保難民申請者不會對美國國家安全和福利構成威脅。第13780號行政命令指出，恐怖組織試圖透過難民計畫滲透至多國；因此，由國務卿召集之工作小組將加強蒐集所有申請在美國重新安置之難民身分資訊與數據，並經由加強培訓、欺詐檢測程序和機構間資訊共享，強化難民面談程序。另外，依照2017年9月24日第9645號「增強偵查恐怖分子或其他公共安全威脅分子企圖進入美國之審查能力和程序」（Presidential Proclamation Enhancing Vetting Capabilities and Processes for Detecting Attempted Entry Into the United States by Terrorists or Other Public-Safety Threats）公告第2節，[19]根據特殊和個別情況暫停和限制包含查德、伊朗、利比亞、北韓、敘利亞、委內瑞拉、葉門和索馬利亞等八個國家國民持移民和非移民簽證進入美國，因爲這些國家的身分管理和資訊共享協議存在某些缺陷，且美國國家安全和公共安全風險的來源源自存在這些國家領土內的大批恐怖分子。因此，此旅行禁令符合美國利益，惟該公告之限制不適用於特殊條件

---

[19] "Presidential Proclamation Enhancing Vetting Capabilities and Processes for Detecting Attempted Entry Into the United States by Terrorists or Other Public-Safety Threats," *The White House*, September 24, 2017. https://www.whitehouse.gov/presidential-actions/presidential-proclamation-enhancing-vetting-capabilities-processes-detecting-attempted-entry-united-states-terrorists-public-safety-threats/.

進入美國者及其他例外情形。[20]

依據第13780號行政命令第6(a)節規定，對USRAP的申請和裁決進行爲期120天的審查，並在全球範圍內暫停難民入境美國；鑑於該120天的期限將於2017年10月24日到期，該行政命令說明國務卿、國土安全部部長和國家情報局長在USRAP審查程序改進並足以確保美國的安全和福利後，難民申請計畫得以在120天後恢復。另外，在該命令發布日起的90天內及其後每年，國土安全部長應與國務卿和國家情報局局長協商，酌情確定是否與適用法律一致，允許任何種類的難民進入美國，或爲解決美國安全和福利風險而採取的措施是否應予以修改或終止，如果修改或終止，則應該如何進行。在該命令發布日起的180天內，司法部長應與國務卿和國土安全部長協商，並與其他行政部門負責人合作，提供總統關於難民重新安置對美國的國家安全、公共安全和一般福利之影響報告和建議。

陸、為國會提供機會解決分居家庭之行政命令（Affording Congress an Opportunity to Address Family Separation）[21]

此行政命令說明行政部門政策爲嚴格執行移民法，若外國人試圖經由非法途徑入境美國皆視爲非法入境罪行；除非國會另有規定，否則行政部門將啓動程序執行「移民與國籍法」（INA）和其他刑事之規定。行政

---

20 該禁令不適用於美國合法永久居民、該公告第7條規定之適用生效日當日或之後允許進入美國之任何外國公民；持有除簽證以外如交通函件、合適之登機證的其他文件之外國公民、使用非指定國家簽發的護照或指定國家的雙重國籍者、持外交或外交類簽證或北大西洋公約組織簽證，前往聯合國的C-2旅行簽證或G-1、G-2、G-3或G-4的任何外國簽證、美國批准庇難和接受的外國國民或難民、受「禁止酷刑公約」保護的任何人。

21 "Affording Congress an Opportunity to Address Family Separation," *The White House*, June 20, 2018. https://www.whitehouse.gov/presidential-actions/affording-congress-opportunity-address-family-separation/.

部門政策雖爲維持家庭團圓，包括在適當的情況下，根據法律和現有資源將外國人家庭共同拘留；然而，因國會的無作爲和法院的命令，使政府處於唯有將外國人家庭分開方得以有效執行法律之狀態。按照「爲國會提供機會解決分居家庭之行政命令」內之定義，「外國人家庭」（Alien family）指未獲准進入美國或未獲授權進入或停留於美國的任何非美國公民或國民，並於特定口岸與其子女一起入境而被拘留者，和該非法入境者之外國子女。「外國人子女」（Alien child）則指未滿18歲之非美國公民或國民且未獲准進入美國或無權進入和停留於美國；或與在特定入境口岸偕同子女一起進入美國而被拘留的外國人具有合法親子關係者。該命令指出國土安全部部長應在法律允許範圍內並在獲得撥款前提下，在不當入境或移民程序未結束期間涉及任何刑事之外國人家庭成員，對其家庭負擔照護責任。但該命令亦指出，若擔心將外國人子女與父母共同拘留會危害該子女福利時，則不得將該外國人家庭共同拘留。此外，國防部長應採取一切法律措施，向國土安全部部長提供可供外國人家庭居住和照顧外國人家庭的任何現有設施，並應在必要時依法建造此類設施。國土安全部部長應在法律允許的範圍內，負擔設施使用費用。且行政部門負責人應在法律允許範圍內，向國土安全部部長提供任何適當便利設施，以供在法院起訴法律程序前，爲外國人家庭提供住房和照料並在法律允許範圍內負擔費用。司法部長則應立即向美國加州中部地區地方法院提出請求，允許國土安全部部長在目前資源限制下，於不當入境或任何移民遣送程序等刑事訴訟未決期間，將外國人家庭共同拘留；同時應在確實可行範圍內，優先審理涉及被拘留家庭的案件。

柒、十年期人口普查公民身分資訊蒐集之行政命令（Executive Order on Collecting Information about Citizenship Status in Connection with the Decennial Census）[22]

根據美國憲法和法律賦予川普之總統權力，川普於此行政命令第1節中表示，在商務部訴紐約案中，[23]最高法院對於商務部在一般情形下於十年一次的人口普查中合法查詢公民身分持保留意見，並認爲商務部長於2020年十年期人口普查中列入這些問題爲實質性無效（substantively invalid）的決定。但川普認爲自1820年至2000年每十年進行的人口普查，皆會詢問受訪者的公民身分或出生地；此外，「人口普查局」（The Census Bureau）自2005年以來持續在「美國社區調查」（the American community survey）中，亦向大約2.5%的家庭發送單獨問卷調查公民身分。但最高法院確認爲商務部提供的關於人口普查的解釋說明不足以支持其決定；川普對於法院裁決並不認同且認爲商務部的決定完全有合理論據支持。然而，最高法院的裁決實際上已使2020年十年一次的人口普查問卷中無法包含公民身分問題。儘管如此，川普聲明政府仍將確保透過其他與普查相關的方式蒐集準確的公民身分數據，包括要求所有行政部門和機

22 "Executive Order on Collecting Information about Citizenship Status in Connection with the Decennial Census," *The White House*, July 11, 2019. https://www.whitehouse.gov/presidential-actions/executive-order-collecting-information-citizenship-status-connection-decennial-census/.

23 美國自1790年開始進行每十年一次人口普查，依此結果確定聯邦眾議院各州席位和聯邦資金對於地方政府的分配；但自1950年代開始，考慮於人口普查中詢問受調查者公民身分可能影響問卷的回收，便暫停詢問此問題。對於川普是否有權於十年人口普查中詢問公民身分問題，紐約州、加州和德州等18州對上務部提出控告，紐約地區的聯邦法院裁定政府此種作法違反美國憲法和聯邦法律，因而阻止在人口普查中詢問此類問題；川普政府隨後對此案繞過巡迴法院直接上訴最高法院直到最高法院作出裁決結果。見林燕（2019）。人口普查有權問公民身分美最高院傾向支持。大紀元。http://www.epochtimes.com/b5/19/4/23/n11208233.htm。瀏覽日期：2020年3月15日。

構必須在商務部確定公民和非公民人數過程中，向其提供法律允許範圍內最大援助，包括提供商務部任何相關的行政紀錄。當商務部長決定在人口普查中納入公民身分問題時，就是因爲他認爲將此問題與行政紀錄結合起來，方能提供最準確和完整的數據。當時人口普查局根據過往經驗確定，查詢行政紀錄能確定90%人口的公民身分，然而使用行政紀錄的優點仍然有限，因爲商務部仍然無法蒐集與公民身分有關的其他重要紀錄。商務部長的決策備忘錄指示人口普查局必須更進一步完善行政紀錄數據的蒐集並盡可能獲得更多聯邦和地方州的行政紀錄，但商務部仍與許多機構處於談判階段。爲確保商務部對於資訊的瀏覽與訪問權限，川普決定採取行政作爲以確保商務部能夠及時瀏覽進入所有可用的紀錄，以便結合普查工作。川普在該行政命令內表明，爲避免延誤和增加不確定性，並迅速解決商務部對於各機構能共用資料之疑問，川普命令所有機構在法律允許的最大範圍內與商務部分享該部所要求的資訊，並提供比過去更準確、完整的公民身分資料。

爲此，川普命令建立一個機構間的工作小組，以改善對行政紀錄的查詢和訪問，用以向商務部提供能夠顯示100%人口公民身分數據之行政紀錄；同時要求商務部長審查確保該部現有資料以備今後能擴大公民資料的蒐集機制。川普於該命令中試圖說明和解釋，確保商務部得以查詢並進入相關行政資料之紀錄，對於公民身分數據的蒐集非常重要，其中包括：有關本國公民和外國人數量的數據，以了解移民對美國的影響，並爲決策者提供有關移民政策基本決策資訊，亦能使移民法律和政策更加現代化。其次，缺乏關於公民和外國人數量的完整數據，將會阻礙聯邦政府實施特定計畫並評估計畫變更之政策建議能力。同時亦會限制外國人獲得許多公共利益，如食物券、家庭臨時援助、醫療補助和州兒童健康保險等計畫之資格。由於缺乏有關總人口的準確信息，因此難以爲某些福利計畫的年度支出進行規劃，缺乏有關外來人口的準確和完整數據，亦難以評估更改公共福利資格規則提案之潛在影響。第三，識別公民的數據將幫助聯邦政府更可靠地統計本國未經授權的外來人口，並將總人口和公民人口、外國人人數的紀錄相結合，以估算非法存在的外國人總數。儘管目前國土安全部對居住於美國的非法外國人數量皆有進行年度估算，但僅透過美國社區調查蒐集之公民身分，其有效性會受到數據不足的侷限。

第四節　川普移民行政命令相關爭議與法院判決

壹、加強移民執法與庇護轄區訴訟

在川普就職後所簽署的第一個第19768號「加強美國境內公共安全之行政命令」中，要求增加1萬名執法人員以加強「移民及海關執法局」（Immigration and Customs Enforcement, ICE）執法能力。[24]該命令指出，美國國內一些庇護轄區故意違反聯邦法律保護外國人免於被驅逐出境，對美國民眾和國家安全形成巨大傷害。在加強執法、嚴格取締、大力掃蕩非法移民後，許多州和城市紛紛宣布自身爲「庇護州」（sanctuary state）或「庇護城市」，歡迎非法移民前來尋求庇護，例如，加州、紐澤西州、華盛頓州等。民主黨執政的加州於2017年首先宣布爲非法移民提供庇護；在加州州長布朗（Jerry Brown）於2017年10月簽署法案後，加州正式於2018年1月1日成爲美國第一個正式的庇護州。[25]依照2018年1月1日正式生效的

---

24 美國移民及海關執法局負責執行聯邦法律管理邊境管制、海關、貿易和移民等工作，以促進美國國土安全和公共安全。該局於2003年經由合併前海關總署（US Customs Service）和移民歸化局（Immigration and Naturalization Service, INS）執法人員而成。該局目前在全美和46國設有超過400個辦事處2萬名雇員，每年預算約爲60億美元。見高佩珊主編（2019），移民政策與法制，台北：五南圖書出版公司，頁257。

25 此項法案將學校、圖書館、衛生設施等設定爲安全區域，民眾於此區域內活動不會因無證身分而遭受逮捕，見國際中心（2018）。保證無證移民加州成爲美國首個庇護州。蘋果日報。http://tw.appledaily.com/new/realtime/20180102/1270945/。瀏覽日期：2020年3月24日。加州州長布朗於2017年10月簽署法案將加州變成庇護州，該法案於2018年1月1日正式生效。依照該法案，地方警察不得查問市民身分，加州亦不參加聯邦移民局的執法。

法案，地方警察不得查問市民身分，加州亦不參加聯邦移民局的執法。爲此，司法部也於2018年3月正式起訴試圖保護非法移民不被驅逐出境，且要求地方警局拒絕執行聯邦法律的加州。[26]此案於2018年7月於法院裁定支持加州作法，川普政府因此決定提出上訴，但美國聯邦第九巡迴上訴法院仍於2019年4月18日宣布維持加州庇護州法案，限制州和地方執法單位與聯邦移民單位合作；法官認爲加州有權並根據反強制原則，選擇不與聯邦行動合作。[27]至於庇護城市，則有如紐約、舊金山、洛杉磯、亞特蘭大、芝加哥、波士頓、新紐奧良、休斯頓、紐沃克和底特律等10個城市，皆拒絕與移民及海關執法局合作，不願分享當地被拘留的非法移民個人資訊或執行拘捕非法移民的命令。[28]對此，川普政府於2017年的「加強美國境內公共安全之行政命令」中表示，將停止聯邦執法撥款給部分庇護城市。舊金山等城市因此對該行政命令提起訴訟；同年9月聯邦法院裁定停止撥款無效。川普後於2019年4月建議將羈押期滿之非法移民送至庇護城市。[29]2020年2月，川普再宣布將增派100名邊境巡邏執法人員前往以上10個城市，以應對挑戰。[30]

貳、外國人家庭拘留問題

2018年4月6日美國司法部長塞斯（Jess Sessions）宣布將對非法移民

---

26 林燕（2018）。美司法部對加州庇護政策提訴指三州法違憲。大紀元。http://www.epochtimes.com/b5/18/3/7/n10198932.htm。瀏覽日期：2020年3月20日。

27 黃啓霖（2019）。川普政府上訴失利法院維持加州庇護州法案。中央廣播電臺。http://www.rti.org.tw/news/view/id/2018149。瀏覽日期：2020年3月20日。

28 梁硯（2020）。十城市庇護非法移民川普政府執法有新招。大紀元。https://www.epochtimes.com/b5/20/2/15/n11870410.htm。瀏覽日期：2020年3月20日。

29 林驍然（2018）。川普：考慮將非法移民安置在庇護城市。新唐人電視台。https://www.ntdtv.com/b5/2019/04/13/a102555517.html。瀏覽日期：2020年3月20日。

30 梁硯（2020）。十城市庇護非法移民川普政府執法有新招。大紀元。https://www.epochtimes.com/b5/20/2/15/n11870410.htm。瀏覽日期：2020年3月20日。

採取「零容忍」（zero-tolerance policy），要求位於邊境的檢察官對非法跨越邊境的移民進行偵辦和起訴，包含帶著孩童跨越邊境非法入境的移民家庭和尋求政治庇護的難民。[31]塞斯表示此舉在於避免非法移民跨境行爲一再發生。然而，此政策將經由美國與墨西哥邊境非法入境美國的孩童與其父母分別拘留，引起媒體與輿論譁然。爲免影響當時即將來臨的國會期中選舉選情，川普於2018年6月20日簽署「爲國會提供機會解決分居家庭之行政命令」，此命令雖暫時停止強制分開收容非法入境的兒童與其父母，並指示國防部尋找或興建收容設施，但是並未中止刑事起訴所有非法入境的成年人，亦未說明如何處理被迫與父母分離的兒童。[32]

參、美墨邊境長城

美國與墨西哥的邊境總長1,900英里，橫跨加州、新墨西哥州、亞利桑那州和德州。在川普上任第一週簽署的「邊境安全與加強移民執法之行政命令」中表示，爲確保美國國家安全和領土完整及忠實執行國家移民法，邊境安全對美國國家安全至關重要，任何未經檢查或非法入境美國之外國人對美國國家安全和公共安全造成嚴重威脅。由於美國與墨西哥相連的南部邊界非法移民激增，對於聯邦政府資源負責邊境安全之移民執法機構以及安置外國人的許多社區皆造成極大負擔。此外，跨國犯罪組織在南部邊境經營的毒品和人口販運網絡、走私活動，皆增加暴力犯罪和因毒品死亡案件。因此，爲防止非法移民進入美國，川普要求在南部邊境立即建造實物牆，並增加5,000名邊境巡邏人員以確保邊界安全。依照該命令，川普要求國土安全部長取得對南部邊界的全面營運與控制，並準備預算使用適當材料和技術，立即在南部邊界沿線規劃、設計和建造隔離牆，以有

---

31 蘇聽雨（2018）。骨肉分離集中：美國零容忍政策的虐童傷痕。聯合新聞網。https://global.udn.com/global_vision/story/8664/3229889。瀏覽日期：2020年3月25日。

32 管淑平（2018）。移民政策拆散家庭川普即喊停。自由時報。http://news.ltn.com.tw/news/world/paper/1210843。瀏覽日期：2020年3月25日。

效實現對南部邊界之控制。在川普競選總統時期，甚至說明美國與墨西哥邊境計畫興建的10到15公尺高的混凝土高牆將要求墨西哥負擔費用。然而，此說法在當時立即遭墨西哥總統潘尼亞尼托（Enrique Peña Nieto）拒絕。他表示墨西哥會就兩國關係發展與美國合作，但其政府不可能就美墨長程計畫出資。待川普就任後又提出，若國會批准並給予建立美墨邊境圍牆的資金，他便會同意對童年非法入境美國者提供保護，惟最後川普仍未能與民主黨達成協議。2017年7月川普再度表示，若民主黨不支持邊境安全法案通過250億美元築牆資金，他便會讓政府停擺。[33]就美墨圍欄、柵欄議題，2017年7月11日眾議院僅批准16億美元邊境安全預算，包含築牆經費、聘僱500名邊境巡邏隊員、採用新技術和飛行設備，和感應器材，並更新邊境檢查設備和撥款6.17億美元給移民和海關執法局。[34]惟國會最後在2018年3月批准通過之1.3兆美元政府開支法案中，仍只核准16億美元給川普政府用於加強邊境安全；款項與川普提出之250億美元築牆預算仍有相當大差距。2019年1月19日，川普於白宮發表談話，提議放寬「幼年入境暫緩遞解行動」（Deferred Action for Childhood Arrivals, DACA），即所謂的達卡計畫，用以交換57億美元修建美墨邊界牆的經費，以解決美國南部邊境面臨的人道危機。[35]川普表示，如果國會同意，他將會爲童年非法入境者提供臨時保護措施。[36]

肆、終止達卡計畫

歐巴馬政府於2012年簽署特赦令，以行政命令方式，未經國會表決

---

33 中央社（2017）。築牆沒預算川普火了：讓政府關門吧。https://www.cna.com.tw/news/aopl/201705030102.aspx。瀏覽日期：2020年6月15日。

34 自由時報（2017）。美墨「長城」動工有望490億預算眾議院准了。http://news.ltn.com.tw/news/world/breakingnews/2129342。瀏覽日期：2020年3月26日。

35 羅婷婷（2019）。川普發表重要聲明提議放寬達卡計畫換取邊界牆。新唐人電視台。https://www.ntdtv.com/b5/2019/01/20/a102493083.html。瀏覽日期：2020年3月26日。

36 同前註。

便允許16歲前第一次進入美國且在美國已經居住五年以上者且未滿31歲的非法移民，得以延長兩年在美國停留和工作，暫緩遣返之「幼年入境暫緩遞解」計畫。然而，在川普上台後便於2017年9月5日宣布終止此計畫，並停止受理任何新申請；同時，要求國會於六個月內制定合適的永久計畫取代達卡計畫，以解決這些非法移民的身分問題。但川普政府同時表示在2018年3月5日身分到期者，仍可以繼續更新許可證以免失去工作和學習機會，等同給予六個月過渡期。川普政策一公布，引發兩黨激烈辯論和一系列訴訟案件，川普政府在地方法院尚未完成審理時，便上訴至最高法院請求裁定，但遭最高法院駁回認爲此案應經由正常程序到第九巡迴法院審理，[37]國會最終也未就此議題如期達成協議。在此過程中，加州和紐約州聯邦法院皆曾阻止廢除達卡計畫，惟馬里蘭州聯邦法院恰巧於2018年3月5日裁定總統有權廢止達卡。[38]然而，至同年11月國會期中選舉後，達卡問題仍未獲得解決。2018年4月1日，川普於其推特上表示「邊境巡警不能在邊境地區執法，是因爲像抓完再放這樣荒謬的自由派法律」；[39]因此，川普呼籲實施更嚴厲的移民法，同時指出不會再就達卡計畫達成協議。

伍、旅行禁令

2017年1月27日，川普就職一週即公布以保護國家免遭外國恐怖分子進入美國爲由，防止外國恐怖主義分子進入美國之13780號行政命令。該紙被稱爲「穆斯林禁令」（Muslim ban）的行政命令不只將美國接納的難民人數限制在5萬人，並宣布暫停自伊朗、伊拉克、利比亞、索馬利亞、蘇丹、敘利亞和葉門等七國國民入境美國，雖然其中豁免已經獲得美國

---

[37] 吳英（2018）。達卡法律爭議美高院：先由下級法院審理。大紀元。https://www.epochtimes.com/b5/18/2/26/n10174528.htm。瀏覽日期：2020年3月28日。

[38] 大紀元（2018）。馬里蘭聯邦法官裁定：川普有權廢止達卡。https://www.epochtimes.com/b5/18/3/7/n10198893.htm。瀏覽日期：2020年3月28日。

[39] 美國之音（2018）。美國川普總統重申加強執行移民法。https://www.voacantonese.com/a/cantonese-22655223-trump-daca-20180402/4327418.html。瀏覽日期：2020年6月15日。

簽證或居留證者。川普此舉遭受外界批評用國家安全語言包裹關於難民的行政命令不只將降低美國的安全性，還將成爲極端主義組織招募宣傳的工具、鼓勵其他國家放棄對難民的責任，並將疏遠美國和國外的數以百萬計的穆斯林。此行政命令一發出，美國許多州對此旅行禁令提出抗議和訴訟，同時要求國會應抵制此命令，並拒絕撥款執行該命令。針對此旅行禁令之相關訴訟，第九巡迴上訴法院於2017年2月2日宣布「臨時禁制令」（temporary restraining order）。[40]爲順利推動此命令，並避免因法院關注之針對穆斯林的宗教歧視而敗訴，川普政府對此禁令進行3次修改，2次在法庭遭遇敗訴後，刪除伊拉克並先後移除蘇丹、查德，並增加委內瑞拉和北韓等國表明非針對穆斯林。[41]政府官員表示原禁令會破壞與美國結盟的伊拉克政府的穩定；因此，在與在伊拉克安全官員會談後，新禁令刪除伊拉克。至於查德，美國表示該國已經滿足分享資訊的要求，因此移除查德。[42]此事件纏訟十七個月，直到聯邦最高法院9位大法官於2018年6月26日以5票對4票，維持川普的旅行禁令。[43]此爭議事件後，川普又於2020年1月31日宣布擴大旅行禁令，包含緬甸、厄立垂亞、吉爾吉斯坦、奈及利亞、坦尚尼亞和蘇丹等六個國家，[44]遭外界批評爲「白人至上主義」。[45]美國國土安全部對此表示對於未能達到美國設定之出入境安全檢查標準的

---

40 Mary Romero, “Trump’s Immigration Attacks, In Brief,” p. 39.

41 Glenn Thrush（2017）。川普修改移民禁令，解禁伊拉克。紐約時報中文網。https://cn.nytimes.com/world/20170307/travel-ban-muslim-trump/zh-hant/。瀏覽日期：2020年3月30日。

42 同前註。

43 美國之音（2018）。最高法院維持針對幾個穆斯林國家的旅行禁令。https://www.voacantonese.com/a/cantonese-23706391-scotus-travel-ban-20180626-ry/4455187.html。瀏覽日期：2020年6月15日。

44 高杉（2020）。川普政府旅行禁令新增六個國家。大紀元。https://www.epochtimes.com/b5/20/1/31/n11836083.htm。瀏覽日期：2020年3月30日。

45 自由時報（2020）。川普擴大6國旅遊民禁令被批白人至上主義。https://news.ltn.com.tw/news/world/breakingnews/3054199。瀏覽日期：2020年3月30日。

國家進行將近一年的審查所作的決定。

陸、公民身分資訊蒐集爭議

川普於2019年7月11日宣布放棄在2020年進行之人口普查問卷中增加公民身分問題，但表示會透過「十年期人口普查公民身分資訊蒐集之總統行政命令」從聯邦政府現有資料中，蒐集相關數據。商務部原本設想於2020年進行之每十年人口普查問卷中放入詢問是否爲公民之問題，但引起民主黨與移民團體大肆抨擊與反對，認爲此舉出於政治考量且將影響人口普查準確度。因爲每十年進行一次的人口普查果將決定各州聯邦眾議員國會席次，以及聯邦公共服務撥款之主要依據。倘若加入公民身分問題會造成部分移民拒絕作答，因而影響人口普查準確度。訴訟爭議後，最高法院雖未認同商務部舉動乃出於政治動機，但卻認爲在爲釐清理由之前，此案送回下級法院審理，2020年人口普查表尚不能加入此問題。[46]對此，川普於「十年期人口普查公民身分資訊蒐集之總統行政命令」中指出，[47]根據耶魯大學研究人員在2018年進行的一項研究估計，美國非法外來人口總數在1,620萬至2,950萬之間，但眞實數字可能爲傳統估計的兩倍。因此，關於非法外來人口的準確和完整數據將對聯邦政府評估許多政策建議有用，尤其是近期美國南部邊境大量湧入的非法移民，使得聯邦政府對非法外國人準確統計之需求更加迫切。外國人跨過南部邊界的大規模遷移，對美國移民和庇護系統造成重大危機，非法進入美國的數十萬外國人已被釋放至內陸，等待遣返程序結果。但是，由於案件的大量積壓，聆訊日期有時會定在未來幾年，而裁決程序通常需要數年才能完成。但一般而言，未被拘留的外國人不會出庭，即使出庭也未遵守驅逐令。目前已有超過100萬

---

46 李麗珣（2019）。人口大普查問公民身分　美國最高法院否決。TVBS。https://news.tvbs.com.tw/focus/1157236。瀏覽日期：2020年3月30日。

47 "Executive Order on Collecting Information about Citizenship Status in Connection with the Decennial Census," *The White House*, July 11, 2019.

的非法外國人從移民法官處獲得最終遣送令，但在美國仍處於大批逃亡狀態。川普認爲蒐集準確的公民身分資訊，亦能使政府根據符合投票權的公民人數設計州和地方立法席次和選區。該命令將幫助商務部確保獲得最準確和完整的公民身分數據，從而響應以上要求。川普要求所有機構在確定該國公民、非公民和非法外國人人數時，應在法律允許範圍內立即向商務部提供最大援助，包括提供該部可能要求進入行政紀錄的途徑以有效實現該目標，包含：一、國土安全部美國公民及移民服務局——合法永久居民入籍的國家級檔案；二、國土安全部移民和海關執法局F1和M1非移民簽證；三、國土安全部海關和邊境入境／離境交易數據國家級文件；四、國土安全部和國務院全球難民和庇護程序系統的難民和庇護簽證；五、國務院——國家級護照申請數據；六、社會保障局——主要受益人紀錄；七、衛生與公共服務部CMS醫療補助和CHIP資訊系統等。以上機構應審查相關法律機制，並在最大程度上以合法方式提供以上紀錄的訪問權限。

第五節　小結

移民議題在美國始終爲一個充滿正反兩方不同意見的辯論重點，共和黨向來堅持加強遣返非法移民，而民主黨則認爲應對已然入境美國的非法移民展現寬容態度。兩黨對於移民的接納程度、包容度，對於處理非法移民或難民的態度相差甚大，最明顯的便是從過去歐巴馬政府與川普政府移民政策比較得知。歐巴馬政府對於移民採取較爲寬容和接受的立場，但在其執政當時，多項移民政策與行政命令同樣遭受反對黨共和黨的法律訴訟與國會的抵制和辯論。川普上台後，同樣想以繞過國會方式逕行施行嚴厲的反移民政策，自然亦遭受民主黨人士和移民團體、維權團體之抨擊，認爲川普政府移民執法過程充滿瑕疵與違背憲法保障。無論是興建美墨邊境長城、穆斯林禁令或降低移民保障和權益等，皆遭受自由派人士、人權團體、移民團體和民主黨人士之反對與挑戰。多項行政命令在地方法院、巡迴法院和最高法院遭遇敗訴，但對於川普總統而言，移民事涉國家安全、社會安全與公共安全、只要是非法移民都不應該留在美國。因此，可以預想川普執政階段仍然會持續進行移民政策之改革直到卸任。長期而言，美國移民政策仍將會是充滿高度爭議、困難與複雜之議題，無論何黨執政皆不易於移民問題上達到共識，美國移民政策改革仍將持續變化。

參考書目

一、中文文獻

Glenn Thrush（2017）。川普修改移民禁令，解禁伊拉克。紐約時報中文網。https://cn.nytimes.com/world/20170307/travel-ban-muslim-trump/zh-hant/。瀏覽日期：2020年3月30日。

大紀元（2018）。馬里蘭聯邦法官裁定：川普有權廢止達卡https://www.epochtimes.com/b5/18/3/7/n10198893.htm。瀏覽日期：2020年3月28日。

中央社（2017）。築牆沒預算川普火了：讓政府關門吧。https://www.cna.com.tw/news/aopl/201705030102.aspx。瀏覽日期：2020年6月15日。

自由時報（2017）。美墨「長城」動工有望490億預算眾議院准了。http://news.ltn.com.tw/news/world/breakingnews/2129342。瀏覽日期：2020年3月26日。

自由時報（2020）。川普擴大6國旅遊民禁令被批白人至上主義。https://news.ltn.com.tw/news/world/breakingnews/3054199。瀏覽日期：2020年3月30日。

吳英（2018）。達卡法律爭議美高院：先由下級法院審理。大紀元。https://www.epochtimes.com/b5/18/2/26/n10174528.htm。瀏覽日期：2020年3月28日。

李麗珣（2019）。人口大普查問公民身分　美國最高法院否決。TVBS。https://news.tvbs.com.tw/focus/1157236。瀏覽日期：2020年3月30日。

林奎霖、何祥麟（2014），內政部入出國及移民署移民資訊組自行研究報告。

林燕（2018）。美司法部對加州庇護政策提訴指三州法違憲。大紀元。http://www.epochtimes.com/b5/18/3/7/n10198932.htm。瀏覽日期：2020年3月20日。

林燕（2019）。人口普查有權問公民身分美最高院傾向支持。大紀元。http://www.epochtimes.com/b5/19/4/23/n11208233.htm。瀏覽日期：2020年3月15日。

林驍然（2019）。川普：考慮將非法移民安置在庇護城市。新唐人電視台。https://www.ntdtv.com/b5/2019/04/13/a102555517.html。瀏覽日期：2020年3月20日。

美國之音（2018）。美國川普總統重申加強執行移民法。https://www.voacantonese.com/a/cantonese-22655223-trump-daca-20180402/4327418.html。瀏覽日期：2020年6月15日。

美國之音（2018）。最高法院維持針對幾個穆斯林國家的旅行禁令。https://www.voacantonese.com/a/cantonese-23706391-scotus-travel-ban-20180626-ry/4455187.html。瀏覽日期：2020年6月15日。

高杉（2020）。川普政府旅行禁令新增六個國家。大紀元。https://www.epochtimes.com/b5/20/1/31/n11836083.htm。瀏覽日期：2020年3月30日。

高佩珊（2019），川普政府移民政策分析，收錄於高佩珊主編，移民政策與法制，台北：五南圖書出版公司，頁255-282。

國際中心（2018）。保證無證移民加州成爲美國首個庇護州。蘋果日報。http://tw.appledaily.com/new/realtime/20180102/1270945/。瀏覽日期：2020年3月24日。

梁硯（2020）。十城市庇護非法移民川普政府執法有新招。大紀元。https://www.epochtimes.com/b5/20/2/15/n11870410.htm。瀏覽日期：2020年3月20日。

黃啓霖（2019）。川普政府上訴失利法院維持加州庇護州法案。中央廣播電臺。http://www.rti.org.tw/news/view/id/2018149。瀏覽日期：2020年

3月20日。
管淑平（2018）。移民政策拆散家庭川普即喊停。自由時報。http://news.ltn.com.tw/news/world/paper/1210843。瀏覽日期：2020年3月25日。
羅婷婷（2019）。川普發表重要聲明提議放寬達卡計畫換取邊界牆。新唐人電視台。https://www.ntdtv.com/b5/2019/01/20/a102493083.html。瀏覽日期：2020年3月26日。
蘇聽雨（2018）。骨肉分離集中：美國零容忍政策的虐童傷痕。聯合新聞網。https://global.udn.com/global_vision/story/8664/3229889。瀏覽日期：2020年3月25日。

二、外文文獻

"Affording Congress an Opportunity to Address Family Separation," *The White House*, June 20, 2018. https://www.whitehouse.gov/presidential-actions/affording-congress-opportunity-address-family-separation/.

Asad, Asad L., and Jackelyn Hwang, " Migration to the United States from Indigenous Communities in Mexico," *The ANNALS of the American Academy of Political and Social Science*, Vol. 684, Issue 1, July 8, 2019, pp. 120-145.

Asad, Asad L., and Jackelyn Hwang, "Indigenous Places and the Making of Undocumented Status in Mexico-US Migration," *International Migration Review*, Vol. 53, Issue 4, 2019, pp. 1032-1077.

"Building a 21st Century Immigration System," *The White House*, May 2011. http://www.whitehouse.gov/sites/default/files/rss_viewer/immigration_blueprint.pdf.

"Creating an Immigration System for the 21st Century," *The White House*, January 29, 2013. http://www.whitehouse.gov/issues/immigration.

"Executive Order on Collecting Information about Citizenship Status in Connection with the Decennial Census," *The White House*, July 11, 2019. https://www.whitehouse.gov/presidential-actions/executive-order-collecting-information-citizenship-status-connection-decennial-census/.

"Executive Order on Collecting Information about Citizenship Status in Connection with the Decennial Census," *The White House*, July 11, 2019.

"Executive Order Protecting the Nation from Foreign Terrorist Entry into the United States," *The White House*, January 27, 2017. https://www.whitehouse.gov/presidential-actions/executive-order-protecting-nation-foreign-terrorist-entry-united-states/.

"Executive Order Protecting the Nation from Foreign Terrorist Entry Into the United States," *The White House*, March 6, 2017. https://www.whitehouse.gov/presidential-actions/executive-order-protecting-nation-foreign-terrorist-entry-united-states-2/.

"Executive Order: Border Security and Immigration Enforcement Improvements," *The White House*, January 25, 2017. https://www.whitehouse.gov/presidential-actions/executive-order-border-security-immigration-enforcement-improvements/.

"Executive Order: Enhancing Public Safety in the Interior of the United States," *The White House*, January 25, 2017. https://www.whitehouse.gov/presidential-actions/executive-order-enhancing-public-safety-interior-united-states/.

Mary Romero, "Trump's Immigration Attacks, In Brief," p. 39.

Michele Waslin, "The Use of Executive Orders and Proclamations to Create Immigration Policy: Trump in Historical Perspective," *Journal on Migration and Human Security*, Vol. 8, Issue 1, March 3, 2020, pp. 1-14.

Paul Wickham Schmidt, "An Overview and Critique of US Immigration and Asylum Policies in the Trump Era," *Journal on Migration and Human Security*, Vol. 7, Issue 3, August 14, 2019, pp. 92-102.

Philip Cooper (2002). *By Order of the President: the Use and Abuse of Executive Direct Action*, US: University Press of Kansas.

"Presidential Actions," *The White House*, March 28, 2020. https://www.

whitehouse.gov/presidential-actions/.

"Presidential Executive Order on Resuming the United States Refugee Admissions Program with Enhanced Vetting Capabilities," *The White House*, October 24, 2017. https://www.whitehouse.gov/presidential-actions/presidential-executive-order-resuming-united-states-refugee-admissions-program-enhanced-vetting-capabilities/.

"Presidential Proclamation Enhancing Vetting Capabilities and Processes for Detecting Attempted Entry Into the United States by Terrorists or Other Public-Safety Threats," *The White House*, September 24, 2017. https://www.whitehouse.gov/presidential-actions/presidential-proclamation-enhancing-vetting-capabilities-processes-detecting-attempted-entry-united-states-terrorists-public-safety-threats/.

Rebecca Harrington, "Trump signed 90 executive actions in his first 100 days, here's what each one does," *Business Insider*, May 3, 2017. https://www.businessinsider.com/trump-executive-orders-memorandum-proclamations-presidential-action-guide-2017-1.

The Times Editorial Board, " Editorial: Trump's war against immigration is grinding on-with unfortunate success," *Los Angeles Times*, March 1, 2020. https://www.latimes.com/opinion/story/2020-03-01/trump-immigration-border-asylum-detention.

第三章

因應非法移民涉及恐怖主義作為

蔡政杰

第一節 前言

近年來全球恐怖主義攻擊事件頻傳，各國政府對於恐怖主義的防範措施及打擊手段也越趨嚴格，由於恐怖分子多來自於境外，如何強化國境安全管理及國際合作關係，就成了反恐的重要課題。有關國際間反恐的合作、恐怖主義組織的威脅、以及打擊恐怖主義的相關作爲，在本書的第五章至第七章將有更詳細的介紹，本章則著重於探討非法移民涉及恐怖主義的相關問題，釐清非法移民與恐怖主義之關聯性，以及提出國家政府對於非法移民涉及恐怖主義的因應策略及作爲。

恐怖主義（terrorism）一詞源自於拉丁文的「terrere」，也就是驚恐（frighten）或是顫抖（tremble）的意思[1]，至於恐怖主義本身，一直以來都難有明確的定義，雖然近來學術界對於恐怖主義的構成要件，逐漸有了共識[2]，但是在各國家之間對於恐怖主義的看法仍未趨一致，因爲被一個國家認定爲恐怖分子的對象，在另一個國家可能將其視爲自由鬥士[3]；然而，如果從單一國家的立場來界定恐怖主義，則會相對單純，如《美國法典》（*Code of Laws of the United States of America*）對於國際恐怖主義（international terrorism）的定義就相當清楚[4]：

一、涉及違反美國或任何一州刑法規範之暴力行爲或危害他人生命的行爲，或者在美國或任何國家的管轄範圍內所犯之暴力行爲。

二、意圖恐嚇或脅迫平民；透過恐嚇或脅迫手段來影響政府政策；透

---

1 Jonathan, Matusitz (2013). *Terrorism and Communication: A Critical Introduction*, US: SAGE, p. 1.

2 汪毓瑋（2016），恐怖主義威脅及反恐政策與作爲（上），台北：元照出版社，頁10。

3 范聖孟等（2013），從德國空中安全法探討軍隊行使警察權防制恐怖活動之界限，中央警察大學國土安全與國境管理，第19期，桃園：中央警察大學出版社，頁66。

4 Legal Information Institute (LII), U.S. Code/Title 18. CRIMES AND CRIMINAL PROCEDURE/Part I. CRIMES/Chapter 113B. TERRORISM/ Section 2331. Definitions, https://www.law.cornell.edu/uscode/text/18/2331 (2019/12/29).

過大規模破壞、暗殺或綁架行爲來影響政府的各項作爲。

另外聯合國安理會（United Nations Security Council）在2395號決議案對於恐怖主義的聲明內容則爲無論何人、何時、何地、何動機，任何的恐怖主義都是不合理的犯罪行爲[5]。因此，從民主國家的觀點來看，恐怖主義是屬於一種明顯破壞社會安定，甚至危及國家安全的犯罪行爲。

本文試圖將恐怖分子依其屬地不同，歸納爲「國內恐怖分子」與「境外恐怖分子」，所稱國內恐怖分子係指具有該國國籍之居民，或是在該國以永久居留或定居而合法取得居住權之外來人口從事恐怖主義者；而境外恐怖分子則係指在該國合法取得短期停留或居留權之外來人口，或是以非法手段入境之外來人口從事恐怖主義者，若照此類型歸納，本文所探討涉及恐怖主義的非法移民，則是屬於境外恐怖分子的類別。而從非法移民的問題來探討恐怖主義，並非是將所有的非法移民都視爲恐怖分子，因爲非法移民的成因有很多，大部分的非法移民不是以犯罪爲目的才選擇移入他國，而以犯罪或恐怖攻擊爲目的進行非法移民者，在全球非法移民的比例上仍屬少數。

因爲各國政府對於合法的境外移民都有具體的管理措施及管制作爲，因此合法移民從事恐怖主義的可能性相對較低，而政府對於非法移民掌控程度普遍不佳，使得在整體國家安全網的防護面上，非法移民確實可能因從事恐怖主義而危害國家安全；尤其是美國境內非法移民人數高達1,000萬人以上[6]，其對美國威脅程度更不可言喻，因此，前美國總統川普（Donald John Trump）在2016年當選美國總統時所發表之移民相關政

5　UNSC, Resolution 2395 (2017). https://undocs.org/S/RES/2395(2017) (2019/12/29).

6　美國獨立研究機構「皮尤研究中心」（Pew Research Center）曾於2014年時，針對美國的非法移民狀況作過調查，美國總計有1,110萬非法移民，占全美人口總數3.5%，有800萬非法移民有工作，又來自墨西哥的非法移民約有585萬，占所有非法移民的53%。參考吳英（2017）。美國非法移民咋回事？這個讓你一次看懂。大紀元。http://www.epochtimes.com/b5/17/2/23/n8839434.htm。瀏覽日期：2019年12月29日。美國非法移民人數可另參考柯雨瑞、高佩珊（2014），非法移民與人口販運，收錄於陳明傳等合著，移民的理論與實務，桃園：中央警察大學出版社，頁195。

見，就是要在美墨邊境築高牆，防止非法移民入境，川普上任後，對於非法移民問題仍然相當關注，並在2019年6月下令，要驅逐美國境內百萬非法移民[7]，雖然執行成效並不理想[8]，卻能明顯感受到非法移民對美國政府所造成的壓力。而拜登（Joe Biden）在2021年當選美國總統後，對於非法移民處理的政策方向與川普不同，川普是依據第42條法案（Title 42 expulsion）將非法移民立即驅逐回母國或最後一個過境國家，拜登則是依據第8條法案（Title 8 expulsion），將非法移民暫時拘押，等候移民法院聽證會判決，再決定給予庇護或是驅逐出境。[9]

非法移民不一定是恐怖主義威脅的重要來源，但也不能大意輕忽，尤其自從2001年美國發生計畫性的劫機恐怖攻擊「911事件」後[10]，各國對於恐怖攻擊的防備都大幅提升，寧可百密而不能一疏，針對非法移民可能涉及恐怖主義的活動，也都有更具體的因應作爲。本文將從非法移民的成因及概況進行說明，輔以恐怖主義攻擊的實例，探討非法移民與恐怖主義之關聯，最後據以提出因應非法移民涉及恐怖主義的策略及作爲，期能達到防制恐怖主義威脅之作用。

---

7 余思瑩（2019）。川普又放話威脅「百萬非法移民趕出美國」。TVBS電子新聞網。https://news.tvbs.com.tw/world/1152430。瀏覽日期：2019年12月29日。

8 風傳媒（2019）。川普的「非法移民大搜捕」行動首日……各大城市無人遭逮。https://www.storm.mg/article/1487249。瀏覽日期：2019年12月29日。

9 蔡嘉凌（2023）。美國處理非法移民的實況與困境。RIT洞察中國。https://insidechina.rti.org.tw/news/view/id/2159242。瀏覽日期：2023年7月10日。

10 Garrett M. Graff (2019). *The Only Plane in the Sky: The Oral History of 9/11*, UK: Octopus Pub Group.

第二節　非法移民的成因及概況

壹、非法移民的成因

移民的定義相當廣泛，舉凡人口移動或人口遷徒（migration），都可稱之爲移民，如就其移動或遷徙的態樣不同，可分爲移入（immigration）或移出（emigration），又依其移入或移出的區域是否涉及跨越國境，進一步可區分爲國內移民及跨國移民，正如同國際移民組織（International Organization for Migration, IOM）對於移民的定義：「一個人因爲各種原因，暫時或永久的離開了他或她的居住地，不論是否在國內或是跨越了國境，就稱爲移民。」[11]移民的成因相當多，如以學科作爲分類，則涉及到人類學、人口統計學、經濟學、歷史學、法律學、政治學及社會學[12]，而常用來解釋移民成因的理論則有推拉理論、新古典理論、新經濟理論、雙重勞動市場理論、移民網絡理論、世界體系理論等[13]，其中更以推拉理論最廣爲應用，該理論認爲移民的成因是源於其原住地所產生之推力（或排斥力），如經濟衰落、國內戰亂、政局動蕩或天災頻繁，而使人民移動到具有拉力（或吸引力）之移入地，該移入地之拉力則可能爲經濟水平較高、政局安定等。

各國邊境管理的原則，移民在移入一國家前，都須先取得該國核發之簽證或許可證，作爲入境該國之證明文件或憑據，但是如果取得簽證或許可之過程及手段不符合該國法令規定，或是未獲得簽證或許可即以偷渡方式進入該國者，屬非法移民（illegal immigration），或稱爲非法入國者，或不正常之人口移動。移民者在取得該國簽證或許可後，雖然以合法身分

---

11 IOM, IOM Definition of “Migrant”, https://www.iom.int/who-is-a-migrant (2019/12/29).

12 Caroline B. Brettell, and James F. Hollifield (2000). *Migration Theory: Talking across Disciplines*, US: Routledge, p. 19.

13 陳明傳（2014），移民之相關理論暨非法移民之推估，移民的理論與實務，桃園：中央警察大學出版社，頁29-51。

入國，但卻在入境後發生違反該國法令之行爲，或有逾期停（居）留、從事非法工作等情形，也可視爲非法移民的範圍，另外，因爲人口販運等犯罪行爲而產生之移民現象，亦屬非法移民之類別[14]。

非法移民之型態相當多，依其研究者的需求可以有不同的類型，而本文所探討之非法移民是採較爲廣義之類型，只要是非本國人自原屬國或地區進入我國，不論是採非法程序或手段入境，或是合法入境後卻有違法行爲之對象，不分其停留、居留或定居之身分。而本文所稱之非法移民，是採IOM對於不正常人口移動之定義，IOM認爲非法移民應包含非法入國、非法（逾期）停居留及非法工作等三個概念，其所謂非法入國係指偷渡者，逾期停居留係指合法入境者，在境內超過該國許可停居留之期限；而非法工作者，係指循合法管道入境後，從事非法工作之行爲[15]。

貳、我國對非法移民之法令規範

非法移民問題爲入出國管理之一環，主要係屬移民署之工作權責，而我國對於入出國管理之對象區分爲台灣地區有戶籍國民、台灣地區無戶籍國民、外國人、大陸地區人民、香港澳門居民等類別[16]，其中除台灣地區有戶籍國民外，其餘對象均屬外來人口。不同國籍地區之外來人口，所適用之管理法令亦有區別，如無戶籍國民及外國人適用「入出國及移民法」（以下簡稱移民法）、大陸地區人民適用「臺灣地區與大陸地區人民關係條例」（以下簡稱兩岸條例）、香港澳門居民則適用「香港澳門關係條例」（以下簡稱港澳條例），三部法令分別規範不同國籍地區之外來人口入出境管理及在台停、居留等相關規定，但如外來人口在台違反刑事法規，則均依「刑法」及「刑事訴訟法」等規定，由警察機關及司法機關負

---

14 柯雨瑞、高佩珊（2016），非法移民之研究，收錄於陳明傳等合著，移民理論與移民行政，台北：五南圖書出版公司，頁177-266。

15 黃文志（2016），我國非法人口移動之現況與犯罪調查，收錄於林盈君等著，國土安全與移民政策，台北：獨立作家，頁87-140。

16 許義寶（2012），入出國法制與人權保障，台北：五南圖書出版公司，頁6-11。

責查處。本文未針對刑事法令部分論述，僅就移民法、兩岸條例及港澳條例對於非法移民及恐怖主義相關之規定說明如下：

一、移民法

移民法[17]是我國國境人流管理之母法，依移民法之規定，凡入出國者，均須經由移民署查驗[18]。其所稱入出國「者」是指所有入出國的人，亦包含我國國民及所有外來人口；所稱查驗，依「入出國查驗及資料蒐集利用辦法」（以下簡稱查驗辦法）規定，是指入出國者需於有效證件（如護照或旅行文件）內加蓋入（出）國查驗章戳後，始得入（出）國[19]，因此外來人口如未經查驗入出國者，則屬違法行為，須處行政罰鍰[20]。另外，外來人口來台原則上均應經申請，經我國政府許可後，始得入國，外國人及無戶籍國民係經外交部許可後核發簽證，大陸地區人民及港澳居民係經移民署許可後核發許可證，如未經申請或未獲許可即進入我國，仍為違法之偷渡，屬未經許可入國，須處刑事罰[21]。然而實務上「未經查驗」

[17] 移民法最近一次修法是在2023年6月28日總統華總一義字第11200054171號令修正公布第3、5、6、8～10、12、15、18、21、22、23、24～26、29、31～33、36、38、38-1、38-4、38-7～38-9、47～49、52、55～57、64、65、68、70、74、75～80、83、85～87、88、95條條文；增訂第7-1、21-1、23-1、72-1、74-1條條文；刪除第40～46、84條條文及第七章章名，至本書再版前，尚未定施行日期。

[18] 移民法第4條第1項規定：「入出國者，應經內政部移民署（以下簡稱移民署）查驗；未經查驗者，不得入出國。」

[19] 查驗之詳細意涵請參閱王寬弘（2016），移民與國境管理論：入出國證照查驗概念之探討，國土安全與移民政策，台北：獨立作家，頁53-86。

[20] 按2023年6月28日修正公布之移民法第77條第1款規定，違反第4條第1項規定，入出國未經查驗，處新臺幣10萬元以上50萬元以下罰鍰。

[21] 2023年6月28日修正公布之移民法第74條第1項規定：「違反本法未經許可入國或受禁止出國（境）處分而出國（境）者，處五年以下有期徒刑、拘役或科或併科新臺幣五十萬元以下罰金。違反臺灣地區與大陸地區人民關係條例第十條第一項或香港澳門關係條例第十一條第一項規定，未經許可進入臺灣地區者，亦同。」

與「未經許可」入出國之違法態樣卻經常被混淆，外來人口如持合法之證照可供查驗，卻故意規避或疏漏接受查驗，係屬未經查驗入國，其罰則較輕；而外來人口依規定需申請簽證或許可證後始得入國者，卻未經申請或未獲許可即偷渡入國，係爲未經許可入國，其罰則較重；而不論是任何國籍地區之外來人口，未經查驗或未經許可入國者，均屬違反移民法規定。

另外，2023年6月28日修正公布之移民法訂有16款外國人禁止入國之規定[22]，就國境管理之論點，既然政府以法律明定外國人禁止入國之規定，其符合相關規定態樣之外國人，當視爲不得入國之非法移民，如於入國時未被發現違反所列規定，而於入國後才發現者，政府亦得將其強制驅逐出國或限令出國[23]；且移民法所列外國人禁止入國之規定中，第15款之

---

[22] 2023年6月28日修正公布之移民法第18條第1項規定：「外國人有下列情形之一者，移民署得禁止其入國：一、未帶護照或拒不繳驗。二、持用不法取得、偽造、變造之護照或簽證。三、冒用護照或持用冒用身分申請之護照。四、護照失效、應經簽證而未簽證或簽證失效。五、申請來我國之目的作虛偽之陳述或隱瞞重要事實。六、攜帶違禁物。七、在我國或外國有犯罪紀錄。八、患有足以妨害公共衛生之傳染病或其他疾病。九、有事實足認其在我國境內無力維持生活。但依親及已有擔保之情形，不在此限。十、持停留簽證而無回程或次一目的地之機票、船票，或未辦妥次一目的地之入國簽證。十一、曾經被拒絕入國、限令出國或驅逐出國。十二、曾經逾期停留、居留或非法工作。十三、有危害我國利益、公共安全或公共秩序之虞。十四、有妨害善良風俗之行爲。十五、有從事恐怖活動之虞。十六、有嚴重侵害國際公認人權之行爲。」

[23] 2023年6月28日修正公布之移民法第36條第2項規定：「外國人有下列情形之一者，移民署得強制驅逐出國，或限令其於十日內出國，逾限令出國期限仍未出國，移民署得強制驅逐出國：一、入國後，發現有第十八條第一項及第二項禁止入國情形之一。二、違反依第十九條第二項所定辦法中有關應備文件、證件、停留期間、地區之管理規定。三、違反第二十條第二項規定，擅離過夜住宿之處所。四、違反第二十九條第一項規定，從事與許可停留、居留原因不符之活動。五、違反移民署依第三十條所定限制住居所、活動或課以應行遵守之事項。六、違反第三十一條第一項規定，於停留或居留期限屆滿前，未申請停留、居留延期。但有第三十一條第三項情形者，不在此限。七、有第三十一條第四項規定情形，居留原因消失，經廢止居留許可，並註銷外僑居留證。八、有第三十二條第一款至第三款規定情形，經撤銷或廢止居留許可，並

規定即爲「有從事恐怖活動之虞」，因此，從法律層面上已將從事恐怖活動之虞之外國人視爲非法移民，依法就可予禁止入國或強制驅逐出國或限令出國。

二、兩岸條例

兩岸條例之立法體例與移民法不同，未於條例制定禁止大陸地區人民入境之規定，而是以條例授權內政部訂定「大陸地區人民進入臺灣地區許可辦法」（以下簡稱許可辦法）[24]以規範大陸地區人民入出境管理事項；許可辦法訂有24款不予許可大陸地區人民來台之規定[25]，其第2款規定即

註銷外僑居留證。九、有第三十三條第一款至第三款規定情形，經撤銷或廢止永久居留許可，並註銷外僑永久居留證。」

24 兩岸條例第10條規定：「大陸地區人民非經主管機關許可，不得進入臺灣地區。經許可進入臺灣地區之大陸地區人民，不得從事與許可目的不符之活動。前二項許可辦法，由有關主管機關擬訂，報請行政院核定之。」

25 許可辦法第12條第1項規定：「大陸地區人民申請進入臺灣地區，有下列情形之一者，得不予許可；已許可者，得撤銷或廢止其許可，並註銷其入出境許可證：一、現（曾）擔任大陸地區黨務、軍事、行政或具政治性機關（構）、團體之職務或爲成員。二、參加暴力或恐怖組織或其活動。三、涉有內亂罪、外患罪重大嫌疑。四、在臺灣地區外涉嫌重大犯罪或有犯罪習慣。五、曾有本條例第十八條第一項各款情形之一。六、申請人、邀請單位、旅行業或代申請人現（曾）於申請時，爲虛僞之陳述、隱瞞重要事實，提供僞造、變造、無效或經撤銷之相片、文書資料。七、有事實足認其現（曾）與臺灣地區人民通謀而爲虛僞結婚。八、曾在臺灣地區有行方不明紀錄二次或達二個月以上。九、有違反善良風俗之行爲。十、患有重大傳染性疾病。十一、原申請事由或目的消失，且無其他合法事由。十二、未通過面談或無正當理由不接受面談或不按捺指紋。十三、同行人員未與申請人同時入出臺灣地區，或隨行人員較申請人先行進入臺灣地區或於申請人出境後始出境。但同行人員因工作、其他特殊情形須先出境或罹患重病、受重傷須延後出境，或隨行人員有第十九條第一項各款情形之一須延後出境，經主管機關核准者，不在此限。十四、經主管機關或中央目的事業主管機關認定，對臺灣地區政治、社會、經濟有不利影響。十五、從事違背對等尊嚴原則之不當行爲。十六、違反第六條第三項或第七條第二項變更保證人順序或更換保證人、第三十二條或第三十八條未事先報請備查或第三十七條轉任、兼任職務之規定。

爲「參加暴力或恐怖組織或其活動」得不予許可來台，已許可者，得撤銷或廢止許可；因此大陸地區人民如從事恐怖活動，依法得不予許可其申請案，已在台者，則可撤銷或廢止其許可，並予強制出境[26]。

另外，爲考量家庭團聚權，經處分強制出境之大陸地區人民，如在台已取得居留或定居許可，移民署在將其強制出境之前應召開審查會，由審查會決議是否將其強制出境，這是對於在台居留之大陸地區人民的人權保障[27]。但是，如果遭強制出境之大陸地區人民有從事恐怖活動之虞者，移民署得不經審查會審查，逕予將其強制出境；即恐怖分子在台並無法律賦予之相關人權保障。

十七、有事實足認其無正當理由現（曾）未與臺灣地區配偶共同居住。十八、邀請單位、旅行業或代申請人未配合遵守主管機關或中央目的事業主管機關依第十五條第一項要求之行爲，或拒絕、規避、妨礙各該機關依規定進行訪視、隨團或查核。十九、有事實足認進入臺灣地區有逾期停留之虞。二十、分別以不同事由申請進入臺灣地區。二十一、已領有有效之入出境許可證，再申請進入臺灣地區。二十二、曾於入境時，拒不繳驗入出國查驗及資料蒐集利用辦法所定之有效證照文件。二十三、曾於入境時，被查獲攜帶違禁物。二十四、違反其他法令規定。」

26 兩岸條例第18條第1項規定：「進入臺灣地區之大陸地區人民，有下列情形之一者，內政部移民署得逕行強制出境，或限令其於十日內出境，逾限令出境期限仍未出境，內政部移民署得強制出境：一、未經許可入境。二、經許可入境，已逾停留、居留期限，或經撤銷、廢止停留、居留、定居許可。三、從事與許可目的不符之活動或工作。四、有事實足認爲有犯罪行爲。五、有事實足認爲有危害國家安全或社會安定之虞。六、非經許可與臺灣地區之公務人員以任何形式進行涉及公權力或政治議題之協商。」

27 兩岸條例第18條第3項規定：「內政部移民署於強制大陸地區人民出境前，應給予陳述意見之機會；強制已取得居留或定居許可之大陸地區人民出境前，並應召開審查會。但當事人有下列情形之一者，得不經審查會審查，逕行強制出境：一、以書面聲明放棄陳述意見或自願出境。二、依其他法律規定限令出境。三、有危害國家利益、公共安全、公共秩序或從事恐怖活動之虞，且情況急迫應即時處分。」

三、港澳條例

港澳條例之立法體例與兩岸條例較為相似，但又不盡相同，港澳條例授權訂定「香港澳門居民進入臺灣地區及居留定居許可辦法」（以下簡稱港澳辦法），規範香港澳門居民入出境管理事項，分為入出境（即停留）、居留及定居之章別，對於港澳居民申請來台停留者，港澳辦法訂有11款不予許可入境之規定[28]，但其中並未將從事恐怖活動者納入不予許可入境之規範，因此港澳居民如為恐怖分子，以停留方式申請來台，在法令上並無不予許可之規定，就反恐之觀點，其管理密度似有不足。而對於申請來台居留之港澳居民反恐規範部分，係於港澳辦法第22條第1項第1款規定，對於「從事恐怖活動之虞」及「參加或資助恐怖或暴力非法組織或其活動而隱瞞不報」者，即得不予許可申請來台，已許可者，得撤銷或廢止許可。其不同於移民法及許可辦法之規定，港澳辦法針對參加或資助恐怖組織者，亦訂有不予許可申請來台之規定，然移民法對於外國人及許可辦法對於大陸地區人民均未訂有「參加或資助恐怖組織者」之規定，同為外來人口，在反恐法令規範卻未臻一致，易造成第一線執行人員之困擾。

另依港澳條例規定，對於在台居留之港澳居民依法應強制出境時，應召開審查會審查之，惟受強制出境處分之對象如有「從事恐怖活動之虞」者，移民署得不經審查會審查而逕行強制出境[29]，此一部分之規定與兩岸

---

28 港澳辦法第9條第1項規定：「香港或澳門居民申請進入臺灣地區，有下列情形之一者，得不予許可；已許可進入者，得撤銷或廢止其許可，並註銷其入出境許可證：一、曾未經許可入境。二、現（曾）經許可入境，已逾停留、居留期限。三、現（曾）有從事與許可目的不符之活動。四、現（曾）有事實足認為有犯罪行為。五、現任職於大陸地區行政、軍事、黨務或其他公務機構或其於香港、澳門投資之機構或新聞媒體。六、原為大陸地區人民，未在大陸地區以外之地區連續住滿四年。七、現（曾）冒用身分或持用偽造、變造證件申請或入境。八、現（曾）有依本辦法規定申請時，為虛偽之陳述或隱瞞重要事實。九、現（曾）在臺灣地區有行方不明紀錄達二個月以上。十、現（曾）有危害國家利益、公共安全、公共秩序、善良風俗或從事恐怖活動之虞。十一、現（曾）依其他法令限制或禁止入境。」

29 港澳條例第14條第3項規定：「內政部移民署於強制香港或澳門居民出境前，應給予陳

條例相同。恐怖分子不分其所屬國籍及地區，即便其在台已取得居留權，一旦有從事恐怖活動危害我國安全之虞時，依法亦不能主張在台之人權，應予強制出境，以維護國家安全。

參、我國非法移民之概況

在我國之移民，主要仍是以工作及婚姻事由來台居留的人數最多。在工作居留的部分，根據內政部移民署統計（如表3-1），截至2023年5月止，持有效居留證在台居留之外僑累計有82萬餘人，按其職業別區分，其中移工占最多數，計有64萬餘人[30]，又以印尼籍移工23萬餘人及越南籍移工20萬餘人最多。

表3-1　台灣地區現持有效居留證（在台）外僑統計（按職業分）

職業別	男	女	合計
公務人員	3	1	4
商務人員	7,126	1,785	8,911
工程師	6,555	1,066	7,621
會計師	32	38	70
律師	46	7	53
記者	44	22	66
教師	6,739	3,236	9,975

述意見之機會；強制已取得居留或定居許可之香港或澳門居民出境前，並應召開審查會。但當事人有下列情形之一者，得不經審查會審查，逕行強制出境：一、以書面聲明放棄陳述意見或自願出境。二、依其他法律規定限令出境。三、有危害國家利益、公共安全、公共秩序或從事恐怖活動之虞，且情況急迫應即時處分。」

30 依移民署區分之職業別，表3-1之以下職業歸納屬移工範圍：營建業技工、製造業技工、家庭幫傭、監護工、移工翻譯員、移工廚師、農業技工、船員（移工）、其他（移工）。

表3-1　台灣地區現持有效居留證（在台）外僑統計（按職業分）（續）

職業別	男	女	合計
醫師	539	387	926
護理人員	12	49	61
傳教士	966	637	1,603
技工技匠	559	129	688
營建業技工	15,686	80	15,766
製造業技工	287,650	126,069	413,719
家庭幫傭	7	1,400	1,407
監護工	1,734	168,162	169,896
移工翻譯員	366	498	864
移工廚師	76	8	84
乳牛飼育員	1,176	610	1,786
農務技工	457	185	642
船員（移工）	8,600	33	8,633
其他（移工）	4,149	25,762	29,911
船員	677	1	678
其他（有業者）	27,021	24,551	51,572
失業	1,881	2,641	4,522
家務	0	17,927	17,927
學生	27,938	31,749	59,687
其他（無業）	3,960	4,237	7,927
15歲以下兒童	3,796	3,524	7,320
總計	407,525	414,794	822,319

資料來源：內政部移民署統計資料，資料日期爲2023年5月。

截至2023年5月爲止，在上列64萬名移工當中，就有8萬2,988人行蹤不明，占12.9%；其中以越南失聯移工5萬1,992人最多，印尼失聯移工2萬

表3-2　近十年失聯移工統計人數表

年	印尼	馬來西亞	菲律賓	泰國	越南	合計
2013	18,875	0	2,350	937	19,562	41,724
2014	20,473	0	2,359	866	19,990	43,688
2015	22,772	1	2,599	871	24,866	51,109
2016	23,959	1	2,569	897	26,308	53,734
2017	23,785	1	2,576	829	25,126	52,317
2018	24,053	1	2,693	839	23,896	51,482
2019	23,135	1	2,363	793	22,025	48,317
2020	24,665	1	2,384	889	24,260	52,199
2021	26,006	1	2,452	1,167	26,179	55,805
2022	27,095	1	2,632	1,745	48,858	80,331
2023.5	26,617	1	2,586	1,802	51,992	82,998

資料來源：內政部移民署統計資料。

6,617人次之（如表3-2），失聯移工之國籍比例與在台居留移工之比例尚屬相符。值得關注的是，失聯移工的人數，從2013年的4萬1,724人逐年攀升，到了2023年5月已高達8萬2,998人，成長將近2倍，爲近十年來的最高峰，在2019年末到2023年初，COVID-19新冠肺炎疫情期間，各國基於防疫需求，幾乎中止國際班機往來，尤其越南國境管制甚爲嚴謹，造成在台失聯之越南移工經治安單位查處後，卻無法遣送出境，又礙於移民法訂有收容期間上限之限制，對於無法遣送出境之越南籍受收容人，只能施以收容替代處分，惟部分收容代替之對象又會再度失聯，使得越南失聯移工大幅度成長。探究在台失聯移工人數居高不下之主因，與治安機關查處之成效應有相當大的關聯，在2007年1月2日移民署成立之前，查處失聯移工係屬警政署之職責，以全國警察人力約7萬多人主責查處工作，失聯移工之人數每年仍維持約2萬人左右，至移民署成立後，全國編制人數不到3,000人，負責查處工作之各縣市專勤隊人數僅約500人，導致查緝能量大幅下降，加上我國對於移工之勞動政策並未改善，使移工失聯之人數每年均持續增加，才造成失聯移工人數倍增之情形，而對我國國安及治安均產生重大影響。因此，國家安全局指導內政部移民署訂頒查緝專案，會同警政署、法務部調查局、海巡署、憲兵隊等國安團隊共同查緝非法移民，雖然實際之成效仍然有限，但在COVID-19新冠肺炎疫情發生之前至少抑止失聯移工人數再往上攀升，不過受到疫情的影響，如今失聯移工人數已創新高，且仍有持續增長之趨勢，對於國家安全與社會安定均已造成相當大的威脅與影響。

在婚姻移民的部分，截至2023年5月爲止，以婚姻事由來台居留及定居之外來人口計有58萬餘人，其中以大陸配偶35萬餘人最多，越南配偶11萬餘人次之（如表3-3），因其爲我國人之配偶，與我國社會連結性較強，對我國國家安全及社會治安所產生之疑慮相對較低，也較少有違法之情形發生。婚姻移民較常見之非法狀態，是以假結婚名義來台，實爲從事

表3-3　我國外來人口配偶人數統計表（截至2019年11月止）

國籍／地區	男	女	合計
大陸地區	21,099	336,887	357,986
港澳地區	9,263	12,031	21,294
越南	2,899	111,354	114,253
印尼	857	30,664	31,521
泰國	3,194	6,784	9,897
菲律賓	790	10,371	11,161
柬埔寨	11	4,350	4,361
日本	2,639	3,260	5,899
韓國	931	1,302	2,233
其他國家	15,667	9,852	25,519
總計	57,350	526,855	584,205

資料來源：內政部移民署統計資料。

非法工作或為人口販運之行為，因台灣與大陸語文相通、人文相近，因此早期以假結婚來台從事非法工作者，多屬大陸地區人民，但隨著大陸地區的經濟發展，大陸地區人民利用結婚方式從事非法移民之態樣，已漸不復見。

除了上述以工作居留及婚姻來台的移民外，短期入出我國的外來人口亦不在少數，惟因2019年12月到2022年之間，受到COVID-19新冠肺炎疫情影響，各國國境人流幾乎停止往來，至2023年國境人流往來才開始復甦，因此疫情期間之入出境人數非屬常態性往來，不宜納入參考。根據移民署的統計資料，2019年1月至11月，外國人入、出境人數分別約為660萬餘人，大陸地區人民入、出境人數分別約為260萬餘人，港澳居民入、出境人數分別約為145萬餘人，其來台事由包含了觀光、商務、學生、探親、訪友等，這些短期來台的外來人口，本質上並不屬於本文所稱之移民，多屬短暫停留之旅客，但渠等人士若以非法手段來台或來台後有逾期停居留或非法工作之情形者，仍應視為非法移民。逾期停居留之非法移民通常在台行蹤不明，無從掌握，確實對國家社會具有安全上之隱憂。另外，近年來政府為推動新南向政策，放寬東南亞國家人民來台之條件，簡化東南亞國家人民申請來台之程序，也因為來台過於便捷，審核亦不夠嚴謹，導致許多東南亞國家人民來台後卻從事非法工作，如2018年12月25日，越南旅行團152人來台，卻在高雄市集體脫團，流竄到全台各地非法打工，引起台灣人民的恐慌[31]；另外，政府開放泰國旅客得以免簽方式入境觀光，卻遭不法人蛇集團利用此一管道，引進泰國賣淫集團，導致媒體報導，新南向政策招來八國賣淫軍團[32]，造成我國社會治安問題。

在我國非法移民中，以失聯移工的人數比例最高，主要的原因出在於政府整體勞動政策的問題，與國家安全之關聯性本不密切，但是因為我國

---

[31] 李育材（2018）。地陪導遊苦勸不聽越南旅客集體脫團畫面曝光。鏡週刊。https://www.mirrormedia.mg/story/20181228soc001。瀏覽日期：2019年1月5日。

[32] 陳鴻偉（2020）。新南向大撤弊　招來八國賣淫軍團。中國時報電子報。https://yns.page.link/GHyoh。瀏覽日期：2019年1月5日。

部分的失聯移工中，可能具有恐怖主義的背景，其來台的意圖不明，目前雖然對我國並無造成威脅，也難保非屬恐怖組織滲透我國之手段，因此，政府仍應重視非法移民與恐怖主義之關聯，爲確保國家安全預作準備。

第三節　非法移民與恐怖主義之關聯

早在1972年慕尼黑奧運會發生以色列運動員遭殺害之事件，就被認定爲恐怖主義行爲，聯合國大會也因此設立「恐怖主義特別委員會」（Ad Hoc Committee on Terrorism），研究防制恐怖主義的方式，只是當時各國對於恐怖主義的認識並不深，且對於恐怖主義的界定亦有所不同[33]，因此在恐怖主義的防範上並無明確的作爲；至2001年美國「911事件」[34]發生後，全球才開始正視恐怖主義的存在，一直到近年，恐怖主義的威脅更是蔓延全球各國，尤其是2016年，全球恐怖攻擊事件頻傳，使得各國政府爲了防恐而不得安寧，2016年全球較爲重大之恐怖攻擊事件如下：

1月7日：　伊斯蘭國（IS）一名恐怖分子駕駛一輛油罐車闖入利比亞西部城市茲利坦海岸警衛隊一處訓練營地並引爆炸彈，導致至少70人死亡、100多人受傷。

1月12日：　敘利亞籍ISIS成員於土耳其伊斯坦堡丹艾哈邁德廣場進行爆炸恐攻，造成10名外國遊客遇難，另有15人受傷。

---

[33] 方天賜、張登及（2012），民族主義與恐怖主義，國際關係總論，新北：鼎易，頁233。

[34] 2001年9月11日，美國航空公司與聯合航空公司的兩架民航班機，自波士頓的洛根機場起飛後被恐怖分子劫持。恐怖分子駕駛這兩架波音767客機，故意撞到紐約世界貿易中心南塔和北塔兩座大樓，兩座大樓倒塌造成慘重傷亡。美國航空公司客機載有92人，聯合航空公司客機載有65人，地面喪生人數2,595人，此次空難共造成2,954人不幸罹難。

1月15日：一群武裝恐怖分子襲擊布吉納法索首都瓦加杜古「輝煌酒店」，劫持酒店內人員，並與布吉納法索執法人員交火，造成23人遇難。

2月9日：兩名女性自殺式恐怖分子潛入距奈及利亞波爾諾州首府麥杜古里約90公里處的一個難民營，引爆爆炸裝置，造成近60人死亡。

2月17日：土耳其反政府組織「庫德工人黨」黨羽「庫德自由之鷹」成員，於土耳其安卡拉市中心進行汽車炸彈爆炸襲擊，導致29人死亡、60多人受傷。

3月13日：「庫德自由之鷹」成員再次於土耳其安卡拉市中心紅新月廣場進行汽車爆炸襲擊事件，造成37人死亡、100餘人受傷。

3月22日：比利時布魯塞爾市郊的國家機場和市內歐盟總部附近地鐵站接連發生爆炸襲擊，造成至少30多人死亡、300人受傷。

3月27日：巴基斯坦東部旁遮普省首府拉合爾一公園發生自殺式炸彈襲擊。襲擊事件造成至少74人死亡，其中包括29名兒童，另有300多人受傷。

6月12日：美國佛羅里達州奧蘭多市一家同志夜店發生槍擊案，造成包括1名槍手在內的至少50人喪生、53人受傷。

6月28日：ISIS成員於土耳其伊斯坦堡阿塔圖爾克國際機場襲擊武裝人員，至少47人在襲擊中喪生，另有200多人受傷。

7月1日：ISIS成員於孟加拉首都達卡外交區的一家西班牙餐廳挾持人質，恐怖分子當晚殺害20名人質，其中包括9名義大利人、7名日本人、1名印度人和1名孟加拉裔美國人。

7月3日：伊拉克首都巴格達南部卡拉達區發生自殺式爆炸襲擊，造成292人死亡、200人受傷。

7月14日：法國國慶日晚間，31歲的突尼西亞裔法國男子拉胡艾傑・布赫勒駕駛一輛卡車衝進法國南部旅遊城市尼斯正在欣賞國慶煙火的人群，造成84人死亡、202人受傷，其中52人重傷。

7月22日：德國慕尼黑北部的奧林匹亞購物中心發生槍擊案，造成包括槍手在內10人死亡、27人受傷。

12月10日：「庫德自由之鷹」於土耳其最大城市伊斯坦堡進行2起爆炸事件，導致包括27名警察在內的29人喪生，另有166人受傷。

12月11日：埃及「穆斯林兄弟會」於埃及首都開羅市一間基督教堂進行爆炸恐攻，造成24人死亡、49人受傷。

12月18日：約旦南部城市著名景點卡拉克城堡附近一處員警巡邏點遭到不明身分恐怖分子襲擊，6名員警、3名當地民眾以及1名加拿大遊客在襲擊中喪生，另有30餘人受傷。

也由於恐怖攻擊的不斷發生，才使得各國對於恐怖主義的預防措施較爲重視，又以各國發生的恐怖攻擊事件觀察，恐怖分子仍多屬境外移民，如2017年美國紐約市曼哈頓下城區，居住在佛羅里達州坦帕市的29歲烏茲別克移民男子，塞弗洛・塞波夫（Sayfullo Saipov），駕駛卡車衝撞、碾壓行人，造成8死11傷，以及上述法國國慶日之卡車衝撞事件，都爲非本國籍人民於國內從事恐怖攻擊行爲，因此，如何有效管理外來人口及預防恐怖分子進入本國，已是各國所共同面臨且極需解決之問題。

非法移民雖不等於恐怖主義，但仍是各國所必須預防及管理之對象，不同的移民身分，所可能涉及之恐怖主義類型也有所區別，對於恐怖主義的威脅與攻擊的型態，我國學者汪毓瑋將其分類爲網路恐怖主義、自殺恐怖主義、航空恐怖主義、孤狼恐怖主義、生物及農業恐怖主義等，本文就前列類別之恐怖主義型態與移民之關聯性探討如下：

壹、網路恐怖主義（Cyberterrorism）

網路已成爲現代社會不可或缺的必要資源，幾乎每個人都會利用網路處理日常生活事務，尤其隨著智慧型手機的便利性及普及化，更造成人類對於網路的依賴性，不論是使用社群軟體、通訊軟體、支付軟體、文書處理、搭乘交通工具、食物外送、線上購物、網路銀行等，都必須透過網路系統處理，這其中也涉及到個人的基本資料及隱私問題，在全球網路頻密的使用下，網路社會儼然已成爲另一個人類社交的虛擬空間，因此，一旦對網路社會進行恐怖攻擊，所造成的影響並不亞於實體的恐怖攻擊。

網路攻擊大致上可分爲對軟硬體的破壞、資料的竊取或變更等方式，常見攻擊手法則有植入各式電腦病毒或惡意程式、駭客入侵修改程式或是直接破壞相關設備以癱瘓網路使用，各種網路攻擊手法，皆屬於犯罪行爲，只是本文所探討的恐怖主義與一般網路犯罪之意義並不相同，從事恐怖主義者必然有其動機及欲達成之目的，因此，網路恐怖主義可從兩個途徑定義，一是所造成之效果能否達到恐怖主義之目的，如網路恐怖攻擊後能造成國家、社會、人民恐慌之效果，讓恐怖分子能藉此達到與政府談判之目的；二是企圖，承前所述，恐怖主義行爲通常是爲達成政治目的，而非單純僅爲犯罪，因此，從其攻擊之動機來研判，即可歸納是否屬於恐怖主義行爲[35]。

再者，從事網路恐怖主義者，其本身大都必須具備電腦資訊專才，且擇定攻擊之目標多爲地標建築、關鍵基礎設施、政府系統網路、銀行系統網路或是軍事系統網路等，困難度也較高。我國第一銀行曾遭網路攻擊，從遠端駭入銀行系統，使ATM自動吐鈔，再由車手至ATM取鈔，本次案件計遭盜領約8,000萬元[36]，本案在台取款之車手，即爲以短期觀光事合法入台之俄羅斯籍外國人；另也有犯嫌未入境，以遠端網路攻擊直接匯款之案例，如遠東銀行遭受網路攻擊匯款至其他國家，盜匯金額達18億元[37]，本案經我國刑事警察局通報，斯里蘭卡警方也曾在當地查獲一名取款之斯里蘭卡籍犯嫌。以上案例都是國際犯罪集團所爲，看似屬一般網路犯罪行爲，但是如果國際犯罪集團與恐怖主義組織有掛勾往來，其犯罪集團本身

---

35 汪毓瑋（2016），恐怖主義威脅及反恐政策與作爲（上），台北：元照出版社，頁334-335。

36 沈庭安（2016）。偵九揭露一銀ATM駭客入侵內網關鍵，竊取密碼2套手法曝光。iThome新聞網。https://ithome.com.tw/news/110001。瀏覽日期：2019年12月21日。

37 黃彥棻（2017）。遠銀遭駭追追追：更多入侵細節大公開！18億元遠銀遭駭盜轉事件追追追。iThome新聞網。https://www.ithome.com.tw/news/117397。瀏覽日期：2019年12月21日。

即爲恐怖主義組織，其犯罪所得則能資助恐怖主義活動，亦屬網路恐怖主義之型態。

貳、自殺恐怖主義

自殺行爲因涉及個人心理層面因素，執行者通常是以對宗教的信念、對組織的忠誠、或對社會政治的不滿，作爲行動時的心理依賴及勇氣來源，如其本身之理建設不夠健全，就可能會影響行動之結果，因此，自殺性攻擊並不是恐怖主義主要的手段；較常見之自殺性恐怖主義，多爲炸彈客攻擊，如2015年11月13日法國巴黎發生的恐怖攻擊事件，位於巴黎北郊聖丹尼的法蘭西體育場附近共發生了3次自殺式炸彈攻擊，同時並發生多起槍擊案件，這些恐怖分子身上均綁著炸彈，部分恐怖分子在與巴黎警方駁火中，引爆炸彈自殺，整起恐怖攻擊共造成將近130餘人死亡，400餘人輕、重傷[38]；另外，美國911事件也是屬於自殺恐怖主義，當劫機者脅持飛機撞向大樓時，也是抱持著自殺的心態；而恐怖分子之所以採行自殺恐怖主義，是因爲其具有效果佳、成本低、有利增補組織成員，且遭受攻擊之政府不易防衛及吸引全球媒體關注等特性[39]，因此，自殺恐怖主義對於各國政府仍是相當主要的威脅。

由於自殺恐怖主義者並不需要高超的專業技能，也沒有年齡性別之分，甚至有專職的女性自殺炸彈客[40]，只要接受一定的培訓，連未成年的孩童都能成爲自殺恐怖分子，這也是各國政府在移民管理上的困擾，因爲自殺型恐怖分子並無前科紀錄可循，他這一輩子可能就只執行這一次任務，除了事前有具體情資可掌握自殺恐怖分子之行蹤外，對於此類型恐怖

---

38 李佳恒（2015）。巴黎恐怖攻擊罹難者逾百 法國全國進入緊急狀態。風傳媒。https://tw.news.yahoo.com/巴黎恐怖攻擊罹難者逾百-法國全國進入緊急狀態-014615445.html。瀏覽日期：2019年12月22日。

39 汪毓瑋（2016），恐怖主義威脅及反恐政策與作爲（上），台北：元照出版社，頁413。

40 同前註，頁418。

分子恐怕仍是防不勝防。

參、航空恐怖主義

航空器是速度最快且方便性極高之交通運輸工具，但是航空器一旦起飛進入空中航道，直至降落之前，機上的人員及貨物原則上均無法離開，且隨著科技的進步，一部大型客機可搭載的人數接近900人[41]，正因爲航空器造價昂貴，機上人數眾多，航空器一旦失事，存活之機率相對非常低，且航空器於飛行中，其他人員並無法進入，因此，對於恐怖分子而言，航空器是進行恐怖主義相當理想的標的。而恐怖主義對於航空器的威脅方式可能爲直接攻擊摧毀，如2020年1月27日，塔利班組織宣稱在阿富汗擊落美國一架美國小型軍用機[42]；也可能於劫機後，將航空器本身作爲武器，攻擊政府之關鍵基礎設施，如美國911事件；或是於劫機後，將機上乘客或重要貨物當成與政府談判人質或籌碼，如1999年聖戰者運動組織劫持印度航空公司空中巴士A300客機，要求政府釋放囚犯與要求贖金[43]。

要避免航空恐怖主義對於一般客機的威脅，主要在於對登機旅客身分的查證及其攜帶物品的安檢，雖然各國政府在機場的安全管理作爲，都已包含對人的查驗及對物的檢查，但仍不免有管理漏洞發生，如美國911事件後，獨立調查委員會即提出五大航空安全弱點：一、過於聚焦炸彈客，忽略潛在劫機者；二、對於小刀管制不嚴格；三、飛行過程中缺乏安全措施；四、缺乏對付劫機者之航空企業戰略；五、航空部門缺乏執行協調的相關協定[44]，因此也才造成恐怖主義有機可趁，也是值得我國航空相關部

41 如空中巴士A380-800客機，在三級艙布置下可載客556人，或於單一經濟艙布置下載客856人，加上機組服務人員，搭載之總人數可接近900人。

42 中廣新聞網（2020）。阿富汗墜機塔利班宣稱擊落美國軍機人員全喪生。www.bcc.com.tw/newsView.3941528。瀏覽日期：2019年12月22日。

43 更多之航空恐怖主義案例，請參閱汪毓瑋教授整理之航空恐怖主義大事紀要。汪毓瑋（2016），恐怖主義威脅及反恐政策與作爲（上），台北：元照出版社，頁508-550。

44 同前註，頁467。

門借鏡之處。

肆、孤狼恐怖主義（Long Wolf Terrorist）

當恐怖分子是個別行動，背後不具有組織或網絡的支援，也不是受到外部的指揮，而是發自本身個體的恐怖主義，稱之爲孤狼式恐怖主義。國內學者汪毓瑋教授將孤狼式恐怖主義歸納爲五大類型：一、世俗式；二、宗教式；三、單一議題式；四、犯罪式；五、個人特質式。世俗式孤狼是對於當下的政治或世道之不滿；宗教式孤狼是基於不同宗教之間衝突的問題；單一議題式孤狼多爲特定議題（如墮胎、環保）而發動攻擊；犯罪式孤狼本身即可能爲犯罪分子，係爲了自身利益進行犯罪；個人特質式孤狼則是指恐怖分子本身在心理和人格上有嚴重缺陷[45]。

孤狼恐怖主義因爲是沒有組織背景的個體行動，所以恐怖分子個人的動機相當關鍵，而根據上列歸納孤狼恐怖主義的類型分析其在我國發生的機率及動機，以我國對宗教信仰採自由開放、平等尊重的態度，宗教式孤狼在我國發生的機率並不高，至其他類型之孤狼恐怖主義，在我國均有相關案例發生，如2014年1月25日，一輛35噸大型連結車蓄意衝撞總統府大門，先撞毀地面車阻，後衝上總統府階梯並將防彈玻璃門撞毀，距離總統的辦公室僅20公尺左右，駕駛張德正受傷送醫[46]，表示是受當時負面時事影響，繼而對司法及社會不公，而以卡車衝撞總統府來表達不滿，其屬世俗式孤狼。2003年至2004年期間，楊儒門爲顧及我國農民生計，反對外國稻米進口，而在台北市放置爆裂物共計17次，而有白米炸彈客之稱，則屬單一議題式孤狼。1992年4月28日，陳希杰爲向麥當勞餐廳勒索新臺幣600萬元，在多家麥當勞餐廳天花板放置炸彈，造成拆彈之警察人員楊季章遭

---

45 同前註，頁568-569。

46 杜宜諳、李明賢（2014）。貨車衝撞總統府 毀防彈玻璃門。中時電子報。https://www.chinatimes.com/realtimenews/20140125001321-260402?chdtv。瀏覽日期：2019年12月22日。

炸斷雙手身亡；另2013年4月12日，胡宗賢於高鐵列車上及立法委員服務處放置汽油炸彈，企圖製造恐慌來放空期貨牟利[47]，未料汽油炸彈並未爆炸，其與陳希杰同屬犯罪式孤狼。2009年3月9日，犯嫌黃富康因沉迷日本漫畫，深信殺人可以改運，假藉租房看房名義，砍殺房東及其兒子，造成1死2傷，這是台灣首宗隨機殺人事件；2014年5月21日，犯嫌鄭捷持雙刀於臺北捷運列車上無差別殺人，造成4人死亡，24人受傷，只爲了滿足本身殺人的快感；2016年7月7日，犯嫌林英昌因爲本身久病厭世，於臺鐵列車上引爆爆裂物，造成25人受傷；2016年3月28日，犯嫌王景玉於台北市內湖區隨機砍下一名女童的頭顱，隨即遭逮捕，警方定調係爲吸毒過度產生幻想而犯下暴行，以上這些隨機殺人的案例，都是可歸納爲個人特質式之孤狼。

以我國發生之孤狼恐怖主義的案例觀察，著手施行者皆爲本國人，尚沒有發生外來人口在台犯案之情形，一來是因爲我國對於外來人口管理制度較爲嚴謹，來台居留之外來人口均須提供無犯罪紀錄證明及健康檢查證明等相關文件，可過濾犯罪分子及精神異常分子，阻絕於境外；二來則是因爲我國政局尚屬穩定，且已歷經幾次政黨輪替執政，屬成熟的民主化國家，外來人口較不易因對政治或社會特定議題之狂熱，而發生恐怖主義行爲。

伍、生物及農業恐怖主義

生物及農業恐怖主義係指恐怖分子利用病毒、細菌或毒素，對於人或動、植、農作物進行散播，而造成人類的感染傷亡，動、植、農作物的傷亡或毀損，造成經濟損失、引起恐慌、衝擊政治、破壞社會穩定及影響人民對於政府的信心[48]。這一類型的恐怖主義影響層面相當廣泛，且攻擊目

---

47 社會中心（2014）。高鐵炸彈客認罪求輕判 女檢：我也在那班車上。ETtoday新聞雲。https://www.ettoday.net/news/20140404/342823.htm。瀏覽日期：2019年12月22日。

48 汪毓瑋（2016），恐怖主義威脅及反恐政策與作爲（上），台北：元照出版社，頁628-629。

標之不確定性高，一旦施行後難以控制局勢，如恐怖分子在原籍國發起攻擊，傷及自己家人及親友之機率甚高，因此多採境外攻擊或較小規模之攻擊，如2001年9月至11月，美國發生炭疽熱郵件攻擊，造成5死22傷，即屬接觸性的細菌攻擊，且寄送郵件對象固定，攻擊規模較小，影響範圍也有限。

如COVID-19新冠肺炎疫情發生之後，即有印度學者發表論文表示該病毒來源可能來自於實驗室[49]，另外俄國衛生部也表示經研究發現該肺炎病毒爲人工病毒[50]，究竟病毒是源於自然界傳染或是人工造成，都仍待更進一步的科學證據及追查研究，尚無定論，本文只是藉此案例探討，假設恐怖組織確實具有研發病毒之能力，並藉由擴散病毒宣揚恐怖主義，則對於全球各國政府之殺傷力都相當大，除了造成人民的傷亡及恐慌之外，對於國家內政、經濟、教育等層面，影響都相當深遠。如在疫情期間，各國民間普遍出現防疫物資缺乏的情形，造成人心惶惶，影響社會秩序及對政府的信心；再者在疫情期間爲避免疫情擴散，除了學校延後開學，大部分民眾不敢出門聚餐、旅遊及休閒娛樂，也造成許多行業面臨蕭條，確實重創國家各方面的正常發展。

COVID-19新型冠狀病毒的散播模式及對於各國乃至於全球影響的程度，已經讓各國政府深刻體認到病毒傳染的威力，相信也有助於各國政府對於未來可能面對的生物及農業恐怖主義威脅，有不同層次的防制思維及具體的作爲，例如區域性國家是否應該建立聯合防制的機制，或是各自鎖國防禦，這都是將來在反恐作戰上需要面臨的新挑戰。

---

[49] 國際中心（2020）。武漢肺炎風暴：病毒來自武漢生化實驗室？引發「陰謀論」的印度學者論文撤稿。風傳媒。https://www.storm.mg/article/2247238。瀏覽日期：2020年2月20日。

[50] 莊鈞淯（2020）。武漢肺炎：全球首例官方認證俄衛生部指武漢肺炎是人工病毒。新頭殼newtalk。https://www.msn.com/zh-tw/news/world/武漢肺炎全球首例官方認證-俄衛生部指武漢肺炎是人工病毒/ar-BB10dPeR?ocid=sli。瀏覽日期：2020年2月22日。

第四節　因應非法移民涉及恐怖主義之策略及作為 

爲了預防恐怖主義的發生，各國政府及專家學者都不斷研究和提出相關的防制政策及作爲，如美國政府在911事件以後，通過了「愛國者法案」（Uniting and Strengthening America by Providing Appropriate Tools Required to Intercept and Obstruct Terrorism Act of 2001, PATRIOT Act），將反恐行爲視爲戰爭，授權相關部門加強執法，但強力執法的結果，也引發了侵犯人權的疑慮[51]，所以美國參議院於該法案到期後，並無達成延期的共識，使「愛國者法案」在2015年6月1日隨即失效；另外，美國政府在2003年整合了國內23個政府相關部門，成立了國土安全部（U.S. Department of Homeland Security），將政府救災與防恐之事權統一，便能在發生相關恐攻或災害事件時，迅速指揮調度；此外，美國爲保護國土安全及防制恐怖主義，也強化了對於移民及國境管理的相關作爲，如在航空安全部分，強化機場人流與物流的查核，在國境安全管理部分，則推動信任旅客計畫（Trusted Traveler Programs）並且提高邊境與通關口岸的保護作爲[52]，可謂是在國際間推行反恐作爲最具指標性之國家。除了美國之外，日本也因美國911事件發生後，爲避免日本發生恐怖主義而制定了「恐怖主義對策特別法」，主要在於結合國內各政府機關的力量，並以法律作爲處理緊急事件的依據，讓各行政機關遇到恐怖主義事件時，能依法處理；俄國則是在美國911事件之前，已制定了「俄羅斯聯邦反恐怖主義法」，規範聯邦行政機關、法人與個人對抗恐怖主義之相關程序；德國也是因應美國911事件，制定了「反國際恐怖主義法」，其中較爲特別的是，德國以提高稅率的方式，增加政府的稅收，用於反恐的支出[53]；中國大陸也於2016年公布施行「反恐怖主義法」，以專法的方式，更具體的規

---

51 陳明傳、駱平沂（2011），國土安全導論，台北：五南圖書出版公司，頁209。

52 汪毓瑋（2012），美國強化移民與國境管理之研究，國土安全與國境管理學報，桃園：中央警察大學出版社，頁1-54。

53 陳明傳、駱平沂（2011），國土安全導論，台北：五南圖書出版公司，頁79-92。

範政府機關之職權分工、情報調查及相關法律責任等[54]。

至於我國對於防恐策略及作爲的部分，國內早有學者提出相關的具體建議，如蒐集恐怖主義情報以建立資料庫、由各級政府機關成立反恐危機管理機制、成立對抗恐怖主義專責小組、提升國境安全管理人員能力、參與國際組織等[55]，也有學者提出因我國與大陸交流頻密，因此我國之反恐作爲可從兩岸國境人流管理之合作作起[56]；另在法律面的部分，行政院在2003年11月就已提出「反恐怖行動法草案」送立法院審議，由立法院召開聯席會議審議，由時任立法委員賴清德擔任主席，行政機關代表則由當時之法務部部長陳定南、國家安全局副局長王進旺、內政部次長簡太郎及國防部作戰及計畫次長室助理次長彭魯蘇出席，全案經審查完竣，提立法院黨團協商，但未獲通過；2007年3月，行政院再將「反恐怖行動法草案」送立法院審議，仍無結果；後續於2013年及2016年均有國民黨立法委員馬文君、蔡正元、黃昭順及民進黨立法委員林濁水、李俊俋等人分別提案，也都未能順利完成三讀程序[57]。

我國對於反恐專法之立法過程未能像日本、德國如此決斷，與我國民眾普遍對於恐怖主義無感或認識未深有直接關係，也是因爲一般民眾對於恐怖主義的認知，仍存在於恐怖組織分子以槍械、炸彈等武器對於特定對象或一般平民進行攻擊，而造成大規模的死傷案件，如美國校園經常發生之槍擊案[58]，而因我國並未曾遭受恐怖組織分子進行任何型態的恐怖攻擊，因此我國民眾尚不會對於恐怖主義感到太大的恐慌，也因此政府在立

---

54 任永前（2014），我國反恐立法走向初探，法學雜誌，北京：法學會，頁23。

55 陳明傳、駱平沂（2011），國土安全導論，台北：五南圖書出版公司，頁92-96。

56 王智盛（2016），兩岸反恐合作與國境管理——從中國大陸「反恐怖主義法」探討之，全球化下之國境執法，台北：五南圖書出版公司，頁119-138。

57 請參閱立法院官方網站「立法院議事及發言系統」之法案查詢。https://lis.ly.gov.tw/lylgmeetc/lgmeetkm?$$APIINTPRO!!XX%28%E5%8F%8D%E6%81%90%29。瀏覽日期：2019年2月3日。

58 Yahoo新聞（2015）。美國校園槍擊案一覽。https://tw.news.yahoo.com/美國校園槍擊案一覽-043314319.html。瀏覽日期：2019年12月23日。

法作爲上相對就沒有急迫性的壓力。但我國學者林泰和認爲，台灣遭受恐怖分子攻擊，絕非不可能的事[59]，林泰和也提及，國家安全局曾掌握台灣有8名印尼籍失聯移工曾在ISIS網站留言，另以色列駐台外交人員亦曾警告松山機場可能被蓋達組織列爲攻擊目標；另外汪毓瑋教授也曾經提及恐怖分子要不要攻擊我國，是以攻擊符不符合其戰略利益及目標爲考量，而不能陷入從自身思考是否會遭受攻擊的迷思[60]，所以，台灣政府對於恐怖主義仍須戒慎恐懼，嚴加防範。

對於非法移民可能來台涉及恐怖主義的因應作爲，本文從以下幾個面向提出具體的建議：

壹、加強各國資訊交流，阻絕境外涉恐分子

防制非法移民恐怖攻擊最好的方法，就是將其阻絕於境外，使其無法入境，自然無法執行攻擊行爲，但前提是要精確掌握國際恐怖分子的名單，交由移民機關管制入境，爲此，美國已建置反恐資料庫，提供各個國家連結使用，資訊共享，以達到全球合作反恐的目標，然而，因爲每個國家對於反恐的政策並不一致，如義大利爲了反恐，願意和美國共享指紋資料庫[61]，但是印度就不願意加入美國的反恐資料庫[62]。至於我國則已參與美國反恐資料庫[63]，因此，如果反恐資料庫中的對象欲入境我國，移民署

---

59 中央社（2016）。台灣恐受恐怖攻擊？學者提醒：絕非遠在天邊。三立新聞網。https://www.setn.com/News.aspx?NewsID=146089。瀏覽日期：2019年12月23日。

60 黃敦硯（2015），星期專訪：中華國土安全研究協會理事長汪毓瑋：台北世大運反恐應列最優先。自由時報新聞網。https://news.ltn.com.tw/news/politics/paper/934618。瀏覽日期：2020年2月2日。

61 伊斯契亞（2017）。聯手反恐義大利美國共享指紋資料庫。法新社。https://tw.news.yahoo.com/聯手反恐-義大利美國共享指紋資料庫-135002966.html。瀏覽日期：2020年2月3日。

62 中央社（2016）。美國反恐資料庫印度不加入。中時電子報。https://www.chinatimes.com/realtimenews/20160401003969-260408?chdtv。瀏覽日期：2020年2月3日。

63 高興宇（2016）。移民署：已與美反恐資料庫連線。中時電子報。https://www.

可透過航前旅客審查系統（Advance Passenger Processing, APP）拒絕航空公司核發登機證給該對象，有效將其阻絕於境外，或可透過航前旅客資訊系統（Advance Passenger Information System, APIS）事先掌握對象名單，俟班機抵達我國時，拒絕其入境。

近年來，我國較具恐怖主義威脅的危機，即是2017年8月19日至8月30日在台北市舉辦的第29屆夏季世界大學運動會，因爲2016年全球恐怖攻擊事件頻傳，且在台北世大運舉辦前夕，恐怖組織伊斯蘭國在西班牙又發動多起汽車衝撞之孤狼式恐怖攻擊，造成14人死亡，近百人受傷[64]，使得我國政府對於台北世大運的反恐作爲格外重視，如加強場館與選手村附近卡車的管理、加強散場反恐維安工作、加強運動餐廳的安全管理、加強關注東南亞穆斯林移工家庭、加強炸彈原料之管制與監控及加強宣導全民反恐概念等[65]，世大運的反恐作爲儼然成了最重要的維安工作[66]，而此次台北世大運的維安工作亦將移民署納入工作小組成員，其主要任務即在於過濾世大運期間所有外來人口入境之名單，透過APP及APIS系統的篩濾，也確實有效攔阻部分可疑對象，未讓其入境，在台北世大運期間亦未發生任何恐怖攻擊事件。

但是因爲部分國家未能參與美國反恐資料庫，也確實可能造成反恐的漏洞，因此，我國也不能完全依賴美國反恐資料庫作爲防制境外恐怖分子入境的手段，除了透過資料庫系統的分享外，仍應積極與各國政府進行雙邊或多邊的防恐協議，從多重管道進行國際間的反恐資訊交流，才能更精

---

chinatimes.com/realtimenews/20140311005631-260405?chdtv。瀏覽日期：2020年2月3日。

[64] 魏國金（2017）。連環恐攻14死西班牙擊斃5匪。自由時報新聞網。https://news.ltn.com.tw/news/world/paper/1128211。瀏覽日期：2020年2月3日。

[65] 張福昌（2017）。從恐怖主義發展趨勢論2017台北世大運六大反恐作爲。台北論壇。140.119.184.164/view_pdf/387.pdf。瀏覽日期：2020年2月3日。

[66] 黃敦硯（2015）。星期專訪：中華國土安全研究協會理事長汪毓瑋：台北世大運反恐應列最優先。自由時報新聞網。https://news.ltn.com.tw/news/politics/paper/934618。瀏覽日期：2020年2月2日。

確掌握恐怖分子名單，更有效的將其阻絕於境外，避免恐怖攻擊的發生。

貳、建立並落實境內外來人口訪查機制

外來人口合法入境我國後，依其居住期間之長短，可區分爲停留與居留之性質，按移民法規定，在我國居住期間未逾六個月者爲停留，超過六個月者爲居留[67]，而我國對於停留期間逾三個月者，或是居留對象，都訂有定期及不定期查察登記之規定[68]，因此，就管理機制而言，我國對於在台的外來人口應都有一定的掌握程度。

2007年1月2日移民署成立之前，我國外來人口訪查工作屬警政署之業務，交由各派出所納入轄內警勤區或外事責任區，定期編排查察勤務由員警前往訪查，自移民署成立之後，外來人口訪查工作就交由該署各縣（市）專勤隊負責執行，但是因爲移民署的人力與警政署的人力配置上懸殊過大，也造成專勤隊根本無法落實外來人口訪查工作。根據警政署人事室的統計，警察員額總數將近7萬人，而以新北市政府警察局爲例，就有2,265個警勤區[69]，以新北市外僑居留總數約8萬人計算，平均每個警勤區員警可掌握之外僑人員約30餘人，尚屬合理；而根據移民署人事室的統

---

67 移民法第3條第7款及第8款規定：「本法用詞定義如下：……七、停留：指在臺灣地區居住期間未逾六個月。八、居留：指在臺灣地區居住期間超過六個月。」

68 內政部入出國及移民署實施查察及查察登記辦法第2條第1項規定：「因婚姻或收養關係，申請在臺灣地區停留、居留、永久居留或定居者，內政部入出國及移民署（以下簡稱入出國及移民署）受理後，必要時，得於十五日內派員至申請人在臺灣地區之住（居）所執行查察。」同條第2項規定：「執行前項查察後，於作成准駁處分前，必要時，得再派員執行查察。」同辦法第3條第1項規定：「入出國及移民署對在我國停留期間逾三個月、居留或永久居留之臺灣地區無戶籍國民、外國人、大陸地區人民、香港及澳門居民，應於其停留期間逾三個月、取得居留證、永久居留證或辦理居留住址、服務處所變更登記之日起一個月內執行查察登記。」同條第2項規定：「入出國及移民署除依前項規定辦理外，亦得視實際需要，不定期執行查察登記。」

69 孟維德（2003）。犯罪熱點之研究。法務部官網。https://www.moj.gov.tw/cp-1033-45778-5ab39-001.html。瀏覽日期：2020年2月5日。

計，移民署員額總數約2,800人，以新北市專勤隊爲例，成員約60人，平均每位專勤隊人員可掌握之外僑人數約1,300人，即使讓專勤隊人員每天純粹只作訪查工作，恐仍無法有效掌握轄內外來人口動態，因此，雖然法令訂有相關訪查規定，但對移民署專勤隊而言，執行上確屬不可能之任務；一旦無法掌握轄內外來人口動態，對於可能潛在之恐怖分子當然更無法有效防範。

因此，如基於反恐工作之需要，在外來人口訪查工作部分，雖屬移民署之職責，但可用辦理年度專案之模式，將其他治安機關或國安團隊納入共同執行，全面清查盤點在台可疑之外來人口，造冊管理，再交由移民署持續追蹤查訪，才能落實境內外來人口管理機制。

除了停留逾三個月及居留之外來人口訂有上述查察之管理機制外，我國對於短期來台停留之外來人口並無追蹤管理之機制，但是，如果要追蹤管理短期入境之觀光客，建立行程通報或相關監控之手段，恐怕會引發國際間質疑我國漠視人權問題，進而衝擊觀光產業市場，對各國而言都不容易達成。也因爲對於短期入境停留的旅客較難以掌握管理，因此美國則採取在旅客入境前加強審核，從2019年6月起改變簽證模式，申請進入美國者須要提供五年內的社群交友平台帳號、電子信箱、電話號碼聯絡方式、下榻飯店地點等資料，若是提供資訊錯誤或是不完全，美國政府有權拒絕入境。美國政府此舉，除以傳統管理模式，要求申請人留下電話號碼及飯店地址外，更進一步透過查看Facebook、Instagram、微博等社群平台資料，了解申請人之身分背景，判斷是否爲恐怖分子。雖然此舉也有侵犯個人隱私之疑慮，但顯然美國在國家安全與外國旅客人權二者之中，仍以國家安全爲優先考量。目前美國的作法尚無其他國家效法，但如果事後追蹤與事前審查兩者管理機制都涉及人權問題需擇一而爲時，美國的作法似可作爲各國對於短期入境觀光客反恐措施的借鏡。

參、結合國安團隊力量，提升查處非法移民能量，加強清詢

對於合法入境我國之移民，政府尚可派員進行訪查，了解其在台生活

狀況並掌握其在台動態，但是對於非法移民多屬藏匿或行蹤不明之狀態，並無固定之居住所，造成政府在管理上之困擾，若有心人士利用非法移民從事恐怖主義，政府也難以掌握，形成反恐漏洞，因此，查處非法移民確實爲預防恐怖主義之重要手段，透過查處作爲，減少非法移民人數，也能嚇阻非法移民從事不法行爲，達到反恐效果。

就我國非法移民的現況而言，失聯移工問題應爲我國恐怖主義最大的隱憂，國安局曾掌握8名在台失聯移工於ISIS網站留言，因此，當然不排除在我國之失聯移工有與恐怖組織聯繫之可能性，或有加入恐怖組織或受其操控之情況，甚至不排除已有恐怖組織在台落地之可能性，這樣一來，更顯現出查處失聯移工之重要性；而失聯移工人數年年攀升，恐怖主義的威脅也會隨之增加，影響國家安全。爲加強查處失聯移工，移民署自2012年7月1日起每年訂定「加強查處行蹤不明外勞在臺非法活動專案工作」，將警政署、法務部調查局、海巡署、憲兵等機關單位納入查緝團隊，並管控各機關執行成效，要求一定之查處績效。在未執行專案工作之前，2010年查處失聯移工人數爲10,045人、2011年則爲8,474人，專案工作開始後，2012年查處人數爲1萬3,594人，到2013年則爲1萬6,269人[70]；由查處績效觀察，結合國安團隊查處力量，確實有效提升將近一倍之查處能量，但是近年失聯移工人數增加速度過快，查處量能嚴重不足，造成失聯移工人數已達歷史新高，這也是國安團隊必須面對且設法解決的難題。

移民署爲了再加強查處失聯移工的力道，採剛柔並施的方式，分別於2019年1月1日起至6月30日止、2020年4月1日至6月30日、2023年2月1日至6月30日，針對在台逾期停留之外來人口，包含失聯移工實施3次「擴大自行到案方案」，期間內自行到案者，免收容且繳交罰鍰採最低額新臺幣2,000元，且減免管制來台期間；第一次的專案期間，同時也結合國安

[70] 請參閱立法院（2014），院總第887號，政府提案第14717號關係文書，第8屆第5會期第2次會議。https://lci.ly.gov.tw/LyLCEW/agenda1/02/pdf/08/05/02/LCEWA01_080502_00102.pdf。瀏覽日期：2019年2月5日。

團隊執行全國性擴大掃蕩勤務[71]，如在期間內被查獲者，則加重罰則（相關措施如表3-4），強迫失聯移工自行出面投案，執行成效亦相當不錯，第一次的專案期間半年內共查處2萬4,000餘人，其中自行到案就包含1萬5,000餘人[72]，當年度失聯移工人數已首度降到5萬人以下，整體查處能量確實有大幅提升。

表3-4　第一次「擴大自行到案」專案（108年1月1日至108年6月30日）之處理機制表

項目／實施對象	失聯移工	非失聯移工
自行到案（108年1月1日至6月30日）	• 是否收容：免收容。 • 逾期罰鍰：裁處2,000元。 • 禁止入國期間： 1.逾期「未滿三年」，得「免除」禁止入國。 2.逾期「三年以上」，禁止入國期間得「減二分之一」。 3.逾期「三年以上」，但「舉發非雇非仲」，經查證屬實且「函送勞政機關者」，得免除禁止入國。	• 是否收容：免收容。 • 逾期罰鍰：裁處2,000元。 • 禁止入國（不予許可）期間： 1.逾期「未滿一年」，得「免除」禁止入國（不予許可）。 2.逾期「一年以上未滿三年」，禁止入國（不予許可）期間得「減二分之一」。但不得低於法令所定最低期間。「舉發非雇非仲」，經查證屬實且「函送勞政機關」者，得「免除」禁止入國（不予許可）。

71 劉慶侯（2019）。移民署擴大查緝非法外勞倒數計時第二波全國掃蕩查獲531人。自由時報。https://news.ltn.com.tw/news/society/breakingnews/2823471。瀏覽日期：2019年2月8日。

72 中央社（2019）。移民署擴大自行到案30日截止半年成效1.5萬人。聯合新聞網。https://udn.com/news/story/7321/3892031。瀏覽日期：2019年2月8日。

表3-4 第一次「擴大自行到案」專案（108年1月1日至108年6月30日）之處理機制表（續）

項目／實施對象	失聯移工	非失聯移工
		3.逾期「三年以上」，禁止入國（不予許可）期間得「減三分之一」。但不得低於法令所定最低期間。「舉發非雇非仲」，經查證屬實且「函送勞政機關」者，禁止入國（不予許可）期間得「減二分之一」。
查獲到案（108年2月1日至6月30日）	• 收容處分：一律暫予收容。 • 逾期罰鍰：裁處1萬元。 • 禁止入國期間：最長從重禁止入國八年。	• 收容處分：一律暫予收容。 • 逾期罰鍰： 1.「單純逾期」，依現行規定額度裁罰。 2.「逾期且經當場查獲非法工作」者，從重裁處1萬元。 • 禁止入國（不予許可）期間： 1.「單純逾期」，依現行規定禁止入國。 2.逾期且經當場查獲非法工作」，依最長期間禁止入國，並加計非法工作之禁止入國年限。

資料來源：移民署官網。https://www.immigration.gov.tw/media/39003/簡表-擴大自行到案處理機制-中文.pdf。瀏覽日期：2019年2月5日。

從實施的時間點推測，第二次的擴大自行到案專案之目的，應不是為了查處在台失聯移工，而是考量疫情期間，在台逾期停居留之外來人口無合法身分可接種疫苗，可能造成防疫破口，因此鼓勵在台停居留之外來人口自行到案，並可接種疫苗，減少染疫黑數，讓衛生單位有效掌控疫情發展。後卻又因為疫情期間，失聯移工人數大幅提升，在疫情趨緩且國境班機逐步恢復常態後，主管機關為了有效降低在台逾期停居留外來人口人數，似只得再辦理第三次擴大自行到案專案；第二次與第三次擴大自行到案專案的措施一樣，均採不收容、不管制、低罰鍰來作爲自行到案的誘因，來吸引在台逾期的外來人口自行出面投案。

就筆者個人實務工作經驗，治安單位在查獲失聯移工後，首要確認身分及製作筆錄進行清詢，而清詢的重點多著重於其在台行方不明期間之活動情形，以進一步釐清是否背後尙有非法雇主及非法仲介，但並不會清詢其與恐怖組織之關聯性，因此，縱使查獲之對象係爲隱性之恐怖分子或在台恐怖組織之成員，查獲單位亦無從得知。因此，如要強化我國防恐作爲，治安機關在查獲失聯移工後，可就其與恐怖組織之關聯性進行相關之清詢，探索恐怖主義在台之發展，長期下來，應可建立失聯移工與恐怖主義之脈絡圖像，掌握更完整的情資，才能提升反恐成效。當然，清詢工作要有成效，對於清詢人員的訓練相當重要，目前移民署、警政署、海巡署等治安機關鮮少接受反恐訓練，對於恐怖主義的認識也相當有限，所以對於人員的訓練也是反恐工作中重要的一環。

肆、制定專法及成立專責機構

行政院在2003年即提出「反恐怖行動法草案」送立法院審議，惟當時立委認爲草案中，對於「恐怖行動」的定義、相關檢查或強制處分恐有侵犯人權之虞，以及規範內容尙不足建立反恐體系，訂立專法恐會招致國際恐怖分子攻擊、推動反恐專法存在政治意涵太高等原因，且考慮相關法律對於防範恐怖分子活動及情治單位協調聯繫與洗錢防制等已有規範，因此未予通過。至2016年又有立委聯署再次提出「反恐怖行動法草案」，認爲我國相關刑事處罰及行政管制法律，雖對於恐怖行動都有具體規範，但是事權不統一，情報無法統合，難達反恐成效，仍賴成立專法及專責處理小組，才能有效反恐，於是參考美國「愛國者法案」、日本「恐怖對策支援法」、德國「反國際恐怖主義法」、加拿大「C-36法案」（以下簡稱反恐怖行動法），提出我國之「反恐怖行動法草案」，條文共計20條，其主要內容如下：

第1條：立法目的。

第2條：界定恐怖行動、恐怖組織及恐怖分子之定義。

第3條：設置反恐怖行動專責單位。

第4條：反恐怖行動情報之統合。

第5條：恐怖行動發生常需要國軍部隊之協助，本法因此賦予國防部編裝整備之依據。

第6條：通訊監察之執行。

第7條：網際網路跨境連線通信紀錄之保存及提供。

第8條至第11條：對疑爲恐怖分子之身分與交通工具查證、財產扣留與禁止及資金凍結處分。

第12條至第13條：明定恐怖行動罪名及沒收之特別規定。

第14條：我國國民在領域外犯本法之罪也爲本法效力所及，以有效防杜恐怖行動發生。

第15條：爲銜接條文。

第16條：自首與自白。

第17條：違反義務之處罰。

第18條：舉報及獎勵。

第19條：簽訂國際合作條約或協定。

第20條：施行日期。

上開草案於立法院第9屆第1會期司法及法制、內政、外交及國防三委員會聯席審查時，部分立委認爲我國相關法律，刑法中雖未明確規定恐怖活動犯罪，但基本上已蘊含在刑法規定的犯罪類型裡，而且相關刑事處罰及行政管制法律，都已對恐怖行動直接明訂相關處罰及管制規定（包括入出境管制、飛航安全、海事安全、情資通報、通訊管理、緊急應變等），欠缺的只是對於資助恐怖組織或其成員行爲之刑罰規定，及目標性金融制裁規範，而2016年立法院已通過「資恐防制法」，因此，我國在防恐法制上雖無專法，但也已趨完備，並無須再立專法。另外對於專責機構的部分，也有委員認爲行政院已成立國土安全辦公室，定期召開政策會報，負責反恐事宜，實無再另行成立專責小組之必要[73]，也由於委員會內部委員對於防恐專法及成立專責單位意見分歧嚴重，之後並無再將反恐專法排入委員會審查。

反恐工作需要非常務實，並不是紙上談兵之文書作業，因爲一旦發生恐怖攻擊，政府必須有立即的反制及復原能力，所以事權的統一、即時的反應和一條鞭式的調度指揮就十分重要。制定專法，有助於事權統一和即時反應，而成立專責機關才能達到一條鞭式的調度指揮；反之，若反恐相關規範都散落於不同部法令，雖仍屬完備，但運用上一定無法得心自如，如能將其整合爲一部法令，將會使反恐體制更爲健全。另行政院雖設有國土安全辦公室主責反恐業務，其依行政院處務規程規定，在編制上是屬於行政院本部的業務單位之一，性質上爲行政院之專業幕僚，對於各參與反恐之外勤機關並無直接指揮調度之權，而是屬業務指（督）導之關係，一旦發生恐怖主義事件，恐無法立即整合各機關之反恐資源，因此，由反恐專法授權成立專責機關，並賦予整合指揮調度之權責，才能強化反恐的效能。

第五節　小結

因爲我國沒有發生過恐怖組織攻擊事件，所以在國內不論是政府或是人民對於反恐的觀念還是相當薄弱，僅有行政院國土安全辦公室、國家安全局等少數機關（構）較具有反恐意識外，大多數的國安團隊或治安機關並未將反恐納入其職掌之勤、業務工作項目，所以在對於涉及恐怖主義的資訊整合上仍嫌不足。例如警政署統轄近7萬警力，警勤區遍布全國，是蒐集情報來源的重要細胞，就反恐的觀點，勤區警員對於轄內外來人口

[73] 草案審查經過請參閱立法院第9屆第1會期司法及法制、內政、外交及國防三委員會第1次聯席會議紀錄。https://lis.ly.gov.tw/lylgmeetc/lgmeetkm?.e89501082201000 01C80000100000^00000000000000000000BA003f63。瀏覽日期：2019年2月10日。

動態應可較精確掌握，並了解其來台動機及背景，但是卻因爲移民署的成立，外來人口相關業務均移由移民機關辦理，而在移民機關人力不足且警察機關又不再涉及外來人口業務的狀況下，自然較無法蒐集外來人口在台活動之各項情資；再者，警政署與移民署之共同上級機關內政部並不負責反恐業務，對於反恐工作亦無指揮督導之責，更無法協調及整合移民與警政機關之間的反恐權責劃分，這都可能造成反恐工作的漏洞。

另外，境外情資蒐報也是阻絕非法移民來台從事恐怖主義的重要工作，國家安全局、警政署、移民署均有派駐國外之人員，依國家情報工作法規定，國家安全局本爲情報機關，而警政署及移民署視同情報機關[74]，其駐外人員本有蒐集各類國安情資之職責，但相關情報機關駐點及人力都有限，均不如外交部之駐外人員普及多數國家，且我國各駐外館處均由外交部派駐人員主政領導，因此，外交部在駐外的各政府機關中應屬最爲核心之單位，然而，外交部卻未被視同情報機關，職掌情蒐工作，這對於非法移民涉及恐怖主義的境外情資蒐集，有一定程度的影響，若能將外交部共同列入反恐行列，必然有助於防制非法移民的恐怖主義活動。

本文並不是想把我國的非法移民都與恐怖主義都作連結，而造成大家對於非法移民的恐慌，非法移民不等於就是恐怖分子，我國目前的失聯移工，多數也都只是爲了謀求更好的經濟生活而逃離合法雇主，找尋薪資更高的工作，甚至對於我國部分缺工的產業而言，還有正面的幫助，這樣的失聯移工只是單純違反行政法規，對於國家安全及社會治安的威脅性並不高。本文主要在於探討非法移民可能涉及恐怖主義的關聯性，並藉此提醒政府及國人對於恐怖主義應更爲重視，不能因爲沒有發生就認爲不會發生，這是很致命的錯誤觀念，以台灣現在的社會環境及政經體制，很

---

74 「國家情報工作法」第3條第1項第1款規定：「本法用詞定義如下：一、情報機關：指國家安全局、國防部軍事情報局、國防部電訊發展室、國防部軍事安全總隊。……。」同條第2項規定：「海洋委員會海巡署、國防部政治作戰局、國防部憲兵指揮部、國防部參謀本部資通電軍指揮部、內政部警政署、內政部移民署及法務部調查局等機關（構），於其主管之有關國家情報事項範圍內，視同情報機關。」

可能經不起幾次大規模的恐怖主義攻擊，所以除了政府要有具體之因應作爲外，國人也應該普遍都要有基本的反恐常識，把反恐觀念推廣爲全民意識，讓人人成爲反恐的細胞，這還是得由政府帶頭做起，就如同之前爲了打擊猖獗的詐騙集團，政府積極推動全民反詐騙，並設置165反詐騙專線，配合警察機關全面查組，讓詐騙集團分子在台無所遁形，慢慢消聲匿跡。當然，恐怖主義犯罪的複雜程度遠大於詐騙集團犯罪，舉防制詐騙集團的例子只是要強調，只要政府肯重視且帶頭推動，落實本文所提各項防制作爲，尤其是可以制定專法及成立專責機關，相信我國的反恐工作也可以做得很好，減少非法移民涉及恐怖主義的威脅。

參考書目

一、中文文獻

內政部移民署官方網站。https://servicestation.immigration.gov.tw/。瀏覽日期：2019年12月28日。

行政院國土安全辦公室官方網站。https://www.ey.gov.tw/Page/66A952CE4ACACF01。瀏覽日期：2019年12月28日。

汪毓瑋（2012），美國強化移民與國境管理之研究，中央警察大學國土安全與國境管理，第17期，桃園：中央警察大學出版社，頁1-54。

汪毓瑋（2016），恐怖主義威脅及反恐政策與作爲（上）（下），台北：元照出版社。

林盈君編（2016），國土安全與移民政策，台北：獨立作家。

范聖孟、劉育偉、許華孚（2013），從德國空中安全法探討軍隊行使警察權防制恐怖活動之界限，中央警察大學國土安全與國境管理，第19期，桃園：中央警察大學出版社，頁63-106。

高佩珊編（2016），全球化下之國境執法，台北：五南圖書出版公司。

張亞中、左正東編（2012），國際關係總論，新北：鼎易。

許義寶（2012），入出國法制與移民人權，台北：五南圖書出版公司。
陳明傳、駱平沂（2011），國土安全導論，台北：五南圖書出版公司。
陳明傳等（2014），移民的理論與實務，桃園：中央警察大學出版社。
陳明傳等（2018），移民理論與移民行政，台北：五南圖書出版公司。
黃文志、王寬弘編（2020），國境執法與合作，台北：五南圖書出版公司。

二、外文文獻

Caroline B. Brettell, and James F. Hollifield (2000). *Migration Theory: Talking across Disciplines*, US: Routledge.

Collyer M. (2006). *States of insecurity: Consequences of Saharan transit migration*, Working Paper No. 31, UK: Centre on Migration Policy and Society (COMPAS), University of Oxford.

Eytan, Meyers (2004). *International Immigration Policy: A Theoretical and Comparative Analysis*. NY: Palgrave Macmillan.

Garrett M. Graff (2019). *The Only Plane in the Sky: The Oral History of 9/11*, UK: Octopus Pub Group.

International Organization for Migration (IOM), *IOM Definition of "Migrant"*, https://www.iom.int/who-is-a-migrant.

Jonathan, Matusitz (2013). *Terrorism and Communication: A Critical Introduction*, US: SAGE Publications, Inc.

Legal Information Institute (LII), *U.S. Code Title 18. Chapter 113B. Section 2331*, https://www.law.cornell.edu/uscode/text/18/2331.

The U.S. Department of Homeland Security (DHS), *Preventing Terrorism,* https://www.dhs.gov/preventing-terrorism.

United Nations Security Council (UNSC), *Resolution 2395 (2017)*, https://undocs.org/S/RES/2395(2017).

第四章

國境物流管理之安全檢查

王寬弘

第一節　前言

入出國境管理，有人流管理也有物流管理，而國境物流安全管理涉及之機關，主要有海關、警察、海巡、農政、衛福等機關。我國在國境物流管理中，依國家安全法執行安全檢查之機關，主要為警察機關及海巡機關[1]。其中警察機關主要是內政部警政署航空警察局執行機場安全檢查、內政部警政署保安警察第三總隊執行海運貨櫃落地安全檢查，而海巡機關執行港口（商港與漁港）海運之一般安全檢查。警察與海巡機關，國境物流管理安全檢查之目的，主要是查緝走私或危安物品。由於篇幅因素，本文國境物流管理之安全檢查以警察機關依國家安全法執行之安全檢查為範圍，所以僅就機場安全檢查、海運貨櫃落地安全檢查等說明。至於，海巡機關對商港與漁港之安全檢查則未納入，特以說明。有關國境物流管理之安全檢查，本文自國境安全檢查之法理、法令依據及執行作為依序說明，其中執行作為再分為機場安全檢查、海運貨櫃落地安全檢查等二部分介紹如下。

---

1 國境安全檢查意義有廣義與狹義。廣義者泛指行政機關依各該法令對進出國境之人員、物品或運輸工具實施檢查之行為，例如海關緝私檢查、移民證照查驗、衛生檢疫、商品檢驗、憲兵及海岸巡防機關之安全防衛檢查等，係屬廣義之範疇。狹義的安全檢查，則侷限國家安全法之範圍，僅指警察或海岸巡防機關，本於國家安全法規賦予之國境管理權，為防止人員、物品或航行境內之人員、物品或運輸工具違法進出邊境，於必要時實施檢視察查。

國家安全法第4條規定：「警察或海岸巡防機關於必要時，對左列人員、物品及運輸工具，得依其職權實施檢查：

一、入出境之旅客及其所攜帶之物件。

二、入出境之船舶、航空器或其他運輸工具。

三、航行境內之船筏、航空器及其客貨。

四、前二款運輸工具之船員、機員、漁民或其他從業人員及其所攜帶之物件。

對前項之檢查，執行機關於必要時，得報請行政院指定國防命令所屬單位協助執行之。」

第二節　國境物流安全檢查之法理與法依據

壹、國境物流安全檢查之法理

入出國管理之法理基礎，依據學者李震山之研究認爲，應係植基於以下3個原則，即國家基本權之維護、人民基本權之保障，以及國際法之信守[2]。國境物流安全檢查爲入出國管理之重要一環。是故，本文以上述學者李震山之三項法理爲奠石，認爲國境安全檢查之法理基礎，可從下列三個觀點來探討[3]：

一、國際觀點

從國際觀點，主要是國際法信守與國際合作。一個國家成爲國際社會之一員，各國對於國境安全管理自應遵守國際法、信守國際法，而相互合作。例如飛航安全並非僅屬一國必須注重之要點，而是世界各國必須加以重視之事件，各國之國家安全也因航空器之起降而互相牽連。故世界各國若能攜手合作，制定出共同遵守之安全檢查規範，則對於各國之國家安全將是一大保障。因此，我國雖非國際民航組織之會員國，惟爲與國際民航確實接軌，共同維護飛航安全，故對其所公布之指導建議或緊急命令亦多所採納及參考，進而擬定相應之政策及法規[4]。另國際間對於航空保安之

---

2 李震山（1999），入出國管理之一般法理基礎，收錄於李震山主編，入出國管理及安全檢查專題研究，桃園：中央警察大學出版社，頁1-12。

3 王寬弘（2016），國境安全檢查，收錄於汪毓瑋主編，國境執法，台北：元照出版社，頁12-15。

4 1.例如在國際規範上，國際航空運輸協會（International Air Transport Association, IATA）制定的「危險貨（物）品規章」的九大類危險品，完全包括了國際民航組織（International Civil Aviation Organization, ICAO）「危險貨（物）品航空安全運送技術指南」的所有要求，係現今國際航空運輸「危險品」的技術指南，具有拘束力。在國內法令上，我國爲規範各類危險物品運輸作業，依據「民用航空法」（如第43條）

國際規範至少有：聯合國相關決議案、1963年《東京公約》（*Convention on Offences and Certain Other Acts Committed on Board Aircraft*）、1970年《海牙公約》（*Convention for the Suppression of Unlawful Seizure of Aircraft*）、1971年《蒙特利爾公約》（*Convention for the Suppression of*

並參酌國際運輸協會的「危險品章」，訂定危險品分類規則。詳見許連祥（2009），機場安檢法規與實務，桃園：中央警察大學出版社，頁54-55。

2.國際民用航空的運輸何以要有共同規範依循，乃因國際民用航空的運輸涉及航機、客貨、航權、機場、法律、管轄權等國際事務，所涉及的權利、義務、責任、或其他法律關係十分複雜。就旅客而言，運送人、出發地、目的地、旅客、飛機上的服務人員，均可能是不同的國籍，尤其涉及管轄權問題以及法律層面，可能不是單純法理所能解決。就貨物而言，託運人、售貨人、收貨人、銀行、保險公司，或是運送人可能部分是相同國籍，也可能不相同。就航空器而言，航空器的國籍，運送人的國籍，航權的內容均不相同。就法律的管轄權而言，常因上述國籍的不同而有不同，而各國法律對空運管轄權又有不同的立法或解釋，常使國際空運的複雜性或不確定性升高。各國為謀民航事業的發達，國際運輸的便利，與人員生命財產的保障，乃成立相關的國際民航組織主要有：

(1)國際民航組織。

(2)國際航空運輸協會。

(3)其他各地區之民航相關組織。

3.相關的國際民航重要組織說明：

(1)國際民間航空組織，亦稱國際民航組織，是聯合國屬下專責管理和發展國際民航事務的機構。其職責包括：發展航空導航的規則和技術；預測和規劃國際航空運輸的發展以保證航空安全和有序發展。國際民航組織還是國際範圍內制定各種航空標準以及程序的機構，以保證各地民航運作的一致性。國際民航組織還制定航空事故調查規範，這些規範被所有國際民航組織的成員國之民航管理機構所遵守。國際民航組織前身是根據1919年《巴黎公約》成立的空中航行國際委員會（ICAN），由於第二次世界大戰之後航空業的快速發展，產生了一系列的政治上和技術上的問題需要一個國際間的組織來協調。因此，在美國政府的邀請下，52個國家於1944年11月1日至12月7日參加了在芝加哥召開的國際會議，簽訂了《國際民用航空公約》（通稱《芝加哥公約》），按照公約規定成立了臨時國際民航組織（PICAO）。1947年4月4日，《芝加哥公約》正式生效，國際民航組織也因之正式成立，並於5月6日召開了第一次大會。同年5月13日，國際民航組織正式成為聯合國的一個專門機構。1947年12月31日，「空中航行國際委員會」終止，

Unlawful Acts against the Safety of Civilaviation）、1994年《芝加哥公約》（*Chicago Convention*）、1994年《芝加哥公約第17號附約》（*Chicago Convention Annex17*）、2018年《北京公約》（*Beijing Convention*）等，均是各國在擬定相關政策及法規時重要之參考文獻[5]。

二、國家觀點

從國家觀點是國家實施國境安全檢查之權力基礎。對此學者洪文玲認爲主要是基於國家主權原則及其所衍生之國家利益原則[6]。

並將其資產轉移給「國際民用航空組織」。維基百科。https://zh.wikipedia.org/wiki/%E5%9B%BD%E9%99%85%E6%B0%91%E7%94%A8%E8%88%AA%E7%A9%BA%E7%BB%84%E7%BB%87。瀏覽日期：2020年2月5日。International Civil Aviation Organization. https://www.icao.int/Pages/default.aspx (2020/2/5).

(2) 國際航空運輸協會是全球航空公司的同業公會，也是非政府組織。290家航空公司成員分別來自近120個國家，其定期國際航班客運量約占全球的83%。國際航協支持航空公司活動，並提供制定行業政策和標準的意見。國際航協總部設在加拿大蒙特婁，並在瑞士日內瓦設有行政辦公室。國際航空運輸協會於1945年4月成立於古巴哈瓦那。在成立之初，國際航協由31個國家的57家成員航空公司組成。其早期工作主要涉及技術方面，爲新成立的國際民航組織提供行業洞見，詳情可參見《芝加哥公約》附件，該國際公約至今仍規範著國際航空運輸業務。安全是國際航空運輸協會的首要工作。國際航協安全審計認證（IOSA）是十分重要的行業安全審計工具，並被部分國家授權推行。未來改進將建立在數據共享基礎上，資料庫由全球安全信息中心（Global Safety Information Center）存儲，其數據來源於全球資源。維基百科。https://zh.wikipedia.org/wiki/%E5%9C%8B%E9%9A%9B%E8%88%AA%E7%A9%BA%E9%81%8B%E8%BC%B8%E5%8D%94%E6%9C%83。瀏覽日期：2020年2月5日。International Air Transport Association. https://www.iata.org/en/about/ (20202/5).

5 洪嘉眞（2020），我國航空保安管理機關相關職權之現況、困境與對策，中央警察大學國境警察研究所碩士論文，頁35-50。

6 洪文玲（1999），國境安全檢查之法理探討，收錄於李震山主編，入出國管理及安全檢查專題研究，桃園：中央警察大學出版社，頁215-219。

（一）國家主權原則

獨立主權是國家成立要素之一，而國家主權行使最基本的權利就是自我防衛權。根據國家主權自我防衛之固有權利，任何國家有權拒絕非其國籍之人進入其國家，並有透過入出境及居留管理制度，對申請人進行政治性、經濟性、道德性、衛生性及刑事犯罪的綜合審查，以防止對國家安全有威脅的人或物品進入。

（二）國家利益原則

人是各種資訊或物質的載體，隨著出入境活動，將資訊或物品流傳於國家間。在流通過程中，各種因素參雜其間，難免對他人利益或國家利益造成威脅或侵害。各國基於本國安全利益及公共秩序之考量，必須根據本國政治、經濟、人口和社會發展的需要，制定入出境管理制度，限制個人與物品出入境相關權利的行使。

三、人民觀點

從人民觀點，主要是人民個人基本權利之保障。安全檢查之實施涉及人民之人身自由權、遷徙自由、隱私權及財產權等憲法所保障之自由權利。憲法第23條規定：「以上各條列舉之自由權利，除為防止妨礙他人自由、避免緊急危難、維持社會秩序，或增進公共利益所必要者外，不得以法律限制之。」因此，原則上政府應尊重人民自由權利，僅於為四大前提（防止妨礙他人自由、避免緊急危難、維持社會秩序，或增進公共利益）、二大原則（比例原則、法律保留原則）下限制之。易言之，上述自由權利並非不得限制，但必須符合憲法第23條所定之必要程度，不得逾越其所欲達成之目的，而其中所採取之手段、目的及方法亦必須遵守比例原則，並有法律之依據，始能確實保障人民之基本權利不受損害。

貳、國境安全檢查之法令依據

現代民主法治國家，國家權利來自人民的付託，人民訂定憲法產生政府，再選出國會議員組成議會制定法律，藉由法律賦予行政機關各項權力，並明定其權力的界線。國家安全法即是規範國境管理機關安全檢查權之法源。爲有效執行國家安全法，主管機關另訂頒各種行政命令加以補充，例如「國家安全法施行細則」及各種作業規定或執行要點。

一、憲法

安全檢查之實施涉及人民憲法第二章人民權利義務中至少有：第8條（人民身體自由）、第10條（居住遷徙自由）、第12條（秘密通訊自由）、第15條（財產權）、第22條（其他不妨害社會秩序公共利益之自由權利）等。人民入出國牽涉相關活動，如遷徙、郵件包裹通信、攜帶行李、運送貨物等，均屬上揭憲法保障之範疇。原則上政府機關應尊重人民之自由，僅於妨害社會秩序或公共利益之際，方例外地予以限制。亦即爲防止妨礙他人自由、避免緊急危難、維持社會秩序或增進公共利益，得依第23條規定，進而訂定法律限制人民權利。故而，國境安全檢查之憲法依據爲憲法第23條所爲對人民基本自由權利之限制[7]。

二、法律

國境安全檢查之主要法律依據爲國家安全法，其第5條規定：「警察或海岸巡防機關於必要時，對左列人員、物品及運輸工具，得依其職權實施檢查：一、入出境之旅客及其所攜帶之物件。二、入出境之船舶、航空器或其他運輸工具。三、航行境內之船筏、航空器及其客貨。四、前二款運輸工具之船員、機員、漁民或其他從業人員及其所攜帶之物件。對前項之檢查，執行機關於必要時，得報請行政院指定國防命令所屬單位協助執行之。」[8]有學者認爲在執行國境安全檢查的相關措施，端視在機場或海

7　同前註，頁219。

8　國家安全法於2022年6月8日修正全文20條。國境安全檢查之主要法律依據爲國家安全法原係規定於第4條，新法修正爲第5條。因此，本文內文涉及國境安檢之法律依據

岸，另可引用相關「警察職權行使法」、「海岸巡防法」以及「海關組

則依新法第5條說明，但一些引用參考資料仍保持作者時之第4條原條文，先此說明。另法律性質有所謂組織任務法與作用職權法之分：組織任務法：任務法性質上屬於組織法中的權限規定，僅具宣示性質，不得作爲行政機關行使干預權之依據。作用職權法：行政機關爲達成法令所賦予的任務，在其權限和管轄範圍內，所採取的具體作爲或不作爲等措施。干預權之行使，以職權法作爲依據，授予具體職權，法治主義原則下其構成要件與行使程序皆應明確且具可預見性。基於法治主義、法律保留原則，干預的事項不僅在組織法規定依據，也要有作用法規定依據。因此，國家安全法第4條法律性質，究竟係組織任務法或作用職權法，便屬學者關注議題，對此學者間有不同見解：

1. 洪文玲：國家安全法第4條內容雖有列出檢查機關、檢查對象、檢查範圍及發動要件，但檢查發動要件僅提示必要性原則，行爲類型僅列出「檢查」，無法包含檢查概念下的各種具體行爲類型與權力界限，若以此作爲干預權行使之依據，恐無法完全符合法律保留和法律明確性。洪文玲（1999），國境安全檢查之法理探討，收錄於李震山主編，入出國管理及安全檢查專題研究，桃園：中央警察大學出版社，頁233-236。
2. 李震山：認爲國家安全法第4條其爲任務規範，公權力措施性質若屬於干預性質者，要先適用特別授權規定之類型化措施，執行安全檢查機關並無法從該條中明確了解具體類型化職權行使措施，僅只能從中知悉其有安全檢查之權限。李震山（1999），警察機關執行安全檢查行使干預權之主要態樣，入出國管理及安全檢查專題研究，桃園：中央警察大學出版社，頁305。
3. 蔡庭榕：國家安全法第4條第1項之規定屬行政作用法之性質，而國家安全法第4條第2項之規定屬行政組織法之性質。該法第1項所稱之「必要時……得……實施檢查」，係授權由警察或海岸巡防機關之執行人員，對於依法得以檢查之可疑對象或客體，依一定之要件進行選擇裁量之行政權作用，應屬行政作用法性質。至於，國家安全法第4條第2項中「必要時，得報請……協助執行之」，其性質應屬行政組織法中「管轄恆定」原則之例外，係屬於行政組織法上之性質。蔡庭榕（2003），國境危害防止任務之分配——從國安法第四條之「必要時」以論，國境警察學報，第2期，頁16-20。
4. 本文認爲：有關國家安全法第4條法律性質，究竟係組織任務法或作用職權法。本文認爲，參照大法官釋字535號之解釋意旨，國家安全法第4條第1項之規定兼具任務法與作用法之性質，惟爲符合較嚴格法治主義之法律保留和法律明確性，規定內容除列出檢查機關、檢查對象、檢查範圍及發動要件外，其中對檢查職權行爲應爲規定具體類型化職權行使措施，且從中知悉其有安全檢查之權限爲宜。

私條例」等規定[9]爲之。除上述之法律依據外，須注意的是，於機場航空安全檢查，另有「民用航空法」相關規定之法律適用依據；於商港安全檢查，另有「商港法」相關規定之法律適用依據[10]。

三、行政命令

因各該法律僅籠統規範檢查機關及檢查對象之範圍，至於檢查權之發動，係授權檢查機關自行裁量，故有關檢查之具體行爲態樣、檢查之密度、深度及檢查程序等細節，即需透過行政命令進一步規範。行政命令涵蓋法規命令與行政規則，前者係行政機關基於法律授權，對多數不特定人民就一般事項所作抽象之對外發生法律效果之規定，後者則爲機關秩序及運作之內部，兩者均應符法律保留和明確性等原則，相關規範俾利執行者或受規範者一致遵循[11]。

國境安全檢查之法律依據，在法規命令主要有國家安全法施行細則，該細則係依國家安全法第20條授權行政院訂定，內容包括機場、商港與漁港之入出國與其他境內水域各種具體檢查措施、檢查程序與檢查之效力，例如，對航空器清艙檢查、對旅客機員身分確認、儀器檢查搜索身體、對進口貨櫃實施落地檢查等，皆係依據該細則而來。至於行政規則，依國家安全法施行細則第48條授權中央主管機關訂定之各種「作業規定」，性質上應屬行政規則。此種作業規定係以檢查機關的管轄分工爲標

---

9 警察機關得引用警察職權行使法及海關緝私條例等之規定；海巡機關得引用海岸巡防法及海關緝私條例等之規定。蔡震榮（2012），國境管制與人權保障，月旦法學雜誌，第204期，頁26-27。

10 警察機關執行安全檢查，有時亦有其他相關法令之適用，如在安全檢查過程中發現有毒品、槍械等違禁物之違法物品，則轉爲司法警察依相關刑事法規來作處置，此涉及法條有「毒品危害防制條例」、「槍砲彈藥刀械管制條例」等；另基於行政一體，從而協助財政部關稅總局查緝違反海關緝私條例走私及逃漏稅等事項，以及查緝私劣菸、酒及仿冒出版品、保育類動、植物進出口等工作，此涉及法條則有「海關緝私條例」、「菸酒管理法」、「藥事法」等相關規定者。

11 許義寶（2002），警察職務與行政法理，桃園：中央警察大學出版社，頁286-288。

準分別而頒訂，例如「臺灣地區民航機場安全檢查作業規定」、「臺灣地區國際港口及機場工作聯繫作業規定」、「航空器清艙檢查作業規定」、「民航機場管制區進出管制作業規定」、「績優廠商申請自行檢查追檢貨櫃實施要點」、「臺灣地區商港安全檢查作業規定」、「臺灣地區漁港安全檢查作業規定」等。

第三節　機場安全檢查

壹、機場安全檢查之沿革

一、內政部警政署航空警察局組織之歷史沿革[12]

（一）1970年以前（台灣航空警察所成立以前）

1970年以前，即在航空警察局前身台灣航空警察所成立之前，有關目前航空警察局之任務及業務分別由以下機關掌管：1.航空場站治安由地方警察負責；2.人員及物品之安全檢查軍、憲、警及海關人員以聯檢方式行之；3.國境事務設入出境證照查驗站則以調集外事警察人員執行之，但國人出入境部分則由台灣省警備總司令（以下簡稱警備總部）負責。

（二）1970年至1986年

1. 成立「台灣航空警察所」

爲因應民航事業發展的需要，1970年成立「台灣航空警察所」，隸屬於當時的台灣省警務處，是我國航空警察建制單位的創始。而航空警察局爲維護民航事業之需要而設置之專業警察，事權及於全國民航場站，負責機場之警衛安全、交通管理、犯罪偵防、證照查驗等工作，於執行民航

12 內政部警政署航空警察局官方網站。https://www.apb.gov.tw/index.php/ch/files-application/11-service/694-application21。瀏覽日期：2019年11月21日。

業務時兼受交通部民航局之指揮監督。

2. 成立「內政部警政署航空警察局」

爲配合中正國際機場開航，1978年裁撤台灣航空指揮所，成立「內政部警政署航空警察局」，隸屬於內政部警政署。1979年局本部由臺北松山機場遷至臺灣桃園國際機場，開始在新的環境中執行任務。並同時設立台北及高雄分局，執掌入出國境「機場警衛安全維護」。

（三）1987年至2003年

1. 航空警察局全面負責入出境安檢

1987年7月15日台灣宣布解嚴，依「國家安全法施行細則」規定由警察機關負責入出境安全檢查工作，警政署責由負責相關業務之航空警察局執行之。

2. 航空警察局組織法制化

1996年「航空警察局組織條例」經立法院三讀通過，完成航空警察局之組織架構法制化。

3. 證照查驗移至移民署

2007年因應業務整合並統一事權，內政部入出國及移民署正式成立，航空警察負責證照查驗業務之人員移至移民署。

（四）2014年迄今

2014年配合行政院組織再造，將「內政部警政署航空警察局組織條例」改爲「內政部警政署航空警察局組織規程」，以強化組織職能。而有現今航空警察局組織架構，設局長1名，副局長2名、主任秘書1名，下設行政、國際、航空保安、後勤、督訓、保防6個科，人事、主計2個室及勤務指揮中心；另設刑事警察、保安警察、安全檢查3個直屬大隊；並設立台北及高雄分局，應於台北分局下設花蓮、台東、金門、綠島、南竿5個派出所，高雄分局下設馬公、台中、嘉義、台南4個分駐所，恆春、湊美、望安3個派出所，以有效執行維護國境安全的各項勤務並結合機場各公部門單位，繼續推動維護飛安、反恐、緝毒、檢疫等重要任務。

二、機場安全檢查之歷史沿革[13]

（一）戒嚴令時期

1949年台灣因應非常時期實施戒嚴，當時負責安全檢查單位爲警備總部，並依據戒嚴令第3條第4款：「無論入出境旅客，均依照本部規定，辦理入出境手續，並受入出境檢查。」以及戒嚴法第11條第5款、第6款規定：「……五、得檢查出入境內之船舶車輛航空機及其他通信交通工具，必要時得停止其交通，并得遮斷其主要道路及航線。六、得檢查旅客之認爲有嫌疑者。……。」警備總部並依上面兩法授權設置檢查處，訂定「戡亂時期臺灣地區港口機場旅客入境出境查驗辦法」。警備總部屬於軍事機關，故戒嚴時期台灣入出國檢查均由軍事機關執行。1970年爲因應民用航空事業發展的需要，成立台灣省航空警察所，隸屬於台灣省政府警務處。此時台灣入出國檢查均由軍事機關執行，而一般安全檢查之工作則爲軍憲警海關聯合執行。

（二）動員戡亂國家安全法時期

1987年7月15日台灣前總統蔣經國先生宣布長達三十幾年的戒嚴時期解嚴，同時訂定「動員戡亂時期國家安全法」，依照動員戡亂時期國家安全法第4條規定：「警察機關於必要時對左列人員、物品及運輸工具得實施檢查：一、入出境之旅客及其所攜帶之物件。二、入出境之船舶、航空器或其他運輸工具。三、航行境內之船筏、航空器及其客貨。四、前二款運輸工具之船員、機員、漁民或其他從業人員及其所攜帶之物件。」自此機場安全檢查之任務由軍事機關回歸至警察機關負責。

（三）國家安全法時期

1991年政府宣布終止動員戡亂時期，動員戡亂時期國家安全法因屬限時法，遂於1992年8月29日修正並公布國家安全法，以健全憲政體制，

---

[13] 黃富生（2012），航空安檢雙軌制可行性之研究，國土安全與國境管理學報，第18期，頁11-14。

落實民主法治。其中第4條第1項關於安全檢查之機關，爲考量將設立海岸巡防機關，將原規定「警察機關於必要時對左列人員、物品及運輸工具得實施檢查」修正爲「警察或海岸巡防機關於必要時，對左列人員、物品及運輸工具，得依其職權實施檢查」，同時，基於當時國內治安情勢考量，並爲有效反制走私偷渡，確保國家安全，及協助檢查適法有據，爰增第2項規定，明定負責執行船舶、航空器及其載運人員、物品檢查之執行機關，於認有必要時，得報請行政院指定國防部命令所屬單位協助執行。因此現行法定之安全檢查機關除原來之警察機關外，另增加海岸巡防機關，且必要時，執行機關得報請行政院指定國防部命令所屬單位協助執行。自此安全檢查之任務由警察機關擴至警察機關或海岸巡防機關負責，而其中機場安全檢查仍由警察機關負責。

貳、機場安全檢查之法律依據

航空警察局執行入出國安全檢查及防護航空事業設施、維持民航場站之保安三大任務，其依據爲國家安全法。有關我國航空警察局執行安全檢查之相關職掌與執行依據分述如下：

一、組織職掌之法源依據

我國航空警察局執行機場安全檢查之相關職掌法源依據，主要有下列：

（一）警察法第5條第3項規定「關於管理出入國境及警備邊疆之國境警察業」中探求之。國境警察兩大任務：管理出入國境及警備邊疆。其中管理出入國境事項主要有國境人流管理、國境物流管理。我國航空警察局執行機場安全檢查即屬國境物流管理之一環。

（二）警察法第5條第1項第6款：「內政部設警政署，執行全國警察行政事務並掌理左列全國性警察業務：……六、關於防護國營鐵路、航空、工礦、森林、漁鹽等事業設施之各種專業警察業務。」同法第6條：「……第六款各種專業警察，得由各該事業主管機關視業務需要、商准內政部依法設置，並由各該事業主管機關就其主管業務指揮、監督之。」我國航空警察局執行機場安全檢查即有執行入出國安全檢查及防護航空事業設施、維持民航場站之保安三大任務之功能。

（三）內政部警政署航空警察局組織規程第2條規定：「本局掌理下列事項：……五、搭乘國內外民用航空器旅客、機員及其攜帶物件之安全檢查。六、國內外民用航空器及其載運貨物之安全檢查。」爲我國航空警察局執行航空器、旅客；機員及其行李檢查之組織職掌，以防範國內外危安物品出入境、航空器安全及查緝走私等其他不法任務。

二、執行作爲之法律依據

我國航空警察局執行機場安全檢查之相關執行依據，至少有下列：

（一）國家安全法第5條：該條規定有我國警察機關對於進出口物品實施安全檢查之法律依據，其中第1項規定：「警察或海岸巡防機關於必要時，對左列人員、物品及運輸工具，得依其職權實施檢查：一、入出境之旅客及其所攜帶之物件。二、入出境之船舶、航空器或其他運輸工具。三、航行境內之船筏、航空器及其客貨。四、前二款運輸工具之船員、機員、漁民或其他從業人員及其所攜帶之物件。」

（二）國家安全法施行細則第19條規定：「本法（國家安全法）第四條所定入出境航空器及其載運人員物品之檢查，依左列規定實施：一、航空器：得作清艙檢查。出境之航空器於旅客進入後，須經核對艙單、清點人數相符，並經簽署後，始准起飛。二、進出航空站管制區之人員、車輛及其所攜帶、載運之物品，應經檢查，憑相關證件進出。三、旅客、機員：實施儀器檢查或搜索其身體。搜索婦女之身體，應命婦女行之，但不能由婦女行之者，不在此限。四、旅客、機員手提行李：應由其自行開啓接受檢查。五、旅客托運之行李：經檢查送入機艙後，如該旅客不進入航空器時，其托運行李應予取下，始准起飛。但經航空公司具結保證安全者，不在此限。六、空運出口物件：於航空器出境前接受檢查。」

（三）民用航空法第43條規定：「危險物品不得攜帶或託運進入航

空器。……。」第43條之1規定：「槍砲彈藥刀械管制條例所定槍砲、刀械或其他有影響飛航安全之虞之物品，不得攜帶進入航空器。……。」第46條規定：「航空器及其裝載之客貨，均應於起飛前降落後，依法接受有關機關之檢查。」第47條之3規定：「航空器載運之乘客、行李、貨物及郵件，未經航空警察局安全檢查者，不得進入航空器。……航空器上工作人員與其所攜帶及託運之行李、物品於進入航空器前，應接受航空警察局之安全檢查，拒絕接受檢查者，不得進入航空器。」[14]

（四）臺灣地區民航機場安全檢查作業規定：在國家安全法及國家安全法施行細則之母法授權下，航空警察局依施行細則第48條訂定有「臺灣地區民航機場安全檢查作業規定」，針對台灣地區民航機場入出境及境內

---

[14] 1.民用航空法第43條之1：「槍砲彈藥刀械管制條例所定槍砲、刀械或其他有影響飛航安全之虞之物品，不得攜帶進入航空器。但因特殊任務需要，經航空警察局核准，並經航空器使用人同意之槍砲，不在此限。前項其他有影響飛航安全之虞之物品名稱，由民航局公告之。」

2.民用航空法第47條之3：「航空器載運之乘客、行李、貨物及郵件，未經航空警察局安全檢查者，不得進入航空器。但有下列情形之一者，不在此限：
一、依條約、協定及國際公約規定，不需安全檢查。
二、由保安控管人依核定之航空保安計畫實施保安控管之貨物。
三、其他經航空警察局依規定核准。
前項安全檢查之方式，由航空警察局公告之。
航空器所有人或使用人不得載運未依第一項規定接受安全檢查之乘客、行李、貨物及郵件。
航空器上工作人員與其所攜帶及託運之行李、物品於進入航空器前，應接受航空警察局之安全檢查，拒絕接受檢查者，不得進入航空器。
航空器所有人或使用人對航空器負有航空保安之責。
前五項規定，於外籍航空器所有人或使用人，適用之。」

3.依據上述第47條之3規定授權，航空警察局訂定公告之航空器載運之出境乘客、行李、貨物及郵件總包安全檢查方式，而公告內容對於機場安全檢查方式有較爲詳盡之規定，包括託運行李檢查、旅客人身及行李檢查、貨物及郵件總包檢查。黃富生（2012），航空安檢雙軌制可行性之研究，國土安全與國境管理學報，第18期，頁11。

航行之航空器及其載運人員與物品，以及進出民航機場管制區人員、車輛與物品之檢查作詳細之規範。[15]

參、機場安全檢查之執行作為

一、機場安全檢查之執行單位

航空警察局於國際機場主要執行安全檢查與國境安全維護。凡進出機場管制區，即由該機關依相關作業規定執行檢查工作。[16]航空警察局下設六科一中心之業務單位、二室輔導單位、刑事警察、保安警察、安全檢查三個直屬大隊以及分別在台北松山機場、高雄國際機場各設分局，分局下轄單位有四股業務股、勤務指揮中心、警備隊、安檢隊、偵查隊，並於其他機場設置分駐（派出）所。而其中擔負機場安全檢查之任務爲安全檢查大隊，並依據任務不同分爲出境隊、入境隊、貨運隊、清艙隊於桃園國際機場；其他機場則由台北分局及高雄分局下之安檢隊及分駐派出所執行飛安檢查維護及槍毒等違禁物防制查察[17]。

---

15 依國家安全法及國家安全法施行細則之授權之相關法規命令、行政規則，除有臺灣地區民航機場安全檢查作業規定外，主要還有「民航機場管制區進出管制作業規定」、「航空器清艙檢查作業規定」、「臺灣地區國際港口及機場檢查工作聯繫作業規定」等；此不僅針對出入境之客、貨、航空器進行檢查，因機場屬於封閉式管理，機場內部劃設管制區，非出入境之人、物不得進出，惟爲有效管理管制區，管制區内之工作人員、車輛均須接受警察機關檢查，並須配戴機場管理當局所核發之工作通行證。同前註，頁11。

16 依據民航機場管制區進出管制作業規定規範，由航空警察局保安警察隊負責執行人、物進出管制區之辨識、檢查作業。

17 內政部警政署航空警察局官方網站。https://www.apb.gov.tw/index.php/ch/organization。瀏覽日期：2020年2月18日。

二、機場安全檢查之執行流程

我國航空警察局執行機場安全檢查流程，本文以執行桃園機場安全檢查之安全檢查大隊爲例，且因篇幅關係，僅擇出境、入境、貨物安全檢查、航空器清艙等探討說明。

（一）出境之安全檢查流程

負責出境安全檢查任務爲安全檢查大隊分別爲第一隊於第一航廈執行出境旅客及行李安全檢查以及第二隊於第二航廈執行出境旅客及行李安全檢查，根據國家安全法暨其施行細則以及臺灣地區民航機場安全檢查作業規定之相關法律航空警察局訂定相關作業流程。茲將安全檢查依人身檢查、隨身行李、託運行李、過境旅客檢查分述如下[18]：

1. 人身檢查

(1) 安檢前引導

① 於受檢者到達安檢線前，應宣導要求受檢者配合隨身金屬物品放置於置物盒、手提（平板）電腦應自隨身行李內取出，單獨置放於置物盒、手機、鑰匙、零錢、腰包等金屬物品應預先放置於手提包或置物盒中、將身著衣褲口袋內物品取出放置於手提包或置物盒中、外套帽子背心等易於夾藏危安（險）物品之衣物應脫下放置於置物盒。

② 受檢者有使用嬰兒車者，應委婉告知受檢者將嬰兒抱起或讓幼兒自行走路，並將嬰兒車收妥（輪子朝上）放入輸送帶接受檢查。執勤人員或現場幹部得判定嬰兒車是否過大或收合不易，無法通過X光檢查儀等情形，得改以手檢方式進行檢查，如有配置爆裂物偵檢儀，應配合施檢。

③ 對旅客應察言觀色，以了解其表情是否有異狀。

(2) 受檢者人身檢查

受檢者通過金屬感應門時：

---

[18] 有關出境之安全檢查流程，相關規定主要有：出、過境旅客（含組員、持有通行證人員、一般禮遇對象）人身手提行李檢（複）查作業程序、危險物品查驗作業程序、出境旅客託運行李檢查作業程序、過境旅客託運行李檢查作業程序等。

① 檢視及辨識金屬探測門顯示訊號、對應位置及警報聲響，並觀察受檢者表情行爲舉止等是否有異常狀況。

② 對懷抱可站立小孩之受檢者，應語氣委婉請受檢者將小孩放下，以便接受檢查。

③ 針對受檢者隨身攜帶之LAGs物品，請其儘量放入X光檢查儀檢查。如易打翻，不便通過X光檢查儀，則於通過金屬感應門時，由人身複查人員檢視是否爲易燃物品。

④ 受檢者如攜帶鋼筆、槍型打火機、鑰匙鍊、手杖等，須特別注意是否爲隱藏性危安物品。

⑤ 受檢者所穿之鞋類通過金屬感應門發出聲響，應請受檢者將鞋子脫下放入X光檢查儀受檢，並可換穿現場提供之拖鞋再通過金屬感應門檢查。

⑥ 注意受檢者所戴之帽子、假髮有無夾藏或特殊異狀。

⑦ 受檢者通過金屬感應門若有金屬反應，應要求受檢者退回金屬感應門前，將衣、褲口袋物品、皮帶、鞋等放入置物盒接受X光檢查儀檢查，再行通過金屬感應門，如再有金屬反應或發現受檢者衣、褲口袋、後背、腰際等有異常隆起而有合理懷疑時，安檢人員應請受檢者將雙手平舉後再以金屬探測器（或配合手檢）實施人身複查（檢查警示物件並應檢視確認），發現受檢者手機及可疑物品，應經X光檢查儀檢查，如再度有金屬反應則採手檢複查，經徹底檢查安全顧慮後放行。

(3) 查獲危安物品

① 查獲受檢者匿帶違禁（管制）各項違法物品，應依法偵辦。[19]

---

[19] 1.依危險物品查驗作業程序規定，查獲未能提出詳細成分證明文件之疑似危險物品，應協調航空公司是否辦理退運。查獲未依規定申報之危險物品，應辦理退運且依違反民用航空法第112條之2規定查處辦理。

2.有關危險物品種類，依民用航空法第43條第4項規定授權訂定之危險物品空運管理辦法第3條規定分爲九類，該條規定：「危險物品之分類如下：

一、第一類：爆炸物品。

② 如屬於不得攜帶上機或須改託運物品，由安檢線上之其他人員接替檢查確認後，應引導受檢者至櫃檯，並依「其他有影響飛航安全之虞不得攜帶進入航空器之物品名稱」、「旅客及組員可攜帶或託運上機之危險物品」[20]公告事項辦理，以保持安檢線暢通。

二、第二類：氣體。

三、第三類：易燃液體。

四、第四類：易燃固體、自燃物質、遇水釋放易燃氣體之物質。

五、第五類：氧化物、有機過氧化物。

六、第六類：毒性物質、傳染性物質。

七、第七類：放射性物質。

八、第八類：腐蝕性物質。

九、第九類：其他危險物品。

前項危險物品之分類基準，依技術規範之規定。」

3. 民用航空法第112條之2：「有下列情事之一者，處新臺幣二萬元以上十萬元以下罰鍰：

一、違反第四十三條第一項規定，攜帶或託運危險物品進入航空器。

二、違反第四十三條之一第一項規定，攜帶槍砲、刀械或有影響飛航安全之虞之物品進入航空器。」

4. 於出境、入境、過境對於危險物品查驗程序流程，均依危險物品查驗作業程序辦理，該程序係如下依據而訂定之：

(1) 民用航空法。

(2) 危險物品空運管理辦法。

(3) 航空貨運承攬業管理規則。

(4) 國際民航組織編訂《危險物品安全空運技術指南》（*Technical Instructions for the Safe Transport of Dangerous Goods by Air*）。

(5) 國際航空運輸協會編訂危險物品規則（Dangerous Goods Regulations）。

(6) 航空警察局處理違反民用航空法事件查處及行政裁罰作業程序。

20 詳請參閱「其他有影響飛航安全之虞不得攜帶進入航空器之物品名稱」、「旅客及組員可攜帶或託運上機之危險物品」。交通部民用航空局官方網站。https://www.caa.gov.tw/Article.aspx?a=1273&lang=1。瀏覽日期：2019年12月13日。

2. 隨身行李檢查

(1) 安檢前

請受檢者將手提（隨身）行李置入X光檢查儀滾帶上受檢時，應注意察言觀色，以作爲檢查時之參考，並注意防止受檢者利用置物之角度、速度與高度等盲點或相類似物件混淆規避檢查。

(2) 受檢物品於X光機

① 判讀X光影像發現可疑危險（安）物品時，應對行李操作X光影像放大、加強穿透、有機物剔除、無機物剔除等功能，強化安檢效能。

② 判讀X光影像時，如有看不清、無法判讀或畫面切割之情形時，應立即停機，重新擺放行李位置，尤其物品顯像爲高密度金屬物質或呈現直線條狀金屬物品應特別以不同角度予以判讀或全面手檢。

③ 對受檢者之各種手提（隨身）行李如手提箱（袋）、包裹、禮品等應以儀器爲主，人工爲輔。

④ 手提電腦、照相機、電子用品、玩具、液體膠狀噴劑物品，加強實施人工複檢，防制隱藏性危險（安）物品。

(3) 查獲危安物品

① 查獲疑似爆裂物品時，應以嗅覺式爆裂物偵檢儀（ETD EXPLONIX）實施進一步偵檢，經偵檢爲爆裂物品時，應封鎖、管制現場，並通知防爆小組到場依爆裂物處置相關程序辦理。另如發現現行犯，應依「刑事訴訟法」、「警察偵查犯罪規範」等規定偵處。查獲受檢者攜帶未經主管機關核准之槍械時，應提高警覺，防其施暴、搶奪、逃跑，並依刑事訴訟法、警察偵查犯罪規範等相關規定偵處。

② 電擊棒、瓦斯噴霧器及伸縮警棍係香港、澳門特區政府嚴格禁止持有之物品，無論隨身或託運行李，一經查獲將會遭當地海關處罰，如搭飛機前往香港、澳門轉機之受檢者查獲攜帶電擊棒、瓦斯噴霧器及伸縮警棍時，除依「警械許可定製售賣持有管理辦法」及「社會秩序維護法」處理外，亦請主動告知受檢者有關香港、澳門對電擊棒、瓦斯噴霧器及伸縮警棍之規定，以免受檢者遭到處罰。

③ 發現疑似翻版書籍、仿冒手錶、唱片、光碟等物品應通知相關主

管單位處理。

④ 查獲超額黃金、外幣、新臺幣、人民幣、有價證券等，應通知海關處理。

⑤ 查獲各項違法物品時，依「查獲違法案件處理程序」辦理。

⑥ 發現受檢者手提（隨身）行李中放置不得攜帶上機物品者，受檢者得選擇將物品交由送行親友攜回；若無送行親友，可請交由航空公司領取代爲保管、請受檢者自行至宅配公司辦理宅配或寄存、受檢者選擇自願放棄，並在「查獲旅客攜帶危安物品紀錄表」簽名確認。

⑦ 發現受檢者手提（隨身）行李中放置必須託運物品者，受檢者得選擇交由親友攜回、請受檢者暫時退出管制區自行至航空公司櫃檯辦理託運、請受檢者自行至宅配公司辦理宅配或寄存、受檢者選擇自願放棄時並在「查獲旅客攜帶危安物品紀錄表」簽名確認。[21]

3. 托運行李檢查

(1)旅客託運行李交由航空公司人員秤重後，由航勤員工置於輸送帶上。

(2)X光檢查儀檢視判讀，應全神貫注，影像顯示正常放行，影像發現可疑物品以人工複檢託運行李確認安全放行，發現疑似危險物品時，依「旅客及組員可攜帶或託運上機之危險物品」辦理。

(3)執行電腦斷層掃描儀，一律採用全自動偵檢模式，惟如接獲可疑情資或觀察發現託運行李中有疑似夾藏槍枝、毒品或危安、違禁品時，得立即改採手動偵檢模式，以發揮查察不法功能。

(4)如查獲違法案件時，依「查獲違法案件處理程序」辦理。

如發現疑似爆裂物時，應以嗅覺式爆裂物偵檢儀實施進一步偵檢，經偵檢爲爆裂物品時，應封鎖、管制現場，並通知防爆小組到場依爆裂物處置相關程序辦理。

---

21 出、過境旅客（含組員、持有通行證人員、一般禮遇對象）人身手提行李檢（複）查作業程序。

4. 過境旅客檢查

(1) 過境旅客托運行李檢查

過境旅客之託運行李，可區分爲原機過境、同航空公司轉機過境、不同航空公司轉機過境三種。其托運行李檢查部分，依1998年於桃園國際機場招開第55次業務協調會議時，並參酌國際間之檢查原則，原機過境旅客依國際慣例均無實施安全檢查；同航空公司轉機過境由航空公司評估前段啓航國之安檢作業情況，或二航接續時間決定是否實施安全檢查；不同航空公司轉機過境各航空公司作法不一，有比照同航空公司轉機處理要求實施安全檢查。

(2) 過境旅客人身及隨身行李檢查

航空警察局安全檢查大隊針對過境旅客及其隨身行李檢查則依以下實施：

① 過境旅客於轉機櫃檯辦理轉機手續，取得欲搭班機的登機證後，至入過境室實施安全檢查。

② 過境人身安全檢查與隨身行李之程序與出境安全檢查作業程序相同。

③ 經過安全檢查後，即可等候登機時間。[22]

（二）入境之安全檢查流程

出境安檢的任務首重「飛安」，即維護航機與旅客的安全；入境安檢的目的則在於防槍毒等違禁物品走私或流入國內。因此入境安全檢查依據國家安全法及其施行細則及臺灣地區民航機場安全檢查作業規定而實施，茲將安全檢查分爲托運行李檢查及隨身行李檢查分述之[23]：

1. 托運行李安全檢查

旅客入境台灣時，其流程步驟爲下機、證照查驗、托運行李X光機檢

---

[22] 許連祥（2009），機場安檢法規與實務，桃園：中央警察大學出版社，頁57。

[23] 有關入境之安全檢查流程，相關規定主要有：「入境旅客託運行李檢查作業程序」、「入境旅客實施注檢、嚴查作業程序」等。

視、手提行李海關及警察安全檢查，而執行拖運行李其流程為：

(1)值勤前應先確認抵達之航班來自何地，並從查獲案件分析旅客可能攜帶之違禁物，而從過往經歷中發現販毒集團最有可能在行李中藏匿毒品。

(2)值勤托運行李X光機安全檢查，應聚精會神，檢視X光機上可能出現之違禁物，如發現可疑之影像應協調關務人員予以掛牌注檢。

(3)掛牌注檢行李應以無線電向帶勤幹部或注檢檯同仁通報，必要時，可逕自押運至入境檢查室會檢。

(4)基於「經驗傳授」原則，如遇特殊案件應拍照存檔，俾於常年訓練時供同仁參閱，並應製作指導手冊及標準作業程序為新進同仁提供一套處理流程。

(5)遇重大狀況時，應循三線（主官、業務、勤指）通報。

2. 隨身行李安全檢查

入境手提及人身檢查依臺灣地區民航機場安全檢查作業規定原則上為不檢查，但在發現有犯罪嫌疑或認有安全顧慮者則為國家安全法第4條所稱「必要時」而得以發動檢查[24]，由警察會同海關以X光儀檢查後再以人工複檢。

此外依海關緝私條例規定在通商口岸之機場、港口有關私運貨物進出口查緝海關為主管機關，職是之故，有關機場入出境旅客通關制度海關居

---

24 自2018年8月3日中國遼寧發生第一起非洲豬瘟疫情，中國大陸有多省級單位全面淪陷，疫情擴散，更已向北延燒至蒙古國、俄羅斯，向東北至南北韓，向南至香港、越南、柬埔寨、寮國等周遭國家及地區。入侵我國國門風險大增，因此行政院於2018年12月18日成立中央災害應變中心，為防範非洲豬瘟病毒從國外入境我國，政府於我國之國境線上包含機場、海港（含漁港），以X光機、提高檢疫犬查驗頻率及人員檢查的方式，加強查察旅客行李、網購快遞貨品、國際郵包等；尤其對非洲豬瘟高風險地區入境旅客，實施100%X光隨身行李檢查，防止旅客攜帶肉品入境；同時強化走私查緝，防杜肉品走私入境。相關防範非洲豬瘟病毒從國外入境我國之安全檢查請參閱中央災害應變中心網站。https://asf.baphiq.gov.tw/ws.php?id=18343。瀏覽日期：2020年2月14日。

於主導地位其流程爲以下：

(1)1998年旅客入境全面實施紅、綠線通關，凡旅客攜帶行李物品合於免稅規定，且無其他應申報事項者，得經由免稅櫃台（即綠線櫃台通關）；不符合免稅規定或禁制攜帶、管制進口物品或其他應向海關申報事項者，應經由應報稅櫃台（即紅線櫃台通關）。

(2)2002年起實施「國籍旅客入境選擇行申報制度」，凡旅客所攜帶行李物品無申報單所列申報事項者，得免填申報單經由免稅櫃台通關；若有申報單所列事項者，應填「中華民國入境旅客申報單」經由應報稅櫃台通關。

(3)如應申報而未申報或申報不實者，將依海關緝私條例等相關法規處議。

（三）空運貨物之安全檢查流程

我國空運貨物安全檢查依據國家安全法第5條及其施行細則第19條、民用航空法、危險物品空運管理辦法、臺灣地區民航機場安全作業規定等相關法規，執行入、出口航空貨物安全檢查勤務，以確保飛航安全及國家安全，而本文茲將空運貨物分爲生鮮貨物與一般貨物安全檢查作說明：[25]

1. 生鮮貨物進出口安全檢查

(1)將出口貨物託運單號碼、貨物名稱、件數、報關行名稱、申請查驗時間、負責查驗安檢人員名字，登記在貨物檢查紀錄表上並核對貨物提單所載託運單號碼、貨物數量、品名與實際受檢貨物是否相符。

(2)針對出口貨物每票貨物實施100%通過X光檢查儀檢查；進口貨物則應以東南亞航線抽驗20%，其他航線抽驗10%之比例，實施X光檢查儀貨物抽驗，體積過大貨物改以人工抽驗檢查。

(3)開箱（件）貨物檢查，應深入底層，以防止槍彈、毒品、刀械，

---

[25] 有關空運貨物之安全檢查流程，相關規定主要有：「空運機放出口生鮮貨物檢查作業程序」、「空運機放進口生鮮貨物檢查作業程序」、「空運快遞專區進、出口貨物檢查作業程序」等。

及其他出口違禁管制物品藏匿其中進行走私或危及飛航安全。

(4)檢查發現疑有走私違禁管制品時，應填具X光注檢報告表會知海關對貨物實施複查。經證實爲違法案件後，除依三線系統報告上級外，並應依查獲違法案件作業程序協調海關依相關法律（令）規定辦理。

(5)驗訖無異常貨物應於託運單核蓋安檢戳章、安檢人員職名章、簽署檢查日期時間、發還託運單正本、收存託運單副本後予以放行。

(6)勤務結束後，應將當日檢查之票件數與特別狀況，填寫於工作紀錄簿內。

2. 一般貨物進出口安全檢查

(1)安檢人員於接獲倉儲業者職員驗貨通知時，應立即抵達現場啓動X光檢查儀輸送帶受理查驗，每日首次開機應依據X光檢查儀開機測試作業程序執行相關測試。

(2)所有進出口貨物一律逐件實施X光檢查儀查驗。

(3)安檢人員於會同海關複查X光注檢貨物前，應先核對貨物通關標籤號碼或特徵，是否與原注檢標的物相符，以防調包規避檢查事件發生。

(4)安檢人員應注意防範報關人員丟包之伎倆，藉以規避X光檢查儀對貨物檢查，遂其走私不法企圖。

(5)安檢人員對不曾在勤區出現之陌生人物與車輛，應予特別觀察注意並提高警覺，隨時防範走私不法行爲之發生。

(6)經X光檢查儀檢視及影像判讀而發現可疑貨物時，安檢人員應暫時停機，並通報倉儲業者作業人員將該貨物拉下，參照貨物通關標籤開具X光檢查儀注檢貨物報告表會知海關共同開驗複查，必要時應於報告表填註貨物特徵。

(7)開箱查驗因而查獲違法案件時，應依「查獲違法案件處理程序」辦理。

(8)勤務結束後，應將當日檢查之件數與特別狀況，登載於工作紀錄簿內陳核。

（四）航空器清艙之安全檢查流程

航空警察局安全檢查大隊第四、五隊依據國家安全法第5條及其施行細則第19條、航空器清艙檢查作業規定等相關法規，督導航空公司執行航空器清艙安檢或逕行對航空器實施清艙安檢勤務，以確保飛航之安全、防制人蛇集團偷渡、不法分子劫機、破壞等意外事件，茲將於下述明之[26]：

1. 航空器清艙檢查（以下簡稱清艙檢查）由警政署策劃，航空警察局指揮督導所屬安全檢查大隊負責執行，或航空警察局協助督導航空公司執行，並依入境航空器清艙檢查紀錄表、出境航空器清艙檢查紀錄表、國內線航空器清艙檢查紀錄表實施清艙檢查，此外於重點節日或重要專案期間飛航者、重要外賓及官員搭乘者、依據情資、發現可疑、發生緊急事件或認有其他治安或飛航安全顧慮者，應由航空警察局實施清艙檢查。

2. 清艙檢查應參考國際民航組織之《航空保安手冊》附錄四十一航空器安全檢查表實施之。重點處所如下：

(1)雙層樓客艙及下艙廚房型：

① 樓上駕駛艙及附近廁所、逃生門、航員寢室及衣帽間。

② 樓下客艙之衣帽間、上方儲物櫃、旅客座位及廁所。

③ 下艙廚房。

④ 艙尾後面左側上方之航員寢室。

(2)單層客艙型：

① 駕駛艙及附近廁所。

② 客艙上方儲物櫃、旅客座位、廚房及廁所。

③ 下艙廚房及廁所。

(3)單層客艙及下艙廚房型：

① 駕駛艙及附近廁所。

② 客艙上方儲物櫃、旅客座位、廚房及廁所。

---

26 有關航空器清艙之安全檢查流程，相關規定主要有：「航空器清艙檢查作業規定」、「重點時機之入、出境班機清艙安全檢查作業程序」等。

③ 下艙廚房及廁所。

(4)全貨機及客機貨艙：依客機清艙重點處所實施，對於貨盤、貨櫃間之空隙，均應檢查有無藏匿可疑之人員及物品。

3. 對於接獲爆裂物恐嚇等之班機，如經研判必須實施航空器保安搜查時，應依照國際民航組織之《航空保安手冊》附錄四十一航空器安全檢查表，實施保安搜查。

4. 航空警察單位及航空公司實施出境清艙檢查完畢後，應核對航員、旅客與艙單人數是否相符；航空公司發現出境登機證、人數與艙單人數不符時，應通報航空警察單位協助，於航空公司清點旅客人數相符後，始完成航空器安檢作業。

第四節　海運貨櫃落地安全檢查

壹、海運貨櫃落地安全檢查之沿革

一、內政部警政署保安警察第三總隊之歷史沿革

（一）光復時期

保安警察第三總隊（以下簡稱保三總隊）前身爲大清帝國戶部鹽稅水師巡營，1950年7月1日，鹽務改隸台灣省警務處，成立「台灣省鹽務稅警總隊」，鹽警在大陸爲陸軍編制，改隸台灣省警務處後，改爲警長、警士制，正式納入警察系統，但仍受財政部指揮監督，分駐鹽場，並以鹽場保產、護稅、緝私及鹽區治安、協助海防等任務。

（二）戒嚴時期

我國於1970年代經濟大起飛時，工商業急速發展，對外貿易同時全面開放，海上業務激增，但海關組織與編制無法配合業務擴大的需求。有鑑於此，於1972年7月調撥鹽警總隊的警力支援海關。初期調派一個中隊協助海關勤務，分駐基隆、台北、高雄等海關，配合海關執行任務。

1976年9月17日前故蔣總統經國先生於行政院長任內，在立法院宣布，自1977年7月起停徵鹽稅，以減輕人民負擔。並將鹽警總隊於1978年7月1日改爲保安警察第三總隊，負責貨櫃安檢之任務、防止危安物品走私至國境內危害我國安全，並協助海關查緝走私、維護海關駐地廳舍、倉庫及其他重要場所與人員之安全。其因鹽務事業機構改爲經濟部，於1982年將其鹽務勤務移撥至保安警察第二總隊以統一事權。[27]

（三）解嚴時期

1987年7月15日，中華民國政府正式宣布解除台灣省戒嚴令，保三總隊奉令接掌進口貨櫃安全檢查工作，行政院增訂國家安全法施行細則第20條第1項第3款：「進口之貨櫃，得於目的地實施落地檢查。」賦予保三總隊貨櫃落地安全檢查之法源依據。

依據「內政部警政署組織條例」第5條授權，於1989年訂定「內政部警政署保安警察總隊組織通則」第2條第1項第3款之規定，保三總隊於1990年1月1日改隸內政部警政署，歸入中央專業警察，不再授權隸屬台灣省政府警務處。至2014年警政署配合組織改造作業，其「內政部警政署組織條例」改爲「內政部警政組織法」，「內政部警政署保安警察總隊組織通則」亦改爲「內政部警政署保安警察總隊組織準則」，其授權亦改爲內政部警政署保安警察總隊組織準則第2條第1項第4款，肩承陸空海關、邊疆防衛、出入、緝私及各港口貨櫃、安全檢查重責。

二、貨櫃落地安全檢查之相關制度與沿革

（一）會檢（會同海關檢查）與聯合檢查

1969年我國開始運輸貨櫃化，由海關與警備總部分別在基隆、台中、高雄成立「港檢處」，共同擔當海運進口貨櫃檢查工作，其勤務方式

---

[27] 卓晃央（2007），內政部警政署保安警察第三總隊組織調整之研究，台北：2007年內政部警政署保安警察第三總隊自行研究報告，頁13-14。

以警備總部與海關在船邊突檢及貨櫃集散場共同會檢爲主。至1984年我國引進日本「貨櫃集中查驗制度」，並自1985年起於各港區集散場設立「貨櫃集中查驗區」，將待驗之貨櫃拖運至各櫃場之集中查驗區，進行卸貨檢查。

1987年政府解嚴，保三總隊接掌海運進口貨櫃安檢工作，仍沿襲警總戒嚴時期之作業方式，除執行落地檢查外，並進行貨櫃集散站大門管制、協助押運、船邊突檢及會同海關集中查驗進口貨櫃（以下簡稱會檢）等勤務[28]。

1989年，內政部及財政部爲整合機場、港口各查緝單位之權責，頒訂「臺灣地區國際港口及機場檢查工作聯繫作業規定」，同時並訂定「臺灣地區進口貨櫃聯合安全檢查工作執行要點」，成立「聯合檢查工作組」，統合關務司、海員調查處、港務警察局及保三總隊共同查緝貨櫃走私。

1993年於立法院舉行「保警會同海關檢查制度檢討協調會」，會中對於警察機關（保三總隊）每櫃必會檢之措施提出質疑，要求取消保三參加會檢。因此於1993年5月8日依「臺灣地區國際港口及機場檢查工作聯繫作業規定」，除行李及廢五金貨櫃外，退出一般性「會檢」及「貨櫃集散站大門管制查驗」勤務[29]。

（二）站內追蹤檢查及追蹤落地檢查

自1970年7月起，對於海關未抽中檢查之進口貨櫃，爲免掛萬漏一且節省安檢人力，委由警備總部實施站內追蹤檢查（以下簡稱「站檢」）以及貨櫃追蹤落地檢查（以下簡稱「追檢」）。

1987年解嚴後，保三總隊承接警備總部貨櫃安全檢查之任務，爲使勤務遂行，於1990年5月7日訂定保安警察第三總隊「勤務實施細則」，規

---

28 張國治（2000），國境警察執行進口貨櫃安全檢查之研究，警學叢刊，第30卷第5期，頁123。

29 張國治（1997），我國海運進口貨櫃安檢工作之沿革，警光雜誌，第491期，頁47。

劃會檢、站檢、追檢等勤務守則，並於同年8月15日關稅總局訂定「反制廠商抗拒貨櫃檢查方案」，使廠商配合站（追）檢勤務，於法有據。

1993年前保三總隊長劉顯珂先生的指導下，訂定保三總隊「執行進口貨櫃落地檢查審核標準」，以為站追檢審核之依據。

1993年，將追檢貨櫃分為A、B、C、D四類建檔，並責由員警利用追檢時訪查。自1996年1月起為配合海關實施貨櫃通關自動化之貨櫃分類，變更為G、O、N、C四類。

1999年1月，為因應財政部關稅總局裁減保安警察第三總隊安檢革新方案，針對貨櫃走私紀錄，將責任區修改為一至三等級。[30]

（三）公司自檢

1976年起，保三總隊配合海關實施「即核即放」優惠通關辦法，對優良廠商採行「公司自檢制度」，首先委由各優良廠商（公司）設立「安檢專員」，一年考核一次。進口貨櫃自港區卸櫃後，即拖運至廠商貨主之倉儲地點，由安檢專員拆櫃檢查，再填寫檢查表連同封條一併寄回備查。解嚴後，為落實公司自檢制度，每年實施一次之自檢公司全面訪查，以防公司相關資料變更之詭詐。此外，為配合通關自動化之便民要求，

自1995年10月起，自檢貨櫃封條由公司自行保管，以節省郵寄之往返時間及費用，同時鼓勵績優廠商依據「績優廠商申請落地檢查貨櫃自行檢查實施要點」辦理自檢作業。

又自1997年10月起，因應行政院行政革新方案，保三總隊採行「單一窗口隨時辦理隨時受理」之便民措施，以提升自檢比例[31]。

為簡化海運進口落地檢查貨櫃作業方式，擴大警力調配運用及執行成效，並配合經貿發展與快速通關需要，保三總隊訂定有「績優廠商申請落地檢查貨櫃自行檢查實施要點」，凡具備下列條件之績優廠商，得申請落地檢查貨櫃自行檢查：

---

[30] 張國治、陳桂輝（1999），貨櫃安全檢查專題研究，台北：作者自印，頁16。

[31] 鄭志豪（2012），防制貨櫃走私政策之探究，逢甲大學公共政策所碩士論文，頁17。

1. 經濟部國貿局表揚認定，列入當年績優廠商名錄者。

2. 無違反懲治走私條例相關規定及欠稅紀錄者。

績優廠商申請落地檢查貨櫃自行檢查，應檢附相關文件資料，填具申請表並遴選落地檢查貨櫃自行檢查安檢員，向保三總隊申請許可。保三總隊受理申請後，透過相關文件之審查、申請廠商遴選之安檢員是否曾違反「槍砲彈藥刀械管制條例」及「毒品危害防治條例」或違反其他相關法令等審核廠商資格。爲辦理落地檢查貨櫃自行檢查申請案件之審查許可，並得派員勘查申請廠商設置安檢員情形、營業狀況、拆卸貨物機具、儲存場所、警衛安全維護及核對申請時檢附文件正本等。對於許可廠商之安檢員施予訓練，並得對其檢查作業實施抽查；每年並得普查廠商，以校正相關資料及復核其自行檢查資格。

許可廠商提領落地檢查貨櫃前，應指定專人或代理人，向保三總隊駐貨櫃集散站之安檢單位辦理申報手續，依規定自行檢查進口貨櫃，檢查結果應記錄備查，並每月將紀錄表彙送原受理單位。依據「績優廠商申請落地檢查貨櫃自行檢查實施要點」，許可廠商之代表人及安檢員異動或公司相關資料變更時，應主動向保三總隊申報。未依規定申報，經通知限期補正，屆期未補正者，停止其自行檢查資格，俟補正後得予回復。許可廠商未依規定落實檢查工作或已不符自行檢查條件者，撤銷其自行檢查資格。而許可廠商進口之貨物，屬海關進口貨物報單抽驗要點所列不得參加抽驗者，不適用自行檢查規定。

（四）通關自動化

海關緝私以逃漏稅走私爲主，保三總隊身爲警察機關，具備有危安物品之偵防能力，與海關查緝逃漏稅方面能夠相互補足[32]。

1990年11月9日，財政部爲加速貨物通關，革新我國關務，規劃「貨物通關全面自動化方案」，經正式核定後呈奉行政院，將空運及海運全面

---

[32] 陳桂輝、張國治（2003），國境警察貨櫃安檢行動方案，國境警察學報，第2期，頁250。

納入規劃。所謂「海運貨物通關自動化」，係指海關在辦理貨物通關的作業流程中，藉由電子資料交換加值網路來處理與報關業者、公司行號等相關單位之進口貨物通關作業。簡言之，亦即將海關所辦理之貨物通關作業所有相關業者及單位利用電腦連線構成關貿網路（Trade-Van），並以電子資訊互相傳輸取代人工遞送文書，俾利加速貨物通關[33]。

依財政部發布之「貨物通關自動化實施辦法」第15條之規定，海關對於連線通關之報單實施電腦審核及抽驗，其通關方式分爲C1、C2、C3三種方式[34]，茲敘述如下：

1. C1通關（Channel 1）：免審免驗通關，免審書面文件、免驗貨物放行

「免審免驗通關」，又稱C1通關，所謂「免審書面文件」，指免審主管機關許可、核准、同意、證明或合格文件。「放行後3日內」仍應將報單、發票、裝箱單等基本必備文件依限補送海關（由審核單位受理）。另經核定爲C2通關報單，如用電腦自動核銷主管機關許可、核准、同意或合格文件者，亦按C1方式通關。

2. C2通關（Channel 2）：文件審核通關，應審核書面文件、免驗貨物放行

「文件審核通關」，又稱C2通關，指於核定爲C2後，應於「當日或次日」補送報單（由分估單位受理）、檢附主管機關許可、核准、同意、證明或「合格等書面文件」及發票等「基本必備文件」，經審核書面文件（免驗貨物）相符後始予放行。主管機關許可、核准、同意、證明或合格等書面文件，如主管機關與「T/V」連線，用電腦傳輸文件內容，經與報關資料核對相符者，按C1方式通關。

---

33 張國治（1997），海運進口貨櫃安全檢查之研究，警學叢刊，第25卷第5期，頁184。

34 內政部警政署保安警察第三總隊常訓資料，引自陳靜婕（2017），我國警察執行貨櫃落地檢查之研究——以高雄海運貨櫃走私爲例，中央警察大學外事警察研究所碩士論文，頁20。

3. C3通關（Channel 3）：貨物查驗通關，應查驗貨物及審核書面文件

貨物查驗通關，又稱C3通關，指抽中C3後，應於「當日或次日」補送報單（進口報單由分估單位受理；出口報單由驗貨單位受理；轉運申請書由艙單單位受理，但出口貨物轉運出口案件，C2通關者由分估單位、C3通關者由驗貨單位受理），檢附發票等基本必備文件（及許可等書面文件），於查驗貨物及審核書面文件相符後，始予以放行。

海關運用其「專家系統」（expert system），將進口貨物在通關時依其風險程度分爲C1、C2、C3三級，C3等級之進口貨櫃由海關查驗貨物及書面文件後，視查緝情形放行或移送；保三總隊則除了針對具備高風險之C3貨櫃進行查驗，主要係對於未經海關查驗之貨櫃（亦即C1及C2通關之貨櫃）進行檢查。

1. C3重點貨櫃

透過專家系統評估爲C3等級者，由海關依相關規定、專業知能及經驗法則，抽驗部分至集中查驗區查驗；對於未抽中查驗者則由保三總隊派遣員警至貨主之卸貨現地實施落地檢查，經由關警協調配合，發揮統合作戰能力，落實聯合緝私、查贓工作。落地檢查勤務之標的，即以C3等級之可疑貨櫃爲重點查察，其查核依據如下：

(1)依經驗法則及專業知能，經分析判斷可疑者。

(2)曾有重大走私或多次違規紀錄者。

(3)密、通報或情資通報具體之案件。

(4)實施關稅配額貨物，或自亞洲地區進口之農產品。

(5)高危險群廠商報運進口之冷凍貨櫃或不易查驗之貨物。

(6)新設立廠商且進出口實績未達績優廠商標準者。

2. C1、C2貨櫃

依海關專家系統評估爲C1、C2等級，未經查驗放行者，由保三總隊依相關規定及風險評估後派員進行落地檢查。其查核依據如下：

(1) 當日提領出站者

經安檢站受理，並於當日即提出提領貨櫃出站者，各安檢站利用貨櫃安檢資訊系統進行風險評估，並由各安檢站站長分析研判，決定是否實施落地追蹤檢查。其研判之基準除依規定上級交查或情資顯示有違法、走私之虞者應實施落地檢查，審核標準包含如貨櫃之原產航線（東南亞地區、中國大陸、北韓等地之出口或轉口貨櫃）、裝載貨品資訊（如裝載零稅率或免稅物品、價值低廉、利潤微薄，或國內已大量生產之貨物，或與貨主營利事業登記證明文件營運生產項目無關者等）、進口廠商、報關業者有不良前科紀錄者（有走私前科紀錄、蓄意逃避、不配合檢查紀錄業者，或審核基本資料、電腦資料有異常現象者）。

(2) 非當日提領出關者

安檢站受理申請貨櫃落地檢查後，若未於當日提領出關者，則每日由各安檢站站長將業者當日申請之落地檢查資料，提報各該中隊「貨櫃先期預審」，參酌各站情資分析評析，由中隊長及各安檢站站長依規定共同議決實施落地檢查之貨櫃，再發交各安檢站列爲落地檢查貨櫃，依各站警力協調調度前往貨主卸貨現場進行落地檢查。若遇夜間或星期例假日之情形，因各港區管制之船務公司於夜間抑或假日期間，因個別營運狀況及時間不同，或有不提供提領櫃件之情形，惟爲防止私梟等利用夜間及星期例假日警力空檔時段提領貨櫃，仍依勤務狀況採取彈性上班，靈活調度警力，將勤務時段涵蓋至夜間及星期例假日，嚴密全時段安檢工作。

(3) 轉口貨櫃及轉運貨櫃

進口之貨櫃中，又可分爲一般進口至我國境內卸貨者，亦有僅將我國港岸作爲轉運口，將貨櫃卸下進艙待轉口及轉運者。依資料統計，2007年度高雄港全年轉口、轉運合計約300萬只，占高雄港全年貨櫃裝卸量66.47%，其中14%來自中國大陸。此區塊係由高雄關稅局負責管理，保三總隊針對該等貨櫃則以情資蒐報及專案偵查方式，協調海關查察，以防制貨櫃於各關區轉運時調包（A、B櫃）走私[35]。

---

[35] 內政部警政署保安警察第三總隊，國境走私現況與因應策略之分析與研討，取自保三總隊專題報告。引自同前註，頁22-23。

貳、海運貨櫃落地安全檢查之法律依據

保三警察總隊執行貨櫃落地安檢，防止貨櫃走私之依據爲國家安全法。有關我國保三警察總隊執行貨櫃落地檢查之相關職掌與執行依據分述如下：

一、組織職掌之法源依據

我國保三警察總隊執行貨櫃落地檢查之相關職掌法源依據，主要有下列：

（一）警察法第5條第3項規定：「關於管理出入國境及警備邊疆之國境警察業務」中探求之。國境警察兩大任務：管理出入國境及警備邊疆。其中管理出入國境事項主要有國境人流管理、國境物流管理。我國保三警察總隊執行貨櫃落地檢查即屬國境物流管理之一環。

（二）警察法第5條第1項第6款：「內政部設警政署，執行全國警察行政事務並掌理左列全國性警察業務：……六、關於防護國營鐵路、航空、工礦、森林、漁鹽等事業設施之各種專業警察業務。」同法第6條：「……第六款各種專業警察，得由各該事業主管機關視業務需要、商准內政部依法設置，並由各該事業主管機關就其主管業務指揮、監督之。」我國保三警察總隊執行貨櫃落地檢查即有協助財政部及海關查緝走私之功能。

（三）內政部警政署保安警察總隊組織準則第2條規定各總隊分別掌理事項，其中第4款規定：「四、防止危害國家安全物品入境、防範國內不法物品出境與查緝走私及其他不法。」我國保三警察總隊執行貨櫃落地檢查即執行防止危害國家安全物品入境、防範國內不法物品出境與查緝走私及其他不法任務[36]。

---

[36] 有關保三警察總隊之組織沿革及機關職掌、業務項目等，請參閱王寬弘（2016），我國國境警察機關組織與行爲概述，收錄於高佩珊主編，全球化下之國境執法，台北：五南圖書出版公司，頁152-155。

二、執行作爲之法律依據

我國保三警察總隊執行貨櫃落地檢查之相關執行依據，至少有下列：

（一）國家安全法第5條：該條規定有我國警察機關對於進出口物品實施安全檢查之法律依據，其中第1項規定：「警察或海岸巡防機關於必要時，對左列人員、物品及運輸工具，得依其職權實施檢查：一、入出境之旅客及其所攜帶之物件。二、入出境之船舶、航空器或其他運輸工具。三、航行境內之船筏、航空器及其客貨。四、前二款運輸工具之船員、機員、漁民或其他從業人員及其所攜帶之物件。」我國保三警察總隊執行貨櫃落地檢查即屬國境安全檢查之一環。

（二）國家安全法施行細則第20條：該條規定：「本法（國家安全法）第四條所定入出境船舶、其他運輸工具及其載運人員、物品之檢查，依左列規定實施：一、船舶及其他運輸工具：核對證照與艙單，並得作清艙檢查。二、旅客、船員、漁民及其行李、物件：準用前條第一項第二款至第五款之規定檢查。三、進口之貨櫃：得於目的地實施落地檢查。」其中「三、進口之貨櫃：得於目的地實施落地檢查」即爲我國保三警察總隊執行貨櫃落地檢查最直接法律依據。

（三）臺灣地區海運進口貨櫃落地檢查作業規定：在國家安全法及國家安全法施行細則之母法授權下，保三警察總隊依施行細則第48條訂定有臺灣地區海運進口貨櫃落地檢查作業規定，針對執行落地檢查之程序訂定相關規定事項。其中第2點規定：「海運進口貨櫃未經海關查驗者，由內政部警政署保安警察第三總隊依本規定實施落地檢查。」作爲保三警察總隊執行落地檢查之依據及檢查範圍；「海運進口貨櫃業者應備妥海運進口貨櫃落地檢查申請表、報單、提貨單及相關簽審文件，向保三警察總隊派駐各貨櫃站之服務窗口申請海運進口貨櫃落地檢查。」另對得實施自行檢查之業者、受理貨櫃提領後之派遣落地檢查審查標準等均於該作業規定有明文規定。

（四）其他相關法令：保三警察總隊於執行進口貨櫃落地檢查時，除查緝毒品、槍械等違禁物，於執行落地檢查過程中，若發現有毒品、槍械等違禁物以外之違法物品，則得依權責查扣與違法事實相關之物品，如違反「海關緝私條例」、「菸酒管理法」、「藥事法」等相關規定者。實務上保三警察總隊常協助財政部關稅總局查緝違反海關緝私條例走私及逃漏稅等事項，以及查緝私劣菸、酒及仿冒出版品、保育類動、植物進出口等工作。

參、海運貨櫃落地檢查之執行作為

一、海運貨櫃落地檢查之執行單位

保三警察總隊於國境線上擔負安全檢查之重任，執掌爲執行海運進口貨櫃之安全檢查工作，轄區遍及國內各港口地區，於總隊之下設置有兩大隊，在各大隊下又分別有各組、中隊之編制，於各中隊下復設置有小隊，派駐於基隆、台中、高雄商港港埠之安檢站；其中基隆、台中之安檢站隸屬第一大隊，分布較爲零散，高雄則隸屬第二大隊，相較第一大隊更爲集中，分布於高雄各貨櫃中心[37]。

保三警察總隊依據國家安全法第5條及其他法令賦予貨櫃落地檢查等查緝工作，除在各中隊下設有安檢小隊，並派駐各港區管制區內安檢站執行落地檢查工作，更設有儀檢小組、警犬隊等單位，俾利員警運用檢查儀及犬隻能力，更全方位的防杜非法走私。以下以保三警察總隊第二大隊落地檢查之執行單位：「安檢站」、「儀檢小組」、「警犬隊」等爲例說明如下[38]：

---

[37] 內政部警政署保安警察第三總隊官方網站。http://www.tcopp.gov.tw/index.php。瀏覽日期：2019年11月21日。

[38] 陳靜婕（2017），我國警察執行貨櫃落地檢查之研究——以高雄海運貨櫃走私爲例，中央警察大學外事警察研究所碩士論文，頁25-28。王寬弘、陳靜婕（2017），我國警察執行貨櫃落地檢查之研究——以高雄海運貨櫃走私爲例，國土安全與國境管理學報，第28期，頁139-140。

（一）安檢站

各安檢站依據各櫃場貨櫃裝卸量之多寡以及警力需求不同，而分別駐有1至2個小隊，各安檢站則依據各派駐之小隊情形，由分隊長或其中1位小隊長擔任安檢站之主管職務，統籌站內各項事務，包含站務管理、勤務管理，以及受理申請落地檢查貨櫃之審核、執行落地檢查之派遣及其他勤務安排等，並於需要時帶隊前往執行落地檢查。

各安檢站配合駐地之船務公司作業時間不同，勤務時間亦有所彈性編配，以避免警力資源之浪費。原則上各安檢站勤務時間由上午8時至下午6時爲日間主要勤務時間，其中勤務編排包含值班勤務（負責受理業者申請落地檢查以及受理申請自檢之貨櫃等）、落地檢查勤務（依當天申請情形依時間隨拖車「追蹤」前往現場執行落地檢查）、查驗區及管制區之查察勤務（至櫃場內之集中查驗區及管制區巡簽、查察）。另於下午6時至11時爲夜間勤務，分別有夜間之值班勤務及夜間落地檢查勤務，與日間勤務之工作內容並無二致，惟有特殊情形時，則因應需求編排特殊勤務。

依據「保安警察第三總隊申請海運進口貨櫃落地檢查暨執行貨櫃落地檢查作業程序」之作業內容及流程，安檢站值班於受理業者申請落地檢查，審核落地檢查申請書、提貨單、海關進口貨物電腦放行通知單、出示報單，核對證件、編流水號、蓋章戳。透過保三總隊建置之「貨櫃安檢資訊系統」，查詢廠商歷次進站紀錄及核對廠商、落地檢查情形等資料，較爲可疑者，提報站長決定是否派員執行落地檢查。

（二）儀檢小組

安檢站受理業者申請落地檢查後，經過審核作業，由各安檢站站長進行落地檢查勤務之派遣。如確定派勤，可由執行落地檢查執勤人員搭乘警車或拖車至目的地拆櫃實施檢查，或由「機動式海運貨櫃檢查儀」先行掃描，貨櫃內部物品如爲正常，應將檢查情形塡記於「貨櫃安檢資訊系統」，如爲異常，則派勤實施落地檢查，而透過機動式海運貨櫃檢查儀進行初檢，可減少警力往返提高勤務效益。而機動式海運貨櫃檢查儀係辨別走私風險因子的重要構面之一。

我國保三總隊於2003年購買之「機動式海運貨櫃檢查儀」，於港區各碼頭針對進出、口貨櫃實施機動式突擊檢查，以發揮奇襲效果，另對各安檢站落地追檢貨櫃因貨物裝載不易查驗者，利用貨櫃檢查儀先期掃描判讀分析，輔助人力檢查盲點，並節省追檢警力。

（三）警犬隊

保三總隊警犬隊自2004年成立，所訓練的專業技能包含有警戒、警衛、追蹤、緝捕、查緝槍毒等，以全面支援警察各項勤務。2003年政府規劃運用警犬防制毒品走私通關業務之政策，許多國家早已利用緝毒犬進行查緝走私毒品之任務，且績效良好。保三總隊參考先進國家運用警犬，以其敏銳之嗅覺、聽力、靈敏、服從等天賦本能，協助執行貨櫃安檢工作，輔助警察功能之不足。於2005年派員至三峽警犬學校受訓，於2006年正式成立警犬小組支援貨櫃檢查勤務。

警犬隊目前置隊長、小隊長、員警、犬隻，其中犬隻有辨識毒品能力之緝毒犬與偵測爆裂物之偵爆犬。平日警犬隊支援落地檢查勤務查察槍械、毒品，並支援偵辦刑案，於國家重要慶典則擔任場地安全檢查（例如總統、副總統就職典禮、世界運動會等國際賽事等）。

對安檢站之落地檢查支援部分目前以申請方式進行辦理，依規定各中隊每個月至少須申請3件落地檢查支援勤務，若有其他認爲可疑並且適合透過警犬協助檢查之貨櫃時，則應視情形申請。警犬隊一個月至少執行9次落地檢查勤務支援，其餘則協助縣市政府警察局、港務警察局及其他單位之專案勤務，或全國同步實施查緝毒品之專案、港安演練等。

二、海運貨櫃落地檢查之執行流程

依據國家安全法施行細則「得於目的地實施落地檢查」之規定，保三警察總隊訂有「臺灣地區海運進口貨櫃落地檢查作業規定」作爲實施落地檢查之執行檢查依據。依據該作業規定第2點：「海運進口貨櫃未經海關查驗者，由內政部警政署保安警察第三總隊依本規定實施落地檢查。」相關落地檢查之執行流程如下[39]：

（一）流程一：受理申請落地檢查

依規定，海運進口貨櫃業者應備妥「海運進口貨櫃落地檢查申請表」、「報單」、「提貨單」及相關簽審文件，向保三總隊派駐各貨櫃站之服務窗口申請海運進口貨櫃落地檢查。此處所稱海運進口貨櫃業者，一般指「報關行」具備上述各項申請文件後，前往保三總隊派駐於各貨櫃站之「安檢站」進行辦理，雖亦有進口貨物之「貨主」自行前往申辦者，但因其比例占少數，故以下流程將以「報關行」作爲申請落地檢查之主體。

其中經保三總隊依「績優廠商申請落地檢查貨櫃自行檢查實施要點」列自行檢查之業者，檢附海運進口貨櫃落地自行檢查申請表，逕向保三總隊派駐各貨櫃站之服務窗口申請自行檢查。

（二）流程二：進行審核

報關行完成申辦程序後，各安檢站透過保三總隊自行建立之「貨櫃安全檢查資訊系統」，審核及登錄業者資料，並依下列規定處理海運進口貨櫃：

1. 當日提領出關

當日提領出關者，指業者向各服務窗口提出書面申請資料後當日，即由托運、拖車公司業者前往提領出關者。此情形應由各安檢站站長立即決定是否實施落地檢查。經決定免予落地檢查者，應於海運進口貨櫃申請表蓋用免予落地檢查章。經決定實施落地檢查者，應於海運進口貨櫃申請表蓋用實施落地檢查章，並派遣員警執行。

---

39 有關海運進口貨櫃落地檢查流程，相關規定主要有：「臺灣地區海運進口貨櫃落地檢查作業規定」、「進口貨櫃申請落地檢查作業程序」。陳靜婕（2017），我國警察執行貨櫃落地檢查之研究——以高雄海運貨櫃走私爲例，中央警察大學外事警察研究所碩士論文，頁28-32。王寬弘、陳靜婕（2017），我國警察執行貨櫃落地檢查之研究——以高雄海運貨櫃走私爲例，國土安全與國境管理學報，第28期，頁140-142。

2. 非當日提領出關

非當日提領出關者，應將業者所提交之書面申請資料登錄後，並將資料於當日通報中隊（或大隊），由中隊每日進行「貨櫃先期預審」，決定是否實施落地檢查；決定實施後，通知受理之安檢站派員實施落地檢查。

安檢站站長審核時，依據臺灣地區海運進口貨櫃落地檢查作業規定，發現有下列情形者，應執行落地檢查。

(1)上級交查者。

(2)有情資顯示可能涉有走私疑慮者。

(3)曾有走私前科紀錄業者所申報者。

(4)經審核基本資料或電腦資料有異常現象者。

(5)曾有蓄意逃避或不配合檢查紀錄業者所申報者。

另對於下列情形者，依據客觀事實及警力狀況，由各安檢站站長裁量決定是否實施落地檢查：

(1)自東南亞地區進口者。

(2)貨品零亂或不規則放置者。

(3)裝載具有強烈異味貨品者。

(4)裝載零稅率或免稅物品者。

(5)裝載價值低廉、利潤微薄或國內已有大量生產物品者。

(6)裝載與貨主營利事業登記證明文件營運生產項目無關者。

在實務的運作上，針對現辦現領之貨櫃，安檢站主管必須於短時間內結合資訊與實務經驗逕行裁定是否進行落地檢查。故常利用各類系統協助蒐集情報資訊，以審核貨櫃之風險性：

(1)貨櫃安檢資訊系統（原保三總隊PL3系統）。

(2)追檢管制系統。

(3)海運通關資料庫。

(4)海運船務系統（並非每間船公司均會開放）。

(5)稅率稅則查詢系統。

(6)國貿局——出進口廠商管理系統。

(7)經濟部商業司——公司及分公司基本資料查詢。

(8)其他農產市場價格、各類貨品市場價格查詢系統。

（三）流程三：派遣執行落地檢查

經審核後，應勤員警應事先與貨主取得聯繫，並協調貨主備妥人員機具開櫃卸貨，於確定拖運業者之提領時間以及其卸貨地點後，搭乘前往提領之貨櫃車或駕駛警備車全程尾隨貨櫃赴貨主卸貨地點執檢。派遣警力執行海運進口貨櫃落地檢查時，應派遣2名以上員警隨拖車前往目的地開櫃查驗，到場後確認貨櫃封條無損後方開櫃執檢，並依據見邊、見底、見尾、見貨之檢查原則，檢查有無下列管制、違禁物品：

1. 槍砲彈藥刀械管制條例所稱之槍砲、彈藥、刀械及其主要組成零件。
2. 毒品危害防制條例所稱之毒品。
3. 管制藥品管理條例所稱之管制藥品。
4. 其他法令規定之管制、違禁物品。

安檢站站長實施落地檢查前得視需要協調儀檢小組先行掃描，以協尋貨櫃檢查重點，或協調警犬隊至現場協助查緝。執檢員警檢查完成後，將執檢情形以照片記錄，並詳實記錄於海運進口貨櫃落地檢查情形報告表中。查獲管制、違禁物品者，則依其性質由保三總隊或移由各該主管機關處理。個案檢查過程紀錄或新進廠商基本資料，於檢查後並應於保三總隊貨櫃安檢資訊系統建檔。

第五節　小結

台灣為海島及貿易國家，大部分的經濟需仰賴著與國際各國間之貿易。台灣又位處東亞海線中樞，地理位置西臨中國大陸、港澳，北有東北亞之日本、韓國，以及南為東南亞之新興市場，東臨太平洋西岸，儼然為東亞地區的人流與物流轉運中心。台灣的國境物流安全檢查有：空運之物流管理與海運之物流安全檢查；國境物流安全檢查對象有：隨身行李、托運行李、空運貨物與貨櫃、海運貨物與貨櫃等安全檢查；國境物流安全檢查機關有：海關、警察、海巡、農政、衛福等機關，各個機關各司其責；其中警察機關乃依國家安全法及相關法規執行安全檢查，查緝走私或危安物品（如毒品、槍枝）等，以維護國家社會安全及航運安全。

隨著交通科技的進步，擴展了人民的活動空間，模糊了各國領土國界。地球村使得世界各國人民的互動往來聯繫與相互影響，也較過去更加頻繁密切快速。相對地，衍生出更多的國境安全管理問題。入出國之管理，一直以來均被列為屬於國家主權行使之核心工作，如何於國家基本權之維護下，重視人民基本權之保障。如何在國家社會安全與便民快速中取一平衡，即是國境物流安全檢查最重要的一環，而欲能二者兼顧，本文認為有三方面不能忽視，應該重視：一、各國境執法機關，對外應與各國或國際組織保持互動聯繫，對內雖各司其責，仍應本著行政一體原則，相互協助支援；二、相關國境執法之政策法令與設備，應與時俱進完備；三、應重視執法人員教育訓練，嫻熟法令工作流程，強化執法能力。

參考書目

一、中文文獻

中央災害應變中心網站。https://asf.baphiq.gov.tw/ws.php?id=18343。瀏覽日期：2020年2月14日。

內政部警政署保安警察第三總隊官方網站。http://www.tcopp.gov.tw/index.php。瀏覽日期：2019年11月21日。

內政部警政署航空警察局官方網站。https://www.apb.gov.tw/index.php/ch/files-application/11-service/694-application21。瀏覽日期：2019年11月21日。

王寬弘（2016），我國國境警察機關組織與行為概述，收錄於高佩珊主編，全球化下之國境執法，台北：五南圖書出版公司。

王寬弘（2016），國境安全檢查，收錄於汪毓瑋主編，國境執法，台北：

元照出版社。
王寬弘、陳靜婕（2017），我國警察執行貨櫃落地檢查之研究—以高雄海運貨櫃走私爲例，國土安全與國境管理學報，第28期。
交通部民用航空局官方網站。https://www.caa.gov.tw/Article.aspx?a=1273&lang=1。瀏覽日期：2019年12月13日。
李建聰（1994），警察機場港口安全檢查之研究，台北：桂冠圖書公司。
李震山（1999），入出國管理之一般法理基礎，收錄於李震山主編，入出國管理及安全檢查專題研究，桃園：中央警察大學出版社。
李震山（1999），警察機關執行安全檢查行使干預權之主要態樣，收錄於李震山主編，入出國管理及安全檢查專題研究，桃園：中央警察大學出版社。
卓晃央（2007），內政部警政署保安警察第三總隊組織調整之研究，台北：2007年內政部警政署保安警察第三總隊自行研究報告。
洪文玲（1999），國境安全檢查之法理探討，收錄於李震山主編，入出國管理及安全檢查專題研究，桃園：中央警察大學出版社。
洪郁惠（2020），國境執法機關安全檢查之研究，中央警察大學國境警察研究所碩士論文。
洪嘉眞（2020），我國航空保安管理機關相關職權之現況、困境與對策，中央警察大學國境警察研究所碩士論文。
張國治（1997），我國海運進口貨櫃安檢工作之沿革，警光雜誌，第491期。
張國治（1997），海運進口貨櫃安全檢查之研究，警學叢刊，第25卷第5期。
張國治（2000），國境警察執行進口貨櫃安全檢查之研究，警學叢刊，第30卷第5期。
張國治、陳桂輝（1999），貨櫃安全檢查專題研究，台北：作者自印。
許連祥（2009），機場安檢法規與實務，桃園：中央警察大學出版社。
許義寶（2002），警察職務與行政法理，桃園：中央警察大學出版社。
陳桂輝、張國治（2003），國境警察貨櫃安檢行動方案，國境警察學報，第2期。

陳靜婕（2017），我國警察執行貨櫃落地檢查之研究—以高雄海運貨櫃走私爲例，中央警察大學外事警察研究所碩士論文。

黃富生（2012）航空安檢雙軌制可行性之研究，國土安全與國境管理學報，第18期。

蔡庭榕（2003），國境危害防止任務之分配—從國安法第四條之「必要時」以論，國境警察學報，第2期，中央警察大學。

蔡震榮（2012），國境管制與人權保障，月旦法學雜誌，第204期。

駱平沂（1995），警察機關執行進口貨櫃安全檢查之研究，桃園：中央警察大學出版社。

鄭志豪（2012），防制貨櫃走私政策之探究，逢甲大學公共政策所碩士論文。

薛克揚（2013），保安警察第三總隊應用風險管理執行海運進口貨櫃安全檢查之研究，中央警察大學警察政策研究所碩士論文。

二、外文文獻

International Civil Aviation Organization. https://www.icao.int/Pages/default.aspx (2020/2/5).

International Air Transport Association. https://www.iata.org/en/about (2020/2/5).

第五章

恐怖主義與組織犯罪匯合之探討

黃文志

第一節　前言

「恐怖主義和組織犯罪匯合」不是一個新的現象。早在1980年代，便曾出現恐怖分子透過毒品走私取得資金的報導。80年代，兩者間的匯合規模較小，匯合時間亦短暫，大部分發生在一國邊境上。但冷戰後期，由於衰敗國家（failed states）持續出現，加上全球化帶來資通訊科技的快速發展，兩者間開始走向大規模匯合，也開始從一國邊境走向區域化與國際化。如今，「恐怖主義和組織犯罪匯合」已形成國際安全的重大挑戰。[1]

傳統學界認為，組織犯罪存在目的是為了利益，恐怖主義目的通常與意識形態有關，幾乎無關利益，但恐怖組織為了維持運作，常透過犯罪活動非法取得資金，兩者間基於彼此需要而相互合作，彼此交換專業技術、知識（know-how），為對方提供訓練、補給和保護，這樣的合作關係創造了極大的非法市場，再配合一些環境因素，兩者因匯合而逐漸壯大，終對國際安全與和平穩定產生極大威脅。

究竟恐怖主義與組織犯罪有無關聯？兩者結合的理由和情境為何？兩者匯合的方式和類型又為何？這些問題是本文探討的主題，也是聯合國因應此一特殊情勢所欲尋找的答案。本文分成四個部分，首先，針對恐怖主義與組織犯罪，提供聯合國與學者的定義；其次，在上述定義下，以理論模型說明兩者之關聯；第三，以實際案例探討七種匯合的類型；最後，分析聯合國安理會於2019年7月最新通過的2482號決議，提供全球各國因應此一特殊情勢應具備的觀點。

---

1 蔡明彥（2010），恐怖主義結合組織犯罪的理論辯證與實務探討，第六屆恐怖主義與國家安全學術暨實務研討會，台北：中華國土安全研究協會，頁1。Bovenkerk F., Chakra A. B., "Terrorism and Organized Crime," *Forum on Crime and Society*, Vol. 4, No. 1/2, 2004, p. 3。

第二節　恐怖主義定義與特徵

恐怖主義歷久彌新，但截至目前，國際間尚無一普遍接受的定義。Schmid和Jongman的研究蒐集超過100個定義，但他們發現，不同國家，因為利益、信仰和對恐怖主義的理解不同，因而產生不同定義，不僅容易陷入主觀，也難以定義，原因有二[2]：

一、回顧恐怖主義歷史，可觀察出不同恐怖組織類型。例如，分離恐怖組織（西班牙艾塔組織ETA、愛爾蘭共和軍IRA）、革命運動恐怖組織（德國赤軍旅RAF、哥倫比亞革命軍FARC），極端宗教恐怖組織（博科聖地Boko Haram、伊斯蘭國ISIS）和跨國恐怖組織（蓋達組織Al-Qaeda）等。每一組織均有其不同目的、任務和攻擊目標，為達目的也經常變換攻擊手法。

二、恐怖主義定義面臨的問題經常是「如何解讀」？美國2003年發動伊拉克戰爭究竟是一項反恐行動，還是先發制人的侵略手段？美國和伊拉克人肯定給予不同答案。「一個人眼中的恐怖分子，卻是另一人眼中的自由鬥士」這句話恰恰說明立場不同，對於恐怖主義的看法就不同。

早在四十年前，即有學者嘗試定義恐怖主義[3]。Walter Laqueur於1977年將恐怖主義定義為：「為達政治目的，針對無辜民眾，非法使用武力。」[4]但在國際間缺乏共識情況下，國際、區域組織和學者分別提出不同定義。歐盟反恐摩斯計畫（Counter-Terrorism Monitoring, Reporting and Support Mechanism, CT MORSE）定義恐怖主義為：「為了追求政治目

---

2 Özden Çelik, "A General Overview of the Concept of Terrorism," *COE-DAT Newsletter*, Vol. 4, Issue. 20, 2011, p. 14.

3 Weinberg, L., Pedahzur, A., and Hirsch-Hoefler, S., "The Challenges of Conceptualizing Terrorism," T*errorism and Political Violence*, Vol. 16, No. 4, 2004, pp. 777-794, https://www.tandfonline.com/doi/pdf/10.1080/09546559089976８.

4 原文為「illegitimate use of force to achieve a political objective by targeting innocent people」，請參閱 Laqueur, W. (1977). *Terrorism*, London: Weidenfeld and Nicolson。

的，使用非法暴力和恐嚇，特別是針對平民所發動的行爲。」[5]Makarenko定義爲：「一個組織的成員，著手實施一項預謀暴力行動或者威脅使用暴力，藉以分化或在對立的社會中製造人民恐懼。」[6]Bruce Hoffman的定義爲：「透過暴力或威脅使用暴力，刻意製造和散播恐懼，以達改變政治的目的。」[7]美國國家恐怖主義研究和反恐中心（United States National Consortium for the Study of Terrorism and Responses to Terrorism, START）則將恐怖攻擊事件定義爲「威脅或實際使用非法武力，透過恐懼、強暴或脅迫，以達到政治、經濟、宗教或社會目的」[8]。數項聯合國公約也定義恐怖主義或恐怖行動，聯合國大會決議案49/60要求各會員國將特定的武裝活動視爲恐怖活動，特別是「一個組織的成員或有特定政治目的成員，如其犯罪行動意圖或預謀引發廣大民眾恐慌，不管基於政治、哲學、意識、種族、宗教或任何理由，都不能合理化其行爲」[9]。

---

[5] 原文爲「the unlawful use of violence and intimidation, especially against civilians, in the pursuit of political aims」，請參閱 Reitano, T., Clarke, C., and Adal, L., "Examining the Nexus between Organized Crime and Terrorism and its Implications for EU Programming," 2017, *CT-MORSE Consortium*。

[6] 原文爲「the conduct of premeditated violent acts or the threat of violence that is perpetrated by members of an organized group, designed to create fear in an adversary or specific segment of society」，請參閱Makarenko, T., "Europe's Crime-Terror Nexus: Links between terrorist and organized crime groups in the European Union," *Directorate General for Internal Policies, Policy. Department C: Citizens' Rights and Constitutional Affairs*, 2012, European Parliament。

[7] 原文爲「the deliberate creation and exploitation of fear through violence or the threat of violence in the pursuit of political change」，請參閱Hoffman, B. (1998). *Inside Terrorism*, New York: Columbia University Press。

[8] 原文爲「terrorist event as the threatened or actual use of illegal force and violence to attain a political, economic, religious, or social goal through fear, coercion or intimidation」。

[9] 原文爲「criminal acts intended or calculated to provoke a state of terror in the general public, a group of persons or particular persons for political purposes are in any circumstance unjustifiable, whatever the considerations of a political, philosophical, ideological, racial,

雖然國際上無法達成一致共識，但聯合國目前有19項公約與恐怖主義有關[10]，許多國家依據現行聯合國公約、國際法庭裁定和國內法規範去定義恐怖主義。[11]聯合國於1999年12月9日第54屆會議第76次全體會員

ethnic, religious or any other nature that may be invoked to justify them (Para. 3)」。

[10] 聯合國與恐怖主義相關的公約共有19項，與航空安全有關的有：1. 1963 Convention on Offences and Certain Other Acts Committed On Board Aircraft; 2. 1970 Convention for the Suppression of Unlawful Seizure of Aircraft; 3. 1971 Convention for the Suppression of Unlawful Acts against the Safety of Civil Aviation; 4. 1988 Protocol for the Suppression of Unlawful Acts of Violence at Airports Serving International Civil Aviation, supplementary to the Convention for the Suppression of Unlawful Acts against the Safety of Civil Aviation; 5. 2010 Convention on the Suppression of Unlawful Acts Relating to International Civil Aviation; 6. 2010 Protocol Supplementary to the Convention for the Suppression of Unlawful Seizure of Aircraft; 7. 2014 Protocol to Amend the Convention on Offences and Certain Acts Committed on Board Aircraft。與國際組織和外交人員安全有關的有：8. 1973 Convention on the Prevention and Punishment of Crimes Against Internationally Protected Persons, including Diplomatic Agents。與人質安全有關的有：9. 1979 International Convention against the Taking of Hostages。與核物質有關的有：10. 1980 Convention on the Physical Protection of Nuclear Material; 11. 2005 Amendments to the Convention on the Physical Protection of Nuclear Material。與海事安全有關的有：12. 1988 Convention for the Suppression of Unlawful Acts against the Safety of Maritime Navigation; 13. 2005 Protocol to the Convention for the Suppression of Unlawful Acts against the Safety of Maritime Navigation; 14. 1988 Protocol for the Suppression of Unlawful Acts Against the Safety of Fixed Platforms Located on the Continental Shelf; 15. 2005 Protocol to the Protocol for the Suppression of Unlawful Acts Against the Safety of Fixed Platforms located on the Continental Shelf。與爆裂物有關的有：16. 1991 Convention on the Marking of Plastic Explosives for the Purpose of Detection。與恐怖爆炸有關的有：17. 1997 International Convention for the Suppression of Terrorist Bombings。與資恐防制有關的：18. 1999 International Convention for the Suppression of the Financing of Terrorism。與核子恐怖主義有關的有：19. 2005 International Convention for the Suppression of Acts of Nuclear Terrorism。

[11] 我國行政院於2003年提出之「反恐怖行動法草案」第2條定義恐怖主義相關的名詞如下：「本法所稱恐怖行動指個人或組織基於政治、宗教、種族、思想或其他特定之信

國大會通過之《制止向恐怖主義提供資助的國際公約》規定，恐怖融資（terrorist financing）是指「任何人以任何手段，直接或間接地非法和故意提供或募集資金，其意圖或明知將全部或部分資金用於實施：(a)屬附件所列條約之一的範圍並經其定義爲犯罪的一項行爲；(b)意圖致使平民或在武裝衝突情勢中未參與敵對行動的任何其他人死亡或重傷的任何其他行爲，如這些行爲因其性質或相關情況旨在恐嚇人口，或迫使一國政府或一個國際組織採取或不採取任何行動」。這是聯合國首次對恐怖主義所下的定義。[12]

1996年12月17日，聯合國大會反恐特設委員會（The Ad Hoc Committee）成立，並起草有關擬訂《聯合國綜合性反恐公約》的任務。2000年12月12日，聯合國大會通過第55/158號決議，強調聯大反恐特設委員會應繼續擬訂《聯合國綜合性反恐公約》，並努力解決公約草案的未決問題，以進一步發展全面法律架構。目前，各會員國正對《聯合國綜合性反恐公約》草案進行協商。該草案第2條第1款：「本公約所稱的犯罪，是指任何人以任何手段非法故意致使(a)人員死亡或人體受到嚴重傷害；或(b)包括公用場所、國家或政府設施、大眾運輸系統、基礎設施在內的公共或私人財產或環境受到嚴重損害；或(c)本條第1款第2項所述財產、場所、設施或系統受到損害，造成或可能造成鉅額經濟損失，而且根據行爲的性質或背景，其目的是恐嚇某地居民，或強迫某國政府或某國際組織作爲或不作爲。」[13]

念，意圖使公眾心生畏懼，而從事計畫性或組織性之下列行爲：一、殺人。二、重傷害。三、放火。四、投放或引爆爆裂物。五、擄人。六、劫持供公眾或私人運輸之車、船、航空器或控制其行駛。七、干擾、破壞電子、能源或資訊系統。八、放逸核能或放射線。九、投放毒物、毒氣、細菌或其他有害人體健康之物質。本法所稱恐怖組織，指三人以上，有內部管理結構，以從事恐怖行動爲宗旨之組織。本法所稱恐怖分子，指實施恐怖行動或參加、資助恐怖組織之人員。」可惜該草案歷經2003、2007年二次送交立法院審議均未通過。

[12] 聯合國，制止向恐怖主義提供資助的國際公約，第2條第1項。

[13] 蔡育岱（2013），從《聯合國綜合性反恐公約》探討其相關定義、適用範圍與部門性

基於過去發生之恐攻事件，聯合國已認定數個恐怖組織，例如，拒絕交出賓拉登之阿富汗塔利班（Taliban），經1999年聯合國安理會1267號決議認定其爲恐怖組織。2011年，聯合國安理會1989號決議將所有與蓋達組織和塔利班來往之個人與團體分別製作一份制裁名單，2015年再依2253號決議將這份名單擴充至支持ISIS和努斯拉連線（ANF）的個人和團體。

本文援引學者Yonah Alexander的定義作爲小結，恐怖主義無疑地具有下列5項特徵：一、個人、團體或國家；二、以非法方式，使用暴力或威脅使用暴力；三、在特定區域內；四、意圖製造比被害人或受威脅人更大之社會恐懼；五、以達到其政治、社會或經濟目的。[14]

第三節　組織犯罪之定義與特徵

聯合國專爲跨國組織犯罪訂定的公約，大家最熟悉的莫過於《聯合國打擊跨國有組織犯罪公約》（*U.N. Convention against Transnational Organized Crime*），該公約另有三個補充議定書，分別是：一、關於預防、禁止和懲治販運人口特別是婦女和兒童行爲的補充議定書；二、關於打擊陸、海、空偷運移民的補充議定書；三、關於打擊非法製造和販運槍枝及其零部件和彈藥的補充議定書。除此之外，1988年《聯合國禁止非法販運麻醉藥品和精神物質公約》（*U.N. Convention against Illicit Traffic in Narcotic Drugs and Psychotropic Substances*）雖沒有直接觸及跨國有組織

公約之調和問題，第九屆恐怖主義與國家安全學術暨實務研討會，台北：中華國土安全研究協會，頁11。

14 "... as the calculated employment or the threat of violence by individuals, sub national groups, and state actors to attain political, social, and economic objectives in the violation of law, intended to create an overwhelming fear in a target area greater than the victims attacked or threatened." 請參閱Alexander Y., "Terrorism in the Twenty-First Century: Threats and Responses," *DePaul Bus. L. J.*, Vol. 12, 1999, p. 65。

犯罪，但毒品跨國販運行為，均由組織犯罪集團所為。2003年通過的《聯合國反貪腐公約》（*U. N. Convention against Corruption*）確認貪腐犯罪的態樣，協助各國將貪腐罪刑化，打擊與貪腐共生的組織犯罪。

但如同恐怖主義般，目前國際上對於組織犯罪定義尚未有共識，由於組織犯罪的非法活動相當多元，《聯合國打擊跨國有組織犯罪公約》並沒有明確定義組織犯罪和其類型。相反地，在這公約中定義了何謂「有組織犯罪集團」：「係指由三人或多人所組成的、在一定時期內存在的、為了實施一項或多項嚴重犯罪或根據本公約確立的犯罪以直接或間接獲得金錢或其他物質利益而一致行動的有組織結構的集團。」[15]這個定義是為了排除基於政治或社會議題的犯罪組織。同時，公約中指的其他物質利益，舉例來說，可能是兒童色情集團在網路上分享兒童色情影片或網站會員在網絡上的買賣[16]。學者批評公約中對「有組織犯罪集團」的定義對於定義更寬鬆的國家而言反而會限縮適用範圍，造成國家與國家間立法不同調的情形，因而產生執行上困難[17]。另外一方面，由於「組織犯罪」隨著時間演變，其定義也會在不同區域產生差異，因此，公約反而明確定義了「組織犯罪」的行為者——「有組織犯罪集團」，而非定義組織犯罪的類型，該公約第3條第2款也定義了組織犯罪架構下的跨國犯罪（transnational

---

[15] [A] structured group of three or more persons, existing for a period of time and acting in concert with the aim of committing one or more serious crimes or offences established in accordance with this Convention, in order to obtain, directly or indirectly, a financial or other material benefit. (Art. 2 (a)).

[16] Travaux Préparatoires of the negotiations for the elaboration of the United Nations Convention against Organized Crime and the Protocols, *United Nations Office on Drugs and Crime*, 2006 Vienna: UNODC. http://www.unodc.org/pdf/ctoccop_2006/04-60074_ebook-e.pdf.

[17] Salinas de Frias, A., "Report on Links Between Terrorism and Transnational Organized Crime," *Council of Europe Second International Conference on Terrorism and Organized Crime*, 2017. Fredholm, M. (2017). *Transnational Organized Crime and Jihadist Terrorism: Russian-Speaking Networks in Western Europe*, New York: Routledge.

crime），其定義如下：

一、在一個以上國家實施的犯罪。

二、雖在一國實施，但其準備、籌劃、指揮或控制的實質性部分發生在另一國的犯罪。

三、犯罪在一國實施，但涉及在一個以上國家從事犯罪活動的有組織犯罪集團。

四、犯罪在一國實施，但對於另一國有重大影響。

雖然公約的定義限定在有跨國特色的「有組織犯罪」，但在第34條第2款中，也呼籲各國均應在本國法律中將本公約第5條（參加有組織犯罪集團）、第6條（洗錢）、第8條（腐敗）和第23條（妨害司法）所確立的犯罪刑罰化，而不論其是否如本公約第3條第1款所述具有跨國性或是否涉及有組織犯罪集團（本公約第5條除外）。因此，各國應該通過國內立法方式將這些具有跨國特色的犯罪予以處罰，避免國內法律系統留下漏洞。[18]跨國犯罪以組織犯罪居多，往往跨越國界，躲避國家管制、查緝、引渡，並利用暴力或調停手段，影響行政、司法、立法、媒體，以遂行其犯罪目的。在大多數國家中，跨國犯罪有兩種基本模式[19]：

一、參加各種非法活動，例如，財產犯罪、洗錢、貨幣走私、恐嚇、賣淫、賭博、毒品、武器和古物販運等。

二、合法的經濟領域。這類參與通常使用非法競爭手段，並可能比捲入完全非法活動具有更大的經濟影響。

而根據那不勒斯政治宣言和打擊跨國有組織犯罪全球行動計畫第12點，「有組織犯罪」具有下列六個特徵[20]：

---

[18] Oftedal, E., "The Financing of Jihadi Terrorist Cells in Europe," 2015, Norwegian Defense Research Establishment, https://www.ffi.no/no/Rapporter/14-02234.pdf. Reitano, T., Clarke, C., and Adal, L., "Examining the Nexus between Organized Crime and Terrorism and its Implications for EU Programming," *CT-MORSE Consortium*, 2017.

[19] 何招凡（2018），全球執法合作：機制與實踐，台北：元照出版社，頁18-20。

[20] 同前註，頁22。聯合國文件中心，文件編號A/49/748，1992年12月2日。

一、從事犯罪活動而組成集團。

二、有一套階級結構或個人關係使首腦得以控制集團。

三、使用暴力、恐嚇、行賄收買等手段獲取利益或控制地盤或市場。

四、爲發展犯罪活動或向合法企業滲透而清洗非法收益。

五、擴大到任何新的活動領域或本國邊界之外的潛在可能性。

六、與其他有組織跨國犯罪集團合作。

第四節　恐怖主義與組織犯罪之關聯

有關恐怖主義與組織犯罪的連結，學者極有興趣研究兩者如何互動，包括互動方式、程度，連結或匯合型態等[21]。當然，在缺乏方法論去界定連結的定義下，部分學者認爲所謂的「匯合」（nexus）只是兩者間互動的類型，並非兩者結合。一般說來，「連結」指的是恐怖組織和組織犯罪共同參與彼此均可獲利的活動，並且透過環境和網絡連結，更有利於兩者操作。在這脈絡下，學者質疑兩者間是否眞有「匯合」的存在？是否眞有合作關係？部分學者認爲兩者間由於缺乏信任，形成一種天然障礙，讓彼此難以合作，雙方亦可能爲規避風險，儘量避免長期合作[22]。

---

[21] Albanese, Jay "Deciphering The Linkages Between Organized Crime And Transnational Crime," *Journal of International Affairs*, Vol. 66, No. 1, Transnational Organized Crime (FALL/WINTER 2012), pp. 1-16. Alda E., Sala J. L., "Links Between Terrorism, Organized Crime and Crime: The Case ofthe Sahel Region," *Stability: International Journal of Security and Development*, Vol. 3, No. 1, p. Art. 27, 2014, DOI: http://doi.org/10.5334/sta.ea.

[22] Picarelli, J. T., "The Turbulent Nexus Of Transnational Organized Crime And Terrorism: A Theory of Malevolent International Relations," *Global Crime*, Vol. 7, No. 1, 2006, pp. 1-24. https://www.tandfonline.com/doi/pdf/10.1080/17440570600650125?needAccess=true. Shelley, L. I., Picarelli, J. T., Irby, A., Hart, D. M., Craig-Hart, P. A., Williams, P., Simon, S., Abdullaev, N., Stanislawski, B., and Covill, L. (2005). *Methods and Motives: Exploring*

壹、否定恐怖主義與組織犯罪匯合之觀點（否定說）

因此，質疑論者提出以下觀點：[23]

一、兩者犯案動機不同

質疑論者認為，恐怖主義與組織犯罪分屬兩種完全不同的非法活動。恐怖主義屬於政治團體，動機出自政治或宗教激進主義，發起恐怖活動的目的在於促成政治改變；但組織犯罪則受到經濟利益驅使，從事不法活動的目的在於牟取經濟利益並且掌控非法市場。[24]由於在動機與意識形態上存在差異，一旦雙方合作，將會針對組織發展與活動出現歧見。[25]

二、兩者發展策略不同

質疑論者指出，恐怖主義與組織犯罪的策略差異頗大，恐怖分子發動恐攻，目的在實現政治目標，希望透過相關行動引起公眾注意和驚慌；但組織犯罪重視非法利益與市場擴張，從事犯罪過程儘量避免引起外界注意。[26]因此，影響恐怖主義與組織犯罪結合的因素之一，在於雙方擔心合

Links between Transnational Organized Crime & International Terrorism, US Department of Justice.

[23] Bovenkerk F., Chakra A. B., "Terrorism and Organized Crime," *Forum on Crime and Society*, Vol. 4, No. 1/2, 2004, p. 2.

[24] Baylis et. al. eds (2006). Strategy for a New World: Combating Organized Crime and Terrorism, *Strategy in the Contemporary World*, Oxford: Oxford University Press, pp. 95-496. Shelley, L. I. and Picarelli J. T., "Methods Not Motives: Implications of the Convergence of International Organized Crime and Terrorism," *Police Practice and Research*, Vol. 3, Issue 4, 2002, pp. 314-315.

[25] Rollins J., Wyler L. S., and Rosen S., "International Terrorism and Transnational Crime: Security Threats, U.S. Policy and Considerations for Congress," *CRS Report for the Congress*, 2010, p. 6.

[26] Bovenkerk F., Chakra A. B., "Terrorism and Organized Crime," *Forum on Crime and Society*, Vol. 4, No. 1/2, 2004, p. 11. UN News Centre. "UN official warns terrorism

作可能引發政府與司法部門的注意，爲組織安全帶來負面影響。[27]

三、兩者成員來源不同

參與組織犯罪者通常出身底層社會，但是恐怖分子主要來自於中產階級，具有思想原則與政治信仰，因此不希望和傳統犯罪活動有所牽連，擔心損及恐怖分子個人或團體的政治聲望，影響追隨者加入。[28]

四、兩者手法相同不代表雙方匯合

由於恐怖主義與組織犯罪的本質差異頗大，質疑論者認爲兩者不易有匯合現象。比較可能的情況是恐怖組織從事犯罪活動牟取財源，而組織犯罪透過暴力追求經濟利益，兩者採取對方的手段達成各自目標，但這樣的現象並不代表雙方出現匯合或結盟。[29]

然而，也有學者認爲，所謂組織犯罪是爲利潤，而恐怖分子是爲政治目的的觀點，已不符現今國際情勢發展。從1980年代以來，恐怖主義組織便開始涉入犯罪活動，尤其是毒品走私，因此有所謂「毒品恐怖主義」（narco-terrorism）一詞的出現。反觀現在，從拉美的三邊地帶到西非的衝突地區；從前蘇聯到西歐的監獄，犯罪與恐怖組織在全球聯手合作，也在澳洲、亞洲、北美地區相互交織，政府的腐敗爲其推波助瀾，形成「三位一體」的複雜情勢[30]。恐怖分子常利用犯罪來維持活動，並在兩者間頻

---

and organized crime increasingly linked in Africa," http://www.un.org/apps/news/story.asp?NewsID=35497&Cr=Terror&Cr1.

[27] Rollins J., Wyler L. S., and Rosen S., "International Terrorism and Transnational Crime: Security Threats, U.S. Policy and Considerations for Congress," *CRS Report for the Congress*, 2010, p. 6.

[28] Ibid., p. 12.

[29] Ibid., p. 5.

[30] 黃文志（2016），打擊跨國有組織犯罪之恐怖融資研究，2015年恐怖主義威脅與有關問題，台北：中華國土安全研究協會，頁168。Shelly L.。犯罪與恐怖主義的全球化。

繁變換身分，其經濟來源可透過跨國犯罪取得，例如販毒、詐騙、綁架、搶劫。事實上，彼此雖不一定清楚對方背景，但可直接合作，或透過各自的關係相互協助，例如，爲911劫機者提供簽證檔案的語言學校，同時也爲一人口販運集團提供簽證所需文件。反過來說，這個販運集團從事僞造身分的詐欺活動，正可爲恐怖活動提供便利。[31]

貳、肯定恐怖主義與組織犯罪匯合之觀點（肯定說）

因此，支持論者的觀點認爲下列因素反而促成恐怖主義與組織犯罪結合：[32]

一、衰敗國家和全球化爲合作提供機會

支持論者認爲，全球政經情勢的快速變化，已促使恐怖主義與組織犯罪出現重疊現象，雙邊相互滲透。尤其恐怖主義、組織犯罪與政府貪腐等三種現象同時出現在全球化的趨勢，導致三者之間出現所謂「非神聖三角同盟」（unholy trinity）。[33]全球化發展亦帶來自由市場、自由貿易的意識形態，進一步減少國際監管、貿易壁壘與投資障礙，但有助於全球化的這些條件也對犯罪活動的擴張有重要意義。跨國境組織犯罪與恐怖分子利用監管的寬鬆、邊境控制的鬆懈，擴大其跨境活動，並向世界其他區域擴張。他們之間的聯繫越來越頻繁，速度越來越快。雖然合法貿易發展始終受到邊境管制政策、邊境官員，以及官僚體制的管理，但跨國境組織犯罪與恐怖主義卻可隨意利用國家法律體系的漏洞，將手伸向全世界。他們前

美國在台協會。http://www.ait.org.tw/infousa/zhtw/E-JOURNAL/EJ_Globalization/shelley.htm。瀏覽日期：2020年2月1日。

31 同前註，頁169。

32 蔡明彥（2010），恐怖主義結合組織犯罪的理論辯證與實務探討，第六屆恐怖主義與國家安全學術暨實務研討會，台北：中華國土安全研究協會，頁3。

33 Shelley L. (2006). “The Globalization of Crime and Terrorism,” http://usinfo.americancorner.org.tw/st/business-english/2006/February/20080608103639xjyrreP4.218692e-02.html.

往無法引渡的地方，在法制不彰、執法不力的國家建立活動基地，在實行銀行保密或缺乏有效管理的國家大肆從事洗錢活動。這些犯罪分子通過化整爲零，與恐怖分子收割著全球化利益，並大大降低遭查緝的風險。[34]

二、兩者各取所需

恐怖主義與組織犯罪雖說屬性不同，但基於利益考量，仍有合作發展機會。犯罪團體可利用恐怖分子的政治攻擊，創造有利於非法活動的社會與經濟環境，並從中牟利。恐怖分子則利用犯罪獲取的資金，推動政治目標的實現。在這些衰敗國家中，政府治理能力低落，不僅無法有效管理邊界，也無力打擊恐怖主義與組織犯罪的非法活動，形成兩者結合的有利條件。[35]恐怖分子與組織犯罪從事的犯罪活動包括走私毒品、武器與違禁品、洗錢、販運人口、綁架勒贖等。兩者合作關係建立在金錢與利益之上，這種合作可能是暫時的，用來滿足雙方短期的需要，不一定能發展出成熟的夥伴關係，但也有可能發展成結構性的長期合作，因爲雙方都依賴犯罪取得的金錢利益。[36]

三、網絡化組織結構促成雙方合作

911事件發生後，在美國主導下，國際社會展開全球反恐行動，恐怖

---

[34] Shelly L.。犯罪與恐怖主義的全球化。美國在台協會。http://www.ait.org.tw/infousa/zhtw/E-JOURNAL/EJ_Globalization/shelley.htm。瀏覽日期：2020年2月1日。

[35] Makarenko T., “The Crime-Terror Continuum: Tracing the Interplay between Transnational Organized Crime and Terrorism,” *Global Crime*, Vol. 6, No. 1, 2004, p. 141. Felbab-Brown V., “Transnational Drug Enterprises: Threats to Global Stability and U.S. National Security,” 2009, The Brookings. http://www.brookings.edu/testimony/2009/1001_drug_enterprises_felbabbrown.aspx.

[36] Rollins J., Wyler L. S., and Rosen S., “International Terrorism and Transnational Crime: Security Threats, U.S. Policy and Considerations for Congress,” *CRS Report for the Congress*, 2010, pp. 2-3.

組織的領導人紛紛遭到逮捕或斬首。面對全球反恐行動，恐怖組織開始去中心化，層級節制的組織架構，調整爲網絡化、非中心化的組織結構，藉以避免各國當局的追捕。學者Chris Dishman認爲，網絡化的組織結構讓恐怖組織領導人對整個組織網絡的控制力下降，導致散布各地的中低階恐怖分子，開始和犯罪團體發展合作，以取得資金，維持組織運作。根據Dishman的分析，在過去層級節制的組織架構下，恐怖組織與組織犯罪通常只建立起短期或「單點式」（one-off）的合作，而且只出現在個案中。例如：恐怖組織可能提供組織犯罪集團製造炸彈的技術，但雙方的合作關係在訓練結束後立即終止。但在非中心化組織結構出現後，小型細胞組織的幹部，爲了取得資金，可能進行組織內部的調整，讓恐怖分子與犯罪成員同時存在於組織中。[37]

四、科技突飛猛進

民航交通的興起、資通訊產業發展（包括電話、網路和互聯網通訊）以及國際貿易的增加，都加快人員與貨物的即時流動，非常有助於跨國境犯罪活動的發展。犯罪分子與恐怖分子充分利用網路聊天室的匿名機制以及其他通訊手段，計畫和實施恐怖活動。911事件的恐怖分子就是利用公共電腦發送資訊、購買機票。同樣地，哥倫比亞的毒梟運用加密的電子通訊手法來策劃和完成交易。[38]

綜上，爲能更了解恐怖主義與組織犯罪在本質和策略上之差異，本文製表分析兩者相似和相異處如下：

---

[37] Dishman C., “The Leaderless Nexus: When Crime and Terror Converge,” *Studies in Conflict &Terrorism*, No. 28, 2005, pp. 241-246.

[38] Makarenko T., “The Crime-Terror Continuum: Tracing the Interplay between Transnational Organized Crime and Terrorism,” *Global Crime*, Vol. 6, No. 1, 2004, p. 141. Felbab-Brown V., “Transnational Drug Enterprises: Threats to Global Stability and U.S. National Security,” 2009, The Brookings. http://www.brookings.edu/testimony/2009/1001_drug_enterprises_felbabbrown.aspx.

表5-1 恐怖主義與組織犯罪比較

差異處	相似處
恐怖組織以意識形態或政治導向，組織犯罪以利益導向。	兩者均透過不爲人知的地下管道或網絡秘密進行。
恐怖組織常與政府爭奪權力，組織犯罪不會。	兩者均對無辜民眾使用暴力或威脅。
恐怖組織會吸引媒體注意，組織犯罪不會。	兩者共同的特徵就是脅迫（intimidation）。
恐怖組織的被害人常是無差別的對象，組織犯罪的被害人卻有針對性的。	兩者使用相似的策略，但不完全一致，例如：綁架、暗殺、勒贖（保護費、革命稅）。
組織犯罪者通常出身社會底層，恐怖分子主要來自中產階級，有思想原則與政治信仰。	兩者的組織對於集團個人的控制力都很強。
組織犯罪有一套階級結構或關係使首腦得以控制集團；恐怖組織因應反恐行動，開始將原先中心化、層級節制的組織架構，調整爲網絡化、去中心化的組織結構。	兩者均使用白手套（front organization）掩人耳目，例如商業或慈善組織。

資料來源：SARI I., "The Nexus Between Terrorism and Organized Crime: Growing Threat?" https://dergipark.org.tr/en/download/article-file/155620.

第五節 恐怖主義與組織犯罪匯合之理論架構[39]

恐怖主義和組織犯罪之連結，在於兩者間如何（how）互動和其程度

[39] UNODC, "Linkages Between Organized Crime and Terrorism," University Module Series – Organized Crime & Counter-Terrorism, Module 16, 2019, https://www.unodc.org/documents/e4j/FINAL_Module_16_Linkages_between_Organized_Crime_andTerrorism_14_Mar_2019.pdf.

（extent）。過去文獻已發展出幾項具有理論架構的模型，得以解釋兩者間之關係，分別介紹如下：

壹、匯合模型

Williams[40]最早針對犯罪和恐怖主義匯合理論（crime-terror nexus theory）發展出3個假設性模型：

一、結合模型（convergence）：將兩者視為單一現象，例如恐怖分子結合銀行搶匪行搶，或透過其他犯罪得到恐怖組織運作的資金，研究也發現部分恐怖組織非常積極地參與販運毒品藉以獲得資金。

二、匯合模型（organized crime-terrorism nexus）：兩者有共謀合作關係（cooperative collusion）。Williams認為，毒品和武器走私販運集團，為能順利運輸這些違禁品穿過恐怖組織控制的區域，須透過付費或繳稅的方式，換取恐怖組織合作放行。

三、轉型模型（transformation）：犯罪活動轉型為具有政治目的的恐怖活動，或者恐怖活動轉型為單純唯利是圖的犯罪活動。如果組織犯罪轉變為具有高度政治傾向，或者恐怖組織大量增加犯罪活動，即有可能是此一類型，例如，組織犯罪鎖定並殺害選舉候選人或中央、地方政府要員等。

貳、連續性模型

Makarenko[41]則發展出四種具有連續性質（terrorism-crime

---

40 Williams, P., “Terrorism and Organized Crime: Convergence, Nexus or Transformation?” in Jervas ed. Report on Terrorism, 1998, Swedish Defense Research Establishment.

41 Makarenko T., “The Crime-Terror Continuum: Tracing the Interplay between Transnational Organized Crime and Terrorism,” *Global Crime*, Vol. 6, No. 1, 2004, p. 141. Felbab-Brown V., “Transnational Drug Enterprises: Threats to Global Stability and U.S. National Security,” 2009, The Brookings. http://www.brookings.edu/testimony/2009/1001_drug_enterprises_felbabbrown.aspx.

continuum）的模型。他認爲兩者的互動可以定義爲左右移動的四種模型（請參閱圖5-1），依其運作的環境不同，可在傳統組織犯罪和傳統恐怖組織間移動：

一、結盟（alliance）：當組織犯罪與恐怖組織結盟，或恐怖組織尋找與組織犯罪結盟。這種結盟關係可能是一次性（one-time occurrence），也可能是短期或長期，結盟時間依據結盟理由而定，例如，兩者交換洗錢或製造炸彈的知識或專家技術（expert knowledge）；或者在操作面項上合作，例如，恐怖組織利用走私管道走私毒品、槍枝或人口販運。

二、操作提升（operational motivations）：雙方互取所需、互相提升安全和運作層次。在過去組織犯罪的研究中，犯罪集團曾使用恐怖組織的策略，然而恐怖分子使用犯罪手法卻是最新發展。在相對衰敗的國家，犯罪集團積極參與政治活動，藉以爲其運作爭取有利條件；相反地，恐怖組織亦透過犯罪活動取得大量資金，以補償援助之不足。

三、結合不管是轉型或綜合了兩者的戰術和動機（mixing of tactics and motivations），組織犯罪和恐怖組織合而爲一，同時具有兩者特性，但也富有彈性，可隨時轉型爲另一種相對的組織。

四、黑洞（black hole）：在脆弱和衰敗的國家中，傳統恐怖和犯罪組織的結合，最終創造了讓兩種組織繼續得以生存的庇護環境（safe haven for convergent groups），是四種類型中最爲極端的關係。當涉入內戰的組織從其政治目的轉變爲犯罪目的，或者當一個國家被這樣混和類型的組織占領時，終將國家變成「黑洞」。Makarenko的四種連續類型，恰恰說明了傳統組織犯罪和恐怖組織間流動的特色（flux nature），兩者的互動亦充滿變化，使一國刑事司法體系難以發展出有效的對策，減少兩者匯流所造成的傷害。

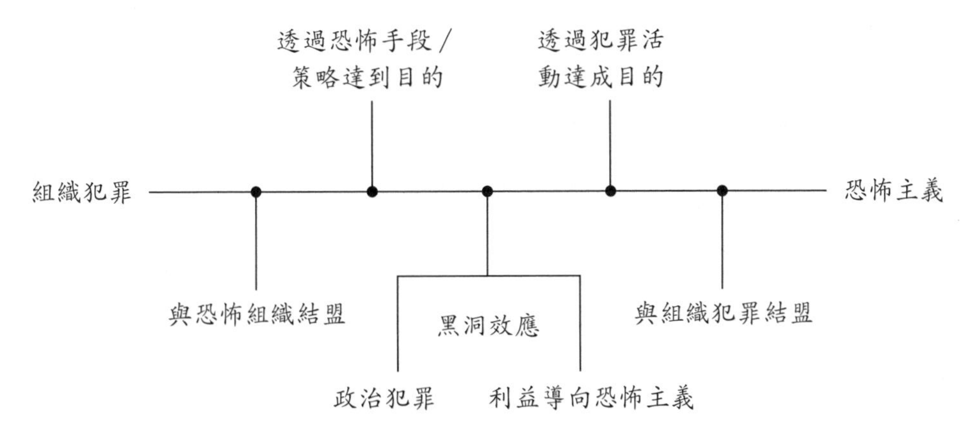

圖5-1　恐怖主義與組織犯罪之連續性關係

資料來源：UNODC, "Linkages Between Organized Crime and Terrorism," University Module Series – Organized Crime & Counter-Terrorism, Module 16, 2019, https://www.unodc.org/documents/e4j/FINAL_Module_16_Linkages_between_Organized_Crime_andTerrorism_14_Mar_2019.pdf.

參、關係模型

Shelly[42]則提供另外一種模型來解釋組織犯罪和恐怖主義連結的五種關係。她的觀察與Makarenko類似，認爲兩者間的關係可以在下列五種關係間移動，不僅可上下移動，也可跳過前一階段，不限某一類型，也可能至始至終都是同一種類型。

一、相似手法（activity appropriation）：組織犯罪和恐怖組織採取相互一致的策略和方法，但兩者並無相互合作和共同協力。這樣的關係無法說明兩者間有連結，但可見雙方使用對方的手法相對的容易。

二、匯合：此爲第二種類型，恐怖組織經常與組織犯罪交流，各取所

42 Shelley, L. I., Picarelli, J. T., Irby, A., Hart, D. M., Craig-Hart, P. A., Williams, P., Simon, S., Abdullaev, N., Stanislawski, B., and Covill, L. (2005). "Methods and Motives: Exploring Links between Transnational Organized Crime & International Terrorism," US Department of Justice.

需，例如利用僞造的文件和洗錢等。

三、轉型：恐怖組織通常很難找到組織犯罪願意與他一同作生意，或者與其他組織合作並無獲益可能，如果是這種情況，恐怖組織即有可能轉型，並且全力投入犯罪活動；但從中獲得的暴利可能會模糊了組織原本的目標和方法，這是第三種類型。

四、共生（symbiotic relationship）：Shelly認為，長時間的匯流與互動無可避免地會發展出共生關係，這種關係讓兩者相互獲利與相互依賴。

五、混合型（hybrid）：當兩種組織持續合作一段長時間後，組織犯罪成員開始分享恐怖分子的意識形態，慢慢的成員想法越來越趨近，終至融合。一個混合犯罪和恐怖主義的組織，會同時涉入犯罪活動，也會同時擁有政治的目的。Shelly等人更認為，一旦兩個組織變成混合型組織，也不可假定轉型一定會發生。除此之外，相似的手法也不一定可預測兩個組織一定會合作。她認為必須注意兩組織間互動的事件（landscape），透過政治、經濟和社會事件觀察，可看出犯罪和恐怖組織間的互動，自然也可透過這些事件，建立每一種關係的觀察點（watch points）。

第六節　恐怖主義與組織犯罪匯合類型

根據2014年聯合國安理會2195號決議，與恐怖主義相關的組織犯罪類型大致上有七種，恐怖分子在某些區域，透過武器、人員、毒品和藝術品的走私，或者透過自然資源的非法交易，以及綁架勒贖等不法手段取得資金。以下分別介紹兩者匯流的本質和發展，以及兩者在全球不同國家和地區間的互動與關聯：

壹、恐怖主義與毒品販運

根據2017年聯合國毒品和犯罪問題辦公室（UNODC）統計，全球非法毒品交易市值達到美金4,260億至6,520億之間，也是全球組織犯罪不法所得金額的五分之一至三分之一[43]。2018年UNODC全球毒品報告中，雖然鴉片罌粟花和古柯鹼的生產持續增加，大麻仍舊是全球普遍生產和最爲濫用的毒品。鴉片罌粟的產量自2006年至今已經達到雙倍，尤其是產自阿富汗的鴉片，在2017年時占全球產量的86%，同樣地，雖然古柯鹼產量在2000年至2013年減少45%，在2013年至2016年間卻又成長75%[44]。換句話說，全球非法毒品交易方興未艾，古柯鹼、海洛因和化學毒品的交易正在快速上升。UNODC報告顯示，運用黑網（darknet）毒品交易的比例雖然還不算高，過去幾年成功關閉了幾個黑網毒品交易市場，但黑網的毒品交易量卻快速成長。文獻顯示，有幾個恐怖組織和武裝組織參與非法毒品的走私交易[45]。例如塔利班是恐怖組織和毒品販運集團結合的最佳代表，自2000年至2015年間，在阿富汗控制區域內，塔利班大量栽種罌粟花和提煉鴉片，並從中獲得巨大利潤，但同時，阿富汗境內73%因恐攻死亡的人數，以及全球13%因恐攻致死的人數，均與塔利班脫離不了關係。2013年，市價高達美金12.5億的古柯鹼可能由蓋達組織馬里布分支（Al-Qaeda in the Islamic Maghreb, AQIM）走私到歐洲，AQIM涉入毒品走私，在其控制的西非薩赫勒（Sahel）地區內，針對自南美洲走私的跨國販毒集團課徵稅金[46]。2016年歐盟報告亦指出，索馬利亞青年軍（Al-Shabaab）參與海洛因走私，將海洛因自其控制地區走私到歐洲，也參與走私古柯鹼至

---

[43] United Nations Office on Drugs and Crime, World Drug Report: The Drug Problem and Organized Crime, Illicit Financial Flows, Corruption and Terrorism, 2017, Vienna: UNODC, https://www.unodc.org/wdr2017/field/Booklet_5_NEXUS.pdf.

[44] United Nations Office on Drugs and Crime, World Drug Report, 2018, Vienna: UNODC. https://www.unodc.org/wdr2018/.

[45] Dishman, C., "Terrorism, Crime, and Transformation," *Studies in Conflict & Terrorism*, Vol. 24, No. 1, 2001, pp. 43-58.

[46] Oftedal, E., "The Financing of Jihadi Terrorist Cells in Europe," 2015, Norwegian Defense Research Establishment, https://www.ffi.no/no/Rapporter/14-02234.pdf. Reitano, T., Clarke, C., and Adal, L., "Examining the Nexus between Organized Crime and Terrorism and its Implications for EU Programming," *CT-MORSE Consortium*, 2017.

肯亞。根據報導，2017年恐怖組織博科聖地協助走私海洛因和古柯鹼穿越西非，2017年UNODC報告顯示查德部落成員涉入精神物質走私[47]。歐盟一年毒品市場市值高達243億歐元，有將近三分之二的歐洲犯罪集團涉入毒品販運，是所有非法活動中組織犯罪參與最廣的犯罪類型。恐怖主義和組織犯罪合而爲一，他們從相近的社會網絡中招攬成員，根據研究，高達40%恐怖組織在歐洲的據點係由犯罪的不法獲利提供，尤其是販毒活動。2011年至2016年間，79%的歐洲聖戰士（European Jihadists）有犯罪前科，也涉入毒品販運[48]。特別值得一提的是，2004年3月西班牙馬德里火車爆炸案的恐怖組織，其經費是由販售大麻和迷幻藥的犯罪所提供，恐怖分子在購買所需爆裂物和材料後，遺留5萬2,000歐元和市價150萬歐元的毒品在他們的公寓。2008年12月，Hicham Ahmidan在摩洛哥因涉及馬德里爆炸案被判刑十年，在這之前，他已經因跨國毒品販運服刑五年。2015年1月Amedy Coulibaly策劃了一系列巴黎恐攻，而在攻擊發起前一個月，他才因爲毒品販運和販賣罪被判刑定讞[49]。

貳、恐怖主義與武器走私

組織犯罪走私武器的研究多如牛毛。最近幾年，恐怖分子使用武器的情形，受到歐盟和聯合國關注，尤其是槍枝取得，對恐怖組織來說特別重要。部分國家實施嚴格槍枝管制，恐怖分子必須另謀他法取得刀械和車輛以進行攻擊。因此，如果可阻斷武器和彈藥流向，將可大幅減少恐怖組織攻擊的能量。恐怖分子在攻擊時大幅使用自動武器，而這些武器彈藥都是

---

[47] United Nations Office on Drugs and Crime, World Drug Report: The Drug Problem and Organized Crime, Illicit Financial Flows, Corruption and Terrorism, 2017, Vienna: UNODC, https://www.unodc.org/wdr2017/field/Booklet_5_NEXUS.pdf.

[48] Basra, R., Neumann P. R., and Brunner, C., “Criminal Pasts, Terrorist Futures: European Jihadists and the New Crime-Terror Nexus,” 2016, International Centre for the Study of Radicalization and Political Violence (ICSR Report).

[49] Ibid..

組織犯罪提供給恐怖分子使用的。例如，2015年11月宣稱受到ISIS啓發，暴徒使用AK-47自動步槍和其他攻擊步槍在巴黎發動攻擊，造成137人死亡，410人受傷，這些武器都是從境外走私入境，最後暴徒在黑市取得。ISIS也使用AK-47，因爲這款步槍容易取得，也容易從鄰國走私入境[50]。2015年比利時和法國攻擊事件後，所有歐盟會員國同時暴露在ISIS領導或由其盟友發動的攻擊威脅內，根據歐洲警察組織（Europol）報告，最可能的攻擊模式乃複製前面手法，包括特定類型的攻擊武器，原因即是這些武器或炸藥容易生產、取得和使用，攻擊的殺傷力也非常有效。雖然武器走私不一定都由組織犯罪所爲，但由恐怖分子如此容易取得武器觀察，代表恐怖組織與組織犯罪間的連結至爲關鍵。除此之外，研究指出，有些從小即是在犯罪組織中長大的年輕人，可能因激進化後成爲恐怖分子，但仍舊與組織犯罪保持長期友好關係[51]。

參、恐怖主義與古物走私

Campbell主張，全球古物走私的網路供應鏈，依據地理、法律、經濟和文化等情況而有四階段論，依序是：一、掠奪（looting），大部分發生在內亂或遭逢內戰的衰敗國家或地區；二、早期的中間人（early-stage middleman）專門購買和透過組織犯罪將這些古物轉賣到其他國家；三、後期的中間人（late stage intermediary），則負責將這些已經轉運的古物僞造出口證明和證書，讓非法古物得以合法進入全球古物市場；四、透過全球古物掮客（brokers）尋找收藏買主。Glasgow大學的研究團隊也發展一模型，得以鑑別這些組織犯罪的角色。第一階段，地區掮客在古物發現的區域組織掠奪行動，並將這些古物運送至地區的交易中心；第二階段，組織犯罪從掮客手中購買古物，並將古物運送至邊境城市；第三階段，接收者將古物帶到主要大城市引起注意；第四階段，同時涉入合法和非法的

---

50 Europol, *Changes in Modus Operandi of Islamic State (IS) Revisited*, 2016, The Hague.

51 Ibid..

古物買賣，擁有國際關係的仲介，爲古物尋找買家。非法的古物和文物品甚至可在大型電子商務網站eBay購買[52]，在知名的博物館[53]和在私人收藏館[54]展售。恐怖組織逐漸透過非法骨董和文物走私交易取得資金，藉以支持平日運作、招募和購買武器等。根據Shelly的研究，古物不光是恐怖分子收入來源，也有象徵價値[55]。藉由摧毀和移除這些文化象徵，恐怖組織有計畫地打擊國家和民族主義，以文化清洗（cultural cleansing）的方式壓制當地民眾士氣。

肆、恐怖主義與人口販運

人口販運是全球化所產生的犯罪，關係到輸出國（origin）、轉運國（transit）和目的國（destination）。由於人口販運的流動本質，全球被害人數難以估計。UNODC自2003年《聯合國打擊跨國有組織犯罪公約關於預防、禁止和懲治販運人口特別是婦女和兒童行爲的補充議定書》生效開始，即統計被害人資料，截至2018年已收錄22萬5,000名被害人資料，其中，最高峰時期爲2016年，全球有紀錄的被害人數高達2萬4,000名[56]。性剝削和勞動剝削是主要兩大類型，但人口販運還有其他剝削型態，例如乞

---

52 Hardy, S. A., “Archaeomafias Traffic Antiquities as well as Drugs,” 2016, UNESCO, https://en.unesco.org/news/samuel-andrew-hardy-archaeomafias-trafficantiquities-well-drugs.

53 Casey, R., “Transit: An Analysis of Networked Criminal Groups and Criminal Opportunities at Transit Ports,” *Cogent Social Sciences*, Vol. 3, No. 1, 2017, http://www.tandfonline.com/doi/pdf/10.1080/23311886.2017.1301182?needAccess=true.

54 Feuer, A., “Hobby Lobby Agrees to Forfeit 5,500 Artefacts Smuggled Out of Iraq,” *New York Times*, July 5, 2017. https://www.nytimes.com/2017/07/05/nyregion/hobby-lobbyartefacts-smuggle-iraq.html.

55 Shelley, L. (2014). *Dirty Entanglements: Corruption, Crime, and Terrorism*, Cambridge University Press.

56 United Nations Office on Drugs and Crime, *Global Report on Trafficking in Persons*. 2018, Vienna: UNODC. https://www.unodc.org/documents/data-andanalysis/glotip/2018/GLOTiP_2018_BOOK_web_small.pdf.

討、強迫婚姻、保險詐欺、色情和器官摘除等。大多數遭受性剝削的被害人是女性，超過二分之一勞動剝削的被害人則是男性[57]。

聯合國2019年資料顯示，人口販運對於全球武裝團體來說是一門誘人的生意。地方和地區的武裝團體會針對控制下的走私和販運路線徵收稅金，但尙無充分證據可證明這些武裝團體直接涉入跨國恐怖活動。同時，也沒有充分證據可證明恐怖分子系統性的參與人口販運，藉以達成其戰略目標。但可確認的是，恐怖組織透過綁架、強姦、使人爲奴、性奴隸和其他暴力手段將被害人置於其控制下，並強加意識形態予被害人[58]。恐怖組織介入人口販運不外乎三大目的：取得資金（funding）、散布恐懼（fear）和招募新血（recruitment）[59]。聯合國安理會（UNSC 2331(2016), 2388(2017)）特別關注ISIS和奈及利亞博科聖地介入人口販運的情形。博科聖地和索馬利亞青年軍強迫人口販運的兒童擔任戰士，也利用他們自殺攻擊。伊斯蘭國聲稱他們將擄來的女性作爲性奴隸是爲了保護她們。多年來，伊斯蘭國透過此一作法讓占領區的婦女感到害怕，也爲該組織創造利益。被販運的婦女被稱作「Sabaya」，代表奴隸的意思，會被帶至人口販子（wholesalers）處拍照和張貼照片，以吸引潛在買主。恐怖組織與人口販運集團有直接關聯的說法仍待證實，因爲販運集團如必須與恐怖組織打交道必經常吃虧。例如，ISIS將利比亞的海邊城鎭Sabratha視爲根據地，但偷渡集團認爲伊斯蘭國對與他們的生意來說是一大威脅，2015年時經常資助反抗伊斯蘭國的行動[60]。

---

57 Ibid..

58 United Nations Security Council Counter-Terrorism Committee Executive Directorate (UNCTED), *Identifying and Exploring the Nexus Between Human Trafficking, Terrorism, And Terrorism Financing*, 2019, New York: UN CTED.

59 Welch, S. A., "Human Trafficking and Terrorism: Utilizing National Security Resources to Prevent Human Trafficking in the Islamic State," *Duke Journal of Gender Law and Policy*, Vol. 24, 2017, pp. 165-188。

60 United Nations Office on Drugs and Crime, *Global Report on Trafficking in Persons*. 2018, Vienna: UNODC. https://www.unodc.org/documents/data-andanalysis/glotip/2018/

伍、恐怖主義與智財犯罪

智慧財產權犯罪（Intellectual Property Crime）的定義，是在未獲授權情況下，製造、運輸、儲藏、販售仿冒或盜版商品，例如仿冒商標、盜用專利、未經授權複製和盜版商品。根據統計，2016年全球盜版和仿冒商品價值高達美金4,610億，是2008年的兩倍。最近數十年來，學者認爲，盜版和仿冒商品在全球黑市的價格超出毒品[61]。在歐盟，有2,000至3,000個犯罪集團擁有複合式犯罪的特色，他們從不同犯罪活動獲取暴利，包括智財犯罪[62]。有數個恐怖組織曾經參與私菸的非法交易，國際衛生組織（WHO）2007年估計，全球每年損失約500億美金的菸稅。美國國務院2015年報告指出，該年度美國損失30至70億美金的菸稅；同一時間，歐洲各國查扣超過4,000萬件仿冒商品，價值高達6億4,200萬歐元。私菸是最常被查扣的商品，占所有查緝的27%。2016年北非恐怖組織走私約10億美金的私菸，走私香菸和仿冒商品據傳也是AQIM的主要經濟來源[63]。

陸、恐怖主義與綁架勒贖

綁架勒贖在《國際反綁架公約》（*International Convention against the Taking of Hostages*）中定義爲：「任何人只要被拘禁、恐嚇將其殺害或傷害，或拘禁一人，藉以脅迫第三方，例如國家、國際組織、自然人、法人、團體，按照綁匪意思去作或放棄某一行動，以換取人質釋放。」自1970年至2010年間，綁架僅占恐怖攻擊的微小部分（6.9%），但全球恐怖主義資料庫（Global Terrorism Database）統計，2016年綁架升高至所有

GLOTiP_2018_BOOK_web_small.pdf.

[61] Lallerstedt, K. and Krassen, P., "How Leading Companies and Affected by Counterfeiting and IP Infringement," 2015, Black Market Watch.

[62] Europol (2017). *European Union Terrorism Situation and Trend Report*, European Union Agency for Law Enforcement Cooperation.

[63] Ibid..

恐怖攻擊的15.8%。2017年，全球有8,584起攻擊事件，比起2016年減少了23%，傷亡人數減少了27%。這一年綁架人數超過8,900人，較之2016年減少43%。爆炸占所有恐攻事件的47%，是頻率最高的攻擊態樣，次高的武裝攻擊則占22%，接下來是攻擊關鍵基礎設施占12%，綁架占10%，暗殺占8%。阿拉伯半島葉門蓋達組織前任領導人Nasser Al-Wuhayshi稱綁架是「簡單的勾當、暴利的買賣、珍貴的資產」[64]。AQIM的領導人Oumar Ould Hamaha在媒體採訪中稱：許多西方國家支付了大額費用給聖戰士，我們的資金來源來自西方國家，是他們提供經費給聖戰[65]。2008年至2014年間，蓋達組織和側翼透過綁架勒贖賺進了至少1億2,500萬美金，尤其是2013年一年就賺進6,600萬美金。據估計，2010年至2014年間AQIM獲得7,500萬贖金，亞洲菲律賓的阿布薩耶夫恐怖組織（Abu Sayyaf）於2014年透過綁架取得150萬美金的贖金，是2012年和2013年的一半。博科聖地也惡名昭彰的以綁架外國人和平民百姓取得資金聞名，這個組織還有特別行動小組，專事綁架政治人物、商人、外國人、管理者、公務員，以換取大額贖金，或換取釋放該組織被抓的軍事人員。[66]

柒、恐怖主義與資源剝削

2011年聯合國安理會下轄監督索馬利亞和厄利垂亞的組織預估有900萬包的煤炭從索馬利亞運出，讓索馬利亞青年軍獲利超過2,500萬美金。2012年超過2,400萬包，獲利超過3億6,000萬美金。索馬利亞青年軍從煤炭的生產地，沿著卡車運輸行經路線一路到出境均設置路障（checkpoints）收稅，藉以維持其平日運作所需經費，支付戰士們的薪

---

[64] Rhode, D., "Column: Did America's Policy on Ransom Contribute to James Foley's Killing?" *Reuters*, August 20, 2014.

[65] Nossiter, A., "Millions in Ransoms Fuel Militants' Clout in West Africa," *New York Times*, December 12, 2012.

[66] Institute for Economics and Peace, *Global Terrorism Index 2017*. IEP Reports 55. November 2017. http://visionofhumanity.org/app/uploads/2017/11/Global-Terrorism-Index-2017.pdf.

水以及購買武器。ISIS則被公認是最富有的恐怖組織，2015年從油品走私中獲利約有20億美金，平均一天可以生產7萬5,000桶原油，獲利130萬美金。2015年至2017年間，ISIS因爲占領土地減少，從石油獲取的利益降低，據估計，其獲利從2015年8,100萬美金下降到2017年1,600萬美金。同樣的情況，努斯拉連線（Al-Nusra Front）亦透過石油走私販售獲取大量的資金。[67]

第七節　聯合國最新因應作為

911事件發生以來，國際社群對於恐怖主義和組織犯罪的連結越來越重視，聯合國安理會迅速在一個月後通過1373號決議[68]，首次公告並認定「國際恐怖主義和跨國組織犯罪、毒品、洗錢、非法走私武器、非法走私核武、化學、生物和其他可能致命的物質等有非常緊密的關聯」，呼籲各國、區域組織和國際間合作打擊資助恐怖主義行爲和洗錢。1373號決議假定兩者間的戰略合作關係是建立在金錢（資恐和洗錢）往來上。隨著不斷增加的國際壓力，恐怖資金來源變得不可靠，分散且獨立的小組織單元（agents）往往不像傳統恐怖組織那樣容易獲得國外資金。也因此，恐怖組織轉向資金替代來源，利用跨國組織犯罪來籌集資金[69]。

部分學者認爲恐怖主義隨著時間演化，在不同國家、不同地緣環境、不同的政治需求下也會產生不同的恐怖主義。以歐洲爲例，隨著馬德里和倫敦的恐怖襲擊，恐攻手法在2000年代中期開始產生質量。雖然歐洲恐怖主義過去多主張分離主義和革命運動，這些革命運動很大程度上彼此獨立（雖然確實存在運作上的聯繫），但從恐怖分子形成網絡、跨境交換

---

67 Ibid..

68 https://undocs.org/zh/S/RES/1373 (2001).

69 黃文志（2016），打擊跨國有組織犯罪之恐怖融資研究，2015年恐怖主義威脅與有關問題，台北：中華國土安全研究協會，頁168。

資金和信息，可以生活在一個歐洲國家，下一秒鐘內進行攻擊，並迅速藏匿在第三個國家，恐怖主義已眞正的歐洲化，且更具跨國性。[70]

因而，除聯合國公約外，聯合國安理會和大會針對恐怖主義發展出全球反恐策略（United Nations Global Counter-Terrorism Strategy），2006年9月聯合國大會通過後，每兩年檢討一次。全球反恐策略是第一個有關反恐的共識，由反恐執行小組（Counter-Terrorism Implementation Task Force, CTITF）規劃，透過工作小組的運作提供協助予38個國際組織。2017年6月聯合國反恐辦公室（United Nations Office of Counter-Terrorism, UNOCT）成立，2018年2月23日聯合國大會通過全球反恐協調方案（The United Nations Global Counter-Terrorism Coordination Compact），確立聯合國反恐辦公室的全球領導地位。主要策略有四：一、打擊恐怖主義擴散；二、訂定預防和打擊恐怖主義作法；三、強化各國打擊和預防恐怖主義能力，並強化聯合國角色；四、確保反恐行動中人權保障和遵守法治原則。但由於反恐的法律架構分布於19項公約中，範圍過於龐大，聯合國目前正敦促各國完成簽署《聯合國綜合性反恐公約》，讓此公約儘速生效。

聯合國安理會接下來的決議範圍更廣，更強調兩者間在戰略（tactical）和操作（operational）上的互動，以及與非法市場（illicit market）間的關聯。例如，2014年2195號決議[71]呼籲各國針對組織犯罪和恐怖主義對國家安全和發展所帶來的雙重威脅必須提出對應之道，促請各國通過加強邊界管理，批准、加入或執行相關國際公約，以及打擊腐敗、洗錢和非法金融流通等措施，打擊跨國有組織犯罪；鼓勵各國和相關組織加強合作，防止恐怖分子通過跨國有組織犯罪獲益。決議特別敦促非洲薩赫勒地區和馬里布地區的各個國家協調合作反恐，並限制各類武器走私和跨國犯罪。2016年的2322號決議[72]更呼籲跨政府合作，藉以預防和起訴政

---

70 Gaub F. (2017). “Trends in terrorism,” European Union Institute for Security Studies (EUISS), March.

71 https://undocs.org/zh/S/RES/2195 (2014).

72 https://undocs.org/zh/S/RES/2322 (2016).

治軍事人員和職業犯罪人的身分操作轉換。

聯合國安理會的決議案雖然大都集中在資助恐怖主義，但越來越多跡象顯示，防範資助恐怖主義的作法無法減少組織犯罪。雖然這些決議案都充分認知到恐怖主義和組織犯罪的匯合對於國際安全產生重大威脅，且這項議題經由政府和非政府部門研究，也吸引了學界興趣，但是，沒有具有實證基礎的研究方法可以協助區域各國進行資料蒐集、分析和評估。這些爭論，包括資訊和知識的差異，在聯合國安理會2018年5月8日的13325號聲明中可見，安理會因而鼓勵聯合國各會員國、國際、區域和分區的組織加強對本項議題研究，以有效對抗恐怖主義和跨國組織犯罪的匯合。

2019年3月的2642號決議[73]注意到恐怖分子利用數種籌款的方式與組織犯罪緊密相關，包括綁架和勒贖，該決議呼籲各國遵從反洗錢金融行動小組（FATF）所訂定的標準蒐集金融情報，但FATF的管制全集中在正式銀行金融系統和國際匯款管道，而2642號決議案中所描述的資助恐怖主義作法均不在正式金融體系管轄內。而在2642號決議中，對於恐怖組織利用勒贖和徵稅募集財源的作法反而鮮少觸及，但7月的2482號決議強調好的政府治理，強調「恐怖分子可能得益於國內或跨國有組織犯罪活動，諸如販運軍火、毒品、文物、文化財產和人口販運，得益於濫用合法企業、非營利組織捐贈募款，包括但不限於勒索贖金和銀行搶劫」，雖然政府治理和勒索贖金均被列入議案，但顯然不是重點。

2019年7月19日，聯合國安全理事會於美國紐約舉行了公開辯論，針對恐怖主義與組織犯罪間匯合的最新情勢通過2482號決議[74]，擴大了聯合國打擊恐怖主義的範圍和手段，此一決議乃係安理會自1999年首次通過1267號決議案[75]以來的第28號反恐決議，特別強調恐怖主義與組織犯罪間的關係，已從過去僅僅強調跨國犯罪，轉移到跨國和國內組織犯罪（transnational and domestic organized crime），本應該是在國際層級間訂

---

[73] https://www.un.org/zh/documents/view_doc.asp?symbol=S/RES/2462 (2019).

[74] https://www.un.org/zh/documents/view_doc.asp?symbol=S/RES/2482 (2019).

[75] https://undocs.org/zh/S/RES/1267 (1999).

定各國反恐政策的聯合國安全理事會，被認爲將手伸進了一國內部的組織犯罪。事實上，不僅各國對於恐怖主義和犯罪的關聯抱持不同看法，聯合國安理會成員國對於兩者的關係看法也不一致，尤其是俄羅斯，特別反對各國基於政治目的而採納安理會決議。但此一決議案反映了國家對於其國內事務的憂心，例如恐怖主義激進化（radicalization）的傳播，以及外國聖戰士（foreign fighter）的回歸。其他國家則抗拒讓反恐議題進入到一國刑事司法體系內。

雖然新的決議案仍有反恐的元素，例如資助恐怖主義、外籍聖戰士等，但決議案呼籲各國打擊犯罪猶勝於恐怖主義，新的決議案強調毒品販運集團利用商業模式走私先驅化學物（precursors）、先先驅化學物（pre-precursor chemicals）和合成毒品（synthetic drugs），特別是化學鴉片類藥物（synthetic opioids），雖然這類的犯罪與恐怖主義相關，但其用語讓此一決議看來更像是聯合國反毒委員會（UN's Commission on Narcotic Drugs）的決議。2482號決議案也鼓勵各國加強起訴人口販運，對於防止非法製造和販賣武器規範了更詳細的責任，包含輕武器、小型武器到爆裂物、軍規裝備等。在刑事司法體系內，決議案甚至認爲微罪案件亦可能與恐怖主義有關，鼓勵各國提供安全和人道的監獄環境，並採取行動以防止在監獄環境內滋生激進主義，但如何將決議案落實在各國的政策上卻形成另外一個問題。

第八節　小結

國際刑警組織（INTERPOL）資料顯示，資助恐怖分子和非政府武裝團體最爲常見的方式即是勒索贖金，占17%的收入。同時，透過合法貿易和非法交易的手段，恐怖分子強行徵稅，而非法交易包括環境生態商品、武器、人口走私、販運等。在許多案例中，恐怖主義和組織犯罪的結合存在於無中央政府的狀態，這些型態不僅可確保收入來源，也可製造合法統治形象。例如，在高峰時期，ISIS透過向地方人民強索稅金和關稅的方式取得60億美金，索馬利亞青年軍在2017年透過商業勒索和設置路障徵稅的方式徵得2,700萬美金，類似黑手黨的犯罪手法，恐怖組織與組織犯罪一樣，運用暴力、黑金和政治的意識形態等手段，藉以達到社會、資金或政治上的目的。

聯合國安理會2482號決議呼籲各國對於恐怖主義和組織犯罪的連結投入更多的研究，以了解兩者連結的本質和範圍，決議案要求聯合國秘書長於一年內提交一份報告，此一報告將由聯合國反恐辦公室和毒品和犯罪問題辦公室共同撰寫，針對恐怖主義和國際和國內的組織犯罪連結提出研究，決議也鼓勵地方和非政府組織能夠重視這項議題。研究顯示，商業勒索和強收保護費舉世皆然，除非公民社會、公司和地方政府共同合作，否則安全部門和司法部部門所制定的策略注定失敗。2482號決議進一步提升了我們對於恐怖主義和組織犯罪結合的認識，商業勒索和犯罪統治很有可能在特定的環境下被轉化爲恐怖主義的資金來源，此節在恐怖主義研究中殊値重視。

本文透過文獻分析深入探討恐怖主義和組織犯罪的關聯。當前聯合國訂定19項反恐公約，安理會亦通過28項決議案探討跨國組織犯罪，本文以Williams、Makarenko與Shelly等學者建立之三種匯合模型作爲理論架構，檢視當前最爲嚴重的七種組織犯罪類型，包括毒品販運、武器走私、古物走私、人口販運、智財犯罪、綁架勒贖、資源剝削等，另以實際案例介紹恐怖主義和組織犯罪兩者匯流的發展和其本質，可知兩者的連結和互動極爲複雜，關係詭譎多變，且合作的型態經常演變，對聯合國和各國反恐成效來說，莫不小心對應，我國亦必須積極突破現有外交困境，與國際、區域警政和反洗錢組織（例如INTERPOL、Europol、FATF、APG）加強情報交流與合作，避免在當前國際反恐情勢下成爲邊緣化國家。

參考文獻

一、中文文獻

何招凡（2018），全球執法合作：機制與實踐，台北：元照出版社，頁18-20。

黃文志（2016），打擊跨國有組織犯罪之恐怖融資研究，2015年恐怖主義威脅與有關問題，台北：中華國土安全研究協會，頁168。

蔡育岱（2013），從《聯合國綜合性反恐公約》探討其相關定義、適用範圍與部門性公約之調和問題，第九屆恐怖主義與國家安全學術暨實務研討會，台北：中華國土安全研究協會，頁11。

蔡明彥（2010），恐怖主義結合組織犯罪的理論辯證與實務探討，第六屆恐怖主義與國家安全學術暨實務研討會，台北：中華國土安全研究協會，頁1。

Shelly L.。犯罪與恐怖主義的全球化。美國在台協會。https://web-archive-2017.ait.org.tw/infousa/zhtw/E-JOURNAL/EJ_Globalization/shelley. htm。瀏覽日期：2020年2月1日。

二、外文文獻

Albanese, J., “Deciphering The Linkages Between Organized Crime And Transnational Crime,” *Journal of International Affairs*, Vol. 66, No. 1, 2012, Transnational Organized Crime, pp. 1-16.

Alda E., Sala J. L., “Links Between Terrorism, Organized Crime and Crime: The Case of the Sahel Region,” *Stability: International Journal of Security and Development*, Vol. 3, No. 1, 2014, p. Art. 27., DOI, http://doi.org/10.5334/sta.ea.

Alexander Y., “Terrorism in the Twenty-First Century: Threats and Responses,” *DePaul Bus. L. J.*, Vol. 12, 1999, p. 65.

Basra, R., Neumann P. R., and Brunner, C. (2006). “Criminal Pasts, Terrorist

Futures: European Jihadists and the New Crime-Terror Nexus." International Centre for the Study of Radicalization and Political Violence (ICSR Report).

Baylis J. et. al. eds (2006). Strategy for a New World: Combating Organized Crime and Terrorism, Strategy in the Contemporary World, Oxford: Oxford University Press, pp. 495-496.

Bovenkerk F. and Chakra A. B., "Terrorism and Organized Crime," *Forum on Crime and Society*, Vol. 4, No. 1/2, 2004.

Casey, R., "Transit: An Analysis of Networked Criminal Groups and Criminal Opportunities at Transit Ports," *Cogent Social Science*, 2017, http://www.tandfonline.com/doi/pdf/10.1080/23311886.2017.1301182?needAccess=true.

Citizens' Rights and Constitutional Affairs, European Parliament. Oftedal, E. (2015). "The Financing of Jihadi Terrorist Cells in Europe," Norwegian Defense Research Establishment, https://www.ffi.no/no/Rapporter/14-02234.pdf.

Dishman, C., "Terrorism, Crime, and Transformation," *Studies in Conflict & Terrorism*, Vol. 24, No. 1, 2001, pp. 43-58.

Dishman C., "The Leaderless Nexus: When Crime and Terror Converge," *Studies in Conflict & Terrorism*, No. 28, 2005, pp. 241-246.

Europol (2016). Changes in Modus Operandi of Islamic State (IS) Revisited, The Hague.

Europol (2017). European Union Terrorism Situation and Trend Report, European Union Agency for Law Enforcement Cooperation.

Felbab-Brown V. (2009). "Transnational Drug Enterprises: Threats to Global Stability and U.S. National Security," The Brookings, http://www.brookings.edu/testimony/2009/1001_drug_enterprises_felbabbrown.aspx.

Feuer, A., "Hobby Lobby Agrees to Forfeit 5,500 Artefacts Smuggled Out of Iraq," *New York Times*, July 5, 2017, https://www.nytimes.

com/2017/07/05/nyregion/hobby-lobbyartefacts-smuggle-iraq.html.

Fredholm, M. (2017). *Transnational Organized Crime and Jihadist Terrorism: Russian-Speaking Networks in Western Europe*, New York: Routledge.

Gaub F. (2017). *Trends in terrorism*, European Union Institute for Security Studies (EUISS), March.

Hardy, S. A. (2016). "Archaeomafias Traffic Antiquities as well as Drugs," UNESCO, https://en.unesco.org/news/samuel-andrew-hardyarchaeomafias-trafficantiquities-well-drugs.

Hoffman, B. (1998). *Inside Terrorism*, New York: Columbia University Press.

Institute for Economics and Peace, *Global Terrorism Index 2017*. IEP Reports 55. November 2017, http://visionofhumanity.org/app/uploads/2017/11/Global-Terrorism-Index-2017.pdf.

Lallerstedt, K. and Krassen, P. (2015). "How Leading Companies and Affected by Counterfeiting and IP Infringement," Black Market Watch.

Laqueur, W. (1977). *Terrorism*, London: Weidenfeld and Nicolson.

Makarenko T., "The Crime-Terror Continuum: Tracing the Interplay between Transnational Organized Crime and Terrorism," *Global Crime*, Vol. 6, No. 1, 2004, p. 141.

Makarenko, T. (2012). "Europe's Crime-Terror Nexus: Links between terrorist and organized crime groups in the European Union," Directorate General for Internal Policies, Policy, Department C.

Nossiter, A., "Millions in Ransoms Fuel Militants' Clout in West Africa," *New York Times*, December 12 2012.

Özden Çelik, "A General Overview of the Concept of Terrorism," *COE-DAT Newsletter*, Vol. 4, Issue 20, 2011, p. 14.

Picarelli, John T., "The Turbulent Nexus of Transnational Organized Crime and Terrorism: A Theory of Malevolent International Relations," *Global Crime*, Vol. 7, No. 1, 2006, pp. 1-24, https://www.tandfonline.com/doi/pdf/10.1080/17440570600650125?needAccess=true.

Reitano, T., Clarke, C., and Adal, L. (2017). "Examining the Nexus between Organized Crime and Terrorism and its Implications for EU Programming," CT-MORSE Consortium.

Rhode, D., "Did America's Policy on Ransom Contribute to James Foley's Killing?" *Reuters*, August 20 2014.

Rollins J., Wyler L. S., Rosen S. (2010). "International Terrorism and Transnational Crime: Security Threats," U.S. Policy, and Considerations for Congress, CRS Report for the Congress, p. 6.

Salinas de Frias, A. (2017). "Report on Links Between Terrorism and Transnational Organized Crime," Council of Europe Second International Conference on Terrorism and Organized Crime.

SARI I. "The Nexus Between Terrorism and Organized Crime: Growing Threat?" https://dergipark.org.tr/en/download/article-file/155620.

Shelley L. (2006). "The Globalization of Crime and Terrorism," http://usinfo.americancorner.org.tw/st/businessenglish/2006/February/20080608103639xjyrreP4.218692e-02.html.

Shelley, L. I. and Picarelli J. T., "Methods Not Motives: Implications of the Convergence of International Organized Crime and Terrorism," *Police Practice and Research*, Vol. 3, Issue 4, 2002, pp. 314-315.

Shelley, L. I., Picarelli, J. T., Irby, A., Hart, D. M., Craig-Hart, P. A., Williams, P., Simon, S., Abdullaev, N., Stanislawski, B., and Covill, L. (2005). "Methods and Motives: Exploring Links between Transnational Organized Crime & International Terrorism." US Department of Justice.

Shelley, L. (2014). *Dirty Entanglements: Corruption, Crime, and Terrorism*, Cambridge University Press.

UN News Centre. "UN official warns terrorism and organized crime increasingly linked in Africa," http://www.un.org/apps/news/story.asp?NewsID=35497&Cr = Terror&Cr1.

United Nations Office on Drugs and Crime (UNODC) (2006). "Travaux

Préparatoires of the negotiations for the elaboration of the United Nations Convention against Organized Crime and the Protocols," Vienna: UNODC, http://www.unodc.org/ pdf/ctoccop_2006/04-60074_ebook-e.pdf.

United Nations Office on Drugs and Crime (UNODC) (2017). World Drug Report: The Drug Problem and Organized Crime, Illicit Financial Flows, Corruption and Terrorism, Vienna: UNODC, https://www.unodc.org/wdr2017/field/Booklet_5_NEXUS.pdf.

United Nations Office on Drugs and Crime (UNODC) (2018). Global Report on Trafficking in Persons, Vienna: UNODC, https://www.unodc.org/documents/ data-andanalysis/glotip/2018/GLOTiP_2018_BOOK_web_small.pdf.

United Nations Office on Drugs and Crime (UNODC) (2018). World Drug Report, Vienna: UNODC, https://www.unodc.org/wdr2018/.

United Nations Office on Drugs and Crime (UNODC) (2019). "Linkages Between Organized Crime and Terrorism," University Module Series – Organized Crime & Counter-Terrorism, Module 16, https://www.unodc.org/documents/e4j/FINAL_Module_16_Linkages_between_Organized_Crime_andTerrorism_14_Mar_2019.pdf.

United Nations Security Council Counter-Terrorism Committee Executive Directorate (UNCTED) (2019). Identifying and Exploring the Nexus Between Human Trafficking, Terrorism, And Terrorism Financing, New York: UN CTED.

Weinberg, L., Pedahzur, A., and Hirsch-Hoefler, S., "The Challenges of Conceptualizing Terrorism," *Terrorism and Political Violence*, Vol. 16, No. 4, 2004, pp. 777-794, https://www.tandfonline.com/doi/pdf/10.1080/09546559089976.

Welch, S. A., "Human Trafficking and Terrorism: Utilizing National Security Resources to Prevent Human Trafficking in the Islamic State," *Duke*

Journal of Gender Law and Policy, Vol. 24, 2017, pp. 165-188.

Williams, P. (1998). "Terrorism and Organized Crime: Convergence, Nexus or Transformation?" in Jervas ed. Report on Terrorism, Swedish Defense Research Establishment.

第六章

外國恐怖主義組織近年發展趨勢探討

林盈君

第一節　前言

這兩三年全球經歷COVID-19的艱困時代，在各國紛紛解封與病毒共存的年代，各國對於國土安全、國家安全如何保護也有了許多不同過往的思考，全球的環境變化對於國家威脅被加倍的重視，任何一個議題或現象都可能造成全球性的威脅，也因此近年的國土安全、恐怖主義相關報告對於跨國性議題十分重視，例如氣候變遷造成糧食不足、居住環境惡劣，這樣跨國性的挑戰越加受到關注。

本章首先將介紹2023年經濟與和平研究所（Institution for Economics and Peace, IEP）發布的全球恐怖主義指數（Global Terrorism Index, GTI），經濟與和平研究所每年針對該年度全球恐怖主義發生的狀況評量該年度恐怖主義指數，該報告對於了解當年的全球恐怖主義攻擊情況有廣泛性的幫助。

隨後檢視美國所列之外國恐怖主義組織（Foreign Terrorist Organizations, FTOs），本文將介紹所謂外國恐怖主義組織判別準則及羅列2020年美國外國恐怖主義組織名單，由現存恐怖主義組織列入該名單的時間，也可以窺見世界上各恐怖組織的發展與轉變。

第四節介紹美國國務院於2018年發布的2018恐怖主義國家報告（Country Reports on Terrorism 2018），相較於全球恐怖主義指數報告，這是一個更由美國角度出發而定義的恐怖主義情形。恐怖主義國家報告針對非洲地區、東亞及太平洋地區、歐洲地區、中東與北非地區、南亞與中亞地區分區針對各國評估其恐怖主義發展的情形。2018恐怖主義國家報告另強調該年度恐怖分子使用生化、輻射與核子武器的問題仍然具威脅性，並指出全球如何打擊生化、輻射與核子武器的使用。2018恐怖主義國家報告最後點出了當前恐怖分子的天堂以及主要的外國恐怖組織（這些組織即爲第三節所介紹的外國恐怖主義組織，但本文已於第二節說明）。

除了介紹2018、2019年全球恐怖組織的狀況，第五節介紹聯合國全球打擊恐怖主義策略（UN Global Counter-Terrorism Strategy），聯合國全球打擊恐怖主義策略（A/RES/60/288）是增強國家、區域和國際反恐努力的獨特全球文書，於2006年以協商一致方式通過，聯合國所有會員國首次同意採取共同的戰略和作戰方法來打擊恐怖主義。該策略每兩年發布一次，本章將介紹最近的一次審視（2018年6月22日，第六次審視）的結論。

本文嘗試以近年有關恐怖主義相關報告，提出多面向觀點以協助了解當今全球恐怖主義發展以及恐怖組織發展，試圖了解恐怖主義當前變化。

第二節　2023年全球恐怖主義指數

壹、全球恐怖主義指數定義

2023年GTI爲該報告的第十版。該報告全面總結了過去十年全球恐怖主義的主要趨勢和模式。全球恐怖主義指數定義的恐怖主義，是指「非國家行爲體揚言或實際動用非法武力與暴力，透過恐懼、脅迫或恫嚇，達到政治、經濟、宗教或社會目的」。GTI分數的計算不僅考慮了死亡人數，還考慮了五年期間因恐怖主義造成的事件、人質和傷害，及其加權。該報告根據受恐怖主義的影響程度對163個國家進行排名，分析指標包括恐怖襲擊的數量、致死人數、受傷人數和財產損失。

GTI報告由IEP使用TerrorismTracker和其他來源的數據製作。TerrorismTracker提供自2007年1月1日以來的恐怖襲擊事件記錄。該數據集包含2007年至2022年期間的近6萬6,000起恐怖事件。[1]

---

1 Institution for Economics and Peace (2023). Global Terrorism Index 2023, https://www.visionofhumanity.org/wp-content/uploads/2023/03/GTI-2023-web-170423.pdf.

貳、2023年報告中的全球恐怖活動變化

2023年全球恐怖主義指數提到：[2]

一、在數量上

恐怖襲擊在2022年變得更加致命，2021年每次襲擊造成1.3人死亡，而2022年平均每次襲擊造成1.7人死亡，這是五年來致死率的首次上升。2022年恐怖主義造成的死亡人數降至6,701人，下降了9%，比2015年的高峰下降了38%。死亡人數的下降反映在事件數量的減少上，襲擊事件每年減少近28起。但是，如果將阿富汗從該指數中剔除，恐怖主義造成的死亡人數將增加4%。

二、由國家分析

阿富汗連續第四年成爲受恐怖主義影響最嚴重的國家，儘管襲擊事件和死亡人數分別下降了75%和58%。由於GTI不包括國家行爲者的國家鎮壓和暴力行爲，因此自塔利班控制政府以來，其實施的行爲不再包括在報告範圍內。在2015年至2019年恐怖主義大幅減少之後，過去三年的改善趨於平穩。經歷死亡的國家數量在過去三年幾乎保持不變，從2020年的43個到2022年的42個，皆低於2015年56個國家的峰值。而恐怖主義死亡人數大致保持不變，25個國家的死亡人數有所減少，而另外24個國家的死亡人數則有所增加。恐怖主義是動態的，儘管過去三年的總體變化微乎其微，但在此期間許多國家，尤其是尼日、緬甸和伊拉克，恐怖主義的數量急劇上升和下降。

三、由恐怖主義組織分析

2022年世界上最致命的恐怖組織是伊斯蘭國（IS）及其附屬組織，

---

[2] Ibid.

其次是青年黨、俾路支解放軍（BLA）和Jamaat Nusrat Al-Islam wal Muslimeen（JNIM）。IS連續第八年成爲全球最致命的恐怖組織，在2022年爲所有恐怖組織中襲擊和死亡人數最多的組織。儘管如此，歸因於IS及其附屬組織的恐怖主義死亡人數，伊斯蘭國呼羅珊省（ISK）、伊斯蘭國西奈省（ISS）和伊斯蘭國西非省（ISWA）下降了16%。然而，在ISWA開展活動的國家，不明聖戰分子造成的死亡人數迅速增加，自2017年以來增加了17倍，達到1,766人。鑑於位置，其中許多可能是ISWA發起的襲擊但卻無人承認。如果將大部分不明聖戰分子造成的死亡算作IS恐怖主義死亡，那麼結果將與2021年類似。有18個國家在2022年經歷了IS造成的恐怖主義死亡。

四、由發生成因分析

暴力衝突仍然是恐怖主義的主要驅動因素，2022年超過88%的襲擊和98%的恐怖主義死亡發生在衝突國家。2022年受恐怖主義影響最嚴重的10個國家也都捲入了武裝衝突。在捲入衝突的國家發生的襲擊比在和平國家發生的襲擊致命七倍。

五、由各地區分析

（一）薩赫勒地區

撒哈拉以南非洲的薩赫勒地區現在是恐怖主義的中心，2022年薩赫勒地區的恐怖主義死亡人數超過南亞和中東和北非（MENA）地區的總和。2022年，薩赫勒地區的死亡人數占全球總死亡人數的43%，而2007年僅爲1%。特別令人擔憂的是布吉納法索和馬利（Mali）這兩個國家，它們占2022年薩赫勒地區恐怖主義死亡人數的73%，占撒哈拉以南非洲恐怖主義死亡人數的52%。兩國都記錄了恐怖主義的大幅增加，布吉納法索的死亡人數增加了50%，達到1,135人；馬利的死亡人數增加了56%，達到944人。儘管IS和JNIM都在這些國家開展活動，但這些國家的大多數襲擊都歸因於不知名的聖戰分子。布吉納法索的暴力升級也蔓延到鄰國，多哥和貝南的GTI得分創下歷史最低紀錄。薩赫勒地區的恐怖主義活動急劇增加，在過去十五年中增加了2,000%以上。薩赫勒地區的政治局勢加劇了這一增長，自2021年以來發生了6次政變企圖，其中4次成功。潛在的驅動因素是複雜的和系統的，包括水資源利用不佳、食物短缺、種族兩極分化、人口增長強勁、外部干預、地緣政治競爭、牧區衝突、跨國薩拉菲—伊斯蘭意識形態的增長和軟弱的政府。大多數恐怖活動發生在政府控制最薄弱的邊界。值得注意的是，在全球面臨糧食不安全的8.3億人中，58%的人生活在受恐怖主義影響最嚴重的20個國家。更複雜的是，許多犯罪組織越來越多地將自己描繪成伊斯蘭叛亂分子。撒哈拉以南非洲的恐怖主義死亡人數增幅最大，上升了8%。全球所有恐怖主義死亡事件中有60%（即4,023人）發生在撒哈拉以南非洲地區。GTI得分下降最嚴重的10個國家中有4個位於撒哈拉以南非洲：多哥、吉布地、中非共和國和貝南。撒哈拉以南非洲的恐怖主義死亡人數增加了8%，扭轉了2021年紀錄的小幅改善。[3]

（二）中東和北非地區

2022年的死亡人數僅爲791人，下降了32%，是該地區自2013年以來的最低數字。去年的襲擊事件幾乎減半，從2021年的1,331人減少到2022年的695人。強調恐怖主義不斷變化的動態，該地區占全球恐怖主義死亡人數的比例已從2016年的57%下降到2022年的僅12%。中東和北非地區的自殺式爆炸事件也大幅下降。2016年，自殺式爆炸造成1,947人死亡；而在2022年，中東和北非地區僅記錄了6起自殺式爆炸事件，造成8人死亡。[4]

（三）南亞

南亞仍然是2022年平均GTI得分最差的地區。該地區2022年有1,354

---

[3] Ibid.

[4] Ibid.

人死於恐怖主義，與上一年相比下降了30%；然而，如果排除阿富汗的改善，那麼恐怖主義死亡人數將增加71%。在阿富汗，伊斯蘭國的呼羅珊分會和新興的民族抵抗陣線（NRF）都構成了嚴重威脅。阿富汗和巴基斯坦仍然是2022年受恐怖主義影響最嚴重的10個國家之一，巴基斯坦的死亡人數大幅上升至643人，比2021年的292人增加了120%。BLA對巴基斯坦這些死亡人數中的三分之一負責，比巴基斯坦上一年增加九倍，使其成爲世界上增長最快的恐怖組織。[5]

（四）西方地區

在西方，襲擊事件數量自2017年以來每年都在持續下降，2022年發生了40起襲擊事件，與2021年的55起事件相比下降了27%。但是，死亡人數超過翻了一番，儘管基數較低；死亡人數從2021年的9人增加到2022年的19人，其中11人發生在美國，這是自2019年以來西方恐怖主義死亡人數首次增加。在歐洲，伊斯蘭極端分子在2022年發動了兩次襲擊；而美國的襲擊事件仍然很低，2022年只有8起襲擊事件記錄在案。沒有任何襲擊事件歸因於任何已知的恐怖組織。英國今年僅記錄了4起襲擊事件，沒有死亡，這是自2014年以來第一年沒有死亡紀錄；而德國則記錄了自2015年以來最低的襲擊次數。北美地區的得分提高幅度最大，而撒哈拉以南非洲地區的得分下降幅度最大。北美由美國和加拿大兩個國家組成，這兩個國家的得分都不高，然而該地區是唯一一個沒有國家GTI得分爲零的地區。出於意識形態動機的恐怖主義仍然是西方最常見的恐怖主義類型，出於宗教動機的恐怖主義自2016年達到頂峰以來下降了95%。所有14起出於意識形態動機的死亡都可以歸因於極右翼恐怖主義。[6]

---

5 Ibid.

6 Ibid.

參、恐怖主義的趨勢

2023全球恐怖主義指數報告將恐怖主義趨勢分為四個部分說明，分別為2007年以來的趨勢、環境威脅與恐怖主義的關係、對戰爭的見解與恐怖主義間的關聯、區域恐怖主義發展。[7]

一、2007年以來的趨勢

（一）總體趨勢

2007年至2022年間的恐怖主義趨勢主要為下列數個階段：

1. 2007年和2008年，大多數恐怖活動集中在伊拉克和阿富汗以回應美國及其盟國的干預。這影響了巴基斯坦，該國的恐怖活動在2008年和2013年增加。在阿拉伯之春事件和隨著「伊斯蘭國」的出現，中東恐怖主義活動激增。

2. 自2013年起，恐怖攻擊主要發生在敘利亞和伊拉克，以及奈及利亞，至2015年達到高峰，單一年度就有超過1萬人在恐怖襲擊中喪生。過去五年，薩赫勒地區也大幅增加恐怖襲擊和死亡人數。

3. 從2016年開始，恐怖主義造成的死亡人數開始下降。2017年以來，伊拉克恐怖主義活動急劇下降。與此同時，2016年至2021年間阿富汗的恐怖主義活動有所增加，隨後2022年由於塔利班奪取了政府的控制權使得恐怖攻擊數目大幅下降。過去四年，薩赫勒地區的恐怖活動和死亡人數顯著增加，特別是在布吉納法索、馬利和索馬利亞，該地區的恐怖主義死亡人數比中東和北非更多。

4. 恐怖主義造成的死亡人數在過去五年中有所下降，儘管2018年至2021年期間下降幅度很小，且死亡人數保持一致；然而在去年，恐怖主義造成的死亡人數下降了9%，是2017年以來的最低水平。主要發生地區已從中東和北非地區轉移到撒哈拉以南非洲的薩赫勒地區。2017年，薩赫勒

---

[7] Ibid.

地區恐怖主義死亡人數占全球恐怖主義死亡總數的1%；2022年薩赫勒地區是全球恐怖主義的中心占43%。

總體而言，恐怖主義造成的死亡人數下降了38%，自2015年高峰以來，伊拉克和奈及利亞創下最大降幅。2014年奈及利亞死亡人數達到高峰爲2,101人，死亡人數在隨後九年中的五年有所下降。儘管取得了這些進步，奈及利亞仍然面臨著博科聖地和ISWA等武裝極端主義團體構成的重大威脅。

（二）西方世界的趨勢

2007年至2022年間西方社會的恐怖主義發展趨勢主要可分爲三個階段，民族主義者／分離主義者恐怖主義、宗教恐怖主義、意識形態恐怖主義。

1. 民族主義者／分離主義者恐怖主義

2015年之前，在西方國家，民族主義者或是分離主義者的恐怖攻擊是最常見的類型，此後被宗教和意識形態恐怖主義所取代。在巔峰時期，2017年分離主義分子發動62起襲擊導致1人死亡；2009年該群體造成的死亡人數達到高峰，死亡人數爲6人。2022年，分離主義恐怖分子團體發動了8起襲擊，並沒有因此造成死亡，其攻擊次數比前一年略微增加一例。

2. 宗教恐怖主義

過去十年西方最致命的恐怖主義形式一直是宗教恐怖主義，幾乎完全採取激進伊斯蘭恐怖主義的形式。伊斯蘭主義者恐怖組織或受聖戰組織啓發的孤狼行動者自2007年起已在西方造成484人死亡。2015年至2017年間西方伊斯蘭恐怖主義顯著的激增，這一時期在12個國家發生了65起襲擊事件，造成402人死亡。2022年西方宗教團體發動3起襲擊，造成3人死亡，與前一年相比這數字是輕微增加（前一年的數字爲3起襲擊事件和2人死亡）。雖然，過去十年來出於宗教動機的恐怖主義是最致命的西方恐怖主義形式，但自2012年以來，出於意識形態動機的攻擊數量是宗教動機的三倍多。

3. 意識形態恐怖主義

意識形態恐怖主義連續第三次成爲西方最顯著和最致命的恐怖主義形式。意識形態恐怖主義近年來持續的增長，西方的意識形態恐怖主義可以大致分爲兩種次意識形態：極左恐怖主義和極右恐怖主義。過去十年，意識形態恐怖主義不斷加劇，2022年發生在西方的攻擊中37%歸因於受意識形態驅動的團體和個人。2022年，共有7個國家——美國、德國、法國、義大利、瑞典、比利時和英國——經歷過至少一次意識形態恐怖主義。雖然這些攻擊可以推論其動機爲極左或極右的意識形態，但是並沒有任何團體或組織承認爲他們所爲。

二、環境威脅與恐怖主義的關係

許多國家，特別是撒哈拉以南非洲國家，目前面臨著嚴重的生態變化。這些生態問題更多可能存在於衝突環境中並與恐怖主義交叉，氣候變化是這些問題的倍增因素。IEP製作生態威脅報告（Ecological Threat Report, ETR），分析228個國家的生態威脅，評估與食品風險、水風險、人口快速增長和自然災害相關的威脅。該報告提供環境對衝突和恐怖主義影響的進一步見解。ETR將一個國家定義爲如果面臨超過以下一個或多個數值，則構成威脅：[8]

1. 糧食安全：過去一年，全國65%以上當地居民無力爲其家人提供食物。

2. 自然災害：自2016年以來，平均每年每10萬人中就有超過50人因天然災害喪生，或每10萬人中有超過3,000人流離失所。

3. 人口：預計2050年會有70%以上人口增長。

4. 缺水：20%以上的人口無法獲得清潔的飲用水。

雖然，恐怖主義與生態威脅之間的關係很大程度上尚未得到充分證實，但人們已經意識到生態威脅、氣候變化與和平之間存在相關。儘管，

---

8 Ibid.

生態威脅不是導致恐怖主義的唯一原因，但它們是恐怖主義的根源，是威脅倍增器，能夠破壞社會穩定並創造恐怖分子滋生的環境，使恐怖主義團體可以利用並蓬勃發展。此外，生態威脅與社會經濟動態的相互作用可能導致國家陷入日益嚴重的惡性循環；生態威脅與其他威脅相互作用和融合現有的風險，以及國家的弱點和壓力，可能會增加國家的脆弱性或恐怖主義。

三、對戰爭的見解與恐怖主義間的關聯

世界風險民意調查（World Risk Poll）有關戰爭和恐怖主義的數據，以及2023年GTI分數，相關性爲0.39，這意味著面臨更高暴力威脅者更有可能對恐怖主義感到恐懼。以GTI分數最低的國家／地區爲例，2023年受恐怖主義影響最嚴重的10個國家中，有5個國家爲最關心戰爭和恐怖主義議題的國家，即阿富汗、布吉納法索、伊拉克、緬甸和馬利。另一方面，儘管巴基斯坦在2023年與恐怖相關的死亡人數增幅最大，但只有3%的巴基斯坦受訪者選擇戰爭和恐怖主義作爲日常安全最大的風險。亞美尼亞調查則顯示，亞美尼亞人表示高度關注戰爭和恐怖主義，儘管過去十年內只記錄了1名恐怖分子發生事件。由更多的其他調查顯示，人們對戰爭和衝突的恐懼多於對恐怖主義的恐懼。

肆、受恐怖主義影響最嚴重的國家

2023年GTI指數中，10個受恐怖主義影響最嚴重的國家分別爲：阿富汗、布吉納法索、索馬利亞、馬利、敘利亞、伊拉克、巴基斯坦、奈及利亞、緬甸與尼日。

一、阿富汗

2022年，阿富汗仍然是受恐怖主義影響最嚴重的國家，連續第四年占據這一位置。當年阿富汗有633人死亡，爲自2007年以來與恐怖活動有關的死亡人數的歷史最低。阿富汗恐怖主義盛行，34個省分中有26個省分

記錄了恐怖主義事件。喀布爾爲恐怖主義死亡人數最多的省，其中大部分死亡是由伊斯蘭國呼羅珊分會（ISK）造成。

二、布吉納法索

2021年至2022年間，布吉納法索的恐怖主義事故數量從224起增至310起，創下該國記錄的襲擊事件歷史新高。同樣地，與恐怖活動相關的死亡人數（1,135人）與去年相比增加了50%，其中一半以上是平民，是所有國家中最高的，該國首次超過1,000人。

三、索馬利亞

2022年，索馬利亞恐怖襲擊數量爲299起較去年減少，下降了近10%。然而，每次襲擊造成的死亡人數增加14%，死亡人數增至755人，爲2019年以來的最高數字。這表示襲擊的致命性增加，平均每次攻擊造成2.5人死亡，而青年黨仍然是索馬利亞最致命的恐怖組織。

第三節　美國外國恐怖主義組織

壹、外國恐怖主義組織的定義

美國政府主要依據「移民與國籍法修正案」第219款（section219 of the Immigration and Nationality Act, INA）來界定外國恐怖主義組織。所謂外國恐怖主義組織是依據1996年「反恐怖主義和有效執行死亡法」，並且於1997年開始由國務院依照「移民與國籍法」羅列外國恐怖主義組織名單，這個名單不斷的隨著環境變遷而修正，2000年之後這個名單也改爲每年修正。[9]

---

[9] U.S. Department of State (2020) Foreign Terrorist Organizations. https://www.state.gov/foreign-terrorist-organizations/.

確定一個組織是否爲外國恐怖主義組織有3項標準：

一、它必須是在美國國外的組織。

二、它必須展開恐怖主義活動，例如暗殺、爆炸、綁架、劫機等。

三、它必須對美國的國家安全，包含國防、外交和經濟利益造成威脅。

替外國恐怖主義下定義對於對抗恐怖主義扮演了重要的角色，並且有效的減少對於恐怖活動的支持以及對各團體施壓令它們遠離恐怖主義活動。

有關這些組織是如何被認定爲外國恐怖主義組織其過程包含了識別與指認兩個步驟。

一、識別（Identification）

美國政府自1997年開始編撰的外國恐怖主義組織名單中，平均壽命最久的恐怖組織，高達二十一年（即自1997年10月8日加入名單後到現在都一直在名單上）。這個名單每兩年重新羅列一次（近年來改爲每年）目的是把壽命短的恐怖組織排除。

美國國務院反恐局（The Bureau of Counterterrorism in the State Department, CT）持續監控全球的恐佈分子團體的行動，當重新檢討這些潛在的目標時，反恐局不單單只是著重於恐佈分子實際上已經執行的攻擊行動，同時也注重這些團體是否已經計畫與準備在未來進行恐攻或是是否還有能力與想法去執行這樣的行動。

二、指認（Designation）

一旦某個組織被識別爲外國恐怖主義組織後，反恐局便會開始準備詳細的行政紀錄，所謂的詳細紀錄包含資訊的整理，典型的資訊兼具已分類的與開放性來源的資訊（classified and open sources information），並且說明這些組織是符合法令上對於外國恐怖主義組織的條件。每次的指認由國務卿諮詢司法部與財務部後進行。

直到前幾年來，依據「移民與國籍法」，外國恐怖主義組織應該每兩年被重新檢視一次，以免這些外國恐怖主義組織名單過時。2004年起，根據美國國會通過之「情報改革與恐怖主義預防法」（The Intelligence Reform and Terrorism Prevention Act of 2004, IRTPA），外國恐怖主義組織改爲每年檢視一次。

貳、歷年來名單變化

自1997年第一次有外國恐怖主義組織名單至此，共有18個組織仍在當年的名單中，包含了阿布薩耶夫（Abu Sayyaf Group, ASG）、奧姆眞理教（Aum Shinrikyo, AUM）、巴斯克自由祖國（Basque Fatherland and Liberty, ETA）、伊斯蘭團結（Gama'a al-Islamiyya, Islamic Group-IG）、哈馬斯（HAMAS）、哈爾卡特穆斯林遊擊隊（Harakat ul-Mujahidin, HUM）、眞主黨（Hezbollah (Party of God)）、凱煦（Kahane Chai）、庫德斯坦工人黨（Kongra-Gel (formerly Kurdistan Workers' Party), KGK）、泰米爾之虎（Liberation Tigers of Tamil Eelam, LTTE）、哥倫比亞民族解放軍（National Liberation Army, ELN）、巴勒斯坦解放陣線（Palestine Liberation Front, PLF）、伊斯蘭聖戰聯盟（Islamic Jihad Group）、巴勒斯坦人民解放陣線（Popular Front for the Liberation of Palestine, PFLP）、解放巴勒斯坦人民陣線總指揮部（PFLP-General Command, PFLP-GC）、哥倫比亞革命武裝力量（Revolutionary Armed Forces of Colombia, FARC）、革命人民解放黨陣線（Revolutionary People's Liberation Party/Front (DHKP/C)）、光明之路（Shining Path (Sendero Luminoso, SL)）。

以2018年爲例，這一年美國國務院將極端組織「伊斯蘭國」附屬的7個組織和2名頭目列入全球恐怖分子名單，其中3個組織被列入外國恐怖主義組織，被列入外國恐怖主義組織名單的包括伊斯蘭國在西非、菲律賓和孟加拉國的3個附屬組織，它們和伊斯蘭國在索馬利亞、突尼西亞、埃及等地的4個附屬組織及2名領導人一併被列入全球恐怖分子名單。以下爲

2020年1月反恐局所公布被美國列爲外國恐怖主義組織：[10]

表6-1　2020年美國外國恐怖主義組織

組織名稱	列入時間
阿布薩耶夫Abu Sayyaf Group (ASG)	10/8/1997
奥姆眞理教Aum Shinrikyo (AUM)	10/8/1997
巴斯克自由祖國Basque Fatherland and Liberty (ETA)	10/8/1997
伊斯蘭團結Gama'a al-Islamiyya (Islamic Group-IG)	10/8/1997
哈馬斯HAMAS	10/8/1997
哈爾卡特穆斯林遊擊隊Harakat ul-Mujahidin (HUM)	10/8/1997
眞主黨Hizballah	10/8/1997
凱煦Kahane Chai (Kach)	10/8/1997
庫德斯坦工人黨Kurdistan Workers Party (PKK, aka Kongra-Gel)	10/8/1997
泰米爾之虎Liberation Tigers of Tamil Eelam (LTTE)	10/8/1997
哥倫比亞民族解放軍National Liberation Army (ELN)	10/8/1997
巴勒斯坦解放陣線Palestine Liberation Front (PLF)	10/8/1997
巴勒斯坦伊斯蘭聖戰運動Palestine Islamic Jihad (PIJ)	10/8/1997
巴勒斯坦人民解放陣線Popular Front for the Liberation of Palestine (PFLP)	10/8/1997
解放巴勒斯坦人民陣線總指揮部PFLP-General Command (PFLP-GC)	10/8/1997
哥倫比亞革命武裝力量Revolutionary Armed Forces of Colombia (FARC)	10/8/1997
革命人民解放黨陣線Revolutionary People's Liberation Party/Front (DHKP/C)	10/8/1997
光明之路Shining Path (SL)	10/8/1997

[10] U.S. Department of State (2020) Foreign Terrorist Organizations. https://www.state.gov/j/ct/rls/other/des/123085.htm.

表6-1　2020年美國外國恐怖主義組織（續）

組織名稱	列入時間
蓋達組織al-Qa'ida (AQ)	10/8/1999
Islamic Movement of Uzbekistan (IMU)	9/25/2000
Real Irish Republican Army (RIRA)	5/16/2001
Jaish-e-Mohammed (JEM)	12/26/2001
Lashkar-e Tayyiba (LeT)	12/26/2001
Al-Aqsa Martyrs Brigade (AAMB)	3/27/2002
Asbat al-Ansar (AAA)	3/27/2002
Al-Qaida in the Islamic Maghreb (AQIM)	3/27/2002
Communist Party of the Philippines/New People's Army (CPP/NPA)	8/9/2002
Jemaah Islamiya (JI)	10/23/2002
Lashkar iJhangvi (LJ)	1/30/2003
Ansar al-Islam (AAI)	3/22/2004
Continuity Irish Republican Army (CIRA)	7/13/2004
Islamic State of Iraq and the Levant (formerly al-Qa'ida in Iraq)	12/17/2004
Islamic Jihad Union (IJU)	6/17/2005
Harakat ul-Jihad-i-Islami/Bangladesh (HUJI-B)	3/5/2008
Al-Shabaab	3/18/2008
Revolutionary Struggle (RS)	5/18/2009
Kata'ib Hizballah (KH)	7/2/2009
Al-Qa'ida in the Arabian Peninsula (AQAP)	1/19/2010
Harakat ul-Jihad-i-Islami (HUJI)	8/6/2010
Tehrik-e Taliban Pakistan (TTP)	9/1/2010
Jundallah	11/4/2010
Army of Islam (AOI)	5/23/2011
Indian Mujahedeen (IM)	9/19/2011

表6-1　2020年美國外國恐怖主義組織（續）

組織名稱	列入時間
Jemaah Anshorut Tauhid (JAT)	3/13/2012
Abdallah Azzam Brigades (AAB)	5/30/2012
Haqqani Network (HQN)	9/19/2012
Ansar al-Dine (AAD)	3/22/2013
Boko Haram	11/14/2013
Ansaru	11/14/2013
Al-Mulathamun Battalion (AMB)	12/19/2013
Ansar al-Shari'a in Benghazi	1/13/2014
Ansar al-Shari'a in Darnah	1/13/2014
Ansar al-Shari'a in Tunisia	1/13/2014
ISIL Sinai Province (formerly Ansar Bayt al-Maqdis)	4/10/2014
Al-Nusrah Front	5/15/2014
Mujahidin Shura Council in the Environs of Jerusalem (MSC)	8/20/2014
JayshRijal al-Tariq al Naqshabandi (JRTN)	9/30/2015
ISIL-Khorasan (ISIL-K)	1/14/2016
Islamic State of Iraq and the Levant's Branch in Libya (ISIL-Libya)	5/20/2016
Al-Qa'ida in the Indian Subcontinent	7/1/2016
Hizbul Mujahideen (HM)	8/17/2017
孟加拉伊斯蘭國ISIS-Bangladesh	2/28/2018
菲律賓伊斯蘭國ISIS-Philippines	2/28/2018
西非伊斯蘭國ISIS-West Africa	2/28/2018
大沙哈啦伊斯蘭國ISIS-Greater Sahara	5/23/2018
Al-Ashtar Brigades (AAB)	7/11/2018
伊斯蘭後衛Jama'at Nusrat al-Islam wal-Muslimin (JNIM)	9/6/2018
伊朗革命衛隊Islamic Revolutionary Guard Corps (IRGC)	4/15/2019
正義聯盟Asa'ib Ahl al-Haq (AAH)	1/10/2020

表6-1顯示出外國恐怖組織發展生命是相當不同的，許多組織自1997年開始時至今日仍然存在，有些組織則是到了近幾年才生成納入到外國恐怖主義組織名單之內。美國對於這些組織由其發展、勢力、地點、資金與外援分項介紹，以下爲幾個主要恐怖組織的介紹：

一、阿布薩耶夫（Abu Sayyaf Group）

（一）發展：1997年10月8日被列爲外國恐怖主義組織，1990年代早期由莫洛伊斯蘭解放陣線分裂而來，爲菲律賓最暴力的恐怖組織之一，意圖在民答那峨島和蘇祿群島建立獨立之伊斯蘭國。近年來的行動有2018年7月，在巴西蘭島的軍事檢查站引爆汽車炸彈，造成10人死亡，包括菲律賓軍人及親政府民兵。2018年9月，該組織被懷疑攻擊一艘行經西里伯斯海的漁船。2018年12月，該組織被懷疑綁架一艘行經西里伯斯海的漁船上的3人。該組織持續在菲律賓南方海域進行武裝搶劫及進行海盜行爲。

（二）勢力：估計400人。

（三）地點：主要在菲律賓蘇祿群島的幾個省縣，在馬來西亞東部也有跨國界軍事行動。

（四）資金或外援：擄人勒贖、菲律賓海外工人及中東的支持者的匯款。

二、博科聖地（Boko Haram）

（一）發展：2013年11月14日被列爲外國恐怖主義組織，別名奈及利亞塔利班（Nigerian Taliban），博科聖地意思是「西方教育是罪惡」。2015年3月，一部分的人向ISIS宣誓忠貞，並稱自己爲伊斯蘭國西非省（ISIS-West Africa）。2016年8月ISIS宣布Abu Musab al-Barnawi代替Abubakar Shekau成爲新領袖導致分裂，目前Abubakar Shekau領導博科聖地，Abu Musab al-Barnawi領導伊斯蘭國西非省，在2017年及2018年，博科聖地誘拐婦女並迫使他們對平民使出自殺攻擊。2017年1月，攻擊了在Borno省的Maiduguri大學。2018年5月，攻擊在Adamawa省的市場，造成

86人死亡。該組織以自殺炸彈攻擊的模式攻擊奈及利亞的平民及軍人，多鎖定擁擠的市場及軍事基地。

（二）勢力：估計數千人。

（三）地點：奈及利亞東北部、喀麥隆北部、尼日東南部、查德沿奈及利亞國界的區域。

（四）資金或外援：搶劫、勒索、擄人勒贖、搶銀行。

三、哈馬斯（Hamas）

（一）發展：1997年10月8日被列爲外國恐怖主義組織，成立於1987年，巴勒斯坦在加薩走廊和約旦河的起義，反對以色列。2006年1月贏得國會選舉，取得政權，控制加薩走廊，從2007開始哈馬斯和法塔赫（Fatah，承認以色列，控制約旦河西岸地區）多次試圖和解，但截至2018年底全數失敗。哈馬斯在加薩和以色列邊界的抗議行動幾乎持續整個2018年，導致衝突，造成哈馬斯成員、巴勒斯坦抗議分子和以色列軍人死亡。哈馬斯聲稱他們發起在2018年間從加薩到以色列領土之數起火箭攻擊。

（二）勢力：由數千名來自加薩的特工組成。

（三）地點：控制加薩走廊，亦存在於約旦河西岸及黎巴嫩的巴勒斯坦難民營。

（四）資金或外援：伊朗給予資金、武器、訓練以及從海灣國家募集資金。

四、眞主黨（Hizballah）

（一）發展：1997年10月8日被列爲外國恐怖主義組織，又被稱爲the Party of God、Hezbollah，成立於1982年，起因爲以色列侵犯黎巴嫩，該組織與伊朗關係密切，普遍跟隨伊朗的最高領袖之宗教指引（2018年是Ali Khamenei）。眞主黨在敘利亞內戰中幫助敘利亞阿薩德政權，2018年9月，巴西逮捕眞主黨的金融家，2018年12月，據報導眞主黨於沿黎巴嫩邊界的以色列領土建造隧道。

（二）勢力：全世界擁有數萬支持者和成員。

（三）地點：其成員分布世界各地，主要在貝魯特南方郊區和黎巴嫩南部，從2012年起，其成員在敘利亞數個地區協助阿薩德政權。

（四）資金或外援：伊朗提供資金、訓練、武器、爆裂物和政治、經濟、金融、組織援助及其餘私人贊助。

五、蓋達組織（Al-Qa'eda）

（一）發展：1999年10月8日被列爲外國恐怖主義組織，成立於1988年。致力於消滅西方世界對穆斯林世界的影響，建立一個由他們自己所詮釋的回教教法所統治的泛伊斯蘭哈里發國，最終使其成爲新的世界秩序中心。蓋達組織於1998年領袖發表聲明打著伊斯蘭世界的聖戰對抗猶太人和十字軍（The World Islamic Front for Jihad against Jews and Crusaders）的名號，宣稱殺死美國公民（平民和軍隊）和他們的盟友是所有穆斯林的責任，1999年公開向美國宣戰。2001年9月11日，19名蓋達成員劫機並墜毀4架美國商用噴射機——2架在紐約世貿中心，1架在五角大樓，1架在賓州。近年來，許多蓋達組織的領袖被殺害，包括2011年5月被殺害的賓拉登。

（二）勢力：在南亞，蓋達組織的核心遭到重創，但其在世界各地仍有受到啓發的分支團體，再加上世界各地被啓發的人皆可能在不受到蓋達組織領袖指使的情形下自行發起行動。

（三）地點：阿富汗其分支——敘利亞和黎巴嫩（Al-Nusrah Front）、葉門（AQAP）、跨撒哈拉（AQIM）、索馬利亞，以及阿富汗及巴基斯坦（AQIS）分別在世界各地發起軍事行動。

（四）資金或外援：主要依靠支持者的贊助。

六、伊拉克與黎凡特伊斯蘭國（Islamic State of Iraq and the Levant (formerly Al-Qa'ida in Iraq)）

（一）發展：2004年12月17日被列爲外國恐怖主義組織，又被稱爲Al-Qa'ida in Iraq（AQI）、ISIL。該組織反美國、反以色列、反在中東的西方軍隊。由Abu Bakr al-Baghdadi領導，2014年6月宣布伊斯蘭的哈里發國成立，2017年10月，美軍和當地敘利亞盟軍宣布解放拉卡（Raqqa），此前拉卡一直被作爲「伊斯蘭國」的首都，2017年12月，伊拉克總理Haidar al-Abadi宣布ISIS失去在伊拉克的領土，2018年9月，敘利亞民主力量在美國領導的全球聯盟的幫助下將ISIS從敘利亞驅逐。

（二）勢力：估計在伊拉克及敘利亞有1萬4,000到1萬8,000名聖戰士，包括高達3,000名外國恐怖分子戰士，不過經過2018年的軍事行動，此數値可能有刪減。

（三）地點：其成員遍布世界各地，主要在伊拉克及敘利亞。

（四）資金及外援：在其所控制區域內的商業及犯罪活動，包括走私菸、搶劫及販賣骨董或其他貨物、勒索、人口販運、擄人勒贖。

七、索馬利亞青年黨

（一）發展：2008年3月8日被列爲外國恐怖主義組織，爲蓋達組織的分支之一，由索馬利亞新兵及外國恐怖分子組成，從2011年起，在非洲聯盟駐索馬利亞特派團（AMISOM）的努力及其組織自身的內部衝突之下青年黨的武力大大減弱。

（二）勢力：估計7,000至9,000名成員。

（三）地點：位於索馬利亞的中南部，2018年在肯亞邊境發動數起攻擊。

（四）資金或外援：非法木炭生產和出口、向當地人徵稅和作生意、來自索馬利亞僑民的匯款（並非意圖資助索馬利亞青年黨）。

第四節　2018年恐怖主義國家報告

壹、2018年恐怖主義國家報告主要內涵

恐怖主義國家報告（Country Reports on Terrorism）爲美國國務院所發布的年度報告。在2018年度報告中提到：「美國及其合作夥伴在2018年打敗國際恐怖主義組織並取得了重大進展。我們共同解放了ISIS先前在敘利亞和伊拉克所擁有的幾乎所有領土，使11萬平方公里的土地和大約770萬男人、婦女和兒童擺脫了困境ISIS的殘酷統治。這些成功爲在2019年最終銷毀所謂的『哈里發』（caliphate）奠定了基礎。與此同時，美國及其合作夥伴繼續在全球範圍內追捕蓋達組織，而美國則最大限度地採用了『蓋達』組織對伊朗支持的恐怖主義施加壓力，大幅擴大對伊朗國家行爲者和代理人的制裁，並建立更強大的國際政治意願以應對這些威脅。儘管取得了這些成功，但恐怖分子的形勢在2018年仍然十分複雜。即使ISIS失去了幾乎所有的有形領土，該組織也證明了自己的適應能力，尤其是通過其努力激發或引導網上追隨者。在過去的一年中，ISIS的全球業務不斷發展，其分支機構和網絡在中東、南亞、東亞以及非洲發起了攻擊。此外，身經百戰的恐怖分子從敘利亞和伊拉克戰區返回家園，或前往第三國，構成新的危險。數百名ISIS人員被我們的夥伴——敘利亞民主力量——俘虜並拘留。以身作則的美國以遣返和起訴美國外國恐怖主義戰鬥人員爲榜樣，我們敦促其他國家也這樣做。同時，在ISIS意識形態的啓發下，本土恐怖分子計畫並實施了針對軟目標的攻擊，包括旅館、飯店、體育場和其他公共場所。2018年12月，在法國斯特拉斯堡的一個聖誕節市場發生槍擊事件，炸死3人，炸傷12人，證明了本土恐怖分子襲擊西歐心臟地帶的能力。」[11]

---

[11] U.S. Department of State (2019). Country Reports on Terrorism 2018. https://www.state.gov/reports/country-reports-on-terrorism-2018/.

貳、2018年恐怖主義國家報告各區狀況

該報告針對各區域以及各國家在過去一年發生的恐怖主義攻擊以及打擊恐怖主義作出詳細的報告，以下將簡述各區域的情形。[12]

一、非洲

非洲國家加大了開發區域反恐解決方案的力度，同時努力遏制了2018年參與攻擊或其他活動的恐怖組織。非洲聯盟駐索馬利亞特派團和索馬利亞安全部隊主要透過在索馬利亞南部的協調反恐行動，加強與美國的合作，對青年黨施加壓力。東非夥伴努力發展及擴大區域合作機制，以制止恐怖分子的非法活動，非洲南部的恐怖主義活動有所增加，例如，南非誇祖魯—納塔爾省的一對南非／英國夫婦被綁架並被謀殺，4人被指控為兇手，其中2人與恐怖分子有聯繫。

非洲打擊恐怖主義相關組織包含跨撒哈拉反恐夥伴以及東非區域打擊恐怖主義夥伴：

（一）跨撒哈拉反恐夥伴（Trans-Sahara Counterterrorism Partnership, TSCTP）

TSCTP成立於2005年，是美國資助和實施的多方面且多年努力的方案，旨在增強北非和西非軍事，執法者以及平民行動者的反恐能力和合作。TSCTP合作夥伴包括阿爾及利亞、布吉納法索、喀麥隆、查德、利比亞、馬利共和國、毛里塔尼亞、摩洛哥、尼日、奈及利亞、塞內加爾和突尼西亞。儘管由於動蕩的政治氣氛、恐怖主義、種族叛亂和違憲行為而造成挫折，中斷了與選定夥伴國家的工作和進展，但TSCTP仍具有能力與建立合作關係。

---

[12] Ibid.

（二）東非區域打擊恐怖主義夥伴（Partnership for Regional East Africa Counterterrorism, PREACT）

PREACT最早成立於2009年，是美國資助並實施，旨在建立反恐能力，並在整個東非建立軍事、執法和平民行動者之間的合作。PREACT是美國政府的區域反恐計畫的協調機制，旨在幫助合作夥伴加強刑事司法、國防和金融部門改革。PREACT計畫通過促進強調尊重人權、法治的協作培訓環境和指導計畫來補充美國政府的援助。

二、東亞與太平洋地區

2018年，東亞和太平洋各國政府繼續努力加強法律結構及調查和起訴恐怖主義案件，擴大區域合作和信息共享並解決邊界和航空安全方面的重大差距。東南亞國家之間，國內執法部門與司法當局之間的區域合作導致大量與恐怖主義有關的罪犯被逮捕，並在許多情況下成功地提起了訴訟。東南亞各國政府仍然對從伊拉克或敘利亞返回的外國恐怖分子戰士表示關注，並利用其作戰技能、人脈和經驗發動襲擊。

東亞國家積極且努力參與了區域和國際的反恐組織。中國的努力主要集中在「極端主義者」，北京將其歸咎於所謂的「東突厥斯坦伊斯蘭運動」，儘管缺乏獨立證據表明該名稱的團體仍在活躍。中國共產黨以反恐爲藉口，在新疆維吾爾自治區的營地任意拘留了100萬以上的維吾爾族，哈薩克族和其他穆斯林少數民族成員。

三、歐洲

歐洲在2018年繼續面臨一系列持續的恐怖威脅和擔憂，包括來自外國恐怖組織、從伊拉克和敘利亞返回的FTF、本土恐怖分子和伊朗支持的恐怖分子。ISIS透過發動對歐洲象徵性目標和公共場所的襲擊，並繼續發揮其影響力（這些事件大多數發生在西歐和俄羅斯，利用簡單的地域和易於執行的戰術，例如使用通用工具和車輛傷害或殺死行人）。恐怖主義團體擁護各種極端主義和民族主義意識形態，例如庫爾德工人黨（PKK）

和土耳其革命人民解放黨／陣線。許多歐洲國家的種族、族裔、意識形態或政治動機的恐怖主義活動及陰謀，也包括針對宗教和其他少數群體的陰謀，都有所增加。

幾個歐洲國家在2018年採取了具體步驟與伊朗政權支持的恐怖主義相對。阿爾巴尼亞、丹麥和法國都減少了外交關係，以應對伊朗在每個國家進行暗殺或轟炸的陰謀。許多歐洲國家參加美國—歐洲刑警執法協調小組（LECG），以打擊眞主黨在全世界的恐怖主義和非法活動。

四、中東與北非地區

全球聯盟及其在當地合作夥伴擊敗了伊斯蘭國，在打擊伊斯蘭國方面達到了重要的里程碑。2018年底，聯盟及其合作夥伴已經幾乎成功解放了ISIS曾經在伊拉克和敘利亞控制的領土。伊斯蘭國越來越採用秘密戰術。除伊拉克和敘利亞之外，伊斯蘭國在中東和北非的分支機構、網絡和支持者在2018年仍然活躍，包括利比亞、摩洛哥、沙烏地阿拉伯、西奈半島、突尼西亞和葉門。

沙姆解放組織（Hay'at Tahrir al-Sham）有效控制了敘利亞西北部伊德利卜省的大部分地區，蓋達組織仍保持韌性，並積極利用世界對伊斯蘭國的關注，在脆弱的政治和安全氣候下（特別是在埃及、利比亞、敘利亞和葉門）悄悄地重建其能力。

五、南亞與中亞

阿富汗和巴基斯坦的蓋達組織儘管已經嚴重衰退，但蓋達組織的全球領導權及其在印度次大陸（AQIS）的地區分支機構的殘餘人員仍在偏遠地區開展勢力。阿富汗繼續遭受在該地區的分支機構伊斯蘭國霍拉桑省（ISIS-K）和阿富汗塔利班（包括附屬的哈卡尼網絡）的侵略和攻擊。阿富汗國防和安全部隊（ANDSF）負起了對阿富汗安全的全部責任，並與北約支持團隊合作，對阿富汗境內的恐怖分子採取了積極行動。中亞國家仍然關注恐怖主義可能從阿富汗蔓延以及個人由伊拉克或敘利亞返回中亞所構成的潛在威脅。

第五節　聯合國全球反恐戰略

2006年9月8日，第60屆聯合國大會第99次全體會議通過《聯合國全球反恐戰略》（60/288）決議，它是一份獨特的全球性文書，有助於加強國家、區域和國際反恐工作。大會每兩年審查一次《聯合國全球反恐戰略》實施情況，使之成爲一份切合各會員國反恐優先事項的與時俱進的文件。《聯合國全球反恐戰略》由一份決議和附帶的一份行動計畫（A/RES/60/288）組成就反恐戰略達成普遍協議，標誌著國際反恐領域形成迄今爲止21世紀最重要的共識。該決議除回顧、重申以往聯合國在反恐問題上的一貫觀點外，還充分認識到發展、和平與安全、人權相互關聯並相輔相成，認爲有必要消除有利於恐怖主義蔓延的條件，主張各國都應該在制定和落實戰略的過程中發揮作用和專長，敦促各國迅速採取行動確保戰略得到充分執行，並決定對戰略執行情況進行定期審查，推動戰略取得實效並得到發展。[13]

《聯合國全球反恐戰略》充分體現了各會員國一致反對任何人、在任何地方、以任何理由、任何方式實施任何形式恐怖主義的堅定立場，以及採取行動防止和打擊一切形式恐怖主義的堅定信念。在該戰略具體內容中，聯合國明確指出要圍繞根除滋生恐怖主義的條件，防止和打擊恐怖主義，加強各國反恐能力和聯合國作用，在反恐中尊重人權和實行法治這四個支柱領域制定落實措施，爲各國開展具體反恐行動提供了操作性較強的國際法基礎。[14]

爲使聯合國系統的反恐工作更加協調一致，聯合國秘書長於2005年

---

[13] United Nations Office of Counter-terrorism (2018) UN Global Counter-Terrorism Strategy. https://www.un.org/counterterrorism/un-global-counter-terrorism-strategy.

[14] Ibid..

設立了反恐執行工作隊，並獲得2006年大會通過的聯合國全球反恐戰略的支持。反恐執行工作隊的任務是加強聯合國系統反恐努力的協調和統一。該工作隊由工作性質與多邊反恐努力息息相關的38個國際實體組成，每一個實體都根據自身使命作出相關貢獻。主要目標是，通過一體行動，最大限度利用每個實體的比較優勢，以便幫助會員國實施該戰略的四大支柱，即：

一、消除有利於恐怖主義蔓延的條件的措施。

二、防止和打擊恐怖主義的措施。

三、建立各國防止和打擊恐怖主義能力以及加強聯合國系統在這方面的作用的措施。

四、確保尊重所有人的人權和實行法治作爲反恐戰爭根基的措施。

2018年7月2日公布的第六次聯合國全球反恐戰略審查，由上述的四大支柱建立起各種不同的策略以對抗恐怖主義，以下爲報告的相關內涵：[15]

壹、消除有利於恐怖主義蔓延的條件

採取下列措施，以消除有利於恐怖主義蔓延的條件，這些條件包括但不限於長期未能解決的衝突：一切形式和表現的恐怖主義的受害者受到的非人性化對待、法治不彰、侵害人權，族裔、民族和宗教歧視、政治排斥、社會經濟邊緣化、缺乏善政等，同時確認這些條件無一可作爲恐怖主義行爲的藉口或理由。繼續加強、盡可能利用聯合國在預防衝突、談判、調停、調解、司法解決問題、法治、維持和平和建設和平方面的能力，幫助成功地預防和和平解決持久未決的衝突，我們確認和平解決這種衝突將有助於加強全球反恐戰爭。聯合國的建議措施主要有下列方向：

---

15 United Nations Office of Counter-terrorism (2018) UN Global Counter-Terrorism Strategy 6th review. https://www.un.org/en/ga/search/view_doc.asp?symbol=A/RES/72/284&Lang=C.

一、文化相互尊重

繼續在聯合國主持下安排實施各種舉措和方案，促進不同文明、文化、民族、宗教之間的對話、容忍和理解，促進各種宗教、宗教價值觀念、信仰和文化相互尊重，防止誹謗行爲。鼓勵聯合國教育、科學及文化組織發揮關鍵作用，包括推動不同宗教之間、宗教內部以及不同文明之間的對話。

二、立法禁止煽動實施恐怖主義

遵照我們各自依照國際法承擔的義務，繼續致力於採取必要和適當的措施，以法律禁止煽動實施恐怖主義行爲，並防止這種行爲的發生。鼓勵整個聯合國系統加大在法治、人權和善政領域所已開展的合作和援助的規模，以支持經濟和社會持續發展。

三、消除貧窮，促進經濟

承諾爲所有人消除貧窮，促進持續經濟增長、可持續發展和全球繁榮；作爲奮鬥目標，在各級推行、加強發展和社會包容議程，確認在這方面作出成績，尤其是降低青年失業率，能夠減少邊際化和由此產生的受害意識，這種意識會激發極端主義，助長恐怖分子的招募。

四、建立國家援助系統

考慮在自願基礎上建立國家援助系統，促進滿足恐怖主義受害者及其家屬的需要，幫助他們恢復正常生活。鼓勵各國請聯合國有關的實體幫助建立這樣的國家系統，努力促進國際團結共同支持受害者，並推動民間社會參與反對和譴責恐怖主義的全球運動。

貳、防止和打擊恐怖主義

防止和打擊恐怖主義，特別是不讓恐怖分子獲得發動攻擊的手段，不讓他們接近目標，不讓其攻擊產生預期影響，包含了：

一、不組織、煽動、便利、參與、資助、鼓勵或容忍恐怖主義活動，並採取適當的實際措施，確保各自的領土不被用作恐怖主義設施或訓練營地，或用於準備或組織意圖對其他國家或其公民實施的恐怖主義行爲。

二、遵照我們依照國際法承擔的義務，在反恐戰爭中進行充分合作，查出任何支持、便利、參與或企圖參與資助、規劃、準備或實施恐怖主義行爲或提供安全避難所的人，不讓他們有安全避難所，並根據引渡或起訴原則，將他們繩之以法。

三、據國內法和國際法，特別是人權法、難民法和國際人道主義法的相關規定，逮捕和起訴或引渡恐怖主義行爲的實施人。我們將爲此目的，盡力締結和實行司法互助和引渡協定，並加強執法機構之間的合作。

四、加強合作，及時交流關於防止和打擊恐怖主義的準確訊息。

五、各國的協調與合作，打擊可能與恐怖主義有關聯的犯罪，包括販毒所有方面的活動、非法軍火貿易（特別是小武器和輕武器，包括單兵攜帶防空系統）、洗錢，以及核材料、化學材料、生物材料、放射性材料和其他潛在致命性材料的走私。

六、毫不拖延地成爲《聯合國打擊跨國有組織犯罪公約》及其3項補充議定書的締約國，並予以實施。

七、相關的區域和次區域組織創建或加強反恐機制或中心。如果它們爲此需要合作與援助的話，鼓勵打擊恐怖主義委員會及其執行局，以及聯合國毒品和犯罪問題辦事處和國際刑事警察組織在符合它們現有任務授權的範圍內，協助提供這種合作與援助。

八、可以考慮創建一個國際反恐中心的問題，認爲這是加強反恐戰爭的國際努力的一部分。

九、各國實行金融行動工作組《關於洗錢問題的40項建議》和《關於資助恐怖主義問題的9項特別建議》中所載的綜合國際準則，同時認識到各國爲實行這些準則可能需要援助。

參、建立各國防止和打擊恐怖主義能力以及加強聯合國系統在這方面的作用的措施

與聯合國一起，在適當顧及保密、尊重人權和遵守國際法所規定的其他義務的情況下，探討各種途徑和方法，以期在國際和區域各級協調努力，打擊網路上一切形式和表現的恐怖主義；利用網路作爲對抗恐怖主義蔓延的工具，同時也認識到有些國家在這方面可能需要援助。相關策略如下：

一、在適當情況下，加強國家努力以及雙邊、次區域、區域和國際合作，改進邊界和海關管制，以防止和查明恐怖分子的流動、小武器和輕武器、常規彈藥和爆炸物、核生化或放射性武器和材料等的非法貿易，同時也認識到有些國家爲此可能需要援助。

二、鼓勵打擊恐怖主義委員會及其執行局繼續應各國請求，同各國一起推動採取立法和行政措施，以履行與恐怖分子旅行有關的義務，並確定在這方面的最佳作法，盡可能借鑑國際民用航空組織、世界海關組織、國際刑事警察組織等技術性國際組織所形成的作法。

三、鼓勵安全理事會第1267（1999）號決議所設委員會繼續致力於加強在聯合國制裁制度下對蓋達組織和塔利班，及相關個人和實體實行的旅行禁令的有效性，並且作爲優先事項，確保將有關個人和實體列入制裁名單、從名單上刪除，或因人道主義理由允許例外是有公平、透明的程序可循。在這方面，我們鼓勵各國交流訊息，包括廣泛分發國際刑事警察組織和聯合國關於列入制裁人員的特別通知。

四、在適當情況下加強每一級的努力與合作，提高身分和旅行證件製作和簽發的安全性，防止和查明篡改或欺詐使用證件的行爲，同時也認識到有些國家爲此可能需要援助。在這方面，我們邀請國際刑事警察組織加強其被盜和遺失旅行證件數據庫，並將在適當情況下，特別是通過交流相關信息等途徑，儘量充分利用這一工具。

五、邀請聯合國改善協調，以做好對用核生化或放射性武器或材料進行的恐怖主義襲擊的應對規劃，特別是審查和提高現有的機構間協調機制

在提供援助、開展救濟行動和支援受害者方面的有效性，使所有國家都能得到充足的援助。在這方面，我們邀請大會和安全理事會擬訂萬一發生用大規模毀滅性武器發動的恐怖主義襲擊時進行必要合作和提供必要援助的指導準則。

六、加強一切努力，改善對基礎設施、公共場所等特別易受攻擊的目標的安全與保護，以及在發生恐怖主義襲擊和其他災害時的應對措施，特別是對平民的保護，同時也認識到有些國家爲此可能需要援助。

肆、確保尊重所有人的人權和實行法治作為反恐戰爭根基的措施

一、促請各國，根據國際法和國內法規所規定的義務，並在可適用國際人道主義法的任何時候，確保反恐立法和措施不妨礙國際人道主義法所預見的人道主義和醫療活動或與所有有關的行爲體接觸。

二、重申兒童可能成爲恐怖主義以及其他違反國際法行爲的受害者，應依照適用國際法，特別是《兒童權利公約》規定的義務，以符合兒童權利、尊嚴和需求的方式對待所有被指稱、被指控或被認定觸犯法律的兒童，特別是其中已被剝奪自由的兒童，以及作爲犯罪受害者和目擊者的兒童，並銘記司法工作中的相關國際人權標準，敦促會員國採取相關措施，讓以前與武裝團體包括恐怖團體有關聯的兒童切實重返社會。

第六節　小結

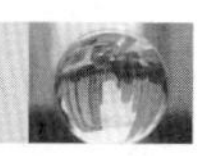

根據前文所提的近年來無論是聯合國的全球反恐戰略，或是美系的經濟與和平研究所全球恐怖主義指數、美國國務院的外國恐怖主義組織，這些報告都提供了多面的訊息讓人們了解恐怖主義最新的發展以及反恐戰略的發展。我們從了解當前有哪些恐怖組織開始、認識主要的恐怖攻擊發生背景、了解不同恐怖組織的發展，經由對這些組織的認識，以提出眞正有

效的反恐戰略。

所謂的衝突，其實主要來自於不同文化、宗教、種族的無法相互容忍，因此爲有效解決恐怖主義，即應著重在衝突的減少、不同文化的相互容忍與尊重，並且減少國家間或地區間的經濟差異，有效的促進全體人民的生活狀況，降低仇恨才能眞正減少衝突、降低恐怖主義的發生。

參考書目

Institution for Economics and Peace (2019). Global Terrorism Index 2019 Measuring the Impact of Terrorism. http://visionofhumanity.org/app/uploads/2019/11/GTI-2019web.pdf.

United Nations Office of Counter-terrorism (2018). UN Global Counter-Terrorism Strategy 6th review. https://www.un.org/en/ga/search/view_doc.asp?symbol=A/RES/72/284&Lang=C.

US Department of State (2019). Country Reports on Terrorism 2018. https://www.state.gov/reports/country-reports-on-terrorism-2018/.

U.S. Department of State (2020). Foreign Terrorist Organizations. https://www.state.gov/foreign-terrorist-organizations/.

第七章

國際打擊恐怖主義犯罪之措施、困境與回應對策

江世雄

第一節 前言

壹、恐怖主義概念的發展：與政治相生

綜觀古今中外歷史，自人類發展政治制度以來，都會出現爲了維護自身利益或者對現況不滿而採取高壓統治或激進暴力等殘酷手段的時代，一群人透過殺害異己以達成其政治目的或政治訴求，在手段上初期大多以暗殺活動爲主[1]。在此，吾人或可稱此種暗殺活動爲恐怖主義犯罪的原型手段，當然此種手段在之後仍廣泛被使用在無政府主義或民族主義思維的激進政治活動當中。

今日，恐怖主義或恐怖主義犯罪等詞彙，就其定義尚未有一致的共識與見解。然而大多數的人都認爲，恐怖主義一詞中所謂恐怖的意涵源頭，一般可溯及1789年法國大革命之時，於雅各賓（Société des Jacobins）專政時期，羅伯斯比爾（Maximilien de Robespierre）在1793年至1794年間所採取的激進手段，其透過立政府立法，合理化殺戮反對派人士或對其施以酷刑。這些共和黨派爲了打擊政治異己，所採取的激進非法行爲，他們以

---

1 中國西漢史學家司馬遷於史記刺客列傳中記載於春秋戰國時期諸多因政治目的而進行之暗殺活動，參照李莉（2003），關於恐怖主義的根源，收錄於周榮耀主編，9·11後的大國戰略關係，北京：中國社會科學出版社。在西洋史上，西元前44年，羅馬帝國布魯圖斯（Marcus Junius Brutus Caepio）因反對皇帝凱薩（Gaius Iulius Caesar）之政治理念，率人於元老院將其暗殺。於1世紀時，猶太組織西卡里（Sicarii）爲反抗羅馬政府，該組織人員身懷短劍，因而又稱「匕首黨」，從事暗殺政府官員、破壞房舍教堂宮殿、焚燒穀倉與破壞水源，Stewart J. D'Alessio, and Lisa Stolzenberg, "Sicarii and the Rise of Terrorism," *Studies in Conflict & Terrorism*, Vol. 13, 1990, pp. 329-335. England: Routledge Informa Ltd。於西元11世紀時，宗旨爲期盼救世主降臨之政治恐怖主義組織「Syrian Assassins」，以暗殺之方式專門鎖定政府人員、軍事將領甚至國王。以波斯爲據點並拓展至敘利亞，曾刺殺敘利亞蘇丹薩拉丁二次未果，Jefferson M. Gray (2010). Holy Terror: The Rise of the Order of Assassins. https://www.historynet.com/holy-terror-the-rise-of-the-order-of-assassins.htm (2019/7/4)。

暗殺、虐囚或處決的手段，對於保皇守舊派進行一連串的恐怖統治，也因此一般將此時期稱爲「恐怖統治時代」（Reign of Terror）[2]。

基於如此的發展背景，恐怖主義一詞，一開始係指統治階級對於被統治者所採取的高壓統治手段。到了19世紀，隨著社會主義與共產思潮的興起，民眾在政治上與經濟上開始對於既有的王權權威以及資本主義提出挑戰，若採取極爲極端的手段，極可能被冠上恐怖主義的名號。換言之，當權者經常以恐怖主義之罪名，對於反王權與反資本的活動分子羅織入罪，藉以達到打擊政治異己的目的。

時至今日，恐怖主義犯罪一詞，主要仍表現於政治上的訴求，政治性質一直是恐怖主義發展之核心動機或目的，在此性質之下所發動的激進暴力行爲即被冠上恐怖主義犯罪的名稱。

貳、現代恐怖主義的發展

一、無政府恐怖主義

19世紀末恐怖主義結合暴力性的無政府主義（violent anarchism）[3]，在俄國國內的反動革命勢力當中扮演重要角色[4]，其透過集體暴力之手段製造社會極度恐慌，並在1874年至1883年間進行諸多暗殺活動，更在1881年成功刺殺沙皇亞歷山大二世[5]。1890年代甚至被稱爲「暗殺黃金時

---

2 Jonathan R. White (2015). *Terrorism and Homeland Security*, 9th edition, New York, Cengage Learning Press, p. 9.

3 早期的無政府主義者係屬於和平抗爭者，但此一情況在19世紀末開始有了變化。在1880年代開始，一些無政府主義者開始改變策略，採取暗殺國家元首等激烈手段，加上媒體宣傳渲染，使得後來在一般人的認知上，無政府主義者等同於恐怖主義分子。Jensen, R. B, “Daggers, Rifles, and Dynamite: Anarchist Terrorism in Nineteenth Century Europe,” *Terrorism and Political Violence*, Vol. 16, 2004, pp. 116-153.

4 Jonathan R. White (2015). *Terrorism and Homeland Security*, 9th edition, New York, Cengage Learning Press, p. 11.

5 中國現代國際關係研究所（2002），2001-2002國際戰略與安全形勢評估，北京：時事

代」（Golden Age of Assassination）[6]，當時歐洲無數政治權貴均慘遭暗殺毒手殞命。無政府理念透過媒體的傳播，擴及至巴爾幹半島、歐陸甚至跨過大西洋到達美國[7]。無政府主義在進入20世紀之後，開始與民族主義相結合[8]，而開始出現民族主義式的恐怖主義，例如1914年奧匈帝國斐迪南大公在塞拉耶佛被塞爾維亞民族主義者普林西普暗殺身亡，導致第一次世界大戰爆發，以及1917年俄羅斯的蘇維埃革命風潮。

二、民族恐怖主義的發展

如上所述，進入20世紀之後，恐怖主義的呈現媒介從無政府主義轉向民族主義。第一次世界大戰之後，美國前總統威爾遜提出14點和平計畫並鼓吹民族自決，促進歐境之內許多民族紛紛獨立建國[9]。與此同時，帝國主義興起，列強爲擴張各自勢力版圖，不斷對外侵略殖民，時至第二次世界大戰後，掀起另一股民族主義獨立建國風潮，歐洲之外的亞、非洲之民族獨立運動紛紛興起並獨立建國。在此兩波的獨立建國風潮當中，伴隨著革命運動而起的暗殺行動亦是不在少數。唯獨少數獨立失敗的民族開始採用暴力手段反抗統治者，如英國北愛爾蘭共和軍（Irish Republican Army, IRA）、法國科西嘉民族解放陣線（National Liberation Front of Corsica, FLNC）、斯里蘭卡泰米爾之虎（Liberation Tigers of Tamil Eelam, LTTE）、俄羅斯車臣民族主義等，均係使用暴力手段以達成民族獨立之

出版社。

6 林泰和（2015），恐怖主義研究：概念與理論，台北：五南圖書出版公司，頁135。

7 余建華（2015），恐怖主義的歷史演變，上海：上海人民出版社。美國的無政府主義團體大多屬於勞工暴力型態，因爲當時美國國內有許多來自歐洲的移民，這些無政府主義者自認爲是勞工組織，但事實上他們的影響力遠不及歐洲的無政府主義者。Jonathan R. White (2015). *Terrorism and Homeland Security*, 9th edition, New York, Cengage Learning Press, p. 14.

8 Rubenstein, R. E. (1987). *Alchemists of Revolution*. New York: Basic Books.

9 李邁先（2008），西洋現代史，台北：三民書局。

目的[10]。

三、意識形態恐怖主義

（一）冷戰時期的民族國家意識形態

1960年代末開始的恐怖主義浪潮是在東西方冷戰的背景下醞釀和發展起來的，具有深刻的時代特徵和濃厚的意識形態色彩[11]。意識形態恐怖主義在冷戰時期與區域武力衝突以及甫獨立的民族國家內部鬥爭有著密切關係。例如蘇聯和東歐共黨國家支持、訓練與援助左派恐怖組織，並利用其進行代理戰爭，企圖達到顚覆當地政府、打擊西方勢力與推動共黨革命之目標[12]。恐怖主義於此時逐漸由國內走向國際，因爲不少境外國家基於政治利益或歷史因素介入爭端地區內部的政治或軍事事務，例如美國介入以巴衝突以及其他的中東區域紛爭，1950年代起阿拉伯國家介入阿爾及利亞脫離法國獨立的反殖民運動，以及希臘支持賽普勒斯對抗英國的行動[13]。

此一時期的恐怖主義活動，除了綁架或暗殺政治要人之外，即屬劫持民航機以及攻擊官方機構爲主要製造恐慌的手段。圖7-1的統計資料，在調查的冷戰期間共141,966件恐怖主義攻擊事件中，整個冷戰時期恐怖主義攻擊的主要目標係以一般民眾（30,737件）、一般政府機關（17,208件）、軍事（17,029件）與警察（17,286件）等國家機關以及經濟機構（17,299件），占了總數的70%。根據進一步分析，民族國家意識形態的恐怖主義犯罪其目的主要在於傳遞其特定訊息以及獲得最大的曝光度，因此在不少的恐怖主義犯罪當中，其攻擊目標未必一開始鎖定在一般群眾，

---

10 胡聯合（2001），當代世界恐怖主義與對策，東方出版社。

11 楊潔勉等（2002），國際恐怖主義與當代國際關係—9．11事件的衝擊和影響，貴陽：貴州人民出版社。

12 張中勇（2002），國際恐怖主義的演變與發展，戰略與國際研究，第4卷第1期，頁7-8。

13 林泰和（2015），恐怖主義研究：概念與理論，台北：五南圖書出版公司，頁136。

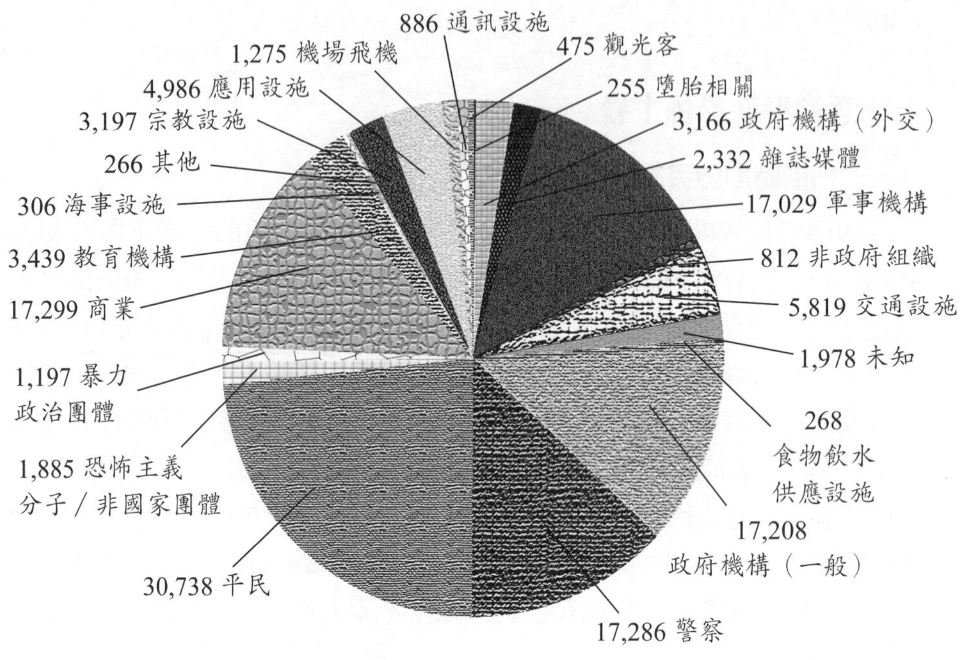

圖7-1　恐怖主義攻擊目標之種類

資料來源："Global Terrorism Database, Search Results: 141966 Incidents," accessed July 22, 2015, http://www.start.umd.edu/gtd/. Also refer to David Riedman, The Cold War on Terrorism: Reevaluating Critical Infrastructure Facilities as Targets for Terrorist Attacks , https://www.hsaj.org/articles/13976, accessed December 10, 2019.

因此上述對於官方機構的眾多恐怖攻擊當中，未必造成大量的人員死傷。換言之，在此統計資料中，恐怖主義攻擊發生的件數未必與造成死傷的人數有必然關係，因爲在現實的案例當中，超過7萬4,000件的恐怖犯罪攻擊並未造成實際死傷。

不過，到了冷戰末期的1980年代，恐怖主義犯罪的手法與途徑開始有了轉變。根據學者Jessica Stern的分析，1980年代當中，恐怖主義攻擊事件增加近乎1970年代的四倍，達到31,426起，造成70,859人死亡，以及47,849人受傷。恐怖主義的活動範圍及襲擊目標日益擴大，歐、亞、非、南北美洲均受到恐怖主義的襲擊。1984年，恐怖分子襲擊了60個國家；

1985年增加至77個國家，一些過去相對平靜的國家也受到恐怖主義的襲擊[14]。

（二）後冷戰的宗教意識形態恐怖主義

事實上，宗教意識形態下主導的恐怖主義攻擊早在1960年代起即在伊斯蘭世界展開，1970年代的伊朗與黎巴嫩可說是此時期的代表[15]。根據分析統計，冷戰結束後的1990年代的宗教基本教義活動比起1960年代多了三倍[16]。而宗教恐怖主義活動的興起，加上戰術與科技的進化發展，使得現代的宗教恐怖主義逐漸轉向具有戰爭的性質[17]。

冷戰結束後的1992年印度寺廟之爭、1995年東京沙林毒氣、前以色列總理拉賓（Yitzhak Rabin）遇刺身亡等除了與宗教有關，更使用暴力且使平民恐慌之手段。而2001年由賓拉登爲首蓋達組織策劃攻擊美國之911事件更是震驚全球。激進宗教狂熱分子與恐怖主義結合所進行的恐怖活動，已取代過去純粹民族主義分子，變成當前恐怖活動的主流[18]。

在恐怖主義犯罪的手法方面，根據調查統計，相對於冷戰時期主要以綁架、劫機或攻擊官方機構等，此時期的恐怖主義攻擊逐漸以各種型態的炸彈攻擊爲主要手段。在以下美國聯邦調查局的統計數據當中，從1980年到2005年這段期間所發生的318件恐怖主義攻擊事件，有209件係屬於採取炸彈攻擊的手段。

---

14 Jessica Stern (1999). *The ultimate terrorist*. Harvard University Press.

15 林泰和，恐怖主義研究：概念與理論，台北：五南圖書出版公司，頁138。

16 Magnus Ranstorp. "Terrorism in the Name of Religion," *Journal of International Affairs*, Vol. 50, No. 1, 1996, Religion: Politics, Power and Symbolism, p. 44.

17 Ibid., p. 45.

18 王崑義（2002），美國的反恐怖主義與國際安全——兼論九一一事件以後臺海兩岸的處境，遠景季刊，第3卷第2期，頁150-151。

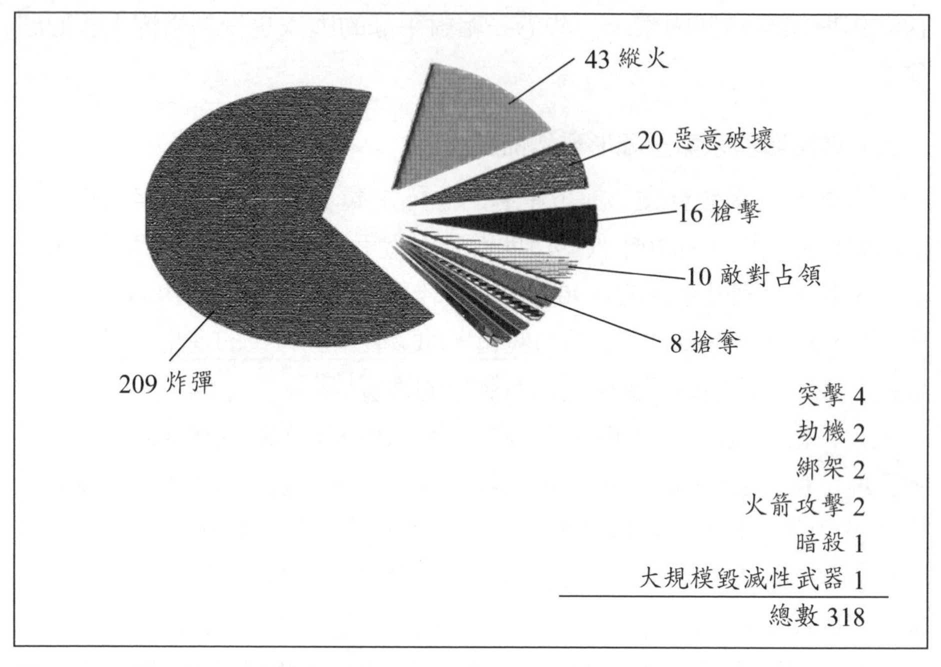

圖7-2 恐怖主義攻擊事件類別1980-2005

資料來源：FBI, Terrorism 2002/2005, https://www.fbi.gov/stats-services/publications/terrorism-2002-2005, accessed December 16, 2019.

（三）網路恐怖主義之興起

網路恐怖主義在學術上引發的討論，最早可溯及1990年代。美國智庫「安全情報研究所」（Institute for Security and Intelligence）資深研究員柯林（Barry C. Collin）於1996年犯罪與司法議題國際座談會（Proceedings of the 11th Annual International Symposium on Criminal Justice Issues）中發表的專文〈網路恐怖主義的未來：位於實體世界與虛擬世界的交會處〉（The Future of Cyber-Terrorism: Where the Physical and Virtual Worlds Converge），該文後來刊登於*Crime and Justice International*當中[19]。基本上，對於網路恐怖主義有所研究的學者認爲，恐怖主義已經

[19] Barry C. Collin, "Future of Cyberterrorism: The Physical and Virtual Worlds Converge,"

不再透過炸藥、毒氣等傳統手段發動攻擊，而改以科技手段集中打擊網路系統，鑑於現代社會人類不論是交通設施、醫療儀器、軍事裝備、通訊系統，以及藥品、能源、糧食等，均高度仰賴網路科技，也因此恐怖主義分子將更多心力投注於開發網路科技作爲攻擊工具的可能，期望藉此創造更多且更廣的恐慌，已達其目的[20]。

網路恐怖主義結合了網路犯罪與恐怖主義活動兩者之要素，因此在其外形上可以具體顯示出網路恐怖主義具有以下的幾點特徵[21]。首先，恐怖主義組織善用網路宣傳，利用網際網路和社交媒體等數位平台廣泛宣傳極端主義和恐怖主義的意識形態，將其傳播到全球範圍內。其次，利用網路途徑進行招募，恐怖分子使用網際網路來招募支持者、激發潛在恐怖分子參與恐怖活動，並建立虛擬社群。其三，網路資訊交流，網路恐怖主義者使用加密通訊和虛擬私人網路等技術，隱藏其身分並進行保密通訊，使得當局難以追蹤其活動，同時利用加密貨幣進行洗錢，將進行恐怖主義活動的經費散布於全球各地的行動細胞。其四，網路攻擊，恐怖主義者可能使用網路攻擊手段，干擾或破壞網路基礎設施，從而對社會造成影響。最後，網路恐怖主義者經常使用社交媒體平台來傳播極端主義訊息，吸引追隨者並宣揚暴力行爲。同時網路恐怖主義通常以拓展其消息覆蓋範圍和加強與潛在恐怖分子的聯繫爲目標。

1. 孤狼（Lone Wolf）恐怖主義產生

有鑑於過去恐怖主義組織於911事件後頻受重創，2004年Abu Musab al-Suri在網路上發表了一篇題爲〈號召全球伊斯蘭反抗運動〉（Call

---

Crime and Justice International, Vol. 13, Issue 2, March, 1997, pp. 15-18.

[20] Barry Collin (1996). “The Future of Cyber Terrorism.” Proceedings of the 11th Annual International Symposium on Criminal Justice Issues. The University of Illinois at Chicago. https://www.crime-research.org/library/Cyberter.htm. (2019/7/6).

[21] Oleksandr Milov, Yevgen Melenti, Stanislav Milevskyi, Serhii Pohasii and Serhii Yevseiev (2021). Cyber Terrorism as an Object of Modeling. https://ceur-ws.org/Vol-3200/paper28.pdf. (2023/7/29).

for Worldwide Islamic Resistance）的文章，強調下一階段聖戰的特點在於：由個人或小規模自主團體所帶領的「無領袖反抗運動」（leaderless resistance），這些個人將擊敗我們的敵人[22]。2006年蓋達組織的精神領袖馬蘇里（Abu Jihad al-Masri）也發表了一篇題爲〈如何獨立戰鬥〉（How to Fight Alone）的文章，公開呼籲每位聖戰士應該要勇敢地採取攻擊行動，並且強調孤狼是打擊敵人最有效的策略[23]。此種透過網路世界的途徑大肆鼓動「孤狼式」恐攻的作法，成爲911事件之後，恐怖主義組織最常使用的擴張與號召手段。例如，伊斯蘭國（ISIS）積極透過網路平台擴大宣傳、啓發及激進化效果，鼓動發起「孤狼式」的自殺恐怖攻擊，在新型網路恐怖主義著重啓發與激進化各地潛在支持者的情況下，本土原生型態的「孤狼式」攻擊勢將成爲未來恐攻的主要型態，且攻擊目標將大多爲其熟悉的地理環境及範圍[24]。

現代社會當中有不少對於社會現況不滿之年輕人，可能因受歧視、受宣傳洗腦等，進而自行透過網路平台學習如何製造毀滅性武器如炸彈等，孤身一人或小團體模式而無隸屬任何組織，對其所屬國政府或一般群眾進行無差別攻擊，意圖在宣洩心中怨念，此種不歸屬於某一特定恐怖主義組織的個別性孤狼攻擊，也成爲現代社會的不定時炸彈。

2. 伊斯蘭國產生

自911事件後，蓋達組織遭受嚴重打擊，伊斯蘭國前身爲成立於2004年的伊拉克蓋達，2011年敘利亞爆發內戰，和敘利亞反政府組織合作，間接接收美國提供的武裝，而該年美軍也全數撤出伊拉克，美國扶植的政府軍實力不足，因而產生權力眞空，讓此組織有機可乘[25]。

---

[22] Lawrence Wright (2006). The Master Plan-For the new theorists of jihad, Al Qaeda is just the beginning. http://www.newyorker.com/archive/2006/09/11/060911fa_fact3. (2019/7/6).

[23] Ramón Spaaij (2012). *Understanding Lone Wolf Terrorism-Global Patterns, Motivations and Prevention*, Springer.

[24] 林泰和（2015），恐怖主義研究：概念與理論，台北：五南圖書出版公司。

[25] 余佩樺（2015），伊斯蘭國是怎麼一回事，天下雜誌，第585期，頁184-185。

直至2014年6月伊斯蘭國成立，有別於傳統恐怖主義，透過網路傳達理念並散播行刑影片至全世界，成功吸引對現實不滿之年輕人加入。伊斯蘭國將網路視爲宣傳自身理念和招募新血的場域，欲成爲一名聖戰士不必親身飛往中東，而可在網路上跟隨數百位聖戰士的社交網路帳號，並觀看一系列當地的照片與影片，也可以立即獲取伊斯蘭國的一切最新消息，消息不再被西方媒體所壟斷[26]。

而伊斯蘭國最後一塊領土於2019年3月23日已被敘利亞民兵攻陷，並正式宣布已被剷除。惟仍有不少殘存勢力依舊頑強抵抗，除此之外，領導人巴格達迪目前也下落不明，雖然伊斯蘭國已經從地圖上消失，不過化整爲零後的威脅，還是留下了不少疑慮[27]。

第二節　打擊恐怖主義犯罪的國際立法

壹、國際規範的初期發展

國家防制恐怖主義的手段或機制，初期與恐怖主義犯罪形成的背景與其所採取的犯罪手段或活動有密切關係。如上所述，初期的恐怖主義犯罪大多在目的上具有明確的政治目標，例如推翻殖民統治或極權統治等，而在犯罪對象上具有特定性或象徵性，也就是針對特定政治人物或特定地點進行攻擊。在組織上，呈現高度垂直性的領導體制，而在手段上，大多使用傳統暴力犯罪所使用的槍枝或炸彈等。

換言之，早期的恐怖主義犯罪基本上與一國之國內政治環境有關，主要被定位爲國內犯罪性質，也因此對於恐怖主義犯罪主要係從傳統暴力犯

---

26 張育軒（2015）。ISIS網路崛起、突圍西方！10分鐘看懂伊斯蘭國。洞見國際事務評論網。https://www.storm.mg/lifestyle/45991。瀏覽日期：2019年7月6日。

27 東森新聞（2019）。最後一塊領土遭攻陷伊斯蘭國ISIS宣告滅亡。國際。https://news.ebc.net.tw/News/world/157576。瀏覽日期：2019年7月6日。

罪的防制策略與立法思維著手，一方面將特定的恐怖主義犯罪列爲重大刑事違法行爲，另一方面強化國內治安部隊的打擊犯罪效能，或者建立一支專門打擊此類特殊暴力犯罪的精銳治安部門[28]。

有關早期的反恐國際立法方面，在第一次世界大戰後成立的國際聯盟，受到1934年所發生的法國外交部長與當時南斯拉夫國王遇刺事件的影響[29]，曾在1937年簽署一份與恐怖主義有關之國際條約，即是《預防和懲治恐怖主義公約》（*Convention for the Prevention and Punishment of Terrorism*），該公約獲得了國際聯盟的24個會員國簽署通過，該公約第1條首次在條約中明文將恐怖主義行爲定義爲「針對某個國家故意或有計畫地在特定人員或人群或公眾中製造恐怖狀態的犯罪行爲」（all criminal acts directed against a state and intended and calculated to create a state of terror in the minds of particular persons or a group of persons or the general public）。該公約亦要求締約國制定相關法律，規定締約國應將其國民在國外所從事的恐怖主義犯罪，在其國內法上列爲可引渡的犯罪，儘管如此該公約仍從未生效，部分原因來自於國際聯盟會員國對該公約中的引渡條款存在爭議而阻礙了正式批准[30]。

---

[28] 杜邈編著（2008），恐怖主義犯罪專題整理，北京：中國人民公安大學出版社，頁43。

[29] 1934年南斯拉夫國王亞歷山大一世對法國進行正式訪問時，於10月9日在馬賽遭到馬其頓民族主義者弗拉多・切爾諾澤姆斯基刺殺。他與同車的法國外交部長路易・巴爾杜都在刺殺中身亡。參照V.S. Mani, “International Terrorism: Is a Definition Possible?” 18 *Indian J. Int’L L*, 1978, pp. 206, 208. Stephane Groueff (1998). *Crown of Thorns: The Reign of King Boris III of Bulgaria*, 1918-1943. Rowman & Littlefield. p. 224. 轉引自維基百科。https://zh.wikipedia.org/wiki/%E4%BA%9E%E6%AD%B7%E5%B1%B1%E5%A4%A7%E4%B8%80%E4%B8%96_(%E5%8D%97%E6%96%AF%E6%8B%89%E5%A4%AB)#cite_note-1。瀏覽日期：2020年2月14日。

[30] 世界數字圖書館。https://www.wdl.org/zh/item/11579/。瀏覽日期：2020年2月14日。

貳、國際反恐立法的現代發展

如上所述，恐怖主義犯罪就其源頭可說是屬於國內性質的犯罪行爲，但隨著國際關係的發展，恐怖主義犯罪在目的上、組織上與犯罪手法上均開始產生質變，今日有論者將其稱爲「新恐怖主義」（new terrorism）[31]，以突顯與傳統初期的恐怖主義的差異（表7-1）。因此，在現代國際社會當中，恐怖主義犯罪不再僅是對於特定個人的生命財產構成威脅的一般國內犯罪，而是已經成爲足以威脅國際秩序以及影響國際關係的跨國組織犯罪。

表7-1　恐怖主義與新恐怖主義的差異

	恐怖主義	新恐怖主義
對象	特定政經重要人物	一般人民的隨機攻擊
目的	明確政治目的	目的不明確
犯行過程	使用傳統槍枝或炸彈進行威脅，對峙過程持續較久	使用生化武器或如911事件中將飛機作爲攻擊工具造成瞬間重大傷亡
組織型態	具有特定領袖魅力的領導者進行高度垂直性領導的國內組織	具有共通理念，但領導組織較爲鬆散，卻具跨境性的組織，透過網際網路，社群媒體進行聯繫

資料來源：整理自金惠京（2001），テロ防止策の研究－国際法の現状及び将来への提言，東京：早稲田大学出版部，頁30-31。

戰後以來，有鑑於恐怖主義犯罪型態與手法對於二戰期間以及戰後的國際關係構成嚴重威脅，國際社會開始對於恐怖主義的防制與處罰積極展開國際合作措施。此類的合作模式最爲明顯與具體的方式展現在這種有關防制恐怖主義犯罪的國際條約的簽訂方面。然而，恐怖主義雖已被認爲是一種國際犯罪，但因國際社會對於恐怖主義的定義並未有統一與一致的見

---

[31] Lesser, Ian O., Hoffman, Bruce, Arquilla, John, Fonfeldt, David, Zanini, and Michele (1999). *Countering the New Terrorism*, RAND: National Book Network.

解，加上各國之間存在複雜的利害關係，因此無法針對恐怖主義犯罪的防制與處罰簽署一個概括性的綜合性條約。基於此種原因與背景，戰後以來的反恐公約，均是針對恐怖主義犯罪的特定類型或特定手法而個別簽訂規範的反恐條約，此類公約主要反映在以下4個特定的犯罪類型[32]。

戰後以來國際社會首次簽署的個別性反恐條約主要係針對航空器所進行恐怖攻擊犯罪類型。在國際民航組織（ICAO）主導下，1963年9月14日在日本東京通過《關於在航空器內犯罪和其他某些行爲的公約》（*Convention on Offences and Certain Other Acts Committed on Board Aircraft*）[33]，1970年12月16日在荷蘭海牙通過《關於制止非法劫持航空器的公約》（*Convention for The Suppression Of Unlawful Seizure Of Aircraft*）[34]，緊接著1971年9月23日在加拿大蒙特婁通過《制止危害民用航空安全的非法行爲的公約》（*Convention for the Suppression of Unlawful Acts Against the Safety of Civil Aviation*），1988年2月24日在加拿大蒙特婁通過《制止在用於國際民用航空的機場發生非暴力行爲的議定書》（*Protocol for the Suppression of Unlawful Acts of Violence at Airports Serving International Civil Aviation*），2010年9月10日國際民航組織在北京召開外交會議，通過《制止與國際民用航空有關的非法行爲公約》（*Convention on the Suppression of Unlawful Acts Relating to International Civil Aviation*），其中把利用民航機作爲武器的行爲和使用生物、化學和核武器或類似物質攻擊民航機或其他目標的行爲規定爲該條約上的犯罪行爲。

---

32 以下特定類型之反恐公約，整理自聯合國條約資料庫。https://treaties.un.org/。瀏覽日期：2020年6月10日。另參照金惠京（2001），テロ防止策の研究－国際法の現状及び将来への提言，東京：早稲田大学出版部，頁125-127。

33 2014年國際民航組織修正1963年的東京公約，通過《東京公約修訂議定書》（*Protocol To Amend The Convention on Offences and Certain other acts Committed on Board Aircraft*）。

34 2010年國際民航組織修正此公約，通過《關於制止非法劫持航空器的公約補充議定書》（*Protocol Supplementary to the Convention for The Suppression Of Unlawful Seizure Of Aircraft*）。

其次，針對特殊人士的生命或身體的攻擊所引發的國家恐慌與國際危機，在聯合國主導下所通過的相關防制條約，1973年12月14日聯合國大會通過《關於防止和懲處侵害應受國際保護人員包括外交代表的罪行的公約》（*Convention on the Prevention and Punishment of Crimes against Internationally Protected Persons, including Diplomatic Agents*），1979年12月17日聯合國大會通過《反劫持人質國際公約》（*International Convention against the Taking of Hostages*）。

其三，是有關於海上恐怖主義犯罪的型態。由於在此之前的恐怖主義犯罪活動主要係發生於與航空器有關的犯罪，以及在陸上對於重要特殊人士的身體攻擊事件，之後因1985年發生Achille Lauro劫船事件[35]，在美國的大力倡議之下，1988年3月10日國際海事組織（IMO）於義大利羅馬通過《制止危及海上航行安全非法行爲公約》（*Convention for the Suppression of Unlawful Acts against the Safety of Maritime Navigation*）以及《制止危及大陸礁層固定平台安全非法行爲公約議定書》（*Protocol for the Suppression of Unlawful Acts against the Safety of Fixed Platforms Located on the Continental Shelf*）。在911事件之後，在美國呼籲之下，國際海事組織召集國際會議針對以上兩個有關海上恐怖主義犯罪型態的國際公約進行修訂工作，並於2005年通過兩公約之議定書[36]。

最後一種類型主要係針對恐怖主義犯罪活動中特定的犯罪手法與工具所進行的國際規範。1980年3月3日國際原子能總署（IAEA）在維也納通過《核材料實體保護公約》（*Convention on the Physical Protection*

---

[35] 1985年10月7日，義大利籍客輪Achille Lauro號在地中海公海海域航行時遭到同船巴勒斯坦解放組織成員所挾持，同時殺害船上一名猶太裔的美國人。吉田靖之（2016），海上阻止活動の法的諸相―公海上における特定物質輸送の国際法的規制，大阪：大阪大学出版会，頁272。

[36] 2005 Protocol to the Convention for the Suppression of Unlawful Acts against the Safety of Maritime Navigation, and 2005 Protocol to the Protocol for the Suppression of Unlawful Acts against the Safety of Fixed Platforms Located on the Continental Shelf.

of Nuclear Material）[37]，1991年3月1日國際民航組織在加拿大蒙特婁通過《可塑性炸藥中添加爲偵測目的之識別標示公約》（*Convention on the Marking of Plastics Explosives for the Purpose of Detection*），1997年12月15日聯合國大會通過《制止恐怖主義爆炸國際公約》（*International Convention for the Suppression of Terrorist Bombings*），以及2005年4月13日聯合國大會通過《國際反核恐怖主義公約》（*International Convention for the Suppression of Acts of Nuclear Terrorism*）。

參、反恐公約的國際參與與規範內容之分析

戰後以來在相關國際組織的主導之下，國際社會已經通過爲數相當多的各種國際反恐公約，而這些在戰後不同時期通過的國際反恐公約是否在遏止與處罰相關恐怖主義犯罪方面達到了各該公約所預期設定的條約目的，基本上可以從國際參與情況以及條約規範內容的發展趨勢進行初步的討論分析。

表7-2　二次戰後聯合國反恐公約之通過與參與現況

	條約名	通過年	生效年	生效所需批准國數	生效所需時間	簽署國數	批准（加入）國
1	1963年關於在航空器內犯罪和其他某些行爲的公約（1963 Convention on Offences and	1963/9/14	1963/12/4	12國	約三個月	186	187

[37] 1994年6月17日國際原子能總署在維也納另通過《核安全公約》（*Convention on Nuclear Safety*）。然此公約主要著重於各國核子設備與放射能管理與管制上的安全要求，較不涉及國際恐怖主義犯罪活動之防制。

表7-2　二次戰後聯合國反恐公約之通過與參與現況（續）

	條約名	通過年	生效年	生效所需批准國數	生效所需時間	簽署國數	批准（加入）國
	Certain Other Acts Committed On Board Aircraft）						
2	1970年關於制止非法劫持航空器的公約（1970 Convention for the Suppression of Unlawful Seizure of Aircraft）	1970/12/16	1971/10/14	10國	約十一個月	184	185
3	1971年制止危害民用航空安全的非法行爲的公約（1971 Convention for the Suppression of Unlawful Acts against the Safety of Civil Aviation）	1971/9/23	1973/1/26	10國	約一年四個月	188	188
4	1973年關於防止和懲處侵害應受國際保護人員包括外交代表的罪行的公約（1973 Convention on the Prevention and Punishment of Crimes against Internationally	1973/12/14	1977/2/20	22國	約三年二個月	180	180

表7-2 二次戰後聯合國反恐公約之通過與參與現況（續）

	條約名	通過年	生效年	生效所需批准國數	生效所需時間	簽署國數	批准（加入）國
	Protected Persons, including Diplomatic Agents）						
5	1979年反劫持人質國際公約（1979 International Convention against the Taking of Hostages）	1979/12/17	1983/6/3	22國	約三年六個月	176	178
6	1980年核材料實體保護公約（1980 Convention on the Physical Protection of Nuclear Material）	1980/3/3	1987/2/8	21國	約七年	156	157
7	1988年制止在用於國際民用航空的機場發生非暴力行爲的議定書（1988 Protocol for the Suppression of Unlawful Acts of Violence at Airports Serving International Civil Aviation）	1988/2/24	1989/8/6	10國	約一年六個月	175	179

表7-2　二次戰後聯合國反恐公約之通過與參與現況（續）

	條約名	通過年	生效年	生效所需批准國數	生效所需時間	簽署國數	批准（加入）國
8	1988年制止危及海上航行安全非法行爲公約（1988 Convention for the Suppression of Unlawful Acts against the Safety of Maritime Navigation）	1988/3/10	1992/3/1	15國	約四年	166	166
9	1988年制止危及大陸礁層固定平台安全非法行爲公約議定書（1988 Protocol for the Suppression of Unlawful Acts against the Safety of Fixed Platforms Located on the Continental Shelf）	1988/3/10	1992/3/1	3國	約四年	156	156
10	1991年可塑性炸藥中添加爲偵測目的之識別標示公約（1991 Convention on the Marking of Plastic Explosives for the Purpose of Detection）	1991/3/1	1998/6/21	35國	約六年九個月	155	160

表7-2 二次戰後聯合國反恐公約之通過與參與現況（續）

	條約名	通過年	生效年	生效所需批准國數	生效所需時間	簽署國數	批准（加入）國
11	1997年制止恐怖主義爆炸國際公約（1997 International Convention for the Suppression of Terrorist Bombings）	1997/12/15	2001/5/23	22國	約三年五個月	170	172
12	1999年制止資助恐怖主義國際公約（1999 International Convention for the Suppression of the Financing of Terrorism）	1999/12/9	2002/4/10	22國	約二年四個月	188	190
13	2005年國際反核恐怖主義公約（2005 International Convention for the Suppression of Acts of Nuclear Terrorism）	2005/4/13	2007/7/7	22國	約二年三個月	116	149
14	2005年核材料實體保護公約修正公約（2005 Amendment to the Convention on the Physical	2005/7/8	2016/5/8	21國	約十年十個月	117	117

表7-2　二次戰後聯合國反恐公約之通過與參與現況（續）

	條約名	通過年	生效年	生效所需批准國數	生效所需時間	簽署國數	批准（加入）國
	Protection of Nuclear Material）						
15	2005年制止危及海上航行安全非法行爲公約的議定書（2005 Protocol to the Convention for the Suppression of Unlawful Acts against the Safety of Maritime Navigation）	2005/10/14	2010/7/28	12國	約四年九個月	47	51
16	2005年制止危及大陸礁層固定平台安全非法行爲公約議定書之議定書（2005 Protocol to the Protocol for the Suppression of Unlawful Acts against the Safety of Fixed Platforms Located on the Continental Shelf）	2005/10/14	2010/7/28	3國	約四年九個月	40	45

表7-2 二次戰後聯合國反恐公約之通過與參與現況（續）

	條約名	通過年	生效年	生效所需批准國數	生效所需時間	簽署國數	批准（加入）國
17	2010年制止與國際民用航空有關的非法行爲公約（2010 Convention on the Suppression of Unlawful Acts Relating to International Civil Aviation）	2010/9/10	2018/7/1	22國	約七年十個月	22	51
18	2010年關於制止非法劫持航空器的公約補充議定書（2010 Protocol Supplementary to the Convention for the Suppression of Unlawful Seizure of Aircraft）	2010/9/10	2018/1/1	22國	約七年三個月	21	53
19	2014年關於在航空器內犯罪和其他某些行爲的公約議定書（2014 Protocol to the Convention on Offences and Certain other Acts Committed on Board Aircraft）	2014/4/4	2020/1/1	22國	約五年八個月	35	22

資料來源：整理自聯合國條約資料庫。https://treaties.un.org/Pages/AdvanceSearch.aspx?tab=UNTS&clang=_en。瀏覽日期：2020年1月3日。

從表7-2所示可知，戰後以來國際社會所簽署通過的反恐相關國際條約當中，初期幾個有關航空器犯罪的國際公約的生效要件，並未要求很高的批准國數目，大約10個到12個，因此這些公約的生效並未花費太久的時間，顯示當時的國際社會對於預防與處罰航空器犯罪的急迫性。1970年代之後的國際反恐公約，大多以22個批准國數作爲各該條約的生效要件，而從此一時期開始，可以發現此類條約自簽署之後到實際生效所需的時間開始拉長，大致上均需要三年到四年以上的時間。時間上簽署相對較近的條約，例如《2010年制止與國際民用航空有關的非法行爲公約》、《2010年關於制止非法劫持航空器的公約補充議定書》以及《2014年關於在航空器內犯罪和其他某些行爲的公約議定書》等的生效均超過五年的時間。

另一個可以觀察的重點是，上一個世紀的反恐相關條約，整體而言一開始參與各該條約之談判與簽署條約的國家數目明顯較多，而目前的參與現況來看條約的當事國也超過150個國家以上。相對於此，在2000年之後所簽署的條約，明顯地在簽署國數目上偏少，而目前各該條約雖然已經生效，但是當前的條約當事國仍屬少數。此一現象也可能說明了進入21世紀之後，包含美、中、蘇之間的政經對抗關係，加上中東、北韓與非洲等區域局勢的詭譎多變，都使得反恐議題不再僅是單純的打擊國際犯罪的思維，造成以聯合國爲主所召集的國際反恐會議的國際參與摻雜了更多政治因素的考量，使得現代國際反恐會議的國家參與程度不如上個世紀來的具有普遍性。當然，此種現象也使得現代的國際反恐立法進程受到延遲，而生效的條約的批准國數與加入國數在現階段仍不具有普遍性的基礎，使得條約的有效實施受到嚴重阻礙。

肆、反恐公約的規範內容發展分析

大多數的公約在內容上主要的進展在於規定了各締約國打擊國際恐怖主義犯罪的國際刑事合作義務。基本內容例如締約國應在內國法上處罰各該公約所明定的犯罪行爲，應對公約所明確的犯罪確立刑事管轄權，應實行「或引渡或起訴義務」（the obligation to extradite or prosecute (aut dedere aut judicare)），以及應在打擊公約所規定的犯罪方面相互提供協助等。

如上所述，戰後以來國際社會針對不同的恐怖主義犯罪手法與犯罪對象通過了具有多元性質的國際反恐公約，限於篇幅無法針對每一個締結的條約之規範內容一一詳細討論。在此將從此類公約在國際立法的發展上，就整體而言在規範內容上有何特徵，並且隨著時間的發展，國際社會如何針對之前條約上的缺漏進行檢討與修正加以論述。

一、特定犯罪構成要件的具體化

上述這些公約雖然被簡易地統稱爲國際反恐公約，不過此類公約始終並未針對「恐怖主義」、「恐怖主義犯罪」或「恐怖主義分子」進行法律上的定義。即使《1997年制止恐怖主義爆炸國際公約》以及《1999年制止資助恐怖主義國際公約》的條約名稱直接使用的「恐怖主義分子」（terrorist）或「恐怖主義」（terrorism）的名稱，但這兩個公約的規範內容上亦未針對這兩個用語進行定義。這些情況突顯出國際社會反恐行動上的一大限制，亦即如何針對該詞給予一個國際社會普遍認同的法律定義，此一爭議至今仍是無解之題。

儘管面臨如此定義上的困境，至少上述此類國際反恐公約均在其條約規範內容上，針對恐怖主義或恐怖分子所經常採取的犯罪手段，諸如挾持人質、炸彈攻擊、暗殺要員等，在各該條約內容上規範各類犯罪行爲的主觀與客觀不法構成要件，而成爲各該條約中所規範的「條約犯罪」，進而要求各締約國對於「條約犯罪」進行預防與處罰。如此的作法，基本上可以避開「恐怖主義」、「恐怖主義犯罪」或「恐怖主義分子」等用語之法律定義的爭議，而從打擊特定刑事犯罪行爲的思維，對於此類犯罪進行處罰與防制。

二、初期處罰規範的不完整

反恐國際立法的領域最初起於有關航空機的犯罪型態，最早的公約爲

1963年的《東京公約》。該公約雖在規範防制劫機犯罪方面立下里程碑，但該公約當中卻針對劫機行爲未有設有「起訴或處罰」的明文規定，僅在條約上規範各締約國應就航空機的回復原狀進行國際合作（第11條）。再者，該公約亦規定條約的任何條文不得將犯罪人引渡視爲條約義務（第16條第2項）。此種立法內容若從今日之立場觀之，顯得令人難以理解。然而，此種規範內容明顯暴露在1950年代至60年代的國際社會對於恐怖主義犯罪的漠視或誤解，同時尚未將劫機行爲視爲是一種恐怖主義犯罪行爲[38]。

三、條約義務的不明確

在上個世紀所通過的國際反恐公約當中，雖然各該條約中對於特定恐怖犯罪之違法型態有所規範，但事實上並非所有的條約均要求締約國在其國內法將條約所規範的違法行爲入罪化。例如，在條約內容上較明確要求締約國在其內國法上將條約違法行爲入罪化之條約僅有《1973年關於防止和懲處侵害應受國際保護人員包括外交代表的罪行的公約》、《1997年制止恐怖主義爆炸國際公約》以及《1999年制止資助恐怖主義國際公約》明確規定將條約所規定之特定違法活動加以在國內法上入罪化[39]。其餘的反恐相關公約針對內國法之入罪化部分大多存在曖昧不明的規範內容，例如《1970年關於制止非法劫持航空器的公約》、《1971年制止危害民用航空安全的非法行爲的公約》及其議定書、《1979年反劫持人質國際公約》以及《1988年制止危及海上航行安全非法行爲公約》及其議定書，均僅規定每一締約國應按照條約規定考量「罪行的嚴重性處以適當的懲罰」

---

38 金惠京（2001），テロ防止策の研究－国際法の現状及び将来への提言，東京：早稲田大学出版部，頁142。

39 James D. Fry, “The Swindle Of Fragmented Criminalization: Continuing Piecemeal Responses To International Terrorism And Al Qaeda,” *New England Law Review*, 2009, p. 392.

（offence punishable by severe penalties），其所謂「嚴重性」與「適當的」等的用語，均使得各國存在裁量的空間[40]。

第三節　打擊恐怖主義的國際機制

壹、聯合國機制

一、聯合國大會決議（General Assembly Resolutions）

2006年9月8日，聯合國大會全體一致同意通過《聯合國全球反恐戰略》（*United Nations Global Counter-Terrorism Strategy*），此爲當時聯合國192個會員國首次針對打擊恐怖主義所的全球戰略達成全體一致的共識[41]。該戰略不僅宣示一個清楚的信息，即一切形式和表現的恐怖主義都是不可接受的，會員國並決意個別的或集體的採取切實步驟，防止並打擊恐怖主義。這些切實步驟包括從加強國家反恐能力到精進協調聯合國系統反恐活動等一系列廣泛措施。此一戰略係由一個決議以及作爲其附件的一個行動計畫所組成。此該行動計畫揭示了如下4個支柱[42]：

（一）消除促使恐怖主義得以擴張蔓延的條件。

（二）防制與打擊恐怖主義的措施。

（三）提升國家防制與打擊恐怖主義能力的措施並強化聯合國反恐之角色。

（四）確保以尊重人權與法治之精神作爲反恐行動基礎的措施。

---

40 Ibid..

41 “United Nations Global Counter-Terrorism Strategy,” https://www.unodc.org/e4j/en/terrorism/module-3/key-issues/un-global-ct-strategy.html.

42 “Resolution adopted by the General Assembly on 8 Septemper 2006,” https://undocs.org/A/RES/60/288.

此戰略每兩年進行檢討與更新，以便適應國際反恐新局面，相關決議如下。

（一）2006年60/288號決議《聯合國全球反恐戰略》。

（二）2008年62/272號決議《聯合國全球反恐戰略》。

（三）2010年64/297號決議《聯合國全球反恐戰略》。

（四）2011年66/10號決議聯合國全球反恐中心。

（五）2012年66/282號決議《聯合國全球反恐戰略》審查。

（六）2014年68/276號決議《聯合國全球反恐戰略》審查。

（七）2016年70/291號決議《聯合國全球反恐戰略》審查。

（八）2017年71/291號決議加強聯合國系統協助會員國實施《聯合國全球反恐戰略》的能力。

有關《聯合國全球反恐戰略》之執行層面，爲整合聯合國系統內的反恐工作，聯合國於2005年設立了「反恐執行工作組織」（Counter-Terrorism Implementation Task Force），並獲得2006年大會通過的《聯合國全球反恐戰略》的支持。「反恐執行工作組織」的任務是加強聯合國系統反恐努力的協調和統一。該工作組織由任務性質與多邊反恐機制息息相關的38個單位實體所組成，並根據組織所設定的任務作出相關貢獻。其主要目標爲透過協助會員國落實上述反恐戰略中的四大支柱，以最大化各國際實體在反恐工作上的相對優勢（comparative advantage）[43]。

2011年，通過沙烏地阿拉伯政府提供自願捐助，聯合國秘書處得以倡議設立「聯合國反恐中心」（Counter-Terrorism Centre）。同年，大會通過第66/10號決議，支持在「反恐執行工作組織」下成立反恐中心，並鼓勵會員國與反恐中心協作。反恐中心在聯合國秘書長和政治事務部的管轄下運作，促進通過反恐執行工作隊實施「全球反恐戰略」[44]。

---

43 “The Counter-Terrorism Implementation Task Force (CTITF),” https://www.un.org/victimsofterrorism/en/about/ctitf (2020/1/28).

44 “Background of UNCCT,” https://www.un.org/counterterrorism/cct/background (2020/1/28).

在最近的發展方面，聯合國於2017年6月15日依據聯合國大會決議（71/291）成立「聯合國反恐辦公室」（The United Nations Office of Counter-Terrorism）[45]。在組織調整上，上述的「反恐執行工作組織」以及「聯合國反恐中心」（UN Counter-Terrorism Centre）內整合納入新成立的「聯合國反恐辦公室」[46]，在任務方面仍持續進行上述整合協調的工作。

2018年2月23日，聯合國秘書長簽署新的《聯合國全球反恐協調盟約》（*United Nations Global Counter-Terrorism Coordination Compact*），此盟約取代了2005年所設立的「反恐執行工作組織」協調安排（coordination arrangement），新盟約確立了一套嶄新且全面性的指導原則，旨在顯著改善聯合國系統的協調一致，支援會員國執行《聯合國全球反恐戰略》[47]。該盟約作爲聯合國秘書長與36個聯合國內部實體單位以及國際刑警組織和世界海關組織之間共同合作商議的反恐平台。2019年8月，該盟約之合作夥伴已經達到42個。在聯合國秘書長所推動的一系列反恐整合之改革當中，目前「聯合國反恐辦公室」扮演了《聯合國全球反恐協調盟約》之秘書處的角色與功能[48]。

二、安理會決議（Security Council Resolutions）

在911事件發生之前，安理會早已針對國際恐怖主義的防制與處罰有所關注[49]。在911事件之後，聯合國安理會對於打擊國際恐怖主義態度上

---

45 聯合國。反恐辦公室。https://www.un.org/counterterrorism/ctitf/。瀏覽日期：2019年8月30日。

46 "Coordination and coherence of the counter-terrorism efforts of the United Nations," https://www.un.org/counterterrorism/ctitf/ (2020/1/28).

47 秘書長古特雷斯簽署《聯合國全球反恐協調契約》強調聯合國系統採取協調一致行動的重要性。https://news.un.org/zh/story/2018/02/1003081。瀏覽日期：2020年1月28日。

48 "UN Global Counter-Terrorism Coordination Compact," https://www.un.org/counterterrorism/global-ct-compact (2020/1/28).

49 例如安理會決議1267（1999年10月15日）、1269（1999年10月19日）、1333（2000年12月19日）以及1363（2001年7月30日）。這些決議主要針對阿富汗塔利班政權所引發的衝突局勢。

更加積極，承諾「決心採取一切手段打擊恐怖主義行爲對國際和安全所造成的威脅[50]」。以下爲911事件之後，安理會通過有關國際反恐的相關決議。

（一）2001年：

1. 1368號決議譴責9月11日針對美國的恐怖主義攻擊。
2. 1373號決議設立反恐怖主義委員會。
3. 1377號決議譴責全球努力打擊恐怖主義的部長級宣言。

（二）2002年：

1. 1438號決議譴責在峇里島發生的炸彈攻擊。
2. 1440號決議譴責在莫斯科發生的劫持人質行爲。
3. 1450號決議譴責在肯尼亞發生的恐怖主義攻擊。

（三）2003年：

1. 1456號決議眾外交部長關於打擊恐怖主義的宣言。
2. 1465號決議譴責在哥倫比亞波哥大發生的炸彈攻擊。
3. 1516號決議譴責在伊斯坦布爾發生的炸彈攻擊。

（四）2004年：

1. 1530號決議譴責在馬德里發生的炸彈攻擊。
2. 535號決議設立反恐怖主義委員會執行局（反恐執行局）。
3. 1566號決議設立工作組審議對除蓋達組織／塔利班委員會之外的個人、團體或實體採取的措施。

（五）2005年：

1. 1611號決議譴責在倫敦發生的恐怖襲擊。
2. 1618號決議譴責在伊拉克發生的恐怖襲擊。
3. 1624號決議禁止煽動實施恐怖行爲。
4. 1631號決議聯合國與區域組織在維護國際和平與安全方面的合作。

---

[50] S.C. Res. 1368, pmbl., U.N. Doc. S/RES/1368 (Sept. 12, 2001).

（六）2007年1787號決議延長反恐執行局的任期。

（七）2008年1805號決議反恐執行局的任期延至2010年12月31日。

（八）2010年1963號決議反恐執行局的任期於2013年12月31日結束。

（九）2013年2029號決議恐怖活動對國際和平與安全的威脅。

（十）2014年：

1. 2133號決議安全理事會第7101次會議通過。
2. 2170號決議安全理事會第7242次會議通過。
3. 2178號決議解決日益增長的外國恐怖主義戰鬥人員問題。
4. 2185號決議安全理事會2014年11月20日第7317次會議通過。
5. 2195號決議恐怖活動對國際和平與安全的威脅。

（十一）2015年：

1. 2199號決議恐怖活動對國際和平與安全的威脅。
2. 2249號決議恐怖活動對國際和平與安全的威脅。
3. 2253號決議恐怖活動對國際和平與安全的威脅。
4. 2255號決議恐怖活動對國際和平與安全的威脅。

（十二）2016年：

1. 2309號決議安全理事會第7775次會議通過（航空安全）。
2. 2322號決議安全理事會2016年12月12日第7831次會議通過（國際執法和司法合作）。
3. 2331號決議安全理事會2016年12月20日第7847次會議通過。

（十三）2017年：

1. 2341號決議保護關鍵基礎設施。
2. 2354號決議打擊恐怖主義宣傳。
3. 2368號決議更新和修改第1267/1989/2253ISIL（達伊沙）和基地組織制裁機制。
4. 2370號決議恐怖行爲引發的國際和平與安全威脅—防止恐怖分子獲取武器。
5. 2379號決議國際和平與安全威脅—對伊拉克領土內ISIL犯罪的追責。

6. 2395號決議恐怖行爲引發的國際和平與安全威脅—反恐委員會執行局職權延期。
7. 2396號決議恐怖行爲引發的國際和平與安全威脅—外國恐怖分子。

（十四）2019年：

1. 2462號決議恐怖行爲引發的國際和平與安全威脅—恐怖主義融資。
2. 2482號決議國際恐怖主義和有組織犯罪引發的國際和平與安全威脅。

貳、資助恐怖主義犯罪與洗錢防制

在二次戰後的很長的一段時間，國際社會面對恐怖主義攻擊的反制策略，大多集中於調查措施、執法行動以及軍事活動方面的作爲。換言之，反恐策略強調恐怖主義犯罪所從事的實際犯罪行動本身，而支持恐怖主義犯罪背後的資金流向則被忽略[51]。1980年代開始，隨著國際社會在國際反毒策略上意識到管制與追查毒品犯罪的洗錢流向，在反恐的領域亦開始重視非法資金以及洗錢問題在恐怖主義犯罪活動過程中所扮演的重要角色。

恐怖主義分子的資金來源，除了以強盜、搶劫、綁架或毒品買賣等非法活動取得之外，還可能透過社會捐助、企業贊助或慈善捐款等合法形式進行資金的取得[52]。不管係以非法犯罪活動或合法形式取得資金，恐怖主義分子爲了避免行動曝光，並且逃避其資金的流向與運用受到監測，因此透過各種洗錢管道將其犯罪活動資金加以「漂白」爲合法形式的資金亦成爲恐怖主義組織的犯罪活動之一。

在理解犯罪活動與洗錢活動之間的連結共生之後，執法單位與情治單

---

[51] Jonathan R. White (2015). *Terrorism and Homeland Security*, 9th edition, New York, Cengage Learning Press, p. 53.

[52] Freeman, M. ed. (2012). *Financing Terrorism: Case Studies*, Burlington, CT: Ashgate. p. 7.

位也開始認知資助恐怖主義活動（terrorist financing）本身就是一種獨立的犯罪過程，其使用了許多不同的手法與型態進行掩飾其非法資金，達到洗錢的漂白目的。認識恐怖主義與洗錢犯罪之必然連結關係，各國政府與相關單位採取反洗錢措施以便達到打擊與防制恐怖主義犯罪的效果。

上述提及的《1999年制止資助恐怖主義國際公約》，一如其名稱所示，乃是聯合國透過專門打擊洗錢犯罪以便達到遏止恐怖主義活動擴張的國際法文件。該公約第2條規定條約犯罪行爲係指：「任何人以任何手段，直接或間接地非法和故意地提供或募集資金，其意圖是將全部或部分資金用於，或者明知全部或部分資金將用於實施：(a)屬附件所列條約之一的範圍並經其定義爲犯罪的一項行爲；或(b)意圖致使平民或在武裝衝突情勢中未積極參與敵對行動的任何其他人死亡或重傷的任何其他行爲，如這些行爲因其性質或相關情況旨在恐嚇人口，或迫使一國政府或一個國際組織採取或不採取任何行動。」此公約除了確立對於條約犯罪的國家管轄權以及相關司法互助措施之外，最重要的條文包含了第8條與第18條，前者規定要求每一締約國應根據其本國法律原則採取適當措施，以便識別、偵查、凍結或扣押，乃至於沒收用於實施或調撥以實施本公約之條約犯罪的任何資金以及犯罪所得收益；後者則規定要求所有會員國應制定相關金融管制法令並確實實施，包含客戶資料審查與管控、確認與核實帳戶客戶的身分、可疑交易之通報。在法律實體的查證方面，規定金融機構在必要時採取措施，取得客戶的名稱等相關資料以便核實客戶的合法存在，要求金融機構承擔向主管當局迅速報告之義務，以及規定各金融機構將有關國內和國際交易的一切必要紀錄至少保存五年等。

911事件之後，國際社會雖未就恐怖主義洗錢問題修約或重訂新約，不過主要透過聯合國安理會所通過的上述相關反恐決議，進一步具體化打擊資助恐怖主義的相關措施與法律效力。例如在911事件之後，2001年9月28日通過的安理會1373號決議，決定根據《聯合國憲章》第七章採取行動，所有國家應防止和制止資助恐怖主義行爲，毫不拖延地凍結恐怖主義行爲的個人或組織的資金，制止恐怖主義集團召募成員和消除向恐怖分子供應武器，通過交流情報向其他國家提供預警，拒絕給予恐怖主義犯罪的個人安全庇護，防止資助、計畫、協助或犯下恐怖主義行爲的人，在國內法規中確定此種恐怖主義行爲是嚴重刑事罪行，防止假造、僞造或冒用身分證和旅行證件，防止恐怖分子和恐怖主義集團的移動。

第四節　打擊恐怖主義犯罪的國際法困境與其對策

壹、國際反恐措施所存在之困境

一、國際立法功能上的限制

條約可說是現代國際法的主要法源，特別在現代國際社會高度組織化之下，透過許多國際組織簽訂無數的多國間條約，以便作爲規範國家行爲的共通基準，已經成爲現代國際法發展的主要趨勢，亦是國際社會運作的基本模式。在此情況下，若係屬事務性或技術性的多國間條約或協定，其簽署與生效比較不會成爲爭議的問題。但是若涉及政治性或軍事性等的討論議題，許多國家乃至於國際組織本身可能因自身的政治考量而使得條約或協定的談判或生效遇到障礙瓶頸。此點在國際社會打擊恐怖主義的方面亦出現此種現象。

防制與處罰國際犯罪或跨國犯罪，在現代國際社會已經成爲一種國家間的共識，例如集體種族虐殺、毒品犯罪、人口販運或貪瀆犯罪等，國際社會在防制這類犯罪方面都已經簽署相關國際性條約，這表示爲了有效打擊這類犯罪，世界各國經過一段時間的討論商議，逐漸對於此類犯罪對於人類社會造成的危害形成共同的危機意識，進一步在此共識之下，簽署相關多國間條約，透過嚴密的國際合作，實施履行條約中的相關措施與義務，達到條約所設定的共同目標。對照此一模式，吾人可發現在恐怖主義方面，現今國際社會事實上仍無法如上述集體種族虐殺、毒品犯罪、人口販運或貪瀆犯罪等犯罪一般，簽署具有建設性與實踐性的國際條約。何以如此，爭議之點仍在於所謂恐怖主義是否如毒品犯罪、人口販運或貪瀆犯罪等違法行爲一般能夠具有國際社會所共同認識的「國際犯罪性」[53]。當然，恐怖主義無法在當今國際社會取得「國際犯罪性」的共識，關鍵點可回歸到該詞本身定義的老問題，恐怖主義一詞本身具有的政治性，使得防制與打擊恐怖主義的國際立法與規範強度受到嚴重阻礙。

從上述的討論可知，打擊恐怖主義的國際立法在戰後以來雖然在相關犯罪行爲方面取得某種程度的進展，例如劫機犯罪、洗錢防制與人質殺害等，不過隨著時代演進，這些規範特定犯罪手段的國際條約逐漸面臨實施有效性的質疑，近年來對於特定國際條約的國際參與也不如上個世紀來得具有普遍性。這些現象仍舊突顯出國際反恐立法方面受到政治性高度干擾。

二、條約規範內容與其實施的限制

有關打擊恐怖主義的國際法的另一個困境，體現在條約規範內容的模式以及處罰有效性的問題。換言之，現階段被視爲是打擊恐怖主義的特定條約在規範內容上呈現幾個問題，第一是條約義務未被締約國履行時，事實上並未有相關強制締約國必須履行條約義務的條約規定。況且，這類條約並未規定具體的統一處罰標準，最終處罰的輕重判斷仍屬各國的自由裁量，即使條約有效遵守，仍舊無法有效處罰與抑制各類嚴重違反國際社會共通利益的犯行。

當前打擊跨國犯罪的國際條約，規範內容幾乎會存在有管轄權的規定，要求締約國基於屬地或屬人等原則對於條約犯罪行使國家管轄權。不過，針對國家管轄權若產生衝突時的情況，此類條約並未設置相關調整的制度[54]。此種規範思維一開始爲了盡可能使很多國家對於國際犯罪行爲行使管轄權，防止國際上出現執法眞空狀態，因此條約規範上期望賦予大多

---

53 金惠京（2001），テロ防止策の研究－国際法の現状及び将来への提言，東京：早稲田大学出版部，頁331。

54 同前註，頁334。

數國家對於各該條約犯罪行使國家管轄權的權力。不過，針對若眾多國家行使管轄權時所可能發生的衝突情況，各該條約當中卻未有制度性的調整規範，在實務上可能導致新的爭端的產生，其中最有爭議者仍屬涉及逮捕或拘禁等執行管轄權的行使，國家是否享有這些執行管轄權，實務上容易在國家之間產生爭議或爭端。

三、打擊恐怖主義犯罪在執法手段上的限制

恐怖主義犯罪嚴重危害到人類社會的和平與安定，此點對於大多數人而言是無庸置疑的觀點。然而，在打擊恐怖主義犯罪的議題上，不管在國際法或是國內法上，均出現了執法手段的合法性與合理性受到質疑的局面。如此的情況主要涉及到人權保障的問題。

戰後以來，聯合國之成立標榜人權之保障，《聯合國憲章》第1條第3項規定聯合國的宗旨之一為「促成國際合作，以解決國際間屬於經濟、社會、文化及人類福利性質之國際問題，且不分種族、性別、語言或宗教，增進並激勵對於全體人類之人權及基本自由之尊重」。之後1948年的《世界人權宣言》、1966年的《公民與政治權利公約》與《經濟社會文化權利公約》，以及戰後以來針對特定領域所通過的眾多人權公約等所建構的國際人權法，在現代國際法乃至於國際關係領域很明顯地已經占有非常重大的地位與影響力[55]，這些國際人權條約同時也影響了聯合國會員國之國內法秩序，包含立法與執法。

因此，在現代國際社會相當重視人權保障的氛圍與背景之下，有些國家，特別是被恐怖主義攻擊的高風險國家在手段上採取了被認為有違反或侵害人權之虞的反恐措施，因而引發爭議。例如，非法酷刑、濫權起訴或者非法鎮壓等手段時常是反恐與人權之間探討的連結點[56]，有些國家甚至

---

[55] Arnold K. Amet, “Keynote Address to the 21st Annual Fulbright Symposium-Harmony and Dissonance in International Law,” *Annual Survey of International and Comparative Law*, No. 19, 2013, pp. 36-38.

[56] Ibid., p. 38.

在國內法上採取明顯違反人權的立法措施[57]，美國政府爲了打擊恐怖主義犯罪亦採取了許多引發侵害人權爭議的立法措施或執法行動。例如在1995年奧克拉荷馬市爆炸案[58]之後，在反恐的歇斯底里情緒中，美國聯邦政府通過相關法案賦予聯邦執法單位強大的執法權限，然而這些反恐的聯邦法案大部分均難以完全排除其中所具有的政治性考量[59]。在911事件之後，美國聯邦政府的恣意擴權導致侵害人權的現象，更是受到多方指責[60]，美國政府在古巴關達那摩灣軍事基地中發生的虐囚事件在美國國內與國際社會均造成軒然大波[61]。時至今日，恐怖主義犯罪防制乃至於國家安全與美國憲法中的人權保障規定，此兩者之間的衝突與拉扯仍是今日美國社會爭論不休的焦點議題[62]。

---

[57] Mirna Cardona, "El Salvador: Repression in the Name of Anti-Terrorism," *Cornell International Law Journal*, No. 42, 2009, p. 139.

[58] 維基百科。奧克拉荷馬市爆炸案。https://zh.wikipedia.org/wiki/%E4%BF%84%E5%85%8B%E6%8B%89%E4%BD%95%E9%A9%AC%E5%9F%8E%E7%88%86%E7%82%B8%E6%A1%88。瀏覽日期：2020年2月16日。

[59] Cole, D., and J.X. Dempsey (2002). *Terrorism and the Constitution: Sacrificing Civil Liberties in the Name of National Security*. New York: Free Press.

[60] See Int'l Comm. of the Red Cross, Report of the International Committee of the Red Cross (ICRC) on the Treatment by the Coalition Forces of Prisoners of War and Other Protected Persons by the Geneva Conventions in Iraq During Arrest, Internment and Interrogation (2004)，轉引自Arnold K. Amet, "Keynote Address to the 21st Annual Fulbright Symposium-Harmony and Dissonance in International Law," *Annual Survey of International and Comparative Law*, No. 19, 2013, p. 39. Also see Human Rights Watch, World Report 2003: United States, http://www.hrw.org/wr2k3/us.html (2020/2/14).

[61] Amnesty International UK (2018). "Guantánamo Bay: 14 years of injustice," https://www.amnesty.org.uk/guantanamo-bay-human-rights (2020/2/19).

[62] Jonathan R. White (2015). *Terrorism and Homeland Security*, 9th edition, New York, Cengage Learning Press, pp. 353-374. Colb, S. F. (2001). "The New Face of Racial Profiling: How Terrorism Affects the Debate." *FindLaw's Legal Commentary*, https://supreme.findlaw.com/legal-commentary/the-new-face-of-racial-profiling.html (2020/2/19). Katz, L. R. (2001). "Anti-Terrorism Laws: Too Much of a Good Thing." *Jurist*. November 24. http://jurist.law.pitt.edu/ forum/forumnew39.htm.

貳、國際反恐措施之未來對策

基於以上對於戰後以來反恐國際立法與機制的發展歷程的分析觀之，當前與未來各國對於反恐的國際層面有以下幾點特徵將持續受到關注。

一、國際層面上：國際反恐立法內容的持續精進與具體化

雖然戰後以來以聯合國為中心的國際立法，在各類型的恐怖主義犯罪行為的規範方面持續進展。不過，有關恐怖主義的定義問題，當前仍是國際社會必須在國際反恐立法方面必須突破的重大瓶頸。儘管對於定義的問題各有正反主張，短期而言要達成國際共識實屬不易。然而，隨著恐怖主義犯罪對於全體人類的生命財產造成重大侵害的觀點來看，在此方面國際社會若從「無辜的被害者」的角度出發思考，基本上相對的比較容易達成某種程度的共識[63]。換言之，儘管恐怖主義一詞的法律定義可能因為具有「政治性質」導致難以在國際立法上確立，但是對於任何國家而言，若恐怖主義犯罪的攻擊對象是隨機的無辜一般大眾，即使該犯罪行動具有某種程度的合理化政治因素（例如民族獨立戰爭或推翻獨裁政權等），仍無法排除其恐怖主義犯罪的違法性質。

再者，即使將恐怖主義犯罪在各種國際反恐條約上規定國際違法行為，此類國際反恐條約中對於犯罪的處罰能委由各締約國裁量決定，條約上大多僅規定司法互助方面的合作義務。然而，合作義務僅是一種要求締約國進行協商的義務規定，但未必應達成實質協議，換言之這類規定並非屬於有義務進行實質合作的強制條款，且對於不遵守者並未有處罰規定。有關此部分，乃是聯合國主導未來反恐國際立法方面必須嚴肅面對的課題。

---

63 金惠京（2001），テロ防止策の研究－国際法の現状及び将来への提言，東京：早稲田大学出版部，頁337-341。

二、國內層面上：恐怖主義犯罪手法的持續分析與對策研擬

恐怖主義由來已久，其犯罪手法或許隨著時代進展與科技發展推陳出新，面臨恐怖主義犯罪手法的多元發展，國際社會與世界各國不論在國際作爲方面抑或是國內作爲方面，均必須嚴正以待。整體犯罪網絡中尚且必須關注恐怖主義組織與以牟取經濟利益的傳統犯罪組織之間的聯繫掛勾。其次，上述所謂網路恐怖主義的興起，亦是不容小覷的犯罪勢力。另外，近年來類似孤狼恐怖主義的小規模恐怖攻擊行動，此類攻擊活動的成功不僅造成民眾恐慌，更可能會進一步激勵既有的恐怖主義組織的勢力。

有鑑於此類小規模攻擊卻能造成大規模恐慌的恐怖主義活動，美國聯邦調查局經過研究後提出參考對應作法。第一，乃是強調國家複數反恐單位之間的緊密協調[64]，因爲具有龐大指揮系統的反恐中心無法迅速對應與反制小規模的反恐攻擊，如何強化單位之間的緊密合作才是反恐的致勝點。第二，乃是必須強調執法部門的跨國合作以及情資分享[65]，事實上這些均屬於刑事司法互助的範疇，基本上在戰後以來十幾個國際反恐條約當中均有相關規定，未來如何在相關條約規定之下，進一步促進國家之間在反恐方面的司法互助與偵察合作，乃是各國反恐策略的重點所在。第三，儘管恐怖主義組織與傳統的跨國犯罪組織有某種程度上的合作關係，然而，在防制與打擊兩者的手段與方法上，仍有必須加以區別之必要[66]。基本上，恐怖主義透過武裝攻擊希望破壞或崩解原先穩定和平的政經秩序，相反地，傳統跨國犯罪組織希望一個相對穩定的政經秩序以便其透過相關

---

[64] McJunkin, J. W., "Statement of James W. McJunkin, Deputy Assistant Director, Counterterrorism Division, FBI." The Mumbai Attacks: A wakeup Call for America's Private Sector, 2010. https://www.govinfo.gov/content/pkg/CHRG-111hhrg49944/html/CHRG-111hhrg49944.htm (2020/2/19).

[65] Boin, A., "The New World of Crises and Crisis Management: Implications for Policymaking and Research." *Review of Policy Research*, Vol. 26, No. 4, 2009, pp. 367-377.

[66] Stohl, M., "Networks, Terrorists and Criminals: The Implications for Community Policing." *Criminal Law and Social Change*, Vol. 50, No. 1/2, 2008, pp. 59-72.

違法活動獲取龐大經濟利益。以洗錢爲例，傳統跨國犯罪組織透過相關方法將原本的犯罪黑錢透過正常經濟體系加以漂白，但恐怖主義組織有可能從正常經濟體系獲得正當經濟利益，例如企業贊助或宗教捐款等，但爲使合法所得來源避免遭到調查，可能反其道而行企圖將合法財務所得加以洗黑，以便保護其背後出資者的身分[67]。如此犯罪結構與犯罪目的的差異，執法者必須根據兩者結構性的不同在實際犯罪偵察與司法互助方面進行更爲縝密的規劃。

第五節　小結

現代的國際關係，在質與量上均遠遠超過前幾個世紀的國際社會。因此，如何從國際立法角度達到有效打擊與防制恐怖主義的目標，涉及到當前國際社會對於國際法的法律定位與認識，以及條約實施手段的現實問題。

現代國際社會的高度組織化，有效促進國家之間的政策溝通以及相關國際基準的設立，也因此不少國際組織，特別是專門性或技術性國際組織在這方面扮演重要角色與功能，這亦是現代國際社會乃至於現代國際法的特徵之一。然而，在此種以國際組織爲主體進行國際立法的情況下，除了國家間之利益折衝之外，國際組織本身或不同國際組織之間對於相關國際重大議題仍有其相互間的利益折衝。再者，國家的政治、外交與軍事等政策的考量，也可能因爲在不同國際組織的會議場合而有不同的立場表述，這些現象均是現代國際法所面臨到的可能狀況。如上述，戰後以來通過的十幾個與反恐有關的國際條約，主導各該條約的商議與通過的國際組織不盡相同，而參與的國家也各有差異，均使得國際法的實施受到法律以外因

---

67 Durrieu, R., Rethinking Money Laundering and Financing of Terrorism in International Law: Towards a New Global Order, 2013. http://booksandjournals.billonline.com/content (2020/2/20).

素的影響。

除了國際法的立法與執行因素之外，以聯合國爲主體的反恐措施與機制的建立，仍在現代國際社會扮演重要角色。特別在冷戰結束之後乃至於911事件之後，聯合國安理會的反恐角色更形重要。基本上聯合國安理會儼然成爲國際反恐法律的執行者與監督者的角色，在聯合國安理會通過的許多決議或決定當中，相關反恐國際條約一再被提起，而相對的聯合國安理會也透過其決議或決定的內容進一步強化各該國際反恐公約的義務性與執行力。雖然不少法學者與實務工作者均認識到打擊與防制國際恐怖主義的有效性，仍與恐怖主義的「定義」問題相互糾結，但在此國際立法的限制之下，現階段對於相關條約的分析與以聯合國安理會爲主體的反恐機制研究，仍有其實質與實際的意義。

參考書目

一、中文文獻

中國現代國際關係研究所（2002.3），2001-2002國際戰略與安全形勢評估，北京：時事出版社。

王崑義（2002），美國的反恐怖主義與國際安全——兼論九一一事件以後臺海兩岸的處境，遠景季刊，第3卷第2期，頁137-184。

世界數字圖書館。https://www.wdl.org/zh/item/11579/。瀏覽日期：2020年2月14日。

余佩樺（2015），伊斯蘭國是怎麼一回事，天下雜誌，第585期。

余建華（2015），恐怖主義的歷史演變，上海：上海人民出版社。

李莉（2003），關於恐怖主義的根源——9・11後的大國戰略關係，周榮耀主編，北京：中國社會科學出版社。

李邁先（2008），西洋現代史，台北：三民書局。

杜邈（2008），恐怖主義犯罪專題整理，北京：中國人民公安大學出版社。

東森新聞（2019）。最後一塊領土遭攻陷伊斯蘭國ISIS宣告滅亡。國際。https://news.ebc.net.tw/News/world/157576。瀏覽日期：2019年7月6日。

林泰和（2015），恐怖主義研究：概念與理論，台北：五南圖書出版公司。

胡聯合（2001），當代世界恐怖主義與對策，台北：東方出版社。

張中勇（2002），國際恐怖主義的演變與發展，戰略與國際研究，第4卷第1期，頁7-8。

張育軒（2015）。ISIS網路崛起、突圍西方！10分鐘看懂伊斯蘭國。洞見國際事務評論網。https://www.storm.mg/lifestyle/45991。瀏覽日期：2019年7月6日。

楊潔勉等（2002），國際恐怖主義與當代國際關係——9・11事件的衝擊和影響，貴陽：貴州人民出版社。

維基百科。奧克拉荷馬市爆炸案。https://zh.wikipedia.org/wiki/%E4%BF%84%E5%85%8B%E6%8B%89%E4%BD%95%E9%A9%AC%E5%9F%8E%E7%88%86%E7%82%B8%E6%A1%88。瀏覽日期：2020年2月16日。

二、外文文獻

Amnesty International UK (2018). "Guantánamo Bay: 14 years of injustice," https://www.amnesty.org.uk/guantanamo-bay-human-rights (2020/2/19).

Arnold K. Amet, Keynote Address to the 21st Annual Fulbright Symposium-Harmony and Dissonance in International Law, *Annual Survey of International and Comparative Law*, No.19, 2013, pp. 36-38.

Barry C. Collin, "Future of Cyberterrorism: The Physical and Virtual Worlds Converge," *Crime and Justice International*, Vol. 13, Issue 2, March, 1997, pp. 15-18.

Boin, A., "The New World of Crises and Crisis Management: Implications for Policymaking and Research," *Review of Policy Research*, Vol. 26, No. 4,

2009, pp. 367-377.

Cole, D., and J. X. Dempsey (2002). *Terrorism and the Constitution: Sacrificing Civil Liberties in the Name of National Security*. New York: Free Press.

Durrieu, R. (2013). Rethinking Money Laundering and Financing of Terrorism in International Law: Towards a New Global Order. Refer to http://booksandjournals.billonline.com/content (2020/2/20).

EBC, https://news.ebc.net.tw/News/world/157576 (2019/7/6).

Freeman, M. ed. (2012). *Financing Terrorism: Case Studies*, Burlington, CT: Ashgate. p. 7.

"Global Terrorism Database, Search Results: 141966 Incidents," accessed July 22, 2015, http://www.start.umd.edu/gtd/ (2020/3/18).

James D. Fry, "The Swindle Of Fragmented Criminalization: Continuing Piecemeal Responses To International Terrorism And Al Qaeda," *New England Law Review*, 2009, p. 392.

Jefferson M. Gray (2010). Holy Terror: The Rise of the Order of Assassins. https://www.historynet.com/holy-terror-the-rise-of-the-order-of-assassins.htm (2019/7/4).

Jensen, R. B., "Daggers, Rifles, and Dynamite: Anarchist Terrorism in Nineteenth Century Europe," *Terrorism and Political Violence*, Vol. 16, 2004, pp. 116-153.

Jessica Stern (1999). *The ultimate terrorist*. Harvard University Press.

Jonathan R. White (2015). *Terrorism and Homeland Security*, 9th edition, New York, Cengage Learning Press, p. 9.

Lawrence Wright (2006). The Master Plan-For the new theorists of jihad, Al Qaeda is just the beginning. http://www.newyorker.com/archive/2006/09/11/060911fa_fact3 (2019/7/6).

Lesser, Ian O., Hoffman, Bruce, Arquilla, John, Fonfeldt, David, Zanini, and Michele (1999). *Countering the New Terrorism*, RAND: National Book

Network.

Magnus Ranstorp, "Terrorism in the Name of Religion," *Journal of International Affairs*, Vol. 50, No. 1, 1996, Religion: Politics, Power and Symbolism, p. 44.

McJunkin, J. W. (2010). "Statement of James W. McJunkin, Deputy Assistant Director,Counterterrorism Division, FBI." The Mumbai Attacks: A wakeup Call for America's Private Sector, https://www.govinfo.gov/content/pkg/CHRG-111hhrg49944/html/CHRG-111hhrg49944.htm (2020/2/19).

Mirna Cardona, "El Salvador: Repression in the Name of Anti-Terrorism," *Cornell International Law Journal*, No. 42, 2009, p. 139.

Oleksandr Milov, Yevgen Melenti, Stanislav Milevskyi, Serhii Pohasii and Serhii Yevseiev (2021). Cyber Terrorism as an Object of Modeling. https://ceur-ws.org/Vol-3200/paper28.pdf. (2023/7/29).

Ramón Spaaij (2012). Understanding Lone Wolf Terrorism-Global Patterns, Motivations and Prevention. Springer.

Stephane Groueff (1998). *Crown of Thorns: The Reign of King Boris III of Bulgaria*, 1918-1943. Rowman & Littlefield. p. 224.

Stewart J. D'Alessio and Lisa Stolzenberg, "Sicarii and the Rise of Terrorism," *Studies in Conflict & Terrorism*, Vol. 13, 1990, England: Routledge Informa Ltd, pp. 329-335.

Stohl, M., "Networks, Terrorists and Criminals: The Implications for Community Policing," *Criminal Law and Social Change*, Vol. 50, No. 1/2, 2008, pp. 59-72.

United Nations Treaty Database, https://treaties.un.org/Pages/AdvanceSearch.aspx?tab=UNTS&clang=_en (2020/1/3).

UNODC, https://www.unodc.org/e4j/en/terrorism/module-3/key-issues/un-global-ct-strategy.html (2020/3/18).

V.S. Mani, "International Terrorism: Is a Definition Possible?" 18 *Indian J.*

Int'L L, 1978, pp. 206, 208.

吉田靖之（2016），海上阻止活動の法的諸相－公海上における特定物質輸送の国際法的規制，大阪：大阪大学出版会。

金惠京（2001），テロ防止策の研究－国際法の現状及び将来への提言，東京：早稲田大学出版部。

第二篇

國土安全

第八章

國土安全之相關定義及體系運作

陳明傳

第一節　前言

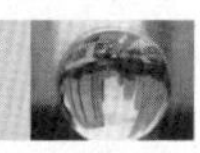

發展國土安全概念最早之先驅，即美國於2001年遭受911恐怖攻擊之後，遂而迅速的發展而成一個研究之新學門、新領域。然而在911事件之前，美國之Gilmore委員會（Gilmore Commission）和美國國家安全委員會（The United States Commission on National Security）等國家安全之相關委員會，均曾經有具體討論過，由於冷戰結束和激進恐怖主義抬頭，而發展國家安全政策新概念遂有其必要性。然而是在911之後，決策者才眞正得出較具體之結論，也就是需要採取新的方法來應對大規模恐怖之襲擊。因此2002年之後，遂成立了911事件調查之總統委員會，以及之後成立之國土安全部，並以國土安全的名義發布了一系列總統指令。這些發展證明，國土安全是一個獨特的，但未經周延定義之新概念。後來，美國之聯邦、州和地方政府對颶風等災害的反應，例如2005年8月29日卡崔娜颶風（Hurricane Katrina）侵襲紐奧良，便擴大了國土安全的概念，將其包括了重大災害、重大突發公共衛生事件以及其他威脅美國經濟、法治和政府運作的事件。後來國土安全概念的擴展，規範了其與其他聯邦政府工作性質之不同，例如其與國防方面之國土防禦任務與功能，即有所不同。[1]因而，本文擬據此發展討論國土安全之相關定義之發展，以及其體系運作在美國暨我國之演進狀況，如本章後述之各節。

---

1 Reese, Shawn (2013). Congressional Research Service, Defining Homeland Security: Analysis and Congressional Considerations, January 8, 2013, pp. 1-2, https://fas.org/sgp/crs/homesec/R42462.pdf.

第二節　國土安全之概念及其他相關運作之發展

壹、國土安全之概念

一、國土安全的定義

美國白宮曾於2002年7月16日公布之《國土安全之國家策略》（*National Strategy for Homeland Security*）報告中，將「國土安全」定義爲：「爲預防美國發生恐怖攻擊、減少美國在反恐事務方面的弱點，以及使已發生之恐怖攻擊造成之損害降到最低並能恢復原狀，而經過商定的國家努力。」然而值得注意的是，不同的部門對於恐怖主義有不同的定義，這些定義彼此之間是可以互通的。[2]另亦將國土安全任務分爲六大類：（一）建立優良的情報與預警系統；（二）改革邊界和運輸安全系統、移民機構、建立「智慧邊境」（smart borders）；（三）加強美國本土反恐主義措施，將防制恐怖分子在美國境內活動訂爲執法部門的首要任務；（四）保護關鍵基礎設施和重要資產，制定重要基礎設施保護計畫，並確保網路的安全；（五）預防核生化災難性威脅；（六）建立統一的全國緊急反應體系。[3]確保美國本土免於被恐怖主義之攻擊之威脅，並對美國國土安全政策作出規劃。該報告將美國國土安全的戰略目標視爲「統合協調全國作爲、防範美國境內之恐怖攻擊、降低美國對於恐怖主義之脆弱性、減少恐怖攻擊之損害，並儘速災後的復原」。[4]至2002年通過的「國土安全法」則將恐怖主義定義爲：「任何涉及對人類生命安全產生危險或可

---

2 Ward, Richard H., Kiernan, Kathleen L., Mabery, Daniel (2006). Homeland Security-An Introduction, CT: anderson publishing, a member of the LexisNexis Group, p. 58.

3 Office of Homeland Security, July 2002, National Strategy for Homeland Security, http://www.dhs.gov/xlibrary/assets/nat_strat_hls.pdf.

4 張中勇（2003），「九一一」事件後美國國土安全政策之思考，警學叢刊，第33卷第6期，頁57。

能破壞重要公共建設或資源的行爲活動；並違反美國聯邦刑法、州刑法，或其細則；並顯然企圖威嚇或脅迫民眾；以威嚇或脅迫的方式影響政府政策；或以大屠殺、暗殺，或綁架等方式影響政府行政。」此定義有別於以往，其範圍包含了國外與國內之恐怖主義。[5]

美國政府由於在911遭受恐怖主義的攻擊，因此將有關國土安全的定義偏重對恐怖主義的預防與降低攻擊傷害等層面。美國政府認爲，政府除保障人民生命及財產安全無虞外，亦需護衛民主、自由、安全、經濟、文化等五大核心價值，並以此作爲指導美國政府增強國土安全的戰略思維。[6]美國國土安全部2023年自我的介紹上說明：國土安全部有一個重要的使命，亦即保護國家免受許多的國土安全之威脅；這需要超過26萬名員工的辛勤工作，從航空和邊境安全到應急回應，或從網路安全分析師到化學設施檢查員。我們的職責是廣泛的，我們的目標很明確，即爲保護美國的國土之安全。[7]

然而，筆者根據前述之美國國土安全在組織與法制上的演進來觀之，認爲「國家安全」（national security）、「國防安全」（homeland defense）與「國土安全」（homeland security）三者在界線與權限範圍上是有所區別的。國家安全是攸關國家整體政權之存續，故較從國家整體政治、外交與政權安危之角度爲出發點，來執行較高層次、較全方位的國家安全維護的工作。故其可能牽涉或包含國防安全與國土安全的範疇，及整合所有此類資源以維繫國家的永續經營爲其核心之工作。國防安全則從軍事攻防的國防角度爲出發，以國防與軍事的考量爲主軸與手段，來維繫國家的安全。至於國土安全此新興的領域，則是以公共行政、社會安全維護

---

[5] Ward, Richard H., Kiernan, Kathleen L., Mabery, and Daniel (2006). *Homeland Security-An Introduction*, CT: anderson publishing, a member of the LexisNexis Group, pp. 57-81.

[6] 張中勇（2005），第五章國土安全，台灣安全評估2004-2005，財團法人兩岸交流遠景基金會，頁128-129。

[7] Department of homeland Security (DHS), About us, July 20, 2023. https://www.dhs.gov/about-dhs.

與司法事件處置之角度爲主要關注點與手法，來維護國土之安全。其三者在維護國家整體之安全與永續發展之目標雖相同，但在處理事件的性質上及所運用之方法與權限上則有所相異，其三者之間經常需要合作與聯繫協調，及資源整合的必須性與時機。

二、國土安全之範圍

「國土安全」經常難與「國家安全」釐清，如果用5W及1H來看，國家安全的危害經常以國家爲考量主體，所以非常明確；反觀國土安全的危害，就難以掌握Who（何人）、When（何時）、What（何目標）、Where（何處）、Which（哪一個），以及How（何種方式）的危害模式。因此，我們可以界定國家安全就是主權安全、國防安全、政治安定和外交衝突安全等所謂的傳統安全；而相對的非傳統安全威脅因素，就是指那些除了傳統安全外，因天然災害、技術災害或人爲災害威脅。對國家內部及人民生存與發展構成威脅的因素，包括危及國家的經濟穩定、金融秩序、生態環境、資訊安全和資源安全、恐怖主義、槍枝氾濫、疾病蔓延、跨國犯罪等天然、技術與人爲災害，這些衝擊對於一個國家的發展產生直接或間接的影響，應皆歸屬國土安全事務處理的範疇。[8]

所謂安全就是指國家安全被他人的武力所威脅，靠自己的軍事力量來保護，安全呈現使用武力的條件，使用武力影響個人、國家與社會的方式，及國家爲了準備、預防或從事戰爭的政策。19世紀英國首相邱吉爾就提出：「大英帝國沒有永遠的敵人，也沒有永遠的朋友，只有永遠的利益。」之後，因此各個國家似乎就以追求國家利益作爲外交政策與安全政策的目標。爾後安全的問題就是對國家利益的計算與辨識，誠如Roskin所說的：「國家安全政策是指從事保護與防衛利益的行動與選擇。」美國Campbell等學者認爲：「國家利益是美國價值觀向國際及國內領域的投

---

8 曾偉文（2008），國土安全體系下反恐與災害防救的整合，國土安全電子季刊，第2卷第1期，頁1。

射與表達。」911恐怖攻擊之後，國際社會更加速從過去多重視「國家安全」轉而亦強調「國土安全」之維護。[9]

至於「國家安全」則強調當國內防禦戰爭時，有需要全民動員防衛，甚至必要時政府亦得依法宣告戒嚴之權利。在法治規範上，由於戰爭緊急動員業務，故在法治上必要時，得發布緊急命令，使得以對人民有較多之自由權利限制，仍不牴觸憲法之人權保障原則。再者，國家處於重大急迫狀態時，亦可能修改或無法律規定，以「緊急不受規範」之緊急法理爲基礎，但亦不完全否定特殊急迫狀態時，仍需以緊急處置措施法制之授權。[10]美國將價值觀反映在美國核心的政治文化，包括道德、法律、政治、經濟、歷史與文化各個層面。因此，這些帶有濃厚價值觀的利益界定，指導了美國外交與安全政策制定，用來幫助在國際體系中達成美國目標，並依此來決定優先次序與資源分配。綜合上述研究，我們可以將國家安全的核心內容分述如下：（一）冷戰邏輯；（二）國家爲主導；（三）利益爲取向；（四）敵國爲對象；（五）爲戰爭而準備。

然而自911攻擊事件之後，當時之布希總統亦立即對恐怖主義宣戰，並強調全面強化「國土安全」，而非「國家安全」。此意謂著美國已從過去應付傳統戰爭重視「國家安全」，轉爲以預防國內重大天災、人禍與現場搶救及復原能力之「國土安全」，甚至於亦以重視政經社會發展及人民福祉之「綜合性安全」（comprehensive security）之趨勢。「國土安全」以平時及國內之執法特性，在執法流程中，包括事前的預防、蒐集情報、進行分析整合，並予以明確授權得進行公權力之執法職權行使，促使全民動員以達到防災與反恐之目的。「國土安全」這個名詞在2001年2月所公布之《21世紀國家安全全國委員報告》（*The Report of U.S. National Commission on National Security in the 21st Century*）中出現。911事件之後，美國政府於10月成立「國土安全辦公室」（Office of Homeland

---

9 陳明傳、駱平沂（2010），國土安全導論，台北：五南圖書出版公司，頁2-3。

10 蔡庭榕（2007），論國土安全執法與人權保障，第1屆國土安全學術研討會論文集，桃園：中央警察大學國土安全研究中心，頁222。

Security, OHS），將國土安全提升至國家戰略首要議題，並制定新措施以維護國家安全。[11]

然而，當美國總統發現大範圍的非法行動或恐怖行動造成美國法律無法順利執行時，總統可以藉由《美國聯邦法典》第十篇第十五章第331和第332條之規定（Title 10, Chapter 15, U.S.C. Sections 331 & 332），或謂之鎮壓暴動條款（Insurrection Statutes），作出必須的行動之指示。又或根據該法典第十篇第十五章第334條之規定可行使解散暴亂之公告（Title 10, Chapter 15, U.S.C. Section 334）[12]，並分下列二階段來執行：（一）總統將對所有從事國內恐怖行動的人發布解散命令，並要求其和平的離開該區域；（二）總統馬上發布一道行政命令，授權國防部長（secretary of defense）派遣現役武裝部隊鎮壓恐怖行動達成解散命令的要求。又如，當涉及核生化武器的緊急情況時，合理懷疑該區域含有詭雷且受過訓練的聯邦調查局人員無法及時趕到時，軍事人員可以搜查非國防部的財產。又，如果聯邦調查局具體要求國防部援助處理核生化武器時，必須經過國防部長的批准。司法部和聯邦調查局，應提供軍事人員一定之程序與原則，使軍隊的成員參與搜查或搜尋證據時注意必要的程序，避免違法或減損證據的證明力。在此類戰術策略操作的階段，司法或治安第一線指揮官是將責任轉至於軍事機構的，如果該第一線指揮官認爲不再需要軍事介入時，他將可撤回該項授權，而軍事指揮官在不影響其人員安全的情況下，也會同意撤回其軍事力量。當暴亂事情解決後，軍事指揮官會將現場指揮權責交還給現場司法指揮官。然而，如果該指揮官認爲他們於調查程序中軍隊必須在場時，則軍事相關人員也會被要求待在事情發生地點協助調查的進行。又聯邦調查局會提供軍隊成員適當的、符合憲法與程序的保護措

---

[11] 朱蓓蕾（2007），從國土安全論美國緊急應變機制之變革，第1屆國土安全學術研討會論文集，桃園：中央警察大學國土安全研究中心，頁21。

[12] Justia US Laws, Chapter 15-Insurrection (Sections 331-336), October 10, 2019. https://law.justia.com/codes/us/2014/title-10/subtitle-a/part-i/chapter-15/.

施，包含視情況需要，聘請軍事辯護人。[13]而如若司法或治安第一線指揮官與軍事指揮官對於協助事項有不同意見或看法時，則交由國防部長及司法部長（attorney general, department of justice）作最後的協調或仲裁。[14]綜上所述，不難分辨軍、文分治與憲法文、武權限的分野之民主法治之精髓，故而保障民主國家之安全與法治人權之落實兩個層次，均為思考國土安全機制設定時的重要課題；亦更容易讓吾等分辨出其中之界限，與前述各類「安全」議題的定義與異同之處。

三、國土安全之特性

各國國情、安全威脅、國家利益等因素的考量不一，因此「國土安全」的認知與界定各國並無一致性，且其政策目標與實施策略亦有所差異。然觀諸國際實務，各國似皆以「如何有效統合國家公、私部門之機制協調與資源運用，提升災難防救、緊急應變與危機處理之機能與成效，強化基礎建設安全防護與應變成效，避免或降低各類天災人禍之威脅與損害等目標，作為發展與建構國土安全制度之努力目標，以確保國土範圍內人民福祉、公共利益與國家安全」。[15]

911事件對美國而言其所造成之傷害不可謂不大，無論是物質的、人員的或心理的，其傷害均屬空前。美國為鞏固其在國際社會之政、經、軍及形象地位，在受攻擊後立刻作出許多有效的維護措施。並將「國土安全」任務著重於保衛本土免遭恐怖攻擊、增強國境與交通運輸安全、有效進行緊急防衛與應變工作之進行、預防核生化攻擊，並整合分析情報與及重大基礎建設之保護等，以防範美國境內之恐怖攻擊、降低美國對於恐怖主義之脆弱性、減少恐怖攻擊之損害，並加速災後復原的重建。綜上

---

[13] Ward, Richard H., Kiernan, Kathleen L., Mabery, and Daniel (2006). *Homeland Security-An Introduction*, CT: anderson publishing, a member of the LexisNexis Group, pp. 103-116.

[14] Ibid., p. 108.

[15] 張中勇（2002），國土安全與國家安全——美國國土安全法制，新知譯粹，第6期，頁1-10。

所述，美國「國家安全」係在確保美國獨立與安全、以軍事及外交為主；「國土安全」則從預防恐怖活動與攻擊，來整合現有與國土安全任務相關之聯邦機構，結合政府與民間之力量，提升情蒐預警、強化國境與交通安全、增強反恐準備、防衛毀滅性恐怖攻擊，維護國家重要基礎建設的安全。[16]

貳、國土安全相關運作發展之概述

一、911事件影響國土安全概念之形成

911事件造成舉世震驚，促使美國前總統布希亟思改進反恐相關之弱點，並提出更強硬的反恐怖主義措施，在政府組織上立即成立國土安全部（Department of Homeland Security, DHS）為其內閣中第十五個部會，以綜合性國際安全概念，重組國內公共安全組織機制，整合與運用所有資源，強化政府危機管理與緊急應變能力。該部整併了原有單位的整體或部分功能，包括海關、交通安全、移民歸化署、海岸巡邏隊、邊境巡邏隊等部門的17萬餘名的員工及370億美金之預算，最後經國會追加至400億美金之預算。國土安全部包括5個部門：（一）邊境與安全部門（Border and Transportation Security）；（二）緊急應變與反應變部門（Emergency Preparedness and Response）；（三）科學與技術部門（Science and Technology）；（四）情資分析與組織保護部門（Information Analysis and Infrastructure Protection）；（五）行政管理部門（Management）。

911攻擊事件以前美國傳統之「國家安全」係偏重於運用軍事、外交、經濟、情報等政策手段以有效防範外來侵略、擴展海外利益與壓制內部顛覆；911攻擊事件後，將國土安全任務著重於保衛本土免遭恐怖襲擊、強化國境與運輸安全、有效緊急防衛及應變、預防生化與核子襲擊、

16 蔡庭榕（2007），論國土安全執法與人權保障，第1屆國土安全學術研討會論文集，桃園：中央警察大學國土安全研究中心，頁224。

情報蒐集仍由美國聯邦調查局（FBI）及中央情報局（CIA）負責，但由國土安全部進行分析與運用。因爲國土安全部具有統合協調全國作爲，以防範美國國內遭到恐怖攻擊，降低恐怖攻擊之損害，並儘速完成遭受攻擊後的復原。因此，「國土安全」以預防恐怖活動與攻擊爲考量，整合聯邦機構、結合各州、地方、民間之力量，以提升情資預警、強化邊境以及交通安全、增強反恐準備、防衛毀滅性恐怖攻擊，維護國家重要基礎建設、緊急應變與因應等方向爲主。茲將美國國土安全之主要任務敘述如下：[17]

（一）研議全國努力（concerted national effort）

聯邦政府維護國土安全的方法是基於共同負責，國會、州及地方政府、私人企業及美國人民成爲夥伴關係。國土安全策略適用於全國一體，而非某一個聯邦、地方政府。

（二）預防（prevention）恐怖活動

恐怖活動造成社會動亂、人民生命財產損失，因此，國土安全之策略強調預防、保護及準備，以因應重大性威脅。國土安全與反恐策略所描述之努力作爲也將落實於國內外。

（三）避免恐怖分子攻擊（free from terrorist attacks）

國土安全旨在避免綁架、劫機、槍擊、傳統爆炸，涉及生化、輻射或核子武器或網路攻擊，及其他型態的暴力行爲。國土安全策略是將危及人民生命財產安全及公共利益之非法行爲列入預防之優先選項。

（四）減少美國受到傷害（reduce Americas vulnerability）

國土安全是一個有系統的、全方位的、策略性的全國整合機制，其策略計畫結合政府公部門與私人企業合作，以確保美國受恐怖攻擊之弱點，保護重要的基礎建設及人民生命財產安全，並擴大美國的防衛。

---

[17] 同前註，頁223。

（五）縮小損失（minimize damage）

國土安全任務必須準備以處理可能產生之未來任何恐怖攻擊或其他災害行爲的結果。恐怖攻擊後，警察、消防、醫護人員、公務員以及緊急管理人員，必須全力以赴搶救災民，將災害之損失減少到最低。

（六）復原（recover）

恐怖攻擊後，必須準備保護及回復機構，以用來支援經濟成長及信心、協助受害者家園重建、幫助受害者及其家屬、治療心理創傷，以迅速方式回復到攻擊前之原點。

二、美國國土安全情資方面之整合與情資導向的新警政策略

美國的情報體系（Intelligence Community, IC）係依1947年「國家安全法」而建立。自2001年以來，情報體系由於對911事件未能事先察覺，而受到強烈的批判。全面的組織改革包含改組情報體系、重新調整其傳統優先事項，和要求擴張其調查對象以涵蓋聯邦、州、地方及部落執法官員之懲治和民營機構。爲了建造和維持能夠保護美國國家安全利益且健全的公共建設，在國內的活動場所使用情報資源被破天荒地承認是必要的[18]。

國土安全部依2002年「國土安全法」（Homeland Security Act, HSA）成爲情報體系的新成員，並於2002年11月25日經布希總統簽字生效。另外司法部緝毒署（DEA）亦於2006年4月成爲情報體系的一員。結合現有之14個情報機構而構成下列的16個情報體系：空軍情報處（AFI）、陸軍情報處（AI）、中央情報局、海岸防衛隊情報處（CGI）、國防部情報局（DIA）、能源部（DOE）、國土安全部、國務院（DOS）、財政部（DOTT）、司法部緝毒署、聯邦調查局、海軍陸戰隊情報處（MCI）、國家勘測局（NGA）、國家勘察局（NRO）、國家安全局（NSA）、海軍情報處（NI）。2004年「情報改革及防恐法案」於2004年12月17日

---

[18] Ward, Richard H., Kiernan, Kathleen L., Mabery, and Daniel (2006). *Homeland Security-An Introduction*, CT: anderson publishing, a member of the LexisNexis Group, p. 85.

由總統簽署通過，並創立國家情報總監辦公室（Office of the Director of National Intelligence, ODNI），形成了史無前例的情報系統與權責的整合，其主任由總統提名並經國會同意任命，並統轄各情治系統且成爲總統及立法與行政部門領導人之主要情報諮詢顧問[19]。

更有甚者，美國國內之警政策略亦隨之演變成如何從聯邦、各州及地方警察機構整合、聯繫。以便能以此新衍生之新策略，更有效地維護國內之治安。進而，又如何在此種建立溝通、聯繫的平台之上，將過去所謂的資訊（information）或資料（data）更進一步發展出有用之情報資訊（intelligence）以便能制敵機先，建立預警機先之治安策略（proactive stance），此即謂爲情資導向的新警政策略（intelligence led policing）[20]。

三、美國國土安全之移民相關執法之概述

移民及海關執法署（U.S. Immigration and Customs Enforcement, ICE）和海關與邊境保護署（U.S. Customs and Border Protection, CBP）主要是負責管理美國運輸及國境的安全管理，亦是在國土安全部之下最重要新的國境安全管理之機關。

移民及海關執法署是美國國土安全部最大的調查部門，負責發現並處理國家邊境、經濟、運輸和基礎建設安全的弱點，該局有1,500名人員，負責依據移民及海關法保護特定聯邦機構；移民及海關執法署署長（assistant secretary）負責向國土安全部副部長報告有關國境以及運輸的安全。

海關與邊境保護署負責遏止恐怖分子及他們的武器進入美國，另外也負責遏止非法移民、違禁毒品和其他走私、保護美國農業和經濟利益免於受到害蟲及疾病危害、保護美國的智慧財產不被竊取、控制並促進國際貿

19 Ibid., pp. 86-88.

20 Oliver, Willard M. (2007). *Homeland Security for Policing*, NJ: Person Education, pp. 163-169.

易、課進口稅、執行美國貿易法等。

而在國境安檢與證照查驗方面，亦有甚多新的機制與相關之流程與軟、硬體的研發與創新，以求其安全檢查之周延及檢查品質與效率的提升。其中例如，旅行者快速檢查安全電子網路系統（Secure Electronic Network for Traveler's Rapid Inspection, SENTRI），其乃海關國境保護局所執行的一項計畫，目的是爲了要提升通過美國南端國境的個人以及交通工具，被檢查時的速度和正確性。旅行者快速檢查安全電子網路，是在加速低風險檢查時，使通過邊境者在入口港處即可被快速有效地登入姓名。這個系統可檢驗出國境安全有低風險的旅行者，其乃透過大量的紀錄驗證，以及申請者交通工具每次進入美國的時間，來確認其爲低風險之通關者或車輛。旅行者快速檢查安全電子網路系統，乃使用先進的自動車輛識別科技（Automatic Vehicle Identification, AVI），以符合嚴謹的邊境安全執法之需求，同時也提供了更有效率的交通管制措施，也減少了交通擁擠[21]。

又例如，美加快速通關卡（NEXUS），其亦如同SENTRI一般是個選擇性的國境安全審查程序與系統。這個程式針對來往於美加之間，且得到預先批准的低風險旅客，其目的乃在減少或者消除其因通關而延滯之時間。旅客可向美國海關與國境保護局或加拿大邊境服務局（Canada Border Services Agency）提出申請。申請時，他們必須以其美加公民身分作爲擔保，提出居留證明和財力證明或僱用證明。而後，其車輛再經檢查後，美國海關及邊境保衛局或加拿大邊境服務局之人員將會進一步審查，並發給一張美加快速通關卡。一張經審查的美加快速通關卡允許旅客利用NEXUS通道通關，並可免除一般通關者須歷經之全套檢查及詢問流程。

然而美國邇來新推出之全球入境方案（Global Entry），乃是美國海關和邊境保護局的入境方案。其允許預先核准的低風險之旅客，在抵達美國時快速通關。雖然其立意乃是爲頻繁的國際旅行者提供快速查驗之服

---

[21] Ward, Richard H., Kiernan, Kathleen L., Mabery, and Daniel (2006). *Homeland Security-An Introduction*, CT: anderson publishing, a member of the LexisNexis Group, pp. 171-172.

務，然而卻沒有最低旅行次數才能申請此服務之限制規定。參與者可在美國機場通過使用自動化的查驗台進入美國。旅行者必須預先批准，成爲全球入境方案之旅客。所有申請者必須接受嚴格的背景檢查與面試，才能取得本方案之方式入境美國。雖然全球入境方案的目標是通過這一自動入境查驗程序，加速度通關之速度，但是該旅客仍可能選擇作進一步之人工之查驗。任何違反其規定將導致撤銷其自動查驗之特許。

截至2017年10月止，美國之全球入境方案在54個美國機場和15個外國的「前站查驗」之國際機場（preclearance locations，包括2017年加入的台灣在內）提供便捷之服務。超過180萬人登記成爲美國全球入境方案會員，每個月大約有5萬個新的申請者。[22]美國海關和邊境保護署宣稱全球之入境方案已經進入一個新的里程碑，亦即截至今日其已申請並登記完成200萬的會員。該等會員還具備資格參加美國運輸安全管理署之加速入境查驗之方案（Transportation Security Administration, TSAPre✓）。[23]而如果將Global Entry、NEXUS、SENTRI以及FAST等美國海關和邊境保護局信任的旅客之快速通關一起計算（CBP's trusted traveler programs），則其會員至2016年已超過500萬個經申請通過的會員。[24]另外，至2019年美國海關和邊境保護署已擴大自動化護照查驗（Automated Passport Control, APC）到43個入境地點。[25]該署亦於2014年8月推出首個經授權的應用程式——「移動式手機護照」（Mobile Passport Control, MPC），於亞特蘭大國際機場，以加快旅客進入美國。Android和iPhone的使用者，可以從谷歌（Google Play Store）和蘋果（Apple App Store）的網路商店免費

---

[22] Wikipedia, Global Entry, October 15, 2019. https://en.wikipedia.org/wiki/Global_Entry.

[23] U.S. Customs and Border Protection, Global Entry, October 15, 2019. https://www.cbp.gov/travel/trusted-traveler-programs/global-entry.

[24] U.S. Customs and Border Protection, CBP's Trusted Traveler Programs Reach New Milestone with 5 Million Members Enrolled, October 15, 2019. https://www.cbp.gov/newsroom/national-media-release/cbp-s-trusted-traveler-programs-reach-new-milestone-5-million.

[25] U.S. Customs and Border Protection, Automated Passport Control (APC), October 15, 2019. https://www.cbp.gov/travel/us-citizens/apc.

下載該應用程式。該方案亦已被擴大到邁阿密國際機場。上述之APC和MPC不需要預先之批准與申請，可自由使用並且不蒐集旅行的任何最新資訊。其結果是，旅行者體驗到更短的等待時間，減少擁堵和更快的入境處理時效。這些應用程式可以使海關和邊境保護署之官員，減少對例行性查驗工作的時間耗費，而能有更多的時間與精力於執法工作之上，因而導致了安全性的增強，並且能簡化查驗的過程。隨著上述信任的旅行者程式之運用，APC和MPC證照查驗的平均等待時間，在美國的前十大機場的均下降13%的等待時間。這些創新已經不限於空港之入境查驗。對於乘汽車至美國入境之旅行者，美國海關和邊境保護署宣布，自2014年12月起，向前述之谷歌和蘋果的網路商店，開放邊境等待時間App的使用。該應用程式爲跨境旅行者提供估計的等待時間，並播放陸路出入境口岸的行車狀態。入境之遊客可以找到最接近的3個入境口岸，然後選擇最佳的入境口岸與路線。如此之發展，不但能事前篩選信任的旅行常客，降低安全威脅的可能性，而且能給國際旅行常客提供便捷快速的服務，所以亦能間接的促進經濟與旅遊業之發展。

四、運用資訊統計管理（CompStat & CitiStat）之跨境安全管理新機制

1990年代，以CompStat與CitiStat（city statistics）的資訊統計之管理與分析系統爲基礎之管理技術，分別由紐約市與巴爾的摩市（Baltimore）引進，此後被其他許多城市仿效。此種管理技術的目標是改善政府機關的執行績效及增加全體同仁之決策參與及分層之授權與責任，更重要的是其具有跨域安全管理思維及運用。

CompStat乃是電腦統計比較（computer comparison statistics, or computerized statistics）之縮寫，其乃一個讓警方可以用來即時追蹤犯罪的系統。包含了犯罪資訊、受害者、時間與發生地點，另外還有更詳盡的資料讓警方分析犯罪模式。電腦自動產生的地圖會列出目前全市發生犯罪的地方，藉由高科技「斑點圖法」（Pin-mapping）之方法，警方可以快

速地找到犯罪率高的地區，然後策略性地分派資源打擊犯罪。雖然全國其他警察部門也使用電腦打擊犯罪，但紐約市警方更進一步地用在犯罪防制之策略上。在發展CompStat時，紐約市警局將全市123個轄區的主管聚集在一起，藉由此方法破除了巡佐、警探與鑑識專家傳統上的隔閡。以往的各自爲政已不復存在，現在每週都舉行會議。以輻射狀的方式檢視電腦資料嚇阻某些地方的犯罪事件。在這些會議中，地方主管會拿著可靠的報表進一步地提出規劃，藉以矯正特定的狀況。另外一個CompStat重要的步驟就是持續的評估（assessment），最後建立一個警察社群，邀請地方老師、居民、企業負責人一起會議協助打擊犯罪。[26]今略述其策略如下：

（一）紐約市警察局之資訊統計之管理系統

在一開始，資訊統計之管理系統之會議與技術只是一種管理工具，是徹底的一種革命性的管理思維。資訊統計之管理系統之會議讓高階主管可以實際監控局內的各項活動，而且它還提供一種機制讓主管可以持續地評估結果並進行微調，以確保持續的成功。而且一些重要的訊息可以巧妙而且顯著地被傳遞與加強。同時資訊統計之管理系統之會議有支援單位的指揮官、檢察官、司法機構加入，這讓資訊得以廣泛地傳播。雖然這些與會人員不見得要進行報告，然而他們的出席讓我們可以立即地發展整合性的治安之計畫與策略。

至於資訊統計之管理系統之程序則包含下列4個步驟：1. 正確適時的情報（accurate and timely intelligence）；2. 有效的戰術（effective tactics）；3. 人員及資源的快速部署（rapid deployment of personnel and resources）；4. 持續的追蹤和評估（relentless follow-up and assessment）。紐約市警察局之資訊統計管理系統制度，即於1994年時任警察局局長William Bratton的帶領下，發展成犯罪追蹤和責任管理的系

[26] Worcester Regional Research Bureau (2003). Compstat and Citistat: Should Worcester Adopt These Management Techniques?, Worcester Regional Research Bureau Report No. 03-01, February 18, 2003, March 21, 2012. http://www.wrrb.org/reports/03-01compstat.pdf/2007.

統。而兩週一次的犯罪策略會議，則以腦力激盪之方式評估及研討資料的趨勢與因應作爲。而更使分局長與會時，對問題疏於準備或不當回應必須負責。至其犯罪策略會議包括：CompStat簡報會前會、分局管理小組會議、局內精英成員領導的策略評估計畫、每週警察局長對市長的簡報等。

紐約市警察局於1994年當時，分成123個分局、9個警察服務區及34個地鐵區域（transit districts），計166個分區。每分區每週彙編各種犯罪資料和執行績效類別後，連同重要案件的書面檢討、警察運作和其他有關的資料，傳送到資訊統計之管理系統之單位，並進而彙編分析各分局的資料。其中，則包含15位統計專家分析資料，及10位助理蒐集統計數據。此外，每個分局有3到5位助理蒐集資料。該局於1994年測量7個治安評量指標，2003年則已擴大發展至700個治安之評量指標。該管理系統允許各級主官對資料中任何型態或異常的問題，以及可供參酌的解決方案作出回應。並且提供一個資訊分享及討論的平台（forum），便於該分局降低犯罪的努力及執行績效的管理。紐約市警察局則更藉由邀請地區檢察官、教育部門的學校安全委員會及資訊管理系統部門等參與會議，以擴展資訊統計之管理系統之成果。然而其成果如下所示：1. 使用資訊統計之管理系統的前六年（1988年至1994年）：暴力犯罪率下降15.9%，財產犯罪率下降29.1%；2. 實施資訊統計之管理系統後六年（1994年至2000年）：暴力犯罪率下降至47.6%，財產犯罪率下降48.8%。

資訊統計之管理系統就像是紐約市前市長朱立安尼先生管理整個市政府一樣，市長掌握了警政高層主管所有的活動，就如同這些主管掌握他們的指揮官一樣。基本上每一週，警政高階主管都必須要向市長報告績效。就管理上的思維來說，這是一個自然集合組織創意的方式，資訊統計之管理系統可以適用在廣大的群眾或是個人身上。這個思維成功地被採納，例如，紐約市立監獄的管理，巴爾的摩市也用了CompStat思維創造了一個系統名爲「CitiStat」用來管理市政[27]。

---

[27] Baltimore, Mayor's Office of Sustainable Solution-CitiStat, March 20, 2019. https://moss-citistatsmart.baltimorecity.gov/.

（二）巴爾的摩市的市政資訊統計管理方案（Baltimore CitiStat）

美國巴爾的摩市於2000年在該市市政府的警察、消防、住宅等市政單位援引CitiStat的資訊統計管理程序。兩週召開一次各該機關的資訊統計管理會議，並且加強跨機關資訊與資源的整合。

在其自創之市政資訊統計管理方案中，創立311的市政服務電話中心，類似緊急治安事件的911報案中心，及411的查詢服務台一般。此311的市政服務電話中心乃在提供市民非緊急性的服務，以免於背誦如此多的市府機關電話，來要求各種類之服務。經此中心接受市民申請服務後，則運用民眾服務的管理系統之資料庫（Customer Request Management, CRM database）來追蹤及安排服務之機關。而此管理作爲並已經於達拉斯市、休士頓市、芝加哥市、聖荷西市及紐約州等都市推展之中，其結果相當快速、節省人力及經費、且有成效。因此，在國土安全管理等策略上，亦可運用此種資訊管理之新流程與模式，來研發、革新與設置我國國土安全與情資整合管理之新機制。

五、美國國境保護與執法與國土安全之經驗

觀諸美國國境保護的保護措施有下列數個作爲：（一）國境保護爲美國首要目標之一；（二）國土安全部負責國境保護，其相關機關有CBP、ICE和海岸巡防隊；（三）運輸安全署（TSA）負責美國機場的保護，其人員經由聯邦執法訓練中心（FLETC）訓練保護國境之技能；（四）許多國土安全部成員具有司法警察權；（五）美國有好幾個具脆弱性的邊境區域，如北方和南方長而尚未周密設防的邊境，還有許多海港需要被保護，例如美國海岸巡防隊巡防美國海岸及五大湖區。然而對於國土安全與國境保護之平衡點，卻有下列進退兩難之爭點與待解決之窘境，今引述其二者之爭議點，以供研究者參酌如下：

（一）國土安全部的政策之爭點[28]

1. 國土安全部的任務過於廣大，須借助中情局或調查局的情報協助以及建立科技去保護美國國境，如生物特徵、身分辨識護照等科技。

2. 911委員會認爲911之發生在於美國官僚體系無法有效監控外國人進入美國，故其建議成立專責單位，亦即創立國土安全部，並採取生物辨識等科技方式去監控之。

3. 批評者認爲國土安全部雖然成立並整併許多單位，但是其內部小單位之官僚體系仍維持一貫作風，並無因爲組織之大幅改制而改變。

4. 某些國土安全政策並不被其他國家支持，例如美國要求實施指紋和照相存取外國訪客紀錄，但同時亦免除了美國同盟國旅客此項要求，導至巴西等國之不悅因而反制美國。

5. 地方政府雖被要求一同保護國境，但某些地方政府依賴當地外國人的合作及信任以提供治安情報，以及教育體系或醫療體系將被打亂，導致地方政府也不悅中央之政策。

（二）移民之爭點

1. 另一個爭議議題乃移民政策，只有少數人認爲要完全阻隔移民，多數人認爲只要阻絕對美國有敵意之移民或非法移民，但亦有人認爲美國乃移民立國，移民對國土安全的保護受到太大的批評且被嚴重化了。

2. 國境安全牽涉到了合法及非法移民，這些安全威脅包括恐怖主義和其他犯罪活動，Diminyatz總結主要的國境安全威脅有：(1)恐怖主義和大規模毀滅性武器；(2)毒品走私；(3)人口販運；(4)傳染疾病。

3. 現今保護美國國境的單位過廣及過多，無法一次應付上述問題，故其建議由美國軍方介入保護美國邊境，直到警力有能力去保護國境爲止。然而亦有論者認爲社會問題，軍人不宜介入。

4. 聯邦政府尋求地方執法單位一同打擊非法移民，但地方政府有時

---

[28] White, Jonathan R. (2012). *Terrorism and Home Security*, 7th ed., Wadsworth Cengage Learning, pp. 515-517.

並不太願意配合。其乃因爲治安之維護重點在於情資，犯罪調查和治安維護亦缺此情資不可，故而其又爲達成成功警政之必要關鍵。然而移民社群，無論合法或非法，乃提供甚多情資給地方警察的重要來源，故而成爲維護社區治安和調查犯罪之重要環節，以致於地方警察在配合聯邦政府取締非法移民時有所顧忌。

因此，美國政府爲了強化國境安全，其國會議員想出一些解決之方案與辦法如下[29]：1. 引進「國民身分證件」（national identification cards）；2. 立法規範那些從對美國不友善的國家來的難民；3. 訂立特別法來規範那些雖屬合法移民，但對國家產生威脅者；4. 不要驅逐非法移民；5. 提升執法機關的法定機關層級。然而，有些論者認爲這樣會造成政府濫用權力。

911調查委員會的成員之一Janice Kephart認爲，國境安全的漏洞在於執法的懈怠。調查委員會之研究指出，有三分之二的恐怖分子在發動恐怖攻擊前，都曾違犯刑事法律。華盛頓郵報的專欄作家Sebastian Mallaby則認爲，非法移民並非國土安全的重心。非法外籍勞工犯罪件數要比本國人來的少，且沒有證據指出他們與回教有關聯，是故國土安全與移民改革的關係不大。她認爲安全工作應該要著重在兩方面，一是針對那些易遭攻擊的目標；另一是針對那些會造成大規模死傷的目標。總之，有些論者認爲，非法移民不是個大問題；然而反對論者卻認爲，合法移民確實是個社會問題，更何況是非法之移民，更足以影響社會之安全與經濟之發展。故而美國聯邦執法機關，誠然遭遇到進退兩難的窘境，因爲其不可迴避的，同時扮演著維護國境安全與移民管理機關的角色，而必須在國土安全與移民政策發展上取得平衡，儘量達到雙贏之境地。

然而當時序進入2017年，「美國優先」（America First）乃是川普（Donald Trump）在總統競選期間主要且最重要的主題，其並提倡民族主義、不干涉主義（non-interventionism）立場。在其當選成爲總統後，「美國優先」已成爲其政府的官方外交政策原則。[30]至2019年美國總統川

---

[29] Ibid., pp. 518-520.

[30] Wikipedia, Non-interventionism, October 15, 2019. https://en.wikipedia.org/wiki/Non-interventionism.

普，則更進一步決定在美墨邊境高築現代化的萬里圍牆，以嚇阻南方中南美洲移民突破邊境進入美國境內居留與打工。這項政策效益如何，頗値得關注與長期追蹤。[31]因此，此種國境執法之強硬作爲，可能並非最爲適宜之策略。

第三節　美國國土安全之體系

911攻擊事件以前美國傳統之「國家安全」係偏重於運用軍事、外交、經濟、情報等政策手段以有效防範外來侵略、擴展海外利益與壓制內部顚覆；從國家安全走向對國土防衛的強調，是後冷戰時期美國國家安全政策的第一個顯著變化。1997年美國《國防小組報告》所提出的「轉變防衛：21世紀的國家安全」，其中對國土防衛的界定是：「整合運用主動與被動的必要作爲，來嚇阻及反擊大規模殺傷性武器的使用，這些作爲涉及相關範圍的聯邦部門，並且必須把中央與地方政府都協調進計畫當中。」可惜這份報告未獲國會承認及撥款。

然而至911事件後，國土安全部將有兩個工作重點：一、把美國許多薄弱之安全環節都保護起來，建立起安全制度；二、把恐怖主義之情報集中、分別與整合運用。雖然中央情報局和聯邦調查局不屬於此新的部，卻會與它保持密切聯繫。過去不同機構獨自進行監視，而彼此間缺乏交流。聯邦調查局分析情報只能從單一案件出發，而較不積極聯結到全國之國家安全情報網，這些都將因此新創立之國土安全部，而期能達到情報整合之效果。

因此911事件後，將「國土安全」任務著重於保衛本土免遭恐怖襲擊、強化國境與運輸安全、有效緊急防衛及應變、預防生化與核子襲擊；情報蒐集仍由聯邦調查局及中央情報局負責，但由國土安全部進行分析與

---

31 邱智淵（2019）。新頭殼newtalk。川普建萬里長城 鞏固連任之途。https://newtalk.tw/news/view/2019-02-16/208098。瀏覽日期：2019年10月15日。

運用。因此，國土安全以預防恐怖活動與攻擊爲考量，整合聯邦機構、結合各州、地方、民間之力量，以提升情資預警、強化邊境以及交通安全、增強反恐準備、防衛毀滅性恐怖攻擊，維護國家重要基礎建設、緊急應變與因應等方向爲主。[32]據此2002年7月之美國國土安全維護之新規劃，如前所述，可窺知國土安全資源整合之研發方向及其重要性：一、研議全國努力；二、預防恐怖活動；三、避免恐怖分子攻擊；四、減少美國受到傷害；五、縮小損失；六、恐怖攻擊後之復原。

自911事件發生之後，促使美國布希前總統亟思改進相關反恐弱點，並提出更強硬的反恐怖主義措施，在政府組織上立即成立「國土安全部」爲其內閣中第十五個部會，以綜合性國際安全概念，重組國內公共安全組織機制，整合與運用所有資源，強化政府危機管理與緊急應變能力。[33]該部整併了原有單位的整體或部分功能，至2004年8月止之整併，則包括海關、交通安全、移民歸化署、海岸巡邏隊、邊境巡邏隊等約22個部門的17萬9,000名的員工。[34]其2006年之預算則約超過300億美金，其後幾年亦曾經國會追加至400億美金之預算。[35]

2004年1月，國土安全部推出了「國家突發事件管理系統」（National Incident Management System, NIMS），爲國土安全提供了制度框架；不久，國土安全部又制定了「國家應變計畫」（National Response Plan, NRP），成爲國土安全管理的指導依據，至此，美國國土安全體系基本形成。經過近五年的運作，美國國土安全體系卻發生以下四種現象趨勢：

一、反恐爲主、防災害防救爲輔。國土安全部的職責是：「發展與協

---

[32] DHS, National Strategy for Homeland Security, July 2002, October 10, 2005. http://www.dhs.gov/xlibrary/assets/nat_strat_hls.pdf.

[33] Ward, Richard H., Kiernan, Kathleen L., Mabery, and Daniel (2006). *Homeland Security-An Introduction*, CT: anderson publishing, a member of the LexisNexis Group, pp. 6-7.

[34] Oliver, Willard M. (2007). Homeland Security for Policing. NJ: Person Education, p. 77.

[35] Ward, Richard H., Kiernan, Kathleen L., Mabery, and Daniel (2006). *Homeland Security-An Introduction*, CT: anderson publishing, a member of the LexisNexis Group, p. 68.

調相應的國家安全戰略的實施」、「發現、阻止並預防美國境內發生的恐怖襲擊活動以及與此有關的準備、反應和重建恢復工作」，以及「保護美國免受恐怖主義活動的威脅或襲擊」。

二、優先提供反恐所需資源。美國國土安全部是一個政府部門的集合體，由國土安全部提供全面性公共安全服務，理應對所有危害作統合性的資源分配。但權力集中反恐事務，聯邦緊急救難署（FEMA）被整併後原先工作目標被稀釋的狀況下，防救功能逐漸式微；且政府部門由於受到市場化潮流的衝擊，如這兩年次級房貸的危機，預算開支經常捉襟見肘，不能提供滿足公共安全需要的資源。

三、擴大組織縱向層級，削落行政效率。國土安全部係以政府部門爲主體，其組織結構以縱向化之層級制爲其特徵。此種層級組織利用權威來協調勞動分工，很難適應公共安全形勢瞬息萬變的急迫需要。同時，資訊流動上傳或政策執行下達費時，不僅效率低下，而且存在著被扭曲的風險。

四、不同的組織文化，資訊共享困難。美國的國土安全體系是在反恐背景下形成的，被打上了「國家安全」的烙印。其中的國家安全機構和司法部門強調「保密」，但如聯邦緊急救難署這樣的部門，其主要任務是防災害防救；主要特徵是開放、協調與溝通。因此，國土安全體系需要對不同的組織文化兼容並蓄，協調其間的矛盾與衝突，克服部會協調與整合的障礙。

然而，2004年被整併之各單位，大都是歸入下列國土安全部的4個新的部門或功能之中：

一、邊境與運輸安全部門：維護海陸空運輸安檢任務與國境安全。由移民暨歸化局（原隸屬司法部）、海關（原屬財政部）與海岸防衛隊等整合而成。

二、緊急準備與應變部門：提供協助、補助額、訓練及援助給州及地方，盡可能降低傷害及展開災後復原工作。由聯邦緊急救難局負責。

三、科學與技術部門：反恐之科學與技術之研發與支援各相關機構的技術援助與訓練等。

四、情資分析與基礎建設保護部門：分析國家安全的脆弱性、可能遭受的威脅，以及國家基礎建設（如電力、電腦、水庫、鐵路、油庫等）之保護。由國家基礎建設保護中心（原隸屬聯邦調查局）、關鍵基礎建設保護辦公室（原屬商務部）等部門負責。[36]

至2005年2月切爾托夫（Michael Chertoff）擔任當時之國土安全部部長，持續整合政策與組織轉變，並在2006年提出「國家應變計畫」修正版。[37]2007年蘭德公司國際暨國土安全研究部主任Brian Michael Jenkins，在眾議院撥款委員會的國土安全小組會議的國會證詞，提出「國土安全基本原則」（Basic Principles for Homeland Security），其內容要點如下：[38]

一、安全必須廣泛的界定：包括全力去防止、偵查、預防及阻止恐怖攻擊，減少傷亡及損害、快速反應修復及復原。

二、情報能力必須強化到地方政府層級，包括人力及訓練。

三、必須爲先制性行動來檢討法律框架。

四、積極機先的方式（proactive approach）意味著犯錯的可能，必須全面檢視手段以便迅速改正。

五、我們面對一大串恐怖攻擊的可能場景，必須對防範的優先次序作出選擇。

六、恐怖攻擊無孔不入，所以安全必然是被動反應的，但它不意味著我們只能運用手段去打最後一場戰爭，以防止攻擊重複發生，且它不應造成過度反應。

七、資源的分配必須奠基在對風險的評估上，目前美國的戰略是走向由災難導向來決定。

八、在考慮恐怖攻擊的災難時，我們最迫切需要是如何在災後復原上

---

[36] Oliver, Willard M. (2007). *Homeland Security for Policing*, NJ: Person Education, p. 77.

[37] DHS, National Response Plan, (web introduction), January 25, 2006. http://www.dhs.gov/dhspublic/interapp/editorial/editorial_0566.xml.

[38] Jenkins, Brian Michael, Basic Principles for Homeland Security, May 5, 2012. http://www.rand.org/pubs/testimonies/2007/ RAND_ CT270.pdf.

做得好，尤其是經濟。

九、安全與自由並非是交換性的，安全手段可以與基本自由共容。

十、預防所有的恐怖攻擊是一種不現實的目標，我們的目標是防止攻擊，增加打贏的機會，增加恐怖主義行動的困難，驅使他們轉向較沒危害性的目標。

十一、必須教育公眾，幫忙公民們現實的評估恐怖災難及他們日常生活的危險，讓他們了解安全的工作及其限制，培育維安意識。

十二、國安安全計畫應該具有雙重或多重利益，改善我們危機管理能力及公共衛生基礎建設即為一例，即使攻擊沒發生也不會浪費。

十三、重點應放在發展地方政府能力，而非擴大聯邦計畫。

十四、新步驟應是提供一種安全網路，而不僅是把風險從某個目標轉到另一個目標。

十五、嚴格的成本收益分析並不可行，恐怖攻擊的代價很難量化。

十六、安全必須效率與效果並重，立即衝擊與長期影響並計。

十七、我們是有投資者風度之國家，科技可以增加效用，鼓勵創造性，並容許研究的可能失敗。

十八、科技不見得會減少必要人力，科技與情報一樣都需要大量人力支援。

十九、國土安全可以為美國年久失修的基礎建設提供一個重建的立基。

二十、繁瑣的安全措施的檢查與順利推行，其前提是必須先作好公民教育，其成功有賴於在一個互信的環境中才能產生。

二十一、國土安全的目標是反制恐怖分子及其想要製造的事端（其意指重大災難的心理衝擊）。故要達此目標，就需增加公民教育及參與。知識及責任感是最有效的反恐保護罩。

二十二、美國是一個有很多自願義工參與公共事務的國家，國會也曾引用此傳統精神，而有民防自衛團隊（civilian reserve corps）的立法。民防自衛團隊，亦可根據其專長而積極參與人為或自然災害的搶救。美國目前則有3億人參與此類之義工，並可為國家必須時之運用。

美國前總統布希於2007年10月所提出之《國土安全之國家策略》

中，其當時所設定的四項戰略目標是：一、預防並瓦解恐怖主義攻擊；二、保護美國人民、重要基礎建設及重要資源；三、事故發生時的反應與恢復；四、持續地加強防衛基礎（foundation）以確保長遠之勝利。並在「當前國土安全之現況」這一章中特別說明了「典範的演進」爲：「911事件恐怖主義攻擊是反對美國的戰爭行爲，是爲了保衛美國生活之方式、自由、機會與開放原則的戰爭。911事件對美國攻擊的嚴重與廣泛是史無前例的，成爲國家保護與防衛美國人民的生命及生活的分水嶺。」同時，再進一步把國土安全界定爲：「全國致力於避免恐怖主義在美國國內攻擊，降低美國對恐怖主義的脆弱性，在攻擊發生時減少危害與復原。」[39]

綜上所述，美國國土安全部歷年來，經過多次的修法與組織之重整，目前則由其一，16個執行以及支援之單位（operational and support components），其中之公民身分與移民服務監察官室與移民收容監察官室，同時在執行單位及秘書單位之該官網中出現，因其認爲其雖爲執行功能，但亦爲監督其他單位之秘書功能，故而在兩個單位中同時出現，然而筆者僅在執行單位處加以論述；其二，15個秘書單位（office of secretary），其中上述兩個監察官辦公室之功能業務不再贅述，然而總檢察長辦公室在最新的組織圖中仍存在，但官網中之功能已移除，故而秘書單位應該是官網的14個機構加上總檢察長辦公室，共15個機構；其三，4個諮詢與顧問單位（advisory panels and committees）所組成。並負責聯邦、各州及地方之約8萬7,000個轄區之國土安全之維護。至本書2023年7月31日截稿日止，美國國土安全部之各所屬單位，本書作者根據其最新之官網資訊，約可分爲下列之三大部門，並以其官網之組織圖，如下圖8-1整理說明如下：

---

[39] DHS, Organization, July 31, 2023. https://www.dhs.gov/organization.

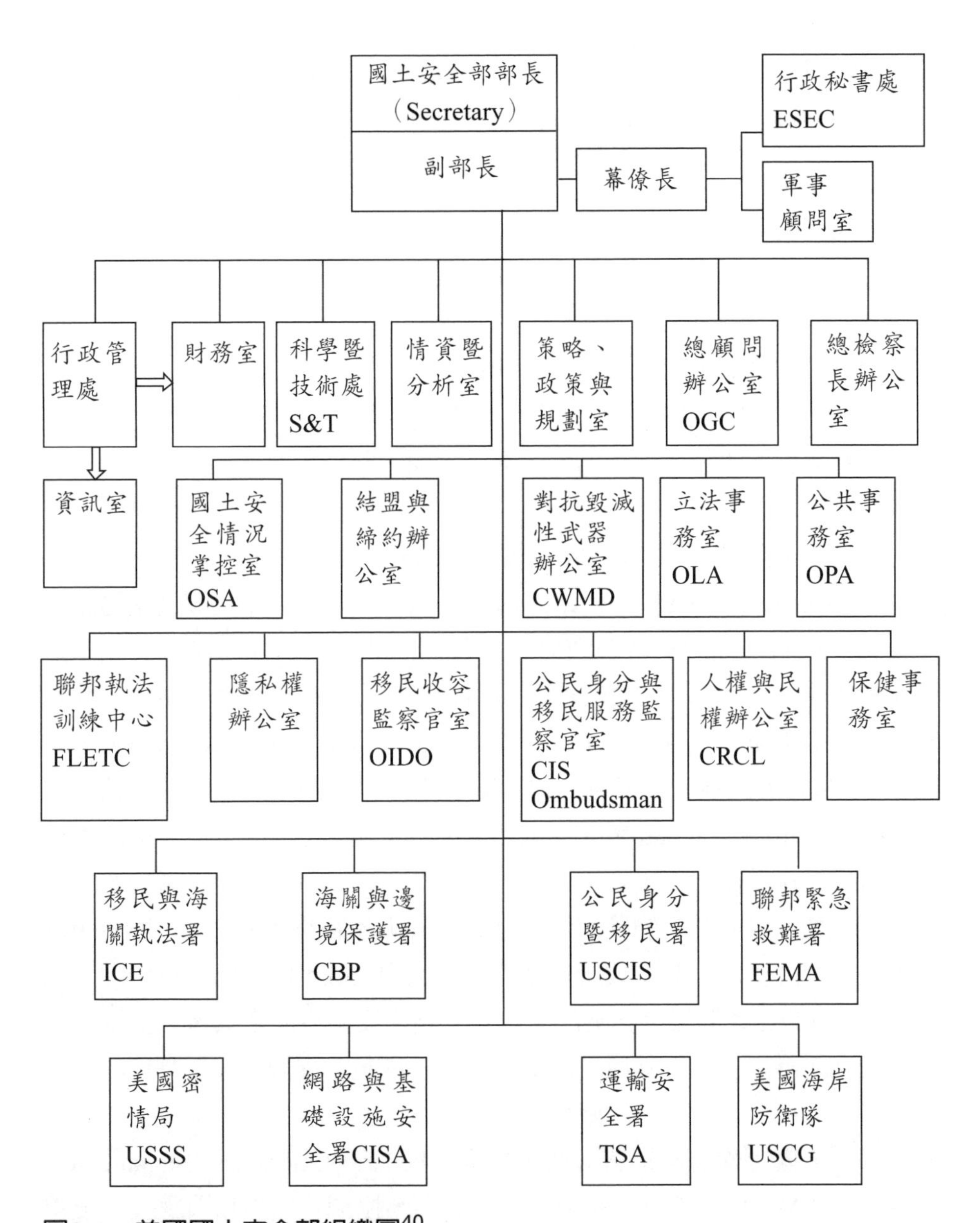

圖8-1　美國國土安全部組織圖[40]

---

40 DHS, The National Strategy for Homeland Security, July 31, 2023. https://www.dhs.gov/sites/default/files/2023-02/23_0221_dhs_public-organization-chart.pdf

一、執行以及支援之單位（Operational and Support Components）

（一）美國公民身分暨移民署（United States Citizenship and Immigration Services, USCIS）：職司移民入境管制與歸化之裁決等事務，制定移民管理之政策與其優先順位。

（二）美國海岸防衛隊（United States Coast Guard, USCG）：負責在美國港口與航道、海岸、國際水域或基於國家安全需要之任何其他海域內，保護美國公眾、環境與經濟之利益。

（三）美國海關與邊境保護署：負責邊境安全、防護與入境證照查驗，防治恐怖主義分子與武器不法進入美國，同時並促進合法之貿易與旅行活動。

（四）網路與基礎設施安全署（Cybersecurity and Infrastructure Security Agency, CISA）：網路與基礎設施安全署，為保護關鍵基礎設施免受當今威脅，同時與各級政府和私營部門的合作夥伴合作，防範不斷變化的風險。該署成立於2018年11月16日，川普總統簽署了2018年「網路與基礎設施安全署法」（The Cybersecurity and Infrastructure Security Agency Act of 2018），成為法律。該署之活動乃是之前國家保衛執行處（National Protection and Programs Directorate, NPPD）的延續。前國家保衛執行處之處長Christopher Krebs是該新成立的網路與基礎設施安全署的第一任主任。成立該署的預期作用是改善各級政府的網路安全，與各州協調網路安全計畫，並改進政府對私人和國家型之駭客的網路安全保護。期將原來NPPD之降低國土安全部所負責之國土安全方面之威脅，更聚焦在網路安全防護之上。故其減少風險之內涵，則包含實體或虛擬實境的，亦或是其伴隨而來之對人身的威脅。[41]

（五）聯邦緊急救難署（或謂飛馬，Federal Emergency Management Agency, FEMA）：職司全國災難預防整備，協調管理聯邦因應及災後重

---

[41] DHS, NPPD at a glance, October 10, 2019. https://www.dhs.gov/sites/default/files/publications/nppd-at-a-glance-bifold-02132018-508.pdf.

建職責；以及執行與管理全國水患的保險事宜。於2006年10月4日經總統簽署訂立的卡崔娜颶風災後的復原法案中（The Post-Katrina Emergency Reform Act），更將美國聯邦消防機構及災害防救、整備，及協調機構併入新的飛馬之機制中，並在其下整合救難整備相關之機構或機制，而新設置更爲專業的國家整備處（National Preparedness Directorate, NPD）。足可見國土安全部是在不斷的演變之中，也足見救災在國土安全維護上的漸形重要，其法案並從2007年3月31日起生效。[42]又於2018年10月5日，川普總統簽署了「2018年災害復原改革法案」（The Disaster Recovery Reform Act of 2018），作爲2018年聯邦航空管理局重新授權法案（The Federal Aviation Administration Reauthorization Act of 2018）的一部分。這些改革規範在救災和復原方面負有共同責任，旨在降低FEMA的任務與工作之複雜性，並建置國家應對下一次災難性事件的能力。該法有大約50項條款，要求FEMA的政策或條例修訂，以便全面的符合前述修正法案之規定。該項法案則包括野火預防（wildfire prevention）、災難時之疏散路線指南與規範（guidance on evacuation routes）、擴大受災之個人和家庭之援助（expanded individuals and households assistance）、非營利性救災之食品銀行的建置（private nonprofit food banks）、國家獸醫應急小組（national veterinary emergency teams）以及等機關的課責制度（agency accountability）等緊急救難之新規範。[43]

（六）聯邦執法訓練中心（Federal Law Enforcement Training Center, FLETC）：提供專業的執法訓練給執法人員，幫助他們安全地和熟練地履行他們的任務。

（七）美國移民與海關執法署：國土安全部最大的調查與執法之單位。負責辨識與防護美國邊境、經濟、運輸交通及基礎設施等事項在安全

---

[42] DHS, National Preparedness Directorate, October 15, 2012. http://www.dhs.gov/xabout/structure/gc_1169243598416.shtm.

[43] DHS, Disaster Recovery Reform Act of 2018, October 10, 2019. https://www.fema.gov/disaster-recovery-reform-act-2018.

上之脆弱點。

（八）美國密情局（United States Secret Service, USSS）：負責保護總統及其他高階官員人身安全，調查僞鈔仿冒及其他經濟犯罪，包括金融詐欺、冒用身分、電腦詐欺、電腦攻擊美國金融、銀行及通訊基礎設施。

（九）運輸安全署（Transportation Security Administration, TSA）：職司全國交通運輸系統安全，確保人員旅行、貨物運輸或貿易活動之自由與安全之檢查。

（十）行政管理處（Management Directorate）：負責對國土安全部的預算、資金之資助、開支，會計和財務以及採購等進行管制；對於人力資源、資訊技術系統，以及設施和設備等，評估及考評各機構執行之成效。故而其之下仍包括會計室與資訊室，然而該兩室仍然亦直屬部長之指揮與監督。

（十一）科學暨技術處（Science and Technology Directorate）：是國土安全部的主要研究與發展之機構。其提供聯邦政府、州及地方政府和地方官員技術和能力以保護國土之安全。

（十二）對抗毀滅性武器辦公室（Countering Weapons of Mass Destruction Office, CWMD）：打擊大規模毀滅性武器辦公室的任務是，反擊恐怖分子或其他威脅行爲者，企圖使用大規模毀滅性武器對美國或其利益進行攻擊。至於原有之國內核能偵查處（Domestic Nuclear Detection Office, DNDO），其原乃職司提升聯邦、各州、自治區、地方政府及私部門之核能偵測與工作協調，以降低核能破壞之威脅。此外，DNDO還負責與來自聯邦、州、地方和國際政府以及私營部門的合作夥伴，來協調全球核能探測和報告核能開發之狀況。[44]然而於2017年12月，DNDO成爲上述新成立的對抗毀滅性武器辦公室的組成部分之一。另一個保健事務處（Office of Health Affairs, OHA），其乃協調國土安全部所有的醫療活動，保證適當的對所有的事件作好準備與預防措施，並對事件之回應能深

[44] DHS, Archived Content-Domestic Nuclear Detection Office, Oct. 10, 2019. https://www.dhs.gov/domestic-nuclear-detection-office.

具醫療之效用與意義。其亦變成前述新成立的對抗毀滅性武器辦公室的組成部分之一。OHA職司全國性並爲化學或生物攻擊作好準備，並建設應對和恢復能力。OHA並預測生物攻擊、化學排放、傳染病大流行之威脅，以及災害對公共衛生的影響，並作好應對和反彈的準備。OHA通過生物監測方案（biosurveillance programs），協助聯邦、州和地方制定有關生物威脅的通報，這些計畫可發出早期預警，以便快速回應以遏制和限制其之影響。[45]

（十三）情報暨分析處（Office of Intelligence and Analysis）：負責運用由多元途徑所取得之資訊與情報，以便辨識與評估其對當前與未來可能之威脅。

（十四）國土安全情況掌控室（Office of Homeland Security Situational Awareness, OSA）：本辦公室提供運營協調、資訊共用、情況之感知與掌控以及共同勤務運作規劃，並在整個國土安全工作中，代爲執行部長的職責。

（十五）公民身分與移民服務監察官室（Office of the Citizenship and Immigration Services Ombudsman, CIS Ombudsman）：公民與移民服務監察官辦公室致力於透過提供個人案例援助，以及向民眾提出建議，並提升公民身分和移民服務的品質，以便改善前述之美國公民身分暨移民署的移民管理。此監察官之制度乃依據美國2002年「國土安全法」（Homeland Security Act of 2002）第452條創建，是獨立於美國公民身分暨移民署之外的公正和保密移民個資之機制。[46]

（十六）移民收容監察官室（Office of the Immigration Detention Ombudsman, OIDO）：監察官，包括第十五項的監察官，分析、報告並向適當機構提出投訴、疑慮和建議以解決問題。監察官辦公室有別於它們所監督的機構，是分開執行公務的。本監察官室之任務乃爲審查移民拘留的狀況，以便促進安全和符合人道的條件。該辦公室協助個人投訴國土安

---

45 Ibid..

46 DHS, CIS Ombudsman, October 10, 2019. https://www.dhs.gov/topic/cis-ombudsman.

全部或其人員可能違反移民拘留標準或不當之行爲。

二、秘書單位（Office of the Secretary）

（一）行政秘書處（Office of the Executive Secretary, ESEC）辦公室：提供全方位的直接支援給秘書長，並且將此類服務提供給部內所有的單位及其主管。此種支援之服務有很多型態，但最爲人知的型態是，將部內各單位及各相關之國土安全的夥伴機構之情資與來文，準確和及時的陳報給國土安全部長以及副部長。

（二）人權與民權辦公室（Office for Civil Rights and Civil Liberties, CRCL）：在民權和人權議題之上，提供法律和政策建議給國土安全部長；調查與解決民眾之申訴，並提供部長注重有關部內公平就業機會之法律規範事項（equal employment opportunity programs）。

（三）總顧問辦公室（Office of the General Counsel, OGC）：集合部門中大約1,700位律師，成爲一個有效的、顧客導向的以及全方位的法律諮詢服務團隊。其包括一個總部辦公室及其輔助單位，以及爲本部8個單位提供法律諮詢服務之各個小組。

（四）整合需求委員會（Joint Requirements Council, JRC）：驗證與業務或勤務需求有關的能力之差距，並通過聯合需求一體化和管理系統（the Joint Requirements Integration and Management System, JRIMS），提出緩解這些差距的擬議解決辦法，利用各種可能運用的組織或資源的共通性，直接提高營運與行動之效率，爲國土安全部主要投資的方案，提供更好的資訊。

（五）立法事務辦公室（Office of Legislative Affairs, OLA）：擔任與國會議員與其職員、白宮與其行政部門，以及其他聯邦政府機關和政府部門等，有關國家安全問題的主要聯絡者之角色。

（六）軍事顧問辦公室（Office of the Military Advisor's Office）：在協調與執行國土安全部與國防部之間的政策、程序、整備活動，以及勤務行動等事務。

（七）策略、政策與規劃辦公室（Office of Strategy, Policy, and Plans）：策略、政策和規劃辦公室是秘書和其他部門領導人的中央資源，用於戰略規劃和分析，並便利就動態國土上可能出現的各種問題作出決策。其乃是國土安全部主要政策建構和協調的部門。它提供一個集中化，並可協調各部門之重點工作，使其對國土安全之保護能有長期又周延之規劃方案產生。

（八）結盟與締約辦公室（Office of the Partnership and Engagement）：協調國土安全部與全國主要利益攸關機構或組織的外部聯繫工作，確保對外部結盟或締約採取統一的作法。

（九）隱私權辦公室（Privacy Office）：降低對於個體隱私的衝擊，尤需重視個人的資料與尊嚴，但亦同時可達成國土安全的任務。

（十）公共事務辦公室（Office of Public Affairs, OPA）：在國家之緊急或災害期間，公共事務辦公室協調本部內各單位或辦公室之所有公共事務之活動，並且擔任聯邦政府公共資訊宣導的主要單位。其組織與任務則包括新聞辦公室、事故和策略之通聯、新聞稿之撰寫、網路內容管理、屬員之通聯，以及本部急難整備之推廣活動等。[47]

（十一）總檢察長辦公室（Office of Inspector General）：執行監督審計、調查以及檢查與本部門有關之計畫及其執行之狀況。並建議本部最有效果、最高效率及最為經濟的任務推展之模式。但是在2023年美國國土安全部的官網上，已經不列示此單位之功能，此單位乃本書前一版之搜尋該官網之資料的沿用，因為在2023年本書亦援引該官網最新的組織圖8-1之中，仍列有此機構，而只是沒說明其功能。

（十二）氣候變遷行動小組（Climate Change Action Group）：本小組於2023年美國國土安全部最新的秘書單位中的一個機構，但在組織圖中則未標示其上。國土安全部氣候變遷行動小組是一個協調機構，由該部門的高級領導層組成，負責推動採取緊急行動解決氣候之危機，並直接向部長報告。

---

[47] DHS, Office of the Secretary, October 10, 2019 retrieved from https://www.dhs.gov/office-secretary.

（十三）家庭團聚專案工作隊（Family Reunification Task Force）：與前一項相同，官網有列示該機構但是在組織圖中則未標示其上。拜登－哈里斯政府致力於在美墨邊境，被不公正分離的家庭之安全團聚工作。

另外秘書單位中，亦再次重複列示（十四）公民身分與移民服務監察官室，以及（十五）移民收容監察官室，則已於前節說明論述之，在此筆者不再贅述。

三、諮詢與顧問單位（Advisory Panels and Committees）

（一）國土安全學術諮詢委員會（The Homeland Security Academic Advisory Council, HSAAC）：就國土安全議題和其相關之學術界的事務，向國土安全部部長和高級領導階層提供建議。

（二）移民委員會和工作組（Immigration Committees & Working Groups）：該委員會和工作組就移民問題提供意見和建議。其中包括有一個所謂之新美國人專案工作組（White House Task Force on New Americans，設於白宮之內特別工作組），該工作組協助新移民學習英語，擁抱美國公民文化的共同核心，並促使新移民成爲完全美國化而努力。期可以使新移民感到受歡迎，並在此過程中使美國的社區因此更加的團結與強大。[48]

（三）整備、回應與復原委員會和工作群組（Preparedness, Response, Recovery Committees & Working Groups）：該委員會和工作群組在政府和私營部門之間開展工作，整備、回應和從大規模緊急情況中復原過來。其中之工作群組包括：1. 應急通信整備中心（Emergency Communications Preparedness Center），聯邦政府機構間之協調，以及可交互操作的應急通信系統；2. 聯邦可交互操作通信之夥伴關係（The Federal Partnership for Interoperable Communications），解決聯邦無線通訊群組內的技術和勤

---

[48] The White House, White House Task Force On New Americans, October 10, 2019 retrieved from https://obamawhitehouse.archives.gov/issues/immigration/new-americans.

務活動；3. 應急整備與殘疾人問題之機構間協調委員會（The Interagency Coordinating Council on Emergency Preparedness and Individuals with Disabilities），確保聯邦政府爲災害中的殘疾人，提供適當支援與安全之保障；4. 國家緊急救難諮詢委員會（National Advisory Council），就應急管理的所有事項，向前述之聯邦緊急救難署（FEMA）之署長提供諮詢；5. PIV-I/FRAC技術轉移工作組（PIV-I/FRAC Technology Transition Working Group），致力於建立個人身分驗證可交互操作系統（Personal Identity Verification-Interoperable, PIV-I），以及第一回應單位之身分驗證憑據（First Responder Authentication Credential, FRAC）之認證標準，這些標準或系統，可以在地區、州和聯邦各個層級之間方便快速的交互運用與操作。[49]

（四）國土安全部聯邦諮詢委員會（DHS Federal Advisory Committees）：根據《聯邦諮詢委員會法》（FACA, 5 USC附錄）的規定來運作的諮詢委員會，其提供與國土安全問題相關的建議或者建議之措施。

第四節　美國國土安全策略之新發展

壹、反恐政策的新興議題——四年期的國土安全審查與檢討（Quadrennial Homeland Security Review, QHSR）

美國國土安全部成立於2003年，國會在2007年時通過「執行911委員會建議法案」（Implementing Recommendations of 9/11 Commission Act），要求國土安全部必須針對美國國土安全的工作，提出一份四年期

[49] DHS, Preparedness, Response, Recovery Committees & Working Groups, October 10, 2019. https://www.dhs.gov/preparedness-response-recovery-committees-working-groups.

的國土安全審查與檢討，勾勒並建立一個切合現狀的國家安全戰略，並對所有國土安全的關鍵領域制定綱要和先後次序。[50]QHSR是仿照QDR〔美國國防部自1997開始公布「四年期國防審查與檢討」（Quadrennial Defense Review, QDR）〕的形式，但是在完成的過程中，卻是有跨部會和來自不同部門的參與。爲了符合這項跨部會的精神，四年期的國土安全審查與檢討，要將國土安全部的夥伴部門更有效的結合，形成一個所謂之「國土安全企業」（homeland security enterprise）[51]，以設置一個可以分享風險和威脅情報的架構，並改善社區在遭遇破壞時的回應能力，同時建立國土安全部和其與聯邦、州和地方政府夥伴部門的團隊合作，以及強化預防恐怖主義的科技運用能力。

基本上，四年期的國土安全審查與檢討一共有五大重要使命[52]，包括：一、預防恐怖主義和強化安全；二、邊界的安全和管理；三、強化和執行移民法；四、維護和保障網路安全；五、確保處理災難的應變能力。四年期的國土安全審查與檢討最值得讚賞之處，則是它突顯災難後之應變處置能力的重要性，和過去僅強調預防或避免恐怖攻擊有所不同。因爲預防災難的發生固然重要，但事後的應變能力更是能夠讓傷害減到最低的重要策略與指標。

貳、美國愛國者法案之再授權（The USA PATRIOT Act Reauthorization）

「愛國者法」較受到爭議的第215條及第218條等條文，因爲對於人權之影響甚鉅，因而必須定期的透過國會之再授權表決與總統之簽署。「愛國法法案」第215條條文乃授權政府機構可令圖書館館員，繳出閱

[50] US Department of Homeland Security, 2010.

[51] White, Jonathan R. (2012), *Terrorism and Home Security*, 7th ed., Wadsworth Cengage Learning, pp. 565-566.

[52] US Department of Homeland Security, op.cit., 2010: 567.

覽民眾的閱覽資料，嚴重違背美國憲法的精神。第218條之條文，允許執法人員的搜索，從原先「外國情報跟監法」（The Foreign Intelligence Surveillance Act, FISA）必須以外國情報爲首要目標，修改爲只要明確目標即可跟監與情搜。依據「外國情報跟監法」之搜索令，僅能用於情報的蒐集而不是以之爲控訴之依據，但現在使用該法較低標準的「可能理由」就可以單獨作爲控訴之用途。但法官沒權駁回申請，故而形同橡皮圖章，而且搜索目標不再針對恐怖分子本身，只需要政府的目標，是一項有取得授權的調查，以防備國際恐怖主義即可。[53]

「美國愛國者法」於2005年12月31日到期，其關係到該法案關鍵條款的延期和修改。「愛國者法」長達342頁，賦予執法和情報機構廣泛權力，以防制、調查和打擊恐怖主義。2001年當時沒有經過聽證會，沒有任何會議討論和斟酌，就交付表決，法案遂以壓倒性優勢通過。911攻擊發生45天之後，時任美國總統布希簽署了「美國愛國者法」，有效期到2005年12月31日止。當時不是沒有反對的聲音，投了唯一一張反對票的參議員警告說：「保持我們的自由之核心價值，是我們現在參與新的反恐戰爭的主要因素之一。如果我們犧牲美國人民的自由，我們即使沒有動一刀一槍，也輸掉了這場戰爭。」但這種反對的聲音，卻淹沒在對恐怖主義同仇敵愾的聲討中。[54]然而2005年年底總統簽署到期之「愛國者法」中之第14條條款，是否永久化，以及是否將其中另外兩條延長十年的問題，國會議員展開了辯論。這些辯論突顯出占多數的執政之共和黨人跟民主黨反對派的分歧。因而「愛國者法法案」到期後之國會討論與表決，於2006年參院仍以89票對10票通過延期。因此只要當局認爲可疑的人物，不經審訊便可無限期拘留。對於此情況，美國國內的民權主張者早有不滿，但基於「國家安全」這個政治正確大前提，甚少國會議員願意冒險反對。因而再一次確定美國政府擁有此無上之權力，此無疑的是對美國崇尚的人權與自由之理念相違背。

---

53 陳明傳、駱平沂（2010），國土安全導論，台北：五南圖書出版公司，頁210-213。

54 中國網（2006）。美國「愛國者法案」打開濫用權力大門。http://big5.china.com.cn/chinese/HIAW/1108521.htm。瀏覽日期：2019年3月21日。

之後，又於2011年5月26日經過國會之討論表決，其中眾議院以357票同意66票反對繼續授權；參議院以98票同意1票反對，亦即同時受到兩大黨絕大多數之支持授權，繼續執行「愛國者法」上述受爭議之條款。旋而由當時的歐巴馬總統（President Barack Obama）簽署了一個延長四年適用「愛國者法」之中3個關鍵性法條之法案；亦即：一、游動式的監聽（roving wiretaps，「愛國者法」第206條）；二、搜尋個人工作資料（所謂圖書館借書紀錄之條款searches of business records, the “library records provision”，「愛國者法」第215條）；三、執行跟監所謂「孤狼」（lone wolf）之個人式之恐怖攻擊者之條款。[55]

進而，美國聯邦參議院又於2011年12月11日以93票比7票，通過新年度6,600億美元的國防預算案，其中之條文包括批准對涉嫌恐怖分子，包含美國公民在內，可以不必提出起訴，便施以無限期拘留。該條文引起民權團體之批評，其無法接受政府容許未經審訊，便無限期拘留美國公民。此新獲參院通過的相關條文比上述之「愛國者法案」更甚。因為新法案授權由軍方決定如何處理被拘捕的涉恐可疑人物，可以由軍方無限期施以拘禁調查；除經軍方批准，文官系統的司法部門不得過問。批評者指該條文向軍方傾斜，給予軍方部門過大權力。經一些國會議員之反對下，法案最後版本加入文字，指法案不會影響現行的美國法例。這表面上是對自由派的一種妥協，保障了現有的公民權不會被侵犯；但事實上只不過是各說各話，不同立場人士可以有不同解讀而已。[56]

另者，有關「美國愛國者法」隨著2009年新的日落日期的接近，美國曾經採取了各種對應之措施，旨在處置因為此種遏制或取消這些條款中授予權力時之對應替代方案，然而卻沒有一項措施是成功。在將條款延長至2011年2月之後，國會通過了進一步延長至2011年5月（「愛國者

---

[55] Wikipedia, Patriot Act, March 21, 2019. http://en.wikipedia.org/wiki/USA_PATRIOT_Act.

[56] 奇摩部落格。美國聯邦參議院通過比「愛國者法案」更甚的新法案。http://tw.myblog.yahoo.com/jw!_4qwYw6ZGQQ0SgBMthp8sw--/article?mid=13784。瀏覽日期：2013年3月15日。

法」之第206條和第215條）和2011年12月的「孤狼條款」（the lone wolf provision）的期限。這3個條款由2011年「愛國者日落延期法」通過後，並於2011年5月26日由當時之歐巴馬總統簽署成爲法律，並最終延長適用至2015年6月1日。[57]

然而，於2015年6月2日歐巴馬前總統簽署了參議院批准的「美國自由法」（USA Freedom Act）使之成爲法律，取代了「美國愛國者法案」，並因而限制了政府蒐集資料的權限。這一修訂之法案，主要是爲了回應史諾登（Edward Snowden）在2013年曝光之政府機關大量蒐集的電話和互聯網紀錄之所致。該「美國自由法」規定，政府只有在向審理「外國情報監視法」之聯邦法院，提出公開請求後，才能查閱這些資料。

參、多層次的情報溝通和分享

國土安全部負責評估國家的安全性問題與弱點。其率先在評估安全之弱點，並與聯邦、州、市、地方和私人的團體協調合作，以確保最有效的回應國土安全之相關議題。因而遂建構起政府與民間，以及國家與地方政府和私營部門等多層次的情報分享與分析中心（Information Sharing and Analysis Center, ISAC）。如此可建立一個更有系統與效率的國土安全企業概念，又可提升跨機構的協調和情報分享機制，以便更有效的確保國土之安全。

另者，美國自2001年911被恐怖攻擊之後，其國內之治安策略即演變成應如何從聯邦、各州及地方警察機構整合、聯繫，以便能以此新衍生之策略，更有效的維護美國國內之治安及國土之安全。進而，又如何在此種建立溝通、聯繫的平台之上，將過去所謂的資訊或資料更進一步發展出有用之情報資訊以便能制敵機先，建立預警機先之治安策略，此即謂爲情資導向的新警政策略。實則此策略英國早在1990年代，即因爲犯罪現象的詭

---

[57] Encyclopedia Britannica, USA PATRIOT Act, March 21, 2019. https://www.britannica.com/topic/USA-PATRIOT-Act.

譎多變與跨國性的發展，故而調整並嘗試以情資導向之策略，以及公私部門資訊與資源分享整合之策略（information sharing system）來提升其治安之效能。而此策略亦爲新興的國土安全概念的重要策略之一，也就是情資導向、公私部門資訊與資源分享整合之新治安策略。

第五節　國土安全概念在公私協力方面之發展與演進

回顧「現代警察」從1829年在英國倫敦由皮爾爵士（Sir Robert Peel）之倡導而誕生之後，即一直強調先期預防之理念（crime prevention）。[58]而後之所以偏重於事後犯罪偵查被動的行政取向（reactive），乃受環境之變化（即強調效率與科技）及決策者思考方向之轉變所致。然而如前所述，英國至1990年代治安單位即因爲犯罪現象的詭譎多變與跨國性的發展，而嘗試以情資導向之策略及公私部門資訊與資源分享整合之策略來提升其治安之效能。至2001年美國911恐怖攻擊之後，更促使了此種策略的全球快速發展。[59]而此策略亦爲新興的國土安全概念的重要策略之一，也就是情資導向、公私部門資訊與資源分享整合之新治安策略。故而亦可視之爲，英國現代警察創始者皮爾爵士之偵查與預防並重、警力與民力結合的經典之哲學與思想之再次被肯定，及再次主導全球治安治理的發展方向。而後者警力與民力的結合，遂成爲當代全球治安治理的重要發展趨勢，亦爲國土安全維護的重要策略與主軸之一。

美國自2001年911恐怖分子攻擊紐約州的雙子星摩天大樓之後，其國

---

58 Thibault, E. A., L. M. Lynch, and R. B. McBridge (1985). *Proactive Police Management*, 2nd ed., Englewood Cliffs, NJ: Prentice Hall, p. 4.

59 Wikipedia, Intelligence-led policing, March 21, 2019. http://en.wikipedia.org/wiki/Intelligence-led_policing.

內之警政策略即演變成應如何從聯邦、各州及地方警察機構整合、聯繫。以便能以此新衍生之新策略，能更有效的維護國內治安，將過去所謂的資訊或資料更進一步發展出有用之情報資訊以便能制敵機先，建立預警機先之治安策略，此即謂爲情資導向的新警政策略。[60]

911事件後，將「國土安全」任務著重於保衛本土免遭恐怖襲擊、強化國境與運輸安全、有效緊急防衛及應變、預防生化與核子襲擊。因此國土安全部具有統合協調全國作爲，以防範美國國內遭到恐怖攻擊，降低恐怖攻擊之損害，並儘速完成遭受攻擊後的復原。[61]

2007年蘭德公司國際暨國土安全研究部主任Brian Michael Jenkins，如前之所述，在眾議院撥款委員會的國土安全小組會議的國會證詞，提出「國土安全基本原則」，[62]其各原則之中，亦都有強調機先、預防、整合資源與運用民力之重要性。

然美國追溯至1940年代，企業已建立了「民主的兵工廠」（arsenal of democracy）進而贏得戰爭。而至今日他們正建立起「安全的兵工廠」（arsenal of security），亦即911之後美國正建置起反應敏銳、設計先進的國土安全管理相關之產品，其更能縮短反應時間及挽救人命。國土安全需要創新及想像力，而商業則需要機會，亦即藉由做得更好所帶來的更多機會。它不只能帶給美國一個更加安全及無慮的國家，還是個充滿競爭力且繁榮富足的國家。

尤有進者，將公民一同考量在內並非是什麼新奇的想法，而是民主社會的基礎，其已條列於美國憲法中並藉人權法案加以闡明。因此必須強化其合作之相關知識及落實此方面之教育與推廣，以建立起互信、承諾，以

---

[60] Oliver, Willard M. (2007). *Homeland Security for Policing*, NJ: Person Education, pp. 163-169.

[61] Office of Homeland Security, National Strategy for Homeland Security, July 2002. http://www.dhs.gov/xlibrary/assets/nat_strat_hls.pdf.

[62] Jenkins, Brian Michael, Basic Principles for Homeland Security, May 5, 2012. http://www.rand.org/pubs/testimonies/2007/ RAND_ CT270.pdf.

及相互激勵的效用。公私部門雙方都需要調整其策略，以降低因爲過度的規範與隔離而產生相互之恐懼，及對於其各自獨有情資的過度保護，或更造成利益的競爭，甚至因安全管理系統的妥協及不當濫用資訊而造成的傷害。在早期，當國家面臨到不同形式的危機時，林肯總統曾發表以下之感言：「我堅信民眾是善良愛國的。若能給予眞實誠懇的說明，民眾是可以被信賴來共同合作對抗任何國家危難的。然其重點乃在於給予他們眞誠的事實說明。」

根據美國歷年的一些案例，可得知私部門頻繁地介入國土安全部及中情局雙方提出的法案，而現在此類現象已漸次成爲常態。不可諱言地，對於建立安全基礎建設的需求已不限於政府的情報活動，甚至進一步擴展到法人、研究實驗，以及學術領域，以上四者都擁有各自獨特的發展潛力以鑑別各領域內的風險和弱點，其並擁有足夠的知識及技術潛能可作爲其優勢發展區位。[63]

目前國土安全部最重要的通訊單位就是情報分享與分析中心，該中心是許多公共及私人企業的資訊樞紐，有許多情報分享與分析中心，都個別在不同單位或是集中一起。目前有14個中心正在運作中，而其他的則處於發展中階段。這些中心致力與其他單位分享重要資訊及知識，也努力研究恐怖攻擊或其他災難。情報分享與分析中心的通訊聯絡，包括與其他情報分享與分析中心、政府部門，及受威脅的私人部門等。

政府與私人部門合作，負責通知重要公共建設之組織、政府部門及人民團體，其可能遭遇到安全之危害，或其他可能造成社會、身體、經濟受創的緊急狀況。情報分享與分析中心每天24小時運作，確保警報系統及威脅處理在準備狀態之中。

美國之資訊分享與分析中心群組乃源自於1998年63號總統決議指令（Presidential Decision Derictive, PDD-63），其要求公眾的和私人的部分，以整合形成一個可能遭受實體的或網路的威脅、破壞的情資合作

---

[63] Ward, Richard H., Kiernan, Kathleen L., Mabery, and Daniel (2006). *Homeland Security-An Introduction*, CT: anderson publishing, a member of the LexisNexis Group, p. 123.

與交換平台。進而來保護由布希總統於2003年之國土安全總統新的指令（Homeland Security Presidential Derisive HSPD-7）中所指涉升級的重要公共建設。除了國防工業基地、郵政以及運輸業之外，ISAC已建置成為所有重要公共建設之資訊分享與分析之平台。這12個ISAC資訊建置之標的包含如下：化學領域、食品工業、水力、緊急火災服務、州政府之間的溝通聯繫功能、資訊科技、視訊基礎建設、研究與教育機構、電力、能源、交通建設、金融服務機構、房地建築物等。[64]

另外，美國在民間安全資源的發展上，亦受到經濟與社會的快速發展，而在近期展現其無比的安全管理之潛力。其中例如，安全管理的保全行業在北美，於早期即已非常發達，然而直到1970年才首次有正式的分析研究，即美國藍德研究機構（RAND Corporation）之報告面市，而其研究即由美國司法部資助。十年之後則由Hallcrest公司發起第1屆大規模的保全學術研討會。但眞正針對私人保全有系統性的研究則由Stenning和Shearing在多倫多大學犯罪學研究中心所發起的。這些北美的研究眞正開始對保全的組織，包含人員訓練、人事制度、法規、功能與服務等議題累積文獻。相對來說，英國的實證研究在初期已經非常豐富。

然而在概念和理論層面，保全的研究或可分為兩個派別。一派認為保全之存在是為了補充或輔助警察的功能。Kakalik和Wildhorn解釋私人保全的擴張是符合公部門警察的公益目的，乃因警察無法完全滿足日益嚴峻的治安需求；儘管塡補了治安的眞空狀態，保全仍然需要和警察維持一個功能上的區別，就是擔任警方「小夥伴」（junior partner）的角色。另一派，則是激進的評論者對保全擴張抱持著懷疑態度。Flavel把保全的發展視為公私部門警力民力間強力的連結，有可能會成為一支強大並可運用的警力。然而，美國遭受911恐怖攻擊之後，此類民間安全管理資源的運用與整合卻亦成為值得且必須結合的力量。

另外，在《警政轉型——北美、英國與其他國家》一書中指出，未來

---

[64] 陳明傳、駱平沂（2010），國土安全導論，台北：五南圖書出版公司，頁130-131。

將有新的警政制度將有兩項新發展方向。其一是，警察似乎不能成功的為自己界定角色，成為社區服務、執法者或是秩序維護者。而保全則是將這些以前免費的服務加以收費，僱用更多百姓來輔佐警察的職務。第二，這樣的非政府的社會安全管理力量也打破了警察壟斷治安的現象。[65]

至2005年美國保全業則約有390億美元的市場規模，其花費之分布狀況如圖8-2所示。足可見此保全業之人力資源，若能更有效的整合在國土安全的同一平台之上，則對於國土安全之維護將有加成之效果。[66]

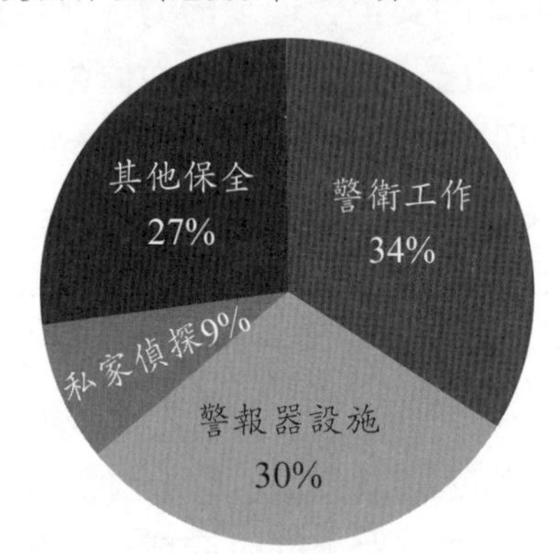

圖8-2 美國保全業花費之分布狀況

資料來源：國際產業研究機構（The Freedonia Group, Inc.）。

壹、美國公私協力之國土安全新發展概況——「基礎設施警衛」組織（InfraGard）

自1996年在美國就已經有較為具體與較有規模及組織的推展此類公私協力共同維護國土安全之措施產生。此種發展在以地方分權與重視民

---

[65] Johnston, Les (2007). "The Trajectory of 'Private Policing'," In Henry, Alstair and Smith, David J. eds. *Transformation of Policing*, UK: Ashgate Publishing Limited, pp. 25-49.

[66] 陳明傳、駱平沂（2010），國土安全導論，台北：五南圖書出版公司，頁148-150。

主、人權與隱私權自豪的美國社會，可謂是不得已的一大突破。而此發展在美國2001年遭受到911恐怖攻擊之後，更是如火如荼的順勢快速發展之中。1996在美國俄亥俄州的克里夫蘭市（Cleveland, Ohio）就有聯邦調查局主導成立所謂之「基礎設施警衛」組織的單位；之後更發展成爲全國性之公私協力組織，並在每一個聯邦調查局的地區單位均設有一位協調官來聯繫與經營此組織。起初此組織乃爲了結合資訊科技業、相關之學術界與各州及各地方警察機構來共同防制電腦犯罪，且僅爲地區性之組織。然而之後逐漸的推展成全國性之組織，於2001年遭受911攻擊之後，更擴展至所有基礎設施（infrastructure）機構的協力合作之上。

於1998年聯邦調查局更將此「基礎設施警衛」組織發展成全國性之組織，並且指定之前隸屬於該局之國家基礎設施保護中心（National Infrastructure Protection Center, NIPC）來專責承辦此業務。至2003年此中心併入911之後成立之國土安全部的基礎設施保護之部門功能中（Critical Infrastructure Protection, CIP），聯邦調查局更將此業務轉由該局之電腦犯罪單位（cyber division）接手辦理相關之工作。然而聯邦調查局仍持續建立公私部門之合作與信任，處理對抗恐怖主義、外國之相關情報，以及電腦犯罪。[67]而國土安全部的基礎設施保護之部門亦接續全力協助聯邦調查局的「基礎設施警衛」組織發展，並提供必要之情資等協助。然而2003年之後，聯邦調查局仍將基礎設施警衛之該方案，列入該局的支持與協辦之方案，並且密切的與國土安全部合作，持續的在國土安全部之基礎設施保護之部門中，扮演積極協助的主導角色。並且相對的也運用此基礎設施警衛之功能，來遂行該局的反恐之任務。[68]

因之，基礎設施警衛是聯邦調查局與私營部門成員之間的夥伴關係。該組織爲無縫的公私合作提供了一個工具，加快了資訊的及時交流，並促進了保護關鍵基礎設施相關議題的相互學習機會。基礎設施警衛在美

---

[67] Wikipedia, InfraGard, March 21, 2019. http://en.wikipedia.org/wiki/InfraGuard.

[68] IWS-The Information Warfare site, Homeland Security Advisory System (HSAS), InfraGard Information, May 5, 2019. http://www.iwar.org.uk/infragard/.

國全國擁有數千名經過審核的成員，其成員包括企業高級主管、企業家、軍事和政府官員、電腦專業人員、學術界以及州和地方執法部門；每一成員致力於貢獻其行業特有的知識、見解和促進國家安全。[69]至今基礎設施警衛在82個地區性的基礎設施警衛聯盟分會（InfraGard Member Alliances, IMA）中大約有5萬名會員，參與全國基礎設施警衛聯盟之中（InfraGard National Members Alliance, INMA）。每個該地方性的聯盟都與聯邦調查局的各地辦事處有相互的聯繫。

各地區性的基礎設施警衛聯盟分會，屬於非營利事業之民間組織，其與各地區之美國聯邦調查局聯繫與合作並且有定期的開會，討論相關之安全議題或者舉辦教育訓練等。各地區性的基礎設施警衛聯盟有管理之委員會以及主委，來管理各地區之該聯盟。而且地區之聯盟分會可以從聯邦調查局，以及全國基礎設施警衛聯盟得到下列之協助：

一、可以獲得聯邦調查局與國土安全部相關問題的諮詢服務，以及該等機關的情資通訊、安全之分析報告以及基礎設施脆弱點之分析報告等資訊。

二、可以獲得聯邦調查局以及相關之政府機關提供給地區聯盟組織之各類資料。

三、各地區之聯盟可與聯邦調查局、相關之政府機關或者私部門的各種安全維護之專家，直接的接觸聯繫。

四、可直接進入會員才能使用而由聯邦調查局提供之網路系統，查詢該局最新之相關情資，並可運用或分享基礎設施的防護與評估之資訊。

五、可以聯繫或接觸基礎設施防護的數千位相關領域之專家、學者，並能及時的獲得或者分享基礎設施受威脅之情況，以便取得及時之協助與諮商。此服務成爲各地區聯盟最主要的效益之一。

六、可獲邀參與地區性或者全國性的基礎設施警衛之會議或活動。[70]

---

[69] InfraGard, About, May 5, 2019. https://www.infragard.org/Application/Account/Login.

[70] InfraGard, Connect to Protect, May 5, 2019. https://www.infragard.org/Files/INFRAGARD_Factsheet_10-10-2018.pdf.

全美國富豪排行前五百大的公司（the Fortune 500 companies）至少有400家以上之公司參與了這個「基礎設施警衛」組織。在2005年約有1萬1,000個會員加入，然而時至2019年3月包括聯邦調查局之人員，已超過5萬個會員參與。聯邦調查局更爲了促進此組織之發展與公私部門合作與信任之效果，將每季舉辦與各私部門或機構之合作討論會議，於911恐怖攻擊之後更改爲每個月舉辦一次。在會議中聯邦調查局、地方治安機關、資通安全專家，以及私部門代表，充分的交換有關安全之資訊與經驗。聯邦調查局更聲稱網路攻擊並非是虛擬之故事，因爲在某些產業網路受到攻擊是每天都會發生的事件。在一個CSI/FBI survey與聯邦調查局實徵調查產業之網路安全的研究中，約有90%接受調查之樣本稱過去數年之中曾有網路安全與遭受網路攻擊的情事發生，並有一定的經濟上之損失，然而大部分均不太願意向有關機構報案或公諸於大眾，其原因乃避免競爭對手藉此擴大此事件，而毀壞其商譽以及客戶之信賴。因此聯邦調查局建議此類私部門或公司應請求「基礎設施警衛」組織之諮詢或協調人員予以協助，並分享此訊息以便預防此類事件的再次發生。惟取得互相的信任是最難以突破的關鍵點，而「基礎設施警衛」組織之諮詢人員卻聲稱只要私部門或公司選擇與他們合作的情況下，他們就可以在分秒之間立即提供防制之措施或建議。[71]

因而「基礎設施警衛」組織之功能則已包含國防安全、政府安全、銀行與金融安全、資訊與通訊安全、郵務與船務運輸安全、交通運輸安全、公共衛生安全，以及能源安全等之關注。至於其與個人資料之接觸與使用，也已經涵蓋大部分個人之資料，例如電話與網路使用者之資料、個人醫療之資料，以及銀行與金融之個人資料等。然而，此種公私協力的全面性發展亦引起憲法保障人權與隱私權之疑慮。美國人權協會（The American Civil Liberties Union, ACLU）警告稱，此「基礎設施警衛」組織可能易於接觸私人機構的客戶個資系統，使得擁有百萬客戶個人資料的

---

[71] InfraGuard-technical definition, May 5, 2019. http://computer.yourdictionary.com/infraguard.

私人公司，成為聯邦調查局監視民眾的眼睛與耳朵。[72]因此亦有此一呼籲稱，聯邦調查局與「基礎設施警衛」組織在運用此類個資或提供、分享此類訊息時，必須有一定之規範與管理措施，以便保護其會員與該會員相關客戶之隱私。並且政府與社會有責任創制一個機制，來監督這類可能假國土安全之名，而行破壞個人隱私與民主、自由之實的策略。[73]

貳、美國國土安全在公私協力發展方面其機制與功能之新建置

自2001年美國遭受到911恐怖攻擊之後，就積極的制定「愛國者法」、國土安全部之立法以及聯邦航空安全相關之立法（federalized aviation security）；為了回應國會之國土安全之關注，美國政府亦更為周延與更全方位的將安全問題擴及私人企業與機構的參與與合作之上。然而在2010年美國審計署（General Accounting Office, GAO）調查報告顯示48%接受調查的公司行號或機構聲稱並未收到國土安全部年度安全報告之相關資訊，60%受調查者稱從未聽過國土安全部情資網路關鍵機構之入口網站（The Homeland Security Information Network Critical Sectors portal, HSIN-CS），此入口網站可提供關鍵基礎設施機構的相關安全情資。故而顯示了幾個問題點：一、關鍵基礎設施之機構放棄了它專業的權責，它有責任去了解與認知有此一資訊取得之入口；二、雙方缺乏協調與合作，國土安全部與私部門缺乏聯繫。因而也會產生以下幾個問題：一、當危害產生時，均會擴及於每個地區，地方私人機構亦會受到波及；二、建立起全方位之網絡聯繫管道，只要向外取得聯繫，到處都有相關之人員、機制、管道或會議足以取得合作或資源。[74]

---

[72] Wikipedia, InfraGard, March 21, 2019. http://en.wikipedia.org/wiki/InfraGuard.

[73] Barnett, Gary D., Infraguard: FBI deputizes corporations to enforce martial law, March 20, 2012. http://redactednews.blogspot.com/2009/12/infraguard-fbi-deputizes-corporations.html.

[74] McCarter, M. (2011). TSA must improve quality, March 20, 2019. http://robbinssecurity.wordpress.com/2011/11/25/homeland-security-a-local-responsibility/.

另外，如前所述，雖然聯邦調查局早自1996年就有自地方建制公私協力之組織與機制——「基礎設施警衛」組織，惟僅止於網路安全相關之產業對象。故而2004年美國國會預算署（Congressional Budget Office）在國土安全與私人部門的預算報告中（Home Security and the Private Sector），即建議應該將國土安全公私部門之合作與協力之關係，擴及民間核能工業、化學與危險物質之產業、電力產業，以及食品與農業產業；然而根據此報告，私部門運用在防制危害之投資較政府部門少，且關注程度不如政府部門高。其原因乃私部門受到影響程度不如政府與整體社會之影響來得大且深遠，而且其改變場區或其流程之避險期程，亦較政府或社會快速，因此投入資源之誘因自然就較低。然而政府與整體之社會因此所造成之危害卻難免會被波及，因爲民眾對於危害之產生與如何避險，其資訊又不如私部門來的全面與迅速。然而民眾因而所受到損害之賠償也會求告無門，因爲私部門亦是受害的一方，破壞者又難以立即查明之情況下，不知如何求償。基此，私部門似乎有社會與道義之責任，及早投入作預防的工作。故而2011年國土安全部之私部門之資源目錄的分析報告中（Private Sector Resources Catalog 3），更進一步建議應擴及各類私部門與社區的融入與資源的整合。其中所論及涵蓋衛生保健、爆裂物、化學物質、水庫、危險物品之運輸、住宿與零售商、陸路運輸、水上運輸、大眾運輸與鐵路、新聞媒體、核能、航空與貨運、詐騙與仿冒、邊境安全、網路安全、恐怖主義防制等安全的議題，以及因而產生之人權、民主及國土安全未來之研究與發展等議題。今僅分別略述數項較重要之機制或新發展如後，以便理解國土安全維護在公私協力與資源整合方面有那些可行或可資借鏡之策略與方向。

一、美國在國土安全之公私協力之總體發展概念

在2004年成立之美國國土安全與國防安全委員會（The Homeland Security and Defense Business Council）之會議中論及，美國國土安全無法由政府單獨來達成，必須由政府與全體國民合力共同來完成。在該委員會

2011年9月10日所發布之計畫中稱，國土安全必須以共同合作且多層次的由地方、州、聯邦等政府結合一班民眾、企業、非營利組織、關鍵基礎設施之機構，以及提供安全資訊科技與服務的安全管理產業業者共同合作，才能發揮其眞正之效果。該委員會近十年來密切的與私部門研究討論與規劃未來合作之策略與模式。自從2010年9月之後每個月的10日該委員會均會出版一冊國土安全維護的專論，提供給相關單位運用與參考，並可從該委員會之網頁上查詢該專論。[75]而國土安全部也一再說明，公私部門合作對於國土安全維護之重要性，並且成爲政府與民間合作的最重要平台之一，本章將於後述之文章中論及其方案、計畫與功能。

至於各州之層級亦有公私協力之發展，例如以密蘇里州爲例，其即推出所謂「密蘇里公私夥伴關係」之方案（Missouri Public-Private Partnership, MOP3），即以機先預警之預防措施來結合社區與私部門之資源，共同來維護該州之安全。即以公私部門資源之整合來保護民眾與關鍵基礎設施之安全，並於事件發生之後能有迅速復原之整備。這個方案是在蘇里州國土安全諮詢委員會（The Missouri Homeland Security Advisory Council, HSAC）之下設置。其最近所推出之合作計畫，則例如企業資源執行資料庫之概念（Business Emergency Operation Cell, BEOC），提供私部門之專家（即關鍵基礎設施內之專家）或資源來共同處理災害、登錄其安全管理之專才或資源等的資料，使其成爲處理災害的人才資料庫或行動之資源，隨時可以派上用場，共同處理災變。其方案包括下列幾個重要之程序：（一）確認緊急應變之資產或資源；（二）情報與資訊融合中心（fusion center）的設置；（三）企業資源執行資料庫之成立與運作；（四）提供國土安全與自然災害之訊息予私部門；（五）立法課責私部門在處理災變之責任，及參與處理災變的減輕或免除其責任的立法。[76]

---

[75] Homeland Security News Wire, Public-private partnership in homeland security, May 5, 2019. http://www.homelandsecuritynewswire.com/public-private-partnership-homeland-security.

[76] Missouri Office of Homeland Security, May 5, 2012. http://www.dps.mo.gov/dir/programs/ohs/initiatives/mop3/.

二、民間之核能安全管理

核能工廠或核能原料廠的製程或運送，甚而核廢料之處理都有遭受破壞或攻擊的可能。於美國境內之核能事件與在外國遭受恐怖攻擊核能廠區之案件，都顯示出對於環境與社會產生長遠之迫害，其損害往往超出原來核能之價値。例如賓州三哩島核能外洩之事件，其經濟的損失超過20億美元，其中包括核能之損失、環境之復原、社區民眾健康之傷害等。美國核能管理委員會（The Nuclear Regulatory Commission）管制民間核能的安全問題；能源部（Department of Energy, DOE）則管理核廢料的處理，及資助核能處理技術之研發。

至2010年上述國土安全部的報告中，有關民間核能安全方面之管理發展方面，有核能部門之總覽（Nuclear Sector Overview），包括核子反應爐、核能物質、核廢料等方面資料、責任、角色與活動的查詢。核能部門自發安全計畫（Nuclear Sector Voluntary Security Programs），提供民間現有核能部門自發性安全計畫之各類規劃與資訊，以及復原產品或救援計畫之查詢。偵查幅射之焦點機構之白皮書（Tracking of Radioactive Sources Focus Group white Paper），偵查幅射之焦點機構爲隸屬於核能部門與政府協調委員會（Nuclear Sector and Government Coordinating Council）的專責查察機制。此機制乃公私部門合組之查察幅射問題之工作團隊，其功能乃運用各種技術來評估及查察全美國幅射相關之問題與危害，並將其查察結果製成白皮書供相關單位參考與處理。國土安全部核能基礎設施保護部門（Who's Who in DHS Nuclear Sector Infrastructure Protection），爲國土安全部與民間核能機構之協商與對口之單位。

三、化學與危險物質之安全管理

化學與危險物質其廠區之安全與運送之安全均非常的重要，因爲它不但會引起火災及空氣污染，而且在運送當中經常會經過人口密集的都會區。同時因爲其巨大之破壞性因此往往被有心人士運用成爲攻擊的武器。美國易燃性之石油化學工業仍集中於少數的企業集團，燃性之硝酸鹽類化肥料亦存放在全美國上千家的肥料公司，均很容易被取得並製成爲武器。然而某些有毒之物質若透過水利與空氣的擴散效應，則其損傷可能比前述的易燃物質更大。例如某些公司或運輸工具所使用之氨氣（ammonia）與氯水（chlorine）就可能產生較大之傷害。因此美國聯邦政府鼓勵廠商對於此類物質之管理與資訊能多予聯繫、合作與分享，並且能有應變之準備計畫。其中包括1986年由聯邦立法之「緊急應變計畫暨社區認知權利之法案」（Emergence Planning and Community Right-to-Know Act of 1986），規定廠商作好有毒物質外洩的緊急處置計畫，提供地區之分裝或處理人員相關之防災資訊與計畫，以及若有狀況必須立即知會當地公職人員的責任等；以及1990年「乾淨的空氣修正法案」（Clean Air Act Amendments of 1990），賦予環境保護機構必須監督經營此類物質之公司的安全與危機管理的狀態，並監督與評估此類物質之危險臨界值之責任。

至2010年國土安全的報告中，對於此類問題之處置更是多元的發展。其中包括有設置化學機構安全之報告專線（chemical facility security tip line），對於該公司或其他公司有違反化學機構反恐之建置標準之規定（chemical facility anti-terrorism standards），提出報案需求。而如果已經發生危害則可向國家基礎設施協調中心報告（National infrastructure Coordination Center）。國土安全部之化學物質分析中心（Chemical Security Analysis Center）提供一些有毒物質可能之危害資訊與分析之服務、線上之化學安全評估之工具之服務（chemical security assessment tool），以及化學安全規範之協助服務（chemical security compliance assistance visit）。對於前述之「化學機構反恐之建置標準」有需求之公司，提供進一步之合乎該標準之規定與訊息。化學物質高峰會（Chemical Security Summit），包括國土安全部相關之官員、國會議員、政府部門相關代表，以及業界之代表等討論化學安全之對策與發展。國土安全部化學部門特殊局（The Chemical Sector-Specific Agency）資助兩年一次的研討會，由情治單位提供化學物質相關公司之人員有關實體與虛擬之威脅，以及其有興趣之相關議題之研討；同時與私部門合作提供一些免費與自願參與訓練之課程以及提供相關之出版品供參考。化學貯存機構之緊急應變整備計畫（Chemical Stockpile Emergency Preparedness Program），是由美國緊急救難署——飛馬與陸軍合作對於陸軍化學貯存單位周遭之社區安全提供緊急應變之整備與協助。化學機構安全管控之資訊系統（Chemical Sector Industrial Control Systems Security Resource）暨化學機構安全檢測之指標（Chemical Sector Security Awareness Guide）國土安全部與化學企業公司合作，整合了其相關豐富之訓練與參考之資訊提供廠家或使用者相關之安全管理訊息，以及化學物質安全檢測之標準。

第六節　我國國土安全之新發展

壹、我國國土安全發展之新方向

我國國土安全機制區分為「緊急應變機制」與「備援應變機制」。所謂緊急應變機制為一旦發生緊急事件，即可依平日制定的命令、應變計畫與體系，迅速加入救援工作。至於備援應變機制則以事故之性質、大小而間接啓動，兩者在平時即進行前置作業與事故預防處理工作。[77]

我國在對應恐怖活動的策略上，則首由行政院擬定「反恐行動法草案」（政府提案第9462號），其特點乃僅針對國際恐怖主義之危害行動，作20條特別法之條列式之防處規範。至於立法委員版本（委員提案第5623號）之特點乃以「美國愛國者法」為主要參考依據並分列成四章，作41條之更詳盡、廣泛之規範，並將人權之保障，例如比例原則、法律保留原則、目的原則、最小侵害原則等納入。另外，立法院有監督、審查、接受報告反恐成果之權，及增列公務員撫卹、被害人救濟、獎勵措施等條款列入附則之中。惟其仍未如美國愛國者法之立法規範，因美國愛國者法乃以補充相關之一般刑法之條文為其立法之模式，而作千餘條（1016條）之周

[77] 陳明傳、駱平沂（2010），國土安全導論，台北：五南圖書出版公司，頁217-232。

詳規範。[78]

我國之「反恐行動法草案」，對影響國家安全之恐怖事件之預防與應變等，尚無整體之國家戰略與防制策略，缺乏反恐之整體戰略與防制策略。因此在此政策不明之情況下，即草草擬定「反恐怖行動法」。該草案規劃之應變處理機制，仍以「任務編組」之臨時性組織形式爲之，且該任務編組之決策與指揮執行系統與整合功能均集中於行政院長一人擔綱，是否負擔過重。另在恐怖事件處理之「緊急應變管理」（emergency management）與「災後事故處理」（consequence management）間之協調與分工機制也不明確，如何能於平時作好資源規劃管理、整備訓練，以及爆發危機時應如何發揮緊急應變與力量整合功能以維護國家安全。對整體反恐工作也未完整規劃設計，未能就恐怖攻擊對國家安全之影響，作嚴肅深入之審慎思考，令人懷疑擬定該「反恐怖行動法草案」僅是虛應外交或國際反恐運動之樣板故事而已。

若認眞爲整體性國家安全或國內公共安全考量，則應可從長計議，並於政府改造方案中將反恐與國家綜合安全之需求納入考量。並可參考美國國土安全部之設置，於政府再造工作中，推動國內公共安全機構重組改造，俾能有效整合國家安全資源與功能，眞正能發揮反恐應變、維護國家安全與國土安全之功能。

總之，建構我國完整之反恐法制，不應只是強調快速立法，更應與其他現行法律一併檢視、整體檢討，在達到防範、追緝以及制裁恐怖主義分子的目的，以維護國家與公共安全之時，並應兼顧人權保障，且能符合我國現實社會條件之需求與適法可行。否則理想過高或逾越人權保障之藩籬，恐非制定反恐法制之本旨。

然整體而言，我國制定反恐怖行動法，除達到向國際社會宣示我國重視恐怖主義活動之效果外，究竟有無立法之急迫性，各界看法可能不盡相

[78] Epic.org, US107th CONGRESS, 1st Session, H. R. 3162, IN THE SENATE OF THE UNITED STATES, October 24, 2001, March 20, 2019. http://epic.org/privacy/terrorism/hr3162.html.

同。我國反恐怖行動法草案，並未明確規範主管機關爲何，未來可能形成爭功諉過現象。該草案雖參考若干現行法之規範，但其中顯有諸多令人不解之不當類比模式，恐有侵犯人權之虞。911事件改變了許多民主先進國家，尤其是美國的人權觀，「愛國者法案」採取限時法之原則，顯示其並非常態立法，但仍有人擔憂會不會贏得了戰爭，喪失了自由。我國若只是爲配合國際反恐，而任意侵犯人民財產權、隱私權，在無立即受害之壓迫感下，恐不易爲民眾所接受。因此宜再深入分析探討國外相關反恐法制之得失，以作爲我國制定專法或配套修法之參考。

綜上所述，就我國現階段而言，釐定一個反恐之專法，在整個國內政治與社會環境的發展進程，及國際社會中吾國之地位與反恐的角色定位上，似乎未達到有其急迫性與必要性的階段。然立法院版似乎在人權保障、公務員撫卹、被害人救濟、立法院之監督及反恐之法條規範上，較爲全面與深入。不過，在過去數年中，政府與相關之學術社群，針對此專法之立法基礎與其內涵，進行了優劣利弊及跨國性之比較研究，對我國反恐法制的準備與其法理基礎之釐清，確實作了最充實的準備與事前規劃。故而，目前僅要在現有之法制基礎之下，及在恐怖事件達到一定程度時，運用前述跨部會之臨時組織，以個案危機處理之模式加以處置，應屬最適宜之措施。然而，我國於2016年7月27日總統華總一義字第10500080971號令制定公布「資恐防制法」全文15條；該法第1條之規定，資恐防制乃爲了防止並遏止對恐怖活動、組織、分子之資助行爲，維護國家安全，保障基本人權，強化資恐防制國際合作特制定該法。[79]因此，我國雖未能制定反恐之專法，然而卻於2016年先行制定資恐防制法，以爲因應防制資助恐怖主義者之行爲。然而於2019年6月19日立法院三讀通過「國家安全法」之修法，除了國家安全法第5條之1之規定，宣示國家安全維護納入網際空間，有關被中國大陸吸納爲間諜者，可處七年以上有期徒刑，得併科新臺幣5,000萬元以上1億元以下罰金。又根據國家安全法第2條之2之規定，國

---

[79] 法務部。資恐防制法。全國法規資料庫。https://law.moj.gov.tw/LawClass/LawAll.aspx?pcode=I0030047。瀏覽日期：2019年11月15日。

家安全之維護，應及於中華民國領域內網際空間及其實體空間。其意旨乃在於防堵「網路共諜」之滲透與危害。[80]因此，我國之國安法首次將國家安全之維護擴展至網際空間。

然而，為了因應前述國際恐怖活動增加及國內災害防救意識提升，整備因應國土安全相關之災害防救、邊境安全、跨國犯罪，以及恐怖主義等有關議題，以達成強化安全防衛機制，確保國家安全的目標，近年來政府已陸續完成「災害防救法」、「民防法」、「全民國防教育法」及「全民防衛動員準備法」等相關法案的立法，行政院如前之論述，並已草擬「反恐怖行動法草案」送立法院審議中，主要就是希望更全面的加強整合政府與民間資源，致力於提升整體安全防衛能力。行政院「反恐怖行動辦公室」，也在2007年8月16日召開之行政院國土安全（災防、全動、反恐）三合一政策會報後，正式更名為「國土安全辦公室」，作為我國未來發展國土安全政策擬定、整合、協調與督導運作機制的基礎。之後，行政院又將2006年6月3日訂定之「我國緊急應變體系相互結合與運作規劃」案中之「行政院反恐怖行動政策會報」修正為「國土安全政策會報」，其中所設置之「反恐怖行動管控辦公室」根據其設置要點亦一併修正為「國土安全辦公室」。

貳、我國國土安全辦公室之沿革

我國之國土安全辦公室成立沿革，若根據相關法規訂定之期程，則可約略分為下列三個時期：[81]

---

[80] 聯合新聞網。國安法修法三讀 退休軍公教淪共諜喪失並追繳退俸。https://udn.com/news/story/6656/3880775。瀏覽日期：2019年6月19日。

[81] 此處國土安全辦公室成立沿革之分野，著重於法規訂定之實際日期與期程，與本書第十二章之沿革，著重於其實際之發展狀態或略有不同，但其發展之各個階段則為一致，特此註明。

一、「反恐怖行動管控辦公室」任務編組（2004年至2007年）

（一）2003年1月6日訂定「行政院反恐怖行動政策小組設置要點」。

（二）2004年11月16日「行政院反恐怖行動政策小組會議」召開第1次會議，會中通過「我國反恐怖行動組織架構及運作機制」（同年11月30日經總統核定），該政策小組全銜修正為「行政院反恐怖行動政策會報」，並決定設置「行政院反恐怖行動管控辦公室」。

（三）2004年11月22日由行政院秘書長主持揭牌儀式，正式成立「行政院反恐怖行動管控辦公室」（2004年12月31日院台人字第0930093033號函）。

（四）2005年1月31日核定實施「行政院反恐怖行動政策會報設置要點」。

二、「國土安全辦公室」任務編組（2007年至2011年）

（一）依據2007年8月23日之院台人字第0960090580號行政院函，將「反恐怖行動管控辦公室」更名為「國土安全辦公室」。

（二）依據2007年12月21日發函之院台安字第0960095669號行政院函，原「行政院反恐怖行動政策會報設置要點」業經修正內容並更名為「行政院國土安全政策會報設置要點」。

（三）依據2010年3月30日發函之院台安字第0990095083號行政院函，修正「行政院國土安全政策會報設置要點」相關規定，將國土安全之涵義及政策會報之目的，界定為預防及因應重大人為危安事件或恐怖活動所造成之危害，以維護及恢復國家正常運作與人民安定生活。

三、「國土安全辦公室」正式編制（2011年）

行政院於2011年10月27日發布院台人字第1000105050號令，頒訂組織改造後之「行政院處務規程」，依據第18條規程「國土安全辦公室」正式成爲行政院編制內業務幕僚單位。

（一）依據2014年11月7日院台安字第1030153009號行政院函，原「行政院國土安全政策會報設置要點」業經修正內容並更名爲「行政院國土安全政策會報設置及作業要點」。

（二）依據2014年11月7日院台安字第1030153008號行政院函，增訂「行政院國土安全應變機制行動綱要」。

「行政院國土安全政策會報設置及作業要點」係我國推動包括反恐怖行動在內之國土安全工作之政策依據；本次修正主要爲配合行政院組織改造、關鍵基礎設施之機制、強化重大人爲危安事件或恐怖攻擊應變組織功能進行修正。[82]而行政院國土安全辦公室之業務則包括：（一）反恐基本方針、政策、業務計畫及工作計畫；（二）反恐相關法規；（三）配合國家安全系統職掌之反恐事項；（四）行政院與所屬機關（構）反恐演習及訓練；（五）反恐資訊之蒐整研析及相關預防整備；（六）各部會反恐預警、通報機制及應變計畫之執行；（七）反恐應變機制之啓動及相關應變機制之協調聯繫；（八）反恐國際交流及合作；（九）國土安全政策會報；（十）其他有關反恐業務事項。[83]

另外，如將反恐之作爲，以危機管理之原理原則加以建構國土安全之防護機制，則亦可視之爲另一種可行之對應策略。目前美國運用危機管理之原理，在國土安全的策略思維上有下列數項重點：（一）國土安全已被提升至國家戰略層次，而且所謂的國土（內）安全與國際（外）安全之界線也不是那麼明確，而是有所重疊的；（二）運用國家總體力量，加強政、軍、情等關係之優質發展，不再僅由治安或軍事單位因應新的危機或挑戰，而亦注意到中央與地方及私人企業、民間社區的整合力量與夥伴關係，共同參與、合作訓練並建立蒐集、處理與決策機制；（三）加強民眾面對災變的心理建設及因應危機之意志，並建立因應各種危機狀況之標準

---

82 行政院國土安全辦公室2015年未發表之報告。

83 行政院。國土安全辦公室。https://www.ey.gov.tw/Page/66A952CE4ACACF01。瀏覽日期：2019年3月15日。

作業規範。

2023年我國國土安全辦公室之建置，乃爲行政院爲確保國土安全，協調相關應變體系，特設「國土安全政策會報」，以預防及因應各種重大人爲危安事件或恐怖活動所造成之危害，維護與恢復國家正常運作及人民安定生活。該會報任務包含：國土安全之基本方針、重要政策及措施、中央國土安全業務主管機關業務計畫及應變計畫之諮詢審議、中央與地方國土安全相關事項之督導及考核，及其他行政院交辦有關國土安全事項等。該會報下設置八大應變組，會報幕僚作業由行政院國土安全辦公室辦理。[84]

第七節　小結

國土安全的概念在美國過去十餘年中發生了甚多的變化。國土安全作爲美國一個新的安全之概念，是由美國2001年遭受911恐怖攻擊所促成的。後來，美國之聯邦、州和地方政府對颶風等災害的反應，例如2005年8月29日卡崔娜颶風侵襲紐奧良，便擴大了國土安全的概念，將其包括了重大災害、重大突發公共衛生事件以及其他威脅美國、經濟、法治和政府運作的事件。後來國土安全概念的擴展規範了其與其他聯邦政府工作性質之不同，例如其與國防方面之國土防禦任務與功能。

然而，筆者已於前文所述，根據美國國土安全在組織與法制上的演進來觀之，認爲「國家安全」、「國防安全」與「國土安全」三者在界線與權限範圍上是有所區別的。「國防安全」從軍事攻防的國防角度爲出發，以國防與軍事的考量爲主軸與手段，來維繫國家的安全；「國家安全」係在確保美國獨立與安全、以軍事及外交爲主；「國土安全」則從預防恐怖活動與攻擊，來整合現有與國土安全任務相關之聯邦機構，結合政府與民

---

[84] 行政院國土安全政策會報。組織架構。https://ohs.ey.gov.tw/Page/4318973A814C72B。瀏覽日期：2023年7月19日。

間之力量，提升情蒐預警、強化國境與交通安全、增強反恐準備、防衛毀滅性恐怖攻擊，維護國家重要基礎建設的安全。

然而，「美國愛國者法」隨著2009年新的日落日期的接近，美國曾經採取了各種對應之措施，旨在處置因為此種遏制或取消這些條款中授予權力時之對應替代方案，然而卻沒有一項措施成功。後又於2015年6月2日歐巴馬總統簽署了參議院批准的「美國自由法」使之成為法律，取代了「美國愛國者法案」，並因而限制了政府蒐集資料的權限。這一修訂之法案，主要是為了回應史諾登在2013年曝光之政府機關大量蒐集的電話和互聯網紀錄之所致。該「美國自由法」規定，政府只有在向審理「外國情報監視法」之聯邦法院，提出公開請求後，才能查閱這些資料。

而當時序進入2017年，「美國優先」乃是川普他在總統競選期間的主要和最重要的主題，其並提倡民族主義、不干涉主義立場。在其當選成為總統後，「美國優先」已成為其政府的官方外交政策原則。至2019年美國川普總統，則更進一步決定在美墨邊境高築現代化的萬里圍牆，以嚇阻南方中南美洲移民突破邊境進入美國境內居留與打工。這項政策效益如何，頗值得關注與長期追蹤。[85]

至於在國土安全的公私協力方面之發展，2005年約有1萬1,000個會員加入，然而時至2019年3月包括聯邦調查局之人員，已超過5萬個會員參與。聯邦調查局更為了促進此組織之發展與公私部門合作與信任之效果，將每季舉辦與各私部門或機構之合作討論會議，增加成每個月舉辦一次。在一個CSI/FBI survey與聯邦調查局實徵調查產業之網路安全的研究中，約有90%接受調查之樣本稱過去數年之中曾有網路安全與遭受網路攻擊的情事發生，並有一定的經濟上之損失，然而大部分均不太願意向有關機構報案或公諸於大眾。因而美國之「基礎設施警衛」組織之功能則已包含國防安全、政府安全、銀行與金融安全、資訊與通訊安全、郵務與船務運輸安全、交通運輸安全、公共衛生安全，以及能源安全等之關注。

85 陳明傳、蕭銘慶、曾偉文、駱平沂（2019），國土安全專論，台北：五南圖書出版公司。

另因應2001年9月11日之恐怖攻擊事件，美國在911事件之後，亟思改進相關反恐弱點，故美國政府在組織上立即成立「國土安全部」爲其內閣中之第十五個部會。以綜合性國家安全概念，推動政府改造，重組國內公共安全組織機制，整合與運用所有資源，強化政府危機管理與緊急應變能力。布希總統遂於同年10月8日成立國土安全辦公室（Homeland Security Office），2002年11月19日通過立法，並於25日正式宣布成立「國土安全部」，更任命其二十年來的好友里奇（Tom Ridge）爲第一任部長。該部整併了原有之22個單位之整體或部分之功能，例如海關（Customs）、交通安全（The Transportation Security Administration）、移民歸化署（The Immigration and Naturalization Service, INS）、海岸巡邏隊（Coast Guard）、邊境巡邏隊（The Border Patrol）等部門的17萬餘名的員工，及370億美金之預算，後國會追加至400億。[86]

而當國會以絕對多數通過此法案時，佛蒙特州參議員Sen. Jim Jeffords（Vermont）評此案，僅會將反恐之資源轉向此新的機關而已，同時給美國民眾一個錯誤的安全概念與保障。而某些市長亦表達了相左之看法，例如，該案忽略了一個關鍵性之反恐要素，即對都市反恐作爲，並無任何規劃或補助。美國CBS之電視評論，亦評其機構太過龐雜，且恐會因執法過當，而妨害到民主國家所最珍貴之人權、隱私權與自由。眾院民主黨領袖皮羅西女士（House Democratic Leader Nancy Pelosi），更評論此一機構過於龐大，不是一、兩年可以完成整併並順利運作，而是需要五或七年才能建置完成。故其呼籲應以較小規模之組織重整，及較多科技取向的研發與運用，才應該是反恐的正確方向。

而美國華府布金斯研究中心的8位研究員，對此一大型組織整併之效能之評估，亦提出較保守之建議。例如其認爲應將組織之功能，聚焦在反恐相關之事物上，而不要執行一般性的業務。至一般性之業務，宜規劃由相關之單位來配合執行。

---

[86] DHS, News & Updates, April, 2004, May 1, 2009. http://www.dhs.gov/dhspublic/theme_home1.jsp.

美國國家安全顧問萊斯女士（Condoleezza Rice, National Security Adviser）於2004年4月9日對911事件調查委員會（National Commission）之聽證會中，亦多次強調布希總統在911之前，已了解恐怖主義對美國之威脅，惟因情報機構之組織結構與運作功能方面的問題，故總統並未被確切的報告該事件，將發生於美國本土的可能時段與可能之攻擊目標。雖然多位參議員質疑其證詞之可信度，並暗指其錯估情資，並應負未及時向總統報告，而無法作事前之防範措施至造成重大傷亡之責。然從聽證會的激辯中，亦可認知反恐之情資蒐集與運作功能之重要性，故其誠爲反恐作爲不可輕忽的一環。[87]

因而，另有論者亦主張稱，由於美國的國土安全部對美國之國內安全甚爲關鍵，因此需要一個有全心投入的員工團隊，他們必須要隨時待命，並富有抗壓性，在其健康、安全、敬業和高效率等方面有充足的整備。然而，國土安全部缺乏評估之資料和資訊，無法就與健康、安全、生產力和生活品質有關的問題做徹底的評估與深入的了解；然而這些評估與了解，都將會影響該部之工作能力與效率。因此，爲了成功完成其使命，國土安全部需要建立一個強大和有效的測量和評估之基礎設置，用於診斷個人和組織之問題。因此，有效的衡量國土安全之各種計畫或方案，將產生重要之參考資訊，可了解這些計畫或方案是否在健康、士氣、安全和復原力等方面有所效果。所以，這種回饋機制將可促進國土安全部，在提高員工生產力、減少工作成本和可能減少醫療保健等方面的成本與預算，有所革新與改進。[88]

綜上所論，雖有論者稱國土安全部雖因爲恐怖攻擊，應運而生的新部會組織，但是其組織可能會大而不當，造成部內之組織的橫向聯繫之隔閡與困擾，而其相關法律之特殊授權與其之執行，亦可能影響人權與

---

[87] 陳明傳、駱平沂（2010），國土安全導論，台北：五南圖書出版公司，頁96-98。

[88] NCBI (The National Center for Biotechnology Information), A Ready and Resilient Workforce for the Department of Homeland Security: Protecting America's Front Line-4Measurement, Evaluation, and Reporting for Improved Readiness and Resilience.

國際人權問題之觀瞻。因而，必須發展一個更有效度（validity）與信度（reliability）的科學評估標準之機制，才是全球獨創之此種新組織型態，未來改進與發展之重要憑據與圭臬。

至於我國之「反恐行動法草案」，對影響國家安全之恐怖事件之預防與應變等，尚無整體之國家戰略與防制策略，缺乏反恐之整體戰略與防制策略。另在恐怖事件處理之「緊急應變管理」與「災後事故處理」間之協調與分工機制也不明確，如何能於平時作好資源規劃管理、整備訓練，以及爆發危機時應如何發揮緊急應變與力量整合功能以維護國家安全。對整體反恐工作也未完整規劃設計，未能就恐怖攻擊對國家安全之影響，做嚴肅深入之審慎思考，令人懷疑擬定該「反恐怖行動法草案」僅是虛應外交或國際反恐運動之樣板故事而已。

在我國之國土安全相關體系發展方面，爲了因應前述國際恐怖活動增加及國內災害防救意識提升，整備因應國土安全相關之災害防救、邊境安全、跨國犯罪，以及恐怖主義等有關議題，行政院前曾擬定「反恐怖行動法草案」送立法院審議之中，主要就是希望更全面的加強整合政府與民間資源，致力於提升整體安全防衛能力。行政院「反恐怖行動辦公室」，也在2007年8月16日召開之行政院國土安全（災防、全動、反恐）三合一政策會報後，正式更名爲「國土安全辦公室」，作爲我國未來發展國土安全政策擬定、整合、協調與督導運作機制的基礎。之後，行政院又將2006年6月3日訂定之「我國緊急應變體系相互結合與運作規劃」案中之「行政院反恐怖行動政策會報」修正爲「國土安全政策會報」，其中所設置之「反恐怖行動管控辦公室」根據其設置要點亦一併修正爲「國土安全辦公室」。惟我國此種組織體系發展，雖不如美國國土安全部之龐大與正式，但就我國目前之反恐問題之現況，並不如歐美等國之嚴峻，因此在行政院之下成立辦公室可能亦爲近期最佳之抉擇。

參考書目

一、中文文獻

中國網（2006）。美國「愛國者法案」打開濫用權力大門。http://big5.china.com.cn/chinese/HIAW/1108521.htm。瀏覽日期：2019年3月21日。

朱蓓蕾（2007），從國土安全論美國緊急應變機制之變革，第1屆國土安全學術研討會論文集，桃園：中央警察大學國土安全研究中心。

行政院。國土安全辦公室。https://www.ey.gov.tw/Page/66A952CE4ACACF01。瀏覽日期：2019年3月15日。

行政院國土安全政策會報。組織架構。https://ohs.ey.gov.tw/Page/4318973A814C72B。瀏覽日期：2023年7月19日。

行政院國土安全辦公室2015年未發表之報告。

奇摩部落格。美國聯邦參議院通過比「愛國者法案」更甚的新法案。http://tw.myblog.yahoo.com/jw!_4qwYw6ZGQQ0SgBMthp8sw--/article?mid=13784。瀏覽日期：2019年3月15日。

法務部。國家安全法。全國法規資料庫。https://law.moj.gov.tw/LawClass/LawAll.aspx?PCode=A0030028。瀏覽日期：2019年11月15日。

法務部。資恐防制法。全國法規資料庫。https://law.moj.gov.tw/LawClass/LawAll.aspx?pcode=I0030047。瀏覽日期：2019年11月15日。

邱智淵（2019）。新頭殼newtalk。川普建萬里長城鞏固連任之途。https://newtalk.tw/news/view/2019-02-16/208098。瀏覽日期：2019年10月15日。

張中勇（2002），國土安全與國家安全——美國國土安全法制，新知譯粹，第6期，頁1-10。

張中勇（2003），「九一一」事件後美國國土安全政策之思考，警學叢刊，第33卷第6期，頁51-78。

張中勇（2005），第五章國土安全，台灣安全評估2004-2005，財團法人兩岸交流遠景基金會。

陳明傳、蕭銘慶、曾偉文、駱平沂（2019），國土安全專論，五南圖書出版公司。

陳明傳、駱平沂（2010），國土安全導論，台北：五南圖書出版公司。

曾偉文（2008），國土安全體系下反恐與災害防救的整合，國土安全電子季刊，第2卷第1期，頁11-19。

蔡庭榕（2007），論國土安全執法與人權保障，第1屆國土安全學術研討會論文集，桃園：中央警察大學國土安全研究中心。

聯合新聞網。國安法修法三讀 退休軍公教淪共諜喪失並追繳退俸。https://udn.com/news/story/6656/3880775。瀏覽日期：2019年6月19日。

二、外文文獻

Baltimore, Mayor’s Office of Sustainable Solution-CitiStat, March 20, 2019 retrieved from https://moss-citistatsmart.baltimorecity.gov/.

Barnett, Gary D., Infraguard: FBI deputizes corporations to enforce martial law, March 20, 2012 retrieved from http://redactednews.blogspot.com/2009/12/infraguard-fbi-deputizes-corporations.html.

Department of homeland Security (DHS), About us, July 20, 2023. https://www.dhs.gov/about-dhs.

DHS, Archived Content-Domestic Nuclear Detection Office, October 10, 2019. https://www.dhs.gov/domestic-nuclear-detection-office.

DHS, Archived Content-Office of Health Affairs, October 10, 2019. https://www.dhs.gov/office-health-affairs.

DHS, CIS Ombudsman, October 10, 2019. https://www.dhs.gov/topic/cis-ombudsman.

DHS, Disaster Recovery Reform Act of 2018, October 10, 2019, https://www.fema.gov/disaster-recovery-reform-act-2018.

DHS, National Preparedness Directorate, October 15, 2012. http://www.dhs.

gov/xabout/structure/gc_1169243598416.shtm.

DHS, National Response Plan, (web introduction), January 25, 2006. http://www.dhs.gov/dhspublic/interapp/editorial/editorial_0566.xml.

DHS, National Strategy for Homeland Security, July 2002, October 10, 2005. http://www.dhs.gov/xlibrary/assets/nat_strat_hls.pdf.

DHS, News & Updates, April, 2004, May 1, 2009. http://www.dhs.gov/dhspublic/theme_home1.jsp.

DHS, NPPD at a glance, October 10, 2019. https://www.dhs.gov/sites/default/files/publications/nppd-at-a-glance-bifold-02132018-508.pdf.

DHS, Office of the Secretary, October 10, 2019. https://www.dhs.gov/office-secretary.

DHS, Organization, July 31, 2023. https://www.dhs.gov/organization.

DHS, Preparedness, Response, Recovery Committees & Working Groups, October 10, 2019. https://www.dhs.gov/preparedness-response-recovery-committees-working-groups.

DHS, Quadrennial Homeland Security Review-A Strategic Framework for a Security Homeland, 2010, March 20, 2019. http://www.dhs.gov/xlibrary/assets/qhsr_report.pdf.

DHS, The National Strategy for Homeland Security, July 31, 2023. https://www.dhs.gov/sites/default/files/2023-02/23_0221_dhs_public-organization-chart.pdf.

Encyclopedia Britannica, USA PATRIOT Act, March 21, 2019. https://www.britannica.com/topic/USA-PATRIOT-Act.

Epic.org, US107th CONGRESS, 1st Session, H. R. 3162, IN THE SENATE OF THE UNITED STATES, October 24, 2001, March 20, 2019. http://epic.org/privacy/terrorism/hr3162.html.

Homeland Security News Wire, Public-private partnership in homeland security, May 5, 2019. http://www.homelandsecuritynewswire.com/public-private-partnership-homeland-security.

InfraGard, About, May 5, 2019. https://www.infragard.org/Application/Account/Login.

InfraGard, Connect to Protect, May 5, 2019. https://www.infragard.org/Files/INFRAGARD_Factsheet_10-10-2018.pdf.

InfraGuard-technical definition, May 5, 2019. http://computer.yourdictionary.com/infraguard.

IWS-The Information Warfare site, Homeland Security Advisory System (HSAS), InfraGard Information, May 5, 2019. http://www.iwar.org.uk/infragard/.

Jenkins, Brian Michael, Basic Principles for Homeland Security, May 5, 2012. http://www.rand.org/pubs/testimonies/2007/ RAND_ CT270.pdf.

Johnston, Les. (2007) "The Trajectory of 'Private Policing'," In Henry, Alstair and Smith, David J. eds. *Transformation of Policing*, UK: Ashgate Publishing Limited.

Justia US Laws, Chapter 15-Insurrection (Sections 331-336), October 10, 2019. https://law.justia.com/codes/us/2014/title-10/subtitle-a/part-i/chapter-15/.

McCarter, M. (2011). TSA must improve quality, March 20, 2019. http://robbinssecurity.wordpress.com/2011/11/25/homeland-security-a-local-responsibility/.

Missouri Office of Homeland Security, May 5, 2012. http://www.dps.mo.gov/dir/programs/ohs/initiatives/mop3/.

NCBI (The National Center for Biotechnology Information), A Ready and Resilient Workforce for the Department of Homeland Security: Protecting America's Front Line-4Measurement, Evaluation, and Reporting for Improved Readiness and Resilience, October 10, 2019. https://www.ncbi.nlm.nih.gov/books/NBK201688/.

Office of Homeland Security, National Strategy for Homeland Security, July 2002. http://www.dhs.gov/xlibrary/assets/nat_strat_hls.pdf.

Oliver, Willard M. (2007). *Homeland Security for Policing*, NJ: Person

Education.

Reese, Shawn (2013). Congressional Research Service, Defining Homeland Security: Analysis and Congressional Considerations, January 8, 2013. https://fas.org/sgp/crs/homesec/R42462.pdf, pp. 1-2.

The White House, White House Task Force On New Americans, October 10, 2019. https://obamawhitehouse.archives.gov/issues/immigration/new-americans.

Thibault, E. A., L. M. Lynch, and R. B. McBridge (1985). *Proactive Police Management*, 2nd ed., Englewood Cliffs, NJ: Prentice Hall.

U.S. Customs and Border Protection, Automated Passport Control (APC), October 15, 2019. https://www.cbp.gov/travel/us-citizens/apc.

U.S. Customs and Border Protection, CBP's Trusted Traveler Programs Reach New Milestone with 5 Million Members Enrolled, October 15, 2019. https://www.cbp.gov/newsroom/national-media-release/cbp-s-trusted-traveler-programs-reach-new-milestone-5-million.

U.S. Customs and Border Protection, Global Entry, October 15, 2019. https://www.cbp.gov/travel/trusted-traveler-programs/global-entry.

Ward, Richard H., Kiernan, Kathleen L., Mabery, Daniel (2006). *Homeland Security-An Introduction*, CT: anderson publishing, a member of the LexisNexis Group.

White, Jonathan R. (2012). *Terrorism and Home Security*, 7th ed., Wadsworth Cengage Learning.

Wikipedia, Global Entry, October 15, 2019. https://en.wikipedia.org/wiki/Global_Entry.

Wikipedia, InfraGard, March 21, 2019. http:/en.wikipedia.org/wiki/InfraGuard.

Wikipedia, Intelligence-led policing, March 21, 2019. http:/en.wikipedia.org/wiki/Intelligence-led_policing.

Wikipedia, Non-interventionism, October 15, 2019. https://en.wikipedia.org/

wiki/Non-interventionism.

Wikipedia, Patriot Act, March 21, 2019. http://en.wikipedia.org/wiki/USA_PATRIOT_Act.

Worcester Regional Research Bureau (2003). Compstat and Citistat: Should Worcester Adopt These Management Techniques?, Worcester Regional Research Bureau Report No. 03-01, February 18, 2003, March 21, 2012. http://www.wrrb.org/reports/03-01compstat.pdf/2007.

第九章

國土安全與國軍救災及民間支援之體系、困境與對策

洪銘德、游智偉

第一節　前言

我國位處環太平洋地震帶與西太平洋颱風區上，每年皆會受到地震與颱風的襲擊，且上述現象又因全球氣候變遷帶來的極端氣候而加劇。以2015年至2022年七年間爲例，中央氣象局共發布35個颱風警報，平均一年就會有5個颱風侵台。[1]同時，幾年就會發生一次成災地震，例如2016年及2018年就分別發生台南與花蓮地震。加上，受到都市化範圍不斷擴大、都市人口集中、經濟高度成長、山林過度開發等因素影響，導致颱風與地震所造成的傷害高於以往。極端氣候不僅進一步加劇這些傷害，同時亦大幅縮短救災的反應時間，最終甚至普遍高於地方政府擁有的救災能力。尤有甚者，都市化與極端氣候帶來的結果導致天然災害呈現複合性質，災害發生往往帶來嚴重災情，爲民眾生命財產帶來巨大損失。[2]其中，最著名的例子莫過於2009年莫拉克風災，又稱爲「八八風災」，罕見的快速降雨不僅造成多處淹水、交通中斷，更帶來嚴重的土石流，導致整個小林村被吞噬，近500人遭到活埋。

實際上，根據歐美國家過去的實踐經驗，在災防業務中導入軍事力量是相當常見的，除美國早在1950年代便已立法進行外，加拿大近年最大規模的軍事行動亦用於救災，而非軍事行動。這顯示，軍事力量協助救災的必要性極高且案例眾多。然而，不同於歐美國家，國軍雖以國防職能爲主要任務，惟兼負保家衛民之重要使命，除了應具備防範傳統安全威脅的武力外，亦應具備處理非傳統安全威脅的能力。[3]然而，在「災害防救法」制定前，我國僅由台灣省、台北市及高雄市所訂定之「防救天然災害及善後處理辦法」來規範相關防救天然災害工作，不僅缺乏良好的災害防救工

1　中央氣象局。颱風資料庫資料。https://reurl.cc/kx2Qd3。瀏覽日期：2023年7月26日。

2　蕭英煜（2013），我國災害防救之演進—兼論國軍救災能力之提升，黃埔學報，第65期，頁129。

3　趙晞華（2012），國軍救災之法制演變與問題對策，軍法專刊，第58卷第4期，頁107。

作體系，亦缺乏包含所有重要災害可適用之法律機制。

為了改善這一問題，在行政院大力推動下，1994年8月4日我國頒布「災害防救方案」。[4]惟該方案在法律位階上屬於行政命令，成效上仍有其缺陷與不足之處。對此，為加速各項災害防救工作法制化，政府參照美日等國之立法、災害防救體系以及我國施行「災害防救方案」經驗，著手草擬「災害防救法」。加上，921大地震發生後，鑑於我國災害防救體系與緊急應變能力不足之問題，政府加速該法的研議、修正與補充。1999年11月25日，行政院第2657次院會討論通過該法，11月29日函請立法院審議，並於2000年6月30日第4屆第3會期第28次會議完成三讀程序。同年，7月19日由總統公布施行。歷時六年終於完成災害防救法之立法，開啓我國災害防救的新紀元。[5]該法不僅成為我國相關災害防救法規之母法，有助於健全我國災害防救體制，強化災害防救功能，確保人民生命、身體、財產之安全及國土之保全；同時亦是國軍支援救災任務的最直接法源依據。[6]

本章的主要目的有三：第一，闡述其他國家（特別是美國）的軍隊在災害防救中所扮演的角色與其功能。第二，闡述我國目前的災害防救體系，以俾作為了解國軍參與救災的基礎。第三，說明國軍參與救災的機制，最後則是提出結論。

---

4 張中勇等（2003），現行災害防救體系結合民防與全民防衛動員機制之相關研究案，台北：行政院災害防救委員會，頁84。

5 同前註，頁84-85。

6 許世宗（2014），國軍防災應變機制現況評估與改善策略研究，國防雜誌，第29卷第2期，頁25-26。

第二節　非傳統安全威脅、國土安全與救災

壹、非傳統安全威脅：極端氣候導致的國土安全威脅

非傳統安全威脅（nontraditional security threats）又被稱爲跨國威脅（transitional threats），非傳統安全威脅的興起與全球化發展高度相關，同時也與近百年來科技興起與排放廢氣所導致的氣候變遷有相當程度的關聯性，因而非傳統安全威脅所導致的新興議題均具有下列幾項特色：第一，這些新興威脅往往是非軍事性的議題，可能源於跨國環境的自然變化。第二，這些議題往往會造成社會與政治的不穩定，進而產生安全威脅。第三，仰賴國家的處理方式往往是不恰當的，因而需要區域與多邊的合作。第四，這些威脅不再僅是影響國家（國家主權或領土的完整性），同時亦影響個人（生存、福祉與尊嚴），因而這些威脅同時影響個人與社會層次。[7]

由於非傳統安全威脅直接影響的客體爲民眾個人，因而傳統的國家中心途徑（state-centric approach）並非因應非傳統安全威脅的最佳策略。不同於傳統安全威脅，非傳統安全威脅並不會直接影響國家，其對國家的影響係透過弱化民眾的個人福祉、尊嚴、生存或三者兼具的方式，增加社會與政治的不穩定，進而對國家造成威脅，因而人類安全（human security）的七個次項往往是非傳統安全議題直接威脅的對象。[8]而在這樣的條件下，傳統的國家中心途徑並非回應這類威脅的最佳途徑，正如亞洲非傳統安全研究財團（Consortium of Non-Traditional Security Studies in Asia）將非傳統安全議題定義爲：影響人類與國家生存與福祉的威脅，包

---

7 Mely Caballero-Anthony (2016). “Understanding Non-Traditional Security,” in Mely Caballero-Anthony ed., *An Introduction to Non-Traditional Security Studies: A Transnational Approach*, Thousand Oaks, CA: Sage Publications press, p. 6.

8 人類安全的七個次項包括：經濟安全、糧食安全、健康安全、環境安全、身體安全、社群安全與政治安全。

括氣候變遷、資源稀缺、傳染疾病、自然災害、非常規移民、飢荒、人口販運、毒品走私與跨國犯罪在內的非軍事威脅；這個定義也反映了這類議題無法由單一國家來處理，必須倚賴國家之間的政策協調，以及國家與社會之間的合作方能處理這類威脅。[9]

而在這些議題中，氣候變遷導致的自然災害，以及這些自然災害對國土安全的影響則爲對民眾與社會影響最鉅者。氣候變遷不僅改變災害的嚴重程度，同時也改變災害對地理環境的影響，極端氣候導致的無預警或預期外災害、人爲活動或科技失誤導致災害程度加劇等現象均提升了國家、社會團體、社群、家庭以及個人的脆弱性，[10]而這些威脅的因應則有賴於國家與社會的通力合作。

貳、軍隊在救災與國土安全中扮演的角色

誠如前述，非傳統安全威脅的因應不僅有賴多國合作，更重要的是國家與社會的協調並進，而天然災害的因應尤爲如此，但不同之處在於國家／政府對天然災害的因應往往是由軍方出面，例如在美國的歷史上，軍隊在救災中一直扮演非常重要且獨特的角色；再如加拿大近期最大的軍事行動是1998年針對冰風暴而進行的救災行動。[11]

在美國的經驗中，「對文人政府的軍事支持」（Military Support to Civil Authorities, MSCA）是救災的一個很重要的機制。MSCA的綱要可歸納爲以下7點：第一，首要支援市民資源。第二，僅在資源的需求超越文

---

[9] Mely Caballero-Anthony and Alistair D. B. Cook (2013). “NTS Framework,” in Mely Caballero-Anthony and Alistair D.B.Cook eds., *Non-Traditional Security in Asia: Issues, Challenges and Framework for Action*, Singapore: ISEAS Publishing, pp. 5-6.

[10] Michele Companion and Miriam S. Chaiken (2017). “Introduction,” in Michele Companion and Miriam S. Chaiken eds., *Responses to Disasters and Climate Change: Understanding Vulnerability and Fostering Resilience*, Boca Raton, FL: CRC press, pp. xxvii-xxviii.

[11] James F, Miskel (2008), *Disaster Response and Homeland Security: What Works, What Doesn't*, Stanford, CA: Stanford University press, p. 39.

人政府能力之際，國防部的資源才能被提供。第三，用於救災的專業化之國防能力必須有效率地運用。第四，軍事行動的重要性與優先順序高於MSCA。第五，國民兵的主要職責在於對各州與地方政府提供軍事協助以處理市民危機。第六，國防部與軍方不會製造或維持任何部署於支援MSCA的補給、物資或裝備。第七，一般來說，國防資源不會被使用在執法或情報蒐集的功能。[12]

在實際的運作中，1952年1月24日根據「1950年聯邦民防法案」（The Federal Civil Defense Act of 1950）所發布之「國防部200.04-1號命令」（DoD Directive No. 200.04）（係爲MSCA的前身），而該份命令列舉了陸軍、海軍、空軍、彈藥委員會（Munitions Board）、研究與發展委員會（The Research and Development Board）以及參謀長聯席會議（Joint Chiefs of Staff, JCS）的職責，包括針對其業務領域制定民防（civil defense）計畫，並與其他部門及聯邦民防管理局（The Federal Civil Defense Administration, FCDA）進行協調。該份指令經過數次翻修與重新發布後，在1980年5月23日重新發布的版本中指出：

> 在發生緊急民事情況之際（民事緊急情況意指：任何自然或人爲的緊急情況或威脅，可能導致或造成嚴重的人身傷害或重大財產損失），當總統宣布爲主要災害或緊急情況（a major disaster or emergency）的條件下，陸軍部長——作爲國防部的行政執行官——應通知國防部適當部門。而若總統宣布爲緊急狀態但需要國家回應之際，則由國防部長的特別助理、副部長與國防部執行機構之間進行協商。[13]

---

[12] Jerry L. Mothershead, Keven Yeskey and Peter Brewster (2006). “Selected Federal Disaster Response: Agencies and Capabilities,” in Gregory R. Ciottone ed., *Disaster Medicine*, Philadelphia PA: Mosby Elsevier press, p. 100(95-101).

[13] 關於國防部200.04-1號命令（DoDDirectiveNo.200.04）的演變與命令內容的變化，請見：Alice R. Buchalter (2007). *Military Support to Civil Authorities: the Role of the Department of Defense in Support of Homeland Defense*, Washington DC: Federal Research

而1993年1月15日發布的「國防部3025.1號命令」（DoD Directive No. 3025.1）則重新鞏固了這方面的政策與責任，將過去的相關法律文件及政策納入此一命令中，並將重點置於災害相關的民事緊急狀態，進而創造一個由國防部主導的MSCA指揮體系，而這個命令的法源依據則爲1950年的「聯邦民防法案」、1988年的「史丹佛法案」（The Robert T. Stafford Disaster Relief and Emergency Assistance Act of 1988, the Stafford Act）以及在1994年被取代的Pub.L. No. 81-920等三部法案。在「國防部3025.1號命令」中，美國國防部將在民防領域提供支援，包括如何爲應對承平天災與國家安全緊急狀態而派遣或部署國民兵、救災部隊仍歸屬國防部派遣的行政執行官與軍事命令管轄，以及當發生國家安全危機之際，救災部隊仍須以維護國家安全爲優先任務等規範。陸軍部長同樣被任命爲國防部執行官，根據國防部的組織架構、資源爲MSCA制定計畫綱領、細節與執行程序，以滿足民政部門的要求，並與參謀長聯席會議協商制定行動綱領，以提供部隊指揮官與聯邦緊急事務管理局（Federal Emergency Management Administration, FEMA）協調MSCA計畫與執行程序。[14]

整體來說，MSCA提供的軍事支援必須符合以下3項規範：第一，災害超出地方政府、州政府或聯邦政府機構的處置能力之外，且在主導聯邦機構（Lead Federal Agency, LFA）的請求下，國防部方可派兵支援。第二，這類災害雖以自然天災爲主，但同時也包括危機、恐怖攻擊等人爲災難。第三，美軍的任務範圍包括回應各級政府請求、支援執法機構以及協助處理國內騷動等。[15]

從歐美的經驗來看，不難看出軍隊在救災中的重要角色，而從美國的修法歷程及其內容變化來看，更不難看出由於極端氣候導致日趨嚴重的天

Division, the Library of Congress press, pp. 8-11. Also available on: https://www.loc.gov/rr/frd/pdf-files/CNGR_Milit-Support-Civil-Authorities.pdf.

[14] Ibid., p. 12.

[15] The Joint Chiefs of Staff of the United States of America, *Joint Publication 3-26: Homeland Security*, August 2, 2005. https://www.hsdl.org/?view&did=779693.

災，軍隊在救災過程中扮演的角色日趨重要。相較於美國，台灣的地理位置更容易受到極端氣候導致的嚴重天災所影響，因而在台灣的災害防治體系中，國軍的角色不僅重要，同時更重要的是相對美軍在MSCA的角色，國軍更爲主動且積極地協助地方政府救災。

而觀察美國的經驗，軍隊協助救災必須在三個前提要件下：第一，災情的嚴重程度超越各級政府的因應能量。第二，各級政府請求軍方支援。第三，軍隊的責任在於提供專業資源，如醫療、運輸與安全警戒。相較之下，台灣的運作便與這個模式有相當程度的差異，特別是在第二點與第三點上，以下將分別介紹我國的災害防治體系與國軍協助救災的機制，並在第五節提出結論。

第三節　我國災害防救體系

壹、災害防救計畫

根據災害防救法第2條規定，災害防救計畫包含災害防救基本計畫、災害防救業務計畫及地區災害防救計畫三大類。首先，災害防救基本計畫係指由中央災害防救會報所核定之全國性災害防救計畫。該計畫爲整體性之長期災害防救計畫，由中央災害防救委員會所擬定，經中央災害防救會報核定後，由行政院函送各中央災害防救業務主管機關及地方政府，作爲後續辦理災害防救事項之參考依據。[16]

其次，災害防救業務計畫係指由中央災害防救業務主管機關及公共事業就其掌理業務或事務所擬訂之災害防救計畫。依災害防救法第19條第2項規定，中央災害防救業務主管機關應依災害防救基本計畫，就其主管災害防救事項，擬訂災害防救業務計畫，報請中央災害防救會報核定後實

---

16 中央災害防救會報。災害防救基本計畫。https://cdprc.ey.gov.tw/Page/D99BAB0D863D6ACB。瀏覽日期：2020年1月22日。

施。[17]

最後，地區災害防救計畫係指由直轄市、縣（市）及鄉（鎮、市）災害防救會報核定之災害防救計畫。[18]根據災害防救法第20條第1、2項規定，直轄市、縣（市）災害防救會報執行單位應依災害防救基本計畫、相關災害防救業務計畫及地區災害潛勢特性，擬訂地區災害防救計畫，經各該災害防救會報核定後實施，並報中央災害防救會報備查。同時，不得牴觸災害防救基本計畫及相關災害防救業務計畫。另依同法第20條第3、4項規定，鄉（鎮、市）公所應依上級災害防救計畫及地區災害潛勢特性，擬訂地區災害防救計畫，經各該災害防救會報核定後實施，並報所屬上級災害防救會報備查。同時，亦不得牴觸上級災害防救計畫。

貳、災害防救組織

根據災害防救法規定，我國災害防救組織分為「中央」、「直轄市、縣（市）」以及「鄉鎮（市、區）」三個層級，各個層級必須成立「災害防救會報」與訂定「災害防救計畫」，[19]並針對各項災害防救工作進行規劃、執行及考核。同時，災害發生時，各個層級地方政府應成立「災害應變中心」，並結合「緊急應變小組」執行救災相關事宜。

首先，關於「災害防救會報」組織架構，第一，根據災害防救法第6、7條規定，中央災害防救會報置召集人、副召集人各1人以及委員若干人。其中正副召集人分別由行政院院長、副院長兼任；委員則由行政院院長就政務委員、秘書長、有關機關首長及具有災害防救學識經驗之專家、學者指派或聘任兼之。中央災害防救會報的任務包含：決定災害防救之基

---

[17] 中央災害防救會報。災害防救業務計畫。https://cdprc.ey.gov.tw/Page/73045F7444384E42。瀏覽日期：2020年1月22日。

[18] 中央災害防救會報。地區災害防救計畫。https://cdprc.ey.gov.tw/Page/AF2F253C2D2B5F3E。瀏覽日期：2020年1月22日。

[19] 三個會報分別為：中央災害防救會報、直轄市、縣（市）災害防救會報以及鄉鎮（市、區）災害防救會報。

本方針；核定災害防救基本計畫及中央災害防救業務主管機關之災害防救業務計畫；核定重要災害防救政策與措施；核定全國緊急災害之應變措施；督導、考核中央及直轄市、縣（市）災害防救相關事項以及其他依法令所規定事項。

第二，根據災害防救法第8、9條規定，直轄市、縣（市）災害防救會報置召集人1人、副召集人1或2人以及委員若干人。其中，正副召集人分別由正、副首長兼任；委員則由縣市首長就有關機關、單位首長、軍事機關代表及具有災害防救學識經驗之專家、學者指派或聘任兼之。直轄市、縣（市）災害防救會報的任務包含：核定各該直轄市、縣（市）地區災害防救計畫、重要災害防救措施及對策；轄區內災害之緊急應變措施；督導考核轄區內災害防救相關事項以及其他依法令規定事項。

第三，根據災害防救法第10、11條規定，鄉（鎮、市）災害防救會報置召集人、副召集人各1人以及委員若干人。其中，召集人由鄉（鎮、市）長擔任；副召集人由主任秘書或秘書擔任；委員則由鄉（鎮、市）長就各該鄉（鎮、市）地區災害防救計畫中指定之單位代表指派或聘任兼之。鄉（鎮、市）災害防救會報的任務包含：核定各該鄉（鎮、市）地區災害防救計畫；核定重要災害防救措施及對策；推動疏散收容安置、災情通報、災後緊急搶通、環境清理等災害緊急應變及整備措施；推動社區災害防救事宜以及其他依法令規定事項。

其次，關於專責幕僚機構。第一，根據災害防救法第7條規定設置「災害防救辦公室」，專責處理中央災害防救會報及中央災害防救委員會有關業務以及相關事項。根據行政院處務規程第19條規定，該辦公室負責的事務包含：災害防救政策與措施之研擬；重大災害防救任務及措施之推動；中央災害防救會報及中央災害防救委員會決議事項之督導；災害防救基本方針及災害防救基本計畫之研擬；災害防救業務計畫及地區災害防救計畫之初審；災害防救相關法規訂修之建議；災害預警、監測及通報系統之協助督導；災害整備、教育、訓練及宣導之協助督導；緊急應變體系之規劃；災後調查及復原之協助督導以及其他有關災害防救之政策研擬及業務督導事項。

第二，依災害防救法第9條第2項規定，直轄市、縣（市）政府設災害防救辦公室執行災害防救會報事務。第三，依同法第11條第2項規定，鄉（鎮、市）災害防救辦公室執行災害防救會報事務。

再次，關於專業諮詢與科技研發單位。根據災害防救法第7、9條規定，於中央災害防救委員會、中央災害防救會報以及直轄市以及縣（市）災害防救會報下設「專家諮詢委員會」。另依據同法第7條規定，於中央災害防救委員會與中央災害防救會報下設「國家災害防救科技中心」，負責防災國家型科技計畫運作，並加強技術移轉與落實應用相關工作。[20]同時，爲強化緊急應變組織，中央與縣市兩個層級可以設置搜救組織，例如依災害防救法第7條第4項規定，中央災害防救委員會設「行政院國家搜救指揮中心」，統籌、調度國內各搜救單位資源，並執行災害事故之人員搜救及緊急救護之運送任務。至於直轄市、縣（市）政府搜救組織，則規定於第16條，專責重大災害搶救等應變事宜。

最後，民防團隊、後備軍人、國軍、民間組織以及社區組織亦被納入災害防救體系中。[21]關於中央災害防救體系組織架構以及中央至地方防救體系架構，詳如圖9-1、9-2。

參、災害防救運作

根據災害防救法規定，除行政院另設中央災害防救委員會外，各層級政府皆設有災害防救會報以及災害應變中心。同時，爲處理災害防救事宜或配合各級災害應變中心執行災害應變措施，災害防救業務計畫及地區災害防救計畫指定之機關、單位或公共事業，應設緊急應變小組。其中，災害應變中心與緊急應變小組爲任務編組性質，災害發生時可緊急召集相

---

[20] 行政法人國家災害防救科技中心。關於中心。https://www.ncdr.nat.gov.tw/Frontend/AboutCenter/SetUpBackground。瀏覽日期：2020年1月23日。

[21] 施邦築。台灣災害防救體系之發展與現況。災害防救電子報。頁2。http://ncdr.nat.gov.tw/news/newsletter2/019/019.pdf。瀏覽日期：2020年1月23日。

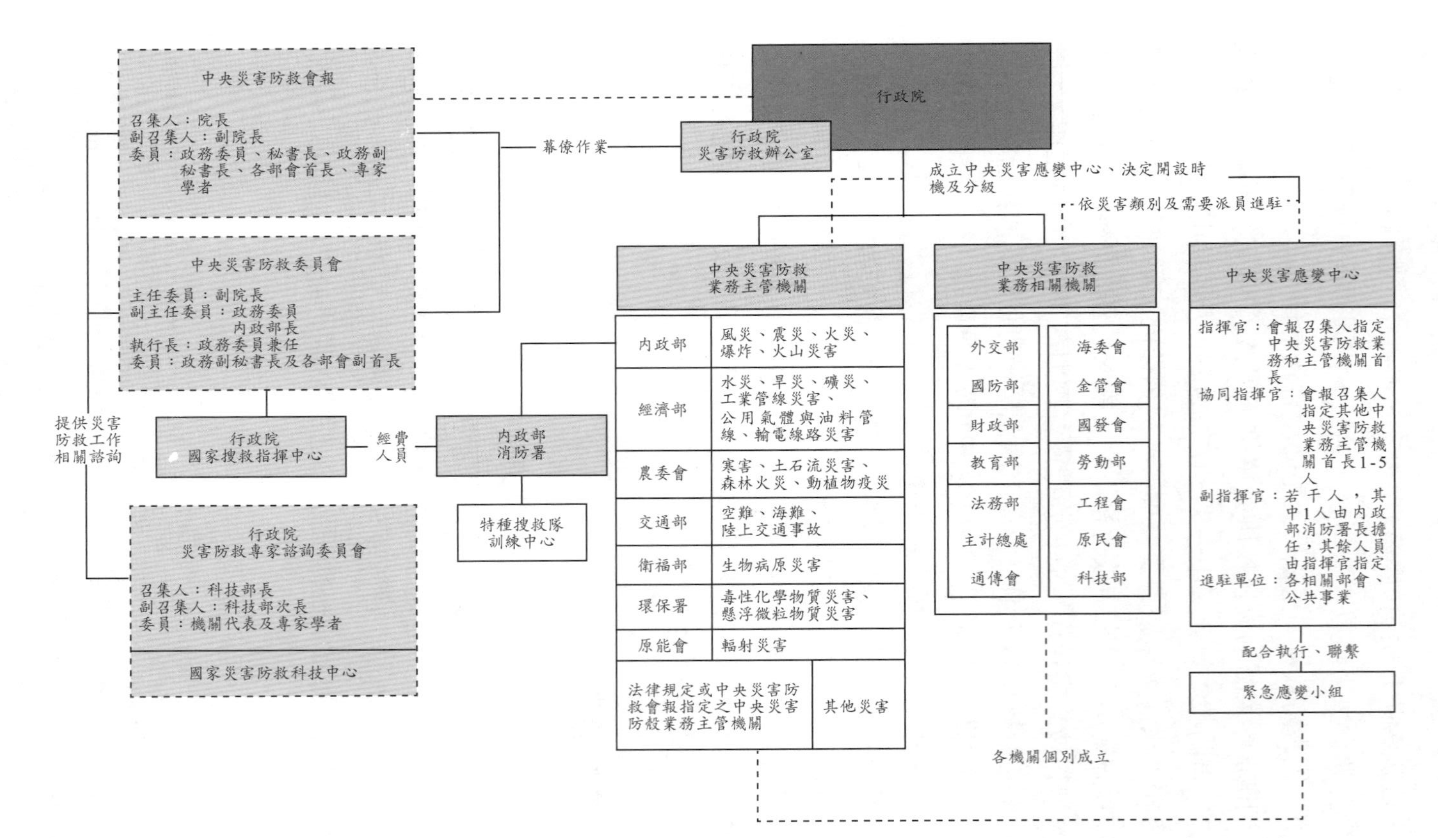

圖9-1　中央災害防救體系組織架構

資料來源：中央災害防救會報（2023）。中央災害防救體系組織架構。9月15日。https://cdprc.ey.gov.tw/Page/A80816CB7B6965EB。瀏覽日期：2023年9月23日。

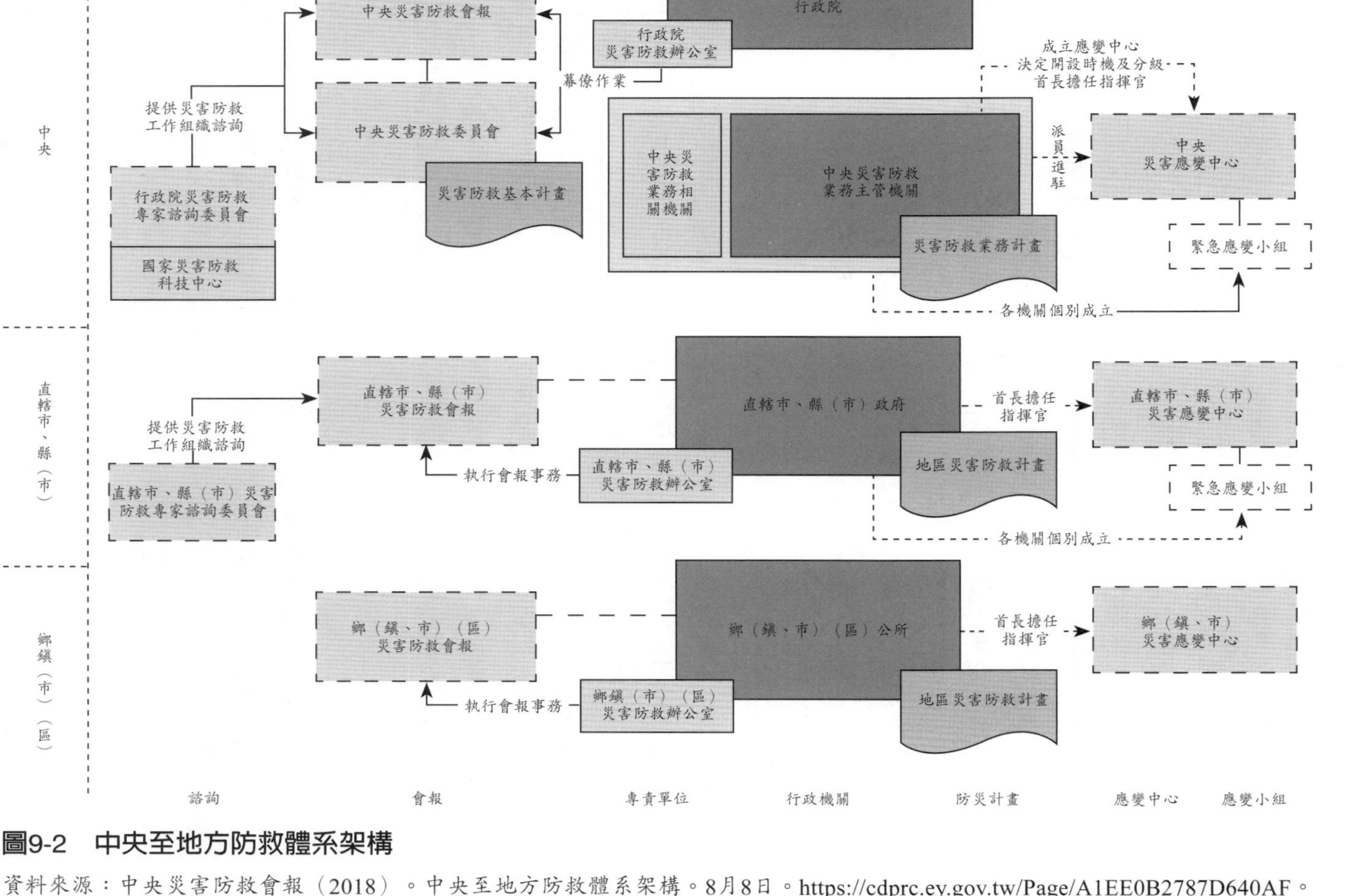

圖9-2　中央至地方防救體系架構

資料來源：中央災害防救會報（2018）。中央至地方防救體系架構。8月8日。https://cdprc.ey.gov.tw/Page/A1EE0B2787D640AF。瀏覽日期：2020年1月24日。

關人員，並整合各個機關之災害防救工作。[22]依災害防救法第12、13條規定，重災害發生或有發生之虞時，中央災害防救業務主管機關首長應視災害之規模、性質、災情、影響層面及緊急應變措施等狀況，決定中央災害應變中心開設時機及其分級。災害應變中心成立後，應立即報告中央災害防救會報召集人，並由召集人指定指揮官。同時，得視災情研判情況或聯繫需要，通知直轄市、縣（市）政府立即成立地方災害應變中心。另外，為預防災害或有效推行災害應變措施，當災害發生或有發生之虞時，直轄市、縣（市）及鄉（鎮、市）災害防救會報召集人應視災害規模成立災害應變中心，並擔任指揮官。

此外，依災害防救法第14條規定，為處理災害防救事宜或配合各級災害應變中心執行災害應變措施，災害防救業務計畫及地區災害防救計畫指定之機關、單位或公共事業，應設緊急應變小組，以利於執行各項應變措施。

關於中央災害應變中心，首先，就任務而言，依據中央災害應變中心作業要點第2條規定，中心的任務為：加強災害防救相關機關（單位、團體）之縱向指揮、督導及橫向協調、聯繫事宜，處理各項災害應變措施；協調中央及地方各項災害應變措施；掌握各項災害狀況，即時傳遞災情，通報相關機關（單位、團體）應變處理，並定時發布訊息；災情之蒐集、評估、處理、彙整及報告事項；中央機關（單位、團體）緊急救災人力、物資之調度與支援及地方政府資源跨轄區支援事項以及其他有關防救災事項。

其次，就指揮官、協同指揮官以及副指揮官而言，第一，依據中央災害應變中心作業要點第7條規定，設置指揮官1人，由會報召集人指定該次災害之中央災害防救業務主管機關首長擔任指揮官，綜理應變中心災害應變事宜。當因多種重大災害同時發生分別成立應變中心時，由會報召集人分別指定指揮官。若應變中心成立後，陸續發生其他重大災害時，各該

22 同前註，頁3。

災害之中央災害防救業務主管機關首長，應即報請會報召集人，決定併同應變中心運作，或是另外成立應變中心及指定其指揮官。第二，設置協同指揮官1至5人，由會報召集人指定行政院政務委員或該次災害相關之中央災害防救業務主管機關首長擔任，協助指揮官統籌災害應變指揮事宜。第三，設置副指揮官若干人，其中1人由內政部消防署署長擔任（除旱災、寒害、動植物疫災及懸浮微粒物質災害外），其餘人員由指揮官指定，協助指揮官及協同指揮官處理相關災害應變事宜。再次，關於掌握重大災害初期搜救應變時效與開設時機，依據中央災害應變中心作業要點第4、5條規定，平日由行政院災害防救辦公室結合內政部消防署以及國家搜救指揮中心人員共同因應災害緊急應變處置。中央災害防救業務主管機關平日應即時掌握災害狀況，於災害發生或有發生之虞時，經評估可能造成之危害，依災害防救法第14條規定立即開設緊急應變小組，執行各項應變措施。同時，若需要的話，得通知相關機關派人參與以協助相關應變作業，並通知行政院災害防救辦公室。

最後，關於中央災害應變中心開設時機，根據中央災害應變中心作業要點第10條規定，「災害」分爲風災、震災／海嘯、火災／爆炸災害、水災、旱災、公用氣體與油料管線／輸電線路及工業管線災害、寒害、土石流災害、空難、海難、陸上交通事故、毒性化學物質災害、礦災、森林火災、動植物疫災、生物病原災害、輻射災害、懸浮微粒物質災害、火山災害以及其他災害等。

其中，當發生風災、水災及火山災害時，依據災害嚴重程度開設一、二級應變中心，情況輕者以二級開設，情況趨於嚴重者則提升至一級開設。至於風災，則分爲一、二、三級應變中心。以颱風爲例，三級開設時機爲中央氣象局發布海上颱風警報後，研判後續發布海上陸上颱風警報機率較低時，經內政部研判有開設必要。二級開設時機則必須符合兩個規定：一、交通部中央氣象局發布海上颱風警報後，研判後續發布海上陸上颱風警報機率較低，惟受颱風外圍環流影響，經中央氣象局風雨預報任何一個直轄市、縣（市）平均風力達七級以上或陣風達十級以上，或24小時累積雨量達350毫米以上，經內政部研判有開設必要；二、中央氣象局發布海上颱風警報後，研判後續發布海上陸上颱風警報機率較高時。至於一級開設時機，則爲中央氣象局發布海上陸上颱風警報，預測颱風暴風圈將於18小時內接觸陸地時。

另外，以水災爲例，若發生「中央災害應變中心作業要點」所規定之二種情形的話，[23]且經濟部研判有開設之必要，則進行二級開設。至於一級開設之時機，則需要發生該要點所規定之三種情形，[24]且經濟部研判有開設之必要（關於中央災害應變中心的開設時機與分級請參閱表9-1）。

表9-1 中央災害應變中心一、二級開設時機

項次	災害種類	開設時機
1	風災	三級開設：交通部中央氣象局發布海上颱風警報後，研判後續發布海上陸上颱風警報機率較低時，經內政部研判有開設必要
		二級開設： 1. 交通部中央氣象局發布海上颱風警報後，研判後續發布海上陸上颱風警報機率較低，惟受颱風外圍環流影響，經中央氣象局風雨預報任一直轄市、縣（市）平均風力達七級以上或陣風達十級以上，或24小時累積雨量達350毫米以上，經內政部研判有開設必要。 2. 中央氣象局發布海上颱風警報後，研判後續發布海上陸上颱風警報機率較高時。
		一級開設：中央氣象局發布海上陸上颱風警報，預測颱風暴風圈將於18小時內接觸陸地時。

23 符合二級開設的二種情形爲：1.中央氣象局連續發布豪雨特報，7個以上直轄市、縣（市）轄區爲豪雨警戒區域，且其中3個以上直轄市、縣（市）轄區內爲大豪雨警戒區域；2.因水災災害或有發生之虞時，有跨部會協調或跨直轄市、縣（市）支援之需求。

24 符合一級開設的三種情形爲：1.中央氣象局連續發布豪雨特報，7個以上直轄市、縣（市）轄區內24小時累積雨量達200毫米，且其中3個以上直轄市、縣（市）轄區內24小時累積雨量達350毫米；2. 5個以上直轄市、縣（市）政府災害應變中心二級以上開設；3.中央災害應變中心二級開設後，中央氣象局持續發布豪雨特報，且災情有持續擴大趨勢。

表9-1　中央災害應變中心一、二級開設時機（續）

項次	災害種類	開設時機
2	震災／海嘯	有下列情形之一，經內政部研判有開設必要： 1. 中央氣象局發布之地震震度達六級以上。 2. 中央氣象局發布海嘯警報。 3. 估計有15人以上傷亡、失蹤，且災情嚴重，亟待救助。
3	火災／爆炸災害	有下列情形之一，並經內政部研判有開設必要： 1. 有15人以上傷亡、失蹤，且災情嚴重，有持續擴大燃燒，無法有效控制，亟待救助。 2. 火災、爆炸災害發生地點在重要場所（政府辦公廳舍或首長公館等）或重要公共設施，造成多人傷亡、失蹤，亟待救助。
4	水災	二級開設：有下列情形之一，且經濟部研判有開設必要： 1. 中央氣象局連續發布豪雨特報，7個以上直轄市、縣（市）轄區爲豪雨警戒區域，且其中3個以上直轄市、縣（市）轄區內爲大豪雨警戒區域。 2. 因水災災害或有發生之虞時，有跨部會協調或跨直轄市、縣（市）支援之需求。
		一級開設：有下列情形之一，且經濟部研判有開設必要： 1. 中央氣象局連續發布豪雨特報，7個以上直轄市、縣（市）轄區內24小時累積雨量達200毫米，且其中3個以上直轄市、縣（市）轄區內24小時累積雨量達350毫米。 2. 5個以上直轄市、縣（市）政府災害應變中心二級以上開設。 3. 中央災害應變中心二級開設後，中央氣象局持續發布豪雨特報，且災情有持續擴大趨勢。
5	旱災	經濟部水利署發布之水情燈號有2個以上供水區橙燈或1個以上供水區紅燈。
6	公用氣體與油料管線／輸電線路災害	開設時機： 1. 公用氣體與油料管線、工業管線災害估計有下列情形之一，經經濟部研判有開設必要： (1)有10人以上傷亡、失蹤，且災情嚴重，有持續擴大蔓延，無法有效控制。 (2)陸域污染面積達10萬平方公尺以上，無法有效控制。

表9-1 中央災害應變中心一、二級開設時機（續）

項次	災害種類	開設時機
		2. 輸電線路災害估計有10人以上傷亡、失蹤，或10所以上一次變電所全部停電，預估在36小時內無法恢復正常供電，且情況持續惡化，無法有效控制，經經濟部研判有開設必要。
7	寒害	中央氣象局發布台灣地區平地氣溫將降至攝氏6度以下，連續24小時之低溫特報，有重大農業損失等災情發生之虞，經行政院農業委員會研判有開設之必要。
8	土石流災害	土石流災害估計有15人以上傷亡、失蹤，且災情嚴重，經行政院農業委員會研判有開設必要。
9	空難	航空器運作中發生事故，估計有15人以上傷亡、失蹤，且災情嚴重，經交通部研判有開設必要。
10	海難	我國台北飛航情報區內發生海難事故，船舶損害嚴重，估計有15人以上傷亡、失蹤，且災情嚴重，經交通部研判有開設必要。
11	陸上交通事故	有下列情形之一，經交通部研判有開設必要： 1. 估計有15人以上傷亡、失蹤，且災情嚴重，有擴大之虞，亟待救助。 2. 重要交通設施嚴重損壞，造成交通阻斷。
12	毒性化學物質災害	有下列情形之一，經行政院環境保護署研判有開設必要： 1. 估計有15人以上傷亡、失蹤，且災情嚴重，亟待救助。 2. 污染面積達1平方公里以上，無法有效控制。
13	礦災	估計有10人以上傷亡、失蹤，且災情嚴重，亟待救助，經經濟部研判有開設必要。
14	森林火災	森林火災被害面積達50公頃或草生地達100公頃以上，且經行政院農業委員會研判有開設必要。
15	動植物疫災	有下列情形之一，經行政院農業委員會研判有開設必要： 1. 國內未曾發生之外來重大動物傳染病（如犬貓族群間流行之狂犬病、牛海綿狀腦病、立百病毒、非O型口蹄疫、H5N1高病原性禽流感或與中國大陸H7N9高度同源之禽流感、非洲豬瘟等）侵入我國，發生5例以上病例或2個以上直轄市、縣（市）發生疫情。

表9-1　中央災害應變中心一、二級開設時機（續）

項次	災害種類	開設時機
		2. 國內未曾發生之植物特定疫病蟲害侵入我國，有蔓延成災之虞，並對社會有重大影響或具新聞性、政治性、敏感性者。 3. 國內既有之重大動植物疫病蟲害（如高病原性禽流感、O型口蹄疫等）跨區域爆發，對該區域動植物防疫資源產生嚴重負荷，需進行跨區域支援、人力調度時。
16	生物病原災害	有傳染病流行疫情發生之虞，經衛生福利部研判有開設必要。
17	輻射災害	放射性物質意外事件、放射性物料管理及運送等意外事件有下列情形之一，經行政院原子能委員會研判有開設必要： 1. 估計有15人以上傷亡、失蹤，且災情嚴重，亟待救助。 2. 污染面積超過1,000平方公尺以上，無法有效控制。
18	懸浮微粒物質災害	因事故或氣象因素使懸浮微粒物質大量產生或大氣濃度升高，空氣品質達一級嚴重惡化（PM10濃度連續3小時達1,250$\mu g/m^3$或24小時平均值達505$\mu g/m^3$；PM2.5濃度24小時平均值達350.5$\mu g/m^3$），空氣品質預測資料未來48小時（2天）及以上空氣品質無減緩惡化之趨勢，且全國同時有二分之一以上直轄市、縣（市）成立應變中心時，經行政院環境保護署研判有開設必要者。
19	火山災害	二級開設：經交通部、科技部、經濟部、火山專家諮詢小組共同評估，並經內政部研判有開設必要時。
		一級開設：中央災害應變中心二級開設後，經交通部、科技部、經濟部、火山專家諮詢小組共同評估，並經內政部研判有開設必要時。
20	其他災害	依法律規定或由中央災害防救會報指定之中央災害防救業務主管機關之災害認定辦理。

資料來源：作者整理自「中央災害應變中心作業要點」。

此外，就火山災害而言，經交通部、科技部、經濟部以及火山專家諮詢小組共同評估後，並經內政部研判有開設必要時，進行二級開設。當二級開設後，經交通部、科技部、經濟部以及火山專家諮詢小組再次評估後，且經內政部研判有開設必要時，則提高至一級開設。表9-1中除第16項「生物病原災害」與第20項「其他災害」未明列之外，國防部皆爲災害應變中心一、二級開設時所應進駐的機關之一（颱風三級開設時，國防部亦爲應進駐機關之一）。

第四節 國軍救災機制

壹、法源依據

一、災害防救法

2009年「八八風災」期間，因各級行政機關發生許多指揮、管制及救援之問題與缺失，經行政院調查後，發現基層災害防救能力與資源嚴重不足。[25]由於暴露出我國災害防救體制嚴重缺失與不足之處，未來恐無法因應極端氣候變遷所帶來的嚴峻災害挑戰，故確立國軍主動支援救災機制。加上，時任馬英九總統於2009年8月18日「八八水災救災與重建記者會」致詞時指出，「國軍要把災害防救作爲中心任務」。[26]同時，2009年國防報告書亦指出，國軍的災害防救角色將由「接受申請、支援」轉換爲「主動、協調執行」。[27]對此，行政院乃以「災害防救已納爲國軍中心任務」與「國軍應不待申請，主動協助災害防救」爲由，2009年11月24日以

---

[25] 蕭英煜（2013），我國災害防救之演進－兼論國軍救災能力之提升，黃埔學報，第65期，頁129-130。

[26] 中華民國總統府（2009）。總統召開中文記者會。8月18日。https://www.president.gov.tw/NEWS/13576。瀏覽日期：2020年1月25日。

[27] 國防部「國防報告書」編纂委員會（2009），中華民國98年國防報告書，台北：國防部，頁178。

院台法字第0980098076號函送「災害防救法部分條文修正草案」請立法院審議。[28]

是以，立法院針對2000年7月19日所制定施行之災害防救法第34條第4項規定進行審議。[29]2010年8月4日災害防救法修正公布，將其修正爲：「直轄市、縣（市）政府及中央災害防救業務主管機關，無法因應災害處理時，得申請國軍支援。但發生重大災害時，國軍部隊應主動協助災害防救。」另外，該條文亦增加第5、6項規定，分別爲「國防部得依前項災害防救需要，運用應召之後備軍人支援災害防救」與「第四項有關申請國軍支援或國軍主動協助救災之程序、預置兵力及派遣、指揮調度、協調聯絡、教育訓練、救災出勤時限及其他相關事項之辦法，由國防部會同內政部定之」。

二、國軍協助災害防救辦法

根據災害防救法第35條第6項規定，2010年10月15日國防部與內政部共同訂定發布「國軍協助災害防救辦法」。依該辦法第2、4條規定，國防部爲國軍協助救災之主管機關，平時制定相關計畫、劃分責任區域、跨區增援以及指定救災應變部隊、任務與配賦裝備等，藉此建立協助災害防救指揮體系及資源管理系統。另依第5、6條規定，各作戰區及救災責任分區依災害潛勢地區之特性及災害類別，結合相關專責單位資訊，完成兵要調查、預判災情蒐報研析以及救災情報整備。同時，發生重大災害時，國軍應主動派遣兵力協助災害防救，並立即通知直轄市、縣（市）、鄉（鎮、市）及中央災害應變中心。[30]另外，根據第16條規定，國軍協助災害防救

---

[28] 蘇顯星（2009）。災害防救法部分條文修正草案。立法院。12月1日。https://www.ly.gov.tw/Pages/Detail.aspx?nodeid=6588&pid=84064。瀏覽日期：2020年1月25日。

[29] 2000年7月所公布之災害防救法第34條第4項規定：「直轄市、縣（市）政府及中央災害防救業務主管機關，無法因應災害處理時，得申請國軍支援，其辦法由內政部會同有關部會定之。」

[30] 國軍協助災害防救辦法第6條第1項規定：「國軍協助災害防救，由中央災害防救業務

所需提供之人員、裝備、機具、設施以及油料等相關費用，國防部得於主管預算項下視需要移緩濟急檢討調整支應。

三、國防法

由於「八八風災」對救災體系造成嚴重衝擊，導致立法委員認爲天災等非傳統軍事安全因素會嚴重影響國家安全，故2010年8月4日災害防救法修正公布後，立法委員提案修正國防法，並於同年11月24日完成修正，將「協助災害防救」增列爲我國國防目的之一。[31]同時，將「執行災害防救」列於第3條所舉之國防事務，以及將「災害防救之執行」與作戰計畫、軍隊部署、動員及戰術等列爲國防法第14條所規定之軍隊指揮事項。[32]

四、中央災害應變中心作業要點

首先，根據中央災害應變中心作業要點第12、13、17、18點規定，中央災害防救業務主管機關通知相關機關（單位、團體）進駐後，進駐機關應於1小時內完成進駐。其中，關於國防部進駐應變中心之任務，包含督導國軍主動支援重大災害之搶救、提供國軍戰情系統蒐集之災情資料、督導軍事單位災情蒐集及通報、督導憲兵單位協助執行災區治安維護，以及督導國軍救災裝備與機具之支援調度。其次，災害應變中心依各類型災害應變所需，設立參謀、訊息、作業以及行政等群組，且各群組下設功能

主管機關向國防部提出申請；地方由直轄市、縣（市）政府及鄉（鎮、市）公所向所在直轄市、縣（市）後備指揮部轉各作戰區提出申請。但發生重大災害時，國軍應主動派遣兵力協助災害防救，並立即通知直轄市、縣（市）、鄉（鎮、市）及中央災害應變中心。」

[31] 此係根據國防法第2條規定：「中華民國之國防，以發揮整體國力，建立國防武力，協助災害防救，達成保衛國家與人民安全及維護世界和平之目的。」

[32] 田力品（2015），災害防救法架構下國軍任務賦予法理評析，軍法專刊，第61卷第4期，頁106。

分組，處理各項災害應變事宜。同時，指揮官得視實際情形彈性啓動功能分組，並得指派功能分組主導機關統籌支援地方政府之必要協助。

另外，關於統籌辦理各項防救災工作執行事宜之作業群組，分爲支援調度組、搜救救援組、疏散撤離組、收容安置組、水電維生組、交通工程組、農林漁牧組、民間資源組、醫衛環保組、境外救援組、輻災救援組等。其中，支援調度組由國防部主導，經濟部、交通部、海洋委員會海巡署及內政部（警政署、營建署、消防署）配合參與，結合全民防衛動員準備體系，掌握追蹤救災所調派之人力、機具等資源之出發時間、位置與進度，以及辦理資源調度支援相關事宜。同時，國防部亦配合其他群組的災害應變工作，例如參謀群組下的幕僚參謀組；作業群組下的搜索救援組、疏散撤離組、收容安置組、水電維生組、醫衛環保組以及輻災救援組。

五、國軍協助災害防救派駐連絡官執行要點

國軍協助災害防救派駐連絡官執行要點係依據災害防救法第35條第6項以及國軍協助災害防救辦法第9條所訂定。依據該要點第3點第1項第1款規定，國軍協助救災項目係分爲主動支援與一般行政支援。關於前者，當國家發生重大災害，立即危及人民生命財產安全者，各級部隊不待命令立即投入支援。關於後者，鄉民安置、人員疏散、維生物資輸送、公共環境清理復原、道路橋梁搶通、消毒防役執行、校園清理、協助河道疏濬、輔助警察單位進行秩序維護、巨石爆破或其他特別事項，則由地方政府向國防部申請支援。同時，根據第6點第3、4、5款規定，第一，國軍協助災害防救應以「救急」爲原則，對於災後非迫切性、一般性或地方政府有能力執行的工作，應於應變階段過後主動終止，恢復戰訓本務工作。第二，關於協助地方政府災後復原工作，以公共設施清理及衛生防疫工作爲重點，在地方人力、資源不足狀況下，由地方政府依規定完成申請後，國軍給予協助。第三，國軍必須依國軍協助災害防救辦法第3條第1款所規定之重大災害，協助地方政府災害防救工作。同時，平時的一般行政支援工作，地方政府則依自身需求向國防部申請支援。

六、國防部教育召集後備部隊支援災害防救作業規定

根據災害防救法第35條第5項以及國軍協助災害防救辦法第8條第3項規定，[33]國防部訂定國防部教育召集後備部隊支援災害防救作業規定，針對教育召集之後備部隊支援災害防救的任務內容、申請程序、運用時機、管制措施及其他相關作爲進行規範，確保能達成災害防救任務。根據該作業規定第2、4點，爲儲備救災兵力，達成長期支援災害防救之目的，國防部利用年度後備軍人教召訓練計畫所召訓編成之後備部隊，遂行災害防救任務。同時，並藉由教召訓練時加強災害防救實務訓練、提升災防技能，以利於國軍建立災害防救備援之兵力。另外，發生重大災害時，後備部隊得適時支援救災，並以一般災害防救任務爲主。

貳、應變機制

關於現行國軍投入災害救援方式，係由國防部訂定國軍協助災害防救計畫，規劃現役部隊爲救災主力。[34]根據國軍協助災害防救辦法第7條規定，國軍協助災害防救以各作戰區爲主，結合行政區域編組劃分救災責任分區，並依地區特性、災害類別及規模，由作戰區統一規劃運用地區三軍部隊。同時，作戰區針對易發生土石流及水災等地區，預劃適當位置，先期完成預置兵力與整備機具，並於預警發布時，依令前推部署投入救災。另外，依據該辦法第9條規定，國軍平時應與各級地方政府及其首長建立經常性協調聯絡管道，災害預警發布時，作戰區及縣（市）後備指揮部應派遣連絡官進駐地方災害應變中心了解狀況，並即時通報災情。

災害發生之虞時，國軍於W36（颱風將於未來24至36小時內侵襲）警

---

33 災害防救法第35條第5項規定爲：「國防部得依前項災害防救需要，運用應召之後備軍人支援災害防救。」國軍協助災害防救辦法第8條第3項規定爲：「國軍常備部隊兵力無法滿足災害防救時，國防部得運用教育召集應召之後備軍人，編成救災部隊，納入作戰區指揮調度，協助災害防救。」

34 許博傑（2016），提升國軍災害防救應變作爲之研究，黃埔學報，第71期，頁43。

報發布至W00，按照相關階段劃分之行動依據，完成相關整備工作，例如規範救災應變中心開設、國軍各單位正、副主官留值、官兵休假適時彈性調整以及兵力與機具完成預置等。[35]另外，依據國軍派駐地方政府災害應變中心連絡官作業暨支援救災工作執行要項第2點規定，當地方應變中心成立或發生重大災害時，所轄地區之縣市後備指揮部派遣適合人選進駐擔任連絡官，協助縣（市）政府執行災害防救及掌握應變處理工作。同時，作戰區及責任地區指揮官與地方政府首長電話聯繫，說明救災兵力預置派遣情形，並請地方政府提出需求以及進行災情蒐集。

當地方政府提出救災需求，經聯防區（聯防分區）確認後，指派幹部帶隊前往執行救災任務，並回報上級指揮單位。執行救援期間，由各級率隊幹部負責兵力指揮、任務管制、執行督導以及窒礙協調等。同時，各聯防區（聯防分區）指揮官應於第一時間到達現場，掌握災情並與地方首長取得聯繫，主動支援救災任務。[36]關於國軍災害應變程序流程以及國軍支援地方政府災害處理作業流程，請參閱圖9-3與圖9-4。

此外，根據國軍協助災害防救派駐連絡官執行要點第4點規定，國軍協助救災共分爲先期整備、災害應變以及災後復原（重建）三個階段。關於先期整備階段，國軍派駐地方政府災害應變中心連絡官，應先期確實掌握轄內可徵用（調）救災車輛、工程重機械及抽水機具等編管資料暨人員聯絡電話，以利於協助地方政府救災。同時，各作戰區（防衛部）應主動提供連絡官救災兵力統籌預劃分配，並建立國軍救災兵力基本資料與聯絡電話，俾利於地方政府災害應變中心提出兵力申請時能迅速回報。

關於災害應變階段，除分別向作戰區（防衛部）及上級單位回報進駐時間外，連絡官應主動掌握災情，並向地方政府災害應變中心指揮官說明所擔負的任務、職掌、協助救災協調、配合事項以及申請國軍兵力支援時機與方式。地方災害應變中心成立後，連絡官應了解地方政府需求，迅速

---

35 陳勁甫主持（2010），我國國軍投入災害救援之研究，台北：行政院研究發展考核委員會，頁92。

36 同前註，頁92。

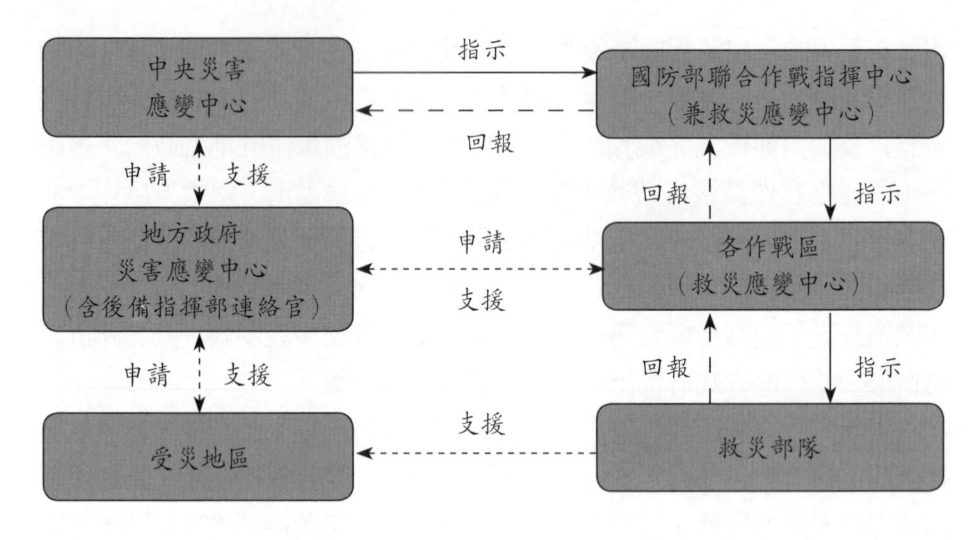

圖9-3　國軍支援地方政府災害處理作業流程

資料來源：植根法律網（2009）。附圖──國軍支援地方政府災害處理作業流程。5月12日。http://www.rootlaw.com.tw/Attach/L-Doc/A040060131000500-0980512-4000-004.doc。瀏覽日期：2020年1月25日。

傳報各作戰區（防衛部），俾利於先期完成救災兵力調派預劃；且接獲地方災害應變中心緊急救災兵力申請支援作業時，應協助填寫申請表，待地方應變中心指揮官（或其代理人）簽署後電傳通知作戰區（防衛部）。另外，連絡官亦應隨時掌握災害性質及種類，通報救災部隊實施救援裝備之整備與檢查，提升應變救援速度。同時，亦應主動掌握作戰區（防衛部）申派救災兵力核覆情形，隨時向地方災害應變中心指揮官報告最新進度，並掌握救災部隊出發、到達時間與執行成果。

關於災後復原（重建）階段，除協助辦理徵用（調）救災相關物

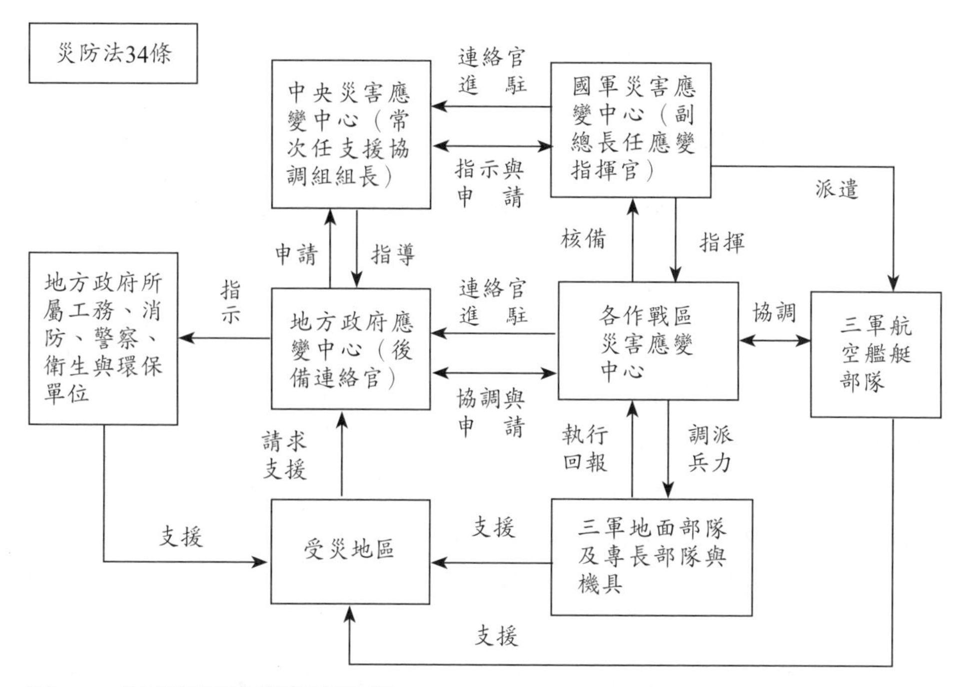

圖9-4　國軍災害應變程序流程

資料來源：許博傑（2016），提升國軍災害防救應變作爲之研究，黃埔學報，第71期，頁46。

資、機具作業暨人員外，連絡官每日應彙整地方災害應變中心次日所需支援兵力及工作項目，並向作戰區提出申請。同時，亦應掌握救災部隊出發、到達時間以及完成當日災害復原救災成果統計表，並回報作戰區。當災害不再擴大，後續復原重建工作可由地方政府接手，且接獲地方災害應變中心解除通知時，國軍所派駐的連絡官應立即歸建並通報作戰區（防衛部）。

此外，當地方災害應變中心撤收後，但仍需國軍協助時，可於每日下午4時前透過全民戰力綜合協調會報體系，由縣市後備指揮部直接向地區後備指揮部（防衛部）提出申請，並由地區後備指揮部於當日下午6時前向作戰區（防衛部）提出需求，經國防部國軍聯合作戰指揮中心（國防部作計室）核定後，完成支援兵力調派與協助救災。

參、支援體系

一、全民防衛動員體系

根據國防法第3條規定：「中華民國之國防，為全民國防，包含國防軍事、全民防衛、執行災害防救及與國防有關之政治、社會、經濟、心理、科技等直接、間接有助於達成國防目的之事務。」我國為達成全民防衛，建立全民防衛動員及民防制度，災害防救制度亦一併納為全民防衛的資源。[37]因此，災害防救法第15條規定：「各級災害防救會報應結合全民防衛動員準備體系，實施相關災害防救、應變及召集事項；其實施辦法，由內政部會同有關部會定之。」同時，全民防衛動員準備法第3條第1項第1款亦規定，動員準備階段結合施政作為，完成人力、物力、財力、科技、軍事等戰力綜合準備，以積儲戰時總體戰力，並配合災害防救法規定支援災害防救。

「全民防衛動員準備業務」係由「國家總動員綜理業務」調整轉型而來。隨著解嚴與終止動員戡亂時期，「國家總動員法」納入備用性法規。且為因應時勢需要並避免對動員工作推展造成影響，1995年3月以「全民防衛動員」取代「總動員」，並於1997年設立「中央全民防衛動員準備業務會報」與頒布「全民防衛動員準備實施辦法」，同時將原「國家總動員」業務全面調整為「全民防衛動員準備業務」。2001年11月14日「全民防衛動員準備法」公布施行後，2002年6月3日行政院依法成立「行政院全民防衛動員準備業務會報」，並由國防部擔任秘書單位。[38]

全民防衛動員準備體系係依「全民防衛動員準備法」辦理，根據該法第6條規定，以國防戰略目標為指導原則，配合國軍戰略構想，統籌全國人力、物力、財力及科技等能量，有助於平時支援災害防救、戰時支援軍

---

37 同前註，頁71。

38 全民防衛動員（2020）。沿革。3月23日。http://aodm.mnd.gov.tw/front/front.aspx?menu=19a05303e76&mCate=30b05002778。瀏覽日期：2020年3月23日。

事作戰以及兼顧民生需求。根據該法第3、4條規定，關於全民防衛動員階段與任務如表9-2：

表9-2　全民防衛動員階段與任務

階段	任務
動員準備	1. 平時：結合施政作爲，完成人力、物力、財力、科技、軍事等戰力綜合準備，以積儲戰時總體戰力。 2. 支援：配合災害防救法規定支援災害防救。
動員實施	1. 緊急危難：戰事發生或將發生或緊急危難時，總統依據憲法規定，發布緊急命令，實施全國動員或局部動員時期。 2. 戰時：統合運用全民力量，支援軍事作戰及緊急危難，並維持公務機關緊急應變及國民基本生活需要。

資料來源：作者整理自全民防衛動員準備法第2、3條規定。

另依該法第8條規定，國防部負責行政院動員會報秘書工作，並得指定所屬機關（單位）設全民戰力綜合協調組織，整合作戰地區總力，建立全民防衛支援作戰力量，並協助地方處理災害救援事宜。同時，依據「國防部全民戰力綜合協調組織設置及實施要點」，關於全民防衛動員結合災害防救運作，由後備指揮部主辦，爲地方政府與國軍之間的溝通管道與聯繫平台，透過「全民戰力綜合協調會報」來進行救災協調、溝通及整備。[39]此外，依災害防救法第15條規定，內政部擬定「結合民防及全民防衛動員準備體系執行災害整備及應變實施辦法」，俾利於整合緊急災害救援資源。

二、民防體系

民防團隊係依民防法辦理，由警政單位負責主辦。根據該法第1條規定，目的爲有效運用民力，發揮民間自衛自救功能，共同防護人民生命、

---

[39] 陳勁甫主持（2010），我國國軍投入災害救援之研究，台北：行政院研究發展考核委員會，頁72。

身體、財產安全，以達平時防災救護，戰時有效支援軍事任務。民防工作範圍包括協助搶救重大災害、支援軍事勤務工作等。依民防法施行細則第3條規定，所謂支援軍事勤務，係指由民防團隊人員於戰時配合國防軍事單位執行工作。[40]同時，災害防救法第30條亦規定民防團隊協助執行救災工作事宜，各級地方政府應變中心指揮官於災害應變範圍內指揮、督導、協調民防團隊執行救災工作。

關於任務編組，民防團隊除依事業單位及機關團體進行編組外，地方政府應編組民防總隊，且除了民防法第6、7條所規定之對象免參加外，其他中華民國人民均應參加。[41]關於民防團隊參加協助救災方式，係依災害防救法第30條第4項規定所訂定之「民防團隊災害防救團體及災害防救志願組織編組訓練協助救災事項實施辦法」。根據該實施辦法第2、5條規定，在直轄市、縣（市）政府設民防總隊；在警察局設民防大隊，警察分局則設民防中隊、分隊、小隊。同時，民防團隊參加協助救災編組之人員在接受災害救援訓練後，直轄市、縣（市）政府應頒發救災識別證。

關於民防團隊支援軍事勤務，係依民防法施行細則第3條規定，實施時機限於戰時，由國防部協調中央主管機關運用民防團隊來支援軍事勤務，且地方政府透過警察系統即可調動民防團隊救災，無需軍方辦理。因此，若地方政府能夠有效地運用民防團隊的話，將有助於降低對國軍救災

---

40 民防團隊人員於戰時配合國防軍事單位執行事項包含：1.搶修軍用機場、軍用港口、軍事廠庫等重要設施；2.搶修戰備道路、戰備跑道及與部隊運動有關之鐵路、公路、橋梁、隧道等設施；3.協助裝卸運輸軍品；4.協助設置軍事阻絕障礙；5.對空監視及報告敵機動態；6.監視、報告敵軍空降、飛彈襲擊等情形；7.協助傷患醫療作業；8.其他經國防部協調中央主管機關指定者。

41 根據民防法第6條規定，有下列情形之一者，免參加民防團隊編組：服軍官役、士官役、常備兵役現役、替代役及接受常備兵役軍事訓練、編列爲年度動員計畫要員之後備軍人、列入輔助軍事勤務隊之補充兵及後備軍人、列入勤務編組之替代役役男退役。根據第7條規定，有下列情形之一者，得經主管機關准許免參加民防團隊編組：身心障礙者、健康狀態不適參加編組者以及依公務性質不適參加編組者。

人力資源的需求。[42]

三、後備軍人體系

關於後備軍人協助救災，係依災害防救法第35條第5項規定，國防部得依災害防救需要，運用應召之後備軍人支援災害防救。根據兵役法第37條規定，召集後備軍人目前分爲動員召集、臨時召集、教育召集、勤務召集以及點閱召集等5類。其中，現行列管後備軍人約222萬多人，後備部隊召集由後備指揮部負責，目前以實施教育召集爲主。[43]依據兵役法施行法第27條規定，教育召集於退伍後八年內，以4次爲限，且每次不超過20天。關於召訓時間之舊制規定，軍士官7天訓練時數66小時、食勤兵訓練天數6天訓練時數56小時，以及士兵5天訓練時數46小時。[44]至於新制之規定，針對退伍後八年內後備軍人，採取「二年一訓」（義務役二訓換補、志願役八年四訓）政策，分別針對幹部及一般士官兵實施。軍士官14天訓練時數136小時、食勤兵訓練天數14天訓練時數136小時，以及士兵5天訓練時數136小時（關於新舊制之規定如下表9-3、9-4）。[45]

---

[42] 陳勁甫主持（2010），我國國軍投入災害救援之研究，台北：行政院研究發展考核委員會，頁73。

[43] 全民防衛動員（2023）。後備軍人管理。7月26日。https://aodm.mnd.gov.tw/front/front.aspx?menu=065&mCate=065。瀏覽日期：2023年7月26日。

[44] 中華民國國防部（2016）。召集時間。6月30日。https://reurl.cc/b60xxE。瀏覽日期：2020年2月28日。

[45] 國防部全民防衛動員署後備指揮部。召訓構想。https://afrc.mnd.gov.tw/AFRCWeb/Content.aspx?MenuID=57&MP=2。瀏覽日期：2023年7月26日。

表9-3　舊制之後備部隊教育召集（5-7天）

區分	訓練天數	訓練時數	附記
軍士官	7	66	每天操課8小時、夜間2小時，最後一天6小時
食勤兵	6	56	
士兵	5	46	

資料來源：國防部全民防衛動員署後備指揮部。召訓構想。https://afrc.mnd.gov.tw/AFRCWeb/Content.aspx?MenuID=57&MP=2。瀏覽日期：2023年7月26日。

表9-4　新制之後備部隊教育召集（新制14天）

區分	訓練天數	訓練時數	附記
軍士官	14	136	每天操課8小時、夜間2小時，最後一天6小時
食勤兵	14	136	
士兵	14	136	

資料來源：國防部全民防衛動員署後備指揮部。召訓構想。https://afrc.mnd.gov.tw/AFRCWeb/Content.aspx?MenuID=57&MP=2。瀏覽日期：2023年7月26日。

關於新舊制教育召集訓練之間的差異，詳如下圖9-5。

圖9-5　國軍教育召集訓練差異比較

資料來源：國軍教育召集訓練差異比較（2021）。國防部發言人臉書粉絲專頁。12月9日。瀏覽日期：2023年7月26日。

由於後備軍人皆有工作，故依兵役法第44條規定，國民在營服役期間，學生保留學籍，職工保留職缺年資。同時，兵役法施行法第43條亦規定，受教育、勤務、點閱召集之學生及職工應給予公假。另依新修訂國軍後備軍人平時教育點閱勤務召集訓練期間應召人員津貼發給作業要領第4點規定，志願役應召人員：依退伍時人事命令階級計算，於召集期間按國軍現行給與標準發給薪給津貼；擔任主官（管）實職者，則按國軍現行主管職務加給給與標準，依支薪階級發給主管職務津貼。至於義務役應召人員，則依後備軍人依法召集服現役期間發給薪俸津貼及主管職務津貼。

爲加強後備軍人管理及服務，依全民防衛動員準備法第25條第3項規定，國防部訂定「後備軍人輔導組織設置辦法」，由國防部後備指揮部指揮所屬各級後備指揮部管理及設置後備軍人輔導組織，執行後備軍人輔導工作。依據該設置辦法第7條規定，鄉（鎮、市、區）得設置後備軍人輔導中心，下轄督導區及後備軍人輔導組，以2至5個輔導組設置一個督導區；村（里）設置輔導組。因此，運用後備軍人輔導組織廣布村里與深入基層的特性，災難發生時將有助於就近掌握與即時回報災情，俾利於國軍執行救災，並於災後募集（發放）賑災物資、善後復原等作業。[46]

另外，現階段國防部爲成功推動兵役制度轉型及儲備後備部隊戰力，除了採取四個月軍事訓練役強化訓練外，亦規劃「後備軍人志願短期入營服役制度」，藉此塡補戰力空缺。「後備軍人志願短期入營服役制度」，意即外界所稱之「週末戰士」或「後備戰士」。然而，由於目前四個月的軍事訓練役無法因應當前戰備需求，且爲有效因應緊張的台海情勢，故2022年12月27日總統蔡英文於「強化全民國防兵力結構調整方案」記者會上宣布，義務役役期將從現行的四個月恢復至一年，適用對象爲2005年1月1日以後出生之役男。

此外，「後備戰士」此一制度主要參考美、英等國之作法，利用假日

---

46 國防部全民防衛動員署後備指揮部（2022）。國防部全民防衛動員署後備指揮部後備軍人輔導組織協力防救（重大災害）災作爲指導。4月27日。https://law.mnd.gov.tw/scp/Query4B.aspx?no=1A009729006。瀏覽日期：20203年7月26日。

返營訓練，除可維持後備軍人戰鬥技能外，亦利於達成「改良式募兵制」這一目標。[47]關於112年的實施作法，共有12個單位進行招募，需要6種專長，共37人。[48]首先，招募資格爲服現役期滿之志願役現役軍人（退伍前三個月可受理報名）及退伍（含志願入營解除召集）後十二年內之志願役後備軍人（除役前三年不受理報名）。同時，除了符合上述資格外，亦必須符合下列招募條件[49]：

（一）國籍：具有中華民國國籍，且無外國國籍。

（二）體格：合於「國軍人員體格分類作業程序」之體格編號1或2；如爲空勤專長者，須符合「國軍航空醫務教範」之空勤體格標準第II類。

（三）考績：離營前最後三年考績，至少2個甲等以上、1個乙上。

（四）品德：五年內未受徒刑、拘役、保安處分、強制戒治、感訓處分、觀察勒戒等裁判之宣告，並依「國軍人事資料查核運用作業規定」完成審查。

其次，關於服役規定，採取「每月入營2日、每年1次演訓」之作法定期返營服役，且若因部隊任務及軍事專業需要時，得調整在營日數，並配合部隊任務於平日或假日入營，全年至少在營29日爲原則。[50]另外，關於每月入營之規定，每日配合部隊作息8小時（不含用餐及午休），隔夜以不住宿爲原則，但遠程者得申請留宿，留宿時應配合部隊管理；至於配合演訓之規定，每年配合部隊演訓入營，在營時間爲入營日8時至離營日17時，期間均應留宿以及配合部隊管理。[51]

---

47 曾世傑（2017）。淺談後備戰士對我全民國防之啓發。青年日報。1月20日。https://www.ydn.com.tw/News/202494。瀏覽日期：2020年2月28日。

48 國防部全民防衛動員署後備指揮部。國軍112年「後備戰士」實施作法。https://afrc.mnd.gov.tw/afrcweb/Content.aspx?MenuID=702。瀏覽日期：20203年7月26日。

49 同前註。

50 同前註。

51 同前註。

最後，關於薪資待遇， 以「日薪」計算，依志願役現役軍人給與基準，以退伍時階級、俸級之當月全月待遇總額（含本俸、專業加給、志願役加給及主管職務加給）除以該月全月之日數來計支。計算後，每個月領取的薪資及勤務加給之合計金額，不得高於公務人員委任第一職等本俸及專業加給合計數額（目前爲3萬4,470元）。[52]

肆、案例：蘇迪勒颱風

2015年8月蘇迪勒颱風共造成8人死亡、4人失蹤、437人受傷、道路中斷47處、水利設施受損17處，以及農業損失總計22億8,000多萬元。[53]國軍協助救災作爲共分爲先期整備、災害應變以及災後復原三個階段，相關作爲茲分述如下：

一、先期整備階段

2015年8月6日上午11時30分中央氣象局發布海上颱風警報後，依中央災害應變中心作業要點第10點規定，中央災害應變中心立即成立二級開設。[54]對此，國防部亦同步完成國軍災害應變中心二級開設，投入災害防救整備工作。同時，國防部並依地方行政區域劃分，完成近3,000人預置兵力部署與相關機具之整備工作。各個縣市後備指揮部亦與各作戰區編成聯絡組，派遣419名連絡官進駐地方政府災害應變中心，掌握即時災情與地方需求。同時，各作戰區指揮官亦持續主動與縣市首長保持聯繫，說明兵力規劃情形以爭取災防時效。[55]

---

52 同前註。

53 張志新等（2015）。2015年蘇迪勒颱風災害調查彙整報告。國家災害防救科技中心。11月。頁1。https://reurl.cc/YlymWl。瀏覽日期：2020年3月1日。

54 中央災害應變中心災害情報站（2015）。蘇迪勒颱風中央災害應變中心新聞稿。8月6日。http://www.emic.gov.tw/cht/upload/disaster_history/13/ada48b1a11f417fa83d20cbf8a88958d.pdf。瀏覽日期：2020年3月1日。

55 周思宇（2015）。蘇迪勒來襲國軍應變中心2級開設。中時電子報。8月6日。https://

二、災害應變階段

2015年8月6日晚上8時30分，中央氣象局發布海上陸上颱風警報後，中央災害應變中心將二級開設提升爲一級開設。對此，國軍災害應變中心亦配合完成一級開設，並於台北市、新北市、桃園復興、新竹竹東以及花蓮玉里等地區預置兵力2,000多人。同時，爲因應外圍環流可能爲宜蘭山區帶來的豪大雨，陸軍航特部亦預置兵力於土石流災害高潛勢區，俾利於後續協助執行民眾撤離與緊急救援等任務。且國軍醫院亦進行編組以提供民眾與救災官兵緊急救護支援，並規劃營區以利於安置民眾。[56]另外，國軍亦協助花蓮吉安、桃園復興及屏東佳冬等鄉鎮堆置沙包，以及2,700多位民眾進行預防性撤離。[57]

三、災後復原階段

各地方災害應變中心撤除後，仍需國軍派員協助時，於每日下午4時前透過「全民戰力綜合協調會報」體系提出申請，經聯合作戰指揮中心核定後，完成救災兵力調派協助救災工作，例如關於台中市災後重建工作，國軍動員1,354名兵力支援市政府進行樹枝殘葉清理、道路搶通、廢棄物

---

www.chinatimes.com/realtimenews/20150806004024-260407?chdtv。瀏覽日期：2020年3月1日。行政院（2015）。104年8月7日毛院長出席蘇迪勒颱風中央災害應變中心第四次工作會報。8月7日。https://www.ey.gov.tw/Page/AF73D471993DF350/3e90f42a-5717-4d38-9fdb-057cb1b71d7e。瀏覽日期：2020年3月1日。

56 周思宇（2015）。蘇迪勒來襲國軍應變中心1級開設。中時電子報。8月6日。https://www.chinatimes.com/realtimenews/20150806005228-260407?chdtv。瀏覽日期：2020年3月2日。中華民國國防部（2015）。國防部發布新聞參考資料。說明針對「蘇迪勒颱風」可能對臺灣地區造成影響，國軍已完成災害應變中心一級開設。8月6日。https://www.mnd.gov.tw/Publish.aspx?p=66610。瀏覽日期：2020年3月3日。

57 中華民國國防部（2015）。國防部發布新聞參考資料。說明針對「蘇迪勒颱風」對臺灣陸地構成威脅，國軍將持續協助各地方政府預防性撤離，以及收容營區之整備。8月7日。https://www.mnd.gov.tw/Publish.aspx?p=66628。瀏覽日期：2020年3月3日。

清理、排水溝渠障礙排除以及校園復原等。[58]

綜上所述，據國防部所發布的新聞資料顯示，8月6日至11日，國軍共派遣兵力2萬6,111人次、車輛1,339部次、飛機35架次以及工程機具76部次，協助執行民眾撤離5,284人、收容29人、沙包堆置10,065包、土石清理260噸、垃圾清理4,325噸、道路清理1,694公里以及路樹清除16,158棵。[59]

此外，關於國軍於烏來地區之救災實際作為，茲分述如下：

一、派遣連絡官與預防性作為

2015年8月6日海上颱風警報發布前，新北市後備指揮部連絡官提前進駐各應變中心。8月7日各區連絡官陪同區長及作戰區情蒐官實施潛勢區偵察，並配合執行相關部落之預防性撤離工作。[60]

二、災害因應作為

8月8日烏來區通訊均中斷且災害應變中心遭土石流掩埋，連絡官黨冠群上尉利用運用衛星電話通報災情後，國軍立即動員陸軍特戰部隊搶進烏來。[61]8月9日起，國軍動員各個後備軍人輔導中心開設29個服務台，協助物資發放與協力救災任務。[62]

---

58 蘇金鳳（2015）。台中市災後清理國軍動員上千人力支援。自由時報。8月9日。http://news.ltn.com.tw/news/life/breakingnews/1406399。瀏覽日期：2020年3月3日。

59 王烱華（2015）。搶救烏來　國軍續派兵力救援，蘋果日報。8月12日。https://tw.appledaily.com/new/realtime/20150812/668060/。瀏覽日期：2020年3月4日。

60 蘇國棟，以「蘇迪勒颱風」為例探討縣市後備指揮部救災機制，國軍協助縣市政府救災機制之探討」座談會，國防安全研究院非傳統安全與軍事任務研究所舉辦，2018年10月26日。

61 洪哲政（2018）。強颱重創烏來全斷訊軍官風雨中緊急通報成微電影主角。聯合影音網。3月29日，https://video.udn.com/news/853662。瀏覽日期：2020年3月4日。

62 蘇國棟，以「蘇迪勒颱風」為例探討縣市後備指揮部救災機制，國軍協助縣市政府救災機制之探討」座談會，國防安全研究院非傳統安全與軍事任務研究所舉辦，2018年10月26日。

三、災害復原

爲儘速恢復民眾正常生活及環境，國軍持續協助地方政府人員搜尋、路樹清除以及土石清運等復原工作。其中，針對烏來山區，國軍派遣526人以及28部車輛及工程機具，以利於人員搜尋、物資運送及通信構聯等工作。[63]

關於因土石流及淹水災情，國軍派遣運輸直升機以及特戰官兵執行搜尋、撤離以及物資運補等任務，截至8月18日，國軍累計派遣兵力4,003人次、直升機66架次、車輛機具567輛次，尋獲人員7人、民眾接送4,358人次以及運送民生物資5,730公斤。[64]

綜上所述，可以發現，協助救災已成爲國軍法定任務之一，國軍的角色已從被動變爲主動。就因應蘇迪勒颱風而言，國軍秉持著「超前部署、預置兵力、隨時防救」原則，於災情尚未發生前，海上颱風警報發布後，國軍就必須動員並投入整備工作。災情出現後，國軍更是擔負搶險救災的重要關鍵角色，例如出動陸軍特戰部隊前進烏來進行搶救。同時，在災後復原階段中亦扮演重要角色，儘管災後清理與復原之責屬於地方環保單位，但因環保單位人力有限且爲加速災後復原工作，而須由國軍投入大量兵力協助。[65]

---

63 中華民國國防部新聞稿（2015）。8月11日。https://reurl.cc/zyxXRk。瀏覽日期：2020年3月5日。

64 中華民國國防部新聞稿（2015）。12月15日。https://reurl.cc/D1G85N。瀏覽日期：2020年3月5日。

65 宋怡慶（2017）。「救災」？「災後復原」？國軍在災害中的角色扮演。蘋果日報。6月5日。https://tw.appledaily.com/new/realtime/20170605/1133280/。瀏覽日期：2020年3月5日。

第五節　小結

根據上述，首先可發現我國的救災體系分爲「中央」、「直轄市、縣（市）」及「鄉鎭（市、區）」三層級，各層級皆有成立「災害防救會報」與訂定「災害防救計畫」，並針對各項災害防救工作進行規劃、執行及考核。其中，災害防救基本計畫爲全國性災害防救計畫，屬於整體性的長期災害防救計畫，規定災害防救業務計畫與地區災害防救計畫之重點事項。依據災害防救基本計畫，地方政府災害防救會報執行單位應擬訂地區災害防救計畫。同時，各級政府皆設有「災害防救辦公室」，負責處理該層級之災害防救會報事務。災害發生時，各層級政府皆會成立「災害應變中心」，並結合「緊急應變小組」以執行救災相關事宜。

再次，關於國軍協助救災的角色、流程以及動員機制等，已有完善的法律規定。其中最爲重要法源依據爲災害防救法，該法第4條第4項規定地方政府無法因應災害處理時，得申請國軍支援。但若發生重大災害時，國軍部隊應主動協助災害防救。[66]第二，關於應變機制，現役部隊爲救災主力，以各作戰區爲主，結合行政區域編組劃分救災責任分區，並依地區特性、災害類別及規模，由作戰區統一規劃運用地區三軍部隊。當地方應變中心成立或發生重大災害時，所轄地區之縣市後備指揮部派遣連絡官進駐，協助地方政府救災與掌握應變處理工作。第三，關於支援體系，則可以透過結合全民防衛動員體系、民防體系以及後備軍人體系來協助救災。另外，爲成功推動兵役制度轉型，國防部規劃所謂的「週末戰士」或「後備戰士」，俾利於塡補戰力空缺。

最後，根據上述案例，由於國軍採取「超前部署、預置兵力、隨時防救」的積極作爲，故在蘇迪勒颱風來臨前已預置兵力並採取相關災害防救整備工作。然而，若實際災害未發生時，則可能因此造成資源浪費，甚

---

[66] 根據國軍協助災害防救辦法第3條規定，重大災害係指依中央災害應變中心各類型災害一、二級之開設時機及災害狀況認定之。

至影響國軍的戰訓本務。其次，可以發現存在著「最先進駐，最後撤出」（first in, last out）的問題，因未能明確規定救援結束的時間，導致颱風過後常常看見國軍弟兄協助家園清理工作。原本應屬於地方政府清潔隊及民眾的工作，卻常常發生地方政府申請國軍協助的情形，甚至有立委認爲國軍應該完成協助農民清除落果、清除倒塌路樹以及讓市容交通恢復原貌，才算達成支援任務。[67]

參考書目

一、中文文獻

中央災害防救會報（2018）。中央至地方防救體系架構。8月8日。https://cdprc.ey.gov.tw/Page/A1EE0B2787D640AF。瀏覽日期：2020年1月24日。

中央災害防救會報（2023）。中央災害防救體系組織架構。9月15日。https://cdprc.ey.gov.tw/Page/A80816CB7B6965EB。瀏覽日期：2023年9月23日。

中央災害防救會報。地區災害防救計畫。https://cdprc.ey.gov.tw/Page/AF2F253C2D2B5F3E。瀏覽日期：2020年1月22日。

中央災害防救會報。災害防救基本計畫。https://cdprc.ey.gov.tw/Page/D99BAB0D863D6ACB。瀏覽日期：2020年1月22日。

中央災害防救會報。災害防救業務計畫。https://cdprc.ey.gov.tw/Page/73045F7444384E42。瀏覽日期：2020年1月22日。

中央災害應變中心災害情報站（2015）。蘇迪勒颱風中央災害應變中心新聞稿。8月6日。http://www.emic.gov.tw/cht/upload/disaster_history/13/

[67] 黃文鍠（2015）。傳國軍兵力退出救災？立委陳亭妃：萬萬不可。自由時報。8月11日。http://news.ltn.com.tw/news/politics/breakingnews/1408831/print。瀏覽日期：2020年3月5日。

ada48b1a11f417fa83d20cbf8a88958d.pdf。瀏覽日期：2020年3月1日。
中央氣象局。颱風資料庫資料。https://reurl.cc/kX2Qd3。瀏覽日期：2023年7月26日。
中華民國國防部（2016）。召集時間。6月30日。https://reurl.cc/b60xxE。瀏覽日期：2020年2月28日。
中華民國國防部（2015）。國防部發布新聞參考資料。說明針對「蘇迪勒颱風」可能對臺灣地區造成影響，國軍已完成災害應變中心一級開設。8月6日。https://www.mnd.gov.tw/Publish.aspx?p=66610。瀏覽日期：2020年3月3日。
中華民國國防部（2015）。國防部發布新聞參考資料。說明針對「蘇迪勒颱風」對臺灣陸地構成威脅，國軍將持續協助各地方政府預防性撤離，以及收容營區之整備。8月7日。https://www.mnd.gov.tw/Publish.aspx?p=66628。瀏覽日期：2020年3月3日。
中華民國國防部新聞稿（2015）。12月15日。https://reurl.cc/D1G85N。瀏覽日期：2020年3月5日。
中華民國國防部新聞稿（2015）。8月11日。https://reurl.cc/zyxXRk。瀏覽日期：2020年3月5日。
中華民國總統府（2009）。總統召開中文記者會。8月18日。https://www.president.gov.tw/NEWS/13576。瀏覽日期：2020年1月25日。
王烱華（2015）。搶救烏來　國軍續派兵力救援，蘋果日報。8月12日。https://tw.appledaily.com/new/realtime/20150812/668060/。瀏覽日期：2020年3月4日。
田力品（2015），災害防救法架構下國軍任務賦予法理評析，軍法專刊，第61卷第4期，頁94-124。
全民防衛動員（2020）。沿革。3月23日。http://aodm.mnd.gov.tw/front/front.aspx?menu=19a05303e76&mCate=30b05002778。瀏覽日期：2020年3月23日。
全民防衛動員（2023）。後備軍人管理。3月23日。https://aodm.mnd.gov.tw/front/front.aspx?menu=065&mCate=065。瀏覽日期：2023年3月23日。

行政法人國家災害防救科技中心。關於中心。https://www.ncdr.nat.gov.tw/Frontend/AboutCenter/SetUpBackground。瀏覽日期：2020年1月23日。

行政院（2015）。104年8月7日毛院長出席蘇迪勒颱風中央災害應變中心第四次工作會報。8月7日。https://www.ey.gov.tw/Page/AF73D471993DF350/3e90f42a-5717-4d38-9fdb-057cb1b71d7e。瀏覽日期：2020年3月1日。

宋怡慶（2017）。「救災」？「災後復原」？國軍在災害中的角色扮演。蘋果日報。6月5日。https://tw.appledaily.com/new/realtime/20170605/1133280/。瀏覽日期：2020年3月5日。

周思宇（2015）。蘇迪勒來襲國軍應變中心1級開設。中時電子報。8月6日。https://www.chinatimes.com/realtimenews/20150806005228-260407?chdtv。瀏覽日期：2020年3月2日。

周思宇（2015）。蘇迪勒來襲國軍應變中心2級開設。中時電子報。8月6日。https://www.chinatimes.com/realtimenews/20150806004024-260407?chdtv。瀏覽日期：2020年3月1日。

後備指揮部。災害防救。https://afrc.mnd.gov.tw/AFRCWeb/Content.aspx?ID=1&MenuID=112。瀏覽日期：2020年2月28日。

後備指揮部。國軍109年「後備戰士」實施作法問答集。https://afrc.mnd.gov.tw/afrcweb/Content.aspx?ID=&MenuID=702。瀏覽日期：2020年3月1日。

施邦築。台灣災害防救體系之發展與現況。災害防救電子報。頁2。http://ncdr.nat.gov.tw/news/newsletter2/019/019.pdf。瀏覽日期：2020年1月23日。

洪哲政（2018）。強颱重創烏來全斷訊軍官風雨中緊急通報成微電影主角。聯合影音網。3月29日，https://video.udn.com/news/853662。瀏覽日期：2020年3月4日。

國防部「國防報告書」編纂委員會（2009），中華民國98年國防報告書，台北：國防部。

國防部全民防衛動員署後備指揮部。國軍112年「後備戰士」實施作法。https://afrc.mnd.gov.tw/afrcweb/Content.aspx?MenuID=702。瀏覽日期：2023年7月26日。

國防部全民防衛動員署後備指揮部（2022）。國防部全民防衛動員署後備指揮部後備軍人輔導組織協力防救（重大災害）災作爲指導。4月27日。https://law.mnd.gov.tw/scp/Query4B.aspx?no=1A009729006。瀏覽日期：2023年7月26日。

張中勇等（2003），現行災害防救體系結合民防與全民防衛動員機制之相關研究案，台北：行政院災害防救委員會。

張志新等（2015）。2015年蘇迪勒颱風災害調查彙整報告。國家災害防救科技中心。11月。頁1。https://reurl.cc/YlymWl。瀏覽日期：2020年3月1日。

許世宗（2014），國軍防災應變機制現況評估與改善策略研究，國防雜誌，第29卷第2期，頁21-44。

許博傑（2016），提升國軍災害防救應變作爲之研究，黃埔學報，第71期，頁39-58。

陳勁甫主持（2010），我國國軍投入災害救援之研究，台北：行政院研究發展考核委員會。

曾世傑（2017）。淺談後備戰士對我全民國防之啓發。青年日報。1月20日。https://www.ydn.com.tw/News/202494。瀏覽日期：2020年2月28日。

植根法律網（2009）。附圖－國軍支援地方政府災害處理作業流程。5月12日。http://www.rootlaw.com.tw/Attach/L-Doc/A040060131000500-0980512-4000-004.doc。瀏覽日期：2020年1月25日。

黃文鍠（2015）。傳國軍兵力退出救災？立委陳亭妃：萬萬不可。自由時報。8月11日。http://news.ltn.com.tw/news/politics/breakingnews/1408831/print。瀏覽日期：2020年3月5日。

趙晞華（2012），國軍救災之法制演變與問題對策，軍法專刊，第58卷第4期，頁105-138。

蕭英煜（2013），我國災害防救之演進－兼論國軍救災能力之提升，黃埔學報，第65期，頁129-142。

蘇金鳳（2015）。台中市災後清理國軍動員上千人力支援。自由時報。8月9日。http://news.ltn.com.tw/news/life/breakingnews/1406399。瀏覽日期：2020年3月3日。

蘇國棟（2018），以「蘇迪勒颱風」爲例探討縣市後備指揮部救災機制，國軍協助縣市政府救災機制之探討」座談會，國防安全研究院非傳統安全與軍事任務研究所舉辦。

蘇顯星（2009）。災害防救法部分條文修正草案。立法院。12月1日。https://www.ly.gov.tw/Pages/Detail.aspx?nodeid=6588&pid=84064。瀏覽日期：2020年1月25日。

二、外文文獻

Buchalter, Alice R. (2007). *Military Support to Civil Authorities: the Role of the Department of Defense in Support of Homeland Defense.* Washington DC: Federal Research Division, the Library of Congress press. https://www.loc.gov/rr/frd/pdf-files/CNGR_Milit-Support-Civil-Authorities.pdf.

Caballero-Anthony, Mely and Alistair D. B. Cook, eds. (2013). *Non-Traditional Security in Asia: Issues, Challenges and Framework for Action*, Singapore: ISEAS Publishing.

Caballero-Anthony, Mely ed. (2016). *An Introduction to Non-Traditional Security Studies: A Transnational Approach*, Thousand Oaks, CA: Sage Publications press.

Companion, Michele and Miriam S. Chaiken eds. (2017). *Responses to Disasters and Climate Change: Understanding Vulnerability and Fostering Resilience*, Boca Raton, FL: CRC press.

Miskel, James F. (2008). *Disaster Response and Homeland Security: What Works, What Doesn't*, Stanford, CA: Stanford University press.

Mothershead, Jerry L., Keven Yeskey and Peter Brewster (2006). "Selected Federal Disaster Response: Agencies and Capabilities," in Gregory R. Ciottone ed., *Disaster Medicine*, Philadelphia PA: Mosby Elsevier press. pp. 95-101.

The Joint Chiefs of Staff of the United States of America, *Joint Publication 3-26: Homeland Security*, August 2, 2005. https://www.hsdl.org/?view&did=779693.

Moldenhauer, Jerry L., Kevin Yeskey and Peter Brewster (2006). "Selected Federal Disaster Response Agencies and Capabilities," in Gregory R. Ciottone ed., *Disaster Medicine*. Philadelphia, PA: Mosby, [illegible] pp. 52–61.

The Joint Chiefs of Staff of the United States of America, [illegible]

第十章

數位（資訊）國土安全理論與實務

柯雨瑞、曾麗文

第一節　前言

「華爲」資通事件，業已成爲全球熱門之議題，全球各國因爲資訊安全與5G網路未來之挑戰，各國有不同之意見與表態。然而我國面臨「華爲」之問題，中央與地方機關之現況與困境爲何？又有何種可行之解決對策？本文首先探討各國現行之資通安全管理法制現況、我國資通安全管理之法制現況、我國資通安全管理機制之困境以及我國資通安全管理機制之可行回應對策，期待能爲我國資通安全管理之機制，提出可行之方案與建議，藉以精進我國資通安全管理之量能。

美國爲何在貿易上封殺大陸華爲資通公司？根據產業專家分析，美國方面，除對大陸華爲資通公司戒心重重外，亦擔心華爲公司影響美國國家安全甚鉅，擔憂華爲公司的產業規模太大，甚至未來足以壟斷全球的通訊產業。根據華爲公司所公布之財報，2019年華爲的年度營收，較2018年增長18%達1,220億美元[1]。由此可知，儘管2019年歷經中美貿易大戰，華爲公司的年度營收達1,220億美元，仍然再創新高。所以，縱使目前西方國家正聯手封殺華爲公司的通訊產品，華爲公司卻仍自視爲全球最大的5G技術設備生產製造商，且事實上，華爲公司的各項營運及財收確實實力雄厚。

美國最近已要求各國，如澳大利亞、紐西蘭、德國、義大利、英國在內的盟友國家，勿購買華爲的各項電訊設備產品。其中，澳大利亞及紐西蘭已經明確表態拒絕華爲參與5G專案。另英國電信（BT）亦表態將會把華爲設備從其核心4G網路中「剝離」出來，亦即，業已將華爲排除在競標供應5G核心網合同的名單之外。

專家認爲，華爲公司在西方眾國家的封殺下，勢必無法再稱霸全球。同時，美國政府當局亦正努力勸說德國、義大利及日本等盟國官員及

1　風傳媒（2020）。《華爾街日報》頂住美國施壓！華爲2019年營收達3.6兆創新高。https://www.storm.mg/article/2128777。瀏覽日期：2020年2月22日。

電信高層管理人員，亦不要使用華爲的通信設備。依據台經院產業分析師邱是芳之觀察，華爲大概無法占有太多的市場占有率。最後，不管西方國家如何封殺華爲公司，華爲公司在中國5G的發展，已如箭在弦。2020年華爲公司將會正式推出5G產品服務，且預計於兩年後，在中國國內，5G技術將會被廣泛使用在各項物聯網、無人駕駛、人工智慧、車聯網、工業互聯網等[2]。

隨著「華爲」事件登上國際版面，美中關係緊張到極點，美國開始使用貿易制裁來抵制華爲產品進入美國，認爲陸製產品有設置「後門」，能將資訊傳輸到大陸情資中心，危害國家安全，各國政府亦開始對華爲資通產品展開一連串之禁止與抵制，然而各國眞正衡量的是未來5G之發展商機與機會。因華爲公司在5G科技之發展上已是全球三大電信公司龍頭，如果各國採取禁止與華爲在未來通信方面之合作，將會在2020年5G之未來發展上失去全球之競爭力。此令各國政府相當困擾，須在國家安全、資通安全與未來5G之發展商機與機會三者之間，取得一定之平衡。如何取捨？考驗各國政府之專業、能力與企圖。

我國在面對陸製華爲資通產品及未來5G之潮流下，政府將如何面對這些挑戰？由於我國與中國大陸有著特殊之政治關係，對於華爲產品，我方無法僅從單純之商業利益考量。究竟華爲產品是否會影響到我國之資訊安全及國家安全，這些均是政府應該思考之方向。我國政府須在中華民國之國家安全、資通安全與未來5G之發展商機與機會三者之間，取得一定之平衡。如何取捨之？考驗我國政府之智慧、專業能力與企圖心。

目前我國政府已經在2019年1月由行政院公告中央公務機關禁止使用華爲陸製產品，隨著中央之禁令，地方政府亦紛紛仿效，至於國營企業及相關八大基礎建設之民營企業則尙未有明確之準則，目前我國政府面對華爲所產生之資訊安全及未來5G之發展困境與建議均會在本文中探討。

2　陳進交、沈唯同（2019）。華爲風暴延燒 台經院：美中供應鏈將涇渭分明。http://www.ntdtv.com.tw/。瀏覽日期：2019年7月25日。

壹、國家安全定義

依據維基百科之定義，國家安全（National Security）簡稱國安，以及國防（National Defense）概念，泛指透過使用經濟、軍事、政治、外交等各種手段，來維護國家的持續存在。在過去，國家安全乃指以國防維持領土的完整，與政治上的獨立自主，不受任何外來軍事勢力的威脅。在今日則包括了任何以非軍事的方式，去對抗非傳統的外來或內部威脅，守護國民的生命與財產，使國民免於憂慮、免於恐懼與免於匱乏[3]。國家安全係指主權安全、國防安全、政治安定與處理外交衝突等領域之傳統安全議題[4]。再者，國家安全包括10個方面的基本內容：國民安全、領土安全、主權安全、政治安全、軍事安全、經濟安全、文化安全、科技安全、生態安全、信息安全，而「國家安全」則包含下列5個重點[5]：

一、國家生存不受威脅。

二、國家領土完整，不受任何侵犯。

三、政治獨立和主權完整，維持政府運作和國家預算。

四、維持經濟制度及發展的正常。

五、確保國家傳統生活方式，不受外力干涉與控制。

貳、軍事安全定義

依據國防部於2004年《國軍軍語辭典》修訂版本之觀點，其中對戰略一詞解釋為：一、廣義言之，任一主權國家，無論平時或戰時，為極力發展，並運用政治、經濟、心理、軍事以及一切武力，以支持其國策，並爭取勝利與保持戰果之謂；二、狹義言之，依據戰爭之目的，估計敵之實力，運用所有人力、物力、財力統籌全局，指導整個戰爭（作戰）之方

---

3 維基百科（2020）。國家安全定義。https://zh.wikipedia.org/wiki/%E5%9C%8B%E5%9C%9F%E5%AE%89%E5%85%A8。瀏覽日期：2020年2月4日。

4 胡劭安（2012），國土安全與國境執法（含概要）講義，2版，台北：鼎文書局。

5 羅慶生、許競任（2006），國家安全概論——國防通識叢書論，台北：三民書局。

略，即謂戰略。而維持整個戰略安全即為軍事安全，而軍事安全亦為國家安全的一個狹義定義。亦即，在狹義之國家安全之觀點之下，國家安全等同於軍事安全。軍事安全係維持國家主權和國家身分必須要件，亦是國家生存和發展的重要前提，而傳統國際關係理論所研究的安全機制亦為軍事安全機制理論[6]。易言之，「軍事安全」係國家軍隊事務處於沒有危險的客觀狀態，也就是國家的軍事存在、軍事力量和軍事活動等不受威脅、挑戰、打擊和破壞的客觀狀態[7]。

參、國土安全定義

依據107年6月12日行政院國土安全辦公室依院臺安字第1070176717號函修正「國土安全緊急通報作業規定」中之參、名詞定義：「所謂國土安全乃指維護國家關鍵基礎設施功能與預防及因應各種危安事件或恐怖活動。[8]」國土安全（homeland security）一詞源於，美國政府2002年11月重組國內22個行政機構，並重新併入「國土安全部」，「國土安全部」為一新成立部門，美國政府冀望此一新成立部門能夠統領國家國土保衛工作。此後，美國參議院國土安全及政府事務委員會和眾議院國土安全委員會亦使用「國土安全」一詞[9]。換言之，國土安全係指傳統安全以外，包括危及社會經濟、資訊安全、跨國犯罪等，對國家及人民生存發展構成威脅的

---

[6] 史曉東（2018）。兩岸軍事安全互信機制研究——軍事安全。https://taiwan.kinokuniya.com/bw/9789576816796。瀏覽日期：2020年2月4日。

[7] 劉躍進（2016）。我國軍事安全的概念、內容及面臨的挑戰。華藝線上圖書館。https://www.airitilibrary.com/Publication/alDetailedMesh?docid=jnshxyxb201603002。瀏覽日期：2020年2月4日。

[8] 行政院（2018）。國土安全緊急通報修正作業規定。6月12日。file:///C:/Users/Lisa/Downloads/%E5%9C%8B%E5%9C%9F%E5%AE%89%E5%85%A8%E7%B7%8A%E6%80%A5%E9%80%9A%E5%A0%B1%E4%BD%9C%E6%A5%AD%E8%A6%8F%E5%AE%9A_1070612%E4%BF%AE%E6%AD%A3_%20(1).pdf。瀏覽日期：2020年2月4日。

[9] 維基百科（2020）。國土安全定義。https://zh.wikipedia.org/wiki/%E5%9C%8B%E5%9C%9F%E5%AE%89%E5%85%A8。瀏覽日期：2020年2月4日。

因素，都是國土安全的範疇。

肆、國家安全、軍事安全、國土安全差異性

美國在911恐怖攻擊後，將反恐上綱到國土安全的概念，並重組國內多部門成立國土安全部，顯見美國當局極盡可能地擴大國土安全的概念。美國係基於其社會現實建構的安全模式下所作的詮釋。惟我國的社會現實與美國並不相同，我國遭受恐怖攻擊的機率與國土安全的意涵相異於美國，當然不全然以採取美國的方式來建構反恐概念、國家安全、國土安全及軍事安全之相關政策。後冷戰時期安全威脅是來自於國內的社會、經濟與治安，這樣的「國土安全」，應該是一個負責國內治安的警察的議題，而非「軍事安全」議題[10]。「國家安全」與「軍事安全」在於確保國家主權獨立，其所使用之手段包含軍事及政治等國家實力與資源，「國家安全」與「軍事安全」二者政策作爲之順位則高於「國土安全」的維護。茲將國家安全、軍事安全、國土安全三者之差異性分述如表10-1所示：

表10-1　國家安全、軍事安全、國土安全之差異分析彙整表

名稱 差異	國家安全	軍事安全	國土安全
內涵不同	「國家安全」係指主權安全、國防安全、政治安定與外交利益與安全等所謂的傳統安全。國家安全簡稱國安，以及國防概念，泛指透過使用經濟、軍事、政治、外交等各種手段，來維護國家的持續存在。	「軍事安全」是國家軍隊事務處於沒有危險的客觀狀態，也就是國家的軍事存在、軍事力量和軍事活動等不受威脅、挑戰、打擊和破壞的客觀狀態。	「國土安全」係針對恐怖主義及自然環境對於本土安全的威脅所取之反制作爲，在範圍上強調本土社會經濟安全，亦是以重視國家內部之國土安全。

10 黃俊能（2020）。安全管理架構與機制之建構。中央警察大學警察政策研究所。https://slidesplayer.com/slide/11471057/。瀏覽日期：2020年2月4日。

表10-1　國家安全、軍事安全、國土安全之差異分析彙整表（續）

名稱 差異	國家安全	軍事安全	國土安全
目標不同	「國家安全」在確保國家獨立與國家安全，以軍事及外交爲主。	「軍事安全」在維持國家戰略安全並維持國家主權和國家身分之存續爲重要前提。	「國土安全」在預防恐怖攻擊，維護國家重要關鍵基礎設施等安全。
權限不同	「國家安全」係指維護關於整個國家的政權永續存在，執行層次最高。國家安全的工作整合了「國土安全」及「軍事安全」，此爲其爲核心永續經營的工作。	「軍事安全」係以國防安全的概念來維護國家軍紀安全、軍事整備安全、軍事設施安全、軍事秘密安全等。	「國土安全」係以公共行政、刑事司法與社會安全之觀點來維護整體國家之「國士安全」。

資料來源：本研究自行整理。

伍、數位（資訊）國土安全定義

自2001年美國發生的911恐怖攻擊帶出數位（資訊）國土安全的概念，隨著資訊科技應用，各關鍵基礎設施都會應用資訊系統，以及社會對資訊科技的依賴日益增加，來自網路空間的攻擊已經可以破壞社會安定，威脅國土安全。關鍵基礎設施（Critical Infrastructure, CI），泛指一個國家爲了維持民生、經濟與政府等相關運作而提供之基本設施與服務，包括實體以及以資訊電子爲基礎之系統，爲重要社會基礎功能所需之基礎建設。由於國土安全領域頗爲廣闊，其中包括數位（資訊）安全，是以「數位國土安全」此一名詞正式出現[11]。由於數位科技的發展，近年來發生在國際間重大網路攻擊所造成的恐攻事件，包含各種影響民主國家輿論及破

---

[11] 林穎佑（2019），從威脅演進看數位國土安全，歐亞研究，第8期，中正大學戰略暨國際事務研究所。

壞國際間金融秩序等，所以重新引用國內外定義並以「數位國土」概念來進化「國土安全」，成爲當前主流趨勢。我國應把資安視爲一項創新產業，並積極建構關鍵基礎設施安全維護，納入數位主權與數位國土安全之核心內涵[12]。

承上，所謂數位（資訊）國土安全之定義，係指重視資安問題，將「資安就是國安」的觀念，帶入數位主權與資安的核心領域，政府應重視資安的基礎安全維護工作，並積極建構資安之關鍵基礎設施之安全維護機制，立法與行政部門應有整體的國家安全戰略考量，建構完善的國土安全及關鍵基礎設施安全維護法制與機制，以防衛潛在的網路駭客及網軍攻擊。同時，針對新型態的網路作戰行爲加以規範，以杜絕資訊犯罪與恐怖攻擊活動。且須不斷投入資源及人力，提升國內的資安關鍵基礎設施安全維護之機制，及提高資安政策的層級。同時整合政府機關與民間企業的力量，共同因應「非戰爭行爲」所造成之數位資通安全的各式威脅[13]。

第二節　各國資通安全管理機制

世界各國已進入網路之爭奪戰，因此對於資訊安全之防護與立法有其重要性，尤其是各國對於資安之管理與建立，莫不提升至國家（中央政府）層級，並設立專門部門及法律加以管理。各國資通安全管理機制之概述如下：

---

12 青年日報（2020）。落實資安防護捍衛數位國土安全。https://www.ydn.com.tw/News/260171。瀏覽日期：2020年2月4日。

13 蘇顯星（2017）。建構數位主權與數位國土安全之研析。https://www.ly.gov.tw/Pages/Detail.aspx?nodeid=6590&pid=164712。瀏覽日期：2020年2月3日。

壹、美國資通安全管理機制

美國在2014年提出「聯邦資訊安全現代化法」（Federal Information Security Modernization Act of 2014, FISMA 2014），「聯邦資訊安全現代化法」授權給美國國土安全部對於各公務機關進行監督與管理、管制重大資安事件之通報與受到侵害時之處置。另外，美國歐巴馬政府上台之後，於2009年2月，美國制定「國家網絡安全綜合倡議」（Comprehensive National Cybersecurity Initiative, CNCI），發布美國對目前網路安全狀況之重要評估報告及建議[14]，因爲供應鏈威脅和漏洞可能在任何階段有意或無意地損害信息科技（Information Technology, IT）或操作技術（Operation Technology, OT）之產品或服務[15]。

2019年3月美國國家標準暨技術研究院（National Institute of Standards and Technology, NIST）發布「資通安全架構」（Cyber Security Framework, CSF）。原有的資通安全架構除了納入隱私安全考量，更列出隱私安全的技術類別與項目，以協助政府及企業組織，能夠更容易識別、評估及管理資通安全之隱私風險，並協助資安產業組織，針對隱私安全，研發可行之解決方案[16]。美國國家標準暨技術研究院所發布之「資通安全架構」儼然已經成爲一項出色的資通安全標準，可以推及至全國所有機構。在美國之「全國網絡安全評估」（NCSR）中，亦採用美國國家標準

---

14 American Government (2010). "Comprehensive National Cybersecurity Initiative(CNCI)," Technical report, April 19, 2019. https://nsarchive2.gwu.edu/NSAEBB/NSAEBB424/docs/Cyber-034.pdf.

15 NIST (2020). Advancing Cybersecurity Risk Management Conference, February 22, 2020. https://www.nist.gov/news-events/events.

16 中時電子報（2019）。從美國新版資安架構看發展契機。https://tw.news.yahoo.com/%E5%B0%88%E5%AE%B6%E5%82%B3%E7%9C%9F-%E5%BE%9E%E7%BE%8E%E5%9C%8B%E6%96%B0%E7%89%88%E8%B3%87%E5%AE%89%E6%9E%B6%E6%A7%8B-%E7%9C%8B%E7%99%BC%E5%B1%95%E5%A5%91%E6%A9%9F-215007121--finance.html。瀏覽日期：2020年2月4日。

暨技術研究院所發布「資通安全架構」之這個機制，美國政府認爲「資通安全架構」之機制，係爲改善州、地方、郡和社區之資通安全的關鍵指標[17]。

在美國國土安全部之下，設有一個專責於網路安全及基礎設施安全之專門機構，正式名稱爲網路安全及基礎設施安全署（Cybersecurity & Infrastructure Security Agency, CISA），該署指出：沒有任何實體，能夠單獨保護網路之空間安全。CISA認爲在全球互聯的世界中，關鍵基礎設施和生活方式面臨著廣泛、多元化的重大風險，並在現實世界中產生重大後果。CISA成立聯合網路防禦協作組織平台（Joint Cyber Defense Collaborative, JCDC），以統一來自各個機關、組織的網路防衛者。這個多元化的團隊JCDC會主動蒐集、分析和共享可供實際操作的網路風險資訊，以實現同步、整體的網路安全規劃、網路防禦和回應[18]。

再者，CISA亦頒布「2023-2025年戰略計畫」，此一計畫是自CISA於2018年成立以來，該機構的第一個涉及網路安全及其基礎設施安全之全面戰略計劃。這是CISA組織發展的一個重要里程碑：CISA戰略計畫將重點關注並指導該機構在未來三年之發展。「2023-2025年戰略計畫」將使CISA在未來三年內，推動四個關鍵領域的變革：一、CISA將引領美國政府之努力，確保網路空間的防禦和彈性；二、其次，CISA將降低美國關鍵基礎設施的風險，增強其彈性；三、加強全國作戰協作和情資共享；四、CISA將透過集成的模式，結合職能、能力和勞動力，統一成爲一個事權合一之CISA[19]。

---

[17] NIST (2020). Perspectives on the Framewo: Cybersecurity Framework, February 4, 2020. PERSPECTIVES RELATED TO THE 16 U.S. CRITICAL INFRASTRUCTURE SECTORS-NIST. https://www.nist.gov/cyberframework/perspectives.

[18] 柯雨瑞、楊語柔、梁雅涵（2022），美國國土安全部網路安全及基礎設施安全署（CISA）角色之初探——兼論對台灣之啓示，發表於2022年11月29日（二）中央警察大學公共安全學系暨研究所主辦之2022年安全研究與情報學術研討會。

[19] 同前註。

就全美網路安全及基礎設施安全防護之區塊而言，CISA之重要性不可言喻。CISA正式成立之後，即積極任事，CISA提出一個全球網路安全及基礎設施安全方案，簡稱爲CISAGlobal，此一方案之構想，CISA將強化與國際合作夥伴情資交流、網路安全合作之量能，俾以履行CISA的責任、執行CISA的工作，並在CISA的任務領域內，建立統一全球網路安全及其基礎設施安全的努力。該戰略詳細說明了CISA的國際網路安全願景，並承諾網路安全所須實現之四個目標：一、推進業務合作；二、建構合作夥伴能力；三、透過利害關係人的參與，增強外展合作；四、塑造全球政策生態系統[20]。

美國國土安全部CISA之關鍵角色與功能，如下所述[21]：

一、是聯邦網路的營運主管機關

CISA主責於聯邦網路安全，負責整個聯邦網路安全的管理，與預算辦公室密切合作，保護和保衛美國的聯邦政府網路。CISA尚協調國家網路防禦的執行，專責於重大網路事件的回應，並確保在聯邦、非聯邦和民營部門合作夥伴之間，共享及時可操作的情資。

二、是關鍵基礎設施安全韌性及彈性的國家協調員

CISA著眼於整個威脅情況之預防與回應，並與政府和合作夥伴一起防禦當今的各式威脅，同時保護美國國家的關鍵基礎設施免受攻擊與威脅。

---

20 同前註。

21 Cybersecurity and Infrastructure Security Agency (2022). About CISA. https://www.cisa.gov/about-cisa (2022/11/13). 柯雨瑞、楊語柔、梁雅涵（2022），美國國土安全部網路安全及基礎設施安全署（CISA）角色之初探——兼論對台灣之啓示，發表於2022年11月29日（二）中央警察大學公共安全學系暨研究所主辦之2022年安全研究與情報學術研討會。

三、乃專爲協作和夥伴關係而成立

CISA成立於2018年，旨在跨公共和民營部門開展工作，透過與政府、協力夥伴、學術和國際合作夥伴的合作，挑戰傳統的執法方式。隨著威脅的不斷發展，美國政府知道沒有一個組織或實體，能夠解決應對關鍵基礎設施的網路和實體之威脅。透過匯集執法部門的洞察力和能力，CISA可以建立集體防禦能量，抵禦所面臨的威脅。

CISA領導美國政府努力了解、管理和降低網路和實體基礎設施的風險。將政府的利害相關者相互聯繫串聯起來，並與資源、分析和工具進行結合，以幫助彼此建立自己的網路、通信、實體安全和彈性，從而確保爲美國人民提供安全和彈性的基礎設施。於2021年，展示了CISA在2021年執行其使命的關鍵典範，包括在該機構推進戰略優先事項，以維護國家安全和有韌性的基礎設施的里程碑和成就[22]。

2022年9月初，CISA發布「2023-2025年戰略計畫」，這是自機構於2018年成立以來的第一個全面戰略計畫。該戰略計畫針對的風險環境，包括國家面臨的日益相互關聯的全球網路空間24/7/365之非對稱網路威脅，此種威脅，具有大規模的世界影響力，不容小覷[23]。

貳、德國資通安全管理機制

德國於2015年通過「資訊科技安全法」（IT-Sicherheitsgesetz）法案，此一法案保障了德國民眾與國家基礎設施之網路安全[24]。德國可能將藉由資訊科技安全法此一法案，擁有全世界最安全的資訊科技設施系統和

---

[22] 柯雨瑞、楊語柔、梁雅涵（2022），美國國土安全部網路安全及基礎設施安全署（CISA）角色之初探——兼論對台灣之啓示，發表於2022年11月29日（二）中央警察大學公共安全學系暨研究所主辦之2022年安全研究與情報學術研討會。

[23] 同前註。

[24] 郭沐鑫（2016）。何謂德國資訊科技安全法（IT-Sicherheitsgesetz）。https://stli.iii.org.tw/article-detail.aspx?no=57&tp=5&i=6&d=7598/。瀏覽日期：2019年4月8日。

最安全的國家關鍵基礎設施。本項法案包含了在關鍵基礎設施上改進及企業資訊科技安全，並且進一步保護公民的網路安全及確保德國聯邦資訊科技，進而加強德國聯邦資訊技術安全局的能力與資源設備，並擴展聯邦刑事網路犯罪的調查權力，讓德國成爲網路進程中全球科技系統之先驅及模範[25]。

參、日本資通安全管理機制

日本基於網路安全，2014年通過「網路資訊安全基本法」（サイバーセキュリティ基本法），針對於政府機構與民間單位之資訊安全，網路資訊安全基本法進行規範並設立網路安全戰略本部（サイバーセキュリティ）。網路安全戰略本部於2018年7月27日發布網路安全年度計畫2018（サイバーセキュリティ2018），持續提升國家安全之三大目標，包括：一、提升經濟社會活力與永續發展；二、實現國民安全且安心生活之社會；三、維持國際社會和平、安定與保障日本安全[26]。

肆、中國大陸資通安全管理機制

中國大陸於2017年6月實施「網路安全法」，總共有七章79條，立法目的在於防制網路詐騙和網路攻擊、保護關鍵基礎設施、網路用戶實名制預防犯罪事件及具有爭議之第58條「因維護國家安全和社會公共秩序，處置重大突發社會安全事件之需要，經國務院決定或者批准，可以在特定區

25 李忠憲（2015）。從網路詐欺到國家安全：淺談德國聯邦政府資訊科技安全法案。清流月刊。第104卷第4期。https://www.mjib.gov.tw/FileUploads/eBooks/6fb9e93c86654c6a8d4b069ad125a1c2/Section_file/d77a1245beb54791a2674d2efb654b37.pdf。瀏覽日期：2020年2月4日。

26 資訊工業策進會科技法律研究所（2018）。日本2018年7月27日發布最新3年期網路安全戰略（サイバーセキュリティ戰略）。https://stli.iii.org.tw/article-detail.aspx?no=64&tp=1&i=77&d=8120&lv2=77。瀏覽日期：2019年4月8日。

域對網路通信採取限制等臨時措施」來限制並保障國家安全[27]。中國大陸政府之資通安全管理法制，最具爭議性的係爲「中華人民共和國國家情報法」，尤其是該法第14條規定：「國家情報工作機構依法開展情報工作，可以要求有關機關、組織和公民提供必要之支持、協助和配合。」第14條之前述規定，備受全球各國政府之批評。批評力道最強者，則爲美國。

伍、南韓資通安全管理機制

南韓網路暨資訊安全署（Korea Internet & Security Agency）爲因應資訊安全帶來之威脅，遂提出「資訊與通訊基礎設施保護法」（Laws on the Internet and Information Security of Korea），對於不同之網路犯罪訂出相關之法律規範。南韓政府於2016年5月分發布「網路安全人才養成綜合計畫」（사이버보안인재개발종합계획），並於全國小學、高中、大學及研究所皆提出資安人材訓練計畫[28]。南韓於1990年至今快速發展資訊科技產業，資訊技術產業發展快速及具備完善之政策規劃，復於2004年由情報暨通訊部（Ministry of Information and Communication, MIC）依據其所負責推動的十大成長動力產業相關之項目中，提出了IT839資通戰略計畫，IT839策略中之8，係指八大服務；IT839策略中之3，係指三大基礎建設；IT839策略中之9，係指九項具有成長動力之資訊科技策略政策。南韓政府另於2006年2月由情報暨通訊部修訂IT839計畫並進化爲u-IT839計畫，而u-IT839則是將重點放置在提升南韓的軟體與資訊科技服務產業，以提升其國際競爭力，使南韓躍升爲國際社會之行動網路強國，南韓情報暨通訊部預估修正之u-IT839計畫中，自2006年至2010年爲止，約創造6,128億美元的產值，與約2,830億美元的附加價值[29]。

---

27 數位時代（2016）。中國強力通過網路安全法，背後沒說的事。https://technews.tw/2016/11/11/behind-china-internet-law/。瀏覽日期：2019年4月8日。

28 TWCERT（2016）。韓國將在義務教育中加入資安課程。https://www.twcert.org.tw/newepaper/cp-65-435-5ac35-3.html。瀏覽日期：2020年2月4日。

29 陳潔、李沛錞、蘇信寧（2009）。南韓資訊產業發展策略。file:///C:/Users/%E6%9B%B

陸、歐盟資通安全管理機制

歐盟於2013年發布「網路暨資訊安全戰略」（Cyber security Strategy of the European Union），希望提供一個開放、安全與可靠之網路空間（an open, safe and secure cyberspace），以實現網路安全防護、減少網路犯罪、建立歐盟安全之網路空間及促進歐盟之價值核心爲主軸與訴求[30]。再者，於2016年，歐盟發布一項新的指令，名稱爲歐盟網路與資訊系統安全指令（Network and Information Security Directive, NIS Directive），以管制資通安全[31]。復次，歐洲議會及歐盟理事會於2016年，亦通過歐盟第2016/679號「個人資料保護規則」（General Data Protection Regulation）。歐盟第2016/679號法令，號稱全球最重視個人資料保護之法律。又於2016年4月27日，歐洲議會及歐盟理事會亦通過歐盟指令第2016/680號——爲保護自然人於主管機關基於預防、調查、偵查及追訴刑事犯罪或執行刑罰之目的之個人資料處理及爲該等資料之自由流通，並廢止先前之理事會框架決定第2008/977/JHA號[32]。

由於歐盟在2016年發布歐盟網路與資訊系統安全指令，英國亦於2018年，頒布「電子通訊之網路與資訊系統規則」（The Network and Information Systems Regulations 2018），英國之該規則，係實施與踐行歐

E%E9%BA%97%E6%96%87/Downloads/169_+%E5%8D%97%E9%9F%93%E8%B3%87%E8%A8%8A%E7%94%A2%E6%A5%AD%E7%99%BC%E5%B1%95%E7%AD%96%E7%95%A5.pdf。瀏覽日期：2020年2月8日。

30 王家宜（2014）。歐盟網路安全策略。http://www.nccst.nat.gov.tw/ArticlesDetail?lang=zh&seq=1361。瀏覽日期：2019年4月8日。

31 資策會科技法律研究所（2019）。英國頒布電子通訊之網路與資訊系統規則。https://stli.iii.org.tw/article-detail.aspx?no=64&tp=1&i=77&d=8083。瀏覽日期：2019年1月18日。

32 張國銘（2017），歐盟個人資料保護規則，台北：財團法人金融聯合徵信中心，頁1-502。

盟2016年網路與資訊系統安全指令之相關要求[33]。

根據媒體報導指出，華爲歐盟首席代表於2020年，在歐盟積極展開運作，試圖鞏固華爲在歐洲市場的地位。但是據法國媒體報導指出，華爲公司在歐盟的遊說費用雖高達2,185.76萬人民幣，但遊說成效卻未有良好效果。歐盟執委會主席Ursulavonder Leyen指出：無法接受歐洲企業及民眾資訊有被盜竊的風險[34]。華爲公司已經明顯意識到生存危機，除繼續致力於將中美貿易大戰危機對其公司之威脅降至最低之外，華爲估計歐盟海外市場的手機銷售將會隨著歐盟態度轉變而衰退40%，故華爲亦要針對此一目前歐盟態度之變化，致力於各種相關因應作爲。

第三節　我國資通安全管理機制之介紹

壹、我國資通安全管理機制之現況

涉及台灣網路安全及基礎設施安全防護的主管機關、組織，相關權責分散於各個單位。台灣在網路安全及其基礎設施安全防護的組織架構方面，並未向美國CISA一般，將網路安全及基礎設施安全權責，全部集中於CISA組織。在網路安全防護之主管機關組織架構之區塊，「國家資通安全戰略報告——資安即國安2.0」係由總統府國家安全會議所公告及頒行之，是以，最高層級之組織，有可能係爲總統府國家安全會議資通安全辦公室（以下簡稱資通辦）。在行政院之層級，則分別設置行政院數發部、行政院國家資通安全會報。行政院國家資通安全會報之諮詢單位；而

33 資策會科技法律研究所（2019）。英國頒布電子通訊之網路與資訊系統規則。https://stli.iii.org.tw/article-detail.aspx?no=64&tp=1&i=77&d=8083。瀏覽日期：2019年1月18日。

34 新唐人電視台（2020）。華爲海外最大市場歐盟趨強硬。https://www.ntdtv.com/b5/2019/12/31/a102742057.html。瀏覽日期：2020年2月4日。

行政院國家資通安全會報之幕僚單位，係爲行政院數位發展部（資通安全署）。再者，在基礎設施安全防護的區塊，基礎設施安全防護的主管機關、協調機關、組織、相關權責分散於各個單位。由於相關權責單位未統一，倘若各單位之意見不一，上述相關機關、單位之間之意見與構想，如何進行有效之整合，值得詳加重視[35]。我國資通安全管理機制之現況如下所述：

一、我國資通安全管理之組織架構

行政院國家資通安全會報

我國爲積極推動國家資通安全政策，行政院於2001年以90經字第069579-1號函訂定發布「行政院國家資通安全會報設置要點」，另依據本要點設置「國家資通安全會報」。是以，行政院國家資通安全會報的法源依據，主要係爲行政院國家資通安全會報設置要點，本要點於民國112年2月22日行政院院授數資安字第1121000065號函修正發布，並自112年2月22日生效，行政院國家資通安全會報設置要點的重要內涵，如下所述：

（一）本會報任務如下：

1. 國家資通安全政策之諮詢審議。
2. 國家資通安全通報應變機制之諮詢審議。
3. 國家資通安全重大計畫之諮詢審議。
4. 跨部會資通安全事務之協調及督導。
5. 其他本院交辦國家資通安全相關事項。

（二）本會報之組成分子：本會報置召集人1人，由本院副院長兼任；副召集人2人，由本院院長指派之政務委員及相關部會首長兼任；協同副召集人1人，由國家安全會議諮詢委員兼任；委員18人至35人，除召集人、副召集人及協同副召集人爲當然委員外，其餘委員，由本院院長就推動資通安全有關之機關、直轄市政府副首長及學者、專家派（聘）兼

---

35 同前註。

之；非由機關代表兼任之委員得隨同召集人異動改聘之。

爲協調及推動國家資通安全政策，本院置資通安全長1人，由本會報召集人兼任。

（三）本會報之幕僚作業：由數位發展部辦理。

（四）資通安全諮詢會之組成分子：資通安全諮詢會置委員17人至21人，由本會報召集人聘請資安領域有關之傑出人士及學者、專家擔任，任期二年，期滿得續聘之。

（五）召開會議之頻次：本會報原則上每半年召開會議1次，由本會報召集人主持；資通安全諮詢會原則上每年召開會議1次，由本會報召集人指定之副召集人主持；各項會議，必要時得召開臨時會議。

（六）待遇：本會報及資通安全諮詢會委員、各組召集人，均爲無給職。

行政院國家資通安全會報下設網際防護及網際犯罪偵防等二體系，其職掌業務範疇如下：

（一）網際防護體系：網際防護體系由數發部主辦，負責整合資通安全防護資源，推動資安相關政策，並設下列各組，其主辦機關（單位）及任務如下[36]：

1. 關鍵資訊基礎設施安全管理組：行政院資安處主辦，負責規劃推動關鍵資訊基礎設施安全管理機制，並督導各領域落實安全防護及辦理稽核、演練等作業。

2. 產業發展組：經濟部主辦，負責推動資安產業發展，整合產官學研資源，並發展相關創新應用。

3. 資通安全防護組：行政院資安處主辦，負責規劃、推動政府各項資通訊應用服務之安全機制，提供資安技術服務，督導政府機關落實資安防護及通報應變，辦理資安稽核及網路攻防演練，協助各機關強化資安防護工作之完整性及有效性。

---

[36] 國家安全會議國家資通安全辦公室（2021），國家資通安全戰略報告——資安即國安2.0。

4. 法規及標準規範組：行政院資安處主辦，負責研訂（修）資安相關法令規章，發展資安相關國家標準，訂定、維護政府機關資安作業規範及參考指引。

5. 認知教育及人才培育組：教育部主辦，負責推動資安基礎教育，強化教育體系資安，提升全民資安素養，提供資安資訊服務，建構全功能之整合平台，辦理國際級資安競賽，促進產學交流，加強資安人才培育。

6. 外館網際防護組：外交部主辦，負責統合外館各合署機關之資訊及網路管理，以提升外館資通安全防護能力，降低發生網駭及資安事件之風險。

（二）網際犯罪偵防體系：網際犯罪偵防體系由內政部及法務部共同主辦，負責防範網路犯罪、維護民眾隱私、促進資通訊環境及網際內容安全等工作，下設防治網路犯罪組、資通訊環境及網際內容安全組。其主辦機關及任務如下[37]：

1. 防治網路犯罪組：內政部及法務部共同主辦，負責網路犯罪查察、電腦犯罪防治、數位鑑識及檢討防制網路犯罪相關法令規章等工作。

2. 資通訊環境及網際內容安全組：國家通訊傳播委員會主辦，負責促進資通訊環境及網際內容安全，協助防治網路犯罪等工作。

資安會報技術服務中心成立於90年3月，擔任政府資安技術智庫與幕僚角色，協助資安會報逐步建置政府資通安全防護機制，並提供各政府機關事前安全防護、事中預警應變、事後復原鑑識等資安技術服務，協助政府機關與各核心產業強化資通安全防護能量，加強資安情資分享與聯防，降低資安風險[38]。

另外，為積極研議國家資安政策及推動策略，強化產官學研資安技術、情資及經驗之交流及分享，於行政院國家資通安全會報下特設資通安全諮詢會，資通安全諮詢會每年召開會議一次，由該行政院國家資通安全會報召集人指定之副召集人主持；各項會議，必要時得召開臨時會議。

---

37 同前註。

38 同前註。

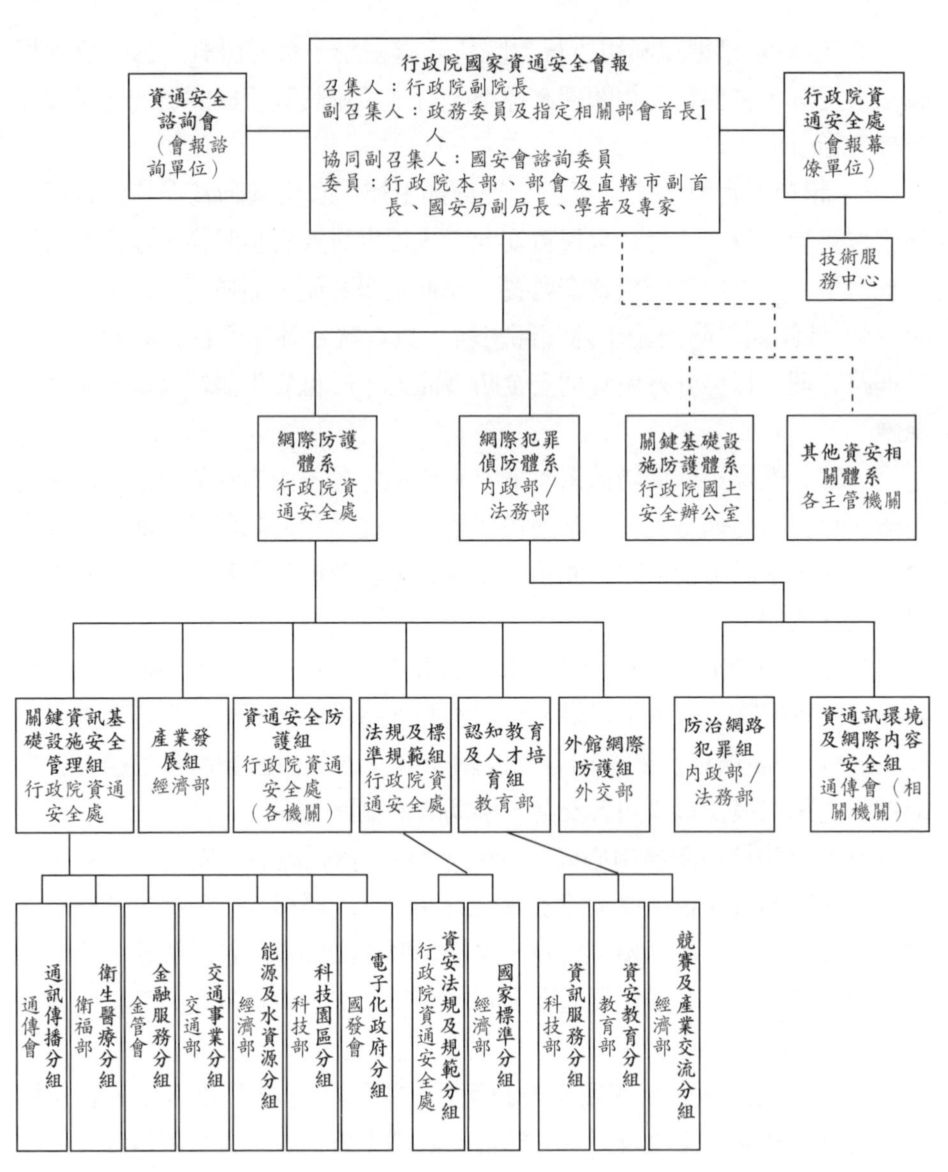

圖10-1　行政院國家資通安全會報組織架構圖

另外，我國國家資安政策發展之進程，詳如圖10-2：

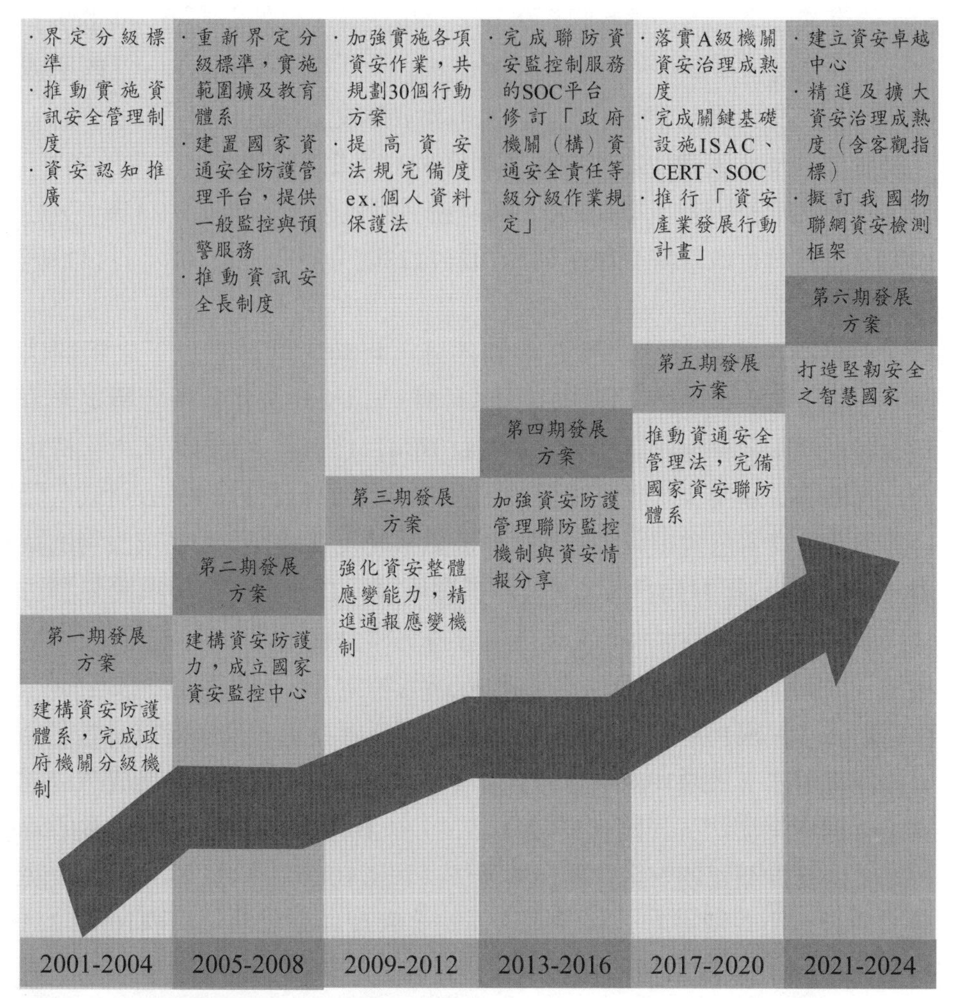

圖10-2　我國國家資安政策發展進程圖

資料來源：數位發展部資通安全署（2023）。資安政策與法規。https://moda.gov.tw/ACS/operations/policies-and-regulations/648。瀏覽日期：2023年6月3日。

二、資通安全管理法

吳啓文在〈資通安全管理法之挑戰與因應〉文中提到我國行政院於107年6月6日公布「資通安全管理法」規範公務機關及提供關鍵基礎設施

之非公務機關，以風險管理爲核心訂定相關之資通安全維護辦法及應變計畫，除資通安全管理法爲我國資訊安全之母法外，另外尚包括：「刑法」第三十六章妨害電腦使用罪章、「電信法」、「電子簽章法」、「國家機密保護法」、「個人資料保護法」、「金融控股公司法」、「銀行法」、「醫療法」及「人體生物資料庫管理條例」等相關子法[39]。本法於107年6月6日總統華總一義字第10700060021號令制定公布，全文共23條，另於107年12月5日行政院院臺護字第1070217128號令發布定自108年1月1日施行。

在網路、資通安全防護之法制部分，目前，共計有以下之相關法制：1.資通安全管理法（民國107年6月6日）；2.中央銀行所管特定非公務機關資通安全管理作業辦法（民國110年4月15日）；3.內政部所管特定非公務機關資通安全管理作業辦法（民國108年2月12日）；4.公司或有限合夥事業投資智慧機械與第五代行動通訊系統及資通安全產品或服務抵減辦法（民國111年7月4日）；5.公務機關所屬人員資通安全事項獎懲辦法（民國110年8月23日）；6.文化部所管特定非公務機關資通安全管理作業辦法（民國108年3月18日）；7.司法院所管特定非公務機關資通安全管理作業辦法（民國108年4月18日）；8.外交部所管特定非公務機關資通安全管理作業辦法（民國108年1月31日）；9.交通部所管特定非公務機關資通安全管理作業辦法（民國108年2月25日）；10.行政院原子能委員會所管特定非公務機關資通安全管理作業辦法（民國108年3月4日）；11.行政院農業委員會所管特定非公務機關資通安全管理作業辦法（民國108年3月13日）；12.行政院環境保護署所管特定非公務機關資通安全管理作業辦法（民國108年5月7日）；13.法務部所管特定非公務機關資通安全管理作業辦法（民國108年5月17日）；14.金融監督管理委員會所管特定非公務機關資通安全管理作業辦法（民國108年2月27日）；15.客家委員會所管特定非公務機關資通安全管理作業辦法（民國108年5月21日）；16.科技

---

[39] 吳啓文（2018），資通安全管理法之挑戰與因應，台灣：2018數位X── 資安轉型論壇。

部所管特定非公務機關資通安全管理作業辦法（民國108年2月23日）；17.原住民族委員會所管特定非公務機關資通安全管理作業辦法（民國108年3月6日）；18.特定非公務機關資通安全維護計畫實施情形稽核辦法（民國110年8月23日）；19.財政部所管特定非公務機關資通安全管理作業辦法（民國108年3月26日）；20.國防部所管特定非公務機關資通安全管理作業辦法（民國108年3月27日）；21.國軍退除役官兵輔導委員會所管特定非公務機關資通安全管理作業辦法（民國108年6月20日）；22.國家通訊傳播委員會所管特定非公務機關資通安全管理作業辦法（民國108年4月1日）；23.國家資通安全研究院設置條例（民國111年1月19日）；24.教育部所管特定非公務機關資通安全管理作業辦法（民國108年4月25日）；25.經濟部所管特定非公務機關資通安全管理作業辦法（民國111年1月25日）；26.資通安全事件通報及應變辦法（民國110年8月23日）；27.資通安全情資分享辦法（民國110年8月23日）；28.資通安全責任等級分級辦法（民國110年8月23日）；29.大陸委員會所管特定非公務機關資通安全管理作業辦法（民國108年3月18日）；30.資通安全管理法施行細則（民國110年8月23日）；31.電信事業資通安全管理辦法（民國109年7月9日）；32.僑務委員會所管特定非公務機關資通安全管理作業辦法（民國108年02月13日）；33.數位發展部資通安全署組織法（民國111年1月19日）；34.數位發展部資通安全署處務規程（民國111年8月8日）；35.數位發展部資通安全署編制表（民國111年8月8日）；36.衛生福利部所管特定非公務機關資通安全管理作業辦法（民國108年4月19日）；37.關鍵電信基礎設施資通設備測試機構及驗證機構管理辦法（民國110年1月29日）。

資通安全管理法未來可行的修法方向如下所述：

（一）宜設立國家層級之資訊安全與認證標準之專責機構[40]。

（二）擴大資通安全管理法納管之範圍，民間私部門、私人企業公司未完全被納入監督、監管之機制中。

---

40 鄭祺耀（2020），資訊安全法制趨勢研析——論建立國家層級資通訊安全標準與認驗證制度，國立政治大學法學院碩士在職專班碩士論文。

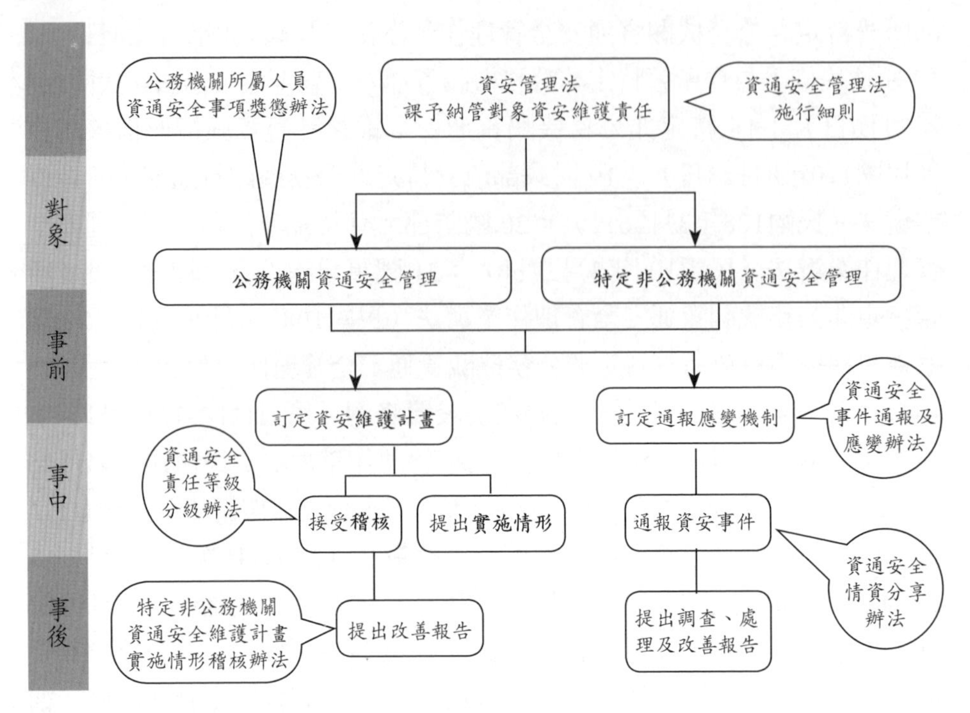

圖10-3　資通安全管理法圖示

資料來源：數位發展部資通安全署（2023）。資安政策與法規。https://moda.gov.tw/ACS/operations/policies-and-regulations/648。瀏覽日期：2023年7月14日。

（三）資通安全管理法宜將華航定位為資通安全管理法上的關鍵基礎設施。

（四）個人資料保護法主管機關為國家發展委員會「個人資料保護專案辦公室」，非獨立性單位，預算、人力有限。

（五）個人資料保護法欠缺個人資料保護之外部獨立監督機制，宜推動成立個資保護獨立機關。

（六）資通安全管理法之資通安全長通常未具備資通安全或資訊專業，亟待改進之。

（七）資通安全管理法中之B級與C級公務機關，資通安全專職人力相當不足。

（八）資通安全管理法亦應規範；非公務機關亦須指定資安長。

（九）公務機關資通安全內控機制不足。

（十）部分政府部門、公務機關網站未使用「安全憑證」、未啓用加密功能。

（十一）公務機關所屬人員未遵守資通安全管理法規定者，資通安全管理法宜設計對於公務機關科處罰鍰的懲處機制。

三、國安五法中之國家安全法

所謂「國安五法」係指立法院於108年度通過國家安全的相關修法，而該修法主要係建立在維護國家安全機制上。本次修法透過修訂「刑法」、「國家安全法」、「臺灣地區與大陸地區人民關係條例」及「國家機密保護法」等相關法律，重新定義間諜罪之適用範圍及適用規定，具體落實我國政府維護國家安全政策並強化國家安全[41]。

國安五法中之「國家安全法」係我國政府於76年7月1日總統（76）華總（一）義字第2360號令制定公布，全文共10條，並於同年7月14日行政院（76）台內字第15651號令定於76年7月15日施行。根據國家安全法（以下簡稱本法）之修法總說明，其重點如下[42]：

（一）立法目的[43]。（本法第1條）

（二）任何人不得爲外國、大陸地區、香港、澳門、境外敵對勢力或其所設立或實質控制之各類組織、機構、團體或其派遣之人爲特定禁止行爲[44]。（本法第2條）

---

41 李志強（2019），國家安全人人有責：淺談「國安五法」，法務部清流雙月刊，11月號，法務部。

42 全國法規資料庫（2020）。國家安全法。https://law.moj.gov.tw/LawClass/LawAll.aspx?PCode=A0030028。瀏覽日期：2020年2月5日。

43 第1條：「爲確保國家安全，維護社會安定，特制定本法。本法未規定者，適用其他有關法律之規定。」

44 第2條：「任何人不得爲外國、大陸地區、香港、澳門、境外敵對勢力或其所設立或實

（三）任何人不得爲外國、大陸地區、香港、澳門、境外敵對勢力或其所設立或實質控制之各類組織、機構、團體或其派遣之人，爲特定禁止行爲[45]。（本法第3條）

（四）國家安全之維護，應及於中華民國領域內網際空間及其實體空間。（本法第4條）

（五）警察或海岸巡防機關於必要時，對入出境之人員、物品及運輸工具，得依其職權實施檢查。（本法第5條）

（六）爲確保海防及軍事設施安全，並維護山地治安，得由國防部會同內政部指定海岸、山地或重要軍事設施地區，劃爲管制區，並公告之。（本法第6條）

質控制之各類組織、機構、團體或其派遣之人爲下列行爲：一、發起、資助、主持、操縱、指揮或發展組織。二、洩漏、交付或傳遞關於公務上應秘密之文書、圖畫、影像、消息、物品或電磁紀錄。三、刺探或收集關於公務上應秘密之文書、圖畫、影像、消息、物品或電磁紀錄。」

45 第3條：「任何人不得爲外國、大陸地區、香港、澳門、境外敵對勢力或其所設立或實質控制之各類組織、機構、團體或其派遣之人，爲下列行爲：一、以竊取、侵占、詐術、脅迫、擅自重製或其他不正方法而取得國家核心關鍵技術之營業秘密，或取得後進而使用、洩漏。二、知悉或持有國家核心關鍵技術之營業秘密，未經授權或逾越授權範圍而重製、使用或洩漏該營業秘密。三、持有國家核心關鍵技術之營業秘密，經營業秘密所有人告知應刪除、銷毀後，不爲刪除、銷毀或隱匿該營業秘密。四、明知他人知悉或持有之國家核心關鍵技術之營業秘密有前三款所定情形，而取得、使用或洩漏。任何人不得意圖在外國、大陸地區、香港或澳門使用國家核心關鍵技術之營業秘密，而爲前項各款行爲之一。第一項所稱國家核心關鍵技術，指如流入外國、大陸地區、香港、澳門或境外敵對勢力，將重大損害國家安全、產業競爭力或經濟發展，且符合下列條件之一者，並經行政院公告生效後，送請立法院備查：一、基於國際公約、國防之需要或國家關鍵基礎設施安全防護考量，應進行管制。二、可促使我國產生領導型技術或大幅提升重要產業競爭力。前項所稱國家核心關鍵技術之認定程序及其他應遵行事項之辦法，由國家科學及技術委員會會商有關機關定之。經認定國家核心關鍵技術者，應定期檢討。本條所稱營業秘密，指營業秘密法第二條所定之營業秘密。」

（七）意圖危害國家安全或社會安定，為大陸地區違反第2條之處罰。（本法第7條）

（八）違反第3條之處罰。（本法第8條）

（九）營業秘密法第14條之1至第14條之3有關偵查保密令之規定，於檢察官偵辦本法第8條之案件時適用之。（本法第9條）

（十）違反本法第9條第1項偵查保密令者之處罰。（本法第10條）

四、2021年國家資通安全戰略報告——資安即國安2.0（國家安全會議國家資通安全辦公室公布）

在打擊網路犯罪之預防上，2002年我國政府提出「電子簽章法」利用公鑰基礎建設（Public Key Infrastructure, PKI）建立民間企業與政府利用線上身分辨識系統及電子文件資訊分享促進政府效能。2003年制定「國家機密保護法」落實國家公務機密之保護，2005年制定「政府資訊公開法」流通政府資訊及促進人民對公共事務之了解，2009年修訂「資通安全規範整體發展藍圖」參照全球先進國家資安發展經驗，並考量我國政府機構現行法制與資訊環境特性建立資安國家標準與發展，而對於民眾個人隱私及資料之防護上，在法令面，則有「個人資料保護法」、刑法、「通訊保障及監察法」及「電信法」及2018年行政院提出DiGi+法案「數位國家・創新經濟發展方案」，這些均是我國政府目前與地方政府所進行之資安政策與防護作為[46]。有關上述電子簽章法圖示如下：

[46] 李如霞（2019），新編國家安全與國土安全精粹：網路恐怖攻擊應變機制，台北：士明，頁213-221。

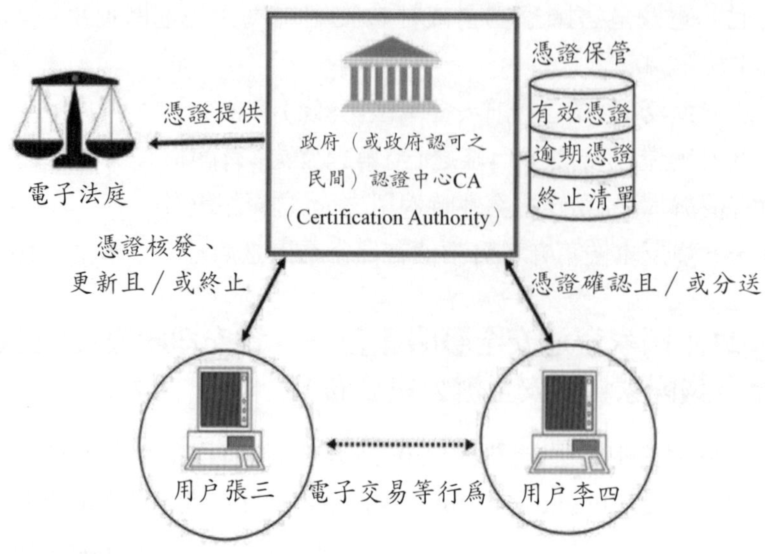

圖10-4　電子簽章法

資料來源：陳正鎔（2020）。資訊法律與個資——電子簽章法。https://ppt-online.org/279408。瀏覽日期：2020年2月4日。

2021年版本之國家資通安全戰略報告，特別強調主動式防禦趨勢，亦即，運用資安情報、數據及資安之分析技術，事先辨別網路攻擊者，採取事前之網路、資通安全之各式防護之作爲，這些主動式防禦、應變措施，包括：（一）鑑識潛在入侵者；（二）清除後門與惡意程式；（三）主動阻斷攻擊來源；（四）重新配置資安防護縱深，如圖10-5所示[47]。

---

47 國家安全會議國家資通安全辦公室（2021），國家資通安全戰略報告——資安即國安2.0，國家安全會議國家資通安全辦公室出版。

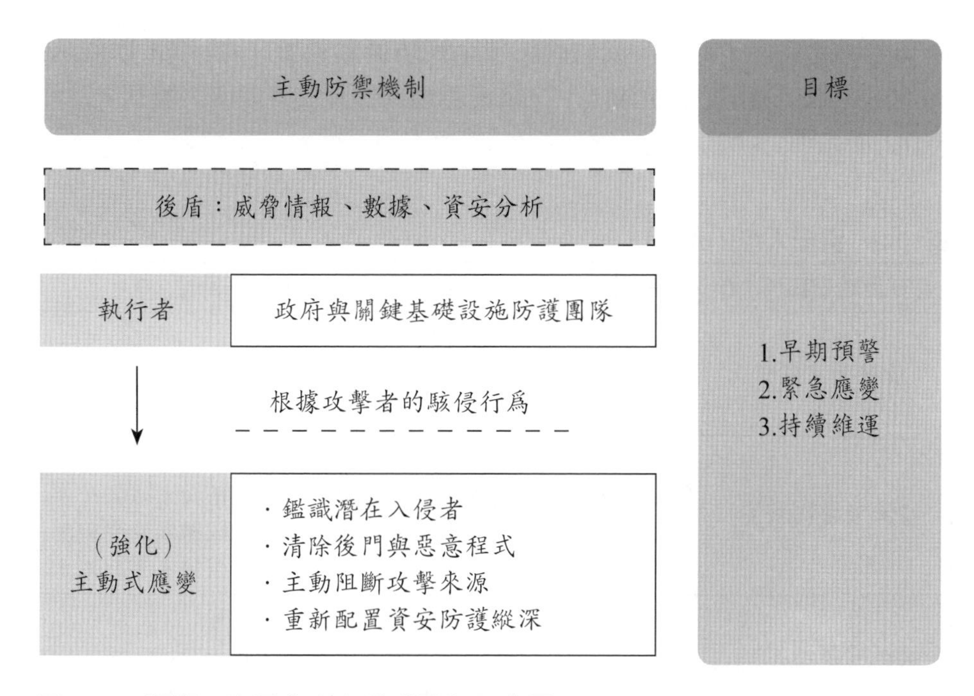

圖10-5　網路、資通安全主動式防禦示意圖

資料來源：國家安全會議國家資通安全辦公室（2021），國家資通安全戰略報告——資安即國安2.0。

復次，2021年版本之國家資通安全戰略報告之願景，係爲「打造堅韌、安全、可信賴之智慧國家」。爲了達到此一願景，2021年版本之國家資通安全戰略報告設定三大目標[48]：

目標一：充實資安卓越人才（People）。

目標二：強化人民家園安全防護、鞏固資安外交網路防禦（Protection）。

目標三：促進產業繁榮發展（Prosperity）。

爲了達到上述目標一之任務，我國特強調強化資安能力，培育資安卓越與實戰人才，實際之作法，包括：於數位發展部下新設「國家資

48 同前註。

通安全研究院」，另外，成立國防部全民防衛動員署（All-Out Defense Mobilization Agency, AODMA），精進關鍵基礎設施資安協防機制，詳如表10-2所示[49]。

表10-2 資安人培2.0策略

資安及國安戰略1.0	單位培育對象	資安及國安戰略2.0
資安暑期課程	**教育部** 在學資安人才	**完善資安高教環境** ・於四年內擴增師資員額 ・延攬國際頂尖師資
虛擬資安研訓院	**數位發展部／經濟部** 資安跨域在職人才	**成立國家資通安全研究院** ・前瞻資安技術研發人才培育 ・招募民間專家組織國家資安戰隊 ・資安競賽以戰代訓培養實戰人才
資通電軍指揮部	**國防部** 資安戰士	**設立防衛後備動員署** ・培訓後備網路戰士 ・精進關鍵基礎設施協防機制

資料來源：國家安全會議國家資通安全辦公室（2021），國家資通安全戰略報告——資安即國安2.0。

再者，為了目標二之任務，我國亦特別著重於促進資安國際合作，建構國內外聯防體系，詳如圖10-6所示[50]。

為了達到目標三之任務，我國亦特別重視落實六大核心戰略產業之中，須將資安導入之，詳如圖10-7[51]。

49 同前註。

50 同前註。

51 同前註。

圖10-6　資安國際合作策略2.0

資料來源：國家安全會議國家資通安全辦公室（2021），國家資通安全戰略報告——資安即國安2.0。

圖10-7　六大核心戰略產業資安導入示意圖

資料來源：國家安全會議國家資通安全辦公室（2021），國家資通安全戰略報告——資安即國安2.0。

願景：資安即國安2.0-打造堅韌、安全、可信賴的智慧國家

主軸	PEOPLE		PROTECTION		PROSPERITY
目標	充實資安卓越人才	強化人民家園安全防護	鞏固資安外交網路防禦		促進產業繁榮發展
策略	T 培育資安卓越人才聯合作戰機制 Talent	R 提升防護韌性 Resilience	U 促進資安國際合作，建構國內外聯防體系 Unity	S 發展精實防禦機制，打擊網路犯罪 Security	T 產業落實資安驅動資安產業 Technology
做法	1. 強化資安特戰能力，培育卓越與實戰人才 2. 建構聯合作戰機制、推動公私協同治理 3. 完備資安組織架構	1. 強化弱戰管理，提升公私數位聯防與應變能力 2. 國家層級的資安風險盤點與評估，研發關鍵技術 3. 資源向上集中，盤點關鍵系統、網路架構	1. 深化國際情資分享 2. 擴大國際參與，聯合理念相近夥伴 3. 鞏固友邦發展數位資安外交	1. 賡續落實資通安全管理相關規範 2. 提升科技主動偵查、網路溯源分析能量 3. 完善網路法規與標準程序，建立查核制度	1. 落實六大核心戰略產業資安導入 2. 提升資安產業自主能力，發展新領域資安能量 3. 接軌國際規範
行動方案	國家資通安全發展方案				

圖10-8　資安即國安戰略2.0的願景與目標

資料來源：國家安全會議國家資通安全辦公室（2021），國家資通安全戰略報告——資安即國安2.0。

資安即國安戰略2.0推動之策略部分，計分爲五大策略[52]：

策略一：Talent－培育資安卓越人才，建構聯合作戰機制。

策略二：Resilience－提升防護韌性。

策略三：Unity－促進資安國際合作，建構國內外聯防體系。

策略四：Security－發展精實防禦機制，打擊網路犯罪。

策略五：Technology－產業落實資安、驅動資安產業。

---

52 同前註。

再者，資安即國安戰略2.0推動做法部分，如下所述[53]：

（一）充實資安卓越人才：培育資安卓越人才，聯合作戰機制

（二）強化人民家園安全防護、鞏固資安外交網路防禦

（三）促進產業繁榮發展：產業落實資安，驅動資安產業

有關於「資安即國安戰略1.0」與「資安即國安戰略2.0」之差異與比較部分，詳如下表所示：

表10-3　「資安即國安戰略1.0」與「資安即國安戰略2.0」之差異與比較表

	資安即國家戰略1.0	資安即國家戰略2.0
組織	成立行政院資通安全處	1. 加速成立數位發展部暨相關資安管理部門 2. 政府機關六塊基礎團隊堅實合作
法制	1. 實施資通安全管理法 2. 修正國家安全法及國家情報工作法	法遵的落實 （關鍵基礎設施、委外與供應鏈、資料庫等）
人才	成立資通電軍	強化資安卓越人才培育 促進公私團隊協力互助
產業	強化自主資安產業	六大核心戰略產業資安部署

資料來源：國家安全會議國家資通安全辦公室（2021），國家資通安全戰略報告——資安即國安2.0。

國家資通安全戰略報告——資安即國安2.0面臨的問題如下：

1. 國家資通安全主管機關定位不明，國家資通安全主管機關及相關機關間之協作、連繫，未作出適切釐清與定性。

2. 在國家資通安全戰略之六塊機的防護體系中，缺乏：通傳會、數位部資安署、行政院資安會報。

3. 在法制上，遺忘了個資法。

[53] 同前註。

4. 公私部門對於個資外洩問題，缺乏有效因應對策、罰則過輕，未具有嚇阻力。

五、行政院國家資通安全會報國家資通安全第六期發展方案（110年至113年）

隨著數位經濟新的世代之降臨，數位科技帶動產業跨經濟趨勢發展，並促使全球產業格局翻轉，再加上隨著物聯網（IoT）、人工智慧（AI）等應用領域快速發展，更加速數位經濟發展之基磐措施的資訊安全益顯得彰要[54]。爰此，我國自2001年開始推動資通安全基礎建設工作，迄今歷經5個推動階段，本案推動進程如下：第一期機制計畫（90年至93年）、第二期機制計畫（94年至97年）、第三期機制計畫（98年至101年）、第四期機制計畫（102年至105年）、第五期機制計畫（106年至109年）[55]。

第四期國家資通安全發展方案（102年至105年）業於105年屆期。其中所推動政績如下：完成政府機關資安責任等級分級機制、推動行政機關資訊安全制度、成立國家級資安監控中心、建立資安事件通報應變機制、建立政府資安聯防監控與資安情報分享機制等，已經有效地提升我國資安完備度。

國家資通安全發展方案第五期自106年至109年止。本階段係以「打造安全可信賴的數位國家」爲願景，期透過前瞻、宏觀的視野，提出國家級的資通安全上位政策，藉以因應我國特殊的政經情勢及全球複雜多元的資通訊變革，並作爲國家推動資安防護策略與計畫之重要依據[56]。

依據國家資通安全發展方案（106年至109年）中之「陸、推動組

---

54 行政院國家資通安全會報（2020）。資安政策——國家資通安全發展方案（106-109年）。https://nicst.ey.gov.tw/Page/296DE03FA832459B/f61d7cc8-d18a-45e5-ac38-0dc0cf96856e。瀏覽日期：2020年2月4日。

55 行政院（2020），國家資通安全發展方案（106-109年），行政院國家資通安全會報。

56 同前註。

織、資源需求及計畫管理」下之「五、方案核定與修訂」之規定：「本方案經行政院核定後實施，修正時亦同。本方案應於四年施行期滿前，整體檢討修訂未來四年發展方案，並視需要每年滾動式檢討發展方案及相關推動計畫。」[57]本案經完成滾動式修正作業後，並於108年4月11日分別行文至相關部會就該管部分持續推動辦理。有關本期國家資通安全發展方案（106年至109年）修正內容如下：

（一）配合新加坡「電腦濫用與網路安全法」修正案及「網路安全法」分別於2017年及2018年通過並正式生效[58]。

---

57 行政院國家資通安全會報（2020）。修正「資安政策——國家資通安全發展方案」（106-109年）（含修正對照表）。https://nicst.ey.gov.tw/Page/296DE03FA832459B/f61d7cc8-d18a-45e5-ac38-0dc0cf96856e。瀏覽日期：2020年2月4日。

58 修正案指出，新加坡之資安政策如下：發展新加坡有若干與網路安全有關的法規，如：「電腦濫用與網路安全法」（Computer Misuse and Cybersecurity Act, CMCA）、「通訊法」（Telecommunications Act）、「垃圾信件控制法」（Spam Control Act）、「電子交易法」（Electronic Transactions Act）等，並於2016年公布「網路安全策略」（Singapore s Cyber security Strategy），主要內容包括：1.強化關鍵資訊基礎設施的韌性；2.藉由動員企業與社區、面對網路威脅、打擊網路犯罪，及保護個人資料來創造更安全的網路空間；3.發展包含技術勞力、具備先進技術的企業以及強大研究能量之網路安全生態系統（Cyber security ecosystem），以支持新加坡的網路安全需求，同時也帶動經濟成長；4.由於網路威脅沒有國界之分，因此致力於強化國際夥伴關係。2017年通過「電腦濫用與網路安全法」修訂案，主要是爲了因應電腦犯罪本質的改變，及跨國性與網路犯罪手法的變化，防範電腦不受未經允許的存取及修改，亦授權政府在需要偵測、辨認，或應對網路威脅時得以強制關鍵基礎設施業者提供關於其網路之資訊。2018年並通過「網路安全法」（Cybersecurity Act），主要目的在建立與維護國家網路安全架構、有效降低網路威脅風險及確保關鍵資訊基礎設施受到保護，使國家能更有效率及完善地因應網路攻擊。該法並要求各關鍵基礎設施提供者通報網路安全事件，並採取防護措施以確保其系統的復原力（resilience）；此外也將賦予2015年成立的新加坡網路安全局（Singapore's Cybersecurity Agency, CSA）管理網路安全事件及提升網路安全標準的權力。以上資料，來自於：行政院（2020），國家資通安全發展方案（106-109年），行政院國家資通安全會報。

（二）配合資通安全管理法，酌修文字[59]。

（三）因應台灣電腦網路危機處理暨協調中心（TWCERT/CC）業務自108年1月起由國防部監督之行政法人國家中山科學研究院交由通傳會所轄之財團法人台灣網路資訊中心（TWNIC）接手，異動主辦部會[60]。

（四）配合資安治理成熟度評審機制，調修「完備資安基礎環境」之重要績效指標[61]。

（五）配合資安治理成熟度評審機制，調修相關內容[62]。

（六）配合資安治理成熟度評審機制，調修分年里程碑[63]。

（七）通訊傳播資通安全防護中心（NOMC）業於107年底更名為

---

59 修正案指出，完成我國資安專法：資通安全管理法立法，並納入公務機關、關鍵基礎設施提供者及公營事業、政府捐助之財團法人等民營機構。以上資料，來自於：同前註。

60 修正案指出，結合國內產業與民間社群能量，建立國內外公私協防機制之主辦部會：行政院資安處、通傳會。以上資料，來自於：同前註。

61 修正案指出，重要績效指標KPI-1：推動政府機關資安治理成熟度達第3級（level 3）。以上資料，來自於：同前註。

62 修正案指出，根據趨勢科技2016年度資訊安全總評報告，顯示2016年網路威脅屢創新高，勒索病毒造成全球企業損失金額高達10億美元（相當於新臺幣300億元），且勒索病毒新家族數量較2015年相比成長七倍，而台灣遭受此攻擊次數更排名全球前20%，屬高資安風險國家。為有效降低並控管政府機關資安風險，落實資安治理制度是必要的措施。我國自103年起開始輔導政府機關試行導入資安治理成熟度評估模式，以衡量組織之資安治理成效，截止105年底止，累計有10家政府機關推動試行。未來除了積極推動各政府機全面導入資安治理成熟度評估模式，將透過定期辦理自評方式，引導各機關強化資安治理作為，朝制度化型（established）、可預測型（predictable），甚至是創新型（innovating）組織邁進，使A、B級政府機關資安治理成熟度達第3級（含以上），健全各政府機關之資安體質。以上資料，來自於：同前註。

63 修正案指出，分年里程碑部分，民國106年：推動A、B級政府機關試行導入資安治理成熟度；107年：精進資安治理成熟度評審機制完成3個A級政府機關導入資安治理成熟度自評作業；108年：推動30個A級政府機關落實資安治理成熟度自評作業，成熟度達第2級以上；109年：推動所有A級政府機關落實資安治理成熟度自評作業，成熟度達第3級以上。

國家通訊暨網際安全中心（National Communications and Cyber Security Center, NCCSC），爰調修相關內容[64]。

（八）配合資安治理成熟度評審機制，調修分年重要進程[65]。

（九）配合「資安產業發展行動計畫」（107年至114年）2020年目標，調修輔導資安新創團隊、調修資安先進課程本土化及產業擴散之推動期程[66]。

行政院國家資通安全會報國家資通安全第六期發展方案（110年至113年）之相關內涵，如下所述：

行政院國家資通安全會報所制定之國家資通安全第六期發展方案（110年至113年）之願景，係為建構主動防禦基礎網路，打造堅韌安全之智慧國家。行政院國家資通安全會報國家資通安全第六期發展方案（110年至113年）之內涵，乃鑒於資通訊服務應用廣泛，以及我國重大科技創新政策，對於國家安全，甚至是社會經濟活動各種應用層面，資通安全皆扮演關鍵角色，為能因應國際趨勢與新型態資安攻擊與威脅，在既有的防禦基礎及面向上延續我國的資安防護能量與優勢，除持續落實第五期國家資通安全發展方案（106年至109年），行政院國家資通安全會報為逐步提升我國資通安全防護能量，爰於民國110年2月23日提出「國家資通安全發展方案（110年至113年）」（第六期發展方案），作為我國推動資安防護策略與計畫之依循目標。行政院國家資通安全會報第六期發展方案為培育我國卓越資安人才，精進關鍵基礎設施資安防護作為，利用前瞻科技主動防制威脅並溯源阻斷，透由公私協同合作將資安意識與量能普及於民間企

---

64 修正案指出，強化通訊網路資安防禦與應變能量，107年底前完成國家通訊暨網際安全中心（NCCSC）建置。以上資料，來自於：行政院（2020），國家資通安全發展方案（106-109年），行政院國家資通安全會報。

65 修正案指出，109年底前輔導資安新創團隊達20家，協助媒合新創團隊與創投基金。以上資料，來自於：同前註。

66 修正案指出，拔擢在職人士培育產業所需之資安專業人才；另外109年底前進行資安先進課程本土化及產業擴散。以上資料，來自於：同前註。

願景	打造堅韌安全之智慧國家			
目標	‧成爲亞太資安研訓樞紐 ‧建構主動防禦基礎網路 ‧公私協力共創網安環境			
推動策略	吸納全球高階人才 培植自主創研能量	推動公私協同治理 提升關鍵設施韌性	善用智慧前瞻科技 主動抵禦潛在威脅	健全智慧國家資安 提升民間防護能量
具體措施	1. 擴增高教資安師資員額與教學資源 2. 挹注資源投入高等資安科研 3. 培育頂尖資安實戰及跨域人才	1. 建立各領域公私協同治理運作機制 2. 增強人員資安意識與能力建構 3. 公私合作深化平時情資交流與應變演練	1. 賡續推動政府資訊（安）集中共享 2. 擴大國際參與及深化跨國情資分享 3. 制敵機先阻絕攻擊於邊境 4. 提升科技偵查能車防制新型網路犯罪	1. 輔導企業強化數位轉型之資安防護能量 2. 強化供應鏈安全管理 3. 建構安全智慧聯網

圖10-9　我國行政院國家資通安全會報國家資通安全第六期發展方案（110年至113年）

資料來源：數位發展部資通安全署（2023）。資安政策與法規。https://moda.gov.tw/ACS/operations/policies-and-regulations/648。瀏覽日期：2023年6月3日。

業，並建構安全智慧聯網環境，國家資通安全第六期發展方案以「打造堅韌安全之智慧國家」爲願景，搭配「成爲亞太資安研訓樞紐」、「建構主動防禦基礎網路」、「公私協力共創網安環境」三大政策目標，並從「吸納全球高階人才、培植自主創研能量」、「推動公私協同治理、提升關鍵設施韌性」、「善用智慧前瞻科技、主動抵禦潛在威脅」及「建構安全智慧聯網、提升民間防護能量」等四個面向著手，行政院國家資通安全會報國家資通安全第六期發展方案搭配六大核心戰略產業之資安卓越產業發展方案規劃持續推動資安產業，期以打造安全堅韌之智慧國家[67]。

行政院國家資通安全會報國家資通安全第六期發展方案（110年至113年）之願景如下[68]：

我國資安政策推動已歷經前五階段之系統性發展，逐步達成「建立安全資安環境，完備資安防護管理，分享多元資安情報，擴大資安人才培育，加強國際資安交流」之階段性目標，有效提升我國資安完備度。爲加速臺灣產業轉型升級，政府打造以「創新、產值、就業」爲核心價值，追求永續發展的經濟新模式，並透過「連結未來、連結全球、連結在地」三大策略，激發產業創新風氣與能量。爲達成上述標的，於105年推動「5+2產業創新計畫」，作爲驅動台灣下世代產業成長的核心，並自106年起推動「數位國家．創新經濟發展方案（2017-2025年）」（DIGI+方案），以「發展活躍網路社會、推進高值創新經濟、開拓富裕數位國土」爲發展願景作爲引領數位發展、帶動創新的施政藍圖，期加速我國產業及生活融入人工智慧、IoT、大數據等智慧科技。爲發展活躍網路社會、推進高值創新經濟、建構豐饒數位國家，第六期方案將作爲前述二項現階段主要數位經濟計畫之穩固基石，並搭配六大核心戰略產業之資安卓越產業發展方案所定之推動策略，在穩健資通安全之環境下，大幅茁壯各項數位經濟之脈動，爰以「打造堅韌安全之智慧國家」爲願景，期打造安心社會與智慧生活。

涉及行政院國家資通安全會報國家資通安全第六期發展方案（110年至113年）之三大目標，則如下所述[69]：

隨著新興科技發展和IoT設備普及，以及5G時代來臨，資通威脅日益

---

67 數位發展部資通安全署（2023）。資安政策與法規。https://moda.gov.tw/ACS/operations/policies-and-regulations/648。瀏覽日期：2023年6月3日。

68 行政院國家資通安全會報（2021），行政院國家資通安全會報國家資通安全第六期發展方案（110年至113年）。

69 同前註。

加劇。我國政府亦因政經情勢特殊，面臨更加嚴峻的挑戰，爲延續我國資安防護能量與優勢，積極培育充沛資安人才爲首要目標，爰本方案第一項目標設定爲「成爲亞太資安研訓樞紐」，將籌備資安卓越中心，從資安前瞻研究、頂尖實戰人才養成、實習場域建置、國際合作及技術移轉創新育成等五個面向著手，挹注充足教學及研究資源，以厚植我國頂尖實戰人才培訓及資安前瞻研究能量。「建構主動防禦基礎網路」爲本方案第二項目標，改變以往僅能於資安事件發生後採取被動防禦，化被動爲主動之防守，調整防護機制並精進應變措施，將溯源、偵查、預警及反制等作爲導入防護策略，用以因應多元複雜的惡意攻擊。近年國際各國已陸續採取此方式，本方案亦將透過國家任務導向型研究相關應用技術，同時完善政府網際服務網（Government Service Network, GSN）資安防護，分析情資並轉換爲有效情報，進而提升科技偵查能量以防制新型網路犯罪。最後一項目標爲「公私協力共創網安環境」，則是持續結合產、官、學、研各界資源與能量，將資安防護能量擴及至民間單位；另因近年發現多起資安事件肇因於惡意攻擊者駭侵資訊服務供應商後，進一步透過遠端連線等方式入侵政府機關，使得承包政府標案之供應鏈廠商成爲資安破口，可見落實政府資訊作業委外安全管理愈趨重要。另，5G網路及IoT設備等與國人生活息息相關，本方案除推動晶片安全以提升設備核心安全外，亦藉由健全新世代行動通訊技術網路安全及推動IoT合規驗證及場域實證，讓國人體驗新科技帶來之便利，同時享有安全保障，共同維護智慧聯網安全環境。

行政院國家資通安全會報國家資通安全第六期發展方案（民國110-113年）之推動策略，則如下所述[70]：

爲培育我國卓越資安人才，精進CI防護作爲，利用前瞻科技主動防制威脅並溯源阻斷，透由公私協同合作將資安意識與量能普及於民間企業，並建構安全智慧聯網環境，本方案擬具四項推動策略，分別從「吸納全球高階人才、培植自主創研能量」、「推動公私協同治理、提升關鍵設

---

70 同前註。

施韌性」、「善用智慧前瞻科技、主動抵禦潛在威脅」及「建構安全智慧聯網、提升民間防護能量」等四個面向著手，並配合六大核心戰略產業之「資安卓越產業」規劃持續推動資安產業，期以打造安全堅韌之智慧國家，就具體措施而論，詳如下述[71]：

（一）「吸納全球高階人才、培植自主創研能量」

1. 擴增高教資安師資員額與教學資源。
2. 挹注資源投入高等資安科研。
3. 培育頂尖資安實戰及跨域人才。

（二）「推動公私協同治理、提升關鍵設施韌性」

1. 建立各領域公私協同治理運作機制。
2. 增強人員資安意識與能力建構。
3. 公私合作深化平時情資交流與應變演練。

（三）「善用智慧前瞻科技、主動抵禦潛在威脅」

1. 賡續推動政府資訊（安）集中共享。
2. 擴大國際參與及深化跨國情資分享。
3. 制敵機先阻絕攻擊於邊境。
4. 提升科技偵查能量防制新型網路犯罪。

（四）「建構安全智慧聯網、提升民間防護能量」

1. 輔導企業強化數位轉型之資安防護能量。
2. 強化供應鏈安全管理。
3. 建構安全智慧聯網。

行政院國家資通安全會報國家資通安全第六期發展方案（110年至113年）之三項重要績效指標，則如下所述[72]：

---

71 同前註。

72 同前註。

（一）培育350名資安實戰人才。

（二）推動政府機關資安治理成熟度（含客觀指標）達第3級。現有資安治理成熟度評估方式係於資安治理之「策略面」、「管理面」及「技術面」三大面向設計對應之檢核項目，包含政策與組織管理有效性、績效與成果監督落實性、資安事件管理與緊急應變有效性等指標問項，將評估後之能力度等級由低至高分為6級，分別為「Level 0未執行流程（Incomplete Process）」、「Level 1已執行流程（Performed Process）」、「Level 2已管理流程（Managed Process）」、「Level 3標準化流程（Established Process）」、「Level 4可預測流程（Predictable Process）」及「Level 5最佳化流程（Optimizing Process）」，統計至109年底，A級機關成熟度等級平均值為2.56。

（三）制定12項資安檢測技術指引或產業標準。

六、數位發展部補助地方政府強化資通安全防護作業要點（自112年3月14日起生效）

我國行政院為協助及補助直轄市、縣（市）政府辦理資通安全相關工作，以提升其資通安全防護能量，強化國家整體資通安全基礎建設，並達成公平且有效運用補助款之目的，特訂定「行政院補助地方政府強化資通安全防護作業要點（核定版）」，自112年3月起，「行政院補助地方政府強化資通安全防護作業要點（核定版）」修改名稱，新的行政命令係為數位發展部補助地方政府強化資通安全防護作業要點（自112年3月14日起生效），本作業要點之內容如下[73]：

（一）本要點第1點係立法目的，數位發展部為補助直轄市、縣（市）政府（以下簡稱地方政府）辦理資通安全相關工作，以提升其資通

---

73 行政院國家資通安全會報（2018）。行政院補助地方政府強化資通安全防護作業要點（核定版）。https://nicst.ey.gov.tw/Page/296DE03FA832459B/f61d7cc8-d18a-45e5-ac38-0dc0cf96856e。瀏覽日期：2020年2月4日。

安全防護能量，強化國家整體資通安全基礎建設，並達成公平且有效運用補助款之目的，特訂定本要點。（本要點第1點）

（二）本要點之執行單位爲數位發展部資通安全署。（本要點第2點）

（三）補助項目。（本要點第4點）

（四）受理申請期間之規定。（本要點第5點）

（五）申請補助期限及申請書格式之規定。（本要點第6點）

（六）不予受理之規定。（本要點第7點）

（七）後續招標及協調相關單位等規定。（本要點第8點）

（八）補助款等之相關規定，本要點之補助款應納入地方政府年度預算，並專款專用，不得任意變更用途。地方政府應相對編足分擔款，違反者，本署得停撥其當年度或停編以後年度之補助經費受補助地方政府違反前項規定，將補助款移作他用者，本署得停止當年度執行計畫或停編以後年度之補助計畫及。（本要點第9點）

（九）補助比率之相關規定。（本要點第10條）

（十）補助經費撥付期程及辦理情形之規定。（本要點第11點）

（十一）計畫之執行及考核規定。（本要點第12點）

（十二）受補助機關停止補助之規定。（本要點第13點）

（十三）相關補助金額得依本署年度預算經立法院審議結果調整，署並得視實際情形酌減或停止。（本要點第14點）

（十四）未盡事宜及相關辦法之規定。（本要點第16點）

七、行政院資通安全處前瞻基礎建設——數位建設強化政府基層機關資安防護及區域聯防計畫（核定版）

我國政府資通安全政策已推行多年，由於地方政府經費、人力、管理制度及技術能力不一，致使部分個人電腦或作業系統已無原廠維護或無法更新，成爲政府整體資安防護之潛藏風險。行政院資通管理處於2017年7月發布「前瞻基礎建設——數位建設強化政府基層機關資安防護及區域聯防計畫（核定本）」。本計畫與第五期「國家資通安全發展方案」（106年至109年）銜接，該方案規劃以「打造安全可信賴的數位經濟時代」爲願景，以「厚植自我防護能量、保衛數位國家安全」爲目標，及透過「完備資安基礎環境」、「建構國家資安聯防體系」、「推升資安產業自主能量」、「孕育優質資安菁英人才」4項策略，進而推動執行各項資通安全政策，其中本計畫係屬落實「建構國家資安聯防體系」，茲分述本計畫作爲如下[74]：

（一）訂定關鍵資訊基礎設施資安防護政策

1. 針對攸關民生經濟與國家安全之關鍵資訊基礎設施，提出資安防護五政策與防護建議。

2. 推動各關鍵基礎設施主管機關制定相應之資安防護策略及防護基準，並輔導落實資安防禦。

（二）建立及輔導各關鍵資訊基礎設施落實資安防護基準

1. 各關鍵基礎設施領域主管機關依資安防護政策與建議，建立所轄領域之資安防護策略與防護基準，並落實推動。

2. 盤點各關鍵基礎設施領域資訊資產，並建立資訊資產庫。

3. 建立領域風險評估與管理機制，並落實風險控制。

4. 建置各關鍵基礎設施領域資訊分享與分析中心（Information Sharing and Analysis Center, ISAC）、電腦緊急應變團隊（Computer Emergency Response Team, CERT）、資訊安全監控中心（Security Operation Center, SOC），以達到資安情資分享、早期預警與緊急應變、持續監控之目的，確實掌握資安風險。

---

74 行政院國家資通安全會報（2018）。前瞻基礎建設——數位建設強化政府基層機關資安防護及區域聯防計畫（核定版）。https://nicst.ey.gov.tw/Page/296DE03FA832459B/f61d7cc8-d18a-45e5-ac38-0dc0cf96856e。瀏覽日期：2020年2月4日。

（三）跨域資安聯防機制

1. 建立國家資安情資整合及預警中心。
2. 結合國內產業與民間社群能量，建立國內外公私協防機制。
3. 建構地方政府資安區域聯防體系。

行政院資通安全處前瞻基礎建設——數位建設強化政府基層機關資安防護及區域聯防計畫（核定版）的重點工作，如下所述：

（一）汰換超過使用年限或停產之資訊軟硬體設備，範圍包括戶政、役政、地政、稅務、衛政、社政及基層公所等超過七年以上之WindowsXP個人電腦約10萬台及資安防護設備等，以強 化政府資安端點防護，完備縱深防禦。

（二）以六都爲核心，結合周邊鄰近縣市推動資安區域聯防，建立地方聯合資訊安全防護網，並帶動地方政府與臨近學研機構合作，共同培育政府與學界之資安人才。

（三）軟硬體設備汰換以國產資安產品爲優先採購標的，推動方式將協調經濟部工業局，優先將國內資安產品納入政府共同供應契約，以提高政府機關採購比例，並由政府發展需求及擴增試驗場域，持續帶動國內資安產業發展。

（四）有關「區域資安聯防及服務整合、建立地方聯合資訊安全防護網、完備縱深防禦」，係建構地方政府資安區域聯防體系爲目標，以六都爲核心，結合周邊鄰近縣市推動資安區域聯防，建立地方聯合資訊安全防護網，並帶動地方政府與臨近學研機構合作，共同培育政府與學界之資安人才。

茲爲了有效地達成行政院資通安全處前瞻基礎建設——數位建設強化政府基層機關資安防護及區域聯防計畫（核定版）的上述重點工作，具體執行項目如下。區域聯防範圍涵蓋離島與偏鄉地區（如金門、澎湖、連江、花蓮、台東等縣市），辦理方式如下：

（一）建立資安快速應變小組：發生重大資安事件時（如資料洩漏、大規模網頁置換、SPAM、中毒等），透過資安快速應變小組，協防

所 屬鄰近縣市並提供資安諮詢或技術支援。

（二）建立資安情資分享機制：分享資安防護規則（如防火牆規則、IPS/IDS偵測規則等）與攻擊活動訊息（如可疑郵件主旨列表、可疑連線IP、惡意留言等），發生大規模之網路攻擊（如DDoS、勒索軟體、蠕蟲發作等）時，即時通知所屬鄰近縣市進行預防或增設阻擋規則。

（三）資安教育訓練與經驗交流：定期舉辦資安事件處理之技術交流研討及區域性教育訓練。

（四）資安監控中心（Security Operation Center, SOC）協防能力：彙整所屬鄰近縣市之資安情資，進行綜合分析以掌握可疑惡意行為。

八、行政院資通安全處前瞻基礎建設——數位建設強化國家資安基礎建設計畫（核定版）

為振興經濟、帶動整體經濟動能，因應國內外新產業、新技術及新生活趨勢，推動促進轉型之國家前瞻基礎建設，政府於106年起依據「前瞻基礎建設特別條例」，推動前瞻基礎建設計畫（以下簡稱前瞻計畫），推動包括：「軌道建設」、「水環境建設」、「綠能建設」、「數位建設」、「城鄉建設」、「因應少子化友善育兒空間建設」、「食品安全建設」及「人才培育促進就業之建設」等八大建設。前瞻計畫至106年起推動迄今，透過積極盤點地方建設的需求，優先納入有助於區域平衡及聯合治理的跨縣市建設，以及過去投入不足、發展相對落後偏鄉地區的重要基礎設施。此外，配合加速國家經濟轉型、區域融合與衡平發展，持續推動軌道交通，大幅提升水資源、數位、綠能、產業、教育社福、原民及客家等基礎建設水準，因應國家在未來國際發展趨勢的需求[75]。

政府於110年起推動後四年前瞻計畫（又稱前瞻2.0），持續強化國家重要基礎建設，優先支持延續性及114年前可完成的重大建設，並推動有

---

[75] 國家發展委員會（2023）。前瞻基礎建設計畫。https://www.ndc.gov.tw/Content_List.aspx?n=608FE9340FE6990D&upn=60F66A08939511F4。

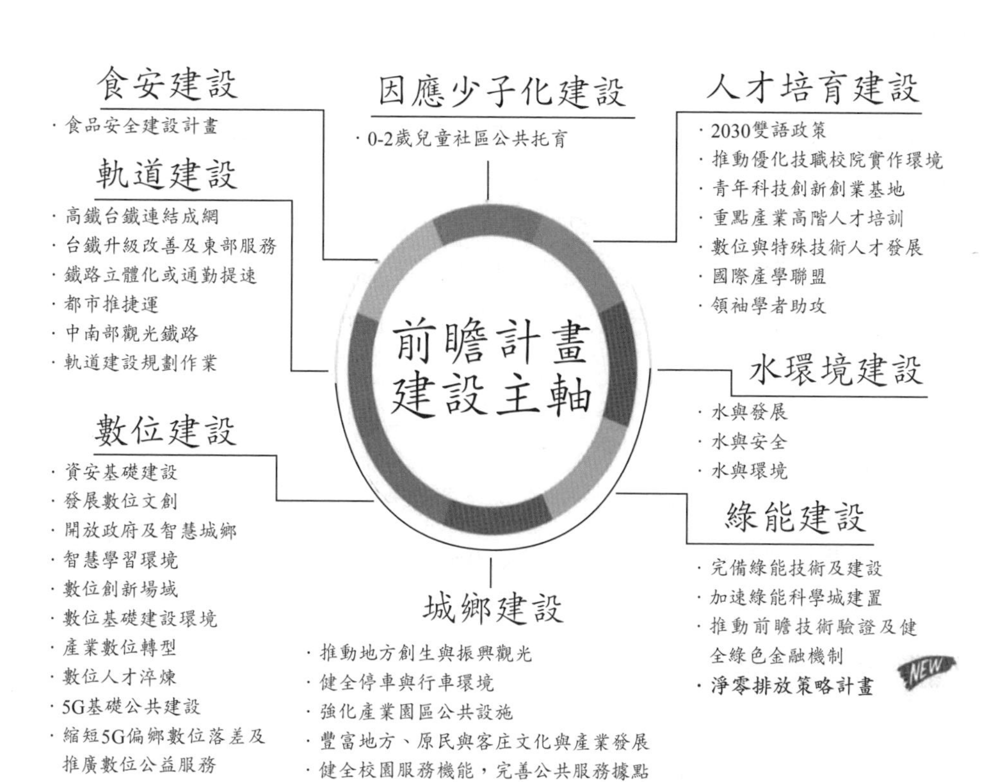

圖10-10　前瞻基礎建設圖示

助於均衡區域發展及偏鄉公共建設，亦將布局產業未來所需。故前瞻2.0除延續均衡區域發展、強化偏鄉建設等計畫外，並針對5G、數位發展、AI、資安等六大核心戰略產業，產業振興發展所需基礎建設等均將持續推動，並擴大數位轉型、環境永續及打造韌性國家等相關計畫之預算經費[76]。

行政院資通安全處於2017年7月頒布「前瞻基礎建設——數位建設強化國家資安基礎建設計畫（核定本）」，本計畫接續行政院103年12月23日頒布之「國家關鍵基礎設施防護指導綱要」賡續作為。我國依前指導綱

76 同前註。

要將關鍵基礎設施分類，分爲三層架構，第一層爲主部門（sector），第二層爲次部門（sub-sector），第三層爲重要元件設施。茲將上述三層架構分述如下[77]：

（一）主部門：分爲能源、水資源、通訊傳播、交通、銀行與金融、緊急救援與醫院、中央與地方政府機關、高科技園區等八類。

（二）次部門：依主部門重要元件之屬性再區分次部門，例如能源主部門下再區分電力、石油、天然氣、化學與核能材料等次部門。

（三）重要元件設施：係指維持設施營運所必須之重要設備、運作系統、通訊系統、維安系統，以及重要資訊系統或控制、調度系統等。

本計畫與第五期「國家資通安全發展方案」（106年至109年）緊密銜接，規劃以「打造安全可信賴的數位經濟時代」爲願景，有關本計畫的目標詳述如下[78]：

（一）完備資安基礎環境

1. 推動資通安全管理法及調適相關法規。
2. 訂定資通安全相關標準、技術規範。
3. 發展國家資通安全風險評估方法與策略。
4. 建構寬頻網路及萬物連網所需之資通安全基礎建設。

（二）建構國家資安聯防體系

1. 推動關鍵資訊基礎設施資安防護，發展防護基本政策與防護基準，並建立重要關鍵資訊基礎設施領域之資安資訊分享及分析中心、資安通報應變中心及資安監控中心。

2. 建構預防暨打擊網路犯罪之前端犯罪資料之統合平台，強化偵辦網路駭侵案件偵辦能量。

---

[77] 行政院國家資通安全會報（2018）。前瞻基礎建設——數位建設強化政府基層機關資安防護及區域聯防計畫（核定版）。https://nicst.ey.gov.tw/Page/296DE03FA832459B/f61d7cc8-d18a-45e5-ac38-0dc0cf96856e。瀏覽日期：2020年2月4日。

[78] 行政院（2018），國家資通安全發展方案（106-109年），行政院國家資通安全會報。

3. 提供警察機關資安事件及網路犯罪偵防與鑑識人才與能量，建置「跨域鑑識服務平台」、「網路犯罪資訊調查平台」及「網路犯罪與鑑識服務資源分享中心」，達成資源分享之目標。

4. 開展多層次與多邊國際合作關係，促進跨國資安情資分享與交流。

（三）推升資安產業自主能量

1. 完備資安產品認驗證機制。
2. 擴大內需市場扶植資安產業升級與轉型。
3. 連結產學研究能量，深耕資安前瞻暨應用技術研發。

（四）孕育優質資安菁英人才

1. 鼓勵大專院校開設資安學程，並推動中小學將資安素養議題融入課程教學。
2. 拔擢在職資安優秀人才，進行資安精英人才培育。
3. 培育政府機關資訊與資安專職人才。

行政院資通安全處前瞻基礎建設——數位建設強化國家資安基礎建設計畫（核定版）的執行機關如下[79]：

本計畫分別由經濟部、通傳會、國發會等機關共同執行：

（一）經濟部：推動關鍵基礎設施資安防護，強化水資源領域之關鍵資訊基礎設施資安防護，並建置經濟部關鍵資訊基礎設施領域之資安資訊分享及分析平台（EISAC），以強化資安聯防。

（二）國發會：依據行政院國家資通安全會報設置要點，主責政府網際服務網（GSN）骨幹網路及政府共構機房之維運，並提供政府骨幹網路資訊安全監控防護機制，透過事前偵測阻擋惡意訊息或攻擊及事後分析，

---

[79] 行政院資通安全處（2017）。前瞻基礎建設——數位建設強化國家資安基礎建設計畫（核定版）。file:///C:/Users/user/Downloads/%E5%BC%B7%E5%8C%96%E5%9C%8B%E5%AE%B6%E8%B3%87%E5%AE%89%E5%9F%BA%E7%A4%8E%E5%BB%BA%E8%A8%AD%E8%A8%88%E7%95%AB%20(5).pdf。

有效提升政府網路安全，確保政府提供爲民服務網站穩定性及可用性，提高民眾滿意度，透過區域聯防之形式，持續監控分析全球之惡意活動與異常IP，以最少資源達到聯合防禦的資安防護效果，統一部署及建置共通性資訊安全防禦機制，減少基層機關資安人力及預算不足問題。

（三）通傳會：依據主計總處106年6月16日召開之「前瞻基礎建設計畫第1期特別預算案籌編相關事宜會議」前瞻基礎建設—數位建設—強化國家資安基礎建設計畫辦理本項計畫，監管通訊傳播網路，強化通傳事業關鍵基礎設施之資安防護能力，同時建構通傳網路資通安全分析與管理平台，期有效降低通訊傳播網路資安風險，打造數位國家所需之資安基礎建設，推動重點工作，包含建構通訊傳播事業關鍵基礎設施資安聯防體系及完備通訊傳播事業關鍵基礎設施資安防護機制。

九、行政院「各機關對危害國家資通安全產品限制使用原則」

行政院於108年4月18日行政院院臺護字第1080171497號函訂定發布「各機關對危害國家資通安全產品限制使用原則」，全文共計7點，發布日即日生效，並於民國111年11月28日進行修正。有關本原則係依據資通安全管理法所制定。其重要內容如下[80]：

（一）立法目的。（本原則第1點）

（二）危害國家資通安全產品之定義：本原則所稱危害國家資通安全產品，指對國家資通安全具有直接或間接造成危害風險，影響政府運作或社會安定之資通系統或資通服務。（本原則第2點）

（三）本法主管機關應基於國家安全、國際情資分享、潛在風險及衝擊分析等因素，蒐集相關機關意見綜合評估，據以核定生產、研發、製造或提供前點產品之廠商及前點之產品清單。本法主管機關應定期檢視前項核定之廠商及產品清單，並依前項因素重新評估後，視需要調整。（本原則第3點）

---

80 行政院111年11月28日修正之「各機關對危害國家資通安全產品限制使用原則」。

（四）原則上禁止危害國家資通安全產品，但有例外規定：各機關除因業務需求且無其他替代方案外，不得採購及使用前點第1項所定廠商產品及產品。各機關自行或委外營運，提供公眾活動或使用之場地，不得使用前點第1項所定之廠商產品及產品。機關應將前段規定事項納入委外契約或場地使用規定中，並督導辦理。各機關必須採購或使用前點第1項所定之廠商產品及產品時，應具體敘明理由，經機關資通安全長（以下簡稱資安長）及其上級機關資安長逐級核可，函報本法主管機關核定後，以專案方式購置，並列冊管理及遵守下列規定：1.應指定特定區域及特定人員使用，且不得傳播影像或聲音，供不特定人士直接收視或收聽；2.購置理由消失，或使用年限屆滿應立即銷毀；3.其他本法主管機關指定事項。（本原則第4點）

（五）有關各機關定期辦理資產盤點之規定：各機關應依下列規定定期辦理資產盤點：1.本原則修正生效前已使用之第3點第1項所定之廠商產品及產品，應於第3點第1項清單提出後二個月內停止使用；2.前款產品已屆使用年限者，應於停止使用後，即刻辦理財物報廢作業；未達使用年限者，應定明辦理財物報廢作業期程。（本原則第5點）

（六）有關各機關應宣導風險之規定。（本原則第6點）

（七）有關相關督導之規定：中央目的事業主管機關應督導本法所定關鍵基礎設施提供者及政府捐助之財團法人，參考本原則之規定辦理。（本原則第7點）

十、資通安全事件通報及應變辦法（2021年新修正）

資通安全事件通報及應變辦法（以下簡稱本應變辦法）係依資通安全管理法第14條第4項及第18條第4項規定訂定之（本應變辦法第1條）。資通安全事件通報及應變辦法之重要內涵，如下所述：

（一）資通安全事件分為四級（本應變辦法第2條）

資通安全事件分爲四級，公務機關或特定非公務機關（以下簡稱各機關）發生資通安全事件，有下列情形之一者，爲第一級資通安全事件：

1. 非核心業務資訊遭輕微洩漏。

2. 非核心業務資訊或非核心資通系統遭輕微竄改。

3. 非核心業務之運作受影響或停頓，於可容忍中斷時間內回復正常運作，造成機關日常作業影響。

各機關發生資通安全事件，有下列情形之一者，爲第二級資通安全事件：

1. 非核心業務資訊遭嚴重洩漏，或未涉及關鍵基礎設施維運之核心業務資訊遭輕微洩漏。

2. 非核心業務資訊或非核心資通系統遭嚴重竄改，或未涉及關鍵基礎設施維運之核心業務資訊或核心資通系統遭輕微竄改。

3. 非核心業務之運作受影響或停頓，無法於可容忍中斷時間內回復正常運作，或未涉及關鍵基礎設施維運之核心業務或核心資通系統之運作受影響或停頓，於可容忍中斷時間內回復正常運作。

各機關發生資通安全事件，有下列情形之一者，爲第三級資通安全事件：

1. 未涉及關鍵基礎設施維運之核心業務資訊遭嚴重洩漏，或一般公務機密、敏感資訊或涉及關鍵基礎設施維運之核心業務資訊遭輕微洩漏。

2. 未涉及關鍵基礎設施維運之核心業務資訊或核心資通系統遭嚴重竄改，或一般公務機密、敏感資訊、涉及關鍵基礎設施維運之核心業務資訊或核心資通系統遭輕微竄改。

3. 未涉及關鍵基礎設施維運之核心業務或核心資通系統之運作受影響或停頓，無法於可容忍中斷時間內回復正常運作，或涉及關鍵基礎設施維運之核心業務或核心資通系統之運作受影響或停頓，於可容忍中斷時間內回復正常運作。

各機關發生資通安全事件，有下列情形之一者，爲第四級資通安全事件：

1. 一般公務機密、敏感資訊或涉及關鍵基礎設施維運之核心業務資訊遭嚴重洩漏，或國家機密遭洩漏。

2. 一般公務機密、敏感資訊、涉及關鍵基礎設施維運之核心業務資訊或核心資通系統遭嚴重竄改，或國家機密遭竄改。

3. 涉及關鍵基礎設施維運之核心業務或核心資通系統之運作受影響或停頓，無法於可容忍中斷時間內回復正常運作。

（二）資通安全事件之通報內容（本應變辦法第3條）

資通安全事件之通報內容，應包括下列項目：

1. 發生機關。
2. 發生或知悉時間。
3. 狀況之描述。
4. 等級之評估。
5. 因應事件所採取之措施。
6. 外部支援需求評估。
7. 其他相關事項。

（三）公務機關知悉資通安全事件後之通報方式及對象（本應變辦法第4條）

公務機關知悉資通安全事件後，應於1小時內依主管機關指定之方式及對象，進行資通安全事件之通報（第1項）。前項資通安全事件等級變更時，公務機關應依前項規定，續行通報（第2項）。公務機關因故無法依第1項規定方式通報者，應於同項規定之時間內依其他適當方式通報，並註記無法依規定方式通報之事由（第3項）。公務機關於無法依第1項規定方式通報之事由解除後，應依該方式補行通報（第4項）。

（四）主管機關須對資通安全事件等級進行審核（本應變辦法第5條）

主管機關應於其自身完成資通安全事件之通報後，依下列規定時間完成該資通安全事件等級之審核，並得依審核結果變更其等級：

1. 通報爲第一級或第二級資通安全事件者，於接獲後8小時內。

2. 通報爲第三級或第四級資通安全事件者，於接獲後2小時內（第1項）。

總統府與中央一級機關之直屬機關及直轄市、縣（市）政府，應於其自身、所屬、監督之公務機關、所轄鄉（鎮、市）、直轄市山地原住民區公所與其所屬或監督之公務機關，及前開鄉（鎮、市）、直轄市山地原住民區民代表會，完成資通安全事件之通報後，依前項規定時間完成該資通安全事件等級之審核，並得依審核結果變更其等級（第2項）。前項機關依規定完成資通安全事件等級之審核後，應於1小時內將審核結果通知主管機關，並提供審核依據之相關資訊（第3項）。總統府、國家安全會議、立法院、司法院、考試院、監察院及直轄市、縣（市）議會，應於其自身完成資通安全事件之通報後，依第1項規定時間完成該資通安全事件等級之審核，並依前項規定通知主管機關及提供相關資訊（第4項）。主管機關接獲前二項之通知後，應依相關資訊，就資通安全事件之等級進行覆核，並得依覆核結果變更其等級。但主管機關認有必要，或第2項及前項之機關未依規定通知審核結果時，得就該資通安全事件逕為審核，並得為等級之變更（第5項）。

（五）公務機關必須依限完成損害控制或復原作業（本應變辦法第6條）

公務機關知悉資通安全事件後，應依下列規定時間完成損害控制或復原作業，並依主管機關指定之方式及對象辦理通知事宜：

1. 第一級或第二級資通安全事件，於知悉該事件後72小時內。

2. 第三級或第四級資通安全事件，於知悉該事件後36小時內（第1項）。

公務機關依前項規定完成損害控制或復原作業後，應持續進行資通安全事件之調查及處理，並於一個月內依主管機關指定之方式，送交調查、處理及改善報告（第2項）。前項調查、處理及改善報告送交之時限，得經上級或監督機關及主管機關同意後延長之（第3項）。上級、監督機關或主管機關就第1項之損害控制或復原作業及第2項送交之報告，認有必要，或認有違反法令、不適當或其他須改善之情事者，得要求公務機關提出說明及調整（第4項）。

（六）公務機關應就資通安全事件之通報訂定作業規範（本應變辦法第9條）

公務機關應就資通安全事件之通報訂定作業規範，其內容應包括下列事項：

1. 判定事件等級之流程及權責。
2. 事件之影響範圍、損害程度及機關因應能力之評估。
3. 資通安全事件之內部通報流程。
4. 通知受資通安全事件影響之其他機關之方式。
5. 前四款事項之演練。
6. 資通安全事件通報窗口及聯繫方式。
7. 其他資通安全事件通報相關事項。

（七）公務機關應就資通安全事件之應變訂定作業規範（本應變辦法第10條）

公務機關應就資通安全事件之應變訂定作業規範，其內容應包括下列事項：

1. 應變小組之組織。
2. 事件發生前之演練作業。
3. 事件發生時之損害控制機制。
4. 事件發生後之復原、鑑識、調查及改善機制。
5. 事件相關紀錄之保全。
6. 其他資通安全事件應變相關事項。

（八）特定非公務機關知悉資通安全事件後，應於1小時內進行資通安全事件之通報（本應變辦法第11條）

特定非公務機關知悉資通安全事件後，應於1小時內依中央目的事業主管機關指定之方式，進行資通安全事件之通報（第1項）。前項資通安全事件等級變更時，特定非公務機關應依前項規定，續行通報（第2項）。特定非公務機關因故無法依第1項規定方式通報者，應於同項規定之時間內依其他適當方式通報，並註記無法依規定方式通報之事由（第3項）。特定非公務機關於無法依第1項規定方式通報之事由解除後，應依該方式補行通報（第4項）。

（九）中央目的事業主管機關必須依限完成該資通安全事件等級之審核（本應變辦法第12條）

中央目的事業主管機關應於特定非公務機關完成資通安全事件之通報後，依下列規定時間完成該資通安全事件等級之審核，並得依審核結果變更其等級：

1. 通報爲第一級或第二級資通安全事件者，於接獲後8小時內。
2. 通報爲第三級或第四級資通安全事件者，於接獲後2小時內（第1項）。

中央目的事業主管機關依前項規定完成資通安全事件之審核後，應依下列規定辦理：

1. 審核結果爲第一級或第二級資通安全事件者，應定期彙整審核結果、依據及其他必要資訊，依主管機關指定之方式送交主管機關。
2. 審核結果爲第三級或第四級資通安全事件者，應於審核完成後1小時內，將審核結果、依據及其他必要資訊，依主管機關指定之方式送交主管機關（第2項）。

主管機關接獲前項資料後，得就資通安全事件之等級進行覆核，並得爲等級之變更（第3項）。

（十）特定非公務機關知悉資通安全事件後，應依限完成損害控制或復原作業（本應變辦法第13條）

特定非公務機關知悉資通安全事件後，應依下列規定時間完成損害控制或復原作業，並依中央目的事業主管機關指定之方式辦理通知事宜：

1. 第一級或第二級資通安全事件，於知悉該事件後72小時內。
2. 第三級或第四級資通安全事件，於知悉該事件後36小時內（第1項）。

特定非公務機關依前項規定完成損害控制或復原作業後，應持續進行事件之調查及處理，並於一個月內依中央目的事業主管機關指定之方式，送交調查、處理及改善報告（第2項）。前項調查、處理及改善報告送交之時限，得經中央目的事業主管機關同意後延長之（第3項）。中央目的事業主管機關就第1項之損害控制或復原作業及第2項送交之報告，認有必要，或認有違反法令、不適當或其他須改善之情事者，得要求特定非公務機關提出說明及調整（第4項）。特定非公務機關就第三級或第四級資通安全事件送交之調查、處理及改善報告，中央目的事業主管機關應於審查後送交主管機關；主管機關就該報告認有必要，或認有違反法令、不適當或其他須改善之情事者，得要求特定非公務機關提出說明及調整（第5項）。

（十一）特定非公務機關應就資通安全事件之通報訂定作業規範（本應變辦法第15條）

特定非公務機關應就資通安全事件之通報訂定作業規範，其內容應包括下列事項：

1. 判定事件等級之流程及權責。
2. 事件之影響範圍、損害程度及機關因應能力之評估。
3. 資通安全事件之內部通報流程。
4. 通知受資通安全事件影響之其他機關之時機及方式。
5. 前四款事項之演練。
6. 資通安全事件通報窗口及聯繫方式。
7. 其他資通安全事件通報相關事項。

（十二）特定非公務機關應就資通安全事件之應變訂定作業規範（本應變辦法第16條）

特定非公務機關應就資通安全事件之應變訂定作業規範，其內容應包括下列事項：

1. 應變小組之組織。

2. 事件發生前之演練作業。

3. 事件發生時之損害控制，及向中央目的事業主管機關請求技術支援或其他必要協助之機制。

4. 事件發生後之復原、鑑識、調查及改善機制。

5. 事件相關紀錄之保全。

6. 其他資通安全事件應變相關事項。

（十三）公務機關資通安全演練作業之內容項目（本應變辦法第18條）

公務機關應配合主管機關規劃、辦理之資通安全演練作業，其內容得包括下列項目：

1. 社交工程演練。

2. 資通安全事件通報及應變演練。

3. 網路攻防演練。

4. 情境演練。

5. 其他必要之演練。

（十四）特定非公務機關辦理之資通安全演練作業之內容項目（本應變辦法第19條）

特定非公務機關應配合主管機關規劃、辦理之資通安全演練作業，其內容得包括下列項目：

1. 網路攻防演練。

2. 情境演練。

3. 其他必要之演練（第1項）。

主管機關規劃、辦理之資通安全演練作業，有侵害特定非公務機關之權利或正當利益之虞者，應先經其書面同意，始得爲之（第2項）。前項書面同意之方式，依電子簽章法之規定，得以電子文件爲之（第3項）。

貳、我國資通安全管理政策受到美國外交政策之重大影響

美國政府中央情報局（CIA）前分析員Jack Davis曾指出，情報分析

員必須在恐怖事件發生前，判讀充分之預警情資，以便讓美國政府能採取保護作爲，鑑於對大量數據進行分析相當複雜，須有情報之前置作業時間，以令美國之預警能力更好[81]。

我國公務機關在資通安全管理之政策走向方面，向來是受到美國外交政策之重大影響，起先，美國態度強硬，向同屬「五眼聯盟」（Five Eyes, FVEY）之英國、加拿大、紐西蘭及澳洲盟友提出勿採用陸製華爲之相關資通設備，若有國家選用華爲設備並安置在重要系統內，則美方就不能與該國共同分享情報，以此作爲威脅華爲5G進入美國市場。

美國總統川普於2019年7月22日，在白宮召見Google母公司、博通、英特爾、高通、美光、威騰、思科等7家美國科技公司之執行長時，特別提及有關美國企業供貨華爲之禁令，美國有可能會朝鬆綁政策方向發展，此項最新之鬆綁政策，有助華爲公司產品之出貨，我國之台積電、大立光、聯詠等華爲公司之供應鏈企業，受惠很大[82]。在中美貿易、資通談判過程之中，美國總統川普係將華爲公司視爲手中之棋子，利用華爲公司，作爲中美貿易、資通談判之籌碼。

爲台美友好關係，我國政府便於2019年3月公告公務機關禁止使用華爲大陸通訊設備。然而隨著美國總統川普對於華爲設備之態度趨漸軟化，川普希望美國亦盡快推出5G技術與中國進行公平之技術之爭。爲此我國工商團體亦強烈表明呼籲政府停止觸動大陸之網軍之戰，以免台灣商品受到抵制、台商企業困境雪上加霜，更何況由政府帶頭抵制更是容易引起兩岸敏感之政治議題[83]。我國工商團體對於行政院公告公務機關禁止使用華

81 James B. B. (2016). “Influences on Intelligence Analysis—Why Bad Things Happen to Good Analysts,” July 27, 2019, retrieved from https://www.cia.gov/library/center-for-the-study-of-intelligence/csi-publications/csi-studies/studies/vol-60-no-3/davis-why-bad-things-happen-to-good-analysts.html.

82 劉忠勇、劉芳妙、簡永祥（2019）。川普承諾加速鬆綁華爲禁令。https://udn.com/news/story/12639/3947213。瀏覽日期：2019年7月26日。

83 黃有容、王玉樹（2019）。憂台企受累工商界籲政府停手。中國時報。https://www.chinatimes.com/newspapers/20190223001221-260118?chdtv。

爲大陸通訊設備之政策，非常不以爲然。由此可知，我國工商團體在意者係爲商機，國家安全與資通安全部分，則非我國工商團體所關注者。亦可顯示行政院公告公務機關禁止使用華爲大陸通訊設備之政策，有著正反面之看法與意見。基本上，我國工商團體極力反對行政院之上開政策。本文認爲，我國工商團體之作法，似恐有違反「資通安全管理法」之相關立法精神意旨。

參、使用華為陸製資通產品隱藏重大國安危機

至於我國公務機關若使用陸製華爲設備是否有非常大之國安危機？尖端科技軍事雜誌社長畢中和先生[84]即提到「因爲華爲之強大，引起西方國家之警惕」，華爲5G之發展已使得全球許多先進國家與其合作使用該公司之通訊設備，未來十年內之網路軟硬體發展必將讓華爲在全球占有一席之地，而華爲之影響力亦將讓中國在網路戰上對全球各國經濟、軍事及政治，造成某種程度之威脅。同時亦嚴重影響到我國兩岸未來之戰爭型態，及我國易成爲對岸之網路攻擊目標，且令人有疑慮的，是華爲帶有濃厚軍方之色彩，中共可能在華爲之產品設置「後門」，藉以傳輸我國重要之國安、資安數據，在戰時，其有能力癱瘓我國國軍、公務機關、民間之行動通訊系統，此部分是我國中央政府特別擔憂之區塊。

2018年之下半年，日本政府正式宣布禁用華爲公司之相關資通產品，日本政府發現華爲公司之相關資通產品內，隱藏有「間諜晶元」，威脅到日本國家安全[85]。復次，英國資訊安全雜誌《SC Magazine》及美國科技網站「Light Reading」報導已指出，華爲公司資通產品確實隱藏有後門之設備。再者，微軟工程師拆解華爲筆記型電腦之後，發現華爲筆記

---

84 畢中和（2019）。美國爲何封殺華爲？安全只是其一，自由亞洲電台亞洲報導。https://www.facebook.com/RFAChinese/posts/。瀏覽日期：2019年4月17日。

85 羅婷婷（2018）。華爲產品藏間諜晶元？日本曝光重大證據。https://www.ntdtv.com/b5/2018/12/11/a102463552.html。瀏覽日期：2019年2月18日。

型電腦中有類似於美國國家安全局所使用的「後門」技術，此種之「後門」技術，可以讓筆記型電腦之無權限使用者，改變其身分，而成爲超級用戶，並有權限建立盜取程式[86]。因此，華爲或陸制資通產品（手機、筆記型電腦等），遭全球各國政府高度懷疑設置「後門」程式與「間諜晶元」。關於各國政府之上述疑慮，我國政府亦宜重視此一問題之嚴重性。

肆、地方政府對於陸製華為之資通產品所造成之國安危機未有充分之認知

各國因爲資安考量紛紛下令禁用華爲手機及資通設備，目前我國政府亦於2019年1月15日起由工研院帶頭禁用華爲手機和電腦使用內部網路。但其實早在2013年，國家通訊傳播委員會（NCC）在4G釋照案時，即依照「行動寬頻業務管理規則」第43條規定，要求系統建設業者應考量國家安全，禁止使用中國製之網路和相關基地台之資通設備[87]。

以上，是中央政府之態度，然地方政府對於陸製華爲設備所造成之國安危機，在回應對策上，各有不同。比較配合中央政府之政策者，在公務機關區塊，以彰化縣警察局爲例，在彰化縣警察局各部門資訊管理運用上，均經過嚴格層層把關，並於公務機關使用網際網路時，係以過濾器阻擋各項來源不明資訊及惡意網站之攻擊，亦即，設定「防火牆」嚴格保護彰化縣警察局之資通安全，並要求同仁機敏性資料之製作、傳遞及儲存，應全程於實體隔離環境內執行，勿與隔離區以外之電腦，以任何型態進行檔案交換，以確保各項公務資通安全及防護。

不過，某些地方政府則仍尚處在研議過渡、汰換、觀察、消極不配合之階段，有些地方政府，甚至是非常不配合中央之行政院於2019年1月所

---

86 羅綺（2019）。微軟工程師，揪出華爲筆電「後門」。https://ec.ltn.com.tw/article/paper/1278552。瀏覽日期：2019年1月18日。

87 徐子捷（2019）。你的希望政府早實現了工研院禁用華爲引鄉民許願，總統府：六年前就「全面禁用」中國手機。https://buzzorange.com/2019/01/15/government-has-banned-to-use-the-phone-from-china-for-six-years/。瀏覽日期：2019年4月17日。

發布行政命令禁止採購及使用陸資產品之處理原則。

本文擬提出一個觀點：資安即國安，有關資安、國安之課題，應無中央、地方之明顯區別。茲舉一例證明之，有關國家元首、副元首、重要部會首長之人身安全維護，內政部警政署警官隊亦為負責單位之一，如國家元首、副元首擬至各地方巡視，內政部警政署警官隊會與各地方政府之警察局共同合作，維護國家元首、副元首之人身安全，假若，各地方政府之縣市警察局各科室之資通系統，亦採購及使用陸資產品，恐將國家元首、副元首之人身安全及行蹤，完全暴露於中國大陸之國安、情報、軍事機關之掌控之下，毫無機密可言，具有極高度之人身安全之風險，恐亦非良策。

此亦可證明，若干地方政府對於陸製華為之資通產品所造成之國安危機未有充分之認知。本文認為，若干地方政府，消極不配合中央行政院之禁止採購及使用陸資產品之處理原則之作法，似恐有違反「資通安全管理法」之相關立法精神意旨。如僅著眼於發展地方上之商機與觀光，而漠視國家安全、資通安全，在心態上、作法上，似亦有可議之處。亦即，地方政府對於陸製華為之資通產品所造成之國安危機未有充分之認知，本文不表贊同。事實上，資通安全即為國家安全，資安即國安，地方政府亦有憲法上、法律上之法定義務，共同維護國家安全、資通安全。此種之法定義務，不限定在中央政府。承上所述，台南市政府則對於陸製華為之資通產品，所造成之國安危機，較有充分之認知，且有意願配合中央之禁止採購及使用陸資產品之處理政策，本文敬表贊同之。依據作者實地訪談台南市政府相關機關所得，台南市政府智慧發展中心曾行公文給各台南市政府所屬機關，針對機關內部是否使用陸資產品並依資安防護相關規定進行盤點，盤點之內容針對四大要項，如下所述：

一、台南市政府不得採購陸資產品。

二、倘清點物品屬陸資產品，應訂定汰換時程。

三、已屆使用年限者產品，應逾一年內汰換。

四、嚴禁非公務使用之個人行動裝置等資通訊產品，連接台南市政府及所立機關內部網路。

第四節　我國資通安全管理機制之問題

壹、禁止連結陸方網站與使用陸製資通產品（含手機），中央政府與地方政府不同基調

爲了避免來自中國之資安危機，同時亦讓公務機關有明確依循準則，我方中央政府由行政院於2019年1月發布行政命令禁止採購及使用陸資產品之處理原則及公務手機電腦連結到中國大陸五大知名社群網站，如新浪微博、騰訊微博、微信、人人網及百度等搜尋引擎等，並且包含修圖程式，至於禁止我方公務機關之電腦連結至相關陸方網站之詳細清單，尚未有明確之依據，尤其是連結特定敏感之網站[88]。

我方行政院發言人Kolas於2019年表示依照行政程序法規定，國營事業不納入中央機關適用範圍，但依資通安全管理法之規定，國營事業相關之水、電及通信等八大關鍵基礎設施，係在資通安全管理法適用之範圍內[89]，因此，地方機關及國營事業是否要納入遵守該原則？目前政府尚未有定案，尚在詳細評估之中。

行政院資通安全處長簡宏偉於2019表示，公務機關在上班時間原本即禁止連結至大陸特定敏感之網站[90]，至於禁止連結陸方網站之清單，由地方各單位自行評估，由此可見地方政府目前，對於禁止公務機關電腦及手機，連結到陸方網站（諸如：新浪微博、騰訊微博、QQ等網站），並未有統一之規定。

承上所述，以台南市政府爲例，該府研考會智慧發展中心全面地、徹底地盤點所屬資通訊設備，並全力配合中央資通安全政策，全面禁止使用

---

88 李欣芳（2019）。防中國竊密公務手機禁連微博等4大社群網站。自由時報。https://news.ltn.com.tw/news/politics/breakingnews/2681455。

89 黃彥棻（2019）。政院公布危害資通安全產品使用原則，3個月內將公布禁用產品清單。https://www.ithome.com.tw/news/130155。瀏覽日期：2019年7月26日。

90 同前註。

華爲設備。研考會智慧發展中心表示，已函文台南市政府所屬各機關，要求所屬成員之個人行動裝置，應避免連上台南市政府及其所屬機關之內部網路（禁止連上內網），研考會智慧發展中心另提醒資安網路設備之所有採購案件，應考量資安洩漏至中國大陸國安機關、情報機關之風險，將資安洩漏風險列爲資安網路設備所有採購案件之評選、評分參考，研考會智慧發展中心另要求台南市政府及其所屬機關盤點所屬資通訊設備是否有華爲設備[91]。

公務機關涉及禁止採購及使用陸資產品之區塊，在2013年10月，國安局即禁止華爲公司在台投標，國安局並對國內各中央、地方公家機關建議，勿使用中國產品。行政院於2019年1月，曾發布行政命令禁止採購及使用陸資產品，對於此一處理原則，各地方政府反應皆不相同，彰化縣政府、南投縣政府、雲林縣政府並未禁止使用之，明顯地，這些縣政府並無意願配合中央之資安政策；屏東縣政府迄今尚未使用華爲產品，屏東縣政府高度願意配合中央之資安政策；另外，高雄市政府現在未禁止華爲產品，但高雄市政府表示，若中央政府行文禁用，則會照辦；此外，台中市政府表示，禁用部分大陸製造之資訊產品已行之有年，之後會配合、遵守行政院規劃之相關命令[92]。據上所述，禁止連結陸方網站與使用陸製資通產品（含手機）之區塊，目前中央政府與地方政府不同調。

貳、我國民間之資通大廠業已與華為公司血脈緊密地相連，已成生命共同體，著實不易切割

美國利用加重貿易關稅之脅迫下，呼籲歐洲各國禁用華爲公司等陸

---

91 臺南市政府智慧發展中心（2019）。有關中國華爲資通訊產品引發各國資安疑慮與抵制，本府全面盤點所屬資通訊設備，配合中央資通安全政策，全面禁止使用。https://www.tainan.gov.tw/News_Content.aspx?n=13371&s=3737475。瀏覽日期：2019年1月19日。

92 三立新聞網（2019）。台南市府開第一槍！禁用華爲相關產品。https://www.msn.com/zh-tw/news/national/。瀏覽日期：2019年2月18日。

製之資通產品，然而，華爲產品之優勢，極具吸引力。歐洲民間電信商卻對於華爲產品之優勢，及良好品質等特點，表現出高度之欣賞，尤其是華爲已晉升爲全球四大電信公司之一，其餘三大電信公司分別係爲：瑞典Ericsson、芬蘭Nokia及南韓Samsung，且未來5G第五代行動通訊技術基地台之供應與技術上，華爲更是不遑多讓，這亦是各國在華爲之安全疑慮與商業利益上之考量上，非常費心，究竟在國家安全與5G第五代行動通訊技術基地台之供應與技術上，要如何取得平衡[93]？

對於美國及我國政府禁用華爲相關電子設備，民間企業並不認同，三三會會長許勝雄於2018年表示，各民間企業，尤其是電子企業均有相關之資安機制，不只是華爲產品，各國之產品，亦均設有防駭客、防資訊盜用等機制，民間企業重視的是經濟，有關資安方面之問題，應交給資安專家來解決，而非一味的禁用華爲公司之資通設備[94]。不過，本文認爲，如民間企業所涉及之產業，與國家安全、軍事安全、資安高度相關者，仍宜避免使用中國大陸之華爲公司之資通設備爲上策。

台灣若禁止華爲及其他相關陸製資安產品，中國可能會利用經濟報復之手法，制裁我國在貿易上之輸入，禁止進口我國生產之某些5G相關產品及電子設備，而我國之電子大廠鴻海等多在對岸有設立廠房，如爆發報復戰，兩岸嚴重之對立情形，勢必會重挫我國經濟，產生強大之骨牌效應[95]。

---

93 張正芊（2019）。華爲5G優勢難抵制歐洲官方民間態度分歧。中央社。https://www.cna.com.tw/news/afe/201901130148.aspx。瀏覽日期：2020年2月4日。

94 譚淑珍（2018）。貿易戰升溫，許勝雄：台灣要防止被大象踩死。http://webcache.googleusercontent.com/。瀏覽日期：2019年7月26日。

95 林忠正（2019）。禁用華爲產品，合乎台灣的利益嗎。https://forum.ettoday.net/news/1386135/。瀏覽日期：2019年4月17日。

參、禁用華為公司之相關資通產品之後，我國是否有能力邁向5G時代，仍有待進一步觀察

日本總務省2019年4月10日核准國內4家電信公司DOCOMO、KDDI、SOFTBANK和樂天公司提出之5G營運申請案，而出於安全之理由，日本總務省排除大陸通信設備，如華爲技術等產品，4家公司將在2020年投入1.6兆日圓（約新臺幣4,500億）於基地台之建設，而這亦是21世紀之核心基礎設施[96]。

歐盟對於華爲公司5G之技術，則保持著合作之關係，中國與歐盟2014年通過「中歐合作2020戰略規劃」。其中在2019年，中國與歐盟雙方之第21次會談中談到5G技術之交流及不強制轉讓技術，中國與歐盟共同致力於世界貿易組織WTO之多邊貿易體制，雖然美國總統川普極力反對並使用貿易加稅之手段或是情資無法共享來懲罰盟友，但基於各國利益間之考量及政治衝突，各國在追求自身利益下亦持續與大陸企業進行5G產業領域合作[97]。

國家通訊傳播委員會從2018年起，積極規劃5G應用與產業創新爲發展方向，期待從2017年至2020年各階段能將5G系統最優化及大規模之應用於國內各場域。除規劃高／中／低頻評估及修改「電信管理法」廢除電信事業分類，將特許制、許可制修正爲登記制，鼓勵市場參進。然華爲技術台灣總代理訊崴技術總經理雍海則認爲，5G在台灣之發展還有很長之時間要走，2019年不會落地，2020年難度亦很大，從其言談中就發現我國在5G之研發上仍具有極大之挑戰[98]。

---

[96] 楊家鑫（2019）。日公司准設5G基地台，禁用華爲。中時電子報。https://tw.news.yahoo.com/。瀏覽日期：2019年4月12日。

[97] 蕭徐行（2019）。「蕭徐行觀點」歐中峰會談經貿，衝突又合作的相互關係。https://www.msn.com/zh-tw/news/other/。瀏覽日期：2019年3月18日。

[98] 何佩儒（2019）。訊崴總經理雍海：華爲手機今年在台灣市場一定成長月。https://money.udn.com/money/story/5612/3608620?exlink。瀏覽日期：2019年7月26日。

肆、我國民間企業對於中國大陸之華為公司違法經營、違反人權之管理機制弊端，尚未有充分認知與重視

根據《紐約時報》報導指出，及依據華爲公司受訪員工表示，在華爲公司內部員工，他們被華爲公司鼓勵，可以違反華爲公司的部分規定，進行違法行爲，假使違反某些規定，但違法行爲可以讓華爲公司獲取商業利益，是可被允許的，但此一作爲卻不是讓員工個人致富。華爲公司員工和相關研究者，爲此華爲公司強硬的企業精神命名爲「狼性文化」[99]。我國民間企業顯然對於中國大陸之華爲公司其違法經營、違反人權之管理機制所產生之諸多重大弊端，尚未有充分認知與重視。

據媒體報導指出華爲公司對其離職員工十分不人道，甚至連報導眞相的媒體也慘遭池魚之殃。曾有一位媒體記者，只因其報導Mate 20 Pro綠屏問題，結果慘遭被關252天的命運；這一次華爲的工作996、離職251、維權404事件，已經觸及社會公眾對公平公道正義的追求和嚮往[100]。華爲公司對於前離職員工遭構陷而使其身陷牢獄之災，並對媒體記者不人道的事件曝光後，引發了社會大眾的憤怒，激怒了中國大陸之社會大眾，網絡社交媒體均對華爲的「狼性文化」、侵犯人權和不人道的行爲，作出非常嚴重的抨擊，所以華爲檯面下種種不爲人知的黑幕運作行爲一一浮上檯面，且正爲了踐踏人民的底線而付出代價。所以，我國民間企業應該對於華爲公司其諸多重大弊端，有充分認知與重視。

---

[99] 紐約時報中文網（2020）。「狼性文化」給華爲帶來了什麼？https://cn.nytimes.com/technology/20181219/huawei-workers-iran-sanctions/zh-hant/。瀏覽日期：2020年2月4日。

[100] 新唐人電視台（2020）。華爲踢鐵板：一文匯總更多黑幕 醜聞觸目驚心。https://www.ntdtv.com/b5/2019/12/31/a102742057.html。瀏覽日期：2020年2月4日。有關本網頁所提「985、211、996、251」這組數字，係指華爲員工的醜聞事件，「985、211」是指中國大學的國內排名，而「996」是指漫長工時，「251」就是指一名前華爲員工李洪元被中國大陸政府扣留的天數。

第五節　小結

我國政府2001年起至2016年在國家資通安全發展政策中，推動連續四期之重大資安政策進程：第一期機制計畫建構整體資安防護體系；第二期機制計畫健全整體資安防護能力；第三期發展方案係爲建構安全性之智慧台灣，安心優質之數位生活；第四期發展方案係爲建構安全資安環境，這四期之內容，說明政府初期以建構資安認知宣導、系統建置、人才培育、技術研發、法律及國際合作方面等提升我國之資訊安全環境[101]。

如今2020年更是迎向全球5G潮流之時代，面對未來資安之挑戰、數位經濟與物聯網（Internet of Things, IoT）時代，行政院於2018年提出DiGi+法案「數位國家・創新經濟發展方案」（2017年至2025年），推動「友善法制環境」、「跨域數位人才」、「先進數位科技」等三項數位國家配套措施，打造安全可信賴之「數位創新基礎環境」及「網路社會數位政府」，而華爲事件之影響，亦考驗我國政府在資安專業人才與資安防護對策之應對機制是否完善化？[102]

壹、有必要準確地評估華為公司資通產品之國安危機

在資訊安全之防護上我國「國安會資安辦、行政院資安處及國家通訊傳播委員」形成一個資安鐵三角爲我國之國家安全及八大關鍵基礎設施加強防護，透過「強化早期預警、持續控管與維運、通報應變與協處改善」等四大面向來建立八大關鍵基礎設施領域之聯防機制[103]。

於2018年之下半年，日本政府日前正式宣布禁用華爲公司之相關

---

101 行政院（2018），國家資通訊安全發展方案，台北：行政院國家資通安全會報，頁1-18。

102 同前註。

103 國家安全會議國家資通安全辦公室（2018），國家資通安全戰略報告，台北：國家安全會議國家資通安全辦公室，頁1-29。

資通產品，日本政府發現華爲公司之相關資通產品內，隱藏有「間諜晶元」，「間諜晶元」威脅到日本國家安全[104]。此外，華爲公司之網路資通設備，亦被批評留有後門，令中共軍方、國安、情報機關，可以隨時藉由華爲公司之網路資通設備，存取任何資料，備受海內外各國政府之質疑[105]。

復次，依據英國資訊安全雜誌《SC Magazine》及美國科技網站「Light Reading」之報導，華爲公司資通產品確實隱藏後門[106]。微軟工程師拆解華爲筆記型電腦之後，發現華爲筆記型電腦中有類似於美國國家安全局所使用的「後門」技術，此種之「後門」技術，可以讓無權使用者，改變其身分，而成爲超級用戶，並有權限建立盜取程式[107]。

因華爲或是陸製資通產品（手機、筆記型電腦等），被全球各國政府高度懷疑設置「後門」，是以，各國對於與大陸華爲公司開放5G之合作方案態度，亦各有正反之表態，如五眼聯盟：美國、澳洲、紐西蘭、英國、加拿大及日本等多國，基於國安、資安之疑慮，抱持著反對之政策，而有某些國家如：歐盟、葡萄牙、印度、德國卻是抱持著贊同或不表態之意見，這些認同之國家認爲未來2020之5G潮流，需要華爲公司之協助，始能幫助其擴展更大之商業利益與國家競爭力，至於國家安全，則是採取雙方合作並加強資安之防護。對於華爲陸製產品之態度，我國政府目前基於國家安全理由是採取官方禁止使用及採購，至於民間機構則無相關禁止使用之規定。本文建議，仍有必要準確地評估華爲公司資通產品造成之國安危機，盡可能地限縮禁用之範圍，以利在國安、資安與台灣之5G發展方面，取得平衡點。

---

104 羅婷婷（2018）。華爲產品藏間諜晶元？日本曝光重大證據。https://www.ntdtv.com/b5/2018/12/11/a102463552.html。瀏覽日期：2019年2月18日。

105 同前註。

106 羅綺（2019）。微軟工程師，揪出華爲筆電「後門」。https://ec.ltn.com.tw/article/paper/1278552。瀏覽日期：2019年1月18日。

107 同前註。

貳、地方政府與中央政府之資通安全管理機制宜同調

鑑於兩岸之特殊關係，我國政府相較於其他國家應在華爲事件上更加謹愼防止資訊外洩及國家安全之防護，除了加強政府機關公部門機構禁止採購及使用華爲等陸製資訊產品外，建議對於國營企業、國家安全相關或是八大關鍵基礎設施之民營企業等均應列入禁止使用之範圍，避免我國之國家機密資訊長期暴露在風險之中。

此外，地方政府目前尙未進行全面之調查機關內是否仍有採購華爲等陸製資通設備，筆者建議各機關政府可參考台南市政府之作法。台南市政府智慧發展中心行文給各台南市政府所屬機關之公文規定之中，下令各機關應全面清查相關之陸製資安產品數量、未來禁止繼續使用、採購陸製資安產品及訂定產品淘汰期程，此種之作法，有利各級地方政府防堵資訊安全之漏洞，値得公務機關參考之。

參、我國資通安全管理機制宜在美國與中國爭奪全球資通霸主之角力中，尋找最適配之模式

2016年我國首次出現外籍人士到台灣第一銀行ATM盜領鉅額款項，車手不需提款卡提款，國際駭客單靠惡意程式則可提領鉅額資金顯示出我國官股銀行出現資安大漏洞，讓國際駭客集團在全世界橫行無阻，雖然我國有查獲提款車手，但是對於幕後之駭客集團仍未有進一步之收穫，尤其是跨國性之犯罪更需要國際高度之合作與國際刑警組織提供相關之情資，始能免於跨國犯罪集團之駭入[108]。然而我國並非聯合國成員，因此許多資訊安全之交流與情資，我國並未能及時更新與接收，因此在我國面對兩岸關係及中美貿易大戰之拉鋸戰中，我國政府對開放使用華爲資通之商品之態度與作法，則成爲兩國角力之對象。

---

[108] 呂昭隆（2018）。一銀8,300萬ATM盜領案，退休國安高層揭破案內幕。https://www.chinatimes.com/newspapers/20181029000310-260202?chdtv。瀏覽日期：2019年4月17日。

美台商業協會會長Rupert Hammond-Chambers（2019）指出，美國對台使用華爲產品之態度，美國政府強硬的對台灣表示，如果使用華爲網路設備，美國將會取消與台灣有關任何合作，如技術或是情資之分享與合作。基於國家安全理由，美國政府建議台灣及所有國家在公務機關應該全面禁止使用華爲設備，至於民間團體之部分，雖不能強硬之禁止，但需要利用教育及宣導，勸戒民間個人或團體不要使用中國大陸華爲之相關資通產品[109]。

在美國宣布抵制華爲產品之後，華爲公司公布2017年之財報指出，華爲之營收可分爲4部分，最大之銷售數量以中國爲最占50.5%、亞太市場約12%、歐洲中東和非洲是27%，而美洲市場只占6.5%，詳如圖10-11，從數據中顯示就算美國抵制華爲手機，但是實際影響華爲之銷售訂單並無太大影響，更何況華爲公司之產品有其價格便宜、品質好、照相品質功能佳等銷售競爭力，故民間企業團體及個人反而會相對購買較具高價性能之華爲產品[110]。

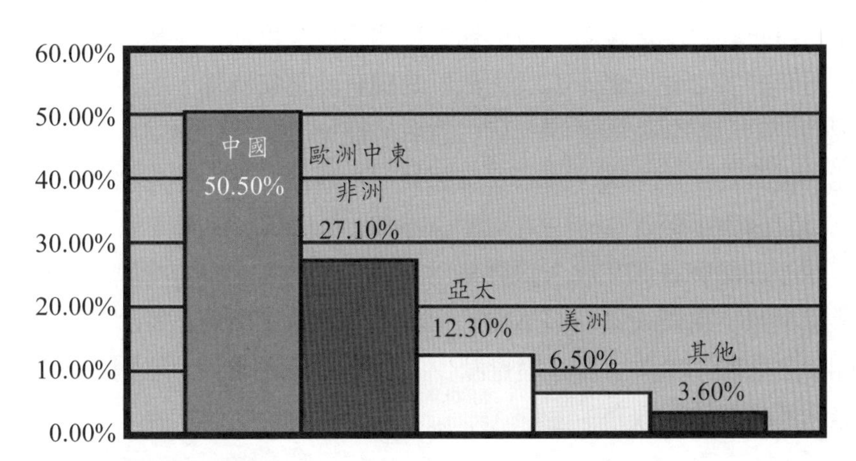

圖10-11 華為全球市占率

資料來源：華爲2017年財報。

---

[109] 鍾錦隆（2018）。韓儒伯：台灣若用華爲設備對美台合作會有負面影響。https://www.rti.org.tw/news/view/id/2005136。瀏覽日期：2019年1月18日。

[110] 鍾張涵（2019），川普打壓華爲激起愛國商機！那些供應鏈受惠？天下雜誌，第667期。https://www.cw.com.tw/amp/article/5094092。瀏覽日期：2020年6月23日。

華爲事件已成中、美間之政治與貿易大戰，我國之定位又該何去何從？如何在國安、資安與經濟發展間，取得一個平衡之位置，實屬我國政府應該仔細思考之一個議題。本文建議，在不影響國安、資安之大前提之下，國安、資安與經濟發展三者平行發展爲佳。

肆、落實資安宣導，宜強化政府與民間對於華為公司之資通產品所造成國安危機之認知與共識

對於華爲事件對我國帶來之資安風險，中央與地方政府、國營企業及八大關鍵基礎建設之民間企業或可依照國家安全、國土安全之相關規定，禁止使用與採購陸製資安設備；相對而言，另對於民間團體及個人則以柔性宣導或是教育之方式避免民眾購買陸製手機，避免資安外洩之疑慮。

2019年1月，我國工研院公告下令禁止使用華爲手機，成爲公務機關禁止使用華爲手機、資通設備之首位發聲者，之後，國研院與資策會陸續跟進，相繼宣布禁止華爲設備連上國研院與資策會之內網。而至於華爲手機是否眞正有資安之疑慮，有傳輸之後門系統？目前仍無相關之明確性證據，但有許多之資安專家表示，華爲的確有其資安風險，因爲它的商業模式與其他的智慧型品牌不同，有可能會被使用於政治性用途，我們目前尚未能驗證其安全性，爲了國家安全起見，台灣之中央與地方機關應該要禁用華爲設備與手機[111]。

除了鼓勵與宣導在尚未證實華爲手機通過資安之安全檢測前，民眾及企業儘量減少購買或是使用華爲等相關設備，除了硬體之使用外，對於大陸開發之軟體APP微信等亦儘量減少下載使用及連結到大陸網站，避免個資遭到連結傳輸與散布。

---

[111] Lynn（2019）。美國提起訴訟宣戰，華爲資安風暴來襲，比起華爲手機能不能買，其實更危險的恐是這種APP。Lynn寫點科普，觀點筆記部落格。https://www.businessweekly.com.tw/article.aspx?id=24953&type=Blog。瀏覽日期：2019年2月18日。

伍、政府與民間宜儘速完善其內部之資安規範

根據國會立委最新之調查顯示，我國有近8成之中央政府機關，尚未仔細、詳盡之評估國外公務或國外民間機構，其對於個資保護之程度與機制，以致於我國公、私部門傳送到國外公務或國外民間機構之資訊，存有非常大之資通安全漏洞，令個資保護之相關法令，已形同具文。再者，政府部門亦無法了解我國私部門、業者之雲端資料庫，是否設置在中國或外國何處[112]？雲端資料庫可儲存大量之資料與情資，而我國私部門、業者之雲端資料庫究竟設置何處？我國政府部門、民間機構均無法清楚知曉。

國家通訊傳播委員會曾在2012年公告「限制通訊傳播事業經營者將所屬用戶之個人資料傳遞至大陸地區」，但其他之中央目的事業主管機關，則未頒布類似之法令。究竟我國之私部門、業者之雲端資料庫，可否設置在中國大陸？或者，將所屬用戶之個人資料傳遞至大陸地區？目前之狀況，仍屬非常模糊之地帶[113]。本文建議，中央目的事業主管機關宜比照國家通訊傳播委員會所公告之「限制通訊傳播事業經營者將所屬用戶之個人資料傳遞至大陸地區」之機制，亦頒布相關之管制、監控、管理之法令，以免重大情資（含國家安全情報）被傳送至中國大陸之國安、軍事部門。

再者，我國私部門、業者所蒐集之個人資料，如要委託至境外處理，目前，在國內之部分，僅有金管會對於金融機構所蒐集之個人資料，如要委託至境外處理，需事前得到該會之核准，其他之中央目的事業主管機關，亦未有相關之管制機制[114]，建議政府之其他之中央目的事業主管機關，宜比照上述金管會對於金融機構之監控機制為佳。

---

112 蘇芳禾（2019）。資料庫後門恐通中國，林昶佐爆8成部會未評估。https://news.ltn.com.tw/news/politics/breakingnews/2761622。瀏覽日期：2019年2月18日。

113 同前註。

114 同前註。

陸、建議中國大陸政府，修改其「中華人民共和國國家情報法」，避免侵犯人權及其他國家或地區之國家安全

有關中國大陸政府之「中華人民共和國國家情報法」區塊，根據該法第1條之立法目的，係「爲了加強和保障國家情報工作，維護國家安全和利益，根據憲法，制定本法」。是以，「中華人民共和國國家情報法」之最核心目的，係爲維護中華人民共和國之國家、生存、安全和利益，具有極高度之政治色彩。

另外，根據該法第14條之規定：「國家情報工作機構依法開展情報工作，可以要求有關機關、組織和公民提供必要之支持、協助和配合。」是以，依據中華人民共和國國家情報法第14條之法律規範要求，當中華人民共和國之國家情報工作機構命令華爲公司提供相關之情資時，華爲公司不得拒絕。

在此情況下，中華人民共和國國家情報工作機構業已嚴重侵犯民眾之隱私權、秘密通訊之自由，而這些均是極其重要之人權。再者，亦可能侵犯到其他國家或地區之國家安全（含台灣），是以，本文建請中國大陸政府體認民眾之隱私權、秘密通訊之自由，宜妥善加以保護之。在此脈絡下，中國大陸政府之中華人民共和國國家情報法，不宜侵犯民眾之隱私權、秘密通訊之自由，及其他國家或地區之國家安全（含台灣）。

柒、我國政府宜多方鼓勵、輔導國內資通企業積極自主研發資通5G產業所需之相關技術，避免依賴中國大陸之華為公司之技能

我國國內之5G發展現況，係業已開始研發5G行動通訊系統，並已生產出少部分之5G產品。2020年被國內、外5G行動通訊系統之業界，公認爲5G產品之元年，我國之工研院業已攜手18家台灣廠商，共同開發、研發5G小型基地台（small cell，簡稱爲小基站）產品[115]。上述18家台灣廠

---

[115] 洪友芳（2019）。迎接5G元年，工研院攜手18家廠商打造5G基地台生態系統。https://ec.ltn.com.tw/article/breakingnews/2862407。瀏覽日期：2019年7月25日。

商之名單如下：耀登、譁裕（天線廠商）；昇達科、雷捷、穩懋（射頻元件／模組）；聯發科（晶片設計廠）；中磊、明泰、合勤、盟創、廣達、技嘉、研華、凌華、立端（網通設備廠）；匯宏（測試廠）；中華電信、遠傳（營運廠商）等[116]。

陳思豪於2019年指出，西班牙、日本均有業者開啓以基地台共用合作計畫爲例的個案[117]。復次，闕志克於2019年亦指出，由於5G資通產品其網路技術皆具備有雲端化及虛擬化等諸多尖端科技之特性，相較於傳統技術有著極大的不同與差異性，這將會是台灣業者切入5G市場的最佳機會點[118]。再者，劉莉秋於2019年亦表示，5G服務可能有80%的市場來自B2B（Business to Business，企業對企業之經營型態）需求[119]。觀此，當可知我國政府實宜多方鼓勵、輔導國內資通企業積極自主研發資通5G產業之相關技術，避免依賴中國大陸之華爲公司之技能爲當務之急。

由於在4G之時期，法律之觀點，係不允許頻譜共享或租用，電信業者須付出大量標金及代價，經營成本很高。但是，進入5G時代後，相信業者可望以合作或策略結盟方式，降低成本之支出，並與全球同步開發5G NR（New Radio, NR）非獨立式（Non-Standalone, NSA）基地台通訊網絡系統，及掌握各項開放式虛擬化無線接取網路（open virtual-RAN）之種種關鍵技術等。台灣將可聯合各網絡廠商，積極共同打造「5G基地台生態系」的網絡資通系統。

---

116 同前註。

117 吳元熙（2019）。電信管理法三讀通過，替台灣5G市場開先鋒。https://www.bnext.com.tw/article/53509/taiwan-telecom-regulation-modify-5g。瀏覽日期：2019年7月29日。

118 闕志克（2019）。台灣搶進全球行動通訊系統商機——工研院攜手產業打造5G基地台生態系統。https://www.itri.org.tw/chi/Content/NewsLetter/contents.aspx?&SiteID=1&MmmID=620605426331276153&SSize=10&SYear=2019&Keyword=&MSID=1036044117132445177。瀏覽日期：2019年7月27日。

119 吳元熙（2019）。電信管理法三讀通過，替台灣5G市場開先鋒。https://www.bnext.com.tw/article/53509/taiwan-telecom-regulation-modify-5g。瀏覽日期：2019年7月29日。

本文建議政府，宜積極地多方鼓勵、輔導國內工研院、資通企業等，積極自主研發資通5G產業所需之相關技術，諸如：5G手機晶片、5G小型基地台、5G NR非獨立式基地台通訊系統、開放式虛擬化無線接取網路等[120]，避免依賴中國大陸之華爲公司之技能。

捌、我國宜高度地重視數位（資訊）國土安全之重要性，並向社會大衆多加宣導、教育

前述在打擊網路犯罪之預防上，我國已經於2002年提出「電子簽章法」利用公鑰基礎建設，建立民間企業與政府利用線上身分辨識系統，及電子文件資訊分享促進政府效能，但如何讓社會大眾重視數位（資訊）國土安全之重要性亦是當務之課題[121]。我國政府機關除了應積極向社會大眾宣導重視數位（資訊）國土安全之重要性，而在這一次華爲事件對我國帶來之資安風險，中央與地方政府應該向社會大眾宣導或可依照國家安全、國土安全之相關規定，禁止使用與採購陸製資安設備。

玖、加強國際執法合作，建置與聯合國、各國進行數位（資訊）國土安全合作架構之執法機制

美國參議員Tom Cotton於2020年1月8日正式提出「國防授權法案」（NDAA），該項法案擬阻止美國與華爲5G網絡技術合作的國家共享資源情報。全球化之「網路無國界」趨勢已不可擋，國際間國界之跨國連結的現象亦成爲潮流。根據我國官方資料顯示，我國近年來的犯罪模式已有逐年在變化中，尤其在跨越地區與跨國界的犯罪活動及犯罪組織崛起迅

---

120 洪友芳（2019）。迎接5G元年，工研院攜手18家廠商打造5G基地台生態系統。https://ec.ltn.com.tw/article/breakingnews/2862407。瀏覽日期：2019年7月25日。

121 柯雨瑞、張育芝、曾麗文（2019），我國公務機關資通安全管理機制的現況、問題與對策之初探——以中國大陸的華爲案爲中心，高雄：2019（第十七屆）危機管理暨工業工程與安全管理研討會。

速。這些犯罪活動手法複雜，例如跨國詐欺、跨國毒品販運、跨國人口販運、洗錢、電腦犯罪等犯罪態樣層出不窮，與傳統的犯罪態樣相較，跨國犯罪不僅對我國社會治安造成衝擊，更有可能衍生政治與經濟方面的諸多問題。故積極加強我國與國際間之國際執法合作，並建置與聯合國、各國進行數位（資訊）國土安全合作架構之執法機制，實為當務之急。

拾、建請中國大陸的華為公司，宜朝向正常化、常態化、合法化、善盡社會公義、遵守企業良知、公司經營理念須符合傳統倫理與道德之良性、優質公司之經營方向發展

前述有關中國大陸政府之「中華人民共和國國家情報法」之立法意旨，係以「為了加強和保障國家情報工作，維護國家安全和利益，根據憲法，制定本法」；另外，根據該法第14條之規定：「國家情報工作機構依法開展情報工作，可以要求有關機關、組織和公民提供必要之支持、協助和配合。」是以，華為公司不得拒絕中國大陸政府當局依據前項規定所提出之要求與限制。雖然如此，本文建請中國大陸的華為公司，宜朝向正常化、常態化、合法化、善盡社會公義、遵守企業良知、公司經營理念須符合傳統倫理與道德之良性、優質公司之經營方向發展，並尊重客戶之隱私權及人格權，避免在各式之資通設備上加裝後門等不法設備，以維護社會大眾、個人，及其他國家、地區資訊的數位安全與隱私權之人權保障。

拾壹、其他相關可行的對策

有關於本文其他相關可行之建議部分，如下所述：一、強化國家資通安全之組織架構；二、建構一個事權統一之網路安全防護主管機關；三、建構優質化之組織文化；四、建構一個事權統一之基礎設施安全防護主管機關；五、打造公私協力之防護安全網；六、健全化情資分享機制；七、保障隱私權、人格權、資訊權；八、打造優質工作環境，以延聘、培訓、留用資安人才[122]；九、考量電信公司係為國家關鍵基礎設施提供

---

[122] 柯雨瑞、楊語柔、梁雅涵（2022），美國國土安全部網路安全及基礎設施安全署

者，故，相關電信業者宜落實制定、實施涉及電信專業領域之「關鍵基礎設施防護計畫」；十、強化行政法人「國家資通安全研究院」之角色、功能，訂定「國家資通安全研究院」具體可行之策略與目標，招聘資安專業人才；十一、各級政府、私人企業委外的廠商的供應鏈資訊服務，宜增強其對於供應鏈安全，進行有效管理，可增強行政法人「國家資通安全研究院」對各級政府、私人企業之委外的廠商進行資通安全行政檢查之量能；十二、強化中小企業實施資通安全管理之機制；十三、建置公、私領域、部門，共享資通安全情資之分享機制；十四、強化與外國進行資通安全情資合作及情資共享機制；十五、資通安全管理法、個資法宜落實執法；十六、宜大幅提高政府對業者發動之資通安全行政檢查次數，且資通安全裁罰應具有嚇阻性；十七、提高個資法對業者違反資通安全法規之罰鍰額度；十八、改進個資法團體訴訟之機制；十九、國家資通安全戰略報告宜與時俱進修正、公布，俾利符合資通安全時代脈動。

參考文獻

一、中文文獻

Lynn（2019）。美國提起訴訟宣戰，華爲資安風暴來襲，比起華爲手機能不能買，其實更危險的恐是這種APP。Lynn寫點科普，觀點筆記部落格。https://www.businessweekly.com.tw/article.aspx?id=24953&type=Blog。瀏覽日期：2019年2月18日。

TWCERT（2016）。韓國將在義務教育中加入資安課程。https://www.twcert.org.tw/newepaper/cp-65-435-5ac35-3.html。瀏覽日期：2019年2月4日。

三立新聞網（2019）。台南市府開第一槍！禁用華爲相關產品。https://

（CISA）角色之初探──兼論對台灣之啓示，發表於2022年11月29日（二）中央警察大學公共安全學系暨研究所主辦之2022年安全研究與情報學術研討會。

www.msn.com/zh-tw/news/national/。瀏覽日期：2019年2月18日。
王家宜（2014）。歐盟網路安全策略。http://www.nccst.nat.gov.tw/ArticlesDetail?lang=zh&seq=1361。瀏覽日期：2019年4月8日。
行政院（2018），國家資通安全發展方案（106-109年），行政院國家資通安全會報，頁1-18。
行政院資通安全會報（2015）。行政院國家資通安全會報組織及運作調整情形。https://slidesplayer.com/slide/11180174。瀏覽日期：2019年2月4日。
何佩儒（2019）。訊崴總經理雍海：華爲手機今年在台灣市場一定成長。https://money.udn.com/money/story/5612/3608620?exlink。瀏覽日期：2019年7月26日。
吳啓文（2018），資通安全管理法之挑戰與因應，台灣：2018數位X——資安轉型論壇。
呂昭隆（2018）。一銀8,300萬ATM盜領案，退休國安高層揭破案內幕。https://www.chinatimes.com/newspapers/20181029000310-260202?chdtv。瀏覽日期：2019年4月17日。
李如霞（2019），新編國家安全與國土安全精粹：網路恐怖攻擊應變機制，台北：士明，頁213-221。
李欣芳（2019），防中國竊密公務手機禁連微博等4大社群網站，自由時報。
林忠正（2019）。禁用華爲產品，合乎台灣的利益嗎。https://forum.ettoday.net/news/1386135/。瀏覽日期：2019年4月17日。
林穎佑（2019），從威脅演進看數位國土安全，歐亞研究，第8期，中正大學戰略暨國際事務研究所。
洪友芳（2019）。迎接5G元年，工研院攜手18家廠商打造5G基地台生態系統。https://ec.ltn.com.tw/article/breakingnews/2862407。瀏覽日期：2019年7月25日。
風傳媒（2020）。《華爾街日報》頂住美國施壓！華爲2019年營收達3.6兆創新高。https://www.storm.mg/article/2128777。瀏覽日期：2020年

2月22日。
徐子捷（2019）。「你的希望政府早實現了」工研院禁用華爲引鄉民許願，總統府：六年前就「全面禁用」中國手機。https://buzzorange.com/2019/01/15/government-has-banned-to-use-the-phone-from-china-for-six-years/。瀏覽日期：2019年4月17日。
國家安全會議國家資通安全辦公室（2018）。國家資通安全戰略報告。file:///C:/Users/%E6%9B%BE%E9%BA%97%E6%96%87/Downloads/588f1a08-5ea7-41df-b0d0-482a00b45322%20(2).pdf。瀏覽日期：2020年2月22日。
國家安全會議國家資通安全辦公室（2018），國家資通安全戰略報告，台北：國家安全會議國家資通安全辦公室，頁1-29。
張正芊（2019），華爲5G優勢難抵制歐洲官方民間態度分歧，中央社。
張國銘（2017），歐盟個人資料保護規則，台北：財團法人金融聯合徵信中心，頁1-502。
畢中和（2019）。美國爲何封殺華爲？安全只是其一。自由亞洲電台亞洲報導。https://www.facebook.com/RFAChinese/posts/。瀏覽日期：2019年4月17日。
郭沐鑫（2016）。何謂德國資訊科技安全法（IT-Sicherheitsgesetz）。https://stli.iii.org.tw/article-detail.aspx?no=57&tp=5&i=6&d=7598/。瀏覽日期：2019年4月8日。
陳正鎔（2020）。資訊法律與個資──電子簽章法。https://ppt-online.org/279408。瀏覽日期：2020年2月4日。
吳元熙（2019）。電信管理法三讀通過，替台灣5G市場開先鋒。https://www.bnext.com.tw/article/53509/taiwan-telecom-regulation-modify-5g。瀏覽日期：2019年7月29日。
陳進交、沈唯同（2019）。華爲風暴延燒台經院：美中供應鏈將涇渭分明。http://www.ntdtv.com.tw/。瀏覽日期：2019年7月25日。
陳潔、李沛錞、蘇信寧（2009）。南韓資訊產業發展策略。file:///C:/Users/%E6%9B%BE%E9%BA%97%E6%96%87/Downloads/169_+%E5%8

D%97%E9%9F%93%E8%B3%87%E8%A8%8A%E7%94%A2%E6%A5%AD%E7%99%BC%E5%B1%95%E7%AD%96%E7%95%A5.pdf。瀏覽日期：2020年2月8日。

黃有容、王玉樹（2019），憂台企受累工商界籲政府停手，中國時報。

黃彥棻（2019）。行政院公布危害資通安全產品使用原則，3個月內將公布禁用產品清單。https://www.ithome.com.tw/news/130155。瀏覽日期：2019年7月26日。

楊家鑫（2019）。日公司准設5G基地台，禁用華為。中時電子報。https://tw.news.yahoo.com/。瀏覽日期：2019年4月12日。

資訊工業策進會科技法律研究所（2018）。日本2018年7月27日發布最新3年期網路安全戰略（サイバーセキュリティ戦略）。https://stli.iii.org.tw/article-detail.aspx?no=64&tp=1&i=77&d=8120&lv2=77。瀏覽日期：2019年4月8日。

資策會科技法律研究所（2019）。英國頒布電子通訊之網路與資訊系統規則。https://stli.iii.org.tw/article-detail.aspx?no=64&tp=1&i=77&d=8083。瀏覽日期：2019年1月18日。

臺南市政府智慧發展中心（2019）。有關中國華為資通訊產品引發各國資安疑慮與抵制，本府全面盤點所屬資通訊設備，配合中央資通安全政策，全面禁止使用。https://www.tainan.gov.tw/News_Content.aspx?n=13371&s=3737475。瀏覽日期：2019年1月19日。

劉忠勇、劉芳妙、簡永祥（2019）。川普承諾加速鬆綁華為禁令。https://udn.com/news/story/12639/3947213。瀏覽日期：2019年7月26日。

劉躍進（2016）。我國軍事安全的概念、內容及面臨的挑戰。華藝線上圖書館。https://www.airitilibrary.com/Publication/alDetailedMesh?docid=jnshxyxb201603002。瀏覽日期：2020年2月4日。

數位時代（2016）。中國強力通過網路安全法，背後沒說的事。https://technews.tw/2016/11/11/behind-china-internet-law/。瀏覽日期：2019年4月8日。

蕭徐行（2019）。「蕭徐行觀點」歐中峰會談經貿，衝突又合作的相互關係。https://www.msn.com/zh-tw/news/other/。瀏覽日期：2019年3月18日。

鍾張涵（2019），川普打壓華爲激起愛國商機！那些供應鏈受惠？天下雜誌，第667期。https://www.cw.com.tw/amp/article/5094092。瀏覽日期：2020年6月23日。

鍾錦隆（2018）。韓儒伯：台灣若用華爲設備對美台合作會有負面影響。https://www.rti.org.tw/news/view/id/2005136。瀏覽日期：2019年1月18日。

闕志克（2019）。台灣搶進全球行動通訊系統商機——工研院攜手產業打造5G基地台生態系統。https://www.itri.org.tw/chi/Content/NewsLetter/contents.aspx?&SiteID=1&MmmID=620605426331276153&SSize=10&SYear=2019&Keyword=&MSID=1036044117132445177。瀏覽日期：2019年7月27日。

羅婷婷（2018）。華爲產品藏間諜晶元？日本曝光重大證據。https://www.ntdtv.com/b5/2018/12/11/a102463552.html。瀏覽日期：2019年2月18日。

羅綺（2019）。微軟工程師，揪出華爲筆電「後門」。https://ec.ltn.com.tw/article/paper/1278552。瀏覽日期：2019年1月18日。

譚淑珍（2018）。貿易戰升溫，許勝雄：台灣要防止被大象踩死。http://webcache.googleusercontent.com/。瀏覽日期：2019年7月26日。

蘇芳禾（2019）。資料庫後門恐通中國，林昶佐爆8成部會未評估。https://news.ltn.com.tw/news/politics/breakingnews/2761622。瀏覽日期：2019年2月18日。

二、外文文獻

American Government (2010). "Comprehensive National Cybersecurity Initiative (CNCI)," Technical report, April 19, 2019. https://nsarchive2.gwu.edu/NSAEBB/NSAEBB424/docs/Cyber-034.pdf.

James B. B. (2016). "Influences on Intelligence Analysis-Why Bad Things

Happen to Good Analysts," July 27, 2019. https://www.cia.gov/library/center-for-the-study-of-intelligence/csi-publications/csi-studies/studies/vol-60-no-3/davis-why-bad-things-happen-to-good-analysts.html.

NIST (2020). Advancing Cybersecurity Risk Management Conference. February 22, 2020. https://www.nist.gov/news-events/events.

第十一章

保護關鍵基礎設施結構之機制、困境與對策

柯雨瑞、曾麗文、黃翠紋

第一節　前言

2011年美國發生了911全球震驚之恐怖攻擊事件，兩架民航機如電影情節般地衝撞位於美國紐約市之世貿大樓和華府之五角大樓，當時，造成死傷慘重並癱瘓及重創整個美國金融體系，世界各國莫不爲此一事件深表恐慌，此類恐攻案件，亦突顯了整個國家基礎關鍵設施之脆弱性。觀此，當可知在這一連串接續發生之國際恐攻事件後，國家關鍵基礎設施之防護相形重要，亦是當前世界各國均需面對及加以重視之重要議題之一。本文針對我國現今關鍵基礎設施機制之現況及困境，及探討如何有效保護關鍵基礎設施機制之可行因應對策。本文先以文獻探討，網羅相關研究、期刊、政府公開資訊等資料分析、研判、綜整之後，最後，提出可行對策。

依據Teck News科技新報之指述及報導，於2019年9月14日，沙烏地阿拉伯之石油設施遭到無人機攻擊，嚴重地影響石油之生產，迫使原油產量減半，對於全球經濟體系產生非常嚴重地影響。據CNN報導，一名資深官員表示，石油設施被攻擊之角度、攻擊點之數量及其他資訊顯示，攻擊最可能源自伊朗或伊拉克[1]。關於此次沙烏地阿拉伯之石油設施遭到無人機攻擊之恐攻事件，美國更指控伊朗是元兇。美國國務卿龐培歐（Mike Pompeo）指控伊朗是整起事件之罪魁禍首，美國總統川普更指出，「有理由相信我們知道罪魁禍首」。無人機之技術日漸成熟，其成本亦正在下降之中，且無人機容易操控，成爲恐怖分子所喜愛使用之方法，此次之恐攻事件，亦爲中東地區之政治投下更多不穩定之變數。

在反恐因應作爲方面，我國學者陳明傳教授（2004）提出國境安全管理上之3項重要反恐措施：「一、組織結構與反恐功能的整合，二、反恐法制的配套措施，三、反恐策略的實務作爲。」[2] 另外，中央警察大學

---

1 胡夢瑋（2019）。10架無人機怎攻擊19目標？美官員：攻擊來自兩伊。https://udn.com/news/story/6811/4049510。

2 陳明傳（2004），反恐與國境安全管理，中央警察大學國境警察學報，第3期，頁35-56。

公共安全系朱蓓蕾教授亦指出，政府機關如何正確地運用高效率情報之機制功能，以處理平時及各種危機狀況，俾利於整個國家政策推展與危機高度之有效管理，此亦爲政府的治理能力之一大課題[3]。對此一嚴重、重大之議題，已造成諸多國家高度的恐慌及重視。故在此時關注有關於各國之「國家關鍵基礎設施」之安全防護措施，益顯重要[4]。

我國行政院於107年5月，在其所函頒之「國家關鍵基礎設施安全防護指導綱要」中，涉及「國家關鍵基礎設施」（Critical Infrastructure, CI）之定義，係指公有或私有、實體或虛擬的資產、生產系統以及網絡系統，一旦遭受人爲破壞或自然災害而損害，進而影響政府及社會功能運作，造成人民傷亡或財產損失，引起經濟衰退，以及造成環境改變或其他足以使國家安全或利益遭受損害之虞者[5]。易言之，所謂之「國家關鍵基礎設施」之定義，亦是一個國家爲了維持經濟與民生和政府機關等各部門間之彼此的合作關係，而提供的關鍵建設之基本結構、資產、生產系統、網絡系統、相關服務，例如：能源、水資源、通訊傳播、交通、銀行與金融、緊急救援與醫院、重要政府機關及高科技園區等八大類。

目前我國之國家關鍵基礎設施的分類，採三層架構分類。第一層爲主領域（sector），第二層爲次領域（sub-sector），第三層爲次領域下的重要功能設施與系統，第三層係指維持次領域業務運作所必須之各項設備及設施、資通系統、指管系統、關鍵技術、維安系統、網路運輸等[6]。

八大類之主領域分別爲：能源、水資源、通訊傳播、交通、銀行與金融、緊急救援與醫院、重要政府機關及高科技園區共計八大類；另外，次

---

3 朱蓓蕾（2015），全球化時代情報在危機處理過程之運用，遠景基金會季刊，第16卷第3期，頁181-244。

4 Tech News（2019）。無人機襲擊重創沙烏地阿拉伯煉油廠，美國指控伊朗爲元兇。https://technews.tw/2019/09/16/drones-attack-saudi-arabia-oil-facilities/。瀏覽日期：2019年10月6日。

5 行政院（2018），國家關鍵基礎設施安全防護指導綱要，台北：行政院，107年5月18日修正。

6 同前註。

領域則為各主領域下再依各該功能業務區分之，例如：主領域之能源領域下再劃分為石油、電力、天然氣等次領域；其中，次領域之電力，再細分為穩定提供發電、輸電、配電、調度、監控等供電服務之設施或系統；主領域之通訊傳播下又劃分通訊及傳播2項次領域；主領域之交通領域下劃分陸運、海運、空運及氣象4部分次領域；主領域之金融領域下，劃分銀行、證券及金融支付等3項次領域；主領域之緊急救援與醫院領域下劃分醫療照顧、疾病管制及緊急應變體系3項次領域；主領域之政府機關領域下劃分機關場所與設施及資通訊系統2部分次領域；最後，在主領域之科學園區與工業區領域下，劃分科學工業與生醫園區及軟體園區與工業區2部分。其中，軟體園區與工業區再細分為：軟體園區、工業區、科技工業區等[7]。

相較於我國將國家關鍵基礎設施的分類，區分為三層架構之分類法，國際上最常將重大國家關鍵基礎設施，區分為九大類，分別為：一、銀行與金融；二、中央政府與政府機構；三、資通訊；四、緊急救難；五、能源與電力；六、醫療與服務；七、農糧；八、交通、後勤、物流；九、水資源（供應）[8]。很明顯地，我國八大類之主領域，雖已包括：能源、水資源、通訊傳播、交通、銀行與金融、緊急救援與醫院、重要政府機關及高科技園區，與國際上之重大國家關鍵基礎設施之分類，相去不遠，差異不太，但我國八大類之主領域，仍缺乏農糧之主領域，甚為可惜。

第二節　外國保護重大關鍵基礎設施機制之簡介

目前對保護「重大關鍵基礎設施機制」世界各國皆不相同，以下就各國之關鍵基礎設施的機制分述如下：

---

7 同前註。

8 行政院科技顧問組（2011），關鍵資訊基礎建設保護政策指引，台北：行政院。

壹、美國保護重大關鍵基礎設施的機制

美國國土安全部（United States Department of Homeland Security, DHS）對「關鍵基礎設施」的定義是：「關鍵基礎設施是指那些對社會至關重要的系統和資產（無論是物理的還是虛擬的），一旦其能力喪失或遭到破壞，就會影響國家安全、經濟安全、公共健康或安全、環境安全或者這些重要方面的任意組合。」[9]

有關美國保護重大關鍵基礎設施的機制之區塊，美國對於關鍵基礎設施結構保護之重要作法如下所述[10]：

一、美國重視實體威脅及網路安全，特別是那些可能會造成重大傷亡之實體安全的維護；白宮指定高階官員負責整個政府部門的網路安全政策與行動。

二、美國重視公私部門的關係，於1998年，在白宮建立「關鍵基礎設施結構保護理事會」（National Infrastructure Assurance Council），並設立最高層之政策官員，以促進私營部門與政府部門間之合作與溝通，並由總統的網路空間安全特別顧問擔任主席[11]。

三、美國重視預警的能力設立資訊交換所，建立包括聯邦政府閣員、執行官、州與地方政府官員之委員會，找出關鍵基礎設施結構之優先風險；強化關鍵基礎設施、網絡與功能受到傷害與摧毀之快速復原及調整的能力。

四、定義國家關鍵基礎設施保護的範圍，美國建立「全國關鍵基礎設施結構確保委員會」。

五、美國提出聯邦政府防護關鍵基礎設施所必須採取之4項行動：分

---

9 每日頭條（2017）。美國網絡空間安全體系（3）：美國關鍵基礎設施定義與安全防護。https://kknews.cc/zh-tw/world/zxan2np.html。瀏覽日期：2019年10月17日。

10 立法院（2016），院總第310號，委員提案第18713號關係文書，第9屆第1會期第7次會議，關鍵基礎設施安全防護條例草案總說明。

11 THE WHITE HOUSE WASHINGTON(1998), PRESIDENTIAL DECISION DIRECTIVE/NSC-63, https://fas.org/irp/offdocs/pdd/pdd-63.htm.

別是內部安全與聯邦執法、國外情報、國外事務及國防事務。

六、美國之「國土安全委員會」與「國家安全委員會」各自獨立運作。國土安全與國家安全之業務，作出明顯之區別。

自2001年美國發生911恐攻事件後，對保護重大關鍵基礎設施的機制即非常重視。於2002年，美國參議院通過「國土安全法案」，當時之總統，係為布希總統，他隨即簽署由此參議院通過之「國土安全法案」，並於2003年正式成立國土安全部，而國土安全部則直接隸於白宮政府，其職責係負責交通運輸、電力通信、能源、移民及海關、海岸巡防、緊急救難、災後復原、國境安全管理、秘勤工作、消防等國土安全議題之督導、執法、規劃、管理、統整、執行，並確保各項資通安全。

根據美國政府之「國土安全總統指引」（Homeland Security Presidential Directive, HSPD-7）之定義，美國重要關鍵基礎設施之保護，需由國土安全部及各掌管之主領域的聯邦官署負責之。依據上述美國政府之「國土安全總統指引」，國土安全部亦於2006年6月制定非常有名之「國家關鍵基礎設施防護計畫」（National Infrastructure Protection Plan, NIPP）[12]。

2013年，美國的國土安全部修訂及更新「國家關鍵基礎設施防護計畫」。該計畫將2009年的防護計畫（NIPP 2009）中所訂的「共同參與強化防護與韌性」（partnering to enhance protection and resiliency），修正、調整為「共同參與關鍵基礎設施安全與韌性」（partnering for critical infrastructure security and resilience），以作為關鍵基礎設施災害風險工作推動主軸及重要的元素。有關美國關鍵基礎設施風險管理架構（NIPP 2013），如圖11-1所示。

---

[12] 行政院科技顧問組（2011），關鍵資訊基礎建設保護政策指引，台北：行政院。

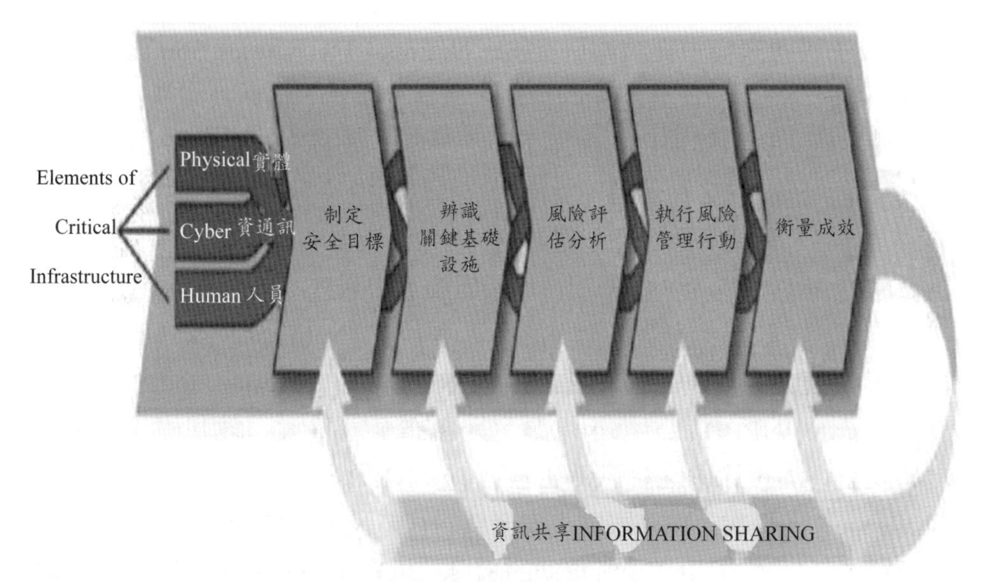

圖11-1　NIPP美國關鍵基礎設施風險管理架構

資料來源：李中生、謝蕙如、鄧敏政（2015），美國國家基礎設施防護計畫NIPP 2013重點概述，國家災害防救科技中心災害防救電子報，第119期。國家災害防救科技中心（2013）。未來重點推動面向。https://www.ncdr.nat.gov.tw/Introduction.aspx?WebSiteID=5853983c-7a45-4c1c-9093-f62cb7458282&id=2&subid=36&PageID=4。Official website of the Department of Homeland Security (2019). National Infrastructure Protection Plan, https://www.dhs.gov/cisa/national-infrastructure-protection-plan. Homeland Security (2019). Critical Infrastructure Sectors. https://www.dhs.gov/cisa/critical-infrastructure-sectors.

美國在推動關鍵基礎設防護維安工作上已逾三十年，特別是於2012年發生在美國東海岸的Sandy颶風所造成的嚴重損害，而特別受到關注。故美國前總統歐巴馬於2013年便簽署13636號行政命令，同時，歐巴馬發布了PPD-21號總統政策令，全面提高「國家基礎設施」各項防護工作[13]。PPD-21號總統政策令，與第13636號總統執行令（Executive Order,

---

[13] NGO（2019）。下一世代網路安全之標準化討論會：根基於公開金鑰基礎建設與個人資料保護。https://www.taiwanngo.tw/p/406-1000-21964,r37.php?Lang=zh-tw。瀏覽日期：2019年10月17日。

EO）及美國國家標準與技術研究院（National Institute of Standards and Technology, NIST），其共同的目的、宗旨、職責，係爲共同執行美國關鍵基礎設施、資訊等項目之保護工作；再者，美國政府於NIPP 2013中提出，希望美國國內之私部門，能結合公部門積極參與國家基礎設施之安全防護工作[14]。有關美國關鍵基礎設施（CIP）安全組織架構、項目規劃分析及NIPP 2013國內公、私部門合作架構圖，如圖11-2及圖11-3所示。

再者，美國國土安全部全國危機管理中心（National RiskManagement Center）之全國保護暨計畫總監（The National Protection and Programs Directorate, NPPD），每年均會定期發布全國重大關鍵基礎設施保護計畫安全性與復原力之挑戰報告書（The NIPP Security and Resilience Challenge）。復次，由美國國土安全部的官方網站（Homeland Security）之資料顯示，美國由NIPP所資助的項目，近期不僅在各項挑戰上，已取得成果，進而積極研發各項計畫，在長期前瞻性上，更具有可使各項計畫加以被執行之可能性，如財務、後勤等之持續執行，進而提高安全性及可靠性[15]。

---

[14] 美國政府於2011公布「數位空間之可信賴識別的國家策略」（National Strategy for Trusted Identities in Cyberspace, NSTIC），開啓了有關美國關鍵基礎建設資訊保護策略（Critical Infrastructure information Protection, CIIP）之行動與時程；另美國歐巴馬總統頒布第21號總統政策令（Presidential Policy Directive, PPD-21）與第13636號總統執行令，透過此2個命令，由美國國家標準與技術研究院共同執行CIIP等標準化的工作。以上資料，引自內政部臺灣網路防護協會籌備處（2013）。下一世代網路安全之標準化討論會：根基於公開金鑰基礎建設與個人資料保護。https://www.taiwanngo.tw/p/16-1000-21964.php?Lang=zh-tw。

[15] Homeland Security1 (2018). National Infrastructure Protection Plan, October 2019. https://www.dhs.gov/cisa/critical-infrastructure-sectors.

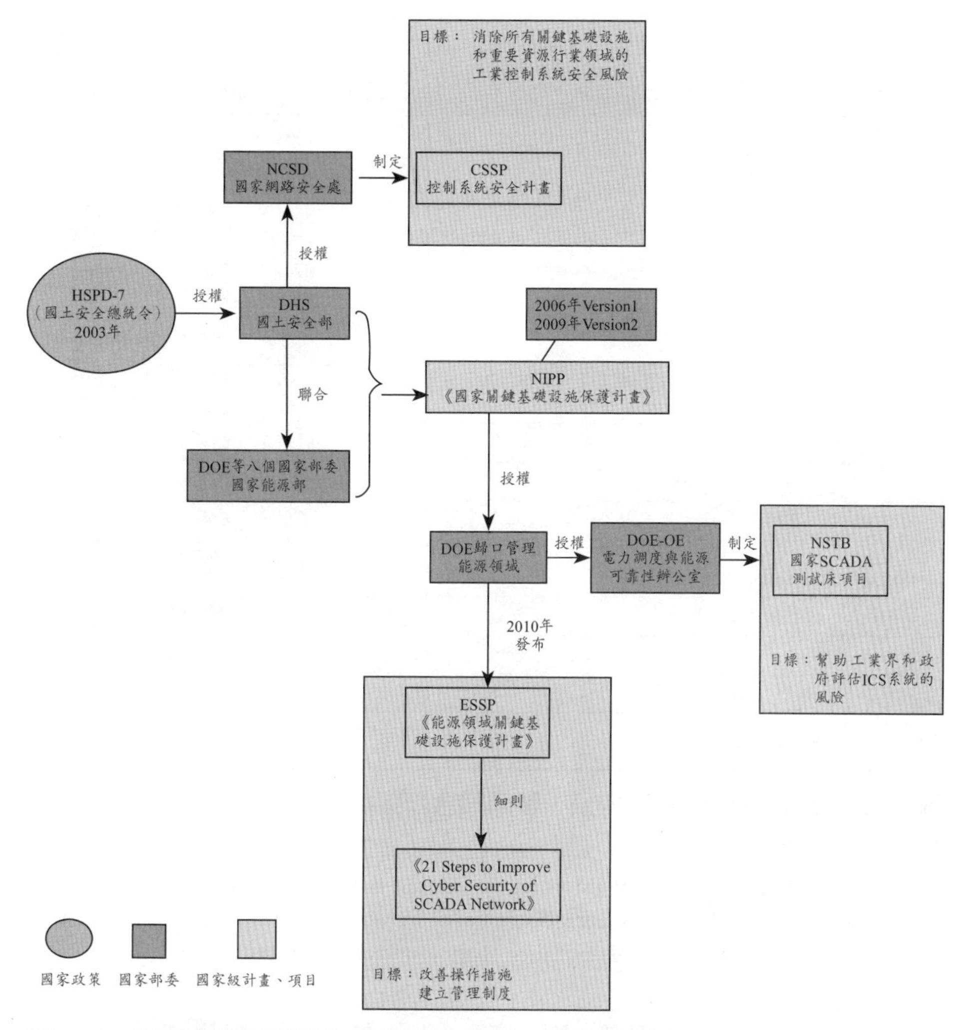

圖11-2　美國關鍵基礎設施安全組織架構、項目規劃圖

資料來源：中國大陸安全內參（2019）。美國關鍵基礎設施（CIP）安全組織架構。https://www.secrss.com/articles/6891。瀏覽日期：2019年10月11日。

關鍵基礎設施（Critical Infrastructure Sector）	特定部門機構（Sector-Specific Agency, SSA）	關鍵基礎設施合作夥伴顧問委員會		
		部門協調委員會（SCCs）	政府協調委員會（GCCs）	地區聯合協調委員會
化工產業（Chemical）	國土安全部	V	V	
商業設施（Commercial Facilities）		V	V	
通訊系統（Communications）		V	V	
關鍵工業設施（Critical Manufacturing）		V	V	
水壩（Dams）		V	V	
資訊科技系統（Information Technology）		V	V	
核能反應器、核材料、核廢料（Nuclear Reactors, Materials and Waste）		V	V	
食品和農業（Food and Agriculture）	農業部、衛生人力部	V	V	
國防工業基礎（Defense Industrial Base）	國防部	V	V	
能源（Energy）	能源部	V	V	
醫療及公共衛生（Healthcare and Public Health）	衛生人力部	V	V	
金融服務（Financial Services）	財政部	單獨協調實體	V	
供水和污水系統（Water and Wastewater）	國家環境保護局	V	V	
政府設施（Government Facilities）	國土安全部、聯邦總務署	非SCC一員	V	
運輸系統（Transportation Systems）	國土安全部、運輸部	依運輸方式或次部門劃分不同的SCC	V	

關鍵基礎設施跨部門委員會

聯邦高級領導委員會

州、地方、部落、準州政府協調委員會

地區聯合協調委員會

圖11-3　美國NIPP 2013國內公、私部門合作架構圖

資料來源：李中生、謝蕙如、鄧敏政（2015）。美國國土安全部DHS (2016), Critical Infrastructure Threat Information Sharing Framework-A Reference Guide for the Critical Infrastructure Community, https://www.dhs.gov/sites/default/files/publications/ci-threat-information-sharing-framework-508.pdf.[16]

美國國土安全部復於2016年10月發布《關鍵基礎設施威脅資訊分享框架參考指引》（CriticalInfrastructure Threat Information SharingFramework: A Reference Guide for the CriticalInfrastructure

[16] DHS目前（2019年）已將有關美國NIPP 2013國內公、私部門合作部門，現增列成十六大領域。DHS (2016), Critical Infrastructure Threat Information Sharing Framework-A Reference Guide for the Critical Infrastructure Community, https://www.dhs.gov/sites/default/files/publications/ci-threat- information-sharing-framework-508.pdf (2019/10/19).

Community）。在該文中指出美國網路威脅資訊的分享框架與運作機制，另以網路、實體、國際、大型活動等四種類別的實例加以說明各種資訊分享的過程[17]，主要的目的在幫助關鍵基礎設施運營商及國內其他各私部門、聯邦和州、地方、部落等合作單位，進行相互之合作，進而清楚的了解各項威脅資訊的掌握及管控。美國之《關鍵基礎設施威脅資訊分享框架參考指引》如圖11-4所示。

美國目前將重大關鍵基礎設施分爲十六大類領域，重大關鍵基礎設施之相關資產、系統和網絡，無論是實體的或是虛擬的，對美國甚爲重要，若因任何破壞以致於這些設施喪失功能或遭到破壞，則整個資安系統和網絡，將對國家安全、經濟造成重大的破壞性影響。美國政府當局亦評估了國家關鍵基礎設施若遭受攻擊的脆弱性[18]，因此，美國前總統歐巴馬（Barack Obama）於2013年發布了PPD-21政策，以促進公共和私人組織之間的更大融合與合作[19]。在該總統政策指令「關鍵基礎設施的安全性和彈性」中，重新確定了十六大類關鍵基礎設施部門，及其負責的聯邦政府機構，該PPD-21所確定之領域如下[20]：

一、化學部門（Chemical Sector）：負責機構爲國土安全部。

二、商業設施部門（Commercial Facilities Sector）：負責機構爲國土安全部。

三、通訊部門（Communications Sector）：負責機構爲國土安全部。

---

17 黃俊泰（2018），美國關鍵基礎設施威脅資訊分享框架簡介，清流雙月刊，第14期。

18 USLEGAL (2019). Information Analysis And Infrastructure Protection, October 2019. https://homelandsecurity.uslegal.com/department-of-homeland-security/components-of-the-department-of-homeland-security/information-analysis-and-infrastructure-protection/.

19 The white House President Barack Obama (2013). Presidential Policy Directive-Critical Infrastructure Security and Resilience. Secretary Release from Office of the Press, October 2019. https://obamawhitehouse.archives.gov/the-press-office/2013/02/12/presidential-policy-directive-critical-infrastructure-security-and-resil.

20 Homeland Security1 (2018). Critical Infrastructure Sectors, October 2019. https://www.dhs.gov/cisa/critical-infrastructure-sectors.

圖11-4　美國關鍵基礎設施威脅資訊分享框架參考指引

資料來源：DHS (2016). Critical Infrastructure Threat Information Sharing Framework-A Reference Guide for the Critical Infrastructure Community. https://www.dhs.gov/sites/default/files/publications/ci-threat-information-sharing-framework-508.pdf.

通信部門是美國經濟的組成部分，是國內企業、公共安全組織和政府運營的基礎。

四、重大關鍵製造業（Critical Manufacturing Sector）：負責機構爲國土安全部。

五、水庫大壩部門（Dams Sector）：負責機構爲國土安全部。水壩部門包括水壩項目、堤防、颶風屏障，和其他類似的蓄水或控制設施等。

六、國防工業基礎部門（Defense Industrial Base Sector）：負責機構爲國防部。國防工業基礎部門能夠進行軍事武器系統、子系統以及組件或零件的研究、開發、設計、生產、交付和維護，以滿足美國軍事需求。

七、緊急救援事務部門（Emergency Services Sector）：負責機構爲國土安全部。該部門在日常運營和緊急救援事件之回應中，提供廣泛的預防、準備、回應和復原服務。

八、能源部門（Energy Sector）：負責機構爲能源部。美國的能源基礎設施助長了21世紀的經濟。

九、金融事務部門（Financial Services Sector）：負責機構爲財政部。

十、食品和農業部門（Food and Agriculture Sector）：負責機構爲農業部、衛生和公共服務部。

十一、政府機關設施（Government Facilities Sector）：負責機構爲國土安全部、總務管理局。

十二、醫療保健和公共健康部門（Healthcare and Public Health Sector）：負責機構爲衛生和公共服務部

十三、資訊技術部門（Information Technology Sector）：負責機構爲國土安全部。

十四、核反應裝置、材料和廢棄物部門（Nuclear Reactors, Materials, and Waste Sector）：負責機構爲國土安全部。

十五、交通運輸系統之部門（Transportation Systems Sector）：負責機構爲國土安全部、交通運輸部。

十六、水供應和污水處理系統之部門（Water and Wastewater Systems Sector）：負責機構爲國家環境保護局。

美國政府爲了提升公私部門、一般社會大眾之網路安全，於2016年提出「國家網路安全行動計畫」（Cybersecurity National Action Plan, CNAP），CNAP之重點包括[21]：

一、策略性整合近期的資訊安全計畫，以綜合的觀點看待並處理公私

---

21 行政院國家資通安全會報（2017），國家資通安全發展方案（民國106年至109年），台北：行政院國家資通安全會報。

部門與個人所面臨的資訊安全議題。

二、採取短期行動，並制定長期策略來提升網路安全意識和防護、保護隱私、維護公共安全以及經濟和國家安全，並賦權予美國人民，讓他們更能掌控自己的數位安全。

三、以資訊科技現代化基金及聯邦資訊安全總長的設置來改革政府管理資訊安全的方式。

四、以附加安全工具，如多因子認證等方式，賦權一般民眾，以增加其線上帳號以及金融交易的安全性。

五、提供聯邦政府跨部會的既有資訊安全與資訊科技再檢視措施。

六、投入190億美元預算在資訊安全的業務上，這相較2015年的資訊安全預算增加了35%。

七、重申美國應採取「負責任之國家行為原則」來領導國際資訊安全維護行動。

復次，於2017年，美國川普總統上任之後，川普總統公布「強化聯邦網路與重大關鍵基礎設施網路安全」總統執行命令（Presidential Executive Order: Strengthening the Cybersecurity of Federal Networks and Critical Infrastructure），美國川普總統要求各聯邦機關首長應使用、執行、運用改善關鍵基礎設施網路安全之框架，管理該聯邦機構所遇到之網路安全風險[22]。

依據網路治理議題支援平台（2019 Internet Governance@TW）指述，美國通過「網路安全暨關鍵基礎設施安全保護局法案」（Cybersecurity and Infrastructure Security Agency Act of 2018），已經將網路安全事務的管理，提升到聯邦層級。美國於2018年，在國土安全部之下，新成立網路安全暨關鍵基礎設施安全保護局（The Cybersecurity and Infrastructure Security Agency, CISA）。該項法案之法源，係依據2002年美國「國土安全法」（Homeland Security Act of 2002），將國土安全部所轄之的國家防

---

22 同前註。

護與計畫司更改名稱爲網路安全暨關鍵基礎設施安全保護局，以提高層級[23]。因此，爲本法案相對提供更具靈活性及可確性防護功能，亦是美國對網路安全所採取的一個具體措施及政策方案之展現及實踐。

美國政府當局高度重視關鍵基礎設施之安全，其國土安全部、能源部、國家標準與技術研究院、國家科學基金會等部門均發展了一系列的關鍵基礎設施的安全項目。美國當局並以法律、政府層面引導、促進關鍵基礎設施安全政策的制定與發展，有關美國關鍵基礎設施安全政策的制定與發展情形如表11-1所示。

表11-1　美國關鍵基礎設施安全政策的制定與發展一覽表

時間	名稱	單位
1996年7月	第13010號行政令（關鍵基礎設施防護）	柯林頓政府
2002年11月	國土安全策略	布希政府
2002年11月	國土安全法	布希政府
2003年2月	關鍵基礎設施實物保護和重要資產防護國家策略	布希政府
2003年2月	網路資訊安全國家策略	布希政府
2005年9月	國家海上安全策略	布希政府
2005年10月	美國國家情報戰略	布希政府
2006年9月	打擊恐怖主義國家策略	布希政府
2006年	能源行業控制系統安全防護的技術路線2006版	能源部
2007年10月	國土安全國家策略	布希政府
2011年	能源行業控制系統安全防護的技術路線2011版	能源部
2012年8月	基礎設施防護策略性計畫	歐巴馬政府
2013年2月	第13636號行政令（提高關鍵基礎設施的網路安全）	歐巴馬政府

---

23 CISA (2018). Cybersecurity and Infrastructure Security Agency, October 2019. https://www.us-cert.gov/ncas/current-activity/2018/11/19/NCCIC-Now-Part-Cybersecurity-and-Infrastructure-Security-Agency.

表11-1　美國關鍵基礎設施安全政策的制定與發展一覽表（續）

時間	名稱	單位
2013年2月	第21號總統令（提高關鍵基礎設施的安全性與復原力）	歐巴馬政府
2014年2月	提高關鍵基礎設施網路安全的框架規範	NIST起草，白宮發布
2015年12月	網路安全法	歐巴馬政府
2016年2月	網路安全國家行動計畫	歐巴馬政府
2018年	2018年美國在國土安全部之下，新成立網路安全暨關鍵基礎設施安全保護局	歐巴馬政府

資料來源：鍾運宏（2018），我國之關鍵基礎設施潛藏之安全威脅與防護作爲——以水資源爲例，桃園：中央警察大學警察政策研究所碩士論文。中華人民共和國商務部貿易經濟調查局（2019）。美國關鍵基礎設施安全防護策略與實踐。http://trb.mofcom.gov.cn/article/zuixindt/201706/20170602584768.shtml。瀏覽日期：2019年10月19日。研究者自行整理。

貳、澳洲保護重大關鍵基礎設施的機制

依據澳大利亞國立大學塞貝克（Lesley Seebeck）博士指出：「關鍵基礎設施之本質，基本上，是一個非常複雜，且頗爲脆弱的系統，企業和政府有必要深入地了解關鍵基礎設施的相互關聯性。」目前，澳洲政府所實行之關鍵的基礎設施保護制度，係由澳洲檢察總署（Attorney-General's Department, Australian Government, AGD）所主導與規劃。其主要建制一個可以信賴的資訊共享網路（Trusted Information Sharing Network, TISN）之保護機制[24]。

澳洲政府於1999年訂定了國內第一個「電子交易法」（Electronic Transactions Act），「電子交易法」爲一有助於企業進行電子交易所用之

---

[24] Australian Government (2019). National security and counter-terrorism law, October 2019. https://www.ag.gov.au/NationalSecurity/Pages/home.aspx.

較寬鬆的法規，主要爲促進國內各企業間之電子交易法規。澳洲政府復於2001年，訂定「網路犯罪防治法」（Cybercrime Act），澳洲政府之「網路犯罪防治法」，授權檢調執法單位，可調查或起訴網際網路上之各式犯罪作爲，或發動各項網路攻擊的犯罪團體，例如置放電腦病毒或阻斷網路各項服務攻擊等[25]。

澳洲政府另於2002年訂定「反恐安全修訂法」（Security Legislation Amendment）（Terrorism）[26]，本法爲一反恐之法規。2003年訂定「反垃圾郵件法」，且於2006年的調查中，發現「反垃圾郵件法」已成功嚇阻垃圾郵件的濫發，但濫發垃圾郵件，仍是澳洲一個嚴重的問題[27]。澳洲政府另於2009年11月23日，更續發布了《國家資訊安全戰略》，澳洲政府本次發布之戰略計畫，係針對該國之關鍵基礎設施，制定更詳細的安全保護戰略作法，更加強了關鍵基礎設施在網絡安全這一區塊之法律上的各項政策，及安全措施之各式防範作爲。

再者，據中國保密協會科學技術分會（2019）官方網站指述，澳洲政府於2017年10月12日，發布「關鍵基礎設施安全法草案」（Security of Critical Infrastructure Act 2018）[28]，其主要的內容，則爲如何保護國內之各項關鍵基礎設施，加強防範避免遭受到各種網絡的破壞、威脅及間諜攻擊等之作爲與措施；澳洲政府之「關鍵基礎設施安全法草案」，業已於2018年7月正式生效、施行之。

---

[25] 澳洲新聞網（2019）。澳洲關鍵設施「極其脆弱」分分鐘可能被中國黑客掌控。https://www.huaglad.com/zh-tw/aunews/20181212/338262.html。瀏覽日期：2019年10月11日。

[26] Australian Government (2019). Security Legislation Amendment (Terrorism) Act 2002, Prepared by the Office of Legislative Drafting, Attorney-General's Department, Canberra, October 2019, retrieved from https://www.legislation.gov.au/Details/C2004C01314.

[27] 行政院科技顧問組（2011）。關鍵資訊基礎建設保護政策指引。https://land.tainan.gov.tw/FileDownLoad/FileUploadList/20170116102148695811.odt。瀏覽日期：2020年1月15日。

[28] 中國保密協會科學技術分會（2019）。澳大利亞發布「關鍵基礎設施安全法案」草案。http://www.sohu.com/a/200481335_99909589。瀏覽日期：2020年2月1日。

澳洲政府另於2018年6月29日通過「國家安全法修正案」（National Security Legislation Amendment (Espionage and Foreign Interference)）[29]。觀此，可得知，澳洲政府將資安法規延伸至資訊基礎設施保護的架構中，則是目前澳洲法規的發展新方向、新趨勢。有關澳洲關鍵基礎設施安全政策與相關法制的制定與發展之過程及演進，如表11-2所示[30]。再者，澳洲於2018年所施行之「關鍵基礎設施安全法」，其體系尚稱完整，頗值得我國參考之。

表11-2　澳洲關鍵基礎設施安全政策與相關法制的制定與發展一覽表

時間	名稱	主要內容
1999年	電子交易法（Electronic Transactions Act）	本法爲一有助於企業進行電子交易所用之較寬鬆的法規。
2001年至2002年	網路犯罪防治法（Cybercrime Act）、反恐安全修訂法（Security Legislation Amendment）（Terrorism）	本法授權檢調執法單位調查或起訴網際網路上各項犯罪計畫作爲或發動各項網路攻擊的犯罪團體，例如：置放電腦病毒或阻斷網路各項服務攻擊等；「反恐安全修訂法」則爲反恐之相關法令。
2003年	反垃圾郵件法（SPAM Act 2003）	於2006年的調查中發現本法已成功嚇阻垃圾郵件的濫發，但目前仍是一個嚴重的問題。
2009年	國家資訊安全戰略	關鍵基礎設施的詳細安全保護法案，著重於關鍵基礎設施網絡安全法律方面。

---

29 張淳美（2018），展望與探索（PROSPECT & EXPLORATION），第16卷第12期，頁136-149。

30 行政院。關鍵資訊基礎建設保護政策指引。行政院科技顧問組，2011年12月31日。https://land.tainan.gov.tw/FileDownLoad/FileUploadList/744.pdf。瀏覽日期：2020年2月15日。

表11-2　澳洲關鍵基礎設施安全政策與相關法制的制定與發展一覽表（續）

時間	名稱	主要內容
2017年	關鍵基礎設施安全法（草案）（Security of Critical Infrastructure Act 2018）	如何保護關鍵基礎設施，使之免受來自於外國的網絡破壞、威脅和間諜攻擊的相關內容。
2018年7月	關鍵基礎設施安全法（Security of Critical Infrastructure Act 2018）業已於2018年7月正式生效、施行之	「關鍵基礎設施安全法」擴大該國法務部長的權力，在符合一定情況、構成要件之下，法務部長可強制由外資持有之澳洲能源及運輸關鍵基礎設施之資產營運商，命令其採取必要之相關行動、作爲、措施，以減輕對澳洲國家安全的威脅[35]。
2018年	國家安全法修正案（National Security Legislation Amendment Espionage and Foreign Interference）	禁止外國干涉政治，對洩漏機密資訊的懲罰刑度加大，並將損害澳大利亞與他國經濟關係的行爲列爲犯罪。

資料來源：研究者自行整理繪製。

表11-3　澳洲政府「關鍵基礎設施安全法」之重要條文標題名稱（摘錄重要條文標題之翻譯）一覽表

條文編號	澳洲政府「關鍵基礎設施安全法草案」（Security of Critical Infrastructure Act 2018）之重要條文標題名稱
第1條	法律名稱之標題（Short title）
第2條	整體立法格式之啓始式說明（Commencement）
第3條	立法目的、目標（Object）
第4條	簡式立法架構（Simplified outline of this Act ）
第5條	相關名詞之定義（Definitions）
第6條	利益與資訊控制之定義（Meaning of interest and control information）

---

[31] 林妍（2018）。美情報總監：基建遭中俄網攻威脅加大。http://www.epochtimes.com/gb/18/7/14/n10562753.htm。瀏覽日期：2020年1月23日。

表11-3 澳洲政府「關鍵基礎設施安全法」之重要條文標題名稱（摘錄重要條文標題之翻譯）一覽表（續）

條文編號	澳洲政府「關鍵基礎設施安全法草案」（Security of Critical Infrastructure Act 2018）之重要條文標題名稱
第7條	資訊之定義（Meaning of operational information）
第8條	直接利益持有者之定義（Meaning of direct interest holder）
第8A條	影響力或控制力之定義（Meaning of influence or control）
第9條	重大關鍵基礎設施資產之定義（Meaning of critical infrastructure asset）
第10條	重大電力關鍵基礎設施資產之定義（Meaning of critical electricity asset）
第11條	關鍵基礎港口設施之定義（Meaning of critical port）
第12條	重大天然氣關鍵基礎設施資產之定義（Meaning of critical gas asset）
第13條	本法之運用（Application of this Act）
第14條	領域外法效力（Extraterritoriality）
第17條	省憲法之權力（State constitutional powers）
第19條	法務部部長必須建置一套重大關鍵基礎設施資產之登錄資訊系統（Secretary must keep Register）
第20條	法務部部長必須將重大關鍵基礎設施資產之最新訊息，新增至重大關鍵基礎設施資產之登錄資訊系統（Secretary may add information to Register）
第21條	法務部部長有權限更正或更新重大關鍵基礎設施資產之登錄資訊系統內之相關資訊（Secretary may correct or update information in the Register）
第22條	重大關鍵基礎設施資產之登錄資訊系統內之相關資訊無須對外公告（Register not to be made public）
第23條	重大關鍵基礎設施資產之企業主必須向法務部部長陳報相關資訊（Initial obligation to give information）
第24條	重大關鍵基礎設施資產之企業主必須持續地向法務部部長陳報相關資訊及各類事件（Ongoing obligation to give information and notify of events）
第26條	重大關鍵基礎設施資產之企業主必須向法務部部長陳報何種事件之定義（Meaning of notifiable event）

表11-3　澳洲政府「關鍵基礎設施安全法」之重要條文標題名稱（摘錄重要條文標題之翻譯）一覽表（續）

條文編號	澳洲政府「關鍵基礎設施安全法草案」（Security of Critical Infrastructure Act 2018）之重要條文標題名稱
第27條	重大關鍵基礎設施資產之企業主無須向法務部部長陳報相關資訊之豁免情形（Rules may exempt from requirement to give notice or information）
第28條	必須向法務部部長陳報相關資訊之重大關鍵基礎設施資產之企業主，如已死亡，則執行長或行政長必須承擔此項向法務部部長陳報相關資訊之義務（Requirement for executors and administrators to give notice or information for individuals who die）
第29條	重大關鍵基礎設施資產之企業之清算人必須向法務部部長陳報相關資訊（Requirement for corporate liquidators etc. to give notice or information）
第30條	重大關鍵基礎設施資產之企業之代理人必須向法務部部長陳報相關資訊（Agents may give notice or information）
第31條	第三章法務部部長之指令（Directions by the Minister）之簡式立法架構（Simplified outline of this Part）
第36條	第四章之簡式立法架構（Simplified outline of this Part）
第37條	法務部部長有權限要求相關業者提供資訊及文件（Secretary may obtain information or documents from entities）
第38條	針對相關業者提供之文件影印、複製之權限（Copies of documents）
第39條	針對相關業者之文件進行留置、扣押之權限（Retention of documents）
第40條	重大關鍵基礎設施資產之企業，如有自陷其犯罪之情形，仍須處罰之（Self- incrimination）
第45條	對於已受保護之重大關鍵基礎設施資產之訊息，如任意使用或公布，構成犯罪行爲（Offence for unauthorised use or disclosure of protected information）
第46條	對於已受保護之重大關鍵基礎設施資產之訊息，如任意使用或公布，構成犯罪行爲之例外情形（Exceptions to offence for unauthorised use or disclosure）
第48條	第五章之簡式立法架構（Simplified outline of this Part）
第49條	民事處罰（Civil penalties, enforceable undertakings and injunctions）

表11-3 澳洲政府「關鍵基礎設施安全法」之重要條文標題名稱（摘錄重要條文標題之翻譯）一覽表（續）

條文編號	澳洲政府「關鍵基礎設施安全法草案」（Security of Critical Infrastructure Act 2018）之重要條文標題名稱
第50條	第六章之簡式立法架構（Simplified outline of this Part）
第53條	第七章之簡式立法架構（Simplified outline of this Part）
第57條	本法賦予法務部部長其他相關之權限（Additional power of Secretary）
第59條	代理法務部部長之相關權限（Delegation of Secretary s powers）
第60條	陳交定期報告書（Periodic report）
第60 A條	國會對本法之審查（Review of this Act）
第61條	法務部部長可根據本法制定相關之行政命令（Rules）

資料來源：Department of Home Affairs, Australian Government (2019). Security of Critical Infrastructure Act 2018, https://www.homeaffairs.gov.au/about-us/our-portfolios/national-security/security-coordination/security-of-critical-infrastructure-act-2018，並經本文作者重新整編之。

第三節　我國保護重大關鍵基礎設施機制的現況與困境

壹、我國保護重大關鍵基礎設施機制的現況

一、關鍵基礎設施安全防護條例草案

2016年立法院於第9屆第1會期第7次會議中之院總第310號提案第178713關係文書中之內容中提出[32]：「針對台灣環境、政治局勢與災害經

32 立法院（2016），院總第310號，提案第18713號關係文書，第9屆第1會期第7次會議。

驗……；台灣應以『全災害對策』作爲國家安全政策規劃的基礎，亦即對災害威脅要具備全面性防護觀念，並將關鍵基礎設施安全防護機制，提升至國家安全層次考量。[33]」基此，催生了「關鍵基礎設施安全防護條例草案」。不過，截至2020年3月止，關鍵基礎設施安全防護條例草案尚未正式通過、施行。

根據「關鍵基礎設施安全防護條例草案」（以下簡稱草案）之總說明，草案計10條，其要點如下[34]：

（一）立法目的[35]。（草案第1條）

（二）防護範圍及中央主管機關與權責[36]。（草案第2條）

---

33 本案之案由：「立法院立法委員賴士葆等16人……有鑑於我國未來國家安全重心，應建立複合式災害之應變體系及協調機制，特別是體系轉換（平時與災時轉換）、各應變體系運作之競合關係及公私機構參與問題，實有必要研討關鍵基礎設施防護專法之必要，爰借鏡美國推動關鍵基礎設施防護之作法，並針對國內現行關鍵基礎設施防護問題進行檢討、研析，提具『關鍵基礎設施安全防護條例草案』及具體條文，期能建立符合我國需求之關鍵基礎設施安全防護法制，以確保國家安全與施政正常運作。」以上，請參閱：同前註。

34 同前註。

35 第1條：「爲規範關鍵基礎設施之安全防護，以確保國家安全、保障人民權益，特制定本條例。」

36 第2條：「關鍵基礎設施安全防護之範圍如下：一、重要能源、電力及水利設施。二、重要財務、金融設施。三、重要衛生、醫療設施。四、重要資通訊科技及設施。五、重要交通運輸設施。六、重要國防軍事設施。七、特定專業領域之投資事項。八、特定專業領域之產學合作事項。前項設施以下列機關爲中央業務主管機關：一、能源、電力及水利設施：經濟及能源部。二、財務、金融設施：財政部。三、衛生、醫療設施：衛生及福利部。四、資通訊科技及設施：科技部五、重要交通運輸設施：交通及建設部。六、重要國防軍事設施：國防部。七、特定專業領域之投資事項：經濟及能源部。八、特定專業領域之產學合作事項：教育部。前項中央業務主管機關就其主管關鍵基礎設施安全防護之權責如下：一、中央及直轄市、縣（市）政府與公共事業執行關鍵基礎設施安全防護工作等相關事項之指揮、督導及協調。二、關鍵基礎設施安全防護計畫訂定與修正之研擬及執行。三、關鍵基礎設施安全防護工作之支援、處理。四、非屬地方行政轄區之關鍵基礎設施安全防護相關業務之執行、協調，及違反本條例案件之處理。五、關鍵基礎設施跨直轄市、縣（市）之執行、協調事項。」

（三）安全防護之統合機制。（草案第3條）

（四）安全防護之情報通報、分析及統合機制。（草案第4條）

（五）管制區之劃定。（草案第5條）

（六）投資及產學合作之限制。（草案第6條）

（七）安全防護之任務編組。（草案第7條）

（八）有關賠償或補償之規定。（草案第8條）

（九）強制處分之救濟。（草案第9條）

（十）施行日期。（草案第10條）

再者，行政院爲提升對國家關鍵基礎設施及其他重大設施的防護，以維護社會安定及國家安全，行政院會於2023年4月通過「電業法」等22項涉及保護關鍵基礎設施加重刑責之修正草案，將送請立法院審議。本次共計修正電業法、天然氣事業法、石油管理法、水利法、自來水法、產業創新條例、民用航空法、商港法、氣象法、鐵路法、大眾捷運法、公路法、郵政法、醫療法、全民健康保險法、傳染病防治法、太空發展法、銀行法、證券交易法、期貨交易法、電信管理法、核子事故緊急應變法等22項法案，修法重點主要分爲兩大部分[37]：

（一）實體設施方面：主要在保護重要場域與核心設備，聚焦危害功能正常運作，並依行爲態樣、侵害程度加重究責，刑度如下：

1. 以竊取、毀壞或其他非法方法危害功能正常運作者，處一年以上七年以下有期徒刑（得併科500萬元以下罰金）。

2. 意圖危害國家安全或社會安定，而犯前項之罪者，處三年以上十年以下有期徒刑，得併科新臺幣5,000萬元以下罰金。

3. 前二項情形致釀成災害者，加重其刑至二分之一；因而致人於死者，處無期徒刑或七年以上有期徒刑，得併科新臺幣1億元以下罰金；致重傷者，處五年以上十二年以下有期徒刑，得併科新臺幣8,000萬元以下

---

[37] 行政院新聞傳播處（2023）。提升國家關鍵基礎設施及其他重大設施防護政院通過「電業法」等22項涉及保護關鍵基礎設施加重刑責之修正草案。https://www.ey.gov.tw/Page/9277F759E41CCD91/d51b5370-ffa9-44fa-9715-d7d0ebbb9401。

罰金。

4. 第1項及第2項之未遂犯罰之。

（二）資通系統方面：主要在保護核心資通系統，聚焦危害功能正常運作，並依行為態樣、侵害程度加重究責，刑度如下：

1. 對核心資通系統，危害其功能正常運作者，處一年以上七年以下有期徒刑，得併科新臺幣500萬元以下罰金（例如無故輸入其帳號密碼、破解使用電腦之保護措施或利用電腦系統之漏洞，而入侵其電腦或相關設備等）。

2. 製作專供犯前項之罪之電腦程式，而供自己或他人犯前項之罪者，亦同。

3. 意圖危害國家安全或社會安定，而犯前二項之罪者，處三年以上十年以下有期徒刑，得併科新臺幣5,000萬元以下罰金。

4. 前三項情形致損及金融市場穩定者，加重其刑至二分之一。

5. 前三項情形致釀成災害者，加重其刑至二分之一；因而致人於死者，處無期徒刑或七年以上有期徒刑，得併科新臺幣1億元以下罰金；致重傷者，處五年以上十二年以下有期徒刑，得併科新臺幣8,000萬元以下罰金。

6. 第1項至第3項之未遂犯罰之。

二、國家關鍵基礎設施安全防護指導綱要

依據國家關鍵基礎設施安全防護指導綱要之說明，我國國家關鍵基礎設施採三層次架構之分類模式，詳如下述[38]：

（一）第一層是主領域：依功能屬性分為能源、水資源、通訊傳播、交通、金融、緊急救援與醫院、政府機關、科學園區與工業區，共八項主要領域。

---

38 國土安全辦公室（2018），國家關鍵基礎設施安全防護指導綱要，國土安全辦公室出版。

（二）第二層是次領域：各主領域之下再依功能業務區分次領域，例如能源領域下再區分爲電力、石油、天然氣等次領域。

（三）第三層是次領域下的功能設施與系統：係指維持次領域重要功能業務運作所必須之設施設備、運輸網絡、資通訊系統、控制系統、指管系統、維安系統、關鍵技術等。

涉及國家關鍵基礎設施（Critical Infrastructure, CI）之定義方面，2018年版本之國家關鍵基礎設施安全防護指導綱要指出，所謂之國家關鍵基礎設施[39]：「係指公有或私有、實體或虛擬的資產、生產系統以及網絡，因人爲破壞或自然災害受損，進而影響政府及社會功能運作，造成人民傷亡或財產損失，引起經濟衰退，以及造成環境改變或其他足使國家安全或利益遭受損害之虞者。」

其次，有關於國家關鍵資訊基礎設施（Critical Information Infrastructure, CII）之定義，2018年版本之國家關鍵基礎設施安全防護指導綱要指出[40]：「涉及核心業務運作，爲支持國家關鍵基礎設施持續營運所需之重要資通訊系統或調度、控制系統（Supervisory Control and Data Acquisition, SCADA），亦屬國家關鍵基礎設施之重要元件（資通訊類資產），應配合對應之國家關鍵基礎設施統一納管。」

在「國家關鍵基礎設施安全防護指導綱要」之中的名詞定義的區塊，除了上述的名詞定義之外，尚有以下相關的重要名詞定義：

（一）行政院國家關鍵基礎設施安全防護專案小組：由行政院國土安全辦公室邀集專家學者、主領域協調機關代表組成，每年針對年度工作計畫、教育訓練、演練計畫、國家關鍵基礎設施指導綱要及其附件之修定等進行溝通協調，重要措施另報請國土安全政策會報核定。

（二）協調機關：原則上各主領域設一協調機關，負責協調該領域內所屬次領域主管機關，以共享資源與資訊，訂定共同風險管理標準。

（三）主管機關：各次領域由直接掌理、輔導該次領域之全部或部分

---

39 同前註。

40 同前註。

國家關鍵基礎設施的中央目的事業主管機關或直轄市、縣（市）政府擔任主管機關。

（四）國家關鍵基礎設施提供者（簡稱爲設施提供者）：指維運或提供關鍵基礎設施之全部或一部，經中央目的事業主管機關指定，並報行政院核定者。

（五）全災害：指天然災害、資安攻擊、意外事件、人爲攻擊、非傳統攻擊及軍事威脅等災害，係關鍵基礎設施辨識風險與威脅的主要依據。

（六）耐災韌性（Resilience）：係指能夠降低運作中斷事故的影響程度與時間之能力。關鍵基礎設施是否具備有效的耐災韌性，端視其對於運作中斷事故的預防、容受、調適與快速復原的能力。

（七）相依性：是關鍵基礎設施之間的一種關係，彼此相互依賴、互相產生作用，如某設施核心功能失效，將產生連鎖反應，造成其他設施無法運作。

我國行政院於103年12月29日函頒「國家關鍵基礎設施安全防護指導綱要」，並於107年5月18日加以修正之。國家關鍵基礎設施安全防護指導綱要係依據我國102年國土安全政策會報，及國土安全業務會議之決議所修訂之，以期推動國家關鍵基礎設之各項安全防護工作。國家關鍵基礎設施安全防護指導綱要主要內容及工作重點係爲「國家關鍵基礎設施」定義及分類，訂定政策目標、工作策略、任務、安全防護管理要領及相關配套措施等。

另外，在關鍵基礎設施防護相關之計畫、手冊、建議、檢核表部分，則分別如下所述：（一）國家關鍵基礎設施安全防護指導綱要[41]（國土安全辦公室於民國103年12月29日函頒，民國107年5月18日訂正）：（二）關鍵基礎設施領域分類；（三）關鍵基礎設施盤點作業須知；（四）關鍵基礎設施安全防護計畫書架構；（五）關鍵基礎設施防護演習指導手冊；（六）關鍵資訊基礎設施資安防護建議；（七）關鍵基礎設施

41 同前註。

自我安全防護檢核表等。

在法制部分，我國主要之基礎設施安全防護法令，係爲：（一）電信管理法；（二）關鍵電信基礎設施指定及防護管理辦法；（三）行政院國土安全政策會報設置及作業要點；（四）中央災害應變中心作業要點；（五）國土安全應變機制行動綱要；（六）國家資通安全通報應變作業綱要；（七）國土安全緊急通報作業規定；（八）資通安全管理法，及上文所提及之網路、資通安全防護之相關法制。

國家關鍵基礎設施安全防護指導綱要之主要內容（目錄），共計有四章。第一章係爲總則規定，本章再細分爲：第一節、依據；第二節、定義；第三節、策略；第四節、目標。第二章係爲任務之規範，本章再細分爲：第一節、國土安全辦公室；第二節、主管機關；第三節、協調機關；第四節、國家關鍵基礎設施提供者；第五節、安全防護協力單位。第三章則係安全防護管理要領，本章再細分爲：第一節、設定安全目標；第二節、盤點與分級；第三節、風險評估；第四節、決定防護優先次序；第五節、實施防護計畫；第六節、衡量實施成效。第四章則爲相關配套措施，本章再細分爲：第一節、機敏性與保密要求；第二節、通報、告警與新聞發布；第三節、私部門夥伴關係；第四節、研究發展[42]。

就基礎設施安全防護機制之組織架構而論，台灣負責基礎設施安全防護機制之機關，主要係爲行政院國土安全政策會報，並由行政院國土安全辦公室擔任國土安全政策會報之幕僚單位。再者，行政院國土安全辦公室亦設置一個專家小組，名爲「行政院國家關鍵基礎設施安全防護專案小組」，該小組由行政院國土安全辦公室邀集專家學者、主領域協調機關代表組成。「行政院國家關鍵基礎設施安全防護專案小組」之任務、使命，係修定國家關鍵基礎設施安全防護工作計畫、教育訓練、演練計畫、國家關鍵基礎設施指導綱要及其附件，當完成上述事項之修正之後，並報請行政院國土安全政策會報加以審查、核准[43]。

---

[42] 行政院（2018），民國107年5月18日版本「國家關鍵基礎設施安全防護指導綱要」。

[43] 國土安全辦公室（2018），國家關鍵基礎設施安全防護指導綱要，國土安全辦公室出版。

承上所述，有關國家關鍵基礎設施安全防護之組織架構上，我國設置行政院國家關鍵基礎設施安全防護專案小組，依據國家關鍵基礎設施安全防護指導綱要之定義說明，本小組係由行政院國土安全辦公室邀集專家學者、主領域協調機關代表組成，每年度針對年度之國家關鍵基礎設施安全防護之工作計畫、教育訓練、演練計畫、國家關鍵基礎設施指導綱要及其附件之修定等項目，進行溝通、協調，如有重要之措施，另報請行政院國土安全政策會報核定之[44]。

依據國家關鍵基礎設施安全防護指導綱要之內容說明，爲統合國家關鍵基礎設施安全防護之執行，行政院之國土安全辦公室得邀集各有關機關、單位，召開國家關鍵基礎設施安全防護專案小組會議，行政院國家關鍵基礎設施安全防護專案小組之任務如下[45]：

（一）研擬國家關鍵基礎設施安全防護政策及法令之相關事項。

（二）研擬國家關鍵基礎設施風險管理及預警機制之相關事項。

（三）研擬國家關鍵基礎設施安全防護作爲與緊急應變之相關事項。

（四）協調聯繫各情報及治安機關協力維護國家關鍵基礎設施之事項。

（五）關於國家關鍵基礎設施安全防護之統合指導、協調、支援事項。

（六）關於國家關鍵基礎設施相關資訊之蒐集處理事項。

（七）其他有關國家關鍵基礎設施安全防護與演習、訓練事項。

另外，涉及國家關鍵基礎設施安全防護之權責機關部分，107年5月18日最新版本之行政院國家關鍵基礎設施安全防護指導綱要，將國家關鍵基礎設施安全防護之權責機關，分爲兩大類：（一）協調機關：原則上各主領域設一協調機關，負責協調該領域內所屬次領域主管機關，以共享資源與資訊，訂定共同風險管理標準；（二）主管機關：各次領域由直接掌

44 行政院（2018），民國107年5月18日版本「國家關鍵基礎設施安全防護指導綱要」。

45 同前註。

理、輔導該次領域之全部或一部分國家關鍵基礎設施的中央目的事業主管機關或直轄市、縣（市）政府擔任主管機關[46]。

依據行政院國家關鍵基礎設施安全防護指導綱要之規劃，主管機關之任務如下[47]：

（一）由熟悉次領域轄內設施之高階長官召集，組成專案團隊，召開跨單位專案會議，設置或指定專責組織與人員擔任行政幕僚，清點轄下可能的重要資產與設施，擬定盤點目標與分工。亦應編列預算與資源支持安全防護管理相關工作，並實施獎懲制度。

（二）督導所轄次領域內之設施進行國家關鍵基礎設施盤點、重要性分級，彙整次領域國家關鍵基礎設施資料，排列安全防護優先次序，提送主領域協調機關綜合評估。

（三）輔導並審核次領域內之各級國家關鍵基礎設施實施風險評估撰擬「國家關鍵基礎設施安全防護計畫書」，提送主領域協調機關。

（四）負責監督、管考、協助所轄次領域內之國家關鍵基礎設施提供者執行安全防護及演訓相關工作。

（五）鼓勵研發合乎成本效益的安全維護及耐災韌性技術或設備。

（六）視所屬設施提供者申請軍事勤務隊之需要，彙整資料於每年4月底前向國防部提出申請。

再者，依據行政院國家關鍵基礎設施安全防護指導綱要之規劃，協調機關之任務如下[48]：

（一）如主領域內含多個次領域，且各次領域有多個不同的主管機關，則協調機關應斟酌該領域之屬性與核心功能，並參考行政院國土安全應變機制行動綱要之「指定中央業務主管機關原則」以核心功能最接近之機關擔任該主領域的協調機關（例如部分交通領域之主管機關分屬國防部、交通部、農業委員會及地方政府，其中以交通部之核心功能與屬性最

46 同前註。

47 同前註。

48 同前註。

接近交通領域，由交通部擔任該主領域之協調機關）；若各次領域均爲同一個主管機關，則由該主管機關兼任主領域協調機關（例如通訊傳播領域之國家通訊傳播委員會）。

（二）各協調機關應指定副首長層級長官擔任召集人設置或指定專責組織與人員擔任行政幕僚，邀集跨次領域機關組成協調小組，定期就該領域風險管理標準之擬定、設施分級計畫核議、演訓推動、資源運用、資訊交換與相互支援召開協調會議。

（三）協調機關應彙整次領域主管機關所提送之防護計畫書，綜合研析後撰擬主領域層級之安全防護計畫，併同一級關鍵基礎設施之防護計畫書提送行政院國土安全辦公室備查。

（四）主領域層級之安全防護計畫應涵蓋整體基本概況、願景與目標、風險評估、優先排序、安全防護行動計畫與實施、管理與協調（法制、體系）、公私協力建構並協助跨領域間資訊分享效率以及橫向與縱向通報機制、演習及教育訓練。

（五）協調機關應協助領域內之各級國家關鍵基礎設施與相關部會、地方政府建立相互支援及聯防機制，推廣運用安全維護及耐災韌性技術或設備。

（六）依國家關鍵基礎設施重要性規劃稽核強度，協同次領域主管機關與地方政府實施防護演練，並提出檢討改善建議。

（七）協調機關應建置國家關鍵基礎設施防護之電腦緊急事故處理小組（Computer Emergency Response Team, CERT）、資訊分享與分析中心（Information Sharing and Analysis Center, ISAC）及資訊安全監控中心（Security Operation Center, SOC）。

其次，依據行政院國家關鍵基礎設施安全防護指導綱要之規劃，國家關鍵基礎設施提供者之主要任務如下[49]：

（一）國家關鍵基礎設施提供者應定期評估風險威脅及弱點，撰擬

---

[49] 同前註。

「國家關鍵基礎設施安全防護計畫書」，遞交主管機關彙整，定期檢核實際執行成效。

（二）國家關鍵基礎設施提供者應建立橫向與縱向通報機制並提升跨領域間資訊分享效率。

（三）國家關鍵基礎設施提供者應建立告警機制，於危機或緊急狀況發生時，及時向民眾發出告警。

（四）國家關鍵基礎設施提供者應與地方政府合作，實施防護演練，並依檢討建議，改善防護措施，修訂防護計畫。

（五）國家關鍵基礎設施提供者應以設施核心功能業務為軸心，針對設施遭受危機災害威脅時所需尋求之專業協助與支援，建立支援協定，並維持聯繫窗口名單為最新狀態。

此外，依據行政院國家關鍵基礎設施安全防護指導綱要之規劃，安全防護協力單位之主要任務如下[50]：

（一）直轄市及縣（市）政府於國家關鍵基礎設施發生災害或有發生災害之虞時，為因應緊急應變之需要，應依國土安全辦公室、主管機關、國家關鍵基礎設施提供者之請求，提供支援協助。但發生重大災害時應主動派員協助。

（二）各領域主管機關應評估風險，彙整所屬設施提供者之需求，於每年4月底前向國防部提出軍事勤務隊申請。軍事勤務隊於戰時或非常事變時期如重大災害，在不影響軍事任務遂行下，得依需要協力維持公務機關緊急應變及國民基本生活需要或支援地方治安、自衛、防空等勤務。

（三）主管機關為因應緊急應變之需要，得申請國軍支援。但發生重大災害時，國軍部隊得主動協助災害防救。

為達成國家關鍵基礎設施安全防護之重要目標，行政院「國家關鍵基礎設施安全防護指導綱要」採用風險管理程序與作為，其執行策略包括如下，共計有四項之執行策略[51]：

---

50 同前註。

51 同前註。

（一）以全災害防護概念，實施關鍵基礎設施風險管理

國家關鍵基礎設施安全防護應採取「全災害」防護的概念，從設施內部與外部進行風險辨識，並應將風險管理與持續營運管理的方法導入國家關鍵基礎設施安全防護工作之中。

（二）發展應變戰術與戰略，研擬各層級安全防護計畫

爲有效執行國家關鍵基礎設施安全防護管理工作，應全面性、有系統的進行設施盤點工作，俾依照設施重要性進行分級管理，並建立完整的國家關鍵基礎設施資料庫，定期更新，各設施領域管理層級應掌握設施系統之間相依關係與失效影響性，並依實際風險辨識結果，依管理範圍發展包含預防、整備、保護、復原的應變戰術與戰略，研擬具體可執行的安全防護計畫。

（三）強化領域間合作聯防，建立資訊分享機制

各主、次領域主管機關應協同國家關鍵基礎設施提供者，建立並強化單位內部與外部、中央與地方等跨領域聯防機制，積極推動公、私部門合作，鼓勵私部門共同參與。跨領域、跨公私部門之間應分享風險資訊，並應建立威脅預警與安全防護資訊分享平台，健全資訊分享機制，提升國家關鍵基礎設施安全防護的整體性。

（四）有效整備安全防護資源，提升持續運作能力

各主、次領域主管機關及國家關鍵基礎設施提供者應積極協調整備安全防護之資源與支援，有效保護國家關鍵基礎設施與重要資產之安全。應建立對策計畫，設法減緩設施功能中斷影響，提升政府及社會功能的持續運作能力，進而保障人民生命財產與福祉，維護國土安全與國家安全。

有關行政院「國家關鍵基礎設施安全防護計畫指導綱要」安全防護管理要領之區塊，國家關鍵基礎設施安全防護管理之各階段工作，應依：規劃（plan）、執行（do）、檢討（check）和修正（action）之步驟循環，確保執行目標、計畫及行動的一致性與執行成效。下圖則爲「國家關鍵基礎

設施安全防護計畫指導綱要」安全防護管理之實施步驟、程序、要領[52]。

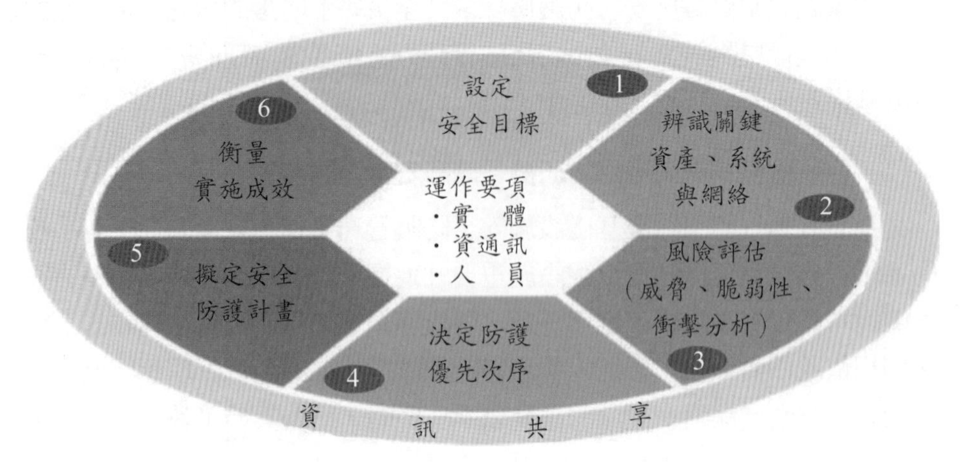

圖11-5 「國家關鍵基礎設施安全防護指導綱要」安全防護管理要領

資料來源：行政院（2018），民國107年5月18日版本「國家關鍵基礎設施安全防護指導綱要」，頁9。

有關於國家關鍵基礎設施安全防護指導綱要中之安全防護管理要領之實際步驟，詳如下述：

（一）設定安全目標

爲達成第一章所述我國關鍵基礎設施安全防護目標，各主領域協調機關應與次領域主管機關，研議所屬特定領域的防護管理目標及優先推動工作；且若風險評估結果認爲與其他政府夥伴及私部門間之合作有益達成綱要目標，則應具體規劃可行性之合作方案並加以執行。各次領域主管機關、國家關鍵基礎設施提供者必須依循所屬領域防護管理目標及優先推動工作，依照設施之核心功能業務、風險環境及可用資源等，制定國家關鍵基礎設施本身的安全目標及優先推動工作。

1. 機關首長支持與重視各次領域主管機關之首長應督導國家關鍵基

52 同前註。

礎設施安全防護管理政策與執行績效，宣示管理承諾與推動決心，並應將安全防護與持續運作目標與推動工作列為管審重點。

2. 成立專責推動團隊國家關鍵基礎設施之盤點、風險評估、防護及演練工作，須跨機關、跨單位團隊協調合作，相互支援，應由高階長官召集，成立專責推動團隊。

3. 宣達安全防護工作目標各次領域主管機關應向所掌（監）理之國家關鍵基設施宣達領域的安全防護工作目標、執行策略與推動方針，敘明風險項目與管理政策、持續營運目標與計畫，並應宣示依本指導綱要所擬定之作業項目。

（二）盤點與分級

國家關鍵基礎設施盤點之目的為掌握影響國土安全、政府與社會運作的重要節點、資產、設施、系統網絡，瞭解領域內以及跨領域之間的相依關係（Inter-dependency），降低複合式災害之發生機會。應就設施系統功能、設施資產價值、失效影響等面向進行重要性評量，並依重要性評量結果實施分級管理。次領域主管機關得先就機關各項核心功能及任務為主軸，列出資產項目，再選出具重要性、能涵蓋機關各功能或任務所涉及之重要節點，如建築處所、實體設備、資訊系統、通訊設備、科技與人力資源等具相互關聯者，歸納為基礎設施候選清單（包含該設施提供者）。再由清單內各設施提供者就單位核心業務、內部資產、外部資源進行調查，評量其重要性，填寫「國家關鍵基礎設施基本資料調查表」，交次領域主管機關彙整，召開專案會議檢視、審議所轄設施基本調查表，排比重要性，並徵詢相關公務機關、民間團體、專家學者之意見後，提出分級之初評建議，報請行政院國土安全辦公室安排專家小組召開審查會議，進行複核，確定分級，並依結果建立「國家關鍵基礎設施資料庫」。步驟如下：

1. 設施提供者填寫「國家關鍵基礎設施基本資料調查表」設施提供者就維持核心功能運作之目的，依功能業務屬性與範圍，進行必要節點、資產、設施與系統網絡之調查與盤點工作，設施盤點與調查報告書之內容應包括：

(1) 核心功能業務：辨識核心功能業務，以及各項核心功能業務的容許中斷時間與持續運作方案。

(2) 外部關鍵資源：盤點支持核心功能業務運作的外部關鍵資源與供應者，以及外部關鍵資源失效之備援方案與備援時間。

(3) 內部必要資產：以實體、人員（關鍵技術、領導權）、資通訊三大類，盤點支持核心功能業務運作的必要資產，並應盤點各類資產的備援方案與最大備援時間。如經判定資通訊類一旦遭受攻擊或災害破壞，將影響核心功能業務，且無法以其他替代方式暫時取代者，即應列入關鍵基礎設施之資通訊類資產。

(4) 設施提供者自評重要性：分析設施失效影響其他領域國家關鍵基礎設施運作之可能性，重要性評量項目應包括：

① 對人口的影響：設施遭遇變故或災害，是否造成大量人民傷亡或遷徙避難。

② 對於政府與社會功能的重要性：評估本設施對於支持政府與社會功能運作之重要性，如政府部會指管、資通訊功能、維生與運輸機能、國家金融秩序、衛生與疫病系統、治安與防救、國家重要象徵與資產、關鍵科技技術與產業、防衛動員等項目。

③ 設施失效對於經濟的影響性：如設施總價值，設施失效影響人數、經濟損失等。

④ 設施失效對於民心士氣影響：評量設施失效對於國際形象、政府聲譽、民眾信心的影響程度。

2. 次領域主管機關進行分級初評次領域主管機關彙整所屬設施提供者所撰寫之設施調查表，審議內容正確性及完整性，就本綱要目標對同性質之設施重要性加以排比，區分爲「一級、二級、三級」，製作各級設施清冊、分級理由，並徵詢相關公務機關、民間團體、專家學者之意見後，併前述調查表送交行政院國土安全辦公室。

3. 行政院國土安全辦公室進行聯合審查

行政院國土安全辦公室邀集國家安全會議、國家安全局、主領域協調機關、國防部、相關部會及私部門民間團體聯合審查前述各級設施清冊、分級理由、調查表是否合宜，有無遺漏關鍵設施並依各項資料進行綜合審議，並確定國家關鍵基礎設施清單與分級。

（三）風險評估

國家關鍵基礎設施夥伴，包括設施提供者、主管機關、協調機關，以及行政院國土安全辦公室等，應透過一系列的風險評估方法，從威脅、脆弱性和衝擊後果等面向來評估風險。此風險評估結果是能足以讓領導者及決策者瞭解會影響功能運作的最可能和最嚴重的事件，並根據這些評估的結果和資訊，進一步支持及規劃協調資源分配，修訂防護計畫。爲能有可靠、可操作且具及時性的風險相關資訊，主領域協調機關應協調次領域主管機關及國家關鍵基礎設施提供者循求科學技術輔助，開發或運用關於威脅、脆弱性和潛在後果的相關產品，並在信任的環境下，提供風險資訊。國家關鍵基礎設施風險評量須以全災害思維，辨識出影響核心功能業務運作的威脅項目、情境、程度與發生的可能性。應評估各項必要資產、資源以及備援在不同威脅下的損壞程度（脆弱性）以及需要復原時間，分析各項威脅下的防護程度及備援能力。

1. 威脅辨識

(1) 國家層級：發生機率低但足以造成大規模國家關鍵基礎設施失效、政府與社會功能中斷、嚴重影響國土安全之國家層級災害威脅情境。

(2) 領域層級：依國家層級威脅情境，評估所屬領域內核心功能業務之特性、環境、範圍與最新情勢，辨識造成領域功能業務中斷之內部與外部災害威脅情境。

(3) 設施層級：依國家層級以及領域層級威脅情境，再就所在之位置環境、空間範圍、設施屬性，辨識造成設施營運中斷之內部與外部災害威脅項目。

2. 衝擊評估

(1) 國家層級：國家層級災害威脅對於國家關鍵基礎設施以及領域功能運作之影響程度與所需復原時間，建立各項國家級災害衝擊情境。

(2) 領域層級：評估對領域內之各項國家關鍵基礎設施、外部關鍵資源與備援策略的影響程度以及需要復原時間，評估領域核心功能業務中斷的衝擊影響。

(3) 設施層級：就所在之位置環境、空間範圍、設施屬性，評估對各項內部必要資產、外部關鍵資源、備援設施的影響程度、所需復原時間，及設施運作中斷的衝擊影響。

（四）決定防護優先次序

1. 國家關鍵基礎設施提供者依據設施的重要性、防護行動的成本支出，和降低風險的可能性等，排序管理設施風險的優先行動。

2. 主領域協調機關依據領域環境及特性，及領域層級中特定風險下應優先防護之設施清單，協調可資運用防護資源的重要依據，擬定領域防護計畫。

3. 行政院國土安全辦公室根據國家關鍵基礎設施的重要性，以及依照風險評估結果，建立國家層級特定風險下應優先防護之設施清單，作爲規劃防護策略，統籌運用防護資源的重要依據。

4. 國家關鍵基礎設施分級清單係基於平常時期防護資源有限而形成之必要措施，目的在以中央控管之方式，使各關鍵設施之重要功能不至於災時失效，各機關對未列入清單之其他重要設施，仍應自主風險管理，培養災時復原之能力。

5. 在軍事危機期間，由國家安全相關單位就國家關鍵基礎設施清單進一步認定具作戰重要性者，協助警戒與防護，各次領域主管機關應配合進行防護資源之調整，確保軍事危機時期之設施功能運作。

（五）實施防護計畫

1. 國家關鍵基礎設施提供者應依據風險評估結果，辨識是否滿足安全防護目標以及復原時間，並依威脅發生可能性與設施受影響程度，規劃降低風險與強化防護優先次序，並定期檢討與修訂安全防護計畫。

2. 防護計畫目標：

(1) 對國家關鍵基礎設施實體、資通、人員進行永續而穩定之防護。

(2) 以全災害概念，規劃平時、戰時及變時應有之作爲，包括預警、應變及復原重建等階段。

(3) 針對設施相依性及替代性，協調整合夥伴間相關責任及資源。

(4) 有效使用資源，建立耐災韌性、最大化降低、減緩風險威脅。

3. 防護計畫應含括國家關鍵基礎設施概述、評估及其所在位置及警戒機制、人力配置及聯絡辦法、內外部救援資源（消防及救護規劃）、通報應變、復原目標及復原程序、演練方式等。

（六）衡量實施成效

國家關鍵基礎設施防護之實施成效基於領域系統觀念、夥伴功能性合作、風險評估、平時演練、實際災害應變情況等，評估風險管理工作的有效性，作爲檢討與改善之依據。

1. 演習與教育訓練

(1) 國土安全辦公室及各主領域協調機關、次領域主管機關應提供資源及必要措施，推廣國家關鍵基礎設施安全防護管理觀念，進行風險管理、持續營運管理、演訓與稽核等專門人員教育訓練，透過教育訓練及組織學習，協助設施提供者建立風險管理及應變專業技術，提升風險管理及應變能力。

(2) 爲驗證辨識出之風險是否均能有效控制，防護計畫是否能確實降低災害損失，迅速復原，各次領域主管機關應督導設施提供者舉行演練，或配合防災演練、資安演練辦理。

(3) 演練方式可混合採取桌上演練（問題探討及狀況模擬）、兵棋推演（想定及狀況處置）或實兵演習（依兵棋推演內容採實地、實物、實作方式演習），以上演練均得整合相關機關／單位參與。

(4) 演練前應擬訂計畫，辦理說明或協調會議，演練過程均應詳實記錄，包括演練方式、時地、目的、人員名冊、裁判及檢討意見、矯正預防措施等，做爲未來修訂防護計畫的參考依據。

(5) 演練所發現需進行改善措施者，應優先納入訓練課程。

(6) 各次領域主管機關教育訓練首重學習成效，及回饋國家關鍵基礎設施防護制度，應適時獎勵績優機關或個人。

(7) 行政院國土安全辦公室依據分級結果，考量時勢及環境需求，選擇重要之國家關鍵基礎設施向國土安全政策會報建議納入國土安全年度演習，並要求提報詳細之風險評估與演習計畫。

2. 稽核與獎勵

(1) 行政院國土安全辦公室得配合行政院災害防救辦公室之災害防救業務訪評計畫、行政院資通安全處之政府機關（構）資通安全稽核或行政院主計總處之內控制度稽核作業，邀集專家學者建立檢核清單，併納入各機關內控管理項目，並得前往各機關訪視國家關鍵基礎設施風險管理及應變計畫執行情形；各機關應於受訪前先行依上開清單辦理檢核，並得將前述設施安全防護情形納入機關內部稽核範圍。

(2) 行政院國土安全辦公室應檢視並稽核主領域協調機關之領域層級安全防護計畫書與工作。一級國家關鍵基礎設施之安全防護計畫書應送行政院核備，為行政院年度指定演練之選擇對象。二級國家關鍵基礎設施之安全防護計畫書應報主管機關核備，主管機關則應就二級國家關鍵基礎設施辦理年度指定演練，並函請行政院國土安全辦公室訪視。三級國家關鍵基礎設施之安全防護計畫書應報主管機關核備，由設施所屬機關、單位自行辦理安全防護演練，次領域主管機關並應訪視該演練。

(3) 年度演習評核結果應陳報國土安全政策會報，並建議獎勵績優機關。

國家關鍵基礎設施安全防護（Critical Infrastructure Protection, CIP）的目標在於[53]：

（一）維護國家與社會重要功能持續運作，確保攸關國家安全、政府治理、公共安全、經濟與民眾信心之基礎設施與資產的安全。

（二）以全災害為安全防護考量，掌握設施相依關係，辨識潛在威脅與災害影響，降低設施脆弱性，縮減設施失效影響範圍與程度，提高應變

---

53 同前註。

效率並加速復原。

（三）促進夥伴關係，健全跨領域、跨公私部門合作與資訊分享，進行實體、資通訊以及人員的保防與安全防護，預防因應各類災害所造成的衝擊影響，強化設施的安全性（Security）和韌性（Resilience）。

有關公部門與私部門之間，建構夥伴關係之部分，如下所述[54]：

（一）由於目前國家關鍵基礎設施防護仍須民間企業（或稱私部門）參與，如果私部門對自身擁有的關鍵基礎設施防護不足，恐致我國土安全出現防護漏洞，因此公、私部門應致力於國家關鍵基礎設施防護之合作、資源互補。各次領域主管機關應透過下列措施，積極鼓勵企業參與安全防護工作：

1. 透過即時預警資訊之提供，促進民間關鍵基礎設施提供者自願參與資訊分享機制。

2. 邀請民間參與政府部門或國營企業舉辦之防救災演練，加深學習效果。

3. 宜結合具相依性或替代性之民間關鍵基礎設施提供者資源，形成縱深應變體系。

4. 各級設施依防護計畫實施演練時，所屬上級機關應審閱前述與私部門之合作情況，避免私部門防護不足，致生我國土安全出現防護漏洞之情事。

（二）有關民間參與配合部分，宜先以各部會鼓勵參與爲主，惟可考慮特許行業藉監理與輔導政策進一步要求落實，另國土安全政策會報於每年綜合評鑑時，亦可考慮以加分方式獎勵能邀請民間參與風險管理及應變機制之部會。

（三）推動國家關鍵基礎設施防護之長程目標應建立私部門關鍵基礎設施安全規範和標準，甚至採取必要措施來監督並確保公共利益不受損害；短程內可考慮藉行政命令等方式以解決當務之急。

---

54 同前註。

三、國家關鍵基礎設施領域分類

依據行政院107年5月18日修訂之「國家關鍵基礎設施安全防護指導綱要」之內容，國家關鍵基礎設施安全防護其目標在於：維護國家與社會功能持續運作、以全災害防護考量、促進夥伴關係健全跨領域的資通安全與資訊分享。本指導綱要之相關附件內容包含：「國家關鍵基本設施領域分類」、「國家關鍵基本設施盤點作業須知」、「國家關鍵基礎設施防護管理計畫書架構」及「國家關鍵基本設施防護演習參考手冊」四個部分。

首先在「國家關鍵基礎設施領域分類」（107年7月30日行政院修訂）中指述，我國國家關鍵基礎設施領域分類目前共分主領域有八大項，次領域有20項。主領域包含：（一）能源（energy）；（二）水資源（water）；（三）通訊傳播（information and telecommunication）；（四）交通（transportation）；（五）銀行與金融（banking and finance）；（六）緊急救援與醫院（emergency services and public healthcares）；（七）政府機關；（八）科學園區與工業區（central government and hi-tech industrial parks）等八大領域；次領域則包含：（一）電力；（二）石油；（三）天然氣；（四）供水；（五）通訊；（六）傳播；（七）陸運；（八）海運；（九）空運；（十）氣象；（十一）銀行；（十二）證券；（十三）金融支付；（十四）醫療照顧；（十五）疾病管制；（十六）緊急應變體系；（十七）機關場所與設施；（十八）資通訊系統；（十九）科學工業與生醫園區；（二十）軟體園區與工業區等20項次領域之範疇。有關我國目前國家關鍵基礎設施領域分類如圖11-6所示。

八大關鍵基礎設施領域

主部門	次部門
能源	電力、石油、天然氣、化學與核能材料
水資源	水源、水庫、淨水系統、供水線路
通訊傳播	通訊、傳播
交通	陸運、空運、海運、氣象、郵政及物流
銀行與金融	銀行、證券、金融市場與外匯
緊急救援與醫院	緊急醫療部門、緊急應變體系
中央與地方政府機關	重要人員、重要場所設施、資訊與網路應用服務、重要文化資產與象徵
高科技園區	科學工業與生醫園區、軟體園區與工業區

圖11-6　我國八大關鍵基礎設施領域圖

資料來源：行政院（2018），資安產業發產行動計畫，台北：行政院資通安全處。

四、關鍵基礎設施盤點作業須知

另外，依據行政院107年5月18日修訂之「國家關鍵基礎設施安全防護指導綱要」，進而訂定「關鍵基礎設施盤點作業須知」，本作業須知於民國111年3月30日再修正之。在實施對象部分，係行政院及所屬機關（構）、公法人、國（公）營事業等負責掌理指導綱要所定義之關鍵基礎設施者。本項修訂作業要點主要目的係為因應我國辦理關鍵基礎設施盤點作業並提供分級與優先防護次序，並強化防護能量與資源分配。在本作業須知中提出有關我國各項基礎設施，若遭受攻擊或造成災損甚而造成以下影響者，應列為關鍵基礎設施基本篩選原則，茲分述如下：（一）足以直接或間接造成大規模人口傷亡或避難遷徙者；（二）足以直接或間接造成重大經濟損失者；（三）足以直接或間接影響其他關鍵基礎設施營運之能力者；（四）足以影響政府功能持續運作、民心士氣、社會安定者。另外，本作業須知另訂定有關國家關鍵基礎設施分級作業程序及盤點調查填寫各項注意事項等。本案之實施對象爲行政院及其所屬各機關、機構、行政法人、國營事業負責掌理國家關鍵基礎設施安全防護指導綱要所定義之關鍵基礎設施者[55]。

在關鍵基礎設施盤點作業須知之中，涉及關鍵基礎設施分級作業程序的步驟，如下所述：

（一）填寫關鍵基礎設施調查表（以下簡稱調查表）

個別設施維管者盤點資產、填寫調查表後，該調查表將依所填資料產出核心功能屬性之「雷達圖」分數，分數越高者，重要性越高，可依據該分數初步進行設施分級建議，並提交所隸屬之關鍵基礎設施次領域主管機關進行「關鍵基礎設施分級作業」初評。

（二）次領域主管機關初評

次領域主管機關召集該領域內之公務機關（構）、私部門、民間團體、專家學者召開初評會議，檢視前述該個別設施維管者之填報內容與分級建議是否妥適，並依指導綱要進行分級初評，排比重要性評量結果，將所轄設施區分爲「一級、二級、三級」關鍵基礎設施，並依各該級別內設施之重要性排序彙整成冊，併同辦理關鍵基礎設施提供者指定程序作業後產製之關鍵基礎設施提供者清冊及初評會議紀錄提報本院。

（三）行政院複評及核定

行政院依據次領域主管機關所提報之關鍵基礎設施清冊（含關鍵基礎設施提供者）及評量結果，邀集審查標的領域相關之外部專家學者及機關代表辦理複評及核定。

---

55 行政院（2014），國家關鍵基礎設施安全防護指導綱要（附件二），107年5月18日修正。

復次，在關鍵基礎設施盤點作業須知之中，涉及關鍵基礎設施的重要性評量及風險評估的部分，如下所述：

1. 針對調查表內各項設施重要性評量指標，主管機關可依領域特性，視實際需求自行訂定各項指標加權比重、數值級距或提列基準值，亦可就業務及領域屬性，增加該領域特殊性評量指標（須可量化），並於初評結果中說明。

2. 調查表內之其他「替代性」、「備援狀態」等資產調查項目可作為提升重要性之考量（如某區域僅此一家，則重要性應提升），但不應做為調降重要性之依據，以避免弱化設施本身重要性之評估（例如：設施擁有原料安全存量，或有替代性設施，可降低風險，但並不代表該設施重要性降低）。

3. 調查表以加總分數作爲設施評級參考，可能會產生部分設施於單一項目分數高，但因其他項目極低而遭剔除的缺陷，主管機關應自行檢視所屬設施是否有此情況，將類此分數組成之設施列級情況，於複評報告時予以特別說明。

4. 主管機關可依據調查表訂定之各項設施重要性評估指標（功能重要性、民心士氣影響、失效影響），進行同領域間設施或其他類似設施進行重要性比較排序，作爲設施管理之參考，亦能透由整合所轄設施調查資料，掌握及追蹤設施安全防護狀況，以及辨識關鍵的相依節點。

5. 風險評量應以設施（園區）整體範圍及系統概念進行考量，納入區域（鄰近）危險因子，例如鄰近範圍內有高風險生化物品儲存及運作可能帶來之污染及災害等。

五、關鍵基礎設施防護計畫書架構

再者，依據行政院107年5月18日修訂之「國家關鍵基礎設施安全防護指導綱要」而訂定之「關鍵基礎設施防護計畫書架構」，其主要的內容及目標如下：（一）設定安全目標辨識設施資產、系統與網絡；（二）辨識設施資產、系統與網絡；（三）風險評估（威脅、脆弱性以及災害衝擊）；（四）決定防護優先次序；（五）實施防護管理計畫；（六）衡量實施成效[56]。

上述關鍵基礎設施安全防護計畫書架構的實際內涵，如下所述：

（一）設定安全目標

1. 計畫依據、設施等級與設施基本資料

(1) 設施基本資料：說明設施發展背景、基本資料及地理環境等。

(2) 安全防護與監控：說明設施防護與安全監控（安全警戒、資通安全監控與防護等）情形，包括人力、管制地點、範圍、設備、運作機制等。

2. 設施安全防護目標

(1) 安全防護目標：說明設施防護的安全目標，如功能持續運作、降低災害風險、提升耐災能力、縮短復原時間、降低災損等。

(2) 核心功能業務：說明設施的核心功能業務，辨識各項核心功能業務的最大容許中斷時間，說明設施各項核心功能業務的可替代性（如替代設施、替代方案等）。

3. 關鍵基礎設施防護管理團隊

(1) 辨識共同管理單位：在設施範圍內，辨識支持設施核心功能業務運作的共同管理單位，說明各單位所支持的核心功能業務。

(2) 關鍵基礎設施防護管理團隊：依據所辨識的共同管理單位，建立關鍵基礎設施防護管理團隊名單。

(3) 辨識外部安全防護支援單位：說明外部安全防護支援單位及所支援事項，例如地方政府、警消、醫療、國軍、重要供應商、保全公司、資安公司、設備管理公司等，註記支援協定情況，並建立聯絡窗口名單。

4. 設施重要性

(1) 政府功能重要性：說明本設施對於國家與社會重要功能任務之重要性，包括政府部會指管、重要資通訊、維生與運輸機能、金融秩序、疫

---

56 同前註。

病系統、治安與防救、國家重要象徵與資產、重要產業與園區、防衛動員等。

(2) 設施失效對於社會經濟影響：說明設施總價值，設施失效影響人數、經濟損失。

(3) 設施失效對於民心士氣影響：說明設施失效對於國際形象、政府聲譽、民眾信心的影響程度。

（二）辨識設施資產、系統與網絡

1. 外部關鍵資源

(1) 說明支持各項核心功能業務持續運作的外部關鍵資源（電力、供水、供氣、交通、燃料、資通訊）供應者，例如○○變電站、○○淨水場、○○機房。

(2) 說明外部關鍵資源（電力、供水、供氣、交通、燃料、資通訊）失效時，設施本身的備援狀態，包括哪些備援設施、最大備援時間、備援方案等。

2. 內部必要資產

(1) 辨識支持各項核心功能業務持續運作的必要資產，以實體、人員、資通訊三大類進行說明。

(2) 說明各項必要資產（實體、人員、資通訊）的備援狀態，包括備援設施與替代程度、最大備援時間，以及備援方案說明。

3. 對其他關鍵設施的影響

說明當本設施失效後會影響哪些其他關鍵基礎設施與部門。

（三）風險評估（威脅、脆弱性以及災害衝擊）

1. 威脅辨識

(1) 辨識足以對於設施持續運作造成嚴重威脅之內部與外部的危害項目與全災害風險（天然災害、資安攻擊、意外事件、人為攻擊、非傳統攻擊及軍事威脅等災害），情境內容說明包括災害規模／程度／強度、發生時間／地點、影響區域範圍／人數等，並評估該情境發生的可能性。

(2) 天然災害：地震、海嘯、風災、淹水、旱災、坡地災害等。

(3) 人為災害：疫病／傳染病、火災、爆炸、輻射災害、化學災害、設備管理（例如設備老舊、人為操作疏失等）、危安事件（例如殺人、搶奪、竊盜、違法入侵或破壞等）、 罷工／勞資爭議、暴動／陳抗事件、恐怖攻擊、軍事威脅等。

(4) 資安事件：業務服務失效（中斷／無法控制）、系統硬體設施停止運作/無法控制、軟體應用程式執行中斷/無法控制、重要電子資料遭竊取/遺失/　損等。

2. 衝擊評估

依照所建立之各項威脅情境，依序評估對各項內部必要資產（實體、人員、資通訊）、外部關鍵資源（電力、供水、供氣、交通、燃料、資通訊）、內部各項備援設施的受影響程度以及需要的復原時間，據以建立並說明該項威脅情境對本關鍵基礎設施所造成的災害與衝擊。

3. 關鍵資源中斷影響

依序評估某項外部關鍵資源中斷下（電力、供水、供氣、交通、燃料、資通訊），對設施各項必要資產（實體、人員、資通訊系統）的影響程度以及剩餘運作時間，據以建立並說明當該項外部關鍵資源中斷時對本關鍵基礎設施的影響情境。

（四）決定防護優先次序

1. 以風險評估結果，辨識各類災害的威脅程度，辨識設施各項核心功能業務、必要資產以及關鍵資源在不同災害類別影響下的失效風險。

2. 分析現有防護程度與備援在各類災害衝擊下是否滿足所設定之安全目標以及復原時間，進而擬定減災策略與優先防護強化項目，如實體補強、資安防護、人員訓練或是維安強化等。

（五）實施防護計畫

符合風險評估結果以及防護強化優先次序，分別以預防、減災、應變、復原四個階段，依各項災害威脅（天然災害、資安攻擊、意外事件、人為攻擊、非傳統攻擊及軍事威脅等災害）分別表列說明對於內部必要資產（實體、人員、資通訊）與外部關鍵資源的防護管理項目與執行重點，並註明相關防護管理實施計畫。對應各項災害威脅，擬定之各類計畫可以下列方式依序整理說明：

1. 預防階段：營運衝擊分析、風險管理計畫、威脅監控計畫、訓練計畫、各類防護計畫、資安計畫、保密規定等。

2. 減災階段：資產維護/改善計畫、各類減災計畫、支援協定等。

3. 應變階段：緊急應變計畫、各類危機處理計畫、緊急通報、新聞發布與管制等。

4. 復原階段：持續運作計畫、各類復原計畫等。

（六）衡量實施成效

說明衡量各類計畫與標準操作程序（SOP）實施成效的演練計畫、工作項目、衡量頻率與依據、檢討與改善項目、改善進度掌握與追蹤，註記相關實施紀錄。

六、國家關鍵基礎設施防護演習參考手冊

復次，依據行政院107年4月20日新修訂之「國家關鍵基礎設施安全防護指導綱要」而訂定之「國家關鍵基礎設施防護演習參考手冊」，其主要的內容、目標如下：（一）訂定演習概念；（二）訂定第一階段：前置作業；（三）擬定第二階段：演習計畫；（四）確定第三階段：演習整備；（五）執行第四階段：演習執行；（六）最後第五階段：檢討與改善[57]。

依據國家關鍵基礎設施防護演習參考手冊之內容指出，本演習的類型係依107年版「CIP指導綱要」所訂定，演習方式則可混合採取桌上演習、兵棋推演及實兵演習三種方式執行之。亦即，這三種演習方式係分別採用：（一）問題探討及狀況模擬；（二）想定及狀況處置；（三）依兵棋推演內容採實地、實物、實作方式演習等方式執行演習。而演習則具備

---

57 行政院（2018），國家關鍵基礎設施防護——演習參考手冊（107年4月20日修訂版）。

有以下之功能[58]：

（一）驗證風險之控制及防護、應變計畫之可行性與有效性。

（二）找出防護及應變計畫之缺失。

（三）確認人力、資源來源，揭露人力、資源缺口。

（四）促進指揮官與幕僚之決策支援管理，相關人員及單位、機關（構）間的溝通、協調與默契。

（五）釐清個人及單位的角色與職責。

（六）熟練個人負責之任務，提升執行績效，建立信心。

（七）激發長官支持防護及緊急應變計畫。

（八）加強對緊急事件之應變處置及管理能力。

（九）認識外部支援協定單位或協力廠商之能量，加強交流合作。

（十）培養應變團隊、公部門、私部門之聯合整備、緊急應變及分工合作之共識。

（十一）釐清中央政府、地方政府、設施現地之各種應變機制的協調合作關係。

承上所述，根據行政院國土安全辦公室所頒訂之關鍵基礎設施防護演習指導手冊（民國110年4月9日修正版）的內涵規範，所謂之演習，依據美國國土安全部的定義，演習的定義，則是「在無風險的環境下，針對預防、保護、應變、復原能力，進行訓練、評估、實踐、改善的一種手段，可用以檢查及驗證政策、方案、程序、訓練、裝備、跨單位及領域（部門）之協調與支援，闡明應變人員的角色與責任，促進跨領域（部門）之協防與溝通，找出資源缺口、改善個人應變能力、善用改進機會」。

在演習類型的部分，依據行政院國土安全辦公室之關鍵基礎設施防護演習指導手冊中之分類，計可分爲下列三種。依107年版「CIP指導綱要」，演習方式可混合採取桌上推演（問題探討及狀況模擬）、兵棋推演（想定及狀況處置）或實兵演習（依兵棋推演內容模擬實地、實物、實作方式演習），以上演習均應整合相關機關／單位參與，以強化效果；建議

58 同前註。

在籌備演習期間，可先透過桌上推演，預想正式演習可能的情況，作爲規劃演習之參考。

（一）桌上推演

桌上推演（Tabletop Exercises）可設定假設議題或模擬緊急事件，強調驗證預警機制、應變計畫，熟練現行作業程序，排練演習概念與構想，並作爲進階演習計畫之基礎。一般先針對設施的弱點與威脅，假設可能的攻擊情境實施分組討論，以便溝通情境可能的發展時序，並討論應該處置之事項，例如資源調度、指揮協調可能遇到的問題，確認每個單位和每個人的角色，以及災害管理四階段的應變需求；最後各分組集中，一起討論主要疑點、交叉提問、協調解決有爭議的任務，以達成協同應變。參演人員可被激發勇於合作與尋求解決問題之道，進而建立改善與達成演習目的方法。

辦理桌上推演前，應邀集同質設施單位及支援單位簡報，並實施現地勘查，了解動線，依據風險評估結果塡寫狀況想定表，作爲桌上推演時，分組研討的演習情境，並找出最適合的應變方案，以檢視演習規劃的妥適性與合理性、團隊協同合作與資源調度的機動性與靈活度，桌上推演結果，應塡寫狀況處置列表，或發展爲演習劇本，作爲第三階段演習計畫之基礎。

桌上推演屬美國國土安全部所定義的研討型演習（Discussionbased Exercises）之一種，也可以結合團體討論、工作坊，由淺入深，循序漸進，國內一般用於籌備或規劃期間舉行，但美國則普遍認爲這已經是一種「兵棋推演」，時間動輒長達三、四天。由於這類演習能使參與者在比較輕鬆的環境下，熟悉自身扮演之角色或發展新計畫、政策、協議及程序，也適合主導議題研討方向，引導參與者與利害關係人在設定之主要議題方向詳加討論，期達正式演習所設定之目標與目的。

（二）兵棋推演

我國舉辦兵棋推演的方式相當於美國國土安全部所定義的Tabletop演習之外，還增加了編寫劇本，將應變程序以口頭表述，或輔以影片，來模擬走位。因為在規劃演習的過程中，大都會找相關人員來共同擬好想定，再討論各支援單位的SOP，匯集起來寫成劇本，最後在長官面前演習，作為「成果驗收」，仍屬於研討型演習之一種，偏重指揮所或應變中心的運作，是設計用以驗證應變計畫及評估應變能力，是多重功能、從屬功能及相互依存的團體間之功能性模擬演習；主要重點聚焦於演習計畫、政策、程序以及參謀、組織團隊之間的管理、指導、指揮與管制功能。本演習方式一般由管理階層主導，選定趨於眞實、及時的情境，惟人員與裝備通常採取模擬的假設方式進行。演習通常在指揮中心或應變中心舉行，亦在模擬指揮中心及前進指揮所的禮堂或會議室中進行，參與者按照經過設計的程序，隨著假設事件的時序、不斷通報的訊息，採取眞實的應對，產生類似眞實的結果。

（三）實兵演習

小型的實兵演習，相當美國國土安全部所定義的實兵型演習（Operations-based Exercises）中的單項技術操作演習（Drills）或多項技術功能整合演習（Functional Exercises, FE），置重點於相互協調，特別是所屬人員之職能訓練，針對個別組織與單位，驗證其特殊功能與能力，有時可以搭配兵棋推演實施，以驗證部分應變情境中是否能採取正確的行動，人員配置與空間動線是否扞格；有時也藉以訓練操作新裝備，驗證操作程序，熟稔操作技巧。是以，單項技術操作演習是協助熟悉裝備操作的最佳演習模式，進而提供為全規模或複合式演習預做前置的準備。大型的實兵演習較接近美國國土安全部所定義的整體綜合全規模演習（Full-Scale Exercises, FSE），其特色是眞實反映演習情境之假定、驗證通報流程、動員人力與物力等相關資源與支援的方法與手段。

實兵演習是所有演習中最複雜也是運用資源最密集的演習；演習組成包含多重機關（構），組織、團體之管轄範圍與權力，演習目的藉以驗證對於災害或假設危機情境之全般整備面向，包含各決策者在跨組織、事故現場指揮之決策情境與聯合指揮之效能，此演習之特色在模擬眞實具高度時間與資源壓力的情境中，反映決策者能否掌握時效，及指揮調度人員、資源、動員之複雜狀況，藉以訓練決策者與相關人員之關鍵問題思考、快速反應、解決問題的能力。

依據行政院國土安全辦公室之關鍵基礎設施防護演習指導手冊中之演習階段，計可分爲下列五個階段：

第一階段：前置作業

（一）評估演習需求，主要的重要內涵如下：1.核心功能與防護能力分析；2.檢討風險評量結果；3.法令與應變機制；4.整備應變計畫，確認應變需求；5.復原階段與業務持續營運。

（二）成立演習專案，主要的重要內涵如下：1.決定演習目的與目標；2.決定演習規模及類型；3.情境與想定的設計；4.確認演習地點、裝備、資源；5.提出經費需求；6.排定工作項目及時程；7.分配任務及管制進度。

在評估演習需求之部分，依據行政院國土安全辦公室之關鍵基礎設施防護演習指導手冊中之構想，演習構想的起始點在於回顧現有的災害管理機制，亦即減災、整備、應變、復原四階段的管理是否到位，並搭配國土安全核心任務的預防與保護，這四個階段相互影響，彼此搭配，缺一不可，並應盱衡目前情勢、最新災害案例，重點如圖11-7。

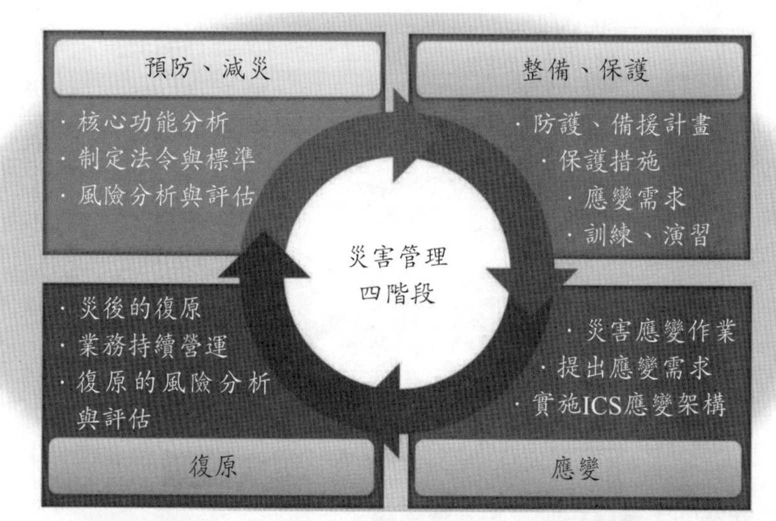

圖11-7　災害管理機制——減災、整備、應變、復原四階段的管理機制圖示

在我國之應變機制部分，依據行政院國土安全辦公室之關鍵基礎設施防護演習指導手冊中之構想，國家關鍵基礎設施防護演習是屬於跨機關、單位之演習，以全災害之觀念結合複合型災害模式來實施，與「民防法」、「災害防救法」、「全民防衛動員準備法」、「資通安全管理法」、「國土安全應變機制行動綱要」之各種整備及應變處置規範均息息相關。原則上，這些應變機制在災害發生時，初步依事件現場狀況判斷，如純屬人員傷亡、設備毀損之災害，則啓動災害防救應變機制，優先搶救生命財產，並視狀況請求全民防衛動員機制支援，如屬資安事件，則啓動資安事件之通報及應變機制。後續隨情資及蒐證結果，如判斷涉及特定目標及特殊手段，則啓動國土安全應變機制，其運作模式如圖11-8。

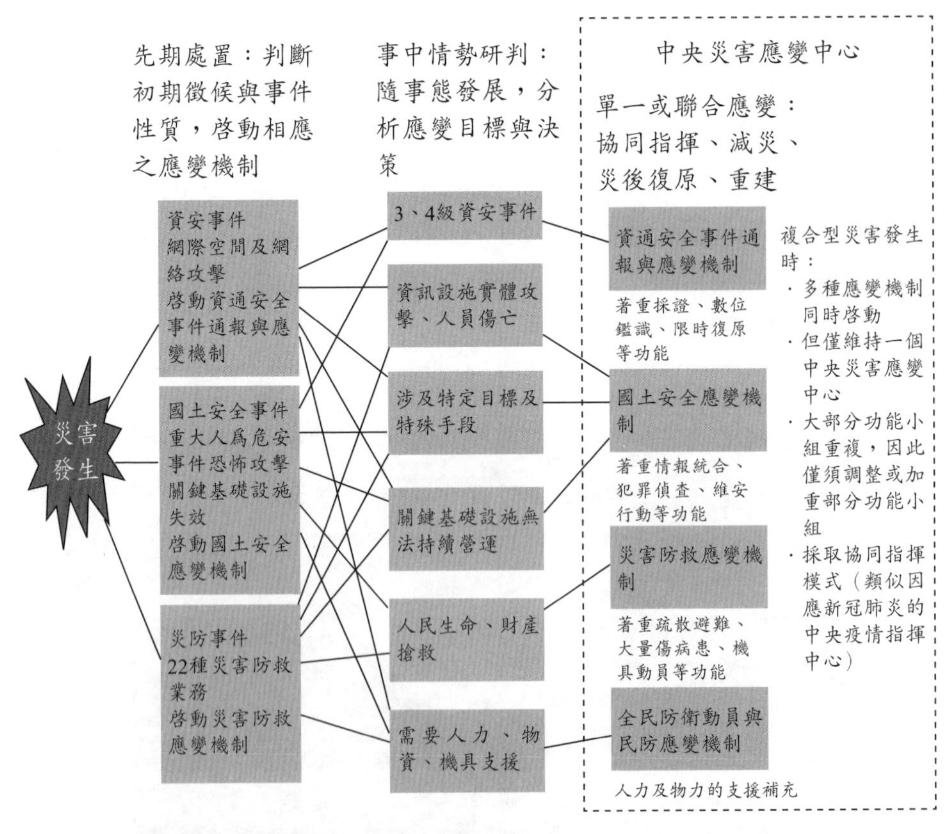

圖11-8　我國四大應變機制之聯合應變圖

在事故現場應變體系（Incident Command System, ICS）之區塊，依據行政院國土安全辦公室之關鍵基礎設施防護演習指導手冊中之構想，地方政府與外部支援單位：應視事態發展情況，成立應變中心，並於事故現場附近成立前進指揮所，以掌握災害現場救災情形及支援需求，強化地方政府災害應變中心與災害現場協調聯繫等災害應變機制、統籌、調度及整合救災資源，協調各防救編組單位於災害現場有效分工，確實達成縱向指揮及橫向聯繫，提升災害現場各項緊急應變之效率。前進指揮所應與CI設施擁有者的緊急應變小組密切協調合作，亦可結合爲聯合指揮架構，指揮官可由地方政府首長指派，掌握指揮調度情形，功能組將隨之擴增，初期或只需消防救護、疏散撤離、聯繫協調等幾個簡單的分組，但關鍵基礎設施單位爲維持核心業務持續運作，仍須參與相對應的功能分組，執行備援、後勤、維修、復原等任務。

承上所述，依據行政院國土安全辦公室之關鍵基礎設施防護演習指導手冊中之構想，中央政府之職責部分，關鍵基礎設施主管機關接獲CI設施擁有者事故通報後，應成立緊急應變小組，協調支援物資及人力，俾使CI降低災損，儘速恢復業務營運。如事故態勢發展已達中央政府應成立應變中心時，依據「國土安全應變機制行動綱要」指定之中央業務主管機關（屬地原則爲主、手段原則爲輔），如同時爲關鍵基礎設施主管機關，則在二級應變中心成立時，首長應擔任指揮官，提升爲一級應變中心時，則行政院副院長擔任指揮官，主管機關首長視況（CI應變比重增加，急須恢復營運時），擔任協同指揮官。如關鍵基礎設施主管機關並非國土安全中央業務主管機關，則應建議在中央應變中心成立關鍵基礎設施功能小組並派員進駐，或視況（同上）擔任協同指揮官。各層級應變組織關係如圖11-9。

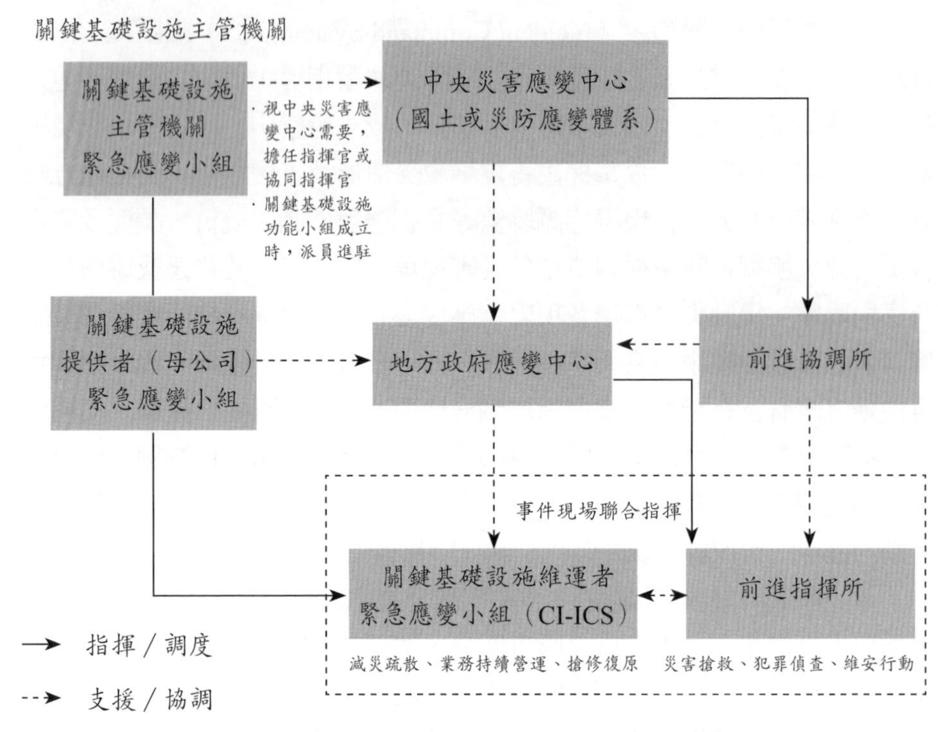

圖11-9　我國關鍵基礎設施發生事故時各級應變組織關係圖

第二階段：擬定演習計畫

（一）依據。

（二）目的及目標。

（三）演習規劃，主要的重要內涵如下：1.演習構想；2.演習方式；3.演習時間；4.演習地點與實際指揮所區域；5.演習編組；6.假定事項與預期成果。

（四）一般狀況，主要的重要內涵如下：1.國內、外環境分析；2.關鍵基礎設施環境分析；3.災害管理整備情形。

（五）特別狀況。

（六）演習整備。

（七）一般規定。

第三階段：演習整備

（一）發展想定劇本，主要的重要內涵如下：1.劇本應有之元素；2.劇本之補充。

（二）演習場地之環境布置，主要的重要內涵如下：1.演習現場的資訊螢幕；2.製作推演掛圖；3.依據各個不同「情境設定」，模擬製作影片；4.製作兵棋台；5.製作名牌、識別服裝。

（三）演習前的溝通與協調，主要的重要內涵如下：1.檢驗上級指導與任務賦予是否一致；2.召開演習協調會；3.後勤整備；4.通信、資訊、電力整備；5.民事、新聞整備、預算主財整備；6.支援協定單位需求提出與協調整備。

（四）講習與訓練。

（五）製作演習手冊，主要的重要內涵如下：1.推演指揮組；2.推演考評組；3.推演參演組；4.推演管制組；5.災情模擬小組。

第四階段：演習實施

（一）預演。

（二）正式演習。

（三）突發狀況的因應。

（四）媒體關係的處理。

第五階段：檢討與改善

演習結束後，應擇期召開檢討會議，討論演習利弊得失、應改善事項，詳實記錄，納入追蹤管考，主要目的在於：

（一）強化持續營運管理具體執行能力與防護韌性之發揮。

（二）檢證演習目標與核心防護能力達成率。

（三）檢證演習計畫之可行性與執行之防護功效。

（四）驗證演習程序、步驟、要領是否達成預期成效。

（五）驗證想定設計情境狀況之應處能力及突發事件反應能力。

（六）發掘演習計畫不足之處，尋求資源與支援。

（七）提出精進改善計畫，強化整體防護能量。

（八）熟稔演習任務編組確保演習後續教育訓練防護能力建立。

（九）滾動式持續不斷修正單位年度關鍵基礎設施防護計畫。

（十）建立單位關鍵基礎設施防護總體能量與種子教師之培訓。

（十一）驗證單位新聞媒體管制發布之時機與應對能量。

（十二）針對突發狀況及緊急事故之臨機應變處置機制與作爲檢測。

（十三）遵循演習計畫循環（演習設計與發展—指導—評估—提出改善計畫）。

七、國土安全緊急通報作業規定

行政院國土安全辦公室爲提升重大人爲危安事件、恐怖活動或導致國家關鍵基礎設施核心功能運作失效之人爲疏失事件之通報聯繫及緊急應變效能，防止事件擴大，保護人民生命財產安全，特頒訂國土安全緊急通報作業規定，於民國110年2月19日，行政院以院臺安字第1100164949號函修正國土安全緊急通報作業規定。

在國土安全緊急通報作業規定的法源依據部分，主要係依據以下之相關法源：（一）行政院處務規程；（二）行政院國土安全政策會報設置及作業要點；（三）行政院國土安全應變機制行動綱要；（四）國家關鍵基礎設施安全防護指導綱要。

涉及國土安全緊急通報作業規定的名詞定義之區塊，所謂的國土安全，其定義如下：維護國家關鍵基礎設施功能與預防及因應各種重大人爲危安事件或恐怖活動所造成之危害，並確保國家正常運作及人民安定生活。

（一）依程度區分

1.重大事件：指事件可能對國家安全及利益，造成重大影響、損害或爭議者；2.機敏事件：指事件之資訊，具有機密性或敏感性，在未經評估及核准公布前外洩可能妨礙事件處理或對國家安全及利益產生不良（利）後果者；3.普通事件：未達上述重大或機敏程度者。

（二）依時效區分

1.緊急事件：指事件必須立即處理或反應，否則可能快速惡化或造成傷（損）害者；2.一般事件：指事件未達緊急狀態者。

承上所述，在國土安全緊急通報作業規定之中，所謂之國土安全事件，其定義如下：

1. 恐怖活動：指個人或組織基於政治、宗教、種族、思想或其他特定之信念，意圖使公眾心生畏懼，而從事下列計畫性或組織性之行爲：(1)殺人；(2)重傷害；(3)放火；(4)決水；(5)投放或引爆爆裂物；(6)擄人；(7)劫持供公眾或私人運輸之車、船、航空器或控制其行駛；(8)干擾、破壞電子、能源或資訊系統；(9)放逸核能或放射線；(10)投放毒物、毒氣、生物病原或其他有害人體健康之物質；2.重大人爲危安事件：指除恐怖活動外，藉恐怖活動所列殺人等行爲，由其他人爲因素蓄意導致，而對社會秩序、公共安全或其他公共利益，研判可能構成巨大威脅或已經造成嚴重危害，非單一機關（單位）所能因應，須成立跨部會協調、整合機制，辦理相關應變工作之事件；3.人爲疏失事件：指因人爲疏失致使國家關鍵基礎設施核心功能受損，進而影響政府及社會民生功能運作，或造成人民傷亡或財產損失，引起經濟衰退，及造成環境改變或其他足使國家安全或利益遭受損害之事件。

在通報項目之部分，國土安全緊急通報作業規定區分爲以下之通報項目：

1. 發生或有發生恐怖活動之虞等相關事件或預警訊息。

2. 發生或有發生重大人爲危安事件之虞且涉及下列條件等相關事件或預警訊息：

(1) 發生或有發生疑似恐怖活動手段之虞，且與下列要件相關者：①特定設施、地點；②與特定身分相關聯者；③嚴重影響公眾安全者。

(2) 治安事件：

① 集會、遊行、陳情、請願等群眾活動，而非法侵入、占據官署或國家關鍵基礎設施，致生毀損物品或阻斷其運作功能事件。

② 以言論、文字或圖畫恐嚇公眾將採恐怖活動手段危害公共安全者。

③ 政府機關械彈或重要裝備，遭受竊盜、破壞、交付或遺失，有嚴重損害或引起社會恐慌之重大事件。

(3) 國境事件：入、出、過境查獲經列管之涉恐人士及其同行者。

(4) 境外事件：境外發生或疑似發生恐怖活動而與本國人民相關聯者。

(5) 其他：

① 發生對社會有重大影響或具新聞性之重大人爲危安事件（不以恐怖活動手段爲必要）且涉及下列條件等相關事件：a.特定施設、地點；b.與特定身分相關聯；c.嚴重影響公眾安全。

② 涉各通報機關職掌之重大事件或預警訊息，經機關長官認有陳報必要者。

③ 上級長官指示應通報之事件。

3. 發生或有發生人爲疏失事件之虞且影響國家關鍵基礎設施核心功能持續運作等相關事件：

(1) 設施核心功能失效，無法於容許中斷時間內恢復運作。

(2) 涉各通報機關職掌之重大事件或預警訊息，經機關長官認有陳報必要者。

(3) 上級長官指示應通報之事件。

在通報機關之部分，國土安全緊急通報作業規定區分爲以下之事件，詳如下述：

（一）恐怖活動或重大人為危安事件

由內政部、外交部、法務部、經濟部、交通部、衛生福利部、行政院環境保護署、行政院大陸委員會、海洋委員會、行政院原子能委員會、內政部警政署、內政部移民署、衛生福利部疾病管制署、內政部警政署刑事警察局等機關通報。

（二）人為疏失事件

由內政部、經濟部、交通部、行政院農業委員會、衛生福利部、科技部、金融監督管理委員會、海洋委員會、中央銀行、國家通訊傳播委員會等機關通報。

在通報方式之部分，國土安全緊急通報作業規定之要求如下：

1. 原則以通訊軟體、簡訊、傳眞、電子郵件或傳送公文等留有內容之記錄方式，非上班時間或情況緊急時，得先以通訊軟體、電話或簡訊先行通報，後補書面文件，並確保通報成功。通報內容如涉及機密及個人資料，另循保密裝備或遮蔽方式傳輸。

2. 依初報、續報、結報順序進行。(1)初報：首重時效，各通報機關應詳述人、事、時、地、物之相關資料外，並應提出初判意見；(2)續報：通報機關應賡續查證相關資訊，確認內容正確性及完整性，將更新資訊儘速回報；(3)結報：事件結束後，將處置情況回覆結報。

另外，在通報時效的部分，區分爲以下二種：

1. 重大、機敏或緊急事件：通報機關接獲訊息後30分鐘內通報。

2. 普通或一般事件：通報機關接獲訊息後2小時內通報。

在國土安全緊急通報作業規定之中，涉及一般規定的區塊，如下所述：

1. 通報機關接獲國土安全事件（預警）通知後，應即依權責初判、進行處置作爲並通報行政院國土安全辦公室與國家安全局；事件如符合下列原因，相關通報機關均應通報：(1)事件涉及數個相關機關；(2)事件無法於第一時間妥適應處或判定主管機關；(3)請內政部移民署協助通報國境事件；(4)請外交部協助通報境外事件，惟如發生於大陸地區或香港、澳門，由行政院大陸委員會或法務部通報。

2. 請行政院資通安全署協助轉報國家資通安全通報應變作業綱要之三級及四級資安事件。

3. 請行政院災害防救辦公室協助轉報災害緊急通報作業規定之災害事件。

4. 通報項目對民生經濟、社會安定有重大影響或具新聞性，如無法及時判斷事件始末、瞭解犯案動機或妥適應處等因素，即使事後未發生危害，亦應通報。

5. 各通報機關間請秉持先知快報、逐次修正，相互通報及複式查證原則，確認資訊正確性，避免錯報、誤報。

6. 國家安全局接獲國土安全事件（預警）應同時通報行政院國土安全辦公室與相關機關。

7. 通報內容如涉及刑事案件偵查事務，權責機關應在不違反偵查不公開之原則下，將應變作爲及涉及公共利益有關事項（依據偵查不公開作業辦法）通報恐怖活動或重大人爲危安事件中央業務主管機關（單位）、國家關鍵基礎設施次領域主管機關、行政院國土安全辦公室及國家安全局。

8. 本國領域內發生或有發生國土安全事件之虞，導致外籍人士傷亡時，通報機關應通報外交部；有大陸地區或香港、澳門人士傷亡時，應通報行政院大陸委員會或法務部，並請外交部、法務部或行政院大陸委員會依權責進行適當處置。

9. 通報機關應評估須緊急向民眾發布警報，以迅速疏散、避難之國土安全事件，並健全安全宣導與告警機制，俾於事件各階段，即時發布警報，引導應變。

10. 各通報機關應確實掌握與即時通報國土安全事件（預警），因而防範或妥處重大事件者，得予敘獎；違反本作業規定，依情節追究行政責任或函請各機關議處。

11. 行政院國土安全辦公室彙整中央一級、二級機關及直轄市、縣（市）首長、業務單位緊急通報聯繫電話等資料，通報機關聯繫電話如有異動，應隨時陳報更新。

12. 各通報機關應制定國土安全緊急通報作業細部規定，函頒所屬相關機關與地方政府，並建立聯繫窗口等資料及隨時更新。

貳、我國保護重大關鍵基礎設施機制的困境

從近來所發生在中東沙烏地阿拉伯石油之關鍵基礎設施遭受攻擊及破壞之案例，可以得知，加強關鍵基礎設施保護措施之重要性，以及國家訂定相關保護措施之必要性，是無庸置疑的。因此，持續落實各項關鍵基礎設施防護工作，並發展我國關鍵基礎設施產業，實爲台灣當務之急。惟目前我國保護重大關鍵基礎設施機制仍有諸多的困境，茲分述如下：

一、「關鍵基礎設施安全防護條例草案」尚未正式通過與施行

我國目前仍無CIP專法，「關鍵基礎設施安全防護條例」仍爲草案。惟有關執行關鍵基礎設施安全防護，必須遵守依法行政之原則，其中包括法律優位與法律保留原則等，且必須採取強制作爲或管制措施之行爲；而

目前我國之關鍵基礎設施安全防護條例草案仍未正式通過與施行，故相關案件之處理有窒礙難行之虞，儘速通過我國之關鍵基礎設施安全防護條例實為當務之急。

另外一個問題點，係「關鍵基礎設施安全防護條例草案」僅有十個法律條文，與澳洲政府之「關鍵基礎設施安全法」之六十餘個法律條文相較之結果，我國之關鍵基礎設施安全防護條例草案，似嫌過於簡略，不夠完整化。

二、未將商業活動設施或機構、重大生產事業、設施或機構及糧食、農業之設施或機構指定為重大關鍵基礎設施

依據107年6月6日我國所訂定之資通安全管理法第3條第1項第7款之規定，有關我國關鍵基礎設施定義如下[59]：「指實體或虛擬資產、系統或網路，其功能一旦停止運作或效能降低，對國家安全、社會公共利益、國民生活或經濟活動有重大影響之虞，經主管機關定期檢視並公告之領域。」另外，同法第3條第1項第8款有關關鍵基礎設施提供者之定義，則為：「指維運或提供關鍵基礎設施之全部或一部，經中央目的事業主管機關指定，並報主管機關核定者。」然而，我國目前尚未將商業活動設施或機構、重大生產事業設施或機構及糧食、農業之設施或機構為重大關鍵基礎設施，這為相當可惜之處。故將商業活動設施或機構、重大生產事業設施或機構及糧食、農業之設施或機構指定為重大關鍵基礎設施，應為當務之急及重要議題。

三、主領域之下之各個次領域尚未建置完整化之重大關鍵基礎設施防護計畫書

行政院於2018年依據「國家關鍵基礎設施安全防護指導綱要」而增

---

59 法源依據：2018年06月06日公布施行之資通安全管理法。立法歷程：中華民國107年6月6日總統華總一義字第10700060021號令制定公布全文23條；施行日期，由主管機關定之中華民國107年12月5日行政院院臺護字第1070217128號令發布定自108年1月1日施行。

訂「國家關鍵基礎設施防護管理計畫書架構」[60]。本防護計畫書架構主要的內容，係爲：（一）設定安全目標；（二）辨識設施資產；（三）風險評估（威脅、脆弱性以及災害衝擊）；（四）決定防護優先順序；（五）實施防護管理計畫；（六）衡量實施成效。以上之計畫書架構訂定內容，計有標準作業程序（SOP）及各項演練計畫之工作項目、衡量頻率、依據、檢討與改善項目等衡量實施成效之實施紀錄及註記等。

惟目前在國家關鍵基礎設施八大主領域之下之各個次領域，仍尚未建置完整化之重大關鍵基礎設施防護計畫書，此一問題益顯重要性及嚴重性。例如，於2019年10月1日發生在宜蘭蘇澳大橋倒塌造成多人傷亡案件，宜蘭蘇澳大橋於於1998年完工，1999年正式通車使用，2019年10月1日之當日上午9時，發生坍塌之重大意外。此一坍塌事故發生時，一輛行駛中的油罐車，墜落在橋下碼頭處，進而引發油罐車起火燃燒、引發火警，造成此一嚴重傷亡案件[61]。宜蘭蘇澳大橋於1999年興建完成，係國內唯一的單鋼式拱橋，宜蘭蘇澳大橋亦是亞洲第一座雙叉式單拱橋的建材設施，爲宜蘭南方澳觀光漁業發展的一個重要里程碑[62]。但是，本次大橋斷裂造成多人傷亡之慘劇，到底該由哪個機關負責？哪個機關是主管機關？應該由哪個機關負責檢測？應該多久檢測一次？如何進行有效之檢測？2016年的檢測又出現什麼問題[63]？再者，依據《中央社》報導，從南方澳大橋結構來看，支撐拱面與橋台的鋼索涉及到安全性，理應在檢測範圍，鋼索卻沒納入檢測項目[64]。

---

60 行政院（2014），國家關鍵基礎設施安全防護指導綱要——「國家關鍵基礎設施防護管理計畫書架構」（附件三），107年5月18日修正。

61 NEWS（2019）。台灣宜蘭蘇澳大橋倒塌造成多人傷。https://www.bbc.com/zhongwen/trad/chinese-news-49888620。瀏覽日期：2019年10月19日。

62 SETN三立新聞網（2019）。南方澳跨港橋崩塌入海，蘇澳鎮長訝異：應該很牢固才對……。https://www.setn.com/News.aspx?NewsID=611144。瀏覽日期：2019年10月19日。

63 The NewsLens（2019）。完工21年只檢測一次、得標和監審都是「自己人」？https://www.thenewslens.com/article/125595。瀏覽日期：2019年10月19日。

64 中央社（2019）。未主動檢測南方澳大橋——交通部究責航港局港務公司。https://www.cna.com.tw/news/firstnews/201910020357.aspx。瀏覽日期：2019年10月19日。

復次，交通部調查小組亦認爲，2016年前，宜蘭縣政府及港務公司誤以爲蘇澳大橋係由宜蘭縣政府所管轄，故港務公司並未做橋梁檢測。惟2016年該檢測過後，已經釐清橋梁屬於港務公司負責，港務公司是維修、管理之單位，權責單位港務公司卻仍然未主動做橋梁檢測，亦即，港務公司卻未積極、主動啓動、執行新的檢測計畫，故相關涉及單位及人員，是否該究責？不無疑問[65]。故本文所觀察得到之主領域之下之各個次領域（如交通領域），尚未建置完整化之重大關鍵基礎設施防護計畫書之觀點，得到證實。

觀此，當可知問題的徵結，在於我國之關鍵基礎設施防護在主領域之下之各個次領域法令，並未詳加規定相關主管（權責）機關、關鍵基礎設施如何維修？如何檢測？多久檢測一次？由哪個機關負責檢測？以致於意外事故發生時，相關單位互相推諉塞責，造成危安漏洞。故陸運橋梁之次領域尚未建置完整化之重大關鍵基礎設施防護計畫書，此亦爲一個非常嚴重的問題，政府當局應加以重視之。

綜上所述，在次領域部分，例如石油、電力、通訊、傳播、陸運、海運、空運、氣象、銀行、證券、金融支付、醫療照顧、疾病管制、緊急應變體系、機關場所與設施、資通訊系統、科學工業與生醫園區及軟體園區與工業區等，政府當局應思考針對上述之次領域部分，分別增列建置完整化之重大關鍵基礎設施防護計畫書，才能達到國家關鍵基礎設施整體之安全防護。亦即，需增列、建置20份完整化之重大關鍵基礎設施防護計畫書，以期達到國家關鍵基礎設施之安全防護之整體目標、宗旨。

四、社會大衆對於保護我國重大關鍵基礎設施之認知不足，主管機關亦缺乏相對應之教育、宣傳作爲

我國目前對於關鍵基礎設施安全防護發展尚未臻成熟且仍在初期階

---

65 蕭玗欣（2019）。南方澳斷橋 港務公司：還有8橋從未檢測。https://news.ltn.com.tw/news/life/paper/1322314。

段，惟有關國家關鍵基礎設施安全防護之執行，則與國家安全及民生穩定有直接影響，故強化社會大眾對於保護我國重大關鍵基礎設施之認知爲當務之急；再者，由於關鍵基礎設施保護，涵蓋風險管理、災難復原、安全防護等跨領域、跨體系之整合，因此，在各項政策面與管理面均需要有配套的作爲與措施，故相關主管機關亦應強化相關領域人員之教育、宣傳、培訓及演練等各項作爲。

五、國家關鍵基礎設施安全防護指導綱要尚待精進之

上述之國家關鍵基礎設施安全防護指導綱要之主要內容中，比較可惜之處，係未包括：（一）國家關鍵基礎設施倘若遭受攻擊或破壞，主管機關本身如何進行災害應變作爲？主管機關災害應變機制爲何？現行之國家關鍵基礎設施安全防護指導綱要，雖有規劃安全防護協力單位（非主管機關）之協力義務與作爲，亦即，安全防護協力單位（非主管機關）平時應與國家關鍵基礎設施提供者保持密切聯繫協調管道，參與相關演訓，災變時協助應變處置，與復原工作。但當重大災害發生時，主管機關實際之災害應變機制爲何？安全防護協力單位如何參與應變處置，與如何參與復原工作？則未進一步詳加規範，國家關鍵基礎設施安全防護指導綱要之主管機關災害應變機制，似乎過於簡略，本文作者擔憂其不具有實際可操作性、可被實踐性；（二）國家關鍵基礎設施倘若遭受攻擊或破壞，如何進行修復？災後復原如何重建？災後復原之機制爲何？（三）國家關鍵基礎設施之主管機關，可行使哪些之權限？哪些之職權（power）？

據上所述，從美國911恐攻事件到近來中東石油遭無人機破壞案例得知，加強關鍵基礎設施保護措施及訂定相關保護安全措施之必要性及重要性。惟我國目前有關「關鍵基礎設施安全防護條例」（草案）尚未正式通過與施行，故在執行關鍵基礎設施保護措施上並無法源依據；另外，未將商業活動設施或機構、重大生產事業、設施或機構及糧食、農業之設施或機構指定爲重大關鍵基礎設施亦爲政府當局需面臨之重要議題。再者，在八大主要領域下之20項次領域，政府當局亦應思考增列建置完整化之20項

次領域之重大關鍵基礎設施防護計畫書，才能達到國家關鍵基礎設施整體之安全防護；復次，社會大眾對於保護我國重大關鍵基礎設施之認知不足且主管機關亦缺乏相對應之教育、宣傳作為等。綜上所述，均為目前我國所面臨關鍵基礎設施保護之種種困境。

第四節　小結

目前各國所遭受之恐怖威脅態樣已經有所改變，已經從以前針對性之威脅演變為對具有多樣性之關鍵基礎設施實施攻擊。攻擊的方法已經從以前單一的攻擊進而演變成跨區域、跨國、跨領域之組織型攻擊。故目前國際社會從事合作以共同打擊日趨嚴重的跨區犯罪活動，是各國維護法秩序價值的共同任務[66]。未來我國在關鍵基礎設施所面臨的威脅，可能將會是更趨複雜態樣之攻擊模式，由此可見，保護重大關鍵基礎設施的機制益顯重要。本文彙整外國保護重大關鍵基礎設施的機制，綜整我國的現況、目前的困境及政策發展現況所作之分析，了解我國在保護重大關鍵基礎設施過程中具何優勢、劣勢，並提出以下改善之芻議，期望能使我國保護重大關鍵基礎設施之工作，更臻完善化、法制化、本土化、周延化。本文擬訂可行的對策如下所述：

壹、儘速通過與施行「關鍵基礎設施安全防護條例草案」

目前我國在有關關鍵基礎設施安全防護之法規，主要即「關鍵基礎設施安全防護條例草案」，目前尚未通過，故在關鍵基礎設施安全防護之執法工作上，並無法源依據。未來我國可借鏡美國、澳洲等先進國家之經驗，逐步建立法源依據，以鞏固我國之關鍵基礎設施之安全。

---

66 曾正一（2002），現階段兩岸合作共同打擊跨區犯罪模式之研究，中央警察大學法學論集，第7期，頁13-33。

貳、關鍵基礎設施安全防護之法源依據、立法模式，宜比照外國先進國家之立法內容

有關我國目前關鍵基礎設施安全防護條例之立法內容，可參照澳洲2018年「重大關鍵基礎設施安全法」之立法模式，並宜更加周延化及詳盡化。

參、成立專責之保護重大關鍵基礎設施之專責機關，我國內政部似可轉型成為內政及國土安全部

有關未來我國保護重大關鍵基礎設施之專責機關之建置，可仿照美國保護重大關鍵基礎設施組織編制之模式，成立專責之保護重大關鍵基礎設施之專責機關，以提升保護重大關鍵基礎設施之專責機關之層級。

因應21世紀之時代巨大變遷，保護重大關鍵基礎設施已是一個重大之議題，我國設置關務及國境保護署，已有成立之必要性。進一步言之，911之後隨著恐怖主義之興起，恐怖主義犯罪非常興盛，國土安全、保護重大關鍵基礎設施，已成爲新興之重大課題，是以，除了有必要成立關務及國境保護署之外，似可仿照美國模式，成立國土安全部，考量我國行政部門組織之精簡化，我國內政部似可轉型成爲內政及國土安全部。

以下，是美國國土安全部（詳如圖11-10）[67]、「網路安全及關鍵基礎設施安全保護局」[68]、「海關及國境保護局」（詳如圖11-11）[69]（相當於本文所稱之關務及國境保護署）（CISA）之組織架構，或可供我國未

---

[67] The Department of Homeland Security (2019). Organizational Chart, https://www.dhs.gov/sites/default/files/publications/18_1204_DHS_Organizational_Chart.pdf.

[68] The Department of Homeland Security (2019). the Cybersecurity and Infrastructure Security Agency, https://www.dhs.gov/CISA.

[69] U.S. Customs and Border Protection (2019). United States Customs and Border Protection (CBP), https://www.cbp.gov/.

U.S. Customs and Border Protection (2019). United States Customs and Border Protection (CBP), https://www.cbp.gov/sites/default/files/assets/documents/2017-Oct/US-CBP-org-charts-10.25.17.pdf.

來之「內政及國土安全部」參考之用。美國國土安全部近年來，新增一個局，名為網路安全及關鍵基礎設施安全保護局。

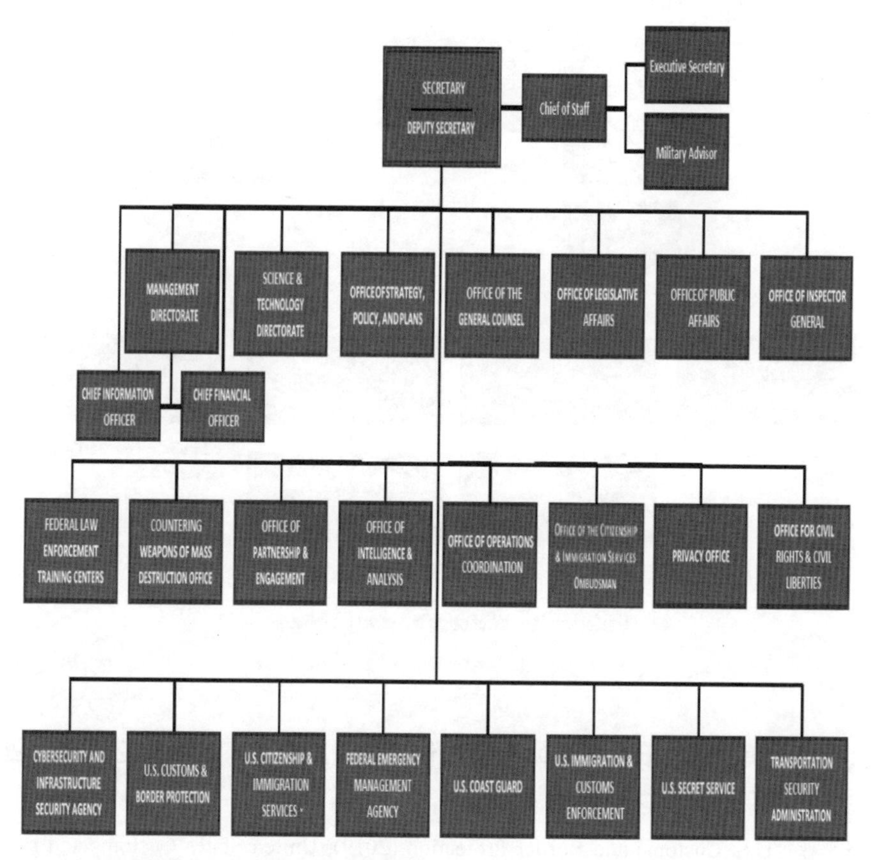

圖11-10　美國國土安全部之組織架構[70]

70 The Department of Homeland Security (2022), Organizational Chart, https://www.dhs.gov/sites/default/files/publications/18_1204_DHS_Organizational_Chart.pdf.

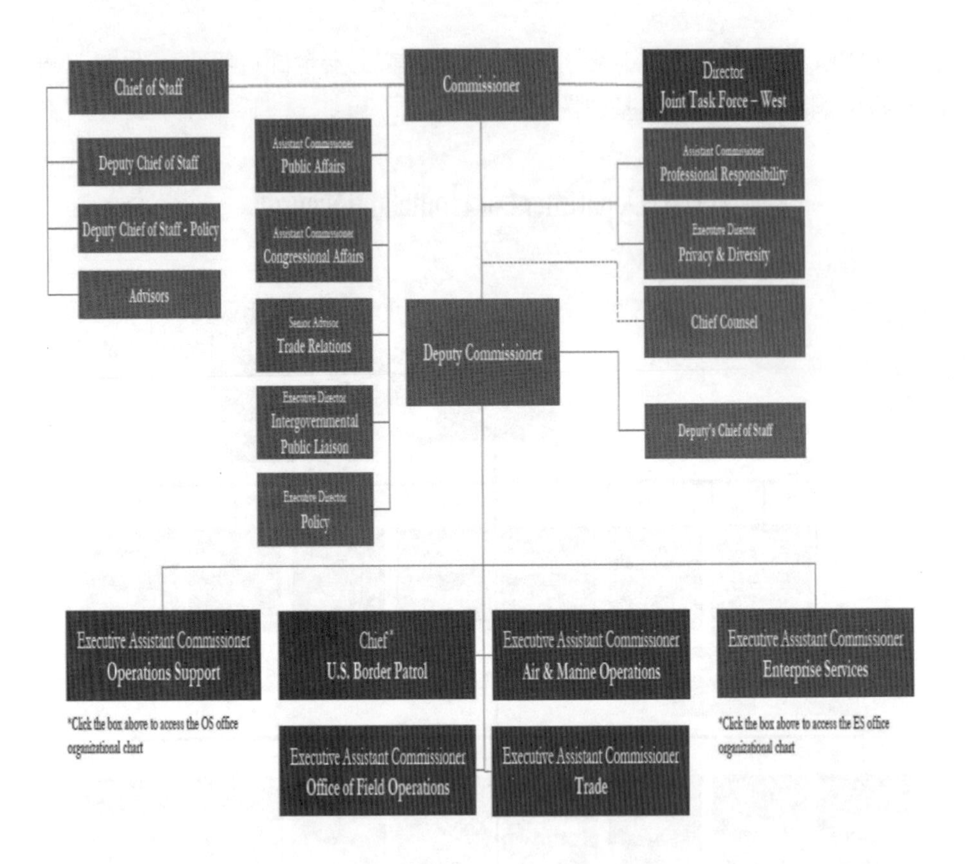

圖11-11　美國國土安全部海關及國境保護局（相當於本文所稱之關務及國境保護署）之組織架構

資料來源：U.S. Customs and Border Protection (2019), United States Customs and Border Protection (CBP).

依據國土安全部官方網站[71]之資訊，2018年11月16日，川普總統簽署2018年「網絡安全及關鍵基礎設施安全組織法」。這項具有里程碑意義的立法，提升前國家保護與計畫總長在國土安全部內的任務、使命，並建立網絡安全及關鍵基礎設施安全局（President Trump signed into law the Cybersecurity and Infrastructure Security Agency Act of 2018. This landmark legislation and establishes the Cybersecurity and Infrastructure Security Agency (CISA)）。CISA任務如下[72]：

一、CISA領導美國努力保護關鍵基礎設施，以免關鍵基礎設施受當今各式威脅之影響，同時與各級政府與民間部門，建構合作夥伴合作，以防範未來不斷變化之風險（CISA leads the national effort to defend critical infrastructure against the threats of today, while working with partners across all levels of government and in the private sector to secure against the evolving risks of tomorrow）。

二、CISA這一機關之名稱，使人們認知到正在完成之工作，提高與合作夥伴、利害關係者之互動的能力，並招募頂尖的網絡安全人才（The name CISA brings recognition to the work being done, improving its ability to engage with partners and stakeholders and recruit top cybersecurity talent）進入CISA服務。

美國海關及國境保護局（United States Customs and Border Protection）是國土安全部最大和最複雜的部門之一[73]，其優先任務是將恐怖分子及其武器，盡可能地排除在美國國境之外[74]。美國海關及國境保護

[71] Official website of the Department of Homeland Security, https://www.dhs.gov/CISA.

[72] The Department of Homeland Security (2019). the Cybersecurity and Infrastructure Security Agency, https://www.dhs.gov/CISA.

[73] U.S. Customs and Border Protection (2019), United States Customs and Border Protection (CBP), https://www.cbp.gov/. 原文爲：one of the Department of Homeland Security's largest and most complex components.

[74] U.S. Customs and Border Protection (2019), United States Customs and Border Protection (CBP), https://www.cbp.gov/. 原文爲：with a priority mission of keeping terrorists and their weapons out of the U.S.

局尚負責確保、促進貿易、旅行之順暢及便利[75]，美國海關及國境保護局執行數百項美國法規，包括「移民法」和反毒法令[76]。在維護美國國土安全之工作上，海關及國境保護局（CBP）扮演非常重要之角色。

肆、在主領域之下之各個次領域建置完整化之特定重大關鍵基礎設施防護計畫

有關我國在保護重大關鍵基礎設施之特定重大關鍵基礎設施防護計畫部分，可仿照美國2015年保護運輸系統重大關鍵基礎設施之特定計畫書（2015 Transportation Systems Sector-Specific Plan）模式，在主領域之下之各個次領域，建置完整化之特定重大關鍵基礎設施防護計畫書，使得防護計畫更加周延化及詳盡化。依據行政院國家關鍵基礎設施安全防護指導綱要之規劃，主管機關應輔導並審核次領域內之各級國家關鍵基礎設施，實施風險評估，進一步撰擬「國家關鍵基礎設施安全防護計畫書」，提送主領域協調機關。然而，次領域內之各級國家關鍵基礎設施之「國家關鍵基礎設施安全防護計畫書」，就我國現階段而言，並未落實執行之，尚待加以精進、改善。

伍、立法院宜重視我國保護重大關鍵基礎設施機制，並給予充分之經費

我國目前在關鍵基礎設施防護的發展仍在初期，而關鍵基礎設施安全防護工作之執行，則直接與國家安全與民生穩定有直接相關、影響。由上

---

[75] U.S. Customs and Border Protection (2019), United States Customs and Border Protection (CBP), https://www.cbp.gov/. 原文爲：it also has a responsibility for securing and facilitating trade and travel.

[76] U.S. Customs and Border Protection (2019), United States Customs and Border Protection (CBP), https://www.cbp.gov/. 原文爲：while enforcing hundreds of U.S. regulations including immigration and drug laws.

述發生在宜蘭蘇澳大橋倒塌造成多人受傷案件之後，更突顯出國內關鍵基礎設施所潛藏之脆弱性及危險性，故加強關鍵基礎設施保護之措施尤為重要。政府當局及立法院應重視此一問題，並給予足夠的經費，以啓動保護重大關鍵基礎設施各項機制及措施。

陸、喚起社會大衆對於保護我國重大關鍵基礎設施之認知，主管機關亦宜有相對應之教育、宣傳作為

我國目前對於保護重大關鍵基礎設施機制發展仍未臻成熟，故強化社會大眾對此一議題的關注及認知相形重要；再者，相關主管機關在各項政策面與管理面均需要強化相關領域人員之教育、宣傳及培訓作為，俾利喚起社會大眾對於保護我國重大關鍵基礎設施之認知。

柒、授權國軍部隊或執法機關於緊急、必要時，有權限將無人機擊毀

國內近年來發生多次空拍機滋擾管制區甚至更嚴重之危安事件。總統府及各重要機構未來遭到不法人士以小型無人機或空拍機滋擾甚至於攻擊，均有可能發生[77]。故針對防範無人機攻擊此一新型態的威脅情況，預先研擬各項因應措施，甚至於緊急、必要時授權國軍部隊或執法機關，有權限將無人機擊毀，此為政府當局保護重大關鍵基礎設施面臨的重要課題之一。

捌、加強國際執法合作機制，並加以法制化

目前各國所遭受之恐怖威脅態樣從以前針對性之威脅演變為具多樣性。恐怖攻擊的方法態樣亦從單一的攻擊進演變成跨國、跨領域之組織型

77 自由時報（2017）。防無人機攻擊總統府，軍方研擬對策。https://news.ltn.com.tw/news/focus/paper/1109854。瀏覽日期：2019年10月19日。

攻擊。故加強國際執法合作機制及法制化亦顯重要。

玖、宜建置主領域及次領域機關相互間之支援、溝通、協調之相關機制，並加強情資交流、分享與統合之機制，進而予以法制化

目前在國家關鍵基礎設施八大主領域之下之各個次領域，應建置一個完整化之重大關鍵基礎設施防護計畫書。八大主領域與次領域之石油、電力、通訊、傳播、陸運、海運、空運及氣象、銀行、證券、金融支付、醫療照顧、疾病管制、緊急應變體系、機關場所與設施、資通訊系統、科學工業與生醫園區及軟體園區與工業區等之間亦應加強彼此間情資交流、分享與統合之機制，未來在「關鍵基礎設施安全防護條例草案」修訂中，宜將以上統合機制予以法制化以利各項政策之執行及推動。

拾、宜將商業活動設施或機構、重大生產事業設施或機構、糧食、農業之設施或機構指定為重大關鍵基礎設施

從國際間所發生之恐攻事件到國內重大設施危安破壞案件之案例得知，加強關鍵基礎設施保護之重要性。惟我國目前有關關鍵基礎設施安全防護上未有法源依據（目前爲草案），且涉及重大關鍵基礎設施之範圍，容有討論之空間。本文認爲，將商業活動設施或機構、重大生產事業設施或機構及糧食、農業之設施或機構指定爲重大關鍵基礎設施，亦爲政府當局需面臨之重要議題。

拾壹、建置保護我國重大關鍵基礎設施之教育、訓練及演習機制，並將其法制化

我國目前對於關鍵基礎設施安全防護發展仍在初期階段，故強化社會大眾對於保護我國重大關鍵基礎設施之認知及相關主管機關人員之教育、宣傳、培訓及演練等各項作爲亦爲首要之急。

拾貳、「關鍵基礎設施安全防護條例草案」及「國家關鍵基礎設施安全防護指導綱要」宜建置完整化之減災、復原之相關機制

2016年立法院之第310號提案第178713關係文書中，已經將關鍵基礎設施安全防護機制，提升至國家安全層次考量；另外，行政院亦於107年4月20日修訂國家關鍵基礎設施安全防護指導綱要。惟以上二者皆未於關鍵基礎設施安全防護上，建置完整化之主管機關之減災、復原之相關機制，故未來於「關鍵基礎設施安全防護條例草案」及「國家關鍵基礎設施安全防護指導綱要」之中，宜建置完整化之主管機關之減災、復原之相關機制，在關鍵基礎設施安全防護上尤顯重要。

拾參、「關鍵基礎設施安全防護條例草案」宜建置公私協力之相關機制

美國政府於NIPP 2013中提出，希望國內之私部門，能結合公部門積極參與國家基礎設施之安全防護工作，且提出其關鍵基礎設施安全組織架構、項目規劃分析，用以共同執行CIP工作。我國似應仿照美國此一機制並積極建置公私協力之相關政策措施，並加以法制化，以因應目前所遭受之恐怖威脅態樣的多樣性及強化關鍵基礎設施之防護工作。

拾肆、「關鍵基礎設施安全防護條例草案」宜建置完整之救濟法制，用以充分保障民衆之訴訟權

宜蘭蘇澳大橋倒塌造成多人傷亡此一案件，不僅突顯目前國內關鍵基礎設施安全防護上，在重要陸運橋梁次領域尚未建置完整化之重大關鍵基礎設施防護計畫之困境，亦反映出「關鍵基礎設施安全防護條例草案」宜建置完整之救濟法制，用以充分保障民眾之權益及訴訟權等。諸如：國家賠償、行政訴訟法制等，以充分保障民眾之權益。

拾伍、定期發布全國重大關鍵基礎設施保護計畫安全性與復原力之挑戰報告書

美國每年定期發布全國重大關鍵基礎設施保護計畫安全性與復原力之挑戰報告書之模式機制，我國應跟進及效法此一機制，目前之作法，我國則是尚未建置定期發布全國重大關鍵基礎設施保護計畫安全性與復原力之挑戰報告書之機制，甚是可惜。

拾陸、建置台灣版之重大關鍵基礎設施威脅情資分享綱要

我國似可仿照美國建置「重大關鍵基礎設施威脅情資分享綱要」（Critical Infrastructure Threat Information Sharing Framework）之模式，建置台灣版、本土版之重大關鍵基礎設施威脅情資分享綱要，用以精進我國重大關鍵基礎設施威脅之情資分享之機制。

參考文獻

一、中文文獻

CISO Talk（2019）。關鍵基礎設施安全拉警報，專家剖析網路攻擊趨勢。https://www.ithome.com.tw/people/130423。瀏覽日期：2019年10月6日。

NEWS（2019）。台灣宜蘭蘇澳大橋倒塌造成多人傷。https://www.bbc.com/zhongwen/trad/chinese-news-49888620。瀏覽日期：2019年10月19日。

NGO（2019）。下一世代網路安全之標準化討論會：根基於公開金鑰基礎建設與個人資料保護。https://www.taiwanngo.tw/p/406-1000-21964,r37.php?Lang=zh-tw。瀏覽日期：2019年10月17日。

SETN三立新聞網（2019）。南方澳跨港橋崩場入海，蘇澳鎮長

訝異：應該很牢固才對……。https://www.setn.com/News.aspx?NewsID=611144。瀏覽日期：2019年10月19日。

Tech New（2019）。無人機襲擊重創沙烏地阿拉伯煉油廠，美國指控伊朗爲元兇。https://technews.tw/2019/09/16/drones-attack-saudi-arabia-oil-facilities/。瀏覽日期：2019年9月16日。

The NewsLens（2019）。完工21年只檢測一次、得標和監審均是「自己人」？https://www.thenewslens.com/article/125595。瀏覽日期：2019年10月19日。

中央社（2019）。未主動檢測南方澳大橋——交通部究責航港局港務公司。https://www.cna.com.tw/news/firstnews/201910020357.aspx。瀏覽日期：2019年10月19日。

中華人民共和國商務部貿易經濟調查局（2019）。美國關鍵基礎設施安全防護策略與實踐。http://trb.mofcom.gov.cn/article/zuixindt/201706/20170602584768.shtml。

立法院（2016），院總第310號，委員提案第18713號關係文書，第9屆第1會期第7次會議。

安全內參（2018）。美國關鍵基礎設施（CIP）安全組織架構、項目規劃分析。https://www.secrss.com/articles/6891。瀏覽日期：2019年10月11日。

朱蓓蕾（2015），全球化時代情報在危機處理過程之運用，遠景基金會季刊，第16卷第3期，頁181-244。

自由時報（2017）。防無人機攻擊總統府軍方研擬對策。https://news.ltn.com.tw/news/focus/paper/1109854。瀏覽日期：2019年10月19日。

行政院（2011），關鍵資訊基礎建設保護政策指引，行政院科技顧問組（100年12月31日），台北：行政院。

行政院（2018），行政院資通安全處「資安產業發產行動計畫」，台北：行政院資通安全處。

行政院，國家關鍵基礎設施安全防護指導綱要（103年12月29日函頒，107年5月18日訂正版本）。

李中生、謝蕙如、鄧敏政（2015），美國國家基礎設施防護計畫NIPP 2013重點概述，國家災害防救科技中心災害防救電子報，第119期，頁1-11。

李如霞（2019），新編國家安全與國土安全精粹：網路恐怖攻擊應變機制，台北：士明。

每日頭條（2017）。美國網絡空間安全體系（3）：美國關鍵基礎設施定義與安全防護。https://kknews.cc/zh-tw/world/zxan2np.html。瀏覽日期：2019年10月17日。

孟維德、黃翠紋（2012），警察與犯罪預防，台北：五南圖書出版公司。

林山田、林東茂（1997），犯罪學，台北：三民書局。

施弘文（2019），從美國關鍵基礎設施之防護淺論我國相關法制之方向，科技法律透析，第31卷第1期，頁374-386。

柯雨瑞、張育芝、曾麗文（2019），我國公務機關資通安全管理機制的現況、問題與對策之初探——以中國大陸的華爲案爲中心，危機管理學刊，第16卷第2期，頁101-114。

國家安全會議國家資通安全辦公室（2018），國家資通安全戰略報告，台北：國家安全會議國家資通安全辦公室。

張書瑋（2018），我國資通安全戰略及體系評估——兼論資通安全管理法草案，安全與情報研究，第1卷第1期，頁39-87。

張淳美（2018），展望與探索（PROSPECT & EXPLORATION），第16卷第12期，頁136-149。

許福生（2016），犯罪學與犯罪預防，台北：元照出版社。

陳明傳（2004），反恐與國境安全管理，中央警察大學國境警察學報，第3期，頁35-56。

陳明傳（2007），跨國（境）犯罪與跨國犯罪學之初探，第一屆國土安全學術研討會論文集，桃園：中央警察大學。

陳明傳（2010），美國國土安全關鍵基礎設施與融資方面之防衛，中央警察大學國境警察學報，第13期，頁33-65。

曾正一（2002），現階段兩岸合作共同打擊跨區犯罪模式之研究，中央警察大學法學論集，第7期，頁13-33。
網路治理議題支援平台（2018）。美國通過網路安全暨基礎安全局法案。https://twip.org.tw/Observatory/Detail.aspx?id=73。瀏覽日期：2019年10月11日。
澳洲新聞網（2019）。澳洲關鍵設施「極其脆弱」分鐘都可能被中國黑客掌控。https://www.huaglad.com/zh-tw/aunews/20181212/338262.html。瀏覽日期：2019年10月11日。
聯合新聞網（2019），10架無人機怎攻擊19目標？美官員：攻擊來自兩伊。https://udn.com/news/story/6811/4049510。瀏覽日期：2020年2月16日。
鍾運宏（2018），我國之關鍵基礎設施潛藏之安全威脅與防護作為——以水資源為例，桃園：中央警察大學警察政策研究所碩士論文。

二、外文文獻

American Government (2010). Comprehensive National Cybersecurity Initiative (CNCI), Technical report, October 15, 2019 retrieved from https://nsarchive2.gwu.edu/NSAEBB/NSAEBB424/docs/Cyber-034.pdf.
Australian Government (2019). Security Legislation Amendment (Terrorism) Act 2002, Prepared by the Office of Legislative Drafting, Attorney-General's Department, Canberra, October 2019 retrieved from https://www.legislation.gov.au/Details/C2004C01314.
Britz, Marjie T. (2009). *Computer Forensics and Cyber Crime: An Introduction*, 2nd ed., USA: Prentice Hall.
Clough, D. (2010). *Principles of Cybercrime*, UK: Cambridge University.
Evans, K. (2011). *Crime Prevention: A Critical Introduction*, USA: SAGE Publications Ltd.
Homeland Security (2019). Critical Infrastructure Sectors. https://www.dhs.gov/cisa/critical-infrastructure-sectors.
Homeland Security (2019). Critical Infrastructure Threat Information Sharing

Framework: A Reference Guide for the Critical Infrastructure Community. https://www.dhs.gov/cisa/critical-infrastructure-sectors.

Homeland Security1 (2018). National Infrastructure Protection Plan, October 2019. https://www.dhs.gov/cisa/critical-infrastructure-sectors.

The white House President Barack Obama (2013). Presidential Policy Directive-Critical Infrastructure Security and Resilience. Secretary Release from Office of the Press. October 2019. https://obamawhitehouse.archives.gov/the-press-office/2013/02/12/presidential-policy-directive-critical-infrastructure-security-and-resil.

USLEGAL (2019). Information Analysis And Infrastructure Protection, October 2019. https://homelandsecurity.uslegal.com/department-of-homeland-security/components-of-the-department-of-homeland-security/information-analysis-and-infrastructure-protection/.

第十二章

緊急事件管理與我國災害防救機制之體系暨對策

陳明傳

第一節　前言

前述各章所述之國土安全此種新的國家與社會安全維護之範疇與研究領域，本緣起於新興跨國犯罪之氾濫，與國土安全在人爲破壞與自然災害威脅之多面向之影響下，所新產生處理此類社會新問題的研究新領域。故而其不僅只是來自於人類所帶來之危害，至於自然之災害亦可能成爲危害國土整體安危之因素。進而，人類所帶來之危害亦不僅爲傳統之犯罪形式，亦應包括新的跨國犯罪與非傳統方式的破壞，例如恐怖攻擊與基礎設施（infrastructure）破壞等是。因此在解釋或處理國土安全的現象或議題時，實亦可從安全管理的角度出發，應包含國家安全管理、公共安全管理、消防安全管理，及資通安全管理等問題，以便探究在處置此類國土安全相關之現象與問題時，其在操作或實務運作上應涵蓋安全管理、危機管理之原則及如何的善加整合與應用。

又危機管理乃行政機關對於可能發生之潛在危機狀況，或對於無明顯之預警下突發之事件，而此等事件足以威脅到國家之生存或組織之發展，甚至對生命、身體或財產已產生嚴重之損害或影響。而相關部門必須在極短期間內，動用最經濟有效之資源，作出最可行之決策，並採取斷然措施，將損害降至最低之特殊管理程序。而此亦爲相關部門在處理危害國土安全或者各類人爲或自然之災害的防救時，必須運用的基本原則之一。

本章擬以緊急事件管理之基本原則，如何運用在災害防救機制之體系與改革之上來論述之。並聚焦於我國體系之檢討爲主，同時援引國土安全發展最爲先驅與最全面發展之美國國土安全部，與聯邦緊急救難署爲比較研究之標的，而來討論我國災害防救機制之體系應興應革之對策。至於有關國際間，對於災害防救機制之體系暨其對策，則將於本書第十三章中接續的討論之。

第二節　緊急事件管理之運作原則

緊急事件管理之特性應可含：一、威脅性：威脅組織之目標與其基本價值；二、不確定性：無法掌控事件之所有資訊，亦難於精確評量；三、時間之有限性：對於突發事件，平常之作業程序與方法無法有效處理；四、雙面效果性：危機可能惡化，危機亦可能爲轉機。而其管理之動態模式可區分如下：

一、危機爆發前之作爲：（一）設置危機知識庫；（二）釐訂相關之對應劇本與措施；（三）建立危機計畫、訓練、感應等系統。

二、危機爆發時之作爲：（一）成立危機指揮中心；（二）建立危機資源管理系統；（三）建立危機情境監測系統。

三、危機解除後之作爲：（一）評估檢討危機發生之原因；（二）加速復原之工作並管制其進度；（三）評估、檢討之結論，作爲修正本土型危機管理之改進參考。[1]

而國際警察首長協會（International Association of Chiefs of Police, IACP）在2005年5月，有鑑於國際恐怖主義已嚴重危害到人類社會的安全，所以發表了一份白皮書，在這份白皮書中指恐怖主義雖已在1990年代興起，但美國中央政府和地方警察機關均未及時擬訂因應的安全策略，一直到2001年911事件後，才警覺國土安全的重要性。因此，IACP呼籲警察機關應抱持5項原則來處理國土安全的問題，其5項原則如下：

一、所有恐怖主義活動都是地方性的：IACP清楚的聲明，任何實際的恐怖攻擊會發生在地方層級，而地方將會成爲處理恐怖攻擊的第一線回應者。美國國土安全提議必須在當地的背景下發展，承認地方，而不是聯邦政府，當局的主要責任爲對恐怖襲擊的預防、應對和復原。

二、預防恐怖主義攻擊列爲第一優先：恐怖攻擊預防的重要性應優先於任何國家、州、部落、地方的國家安全政策，而不是僅僅注重在應對和

1　陳明傳、駱平沂（2010），國土安全導論，台北：五南圖書出版公司。

事後的復原。

三、社區安全即爲國土安全（hometown security is homeland security）：警察機關爲了社區安全而打擊傳統犯罪行爲，當然也必須打擊恐怖主義攻擊行爲，而且警察保護社區安全，同時也是保護了國土安全。

四、國土安全策略應是「全國性」的，而非只有「中央性」的：IACP抱怨地指出美國2002年公布的「全國國土安全策略」（The National Strategy for Homeland Security）較偏重中央聯邦的作爲，而未針對全國各地方各警察機關的作爲，且在擬訂該策略的過程中，亦未讓地方警察機關充分地參與，所以，今後在訂定國土安全策略時，應由下而上地擴大參與。

五、地方警察機關的國土安全策略應因地制宜：由於各地方治安環境不同，任何一項政策並非能適用在每一個地方（one size does not fit all），所以國土安全的策略訂定，應尊重多元的地方警察機關的特色，委由地方由下而上、因地制宜地去規劃和執行，而不要由中央下令實施一體遵行的策略。

至於國際城市、郡縣管理協會（International City/County Management Association, ICMA）亦曾提出一個最佳的國土安全政策，其亦可視之爲運用安全管理與危機管理之知識，至國土安全的運作原則之上。其建議之國土安全管理運作之基本原則如下：

一、減災（mitigation）：爲了有效率的減少未來的攻擊，警察需要能夠蒐集資訊、分析資訊，並分送給許多資訊系統，因此，爲了預防未來將會受到的恐怖攻擊危害，警察被要求要找出合法的方法來蒐集、分析或宣傳資訊和情報，這樣的策略目標被稱之爲「情報導向的警政」。

二、準備（preparedness）：主要在爲恐怖襲擊作好充分準備秩序，當務之急是讓機構在事件發生前要先決定誰該爲負責機關。此外，大眾呼籲所有這類的緊急狀況應通過緊急行動中心（Emergency Operations Center, EOC）的概念來處理。緊急行動中心是中央指揮控制和負責執行緊急準備和緊急管理，或在緊急情況下災害管理的功能，並確保公司運作的連續性，政治細分或其他組織。

三、回應（response）：這是在恐怖攻擊的實際情況中進行溝通和共享信息的能力。值得注意的是，雖然此階段多聚焦在內部和跨機構的通信，但與公眾溝通更是被需要的。地理的資訊系統的運用是在回應階段中創新的方法，並將這些資訊提供給緊急事件處理中心的人員，以及第一線的處理機關。

四、復原（recovery）：除了災害現場的清理工作、恢復公共服務和基礎設施的重建等物質上的恢復，更包含了心理層面的復原。[2]

綜上所述，緊急事件的處理或所謂危機管理之處理原則之上，已發展出甚多之原則可供運用與研究發展，故根據安全管理之功能與新機制發展，可總結安全管理與危機管理應考量的3項基本運用原則如下：

一、安全弱點分析之原則（vulnerability）：亦即必須考量與分析可能外顯之危害標的之分析（exposure），以及確認個人或組織可能產生之外顯弱點，以便早作預防與安全部署，強化其有形或無形之安全措施。

二、安全可能性威脅分析之原則（probability）：亦即必須考量與分析危害眞正形成之可能性的比率（likelihood），以便提出防治策略及如何於危害產生後的善後減輕受害之策略。而若根據前述外顯招受危害攻擊之弱點分析甚高，但該弱點目標乃位於低犯罪社區，或周邊安全防禦措施較爲周到之地區內，則其受害之可能性比率會相對的減低。

三、安全嚴重性之關鍵點分析之原則（criticality）：即考量與分析若眞正發生危害，則其對國家與社會可能產生影響之範圍與嚴重關鍵性之程度，以便提出應對之整備與對策。[3]

---

[2] Oliver, Willard M. (2007). *Homeland Security for Policing*, NJ: Person Education, pp. 118-127. Kemp, Roger L. (2010). *Homeland Security: Best Practices for Local Goverment*, 2nd ed., International City/County Management Association.

[3] Ortmeier, P. J. (2005). *Security Management-An introduction*, 2nd ed., New Jersey: Pearson Prentice Hall, pp. 90-91. Senneward, Charles A. (2003). *Effective Security Management*, 4th ed., NY: Butterworth Heinemann, pp.196-198.

故而，上述所述各種安全管理之原則與新研發之機制或技術，實可供公、私部門與民間安全維護來援用與參考。亦可供國內、外學者專家在研究國土安全機制之設置與發展時之參考資訊。至而其風險評估之核算，或可用下列公式表示之：

各個基礎設施項目之風險係數＝安全之弱點＋可能性之威脅＋安全之關鍵點

而上述公式中之基礎設施之弱點（infrastructure vulnerability）、安全可能性威脅分析以及關鍵點分析等等之係數（coefficient），可根據各個基礎設施之實際狀況分析，給予加權之評等與分數，然後加以計算之。亦即風險之評估爲以上三種加權分數的成績，之後再加以評比相關係數後，訂出該基礎設施風險之不同等級，而以適當的管理處置之。至實際之評估、核算方法以及操作之模式，則必須以社會科學研究法中之研究設計與統計分析，來建立起評估、核算之常模，並經過多次之研究與測試之後，才能提高其模式運用之效度（validity）與信度（reliability），而可供其他研究者或各個機構之援引與運用。

例如，可以由各該關鍵基礎設施機構，根據上述公式中之3項風險管理之基本原則，設定各種基礎設施個別分項之評量表（例如主建築物、機電設備、供水設備、網路電腦作業系統、顧客服務設備與系統等分項），並由各業務主管及承辦人員，對於各該分項中之變項（因素）加以評分。其中之評量計分方式可包括：一、弱點分析或可包括人爲攻擊之脆弱點分析（爆炸、網攻或各種破壞之加權評量計分）與自然災害之脆弱點分析（水災、火災、地震之加權評量計分）等；二、可能性威脅之分析則可包括門禁管制、監錄安全管理系統、備援與復原系統，以及地區安全性之分析等之評量；三、關鍵點之分析則可包括經濟損失與重建之經費、遭破壞之後的可能傷亡人數、民心士氣的影響，以及替代可能性之評量分析與加權計分。[4]之後再將其各個基礎設施之分項，經過上述3個基本原則之評量與加權計分後，得出各該基礎設施分項的總和之風險係數，並進一步予以分出低、中、高之風險等級，經此評量與加權計分程序，該組織之成員共同協力的找出風險之關鍵點，並加以管理之。

第三節　美國反恐與災害防救的整合策略

長期以來，美國國內關於反恐與災害防救整合問題，一直存在著爭議。國家安全界人士強調反恐的特殊性，並且反對二者的整合。哈佛大學甘迺迪學院的卡特教授（Ashton B. Carter, John F. Kennedy, School of Government, Harvard University）就曾說：「聯邦緊急救難局部（俗稱飛馬，Federal Emergency Management Agency, FEMA）似乎不能使任何人相信，天然災害與恐怖行爲如此相似，以致於人們可以找到一種將二者合而爲一的管理手段。」[5]但災害管理界的人士卻有不同的看法，他們認爲對於恐怖主義的後果管理與災害管理是一致的，主張二者的整合。恐怖主義的概念較難界定，目前國際上尚且沒有一個統一的概念。不過，恐怖主義具有以下特徵包括：使用或威脅使用非常的暴力手段、是受目的驅動的非理性之行爲、試圖在直接受害者之外的更大範圍群體產生心理影響，以及根據象徵性價值來選擇行爲對象。無論如何定義，恐怖行爲的後果與災害後果都是沒有區別的，而且恐怖行動地點也可以看作是災害現場或犯罪現場。不管應對何種恐怖主義，人們都需要突發事件指揮組織、資訊技術、預警、疏散、後勤、創傷諮詢等。甚至有時在事件原因沒有調查清楚之

---

4 陳明傳、蕭銘慶、曾偉文、駱平沂（2019），國土安全專論，台北：五南圖書出版公司。

5 Carter, Ashton B., Role for the white house and the new department, Testimony Before The Committee on Governmental Affairs United States Senate, Wednesday, June 26, 2002, December 10, 2019. https://fas.org/irp/congress/2002_hr/062602carter.html.

前，恐怖主義與災害難分彼此，如山林野火與惡意縱火、飛機墜毀與航空恐怖劫持、化學品洩漏與化學恐怖攻擊、傳染病與生物恐怖活動等。但災害管理的四個核心部分之減災、整備、應變及復原重建的邏輯，同樣適用於恐怖威脅；因此，反恐與災害防救的整合確有其可行性的。

雖然各項災害的本質不盡相同，但安全管理及緊急應變的邏輯與方法卻是一致的，一般不外乎事涉法規、體系、機制、科技及教育訓練等，致未來如要整合反恐及災害防救相關工作，可從下列四個策略面向著手：[6]

一、將人為災害納入災害防救法規體系

現行「災害防救法」所規範多以天然災害與技術災害之管理為主，並未納入人為災害，例如法規所要求的災害防救基本計畫、災害防救業務計畫以及地區災害防救計畫皆應考慮將人為災害情境列入計畫項目。另外，有關易遭受人為災害的指標性場所如大型共構運輸設施、超高層建築、政府機構等，皆應將人為災害安全管理及緊急應變計畫納入法規體系中來予要求。

二、共同建構統一災害管理與應變協調機制

我國現階段對天然災害及技術災害依災害類別分屬不同中央災害防救業務主管機關，有關災害管理與應變協調機制是分別處理的，但現行災害種類多非單一屬性，如毒性化學物質在運送途中遭受攻擊產生爆炸外洩，這種複合性之災害，依法分屬內政、交通、環保等單位，災害發生後協調機制已屬複雜，如再加入恐怖活動蓄意將事件擴大，值此之際如無統一協調應變機制，恐無法將事件損害降至最低。恐怖攻擊之人為災害雖有危機管理及後果管理的時間序列的差異，但經常需要資訊的互通，且須有事故處理之連貫性，此時統一的災害管理與應變協調機制就顯得格外重要。

---

6 曾偉文（2008），國土安全體系下反恐與災害防救的整合，國土安全電子季刊，第2卷第1期，頁3-4。

三、運用防災科技提升人為災害應變管理能力

在資通訊發展迅速的現代社會中，許多新科技都可運用在災害防救上，來達到管理及減災的目的，例如建築物智慧監控，除可提供建置建築物樓層配置及設備圖像等靜態資料外，並可將監視器及感應裝置的即時動態資訊送出，作為危機處理人員處理的判斷依據。

四、結合災害防救訓練設施，強化人為災害現場處理演練

人為災害所發生的結構量體具有極大的不確定性，特別是恐怖攻擊，可能發生於建築物、大眾運輸工具、船舶、飛機等，不同的量體現場處理方式皆有極大的差異，因此如何結合一般火災搶救建築物、石化業廠房、隧道、交通設施、船舶、航空器等災害防救模擬設施，來做人為災害處理的訓練，是值得思考的方式。

不同單位對反恐解讀的重點會不一樣，災害防救單位認為恐怖主義就是一種災害；司法調查單位認為恐怖主義是一種犯罪；而國安單位可能會認為恐怖主義是一場戰爭。美國國土安全部認清了這個事實，在所設定的三十六種目標能力中，有三十種既可以應對恐怖襲擊，又可以應對天然災害或事故災難。但是，美國在現有的國土安全體系下，並未實現反恐與災害防救的有效整合，國土安全部對「卡崔娜颶風」（Hurricane Katrina）救援的失敗就充分說明了這點。因此，反恐與災害防救的整合不僅是可能的，也是必要的，但這套國土安全體系如何克服各組織間的文化差異、清楚分工以及均衡分配資源，得以充分發揮其既定的功能，是當前所需解決的問題。

1979年4月1日，卡特總統（Jimmy Carter）簽署了成立美國聯邦緊急救難署的12127號行政命令。1979年7月更另外簽署了一個12148號行政命令，將許多與災害有關的機構合併到聯邦緊急救難署。其中包含將聯邦保險管理署（The Federal Insurance Administration）、國家消防預防和控制管理署（The National Fire Prevention and Control Administration）、國家氣象局的服務社區備災方案（The National Weather

Service Community Preparedness Program）、聯邦總務局備災署（The Federal Preparedness Agency of the General Services Administration）、聯邦災害援助管理署從住屋與市區建設署移轉來之方案（The Federal Disaster Assistance Administration activities from the U.S. Department of Housing and Urban Development）、國防部的民防局（Department's Defense Civil Preparedness Agency）等機構均被併入。

由於2001年911事件之衝擊與挑戰，導致美國國家安全戰略思維之轉向，國土安全成爲其國家安全政策之優先議題。事實上，美國的國土安全概念仍著重在預防恐怖主義組織之攻擊。國土安全部前部長Michael Chertoff曾說，雖然美國在過去幾年中，加強入境管制，但來自國內外的恐怖威脅並未減少。他表示，雖然美國在過去幾年，沒有遭受重大恐怖襲擊，但並不意味著恐怖分子放棄襲擊美國。近來全球發生的恐怖襲擊，包括日前在阿爾及利亞發生的自殺式汽車炸彈襲擊，表明蓋達恐怖組織的勢力仍然強大，美國不能掉以輕心。Chertoff又說，國土安全部將採取多項重要反恐措施，包括完成在美國東南邊境修築1,000多公里防護圍欄，加強管理各州的駕駛執照，及推行保護美國網絡系統安全計畫。然而國土安全概念因各國國情之不一而有不同的界定，就以美國而言，911恐怖攻擊事件後，美國的國土安全著重在人爲災害的預防、加強邊境安全巡邏，及出入境旅客的偵檢。但是，面對卡崔娜颶風的天然災害之衝擊，喚醒美國天然災害預防與處置同樣會對國土安全形成嚴峻挑戰。

2003年3月1日，聯邦緊急救難署自2001年美國紐約市遭受到911之恐怖攻擊之後，成爲美國國土安全部的一部分。2003年3月，聯邦緊急救難署當時有2,600名員工，與其他22個聯邦機構、專案和辦公室一起組成爲國土安全部，但其乃僅隸屬於國土安全部的緊急事件整備與回應處之下（The Emergency Preparedness and Response Directorate）。然而該署併入國土安全部之後，就一直有不同之爭議，認爲緊急救難應成爲一個獨立的機構，如此才能提高救災之效益，而不會被反恐之事務所牽絆與影響。然而當時此新成立的國土安全部，由部長Tom Ridge領導，他建立起一個協力的方法來維護美國國土之安全，從自然的災害到人爲的恐怖攻擊均包括其中。

2006年2月15日，美國政府出版品辦公室（The U.S. Government Printing Office）出版之《調查卡崔娜颶風整備和應對情況的兩黨委員會之最後報告》（*The "Final Report of the Select Bipartisan Committee to Investigate the Preparation for and Response to Hurricane Katrina"*）資料顯示，除非地方機構將資助目的僅用於恐怖事件的處置之上，否則聯邦向各州提供用於所有緊急危難的備災需求的資金沒有辦法發放下來。應急管理專業人員亦作證稱，與準備反恐措施相比，自然災害整備資金並沒有得到應有的重視。該證詞還認為，僅注重減輕基礎設施遭受人為攻擊的脆弱性，與自然災害發生前，做好整備的功能分離，則使得國土更容易受到自然災害的影響，例如颶風等。[7]因此，2006年10月4日，美國當時之總統George W. Bush簽署了「卡崔娜颶風後緊急改革法案」（The Post-Katrina Emergency Reform Act）。該法案對聯邦應急救難署進行了重大改組，為彌補2005年8月美國歷史上最毀滅性的自然災害卡崔娜颶風中出現的緊急救難之缺失，提供了實質性新的權力，並據以更有效的來整備該署就難之效益。[8]所以自2006年10月4日之後，更將美國聯邦消防機構及災害防救、整備，及協調機構併入聯邦緊急救難署新的之機制中，並在該緊急救難署之下，整合救難整備相關之機構或機制，而設置更為專業的國家整備處（National Preparedness Directorate, NPD）。足可見國土安全部是在不斷的演變之中，也足見救災在國土安全維護上的漸形重要。其法案並從2007年3月31日起生效。因而自2007年3月31日，緊急救難署又再次成為前述第八章所述國土安全部的執行單位（Operational and Support Components）

7 Wikipedia, Federal Emergency Management Agency, November 20, 2019. https://en.wikipedia.org/wiki/Federal_Emergency_Management_Agency.

8 About the Agency, November 20, 2019. https://www.fema.gov/about-agency#.

的成員之一，[9]而至2020年該署之預算員額將增至1萬1,300人。[10]

在美國聯邦緊急救難署之下的國家應急協調中心（The National Response Coordination Center, NRCC）是一個多機構的協調中心，爲重大災害和緊急情況提供全面的聯邦支援與協調，包括災難性事件和應急管理計畫之實施。在聯邦緊急救難署之下的國家應急協調中心，由國家應急協調工作人員（The National Response Coordination Staff, NRCS）所組成，作爲國家行動中心（The National Operations Center, NOC）的救災職能之組成部分，以支援全美國設有該署之10個地區局，以及各州、市、郡、縣等地方政府的緊急救難之行動。當國家應急機制啓動之後，透過協調和整合資源、政策指導及情境之了解與規劃，以便提供國家級之應急管理，及支援受影響地區之安全。[11]

後又於2018年10月5日，前總統川普簽署了「2018年災害復原改革法案」（The Disaster Recovery Reform Act of 2018），作爲2018年「聯邦航空管理局重新授權法案」（The Federal Aviation Administration Reauthorization Act of 2018）的一部分。這些改革規範在救災和復原方面負有共同責任，旨在降低聯邦緊急救難署的任務與工作之複雜性，並建置國家應對下一次災難性事件的能力。該法有大約50項條款，要求聯邦緊急救難署的政策或條例修訂，以便全面的符合前述修正法案之規定。該項法案則包括野火預防（Wildfire Prevention）、災難時之疏散路線指南與規範（Guidance on Evacuation Routes）、擴大受災之個人和家庭之援助（Expanded Individuals and Households Assistance）、非營利性救災之食品銀行的建置（Private Nonprofit Food Banks）、國家獸醫應急小組

---

9 FEMA, National Preparedness Directorate, November 20, 2019. https://www.fema.gov/national-preparedness-directorate.

10 Wikipedia, Federal Emergency Management Agency, November 20, 2019. https://en.wikipedia.org/wiki/Federal_Emergency_Management_Agency.

11 FEMA, FEMA National Incident Support Manual, November 20, 2019. https://www.fema.gov/de/media-library/assets/documents/24921.

（National Veterinary Emergency Teams）以及機關的課責制度（Agency Accountability）等緊急救難之新規範。[12]

至2022年至2026年聯邦緊急救難署之戰略計畫概述了一個大膽的願景和三個雄心勃勃的目標，旨在解決該機構在應急救災管理領域關鍵時刻面臨的主要挑戰。計畫中確定的目標範圍廣泛且長期，以應對我們所處不斷變化的環境。雖然該計畫中的一些活動可以迅速實現，但有些活動需要努力到2026年。該計畫概述了應對這一挑戰的三個大膽而雄心勃勃的目標。這些目標使聯邦緊急救難署能夠應對日益擴大的範圍和複雜性的災害，支持其所服務的社區的多樣性，並補充國家對應急管理日益增長的期望。至於其之第一個目標側重於應急管理人員，確保他們準備好爲應急之服務提供各項支援。第二個目標則強調了各該相關之機構如何透過FEMA的計畫，能更好地支持社區。第三個也是最後一個目標則圍繞在如何利用FEMA的政策、工具和計畫以及與合作夥伴的努力，來提高整個社區在應急管理方面的成效。[13]足見在氣候變遷與社會環境快速演變的時期，緊急救難工作的挑戰將會越來越艱難，因此必須要有更多元與權變的應對策略，以及機關之整合與全民參與的思維與短中長期的各類策略之規劃。

第四節　我國在災害防救相關之緊急事件管理體系之發展與運作

我國在災害防救相關之緊急事件管理體系之發展方面，除了最爲主要之災害防救之體系，與國土安全之體系之外，與此緊急事件管理有較爲密切相關之相關體系，則仍有數個體系，可資運用與協力合作，茲分別論述

[12] DHS, Disaster Recovery Reform Act of 2018, October 10, 2019. https://www.fema.gov/disaster-recovery-reform-act-2018.

[13] FEMA, About Us-Stratigis Plan: Introduction, July 20, 2023. https://www.fema.gov/about/strategic-plan/introduction.

之如後。其中，災害防救之體系乃爲我國中央災害防救功能上最爲主要之機制，至於國土安全之體系則較著重於反恐方面所造成之災害之處置，或者有關國家基礎設施遭受人爲破壞或自然災難時的防護措施，其二者在我國之緊急事件管理體系的實務運作上，其實是互補的協力機制。

壹、災害防救之體系發展與運作

一、中央災害防救會報

中央災害防救會報乃依據災害防救法第6條規定，於行政院設中央災害防救會報，其任務如下：

（一）決定災害防救之基本方針。

（二）核定災害防救基本計畫及中央災害防救業務主管機關之災害防救業務計畫。

（三）核定重要災害防救政策及措施。

（四）核定全國緊急災害之應變措施。

（五）督導、考核中央及直轄市、縣（市）災害防救相關事項。

（六）督導、推動災後復原重建措施。

（七）指定本法或其他法律未規定之其他災害及其中央災害防救業務主管機關。

（八）其他依法令規定事項。

災害防救法第7條規定，中央災害防救會報置召集人、副召集人各1人，分別由行政院院長、副院長兼任；委員若干人，由行政院院長就政務委員、秘書長、有關機關首長及具有災害防救學識經驗之專家、學者派兼或聘兼之。爲執行中央災害防救會報核定之災害防救政策，推動重大災害防救任務與措施，行政院設中央災害防救委員會，置主任委員1人，由行政院副院長兼任，並設行政院災害防救辦公室，置專職人員，處理有關業務。[14]

---

[14] 法務部。災害防救法。全國法規資料庫。https://law.moj.gov.tw/LawClass/LawAll.aspx?PCode=D0120014。瀏覽日期：2023年7月21日。

然而依據災害防救法第6條，於行政院設置中央災害防救會報，該會報初始成立於2000年8月15日，其任務爲：（一）決定災害防救之基本方針；（二）核定災害防救基本計畫及中央災害防救業務主管機關之災害防救業務計畫；（三）核定重要災害防救政策及措施；（四）核定全國緊急災害之應變措施；（五）督導、考核中央及直轄市、縣（市）災害防救相關事項；（六）督導、推動災後復原重建措施；（七）指定災害防救法或其他法律未規定之其他災害及其中央災害防救業務主管機關；（八）其他依法令所規定事項。會報置召集人1人，由行政院院長兼任；副召集人1人，由行政院副院長兼任。會報委員28人至32人，由行政院院長就下列人員派（聘）兼之，包括：（一）行政院政務委員；（二）行政院秘書長；（三）行政院發言人；（四）行政院政務副秘書長；（五）內政部部長；（六）外交部部長；（七）國防部部長；（八）財政部部長；（九）教育部部長；（十）法務部部長；（十一）經濟部部長；（十二）交通部部長；（十三）勞動部部長；（十四）行政院農業委員會主任委員；（十五）衛生福利部部長；（十六）行政院環境保護署署長；（十七）國家發展委員會主任委員；（十八）國家科學及技術委員會主任委員；（十九）金融監督管理委員會主任委員；（二十）海洋委員會主任委員；（二十一）原住民族委員會主任委員；（二十二）行政院公共工程委員會主任委員；（二十三）行政院主計總處主計長；（二十四）行政院原子能委員會主任委員；（二十五）國家通訊傳播委員會主任委員；（二十六）具有災害防救學識經驗之專家、學者3人至7人。會報之幕僚作業，由行政院災害防救辦公室辦理。會報原則上每六個月召開會議一次，必要時，得召開臨時會議，均由召集人召集之，並擔任主席。召集人未能出席時，由副召集人擔任主席，召集人及副召集人均未能出席時，由出席委員互推1人擔任主席。[15]

---

15 中央災害防救會報（2023）。中央災害防救會報設置要點。行政院112年2月10日院臺忠字第1125002582號函修正第2點、第3點。https://cdprc.ey.gov.tw/Page/9743C2A19F3CF36B。瀏覽日期：2023年7月21日。

二、行政院災害防救辦公室

中央災害防救會報幕僚作業單位為行政院災害防救辦公室，2010年月1日揭牌開始運作。成立災害防救辦公室是我國防災史上重要里程碑，以精簡的人力達到更高的防災、救災效能，確保人民生命財產的安全。行政院災害防救辦公室是依據「災害防救法部分條文修正草案」，將行政院災害防救委員會併入中央災害防救會報而成立，其人力以內政部消防署為主力，納入相關部會與防災、救災業務人力共50人，分為6組，負責減災規劃、人力與物資的訓練整備、災害應變措施、災後調查復原、資通規劃、管考協調等，其功能不僅是中央災害防救的智囊，並結合災害科學研究中心，成為我國防災、救災的心臟與中樞。[16]

災害防救辦公室成立之初，係屬行政院常設任務編組單位（2010年2月1日至2011年12月31日），而後因災害防救益形重要，並配合行政院院本部組織再造，於2012年1月1日於行政院院本部納入正式編制單位，成立災害防救辦公室，置專責人力，其組織名稱納入行政院處務規程。該辦公室乃依災害防救法第7條第2項規定辦理相關災害防救之任務。其業務推動之重點為：災害管理涉及多部門的協調整合，包含各種災害之預防、減災、整備、應變及復原重建等層面，以避免或降低天然災害損失，減少其對社會造成的衝擊。依據災害防救法及「行政院處務規程」所列掌管事項，輔以全災害管理之理念擬訂業務推動之方向。至於目前行政院之災害防救辦公室如第九章之圖9-1所示。[17]

---

[16] 行政院（2010）。吳揆：成立災害防救辦公室是我國防災史上重要里程碑。本院新聞。https://www.ey.gov.tw/Page/9277F759E41CCD91/87c386c1-8aa2-4a0e-bf83-45282b09d295。瀏覽日期：2019年11月21日。

[17] 行政院中央災害防救會報。我國災防體系。中央災害防救體系組織架構。https://cdprc.ey.gov.tw/Page/A80816CB7B6965EB。瀏覽日期：2019年11月21日。

三、災害防救業務主管機關

根據2022年6月15日總統華總一義字第11100048791號令修正公布之災害防救法第3條之規定，各種災害之預防、應變及復原重建，以下列機關為中央災害防救業務主管機關：

（一）風災、震災（含土壤液化）、火災、爆炸、火山災害：內政部。

（二）水災、旱災、礦災、工業管線災害、公用氣體與油料管線、輸電線路災害：經濟部。

（三）寒害、土石流災害、森林火災、動植物疫災：行政院農業委員會。

（四）空難、海難、陸上交通事故：交通部。

（五）毒性化學物質災害、懸浮微粒物質災害：行政院環境保護署。

（六）生物病原災害：衛生福利部。

（七）輻射災害：行政院原子能委員會。

（八）其他災害：依法律規定或由中央災害防救會報指定之中央災害防救業務主管機關。

前項中央災害防救業務主管機關就其主管災害防救業務之權責如下：

（一）中央及直轄市、縣（市）政府與公共事業執行災害防救工作等相關事項之指揮、督導及協調。

（二）災害防救業務計畫訂定與修正之研擬及執行。

（三）災害防救工作之支援、處理。

（四）非屬地方行政轄區之災害防救相關業務之執行、協調，及違反本法案件之處理。

（五）災害區域涉及海域、跨越二以上直轄市、縣（市）行政區，或災情重大且直轄市、縣（市）政府無法因應時之協調及處理。

（六）執行災害資源統籌、資訊彙整與防救業務，並應協同教育部及相關機關執行全民防救災教育。

四、中央災害應變中心

中央災害應變中心其乃依中央災害應變中心作業要點第5點之規定，爲掌握應變中心開設時機，中央災害防救業務主管機關平日應即時掌握災害狀況，於災害發生或有發生之虞時，經評估可能造成之危害，應依災害防救法第14條規定即時開設緊急應變小組，執行各項應變措施。視需要得通知相關機關（單位、團體）派員參與運作，協助相關應變作業，並通知行政院災害防救辦公室。前項緊急應變小組應就災害之規模、性質、災情、影響層面及緊急應變措施等狀況，隨時報告中央災害防救業務主管機關首長，決定緊急應變小組持續運作、撤除或開設應變中心。

又依據中央災害應變中心作業要點第6點之規定，重大災害發生或有發生之虞時，中央災害防救業務主管機關首長應視災害之規模、性質、災情、影響層面及緊急應變措施等狀況，決定應變中心之開設及其分級，並應於成立後，立即口頭報告中央災害防救會報召集人（即爲行政院長）。多種重大災害同時發生時，相關之中央災害防救業務主管機關首長，應即分別成立應變中心。前二項應變中心成立事宜，應於3日內補提書面報告。

依據中央災害應變中心作業要點第7點之規定，應變中心指揮官、協同指揮官及副指揮官規定如下：

（一）指揮官

1. 指揮官1人，由會報召集人指定該次災害之中央災害防救業務主管機關首長擔任指揮官，綜理應變中心災害應變事宜。

2. 依前點第2項規定，因多種重大災害同時發生分別成立應變中心，由會報召集人分別指定指揮官。

3. 因風災伴隨或接續發生水災及土石流災害等互有因果關係之災害時，會報召集人原則指定內政部部長爲指揮官。

4. 因震災、海嘯、火山災害併同發生輻射災害時，會報召集人原則指定內政部部長爲指揮官，行政院原子能委員會主任委員擔任協同指揮官，俟震災、海嘯、火山災害應變處置已告一段落，而輻射災害尚須處理時，指揮官改由行政院原子能委員會主任委員擔任，內政部部長改擔任協同指揮官。

5. 應變中心成立後，續有其他重大災害發生時，各該災害之中央災害防救業務主管機關首長，仍應即報請會報召集人，決定併同應變中心運作或另成立應變中心及指定其指揮官。

（二）協同指揮官

協同指揮官1人至5人，由會報召集人指定行政院政務委員或該次災害相關之中央災害防救業務主管機關首長擔任，協助指揮官統籌災害應變指揮事宜。

（三）副指揮官

副指揮官若干人，其中1人由內政部消防署署長擔任（除旱災、寒害、動植物疫災及懸浮微粒物質災害外），其餘人員由指揮官指定之，襄助指揮官及協同指揮官處理應變中心災害應變事宜。

依據中央災害應變中心作業要點第7點之1之規定，重大災害型態未明者，原則由內政部先行負責相關緊急應變事宜，視災害規模成立緊急應變小組或應變中心，並以內政部部長爲指揮官，再由內政部協同行政院災害防救辦公室視災害之類型、規模、性質、災情及影響層面，立即報告會報召集人，指定內政部部長爲指揮官，或指定該管部會首長爲指揮官並移轉指揮權。

依據中央災害應變中心作業要點第8點之規定，應變中心二級以上開設時，編組部會應指派辦理災害防救業務，熟稔救災資源分配、調度，並獲充分授權之技監、參事、司（處）長或簡任第十二職等以上職務之專責人員進駐應變中心，統籌處理各該部會防救災緊急應變及相關協調事宜，並另派幕僚人員進駐應變中心執行各項災害應變事宜。前項進駐應變中心專責人員，其輪值原則最多爲二至三梯次。[18]

---

[18] 中央災害防救會報（2022）。中央災害應變中心作業要點。行政院111年4

我國目前中央至地方防救體系架構則如第九章之圖9-2所示。

五、行政院中央災害防救委員會

依據災害防救法第7條第2項規定，行政院設中央災害防救委員會。該委員會任務如下：（一）執行中央災害防救會報核定之災害防救政策、推動重大災害防救任務及措施；（二）規劃災害防救基本方針；（三）擬訂災害防救基本計畫；（四）審查中央災害防救業務主管機關之災害防救業務計畫；（五）協調各災害防救業務計畫或地區災害防救計畫間牴觸無法解決事項；（六）協調金融機構就災區民眾所需重建資金事項；（七）督導、考核、協調各級政府災害防救相關事項及應變措施；（八）其他法令規定事項。

委員會置委員26人，其中1人爲主任委員，由行政院副院長兼任，承行政院院長之命，綜理本委員會事務；副主任委員3人，分別由行政院政務委員及內政部部長兼任，襄助會務。置執行長1人，由行政院政務委員兼任，承主任委員之命，處理該會事務。該委員會設下述之行政院國家搜救指揮中心，統籌、調度國內各搜救單位資源，執行災害事故之人員搜救及緊急救護之運送任務。

六、行政院國家搜救指揮中心及內政部消防署

依災害防救法第7條第4款爲有效整合運用救災資源，中央災害防救委員會設行政院國家搜救指揮中心，統籌、調度國內各搜救單位資源，執行災害事故之人員搜救及緊急救護之運送任務。另依災害防救法第16條之規定內政部消防署特種搜救隊、訓練中心、直轄市、縣（市）政府搜救組織與訓練單位處理重大災害搶救等應變及訓練事宜。[19]

月7日院臺忠字第1110168755號函修正部分規定。https://cdprc.ey.gov.tw/File/A8163E111D0D1B20?A=Ccdprc.ey.gov.tw › File。瀏覽日期：2023年7月21日。

19 法務部全國法規資料庫。災害防救法。https://law.moj.gov.tw/LawClass/LawAll.aspx?pcode=D0120014。瀏覽日期：2023年7月21日。

該國家搜救指揮中心任務如下：（一）航空器、船舶遇難事故緊急搜救之支援調度；（二）緊急傷（病）患空中緊急救護之支援調度；（三）移植器官空中運送之支援調度；（四）山區、高樓等重大災難事故緊急救援之支援調度；（五）海、空難事故聯繫、協調國外搜救單位或其他重大災害事故緊急救援之支援調度。

該國家搜救指揮中心置督導1人，由中央災害防救委員會副主任委員兼任；置主任及副主任各1人，由中央災害防救委員會主任委員指定適當人員兼任；置搜救長1人、副搜救長、搜救官、外事官各4人、各部會協調官及其他行政業務人員若干人，由行政院相關機關人員調用或派兼。前項工作人員之職稱及員額，另以編組表定之。該中心得視任務需要，設聯合訪視督導小組，協調各部會所屬搜救單位，增進搜救資源之完備。中心所需經費，由內政部消防署編列預算支應。[20]行政院國家搜救指揮中心編組表如表12-1所示。[21]

表12-1　行政院國家搜救指揮中心編組表

職稱	員額	說明	備註
督導	1	由中央災害防救委員會副主任委員兼任。	
主任	1	由中央災害防救委員會主任委員指定適當人員兼任。	
副主任	1	由中央災害防救委員會主任委員指定適當人員兼任。	
搜救長	1	由行政院相關機關調用。	由第十至第十一職等人員擔任。

[20] 內政部消防署。行政院國家搜救指揮中心設置要點。消防法令查詢系統。https://law.nfa.gov.tw/MOBILE/law.aspx?LSID=FL028974。瀏覽日期：2019年11月21日。

[21] 內政部消防署。行政院國家搜救指揮中心編組表。https://law.nfa.gov.tw/GNFA/downloadFile.aspx?sdMsgId=1634&FileId=3164。瀏覽日期：2019年11月21日。

表12-1　行政院國家搜救指揮中心編組表（續）

職稱	員額	說明	備註
副搜救長	4	由行政院相關機關調用。	由第九至第十職等人員擔任。
搜救官	4	由行政院相關機關調用。	由第八至第九職等人員擔任。
外事官	4	由行政院相關機關調用。	由第七至第八職等人員擔任。
協調官	24	由國防部（4人）、交通部民用航空局（4人）、行政院海岸巡防署（4人）、內政部警政署（4人）、空中勤務總隊（4人）及消防署（4人）相當層級人員調用或派兼。	由第七職等以上人員擔任，軍職比照。
業務人員	2	由行政院相關機關調用。	
行政人員	5	由行政院相關機關調用或派兼，辦理本中心人事、會計、庶務、採購、公關等行政工作。	

我國災害防救體系與運作機制，在經過多年不斷運作調整、修正及歷經多次災害處理的歷練下，已發揮一定程度之成效與功能。惟面對全球氣候變遷，天災出現的頻率及強度異於往昔之年代，災害防救是一項需隨時備戰的永續長期性工作，爲打造一個安全無虞的生活空間，因應未來整體防救災之需求，政府將發揮劍及履及的決心作爲與謙虛誠懇之態度，爲國土保全、治山防洪與保命護產的工作，追求防救災工作之極致目標而努力不懈。其實，災害防救實應與國家或民間之災難搜救機制多所合作與建立共同的平台，以便統合資源與戰力發揮最大之救難效果。若然則未來我國政府之災害防救機制的建全發展與重視，就甚爲關鍵。故而筆者認爲應於後述之貳、國土安全之體系發展與運作，以及參、其他相關之緊急事件管理體系之中，就我國之災難搜救機制之公、私部門之協力與合作機制上，一併的檢討與整合之。

貳、國土安全之體系發展與運作

2001年9月11日美國聯合航空93號班機、聯合航空175號班機、美國航空11號班機及美國航空77號班機遭到恐怖分子挾持，對世界貿易中心以及五角大廈進行恐怖攻擊，2,986人（其中在機上則有208人）罹難，其後則統稱之為「911事件」。之後的2002年10月峇里島發生的首次恐怖攻擊事件，2004年3月11日上午7時30分左右西班牙首都馬德里車站恐怖攻擊，2005年英國倫敦地鐵爆炸案以及發生在伊拉克多次恐怖攻擊事件，對世人產生極大的震撼。基於以上陸續發生之國際恐怖攻擊事件，因而發展出國土安全之概念，各國並相繼建立起相關之國土安全之體系。

我國則自1970年代末反恐工作由台灣警備總司令部列為警備治安的工作要項，並由國家安全局負責情資整合工作。1977年國防部陸續成立「憲兵特勤隊」、「陸軍空特部特勤隊」、「海軍陸戰隊特勤隊」，執行反劫持、反劫機等特定任務。911事件之後我國更進一步規劃反恐機制，例如前所論述之行政院國土安全辦公室，以及建立相關之反恐怖攻擊機構、計畫或演習等，強化打擊反恐能量。為順應此一發展，身為地球村之一分子，尤不能置身於世界反恐怖行動之外，陳前總統於2002年9月8日三芝會議宣誓堅定支持反恐行動，決心積極配合建構相關反恐機制，以具體行動與世界各國建立反恐怖合作關係，此係行政院成立「國土安全政策會報」之濫觴。[22]我國將反恐辦公室擴大成立為「國土安全辦公室」進行「災防、全動及反恐」三合一，其方向應屬正確。然而，我國不論是「行政院組織法草案」，乃至於是否能有效達成統整「國土安全」執法任務，均有努力之空間。

在資源有限的台灣，對所有災害作重複或沒有效益的投資，可能是另外一種面向的災害，「他山之石」是管理上最好的學習方式，美國911過了八年，而其國土安全部成立亦近六年，其負責國土安全的政府組織是否

---

22 行政院國土安全辦公室。沿革。https://ohs.ey.gov.tw/Page/A971D6B9A644B858。瀏覽日期：2019年11月21日。

有足夠的能力來確保安全，不論風險來自災難性事故，還是天然災害或恐怖主義。我國國土安全之工作重點在於災害發生前之預防、整備、計畫研擬、協調及演練，災害中快速有效之搶救能量的訓練，進而在災害後積極進行有效復原工作。在應變時應注意有關情報蒐集與分享、通訊整合與資源共用等。因此，我國建立一套相對完備的緊急應變管理系統，則顯得特別重要、不容忽視。我國國土安全體系之發展，根據行政院國土安全辦公室之資料，略可區分爲下列三個發展時期：[23]

一、行政院反恐怖行動政策小組（2003年1月6日至2005年1月31日）：前述之三芝會議宣誓堅定支持反恐行動之後，行政院遂於2003年1月6日訂定「行政院反恐怖行動政策小組設置要點」，成立反恐怖行動政策小組，由院長擔任召集人，成員涵蓋12個部會，並且陸續推動多項全面性的反恐具體措施，其中最重要的措施爲制定「我國反恐怖行動組織架構及運作機制」，依「危機預防」、「危機處理」、「復原清理」等三階段，整合國安體系與行政體系間之聯繫及分工，明確區分「平時」及「變時」處理之組織架構及職掌，並律定機制啓動及決策流程，爲我國推動反恐工作奠定重要基石。

二、行政院反恐怖行動政策會報（2005年1月31日至2007年12月21日）：2005年1月31日行政院頒訂「行政院反恐怖行動政策會報設置要點」，擔任幕僚之「反恐怖行動管控辦公室」開始運作，並修訂「我國反恐怖行動組織架構及運作機制」，調整應變組織架構及預警情資作業。2007年8月16日行政院召開「行政院國土安全（災防、全動、反恐三合一）聯合政策會報」，並決議將「反恐怖行動管控辦公室」更名爲「國土安全辦公室」（2007年8月23日院台人字第0960090580號函），並另負責協調國安會、經濟、交通、國科會等相關單位，推動國家關鍵基礎設施的安全防護工作。

---

23 此處國土安全辦公室成立沿革之分野，著重於其實際之發展狀態，與本書第八章之沿革，著重於法規訂定之實際日期與期程或略有不同，但其發展之各個階段則爲一致，特此註明。

三、行政院國土安全政策會報（2007年12月21日迄今）：2007年12月21日行政院核定「行政院反恐怖行動政策會報設置要點」修正為「行政院國土安全政策會報設置要點」，以「國土安全辦公室」作為幕僚單位，主要任務在整合國內反恐怖行動、災害防救、全民防衛動員、核子事故、傳染病疫病、毒災應變、國境管理及資通安全等機制，以建立專業分工、協同合作之「國土安全應變網」。行政院又於2011年10月27日發布院台人字第1000105050號令，頒訂組織改造後之「行政院處務規程」，依據第18條規程國土安全辦公室正式成為行政院編制內業務幕僚單位。2017年5月8日為強化應變功能小組與各應變組專責幕僚單位之協同合作，及配合資通安全處之成立，再度修正「行政院國土安全政策會報設置及作業要點」。至行政院112年4月28日院臺安字第1125008611號函再次修正「行政院國土安全政策會報設置及作業要點」。

至於我國在國土安全之體系發展方面，則有下述幾個重要之機制與功能，茲分述之如下：

一、行政院國土安全政策會報

根據行政院國土安全政策會報設置及作業要點之規定，為確保國土安全，協調相關應變體系，特設國土安全政策會報。而所稱國土安全，指為預防及因應各種重大人為危安事件或恐怖活動所造成之危害，維護與恢復國家正常運作及人民安定生活。該會報任務如下：

（一）國土安全基本方針之諮詢審議。

（二）重要國土安全政策及措施之諮詢審議。

（三）中央國土安全業務主管機關業務計畫及應變計畫之諮詢審議。

（四）中央與地方國土安全相關事項之督導及考核。

（五）其他本院交辦有關國土安全事項。

上述之會報置召集人、副召集人各1人，分別由行政院副院長、國土安全業管政務委員兼任；除召集人、副召集人為當然委員外，其餘委員，由下列人員組成：（一）行政院秘書長；（二）行政院災害防救業管政務委員；（三）行政院資通安全業管政務委員或相關部會首長；（四）行政院發言人；（五）國家安全局局長；（六）行政院政務副秘書長；（七）內政部部長；（八）外交部部長；（九）國防部部長；（十）財政部部長；（十一）法務部部長；（十二）經濟部部長；（十三）交通部部長；（十四）行政院農業委員會主任委員；（十五）衛生福利部部長；（十六）行政院環境保護署署長；（十七）數位發展部部長；（十八）國家發展委員會主任委員；（十九）國家科學及技術委員會主任委員；（二十）大陸委員會主任委員；（二十一）金融監督管理委員會主任委員；（二十二）海洋委員會主任委員；（二十三）行政院原子能委員會主任委員；（二十四）國家通訊傳播委員會主任委員。該會報之幕僚作業，由行政院國土安全辦公室辦理。

行政院國土安全政策會報爲因應重大人爲危安事件或恐怖攻擊，設置下列應變組，其中央業務主管機關（單位）如下：

（一）暴力應變組：內政部。

（二）經建設施應變組：經濟部。

（三）交通設施應變組：交通部。

（四）生物病原應變組：衛生福利部。

（五）毒性化學物質應變組：本院環境保護署。

（六）海事應變組：海洋委員會。

（七）放射性物質應變組：行政院原子能委員會。

（八）其他類型應變組：由召集人指定中央業務主管機關（單位）。

各應變組下設若干功能小組，其組成由中央業務主管機關定之。而爲了管控應變處置時效，各應變組中央業務主管機關（單位）平時應成立專責幕僚小組，即時掌握相關國土安全事件狀況，於重大人爲危安事件或恐怖攻擊發生或有發生之虞時，相關應變組中央業務主管機關（單位）得開設重大人爲危安事件或恐怖攻擊先期應變處置小組或應變中心，並通知其他機關（單位）派員參與運作，辦理各項應變措施。至於先期應變處置小組或應變中心之開設，必要時得由行政院國土安全辦公室協調聯繫國家安全機關及相關應變組中央業務主管機關（單位）聯合評估。先期應變處置小組或應變中心開設後，應就事件之規模、性質、造成之人員或財產傷亡或破壞狀況、影響層面及緊急應變措施等，隨時報告行政院及應變組中央業務主管機關首長，決定持續運作、調整或裁撤。中央先期應變處置小組或應變中心開設後，得視情勢研判或聯繫需要，通知直轄市、縣（市）政府立即開設地方應變中心。為因應重大人為危安事件或恐怖攻擊造成之危害，該會報幕僚單位應協調中央災害防救會報幕僚單位（即本文前節所述之災防辦公室），依相關規定，適時啓動災害防救機制。至涉及資通安全事件時，該會報幕僚單位應協調行政院國家資通安全會報幕僚單位，依「國家資通安全通報應變作業綱要」等相關規定，適時啓動資通安全機制。該國土安全政策會報原則上每年召開會議一次，必要時，得召開臨時會議，並由召集人或其代理人主持。會報於召開會議時，得視實際需要，邀請專家學者及中央相關機關列席。必要時，並得請直轄市、縣（市）政府派員列席。[24]

國土安全政策會報成立以來，始終秉持「嚴肅面對、審慎應處、隱而不顯、外弛內張」之原則，著重於政府部門之協調與統合，提升國家資源之整合與運用，以有效防範敵對勢力、恐怖主義和災害急難之襲擊，強化國家基礎建設之防災韌性於危機期間持續運作能量，以降低脆弱性，減少敵意破壞、恐怖攻擊或災害急難之損害，並能儘速作好災害管制、災後搶救與復原。[25]

綜上，行政院為確保國土安全，預防及因應全災害所造成之危害，維護及強化國家重要基礎建設及政府持續運作之防災韌性，保障人民安定生活，特設前述之「國土安全政策會報」，依據該政策會報設置要點，目的在於協調相關政府機關，預防及因應各種重大人為危安事件或恐怖活動所造成之危害，維護與恢復國家正常運作及人民安定生活。其幕僚由國土

---

[24] 行政院國土安全辦公室。行政院國土安全政策會報設置及作業要點。https://ohs.ey.gov.tw/Page/86B89A2924986560。瀏覽日期：2023年7月21日。

[25] 行政院國土安全辦公室。沿革。https://ohs.ey.gov.tw/Page/A971D6B9A644B858。瀏覽日期：2019年11月21日。

安全辦公室擔任，設置於行政院院本部，負責協調、統合各部會情報及資源，有效提升運作效能；藉由會報的決策，負責聯繫相關部會，督導九大應變組之運作，架構如圖12-1所示：

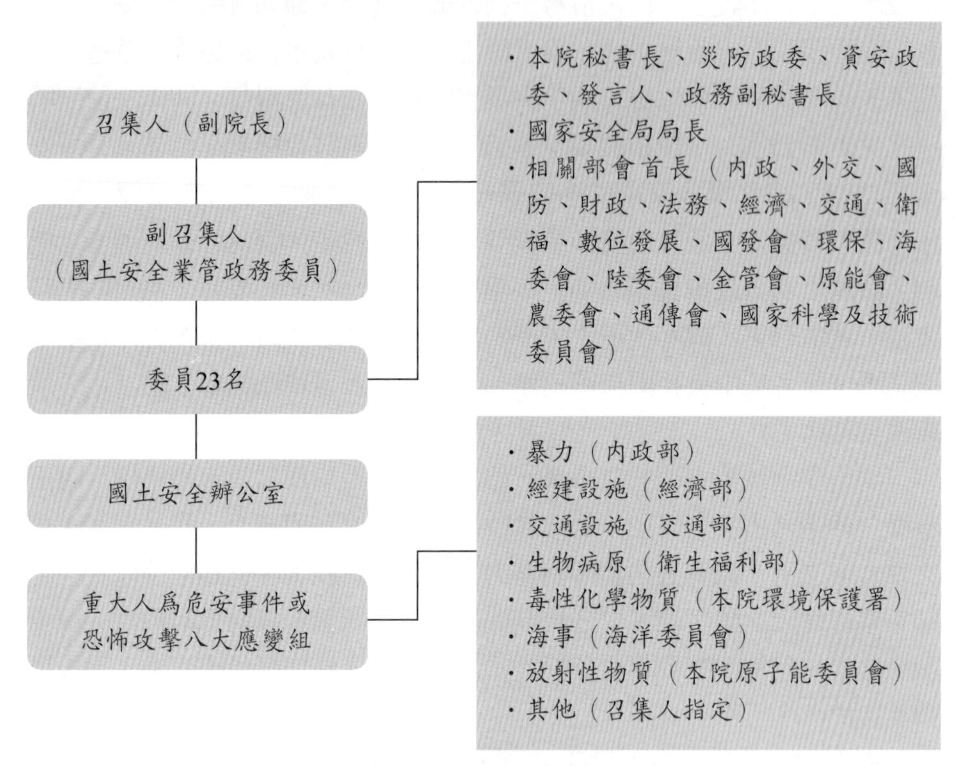

圖12-1　行政院國土安全政策會報組織架構圖[26]

依據過去幾年國際間對我國遭受恐怖攻擊風險評估結果，雖顯示我國目前屬低風險國家，但由於ISIL等恐怖組織進行極端恐怖攻擊行動，並在全球各地招募訓練恐怖分子，有分散化、孤狼式攻擊之趨勢，為各國反恐工作帶來嚴峻挑戰。對我國而言，全球化及交通、通訊之便利，讓

26 行政院國土安全政策會報。組織架構。https://ohs.ey.gov.tw/Page/4318973A814C72B。瀏覽日期：2023年7月21日。

國際恐怖分子藉由各種途徑或管道入境我國之可能性大增，且境內仍存在組織犯罪、黑槍走私、不法洗錢、非法居留，甚至本土型極端行為等風險，可能引發重大危安或與恐怖活動相關聯之問題，均須謹慎防範。而在關鍵基礎設施方面，除了上述人為災害以外，尚面臨人為疏失、極端氣候、駭客攻擊、疫病襲擊的威脅，對設施功能中斷、失效造成極大風險。

至所謂之「緊急應變機制」則可包括前述之災害防救、國家反恐體系，以及其他相關之傳染病防制、核子事故應變、海洋污染防治與國家資通安全等。而所謂之「備援應變機制」，則亦可包含全民防衛動員、緊急醫療救護、國防體系、民防體系、國家安全情報體系與災難搜救體系等。[27]而本文除了將與災害防救最直接與主要相關之災害防救體系與國土安全體系列於前之外，其他相關之緊急事件管理，或稱之謂災難搜救體系則羅列歸納於其後之各項。

二、行政院國土安全辦公室

至於我國之行政院國土安全辦公室擔任國土安全政策會報幕僚，下設「安全整備應變科」、「國土安全合作科」辦事，分述如下：

（一）安全整備應變科

負責反恐基本方針、政策之研議、反恐法案審查、反恐演習與訓練之協調及督導考核、各部會國土安全應變計畫之審核與督導以及國土安全政策會報等業務，近年來完成的重要任務有：

1. 修正「國土安全政策會報設置及作業要點」，律定國土安全事件、協調災害防救及資通安全應變體系、啟動地方政府應變機制。

2. 增修「行政院國土安全應變機制行動綱要」，確立情勢研判流程、應變主管機關指定原則，以及一級應變中心架構及功能編組。

3. 訂定「國土安全緊急通報作業規定」，確立國家關鍵基礎設施之

---

27 陳明傳、駱平沂（2010），國土安全導論，台北：五南圖書出版公司。

保護與功能持續運作、提升重大人為危安事件或恐怖活動之通報聯繫。

4. 辦理金華演習，驗證應變機制及計畫。

5. 配合大型活動或賽事，如2017台北世界大學運動會，督導中央及地方政府擬定維安計畫及辦理演練，並協調國安體系進行情資交流，建構防護體系。

6. 推動世界衛生組織（WHO）「國際衛生條例」（International Health Regulations, IHR）核心能力建置計畫，強化重要港埠公共安全應處能量。

7. 辦理各特勤隊聯安專案，促進觀摩學習，培養默契。

（二）國土安全合作科

負責國土安全國際合作事務、國家安全系統之反恐合作、國境管理之協調、國土安全國際會議及國際反恐資訊的蒐整研析等業務，並負責關鍵基礎設施防護基本方針、政策、業務計畫與工作計畫之擬訂、關鍵基礎設施防護相關法規之研議、各部會關鍵基礎設施防護演習與訓練之督導、協調與防護計畫之審核、關鍵基礎設施防護相關議題之研究、國家安全系統職掌的關鍵基礎設施防護事項之配合。近年來完成的重要任務有：

1. 參與亞太經濟合作組織（APEC）反恐工作小組（Counter-Terrorism Working Group, CTWG），並合作辦理關鍵基礎設施韌性研討會。

2. 促成相關部會在IHR核心能力建置、反資恐、供應鍊安全、優質企業相互認證制度、世大運維安等相關議題與其他國家合作。

3. 促成我方與美方簽署恐怖分子篩濾資訊交換協議等，並促成我國加入美國VWP。

4. 辦理國土安全歐盟團，促進與歐盟及歐洲國家之合作與經驗交換。

5. 辦理國際研討會，吸取外國相關國土安全經驗。

6. 接待外賓並與駐華機構互動。

7. 邀集國家關鍵基礎設施八大部門主管機關及專業協助單位，組成專案推動小組，整合各方資源。

8. 訂（修）定「國家關鍵基礎設施安全防護指導綱要」，以作爲各機關推動之最高指導原則。

9. 辦理國家關鍵基礎設施盤點、風險評估及分級管制，以達管理效率化。

10. 辦理國家關鍵基礎設施防護講習、演練及訪評，以驗證關鍵基礎設施安全防護機制及應變處置程序，提升國家關鍵基礎設施防護能量。[28]

參、其他相關之緊急事件管理體系

我國在災害防救相關之緊急事件管理體系之發展方面，除了前述最爲主要之災害防救體系與國土安全體系外，與此緊急事件管理有較爲密切相關之體系，則仍有下列數個體系，可資運用與協力合作，茲分別論述之如後。

一、國防協助救災體系

國防係以保衛國家安全，維護世界和平爲目的，而我國當前國防理念、軍事戰略、建軍規劃與願景，均以預防戰爭爲依歸，並依據國際情勢與敵情發展，制定現階段具體國防政策，以「預防戰爭」、「國土防衛」、「反恐制變」爲基本目標，並以「有效嚇阻，防衛固守」的戰略構想，建構具有反制能力之優質防衛武力。

此外，國防部亦已將「救災」納入國軍正常任務，強化「國軍救災機制」與整體編裝，使能在符合「依法行政」的要求下，於第一時間投入災害救援，以使人民生命財產獲得充分的保障。每次颱風來襲、921大地震、SARS事件及禽流感等事件發生時，國軍動員大量兵力與醫療設備與設立緊急應變中心等作爲，展現國軍與人民同舟共濟、軍民一體的精神。

---

[28] 行政院國土安全辦公室。沿革。https://ohs.ey.gov.tw/Page/A971D6B9A644B858。瀏覽日期：2019年11月21日。

根據2022年11月11日國軍協助災害防救辦法第1條之規定，該辦法依災害防救法第35條第6項規定訂定之。該辦法第2條明定該辦法之主管機關爲國防部。第4條國軍爲協助災害防救，國防部於平時應辦理下列事項：

（一）訂定國軍協助災害防救計畫。

（二）劃分國軍協助災害防救作戰區及救災責任分區，與跨區增援事宜。

（三）指定作戰區及救災責任分區救災應變部隊、任務及配賦裝備事宜。

（四）建立國軍協助災害防救之指揮體系及資源管理系統。

（五）督導作戰區及救災責任分區依計畫實施演練。

又國軍協助災害防救辦法第5條之規定，國軍各作戰區及救災責任分區應依災害潛勢地區之特性及災害類別，結合各級政府機關災害防救專責單位資訊，完成兵要調查及預判災情蒐報研析先期完成救災情報整備。第6條規定，國軍協助災害防救，由中央災害防救業務主管機關向國防部提出申請；地方由直轄市、縣（市）政府及鄉（鎮、市）公所向所在直轄市、縣（市）後備指揮部轉各作戰區提出申請。但發生重大災害時，國軍應主動派遣兵力協助災害防救，並立即通知直轄市、縣（市）、鄉（鎮、市）及中央災害應變中心。前項申請以書面爲之，緊急時得以電話、傳眞或其他方式先行聯繫。發生重大災害地區，由作戰區及救災責任分區指派作戰及專業參謀，編成具備勘災能力之災情蒐報小組，掌握災情，並與直轄市、縣（市）政府及鄉（鎮、市）公所首長密切聯繫，適時投入兵力，立即協助救災。直轄市、縣（市）政府及鄉（鎮、市）公所於災害發生期間，緊急申請國軍支援時，作戰區應儘速核定，以電話先行回覆直轄市、縣（市）、鄉（鎮、市）及中央災害應變中心兵力派遣情形，並向國防部回報。[29]

---

[29] 法務部。國軍協助災害防救辦法。全國法規資料庫。https://law.moj.gov.tw/LawClass/LawAll.aspx?pcode=F0090024。瀏覽日期：2023年7月21日。

二、全民防衛動員準備體系

全民防衛動員準備業務，係由「國家總動員綜理業務」調整轉型而來。1987年7月15日政府宣布解嚴、1991年5月1日終止總動員戡亂時期，原國家總動員之依據——「國家總動員法」納入備用性法規（2004年1月7日公布廢止），爲因應時勢需求並避免我國動員諸項工作失所依附，造成動員工作推展產生窒礙，行政院遂於1995年3月以「全民防衛動員」取代「總動員」，1997年設立「中央全民防衛動員準備業務會報」，並頒布「全民防衛動員準備實施辦法」，將原「國家總動員」業務全面調整爲「全民防衛動員準備」業務。

同時鑑於動員準備工作平時須對民間團體、企業進行動員能量調查。演習驗證時，必須運用民間之資源、財物乃至操作該財物之人員等，必然影響人民之權利、義務。2000年1月29日總統公布「國防法」，其中第五章爲「全民防衛」專章，第24條中明定：「總統爲因應國防需要，得依憲法發布緊急命令，規定動員事項，實施全國動員或局部動員。」同法第25條亦明定：「行政院平時得依法指定相關主管機關規定物資儲備存量、擬訂動員準備計畫，並舉行演習；演習時得徵購、徵用人民之財物及操作該財物之人員；徵用並應給予相當之補償。」同條第2項更明定：「前項動員準備、物資儲備、演習、徵購、徵用及補償事宜，以法律定之。」以作爲全民防衛動員準備法之立法取得有效法律態勢與依據。故國防部在行政院指導下，邀集中央相關部會、各級地方政府，考量人民權益與軍事作戰之需求，依據國防法之立法精神，研擬完成「全民防衛動員準備法」（草案），並於2001年10月25日經立法院三讀通過，同年11月14日奉總統公布施行。嗣繼國防法及行政程序法先後公布施行。

而行政院進一步於2002年6月3日依法成立「行政院全民防衛動員準備業務會報」，簡稱「行政院動員會報」，國防部承行政院之命擔任秘書單位。自此，動員事項於法制上立下基礎，動員機制及動員準備體系於焉確立，動員準備工作推動遂有所依據。[30]

---

[30] 全民防衛動員。沿革。https://aodm.mnd.gov.tw/front/front.aspx?menu=30b050024df&mCate=30b05002778。瀏覽日期：2019年11月21日。

因而，1997年5月全民防衛動員準備實施辦法經行政院公布，同年7月國防部「總動員綜合作業室」更名爲「全民防衛動員綜合作業室」。2002年3月1日國防部組織法施行後，依該法新編成立「後備事務司」，係將國防部本部「全民防衛動員綜合作業室」與參謀本部「作戰次長室軍事動員處」合併編成，爲國防部辦理後備動員之專責幕僚單位。又配合政府組織改造，國防部組織法於2012年12月修正經總統公布，2013年1月1日行政院核定生效實施，「後備事務司」改編爲「全民防衛動員室」，除後備部隊編管訓用業務移國防部參謀本部作戰及計畫參謀次長室，其餘法定任務不變，轉化爲專屬動員政策規劃之幕僚單位。[31]2021年6月9日總統華總一義字第11000052941號令修正公布國防組織法，該法第6條第5款規定，國防部之次級軍事機關設置全民防衛動員署：軍事動員事項之規劃、核議、執行與行政院與所屬機關（構）、直轄市及縣（市）政府全民防衛動員事項之協助。[32]

「全民防衛動員準備」的要旨在本於「納動員於施政，寓戰備於經建」的指導原則，釐定精神、人力、物資經濟、財力、交通、衛生、科技、軍事等各項動員準備方案，並逐年策定各種動員準備分類計畫及執行計畫，結合政府各項施政計畫，推動動員準備事項。全民防衛動員區分平時準備與戰時實施兩個階段，藉平時結合各級政府施政，俾以完成人力、物方及戰力綜合準備，達到積儲平時總體戰力並「支援地區緊急狀況應變事宜」；在戰時則統合民間力量，支援軍事作戰，同時維持公務機關緊急應變和國民生活需求。[33]

---

31 全民防衛動員。組織簡介。https://aodm.mnd.gov.tw/front/front.aspx?menu=778051034df&mCate=778051034df ttps://cdprc.ey.gov.tw/Page/A80816CB7B6965EB。瀏覽日期：2019年11月21日。

32 法務部。國防組織法。全國法規資料庫。https://law.moj.gov.tw/LawClass/LawAll.aspx?pcode=F0000001，瀏覽日期：2023年7月21日。

33 全民防衛動員。業務執行。https://aodm.mnd.gov.tw/front/front.aspx?menu=6ab05502754&mCate=6ab055023af。瀏覽日期：2019年11月21日。

其中「支援地區緊急狀況應變事宜」，例如2023年度民安演習於4月到7月起於全台11縣市舉行，演習區分「兵棋推演」及「綜合實作」兩階段，上午進行的兵棋推演由地方政府就戰時及天然災害等複合式災變，依想定狀況研擬應處作為，驗證應變計畫可行性，所獲成果納入各項修訂作業。至於下午的綜合實作，由地方首長擔任指揮官，統籌轄屬公、民營事業單位、民防團隊、替代役、救難、志工團體、國軍及後備軍人輔導組織等單位，並依演習想定狀況，採「實物、實地、實作」方式，驗證緊急事故應變整合機制。2023年民安演習共有五大重點，首先是演練戰時景況下課目占70%、天然災害課目30%；其次是選定轄內重要關鍵基礎設施，並於現地操演；第三則是驗證地方政府「聯合應變中心」臨災應變機制；第四是演練戰時災民收容救濟站編組及開設；第五為加強大量傷患、民生必需品供應及各類民力組織運用。[34]

三、民防防衛救災體系

民防為動員民間人力、物力，予以適當之編組與運用，使其成為組織化、軍事化之戰鬥體，以防衛敵人有形之襲擊（如空襲、空降、暴力等）與無形之破壞（如謠言、耳語、黑函等）並搶救天然災害之一種民間自衛組織。又民防為總體作戰重要之一環，其目的在有效動員全民人力、物力，以防衛災害救難，協助維持地方治安為主要功能，戰時更能以支援軍事勤務，達成保鄉衛土為目的。

我國過去民防業務之實施，含有公權力強制性質，直到2003年1月「民防法」與其他相關民防法制相繼公布、施行後，才使我國民防體系邁入新紀元。2003年3月調訓各縣（市）政府、鄉（鎮、市、區）公所民防團隊整編各級作業人員，完成民防法闡述及民防團隊整編作業講習，逐步

---

34 自由時報。生活－民安9號演習4/13起陸續展開 演練戰時景況升高到70%。https://news.ltn.com.tw/news/life/breakingnews/4268557。瀏覽日期：2023年7月21日。

建構起符合我國國情之民防體系。[35]另又根據2021年1月20日民防法第1條之規定，為有效運用民力，發揮民間自衛自救功能，共同防護人民生命、身體、財產安全，以達平時防災救護，戰時有效支援軍事任務，特制定本法。至於民防工作範圍根據民防法第2條之規定則包括如下：

（一）空襲之情報傳遞、警報發放、防空疏散避難及空襲災害防護。

（二）協助搶救重大災害。

（三）協助維持地方治安或擔任民間自衛。

（四）支援軍事勤務。

（五）民防人力編組、訓練、演習及服勤。

（六）車輛、工程機械、船舶、航空器及其他有關民防事務之器材設備之編組、訓練、演習及服勤。

（七）民防教育及宣導。

（八）民防設施器材之整備。

（九）其他有關民防整備事項。

至於民防法所謂主管機關根據該法第3條之規定，在中央為內政部，而根據「內政部警政署民防指揮管制所組織規程」之規定，內政部警政署為辦理民防防情、防護業務，特設民防指揮管制所。又根據該內政部警政署民防指揮管制所組織規程第2條之規定，該管制所掌理下列事項：

（一）防空情報之蒐集、傳遞、運用與空襲警報及燈火管制命令之接受、發放、協調、督導。

（二）敵對或不明航空器、船艦、空降部隊動態之通（查）報及與有關單位之聯繫。

（三）防情有線電、無線電與遙控警報系統之修護、保養及器材補給。

（四）民防防情、防護人員之教育訓練、督導及考核。

---

35 簡寶釗（2008），後九一一時期我國國土安全警政策略之研究，中央警察大學安全所碩士班論文，頁51。

（五）防情特種勤務之協調、聯繫及督導。

（六）防空疏散避難規劃、宣傳之督導、考核。

（七）空襲防護之聯繫、協調。

（八）支援及協助各警察機關防情通訊設備檢修。

（九）協助重大災害應變之傳報、督導。

（十）其他有關民防防情、防護事項。[36]

至於辦理民防防情、防護之業務，在直轄市爲直轄市政府之警察局民防管制中心；在縣（市）爲縣（市）政府下轄之警察局民防管制中心。民防工作與軍事勤務相關者，平時由中央主管機關會同國防部督導執行，戰時由國防部協調中央主管機關運用民防團隊，支援軍事勤務。民防團隊採任務編組，其編組方式根據民防法第4條之規定如下：

直轄市、縣（市）政府應編組民防總隊，下設各種直屬任務（總、大）隊、院（站）、總站；鄉（鎮、市、區）公所應編組民防團，下設各種直屬任務中、分隊、院、站；村（里）應編組民防分團，下設勤務組。

鐵路、公路、港口、航空站、電信、電力、煉油及自來水公民營事業機構應編組特種防護團。

前2款編組以外之機關（構）、學校、團體、公司、廠場工作人數達100人以上者，應編組防護團。但其人數未達100人，而在同一建築物或工業區內者，應編組聯合防護團。

至於民防團隊編組、訓練、演習、服勤及支援軍事勤務辦法，則由中央主管機關會同國防部定之。又根據民防法第5條之規定，我國人民依下列規定參加民防團隊編組，接受民防訓練、演習及服勤：

（一）直轄市、縣（市）政府、鄉（鎮、市、區）公所所轄民政、消防、社政、衛生、建設（工務）單位員工與村、里、鄰長，依其職責、專長、經驗、體能，經遴選參加民防總隊、民防團及民防分團編組。

---

36 內政部警政署民防指揮管制所。業務職掌。http://www.cdcc.gov.tw/editor_model/u_editor_v1.asp?id={D50E406C-EC99-418D-A8E1-2FDA1FE6D687}。瀏覽日期：2019年11月21日。

（二）鐵路、公路、港口、航空站、電信、電力、煉油及自來水公民營事業機構員工，依其職責、專長、經驗、體能，經遴選參加特種防護團編組。

（三）前2款編組以外之機關（構）、學校、團體、公司、廠場或同一建築物、工業區內所屬員工，應參加各該單位防護團或聯合防護團編組。高級中等以上學校之在校學生，應參加各該學校防護團編組支援服勤。

（四）前3款編組以外之國民，年滿20歲至未滿70歲者，依其生活區域、專長、經驗、體能，經遴選參加民防總隊、民防團及民防分團編組。

前項第3款所定高級中等以上學校防護團之編組、教育、演習及服勤辦法，由中央主管機關會同教育部定之。各級主管機關於必要時，得結合本文前述之「全民防衛動員」準備體系，協助搶救重大災害。而根據民防法第6條之規定，有下列情形之一者，免參加民防團隊編組：（一）依兵役法服現役及接受軍事訓練者；（二）編列爲年度動員計畫要員之後備軍人；（三）列入輔助軍事勤務隊之補充兵及後備軍人；（四）列入勤務編組之替代役役男退役[37]。

此外，於2001年8月通過「後備軍人組織民防團隊社區災害防救團體及民間災害防救志願組織編組訓練協助救災事項實施辦法」，使各直轄市與縣市政府得將社區災害防救團體及民間災害防救志願組織進行編組與以訓練，並於災難發生時，發揮警報傳遞、應變戒備、災民疏散、搶救與避難之勸告及災情蒐集與損失查報；受災民眾臨時收容、社會救助及弱勢族群特殊保護措施；交通管制、秩序維護；搜救、緊急醫療及運送等功能。後又於2008年11月14日內政部台內消字第0970824478號令修正發布其新的名稱及全文12條；並自發布日施行，2022年9月29日依據新修正之災害防救法第30條第4項規定修正發布第1條條文。據上所述，該辦法原名稱爲「後備軍人組織民防團隊社區災害防救團體及民間災害防救志願組織編組

---

[37] 法務部。民防法。全國法規資料庫。https://law.moj.gov.tw/LawClass/LawAll.aspx?pcode=D0080118。瀏覽日期：2023年7月21日。

訓練協助救災事項實施辦法」；新名稱爲「民防團隊災害防救團體及災害防救志願組織編組訓練協助救災事項實施辦法」。[38]依據該新修訂之辦法第1條之規定，本辦法依災害防救法第30條第4項規定訂定之。該辦法第2條之規定，民防團隊參加協助救災之編組，在直轄市、縣（市）政府設民防總隊；在警察局設民防大隊，警察分局設民防中隊、分隊、小隊。前項民防小隊以8人至12人編成，並以每一警勤區遴選1人至6人爲原則；若干小隊組成一分隊，若干分隊組成一中隊。該辦法第3條之規定，直轄市、縣（市）政府就災害防救團體、災害防救志願組織參加協助救災之編組，應設隊；並得視工作任務需要，下設若干分隊。該辦法第4條之規定，民防團隊、災害防救團體或災害防救志願組織參加協助救災編組人員，僅得參加其中一種編組，不得參加其他編組。

又根據2011年1月31日內政部台內消字第1000820689號令、國防部國制研審字第1000000125號令會銜修正發布之「結合民防及全民防衛動員準備體系執行災害整備及應變實施辦法」，該辦法乃依據災害防救法第15條規定訂定之。復於2022年11月11日內政部台內消字第1110826510號令，因爲行政院之組織再造，故而修正發布新的名稱及全文9條；並自發布日施行。原名稱：「結合民防及全民防衛動員準備體系執行災害整備及應變實施辦法」；新名稱：「結合民防與全民防衛動員準備體系及協力組織執行災害整備及應變實施辦法」。該辦法第3條規定，爲整合緊急災害救援資源，中央災害防救會報應協調行政院全民防衛動員準備業務會報；各中央災害防救業務主管機關應協調各動員準備方案主管機關全民防衛動員準備業務會報，提供災害防救方針、政策、整備及應變等相關資料及重要災害防救對策及災害緊急應變措施，並於相關災害防救計畫及全民防衛動員準備計畫中明列之。又第4條規定，直轄市、縣（市）政府應實施災害防救會報、全民防衛動員準備業務會報，以及全民戰力綜合協調會報（共三會

---

38 法務部。民防團隊災害防救團體及災害防救志願組織編組訓練協助救災事項實施辦法。全國法規資料庫。https://law.moj.gov.tw/LawClass/LawHistory.aspx?pcode=D0120019。瀏覽日期：2023年7月21日。

報）聯合運作，協調辦理會議召開、計畫擬定、聯合演練、資源使用、災害整備、緊急應變及其他相關事項。鄉（鎮、市）災害防救會報應配合縣（市）前項三會報聯合運作指導，辦理相關災害整備及應變事宜。於直轄市、縣（市）、鄉（鎮、市）災害應變中心成立後，三會報應派員進駐，協助辦理重要災害整備措施、對策與災害緊急應變及其他相關事宜。第5條又規定，直轄市、縣（市）全民戰力綜合協調會報除協助辦理申請國軍支援災害防救外，於災害防救相關機關辦理該辦法所定車輛、機具、船舶或航空器徵用（購）事宜時，並得予以協助第7條規定，結合民防體系執行災害整備及應變事項，準用民防法及其相關規定辦理。[39]

四、中華民國搜救總隊

1981年，亞洲成立了第一個國際非政府搜救組織中華民國搜救總隊，成員來自各領域專家、學者、教官，結合社會青年組織而成。中華民國搜救總隊主要執行地震、土石流、風災、水災、海難、空難、山難、溺水等災難之後的搜救任務。跨越國界、跨越宗教、跨越種族、跨越政治、尊重生命，平等無分別的國際人道援救，是中華民國搜救總隊的信念。[40]

中華民國搜救總隊是我國非政府組織（Non-Governmenntal Organization, NGO）之一種。當重大災害發生時，此種民間之搜救團體，遂自動自發的配合搜救與災後重建的工作，肩負社會之一份責任。總隊之組織如圖12-2所示。[41]

---

[39] 法務部。結合民防與全民防衛動員準備體系及協力組織執行災害整備及應變實施辦法。全國法規資料庫。https://law.moj.gov.tw/LawClass/LawAll.aspx?pcode=D0120018。瀏覽日期：2023年7月21日。

[40] 中華民國搜救總隊。簡介。http://www.rescue.org.tw/internal%20reports/Internal_rescue--introduction.html。瀏覽日期：2023年7月21日。

[41] 中華民國搜救總隊。組織架構圖。http://www.rescue.org.tw/internal%20reports/Internal_rescue--organization.html ttps://cdprc.ey.gov.tw/Page/9743C2A19F3CF36B。瀏覽日期：2023年7月21日。

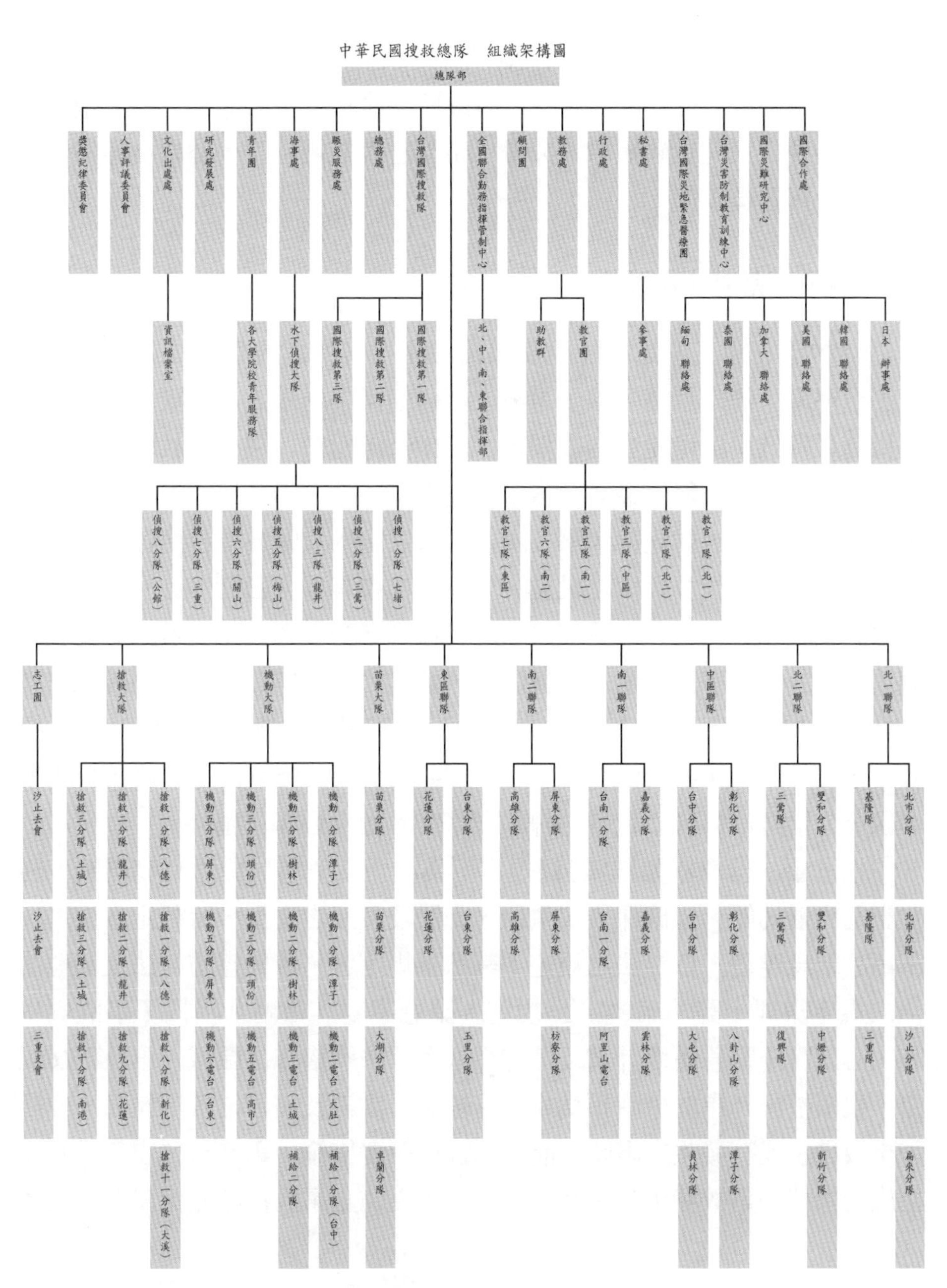

圖12-2　中華民國搜救總隊組織圖

因爲政府力量有限而民間資源無窮，中華民國搜救總隊於1981年成立。前述我國政府於2000年建立「行政院國家搜救中心」爲主幹之搜救體系，妥善整合民間救難組織之力量，當緊急事故發生時，通力合作共同投入緊急災害救援工作。

五、核子事故應變機制

1979年美國三哩島核能電廠事故發生後，原能會爲加強政府及業者之安全準備，俾一旦發生核子事故，能迅速集中應變人力、物力，採取必要措施以降低民眾可能受到之損害，於1981年頒布「核子事故緊急應變計畫」。「核子事故緊急應變計畫」實施以來，除每年各核能電廠定期舉行緊急應變演習外，並先後舉辦多次大規模之廠內及廠外聯合演習。鑑於核子事故緊急應變涉及民眾之權益，對國家社會有重大影響，且歷來輿論對其法制化之期待甚殷。行政院原子能委員會參酌歷次核安演習經驗及我國國情，研訂「核子事故緊急應變法」，該法於2003年12月24日總統公布，於2005年7月1日正式施行，未來有助於緊急應變機制之健全與功能的提升。後又於2023年6月28日總統華總一義字第11200054161號令修正公布第45條條文增訂第31條之1、第31條之2條文；並自公布日施行。[42]

核子事故緊急應變法第1條規定，爲健全核子事故緊急應變體制，強化緊急應變功能，以確保人民生命、身體及財產之安全，特制定本法。核子事故緊急應變，依該法之規定；該法未規定者，依災害防救法及其他法律之規定辦理。該法第2條之5規定，緊急應變計畫區乃指核子事故發生時，必須實施緊急應變計畫及即時採取民眾防護措施之區域。第2條之6規定，整備措施乃指於平時預爲規劃、編組、訓練及演習之各項作爲，俾核子事故發生或有發生之虞時，能迅速採行應變措施。第2條之7規定，應變措施乃指核子事故發生或有發生之虞時，爲防止事故持續惡化及保護民眾

---

[42] 法務部。核子事故緊急應變法。全國法規資料庫。https://law.moj.gov.tw/LawClass/LawAll.aspx?pcode=J0160056。瀏覽日期：2023年7月21日。

生命、身體及財產安全所進行之各項作為。第2條之9規定之指定機關，乃指為執行核子事故緊急應變事宜，由行政院指定之行政機關。

又核子事故緊急應變法第3條規定，本法所稱主管機關在中央為行政院原子能委員會；在地方為緊急應變計畫區所在之直轄市政府及縣（市）政府。第5條規定，中央主管機關應就核子事故可能之影響程度予以適當分類，並據以訂定應變及通報規定。第6條規定為有效執行核子事故緊急應變，核子事故發生或有發生之虞時，依事故可能影響程度，中央主管機關成立核子事故中央災害應變中心及輻射監測中心；國防部成立核子事故支援中心；地方主管機關成立核子事故地方災害應變中心。前項核子事故中央災害應變中心及輻射監測中心成立時機、作業程序及編組等相關事項，由中央主管機關定之；核子事故支援中心編組及作業程序等相關事項，由國防部定之；核子事故地方災害應變中心編組及作業程序等相關事項，由地方主管機關定之。

綜上，該「核子事故緊急應變法」未規定者，依「災害防救法」及其他法律之規定辦理。又為有效執行核子事故緊急應變，核子事故發生或有發生之虞時，依事故可能影響程度，中央主管機關成立核子事故中央災害應變中心及輻射監測中心；因此在中央災害應變中心之管制與前述之中央災害防救會報督導，以及與反恐之國土安全相關之事件，當然亦得列入前述之行政院國土安全會報之八大應變組中之「放射性物質組」之國土安全危害事件，加以督導與管制。

六、緊急醫療救護體系

我國近年來由於工商及交通發達下，各類災害及緊急傷病事故發生有增無減，以1995年為例，每10萬人口即約有62人死於事故傷害及其不良影響，造成民眾及社會莫大之損失。因此，持續建立完善且健全之緊急醫療救護體系，強化對民眾到醫院前緊急醫療救護服務，使傷、病、殘、亡人數降至最低，實屬必要。

我國於1995年通過「緊急醫療救護法」與緊急醫療體系之建置，歷經2000年八掌溪事件與2004年艾莉颱風的襲擊事件後，突顯我國緊急醫療救護體系仍出現諸多問題。近年來衛生署陸續公布緊急醫療救護法暨相關子法規及實施計畫、推動區域緊急醫療救護計畫、加強毒藥物防治諮詢服務、加強救護技能訓練、提升救護服務之質與量、加強緊急醫療救護教育與宣導工作、提升醫院急診醫療服務品質、發展空中緊急救護系統。

2013年1月16日最新修正之緊急醫療救護法第2條規定，本法所稱衛生主管機關在中央爲行政院衛生署；在直轄市爲直轄市政府；在縣（市）爲縣（市）政府。本法所稱消防主管機關在中央爲內政部；在直轄市爲直轄市政府；在縣（市）爲縣（市）政府。該法第5條又規定，爲促進緊急醫療救護設施及人力均衡發展，中央衛生主管機關應會同中央消防主管機關劃定緊急醫療救護區域，訂定全國緊急醫療救護計畫。其中，野外地區緊急救護應予納入。中央衛生主管機關爲整合緊急醫療救護資源，強化緊急應變機制，應建立緊急醫療救護區域協調指揮體系，並每年公布緊急醫療品質相關統計報告。該法第7條又規定，各級衛生主管機關對災害及戰爭之預防應變措施，應配合規劃辦理緊急醫療救護有關事項；必要時，得結合全民防衛動員準備體系，實施緊急醫療救護。

緊急醫療救護法第12條之規定，直轄市、縣（市）消防機關之救災救護指揮中心，應由救護人員24小時執勤。該法第13條又規定，直轄市、縣（市）消防主管機關應依其轄區人口分布、地理環境、交通及醫療設施狀況，劃分救護區，並由救護隊或消防分隊執行緊急傷病患送達醫療機構前之緊急救護業務。[43]因此，緊急醫療救護法與消防、民防，均有相互協調、聯繫、合作之關係與平台，因此亦應列入前述之防災與國土安全體系中，對於緊急事件之應變與防處作出密切的配合措施，以達到救護與復原之效果。

---

[43] 法務部。緊急醫療救護法。全國法規資料庫。https://law.moj.gov.tw/LawClass/LawAll.aspx?pcode=L0020045。瀏覽日期：2023年7月21日。

七、國家資通安全機制

在全球化資訊社會中，各國企業及政府機關無不相繼採用電腦資訊化作業。我國身處國際社會中，不能自外於時代潮流，同樣必須利用電腦及網際網路提供創新服務或改善業務效率。惟在便利、快速的前提下，如何防止國家機密外洩、網路犯罪以及不良言論散播，已經成爲攸關國家安全之重要議題。因之除了網路駭客攻擊之一般犯罪外，全球恐怖主義的網路攻擊，已然成爲恐怖攻擊的新發展型態。而恐怖主義的網路攻擊的多樣性與難以預防之特性，誠爲國土安維護上新的挑戰。因此，在本文前述行政院國土安全會報之中，爲因應重大人爲危安事件或恐怖攻擊，設置9個應變組，其中第八組之資通安全應變組，即由行政院資通安全處負責處理資通安全應變組之幕僚作業之中央單位。同時我國之國家安全法2019年7月3日總統華總一義字10800068301號令修正公布條文中，增訂之第2條之2，國家安全之維護，應及於中華民國領域內網際空間及其實體空間[44]；足見資通安全在國家安全之全面考量下，已經及於網際之空間，至其後續各類相關之法制規範與行政措施之配套發展，則有待在資通安全的建置上賡續的研究與提升。

因此回顧我國資通安全過往之處置措施中，曾經爲了統籌並加速資訊通訊安全基礎建設，以強化資通訊安全能力，國家安全會議曾於2000年5月奉總統指示研提「建立我國通資訊基礎建設安全機制」建議書，經總統於2000年8月30日核定並轉送行政院規劃辦理，行政院於2001年1月第2718次院會核定通過第一期資通安全機制計畫，並成立行政院「國家資通安全會報」，積極推動我國資通安全基礎建設工作，國家資通安全會報2019年最新之組織架構圖如圖12-3所示。至2005年至2016年，行政院賡續推動「建立我國通資訊基礎設施安全機制計畫」（2005年至2008年）、「國家資通訊安全發展方案」（2009年至2012年）及「國家資通訊安全發

44 法務部。國家安全法。全國法規資料庫。https://law.moj.gov.tw/LawClass/LawAll.aspx?pcode=A0030028。瀏覽日期：2023年7月21日。

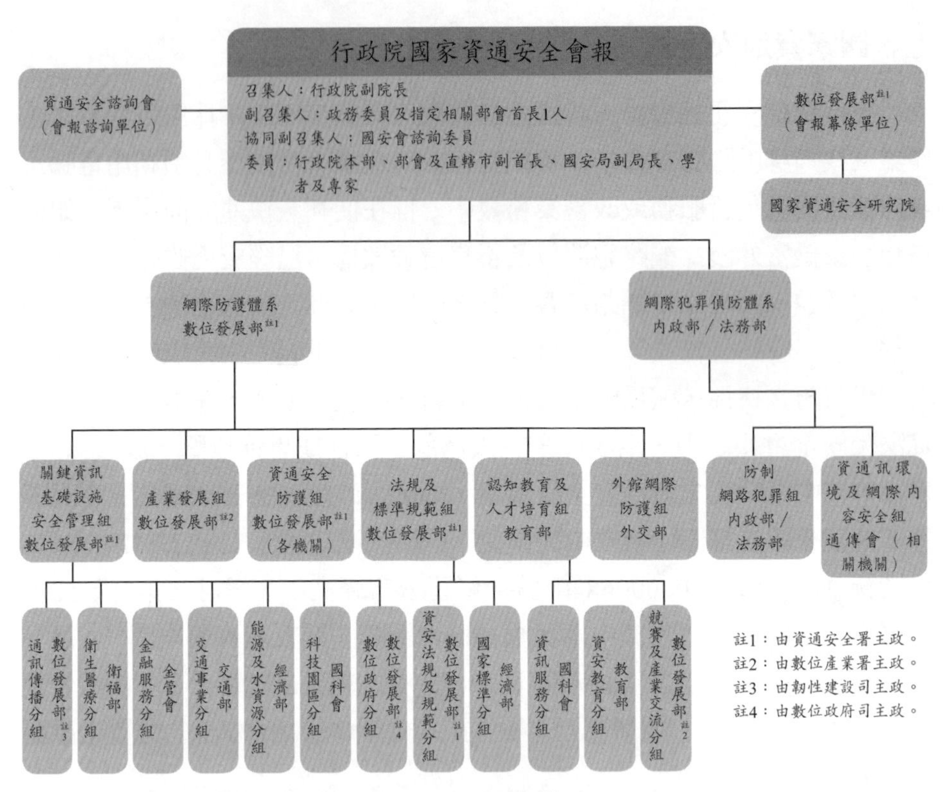

圖12-3　行政院國家資通安全會報組織架構[45]

展方案」（2013年至2016年），在中央各部會、直轄市及縣市政府共同努力之下，已逐步達成「建立整體資安防護體系、健全資安防護能力」之階段性目標。近年來，行政院國家資通安全會報更提出「國家資通安全發展方案」（2017年至2020年），以「打造安全可信賴的數位國家」爲願景，並以「建構國家資安聯防體系，提升整體資安防護機制，強化資安自主產業發展」爲目標，擬具4項推動策略，分別從「完備資安基礎環境」、「建構國家資安聯防體系」、「推升資安產業自主能量」及「孕育優質資

[45] 數位發展部資通安全署。行政院國家資通安全會報組織架構。https://moda.gov.tw/ACS/nicst/organization/662。瀏覽日期：2023年7月25日。

安菁英人才」等四個面向著手，透過前瞻、宏觀的視野，提出國家級的資通安全上位政策，以因應我國特殊的政經情勢及全球複雜多元的資通訊變革，並作爲國家推動資安防護策略與計畫之重要依據。2022年1月19日總統令公告「數位發展部組織法」，數位發展部爲辦理國家資通安全政策規劃、計畫核議及督導考核，執行國家資通安全防護、演練與稽核業務及通訊傳播基礎設施防護，特設資通安全署。依該署之組織法規定，該署掌理下列事項：

（一）國家資通安全政策與法規之規劃及執行。

（二）國家資通安全重大計畫與資源分配之規劃、協調、推動及督導考核。

（三）國家關鍵基礎設施資通安全管理與防護機制之規劃、推動及執行。

（四）國家資通安全事件偵測與通報應變機制之推動及執行。

（五）資通安全相關演練與稽核之推動及執行。

（六）資通安全教育、訓練與宣導之規劃、推動及執行。

（七）資通安全國際交流及合作之推動及執行。

（八）政府機關（構）與公營事業機構資通安全業務之評鑑及考核。

（九）統籌政府機關（構）與公營事業機構資安人員之教育訓練及業務評鑑。

（十）其他有關資通安全業務事項。[46]

而根據2023年7月20日行政院院授數資安字第1121000233號函修正發布，並自2023年7月20日生效之「行政院國家資通安全會報設置要點」第2點之規定，國家資通安全會報任務如下：

（一）國家資通安全政策之諮詢審議。

（二）國家資通安全通報應變機制之諮詢審議。

46 行政院國家資通安全會報。緣起背景。https://nicst.ey.gov.tw/Page/C008464A6C38F57C。瀏覽日期：2019年11月21日。數位發展部資通安全署。歷史沿革。https://moda.gov.tw/ACS/aboutus/history/608。瀏覽日期：2023年7月25日。

（三）國家資通安全重大計畫之諮詢審議。

（四）跨部會資通安全事務之協調及督導。

（五）其他本院交辦國家資通安全相關事項。

國家資通安全會報置召集人1人，由行政院副院長兼任；副召集人2人，由行政院長指派之政務委員及相關部會首長兼任。爲協調及推動國家資通安全政策，行政院置資通安全長1人，由會報召集人兼任。會報之幕僚作業，則由行政院新設之數位發展部辦理之。會報下設網際防護及網際犯罪偵防等二體系，其主辦機關（單位）及任務如下：

（一）網際防護體系：由行政院資通安全處主辦，負責整合資通安全防護資源，推動資安相關政策，並設下列各組，其主辦機關（單位）及任務如下：

1. 關鍵資訊基礎設施安全管理組：行政院資通安全處主辦，負責規劃推動關鍵資訊基礎設施安全管理機制，並督導各領域落實安全防護及辦理稽核、演練等作業。

2. 產業發展組：經濟部主辦，負責推動資安產業發展，整合產官學研資源，並發展相關創新應用。

3. 資通安全防護組：行政院資通安全處主辦，負責規劃、推動政府各項資通訊應用服務之安全機制，提供資安技術服務，督導政府機關落實資安防護及通報應變，辦理資安稽核及網路攻防演練，協助各機關強化資安防護工作之完整性及有效性。

4. 法規及標準規範組：行政院資通安全處主辦，負責研訂（修）資安相關法令規章，發展資安相關國家標準，訂定、維護政府機關資安作業規範及參考指引。

5. 認知教育及人才培育組：教育部主辦，負責推動資安基礎教育，強化教育體系資安，提升全民資安素養，提供資安資訊服務，建構全功能之整合平台，辦理國際級資安競賽，促進產學交流，加強資安人才培育。

6. 外館網際防護組：外交部主辦，負責統合外館各合署機關之資訊及網路管理，以提升外館資通安全防護能力，降低發生網駭及資安事件之風險。

（二）網際犯罪偵防體系：由內政部及法務部共同主辦，負責防範網路犯罪、維護民眾隱私、促進資通訊環境及網際內容安全等工作，並設下列各組，其主辦機關及任務如下：

1. 防治網路犯罪組：內政部及法務部共同主辦，負責網路犯罪查察、電腦犯罪防治、數位鑑識及檢討防制網路犯罪相關法令規章等工作。

2. 資通訊環境及網際內容安全組：國家通訊傳播委員會主辦，負責促進資通訊環境及網際內容安全，協助防治網路犯罪等工作。[47]

第五節　我國災害防救之發展對策

綜上所論，緊急事件的處理或危機管理之處理原則之上，已發展出甚多之原則可供運用與研究發展，然而本文前述總結安全管理與危機管理應考量的3項基本運用原則，亦即：一、安全弱點分析之原則；二、安全可能性威脅分析之原則；三、安全嚴重性之關鍵點分析之原則。美國在災害防救方面，較具體之作為乃於1979年4月1日卡特總統簽署成立美國聯邦緊急救難署的行政命令，成立了較具規模的全國性的緊急救難之聯邦組織。後又經過2003年國土安全之整併22個聯邦組織，而劃歸至以國土安全維護與反恐任務為主之國土安全部之下。2006年2月15日，美國政府出版品辦公室出版之《調查卡崔娜颶風整備和應對情況的兩黨委員會之最後報告》檢討其體制與功能之不當，而又於2007年恢復其獨立運作的執行單位之性質，但仍歸於國土安全部之下。其員額也從2003年整併如國土安全部的2,600人，至2020年將增至1萬1,300人。

我國在此災害防救方面之發展，最為主要以災害防救之體系，與國土安全之體系之外，與此緊急事件管理有較為密切相關之相關體系，則仍有數個體系，可資運用與協力合作。其中，災害防救之體系乃為我國中央災

---

[47] 行政院國家資通安全會報。行政院國家資通安全會報設置要點。https://moda.gov.tw/ACS/nicst/establishment/660。瀏覽日期：2023年7月25日。

害防救功能上最爲主要之機制，至於國土安全之體系，則較著重於反恐方面所造成之災害之處置，或者有關國家基礎設施，遭受人爲破壞或自然的災難時的防護措施，其二者在我國之緊急事件管理體系的實務運作上，其實是互補的協力機制。

比較我國與美國在此方面之機制，則可發現，美國雖早在2001年911之前即有聯邦緊急救難署之創設，然於2003年之後，則顯然以反恐爲其主要之發展與執行之策略主軸。自然的災難時的防護與救難卻著力不深，尤其在2005年8月美國歷史上最毀滅性的自然災害，即卡崔娜颶風中出現的緊急救難之缺失，深受美國議會與各方之指謫，因此才有2006年聯邦緊急救難署之再重組與加強其組織之功能。惟觀其之發展，筆者仍認爲其仍隸屬於以反恐爲其主要任務的國土安全部之下的次級單位，因而原本其自然災害之防救任務，易於處處受到國土安全相關預算與行動效率的掣肘。我國則反之，因爲恐怖攻擊事件不若美國如此之嚴峻，因而國土安全之維護，雖然在行政院設有反恐怖行動政策會報，並且有國土安全辦公室，來執行其幕僚與整合各相關單位之行動方案。但在災害防救方面則較爲注重與規劃及推行。其中例如，在行政院有中央災害防救會報、行政院災害防救辦公室、中央災害防救委員會、各災害防救業務主管機關之規範、中央災害應變中心與行政院國家搜救指揮中心，以及內政部消防署之搭配等。雖然行政院之中央災害防救會報及災害防救辦公室，其與國土安全政策會報及災害防救辦公室，在災害防救方面有任務重疊與互相配合之機制，唯在災害之防救方面，實務上仍以災害防救會報爲主，至於國土安全政策會報則以恐怖攻擊事件之處理爲主。

筆者以緊急事件管理之運作原則，以及未來災害防救及國土安全建置的新觀念與策略，就災害防救之法制、組織、管理與實戰等層面之改革對策，提出總結之具體意見如下。

壹、災害防救之法制與組織功能方面

災害防救法雖然於2000年7月公布施行，又於2019年5月22日總統華總一義字第11100048791號令第10次與時俱進的根據新的防救之需求，而據以修正公布最新之災害防救法，惟對於新的天然災害之加劇與民眾要求救災品質之日殷，已然無法滿足其之要求。就如同美國雖然原有聯邦救難署之建置，但於911的恐怖攻擊之後，仍必須檢討其功能與效果，而經修法後將其整合於國土安全部之下，以求在緊急救難時，所有相關之資源或情報，能更快速有效的部署與集結。時至今日，美國聯邦緊急救難署之組織，已從2003年3月，該署與其他22個聯邦機構、專案和辦公室一起組成爲國土安全部，但其乃僅隸屬於國土安全部的緊急事件整備與回應處之下的發展狀況下，當時該署有2,600名員工；然而至自2007年3月31日，該署又再次成爲國土安全部的執行單位的成員之一。同時至2020年該署之預算員額將增至1萬1,300人。並且在該署之中，設置有一個國家應急協調中心，其乃是一個多機構的協調中心，爲重大災害和緊急情況提供全面的聯邦支援與協調，包括災難性事件和應急管理計畫之實施。在聯邦緊急救難署之下的國家應急協調中心，由國家應急協調工作人員所組成，作爲國家重大災害防救之行動中心的職能，以支援各區域的緊急救難事件的行動。因此，當國家應急機制啓動之後，透過協調和整合資源、政策指導、情境之了解與規劃，以便提供國家級之應急管理，及支援受影響地區之安全，同時在全國設有聯邦緊急救難署10個地區局，來執行其救難之任務。[48]因此，其美國聯邦及各地區之各司其職及周延的支援與協調之系統化規範，顯非我國災害防救法的52條法規及相關的組織機制所能比擬，深值我國在修法或建構救難體系時之參酌。

另外，2019年10月29日修正通過，同年11月13日公布並施行之消防法，其中修正之重點有三：一、「退避權」部分，三讀通過條文明定，現場搶救人員應在救災安全前提下，衡酌搶救目的與風險後，採取適當搶救作爲；如現場無人命危害之虞，得不執行危險性救災行動，危險性救災行

48 FEMA, Organizational Structure November 20, 2019 retrieved from, https://www.fema.gov/media-library-data/1571336142501-c914622674a919294dd2a964aaeda0d1/FEMA_Org_Chart.pdf.

動認定標準，由中央主管機關另定之；二、在「資訊權」部分，三讀通過條文明定，消防指揮人員搶救工廠火災時，工廠管理權人應提供廠區化學品種類、數量、位置平面配置圖及搶救必要資訊。若未提供必要資訊或內容虛偽不實者，可處新臺幣3萬元以上60萬元以下罰鍰。工廠管理權人也應指派專人到現場協助救災，若工廠管理權人未指派專人到現場協助救災者，將可處管理權人50萬元以上150萬元以下罰鍰；三、在「調查權」部分，三讀條文明定，爲調查消防人員因災害搶救致發生死亡或重傷事故原因，中央主管機關應聘請相關機關、團體代表、學者專家，並納入基層消防團體代表，組成「災害事故調查會」，製作事故原因調查報告，提出災害搶救改善建議事項。[49]因此爾後在災害防救之時，在上述消防人員之退避權、調查權方面都要依據新的消防法之規範來運作。至於在資訊權方面，則於搶救工廠火災時，工廠管理權人應提供廠區化學品種類、數量、位置平面配置圖及搶救必要資訊，同時工廠管理權人也應指派專人到現場協助消防人員救災。

至於2023年6月21日總統華總一義字第11200052791號令修正公布之消防法亦本此2019年修正之精神，在各條文中做較嚴謹之修正規定。此次修法是因應近年發生重大火災與建築物使用形態越趨複雜，全面強化消防安全管理制度，也是消防法公布三十七年來最大幅度的調整，期待提升公共安全，保障國人生命財產安全。內政部消防署說明，這次共修正27條條文，重點爲強化消防安全管理，營業場所違反消防安全將直接開罰；同時要求液化石油氣容器零售業者，增設安全技術人員執行供氣安全檢查；危險物品場所遴用保安檢查員，強化場所自主防災；若石油煉製業發生災害，課予業者主動通報責任。同時也全面檢視提高違規罰責，如謊報火警、營業場所消防設備或防火管理不符規定、危險物品場所違規或規避妨

49 中央通訊社（2019）。立院三讀修正消防法 無人命危害得不危險救災。重點新聞。https://www.cna.com.tw/news/firstnews/201910295004.aspx。瀏覽日期：2019年12月21日。又見法務部。消防法。全國法規資料庫。https://law.moj.gov.tw/LawClass/LawAll.aspx?pcode=D0120001。瀏覽日期：2019年12月21日。

礙消防檢查及火災調查等，罰鍰額度至少提升三倍，提醒業者及民眾遵守相關規定。[50]

至於，我國現有的行政院之任務編組的國土安全辦公室，是否應與行政院的中央災害防救會報，及行政院國家搜救中心等相關組織，在功能上作一定之劃分或整併，一以透過整併而精簡組織，並可避免多頭馬車政出多門，再者期可援引各國災害防救與國土安全維護的新思維，藉此能眞正的整合與提升救災之層級至行政院層級，將災害防救之功能增強，以便眞正擴大與落實災害防救的統合戰力與救災快速之效益。如此，則對於國軍的運用、政經情勢之掌握，情資系統的整合、公私部門資源的運用等等現時之救災窘境，就有了一個強而有力、劍及履及的指揮與調度之作業平台，不至於因不能及時的聯繫與啓動應有之整備資源，而虛耗救災之寶貴資源與錯失救災之良機。

貳、災害防救之管理與實戰方面

災害防救的啓動必須在管理上分出不同的等級或警示之燈號，凡達到何種等級或燈號時，則必須啓動何層級政府之權責與指揮機制，以便快速有效的部署或調動資源、人力與物力，並且易於作縱向與橫向的整合資源或權限分擔，以發揮如臂使指的整體救災戰力。但因爲地球暖化，此種天然挑戰可能會接踵而至，不得不防。另外，在氣候、地形地質、水文水力、公私部門的救災組織與資源通路等資料，亦必須作長期資料的建檔管理與評估分析。可藉助電腦統計分析之管理技術（Computerized or Comparative Statistics Management, CompStat），來建立基礎設施的資料檔，並定期的以前節所述之緊急事件管理之運作原則來作更進一步與全方位深入之分析，亦即弱點、關鍵點與可能性之預測分析與必要的整備工作；或可於緊急救難時，提供指揮官或各級政府重要的決策參考資訊。故

50 內政部。新聞發布—消防法修正三讀 內政部：全面強化消防安全管理。https://www.moi.gov.tw/News_Content.aspx?n=4&s=280171。瀏覽日期：2023年7月25日。

較不至於錯估形勢，或因不明整體狀況與不諳手中掌握之籌碼，而進退失據、動輒得咎。經過上述3個基本原則之評量與加權計分後，得出各該基礎設施分項的總和之風險係數，並進一步予以分出低、中、高之風險等級，經此評量與加權計分程序，該組織之成員共同協力的找出風險之關鍵點，並加以運用管理之。

至於相關資料之運用，或可透過網路或雲端系統之建置，及時的將災害之最新資訊或者警示，傳達至端末的公私部門的基層組織，例如村、里、鄰、鄉、鎮市之辦公室，抑或私部門之警衛或安全管理之部門，使得最基層與直接能即時處置之單位，在第一時間能適時的自救，並等待專業或上級單位的支援。因爲根據救難之各類前例，往往最快趕赴現場，爲當地政府之地區機構，或者私部門的安全部門，因此若能作緊急及時之處理，通常都能降低災難之傷害程度。

我國之災害防救之體系，從行政院中央災害防救會報、行政院災害防救辦公室、中央災害應變中心、中央災害防救委員會一直到國家搜救指揮中心及內政部消防署等災害防救之體系。同時又有國土安全之體系及其他相關之緊急事件管理體系加以協力與配合救災。其中，行政院國土安全辦公室擔任國土安全政策會報幕僚，下設「安全整備應變科」、「國土安全合作科」辦事。其之安全整備應變科，負責反恐基本方針、政策之研議、反恐法案審查、反恐演習與訓練之協調及督導考核、各部會國土安全應變計畫之審核與督導以及國土安全政策會報等業務；國土安全合作科則負責國土安全國際合作事務、國家安全系統之反恐合作、國境管理之協調、國土安全國際會議及國際反恐資訊的蒐集、整理、研析等業務，然均以反恐之處置爲主軸，而平時則以辦理各類之觀摩學習，以及演練及訪評爲主。

雖然行政院曾於在2017年9月21日的第3568次院會報告事項（二）「災害防救創新與策進」報告中，其內容分爲「訊息傳遞能力提升」、「救援能力提升」、「科技應用提升」、「災害防救體制強化與策進」等四大項目。其中「訊息傳遞能力提升」包含了各相關災害主管機關所提供之災防告警細胞廣播服務（Cell Broadcast Service, CBS）、建立指定電視頻道播放緊急訊息機制及打造一站式網頁綜整相關災害訊息等3部分來進行。其中CBS訊息服務也在2017年921國家防災日中，首次進行全國發送演練測試，使民眾熟悉告警訊息服務，並進行避難演練，演練測試的目的就是爲了發現問題，加以改進，檢視發送的覆蓋率。行政院前述四大項目針對災害之緊急應變體系強化作爲，乃朝全災害應變模式推動。[51]至於2023年「災防告警細胞廣播訊息服務」新的揭示稱，該訊息服務乃是利用行動通信系統的細胞廣播服務技術，經由電信業者行動寬頻系統，在短時間內以廣播方式傳送告警訊息到特定範圍內的大量手機，手機接收到訊息時會發出特殊聲響與震動，讓民眾能及早掌握災害資訊。該系統之特色有：快速、不延遲、程度分級、來源可靠及不涉隱私等特點。[52]然而前述我國之災防體系與國土安全體系，二者在災害資訊的傳遞與運用方面，雖有行政院在2017年有前述之提升作爲，但仍然是較乏有效的指揮與資訊傳遞至端末，以及橫向聯繫各相關公、私部門之快速傳導之現代化的雲端系統。是以若能建立一套透過雲端網路，一直貫徹到端末組織或私部門之快速分享與協力指揮之體系，則在災害防救之效率與功能上，將更能百尺竿頭更進一步，未來或能成爲各國災害防救之典範與學習之標竿。

另外，如本書第八章之美國國土安全部之基礎設施警衛之建構經驗，亦可爲我國在之災害防救協力平台之建置與知識、資訊分享之功能上，發揮一定之實戰上的促進與推廣之功能。至今美國之基礎設施警衛在82個地區性的基礎設施警衛聯盟分會（InfraGard Member Alliances, IMA）中大約有5萬名會員，參與全國基礎設施警衛聯盟之中（InfraGard National Members Alliance, INMA）。每個該地方性的聯盟都與聯邦調查局的各地辦事處有相互的聯繫。而且地區之聯盟分會可以從聯邦調查局以及全國基礎設施警衛聯盟，得到聯邦調查局與國土安全部相關問題的諮詢

---

[51] 行政院災害防救辦公室（2017）。第3568次院會報告事項（二）「災害防救創新與策進」報告會後記者會新聞稿。https://www.ey.gov.tw/File/56F8E68F60503A90?A=C。瀏覽日期：2019年11月21日。

[52] 災防告警細胞廣播訊息。關於災防告警細胞廣播服務。https://cbs.tw/about。瀏覽日期：2023年7月25日。

服務，以及該等機關的情資通訊、安全之分析報告和基礎設施脆弱點之分析報告等資訊之協助。亦可獲邀參與地區性或者全國性的基礎設施警衛之會議或活動等各類之協助與資訊之分享。因此聯邦調查局建議此類私部門或公司應請求「基礎設施警衛」組織（InfraGard）之諮詢或協調人員予以協助，並分享此訊息以便預防此類事件的再次發生。

第六節　小結

在解釋或處理國土安全的現象或議題時，實亦可從安全管理的角度出發，亦應包含國家安全管理、公共安全管理、消防安全管理，及資通安全管理等等問題，以便探究在處置此類國土安全相關之現象與問題時，其在操作或實務運作上應可包含安全管理及危機管理之原則及如何的善加整合與應用。緊急事件管理之特性應可含威脅性、不確定性、時間之有限性，以及雙面效果性，亦即危機可能惡化，危機亦可能為轉機。

緊急事件的處理或所謂危機管理之處理原則之上，已發展出甚多之原則可供運用與研究發展，故根據安全管理之功能與新機制發展，可總結安全管理與危機管理應考量的3項基本運用原則，亦即安全弱點分析之原則、安全可能性威脅分析之原則，以及安全嚴重性之關鍵點分析之原則。故而，前述各種安全管理之原則與新研發之機制或技術，或可用下列公式表示之：亦即各個基礎設施項目之風險係數乃為安全之弱點加上可能性之威脅，再加上安全之關鍵點之上述3項評估之量化數據的總和。至其實際之評估、核算方法以及操作之模式，則必須以社會科學研究法中之研究設計與統計分析，來建立起常模，才能供其他研究者或各個機構之援引與運用。

2003年3月1日，美國聯邦緊急救難署自2001年美國紐約市遭受到911之恐怖攻擊之後，成為美國國土安全部的一部分。2006年美國政府出版品辦公室出版之《調查卡崔娜颶風整備和應對情況的兩黨委員會之最後報告》的資料顯示，除非地方機構將資助目的僅用於恐怖事件的處置之上，否則聯邦向各州提供用於所有緊急危難的備災需求的資金沒有辦法發放下來。因此，2006年10月4日，美國當時之總統George W. Bush簽署了《卡崔娜颶風後緊急改革法案》。所以自2006年此法案簽署之後，更將美國聯邦消防機構及災害防救、整備、協調機構併入聯邦緊急救難署新的機制中，並在該緊急救難署之下，整合救難整備相關之機構或機制，而設置更為專業的國家整備處。足可見國土安全部在不斷的演變之中，也足見救災在國土安全維護上的漸形重要。後又於2018年10月5日，川普總統簽署了「2018年災害復原改革法案」，作爲2018年聯邦航空管理局重新授權法案的一部分。這些改革規範在救災和復原方面負有共同責任，旨在降低聯邦緊急救難署的任務與工作之複雜性，並建置國家應對下一次災難性事件的能力。

至於我國之災害防救相關之緊急事件管理體系之發展方面，除了最爲主要之災害防救之體系，與國土安全之體系之外，與此緊急事件管理有較爲密切相關之體系，則仍有數個體系，可資運用與協力合作。比較我國與美國在此方面之機制，則可發現，美國雖早在2001年911之前即有聯邦緊急救難署之創設，然於2003年之後，則顯然以反恐爲其主要之發展與執行之策略主軸，自然災難時的防護與救難卻著力不深。我國則反之，因爲恐怖攻擊事件不若美國如此之嚴峻，因而國土安全之維護雖然在行政院設有反恐怖行動政策會報，並且有國土安全辦公室來執行其幕僚與整合各相關單位之行動方案。但在災害防救方面則較爲注重於規劃及推行。

綜合前述之論述，筆者提出強化我國災害防救的兩點對策。其一乃在災害防救之法制與組織功能方面。在美國聯邦緊急救難署之下的國家應急協調中心，由國家應急協調工作人員所組成，作爲國家重大災害防救之行動中心的職能，以支援各區域的緊急救難事件的行動。因此，其美國聯邦及各地區之各司其職及周延的支援與協調之系統化規範，顯非我國災害防救法的66條法規及相關的組織機制所能比擬，深値我國在修法或建構救難體系時之參酌。另外，我國現有的行政院之任務編組的國土安全辦公室，是否應與行政院的中央災害防救會報及行政院國家搜救中心等相關組織，在功能上作一定之劃分或整併，一以透過整併而精簡組織，並可避免多頭馬車政出多門，再者期可援引各國災害防救與國土安全維護的新思維，藉此能眞正的整合與提升救災之層級至行政院層級，將災害防救之功能增強，以便眞正擴大與落實災害防救的統合戰力與救災快速之效益。至於，2019年10月29日修正通過，同年11月13日公布並施行之消防法，其中修正之退避權、資訊權以及調查權部分，在災害防救之時，消防人員之退避權、調查權方面都要依據新的消防法之規範來運作；至於在資訊權方面，則於搶救工廠火災時，工廠管理權人應提供廠區化學品種類、數量、位置平面配置圖及搶救必要資訊，同時工廠管理權人也應指派專人到現場協助消防人員救災。另外，於2023年6月21日修正公布之消防法亦本此2019年修正之精神，在各條文中做較嚴謹之修正規定。2023年之修法是因應近年發生重大火災與建築物使用形態越趨複雜，全面強化消防安全管理制度而修訂。以上在災害防救之運作方面，則必須依據新修正之消防法來執行救災之工作。

對策之二，乃在災害防救之管理與實戰方面。災害防救的啓動必須在管理上分出不同的等級或警示之燈號，凡達到何種等級或燈號時，則必須啓動何層級政府之權責與指揮機制，以便快速有效的部署或調動資源、人力與物力，並且易於作縱向與橫向的整合資源或權限分擔，以發揮如臂使指的整體救災戰力。另外，可藉助電腦統計分析之管理技術，來建立基礎設施的資料檔，並定期的以前節所述之緊急事件管理之運作原則來作更進一步與全方位深入之分析，亦即弱點、關鍵點與可能性之預測分析與必要的整備工作。至於相關資料之運用，或可透過網路或雲端系統之建置，及時的將災害之最新資訊或者警示，傳達至端末的公私部門的基層組織，例如村、里、鄰、鄉、鎭市之辦公室，抑或私部門之警衛或安全管理之部門，使得最基層與直接能即時處置之單位，在第一時間能適時的自救，並等待專業或上級單位的支援。另外，如本書第八章之美國國土安全部之基礎設施警衛之建構經驗，亦可爲我國在之災害防救協力平台之建置與知識、資訊分享之功能上，發揮一定之實戰上的促進與推廣之功能。

參考書目

一、中文文獻

中央災害防救會報（2023）。中央災害防救會報設置要點。行政院112年2月10日院臺忠字第1125002582號函修正第2點、第3點。https://cdprc.ey.gov.tw/Page/9743C2A19F3CF36B。瀏覽日期：2023年7月21日。

中央災害防救會報（2022）。中央災害應變中心作業要點。行政院111年4月7日院臺忠字第1110168755號函修正部分規定。https://cdprc.ey.gov.tw/File/A8163E111D0D1B20?A=C。瀏覽日期：2023年7月21日。

中央通訊社（2019）。立院三讀修正消防法 無人命危害得不危險救災。重點新聞。https://www.cna.com.tw/news/firstnews/201910295004.aspx。瀏覽日期：2019年12月21日。

中華民國搜救總隊。組織架構圖。http://www.rescue.org.tw/internal%20reports/Internal_rescue--organization.html ttps://cdprc.ey.gov.tw/Page/9743C2A19F3CF36B。瀏覽日期：2023年7月21日。

中華民國搜救總隊。簡介。http://www.rescue.org.tw/internal%20reports/Internal_rescue--introduction.html。瀏覽日期：2023年7月21日。

內政部。新聞發布—消防法修正三讀 內政部：全面強化消防安全管理。https://www.moi.gov.tw/News_Content.aspx?n=4&s=280171。瀏覽日期：2023年7月25日。

內政部消防署。行政院國家搜救指揮中心設置要點。消防法令查詢系統。https://law.nfa.gov.tw/MOBILE/law.aspx?LSID=FL028974。瀏覽日期：2019年11月21日。

內政部消防署。行政院國家搜救指揮中心編組表。https://law.nfa.gov.tw/GNFA/downloadFile.aspx?sdMsgId=1634&FileId=3164。瀏覽日期：2019年11月21日。

內政部警政署民防指揮管制所。業務職掌。http://www.cdcc.gov.tw/editor_model/u_editor_v1.asp?id={D50E406C-EC99-418D-A8E1-

2FDA1FE6D687}。瀏覽日期：2019年11月21日。

全民防衛動員。沿革。https://aodm.mnd.gov.tw/front/front.aspx?menu=30b050024df&mCate=30b05002778。瀏覽日期：2019年11月21日。

全民防衛動員。組織簡介。https://aodm.mnd.gov.tw/front/front.aspx?menu=778051034df&mCate=778051034df ttps://cdprc.ey.gov.tw/Page/A80816CB7B6965EB。瀏覽日期：2019年11月21日。

全民防衛動員。業務執行。https://aodm.mnd.gov.tw/front/front.aspx?menu=6ab05502754&mCate=6ab055023af。瀏覽日期：2019年11月21日。

自由時報。生活－民安9號演習4/13起陸續展開 演練戰時景況升高到70%。https://news.ltn.com.tw/news/life/breakingnews/4268557。瀏覽日期：2023年7月21日。

行政院（2010）。吳揆：成立災害防救辦公室是我國防災史上重要里程碑。本院新聞。https://www.ey.gov.tw/Page/9277F759E41CCD91/87c386c1-8aa2-4a0e-bf83-45282b09d295。瀏覽日期：2019年11月21日。

行政院災害防救辦公室（2017）。第3568次院會報告事項（二）「災害防救創新與策進」報告會後記者會新聞稿。https://www.ey.gov.tw/File/56F8E68F60503A90?A=C。瀏覽日期：2019年11月21日。

行政院國土安全辦公室。行政院國土安全政策會報設置及作業要點。https://ohs.ey.gov.tw/Page/86B89A2924986560。瀏覽日期：2023年7月21日。

行政院國土安全辦公室。沿革。https://ohs.ey.gov.tw/Page/A971D6B9A644B858。瀏覽日期：2019年11月21日。

行政院國家資通安全會報。行政院國家資通安全會報組織架構圖。https://nicst.ey.gov.tw/Page/1AD9DA2B470FD4C0。瀏覽日期：2019年11月21日。

行政院國家資通安全會報。行政院國家資通安全會報設置要點。https://moda.gov.tw/ACS/nicst/establishment/660。瀏覽日期：2023年7月25日。

行政院國家資通安全會報。緣起背景。https://nicst.ey.gov.tw/Page/

C008464A6C38F57C。瀏覽日期：2019年11月21日。
災防告警細胞廣播訊息。關於災防告警細胞廣播服務。https://cbs.tw/about。瀏覽日期：2023年7月25日。
法務部。民防法。全國法規資料庫。https://law.moj.gov.tw/LawClass/LawAll.aspx?pcode=D0080118。瀏覽日期：2019年11月21日。
法務部。民防團隊災害防救團體及災害防救志願組織編組訓練協助救災事項實施辦法。全國法規資料庫法規。https://law.moj.gov.tw/LawClass/LawHistory.aspx?pcode=D0120019。瀏覽日期：2023年7月21日。
法務部。災害防救法。全國法規資料庫。https://law.moj.gov.tw/LawClass/LawAll.aspx?PCode=D0120014。瀏覽日期：2023年7月21日。
法務部。消防法。全國法規資料庫。https://law.moj.gov.tw/LawClass/LawAll.aspx?pcode=D0120001。瀏覽日期：2019年12月21日。
法務部。國軍協助災害防救辦法。全國法規資料庫。https://law.moj.gov.tw/LawClass/LawAll.aspx?pcode=F0090024。瀏覽日期：2023年7月21日。
法務部。國防組織法。全國法規資料庫。https://law.moj.gov.tw/LawClass/LawAll.aspx?pcode=F0000001，瀏覽日期：2023年7月21日。
法務部。國家安全法。全國法規資料庫。https://law.moj.gov.tw/LawClass/LawAll.aspx?pcode=A0030028。瀏覽日期：2023年7月21日。
法務部。結合民防與全民防衛動員準備體系及協力組織執行災害整備及應變實施辦法。全國法規資料庫法規。https://law.moj.gov.tw/LawClass/LawAll.aspx?pcode=D0120018。瀏覽日期：2023年7月21日。
法務部。緊急醫療救護法。全國法規資料庫。https://law.moj.gov.tw/LawClass/LawAll.aspx?pcode=L0020045。瀏覽日期：2023年7月21日。
法務部。核子事故緊急應變法。全國法規資料庫。https://law.moj.gov.tw/LawClass/LawAll.aspx?pcode=J0160056。瀏覽日期：2023年7月21日。
陳明傳、蕭銘慶、曾偉文、駱平沂（2019），國土安全專論，台北：五南圖書出版公司。
陳明傳、駱平沂（2010），國土安全導論，台北：五南圖書出版公司。
曾偉文（2008），國土安全體系下反恐與災害防救的整合，國土安全電子季刊，第2卷第1期，頁11-19。
數位發展部資通安全署。歷史沿革。https://moda.gov.tw/ACS/aboutus/history/608。瀏覽日期：2023年7月25日。
數位發展部資通安全署。行政院國家資通安全會報組織架構。https://moda.gov.tw/ACS/nicst/organization/662。瀏覽日期：2023年7月25日。
簡寶釗（2008），後九一一時期我國國土安全警政策略之研究，中央警察大學安全所碩士班論文。

二、外文文獻

Carter, Ashton B., Role for the white house and the new department, Testimony Before The Committee on Governmental Affairs United States Senate, Wednesday, June 26, 2002, December 10, 2019. https://fas.org/irp/congress/2002_hr/062602carter.html.
DHS, Disaster Recovery Reform Act of 2018. October 10, 2019. https://www.fema.gov/disaster-recovery-reform-act-2018.
FEMA, About the Agency, November 20, 2019. https://www.fema.gov/about-agency#.
FEMA, About Us-Stratigis Plan: Introduction, July 20, 2023. https://www.fema.gov/about/strategic-plan/introduction.
FEMA, National Preparedness Directorate, November 20, 2019. https://www.fema.gov/national-preparedness-directorate.
FEMA, Organizational Structure November 20, 2019. https://www.fema.gov/media-library-data/1571336142501-c914622674a919294dd2a964aaeda0d1/FEMA_Org_Chart.pdf.
FEMA, FEMA National Incident Support Manual, November 20, 2019. https://

www.fema.gov/de/media-library/assets/documents/24921.

Kemp, Roger L. (2010). *Homeland Security: Best Practices for Local Governmen*, 2nd ed., International City/County Management Association.

Oliver, Willard M. (2007). *Homeland Security for Policing*, NJ: Person Education.

Ortmeier, P. J. (2005). *Security Management-An introduction*, 2nd ed., New Jersey: Pearson Prentice Hall.

Senneward, Charles A. (2003). *Effective Security Management*, 4th ed., NY: Butterworth Heinemann.

Wikipedia, Federal Emergency Management Agency, November 20, 2019. https://en.wikipedia.org/wiki/Federal_Emergency_Management_Agency.

第十三章

試論國際災害防救機制——兼論對我國之啟示

柯雨瑞、吳冠杰、黃翠紋

第一節　前言

一、世界經濟論壇「2023年全球風險報告」（The Global Risks Report 2023）

世界經濟論壇（World Economic Forum, WEF）[1]是推動公私合作之國際組織，於2023年1月出版「2023年全球風險報告」（The Global Risks Report 2023）[2]，指出全球風險是多種因素相互關聯之所謂「多重危機」（polycrisis），強調生活成本之通貨膨脹危機（Cost-of-living crisis）是目前全世界各國所面臨的最大短期風險，儘管三十年來全球呼籲解決氣候變化問題，然全球政府各自爲政結果，導致氣候變遷問題仍是各國最大迫切的危機，基於環境議題備受重視，未來十年最大之風險挑戰在於對抗全球暖化，今年特別將「氣候行動失敗」（Climate action failure）分成「氣候變遷調適失敗」（Failure of climate-change adaption）與「氣候變遷減緩失敗」（Failure to mitigate climate change）二大項目，恰與我國112年通過「氣候變遷因應法」之第三章「氣候變遷調適」及第四章「減量對策」相呼應。其中未來十年的前十大風險中（圖13-1），環境面（Environmental）風險就有6項，分別是氣候變遷減緩失敗（Failure to mitigate climate change）、氣候變遷調適失敗（Failure of climate-change adaptation）、自然災害及極端天氣事件（Natural disasters and extreme

---

[1] 世界經濟論壇成立於1971年，總部設在瑞士日內瓦，每年1月定期發布全球風險報告，彙整5,000多名來自政府機關、商界、非政府組織、學術界及媒體專家，調查評估未來十年之全球風險趨勢（A “global risk” is an uncertain event or condition that, if it occurs, can cause significant negative impact for several countries or industries within the next 10 years）。World Economic Forum (2019). A Platform for Impact. http://www3.weforum.org/docs/WEF_Institutional_Brochure_2019.pdf

[2] World Economic Forum (2023). The Global Risks Report 2023, 18th Edition-Insight Report. Geneva: World Economic Forum.

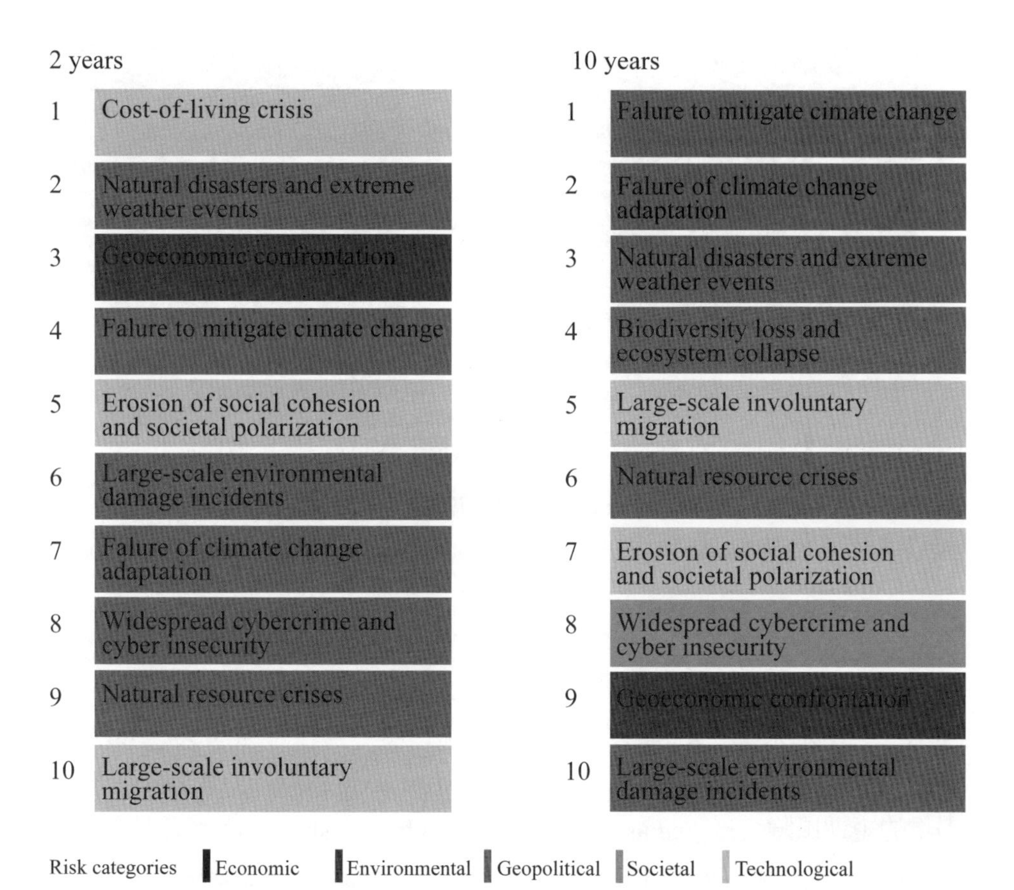

圖13-1　統計全球2023年未來之二年間（短期）與十年間（長期）十大風險區塊圖

資料來源：The Global Risks Report 2023. https://www3.weforum.org/docs/WEF_Global_Risks_Report_2023.pdf.

weather events）、生物多樣性流失及生態系統失衡（Biodiversity loss and ecosystem collapse）、自然資源危機（Natural resource crises）及大型環境破壞事件（Large-scale environmental damage incidents）[3]。

---

[3] World Economic Forum Official Site (2023b). The Global Risks Report 2023 Key Findings. (2023/8/1).

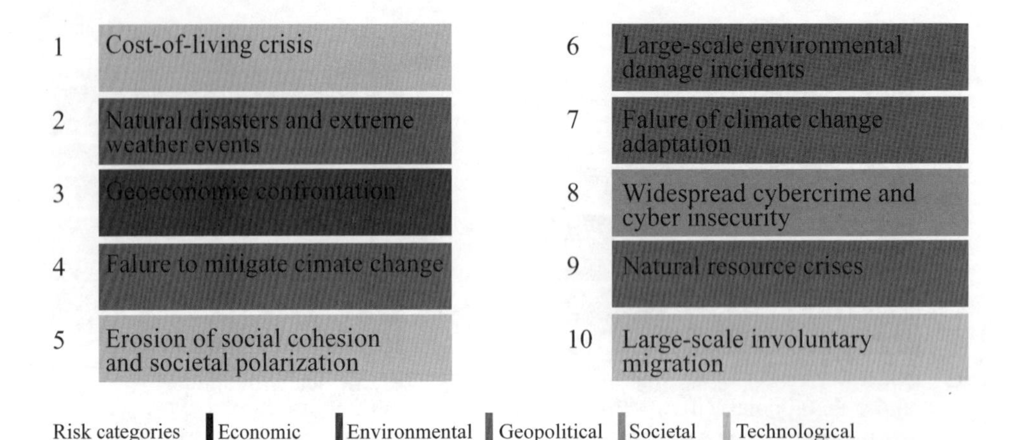

圖13-2　統計全球2023年未來之二年間（短期）十大風險區塊圖

資料來源：The Global Risks Report 2023. https://www3.weforum.org/docs/WEF_Global_Risks_Report_2023.pdf.

「全球風險感知調查排名」（Global Risks Perception Survey Ranks）顯示，其中未來二年之前十大風險中（圖13-2），社會面（Societal）風險就有3項，生活成本通貨膨脹危機（Cost-of-living crisis）成爲第一名最嚴重的短期風險（ranked as the most severe global risk），社會凝聚力侵蝕與兩極化對立（Erosion of social cohesion and societal polarization）成爲第五名，大規模非志願性移民（Large-scale environmental damage incidents）成爲第十名。本文綜上分析：

（一）氣候變遷減緩失敗被列爲未來二年全球面臨的第四大風險和未來十年的第一大風險。

（二）氣候變遷調適失敗被列爲未來二年全球面臨的第七大風險和未來十年的第二大風險。

（三）自然災害及極端天氣事件被列爲未來二年全球面臨的第二大風險和未來十年的第三大風險。

（四）大型環境破壞事件被列爲未來二年全球面臨的第六大風險和未來十年的第十大風險。

第18版「2023年全球風險報告」總結2022年對全球1,200多名學界、商界和政經專家調查的「全球風險感知調查」（Global Risks Perception Survey, GRPS）結果，考慮到地緣政治緊張局勢（backdrop of simmering geopolitical tensions），不斷升溫和社會經濟風險交織的背景，確定未來二年內經濟和社會所面臨最嚴重之感知風險。世界各國焦點集中在如何解決生活成本通貨膨脹（cost of living）、社會和政治兩極化（social and political polarization）、糧食和能源供應（food and energy supplies）、不溫不火的經濟成長（tepid growth）、地緣政治衝突（geopolitical confrontation）。WEF（2023）強調世界處於關鍵轉折點的多個領域，呼籲採取行動，共同爲世界可能面臨之下一次危機未雨綢繆防患未然，並在此過程中，塑造一條通往更穩定、更有韌性之世界的正確道路[4]。

二、涉及有關災害與危害之相關定義與災害類別

災害（disaster）、危害（hazard）或風險（risks）等用詞爲國內外常用於描述天然或人爲的災害事件，但在定義上並沒有共識[5]。本文特別整理災害流行病學研究中心、學者及聯合國國際法委員會，臚列三種災害及一種危害之定義如下：

（一）比利時災害流行病學研究中心（Centre for Research on the Epidemiology of Disasters, CRED）將災害定義爲「指發生對於當地帶來廣大影響的情況或事件，需要國家或國際組織加以援助；一種預想不到且經常是突然發生的事件，導致極大的傷害及毀滅，並帶給人類身心靈的痛苦」[6]。

---

4 World Economic Forum Official Site (2023a). The Global Risks Report 2023 (2023/8/1).

5 Quarantelli, E., The criteria for evaluating the management of community disaster. *Disaster*, Vol. 21, No. 1, 1997, pp. 9-18.

6 CRED defines a disaster as “a situation or event which overwhelms local capacity, necessitating a request to a national or international level for external assistance; an unforeseen and often sudden event that causes great damage, destruction and human

（二）學者Christopher B. Field等定義災害爲「指國家社會正常運作之機制，因爲突發的危害性自然事件與脆弱的社會狀況相互影響而遭受嚴重的破壞與損失。導致對於人類、物質、經濟或環境產生廣泛不利影響，需要政府作出緊急回應以滿足民眾之需求，並需要外部資助以實現復原。災害包括自然（natural）及人爲危害（human-made hazardous）事件」[7]。

（三）聯合國國際法委員會2016年第68屆會議通過的「發生災害時的人員保護草案」（Protection of persons in the event of disasters），其中第3條(a)款定義：「災害是指造成廣泛的生命損失、巨大的人類痛苦和危難、大規模流離失所，或大規模的物質或環境損害，從而嚴重擾亂社會運轉的一個災難性事件或一系列事件。」[8]

（四）另「兵庫行動綱領」則使用危害一詞，其定義是：「具有潛在破壞力的、可能造成傷亡、財產損害、社會和經濟混亂或環境退化的自然事件、現象或人類活動[9]。災害則包括可能將來構成威脅、可由自然（地質、水文氣象和生物）或人類進程（環境退化與技術危害）等各種起因造成的潛在條件。」[10]

---

suffering" Guha-Sapir, D. and Ph, H. (2015). Annual disaster statistical review 2014: The numbers and trends.

7 Christopher B. Field and others, eds. (2012). "Glossary of terms", in Intergovernmental Panel on Climate Change (2012). *Managing the Risks of Extreme Events and Disasters to Advance Climate Change Adaptation: Special Report of the Intergovernmental Panel on Climate Change*, New York, Cambridge University Press.

8 Article 3 Use of terms
(a) "disaster" means a calamitous event or series of events resulting in widespread loss of life, great human suffering and distress, mass displacement, or largescale material or environmental damage, thereby seriously disrupting the functioning of society.

9 A potentially damaging physical event, phenomenon or human activity that may cause the loss of life or injury, property damage, social and economic disruption or environmental degradation.

10 原文爲：A potentially damaging physical event, phenomenon or human activity that may cause the loss of life or injury, property damage, social and economic disruption or

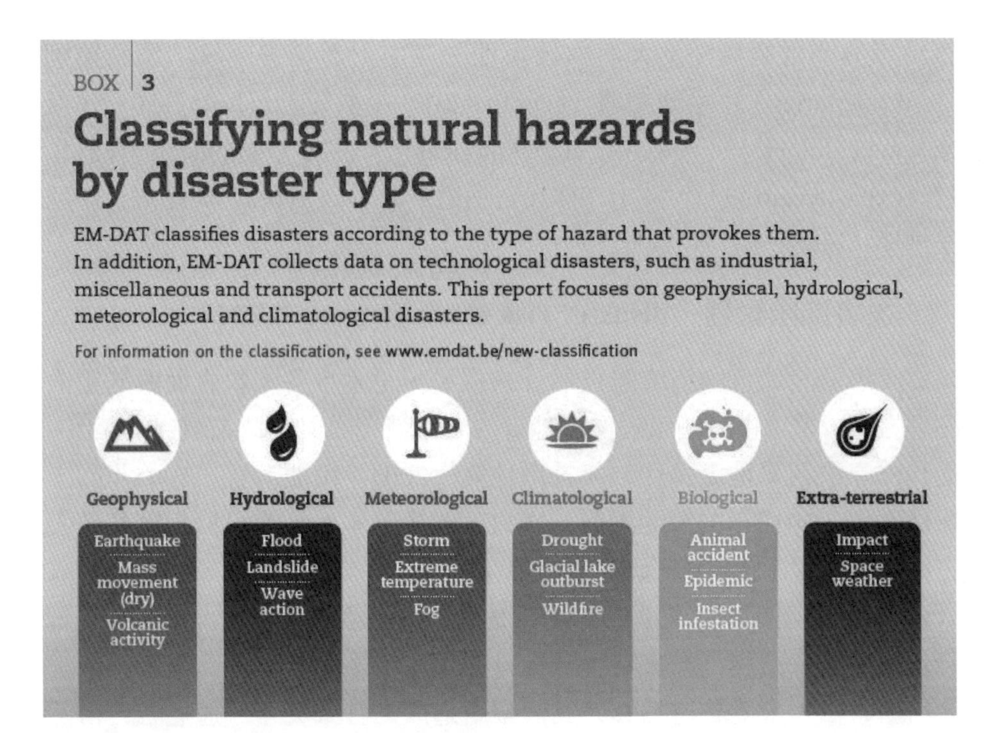

圖13-3　天然災害分類、型態與子型態

資料來源：https://www.undrr.org/publication/human-cost-disasters-overview-last-20-years-2000-2019.

聯合國緊急災害資料庫（Emergency Events Database, EM-DAT）[11]

---

environmental degradation. A Hazards can include latent conditions that may represent future threats and can have different origins: natural (geological, hydrometeorological and biological) or induced by human processes (environmental degradation and technological hazards). 以上資料請參閱：UNISDR, U. (2005). Hyogo framework for action 2005-2015: Building the resilience of nations and communities to disasters. In Extract from the final report of the World Conference on Disaster Reduction (A/CONF. 206/6). Vol. 380. Geneva: The United Nations International Strategy for Disaster Reduction.

[11] 聯合國緊急災害資料庫的災害類型包括：森林大火、風暴、坡地崩塌、洪水、地震、火山爆發、極端氣溫、疾病、乾旱等。當滿足以下其一條件：1. 超過10人死亡；2. 超過100人受影響；3. 政府發布緊急狀態；4. 政府呼籲國際援助條件，即納入重大災害

將災害分成兩個類別：天然與技術性，其中天然災害分成六個子類別（subcategories）：地球物理（geophysical）、水文（hydrological）、氣象（meteorological）、氣候（climatological）、生物（biological）及外來物（extra-terrestrial），計十二種災害型態（disaster types）與超過三十種子型態（subtypes）。

三、災害風險管理（disaster risk management, DRM）

災害給全球各國造成難以估計的損失，是當今各國政府面臨的重大問題之一，嚴重影響國家經濟、社會的可持續發展與威脅人類的生存[12]。從1985年墨西哥地震、1995年神戶地震、2004年南亞海嘯、2005年的卡崔娜颶風、2010年的海地地震、2011年的東日本大地震引發海嘯和核災害、2017年獅子山共和國坡地崩塌災害及2018年美國加州Camp森林大火（造成165億美元財產損失）[13]。經歷每年災害悲劇事件，人類開始學習降低風險的意識與行動策略，及提升對災害風險的了解，此需要一種綜合科學方法，來應對自然及人爲因素所造成之各式災害，通過融合自然（convergent natural）、社會經濟（socio-economic）、健康（health）與工程科學（engineering sciences）領域，共同防治環境危害。災害多數是自然事件，它們亦可能是社會的內生因素，當災害與自然、社會、經濟與環境的脆弱性，以及人口因素相互作用時，就會產生災害風險。「災害風險管理」指運用科學方法，盡可能避免、減輕可能引發災害風險的機會，或降低損害的程度。因爲風險之不確定性，且風險不可能完全去除，政府專家們將研究注意力放在造成災害的危害風險與相關形成過程，使政府先

事件計算。Guha-Sapir, D. and Ph, H. (2015). Annual disaster statistical review 2014: The numbers and trends.

[12] European Commission (2018). Human impact by disasters in 2017. Brussels: ECHO. http://erccportal.jrc.ec.europa.eu/emaildailymap/title/ECHO%20Daily%20Map%20of%2016%20April%202018 (2020/1/2).

[13] UNISDR (United Nations International Strategy for Disaster Reduction) (2020). n.d.b. History. http://www.unisdr.org/who-we-are/history (2020/1/2).

行準備或預先掌控風險的後果[14]。審慎評估公共與政治風險決策及行爲，以降低風險。綜合災害風險研究，其涉及多個範圍（從本地到全球）、專業與權責利益相關者（專家、政府官員與面臨風險的社區）、知識體系（科學的方法），及應用／實施領域（規劃，可持續開發和政策）[15]。

四、聯合國減少災害風險辦公室（United Nations Office for Disaster Risk Reduction, UNDRR）

UNDRR統計，自2015年受災害影響的人數增加80%，然災害成本仍然很高，估計2015年至2021年平均每年之災害成本超過3,300億美元，但用於減少災害風險的資金卻沒有相應增加。另UNDRR發布「2000-2019年災害造成的人類成本」（The human cost of disasters: an overview of the last 20 years (2000-2019)）報告，統計資料來自聯合國緊急災害資料庫（EM-DAT），2000年至2019年期間，全球共記錄7,348件重大災害，造成123萬人死亡，受災人口總數高達42億（許多人不止一次受災），給全球造成的經濟損失高達2.97萬億美元。報告顯示，氣候相關災害數量激增是造成災害總數上升的主要因素。比過去20年急劇增加。1980年至1999年間，全世界發生4,212起與自然災害有關的災害，奪去約119萬人的生命，影響32.5億人，造成約1.63萬億美元的經濟損失。造成這一差異的主要原因是包括極端天氣事件在內的氣候相關災害的增加：從1980年至1999年的3,656件氣候相關災害增加到2000年至2019年期間的6,681件。過去二十年，重大洪水的次數增加了一倍多，從1,389次增加到3,254次，而風暴的發生次數

---

14 UNISDR (United Nations International Strategy for Disaster Reduction) (2013). Proposed elements for consideration in the post 2015 framework for disaster risk reduction: By the UN special representative of the secretary-general for disaster risk reduction. http://www.preventionweb.net/files/35888_srsgelements.pdf (2020/1/5).

15 Lowe, M., Whitzman, C., Badland, H., Davern, M., Aye, L., Hes, D., and Giles-Corti, B., "Planning healthy, liveable and sustainable cities: How can indicators inform policy?" *Urban Policy and Research*, Vol. 33, No. 2, 2015, pp. 131-144.

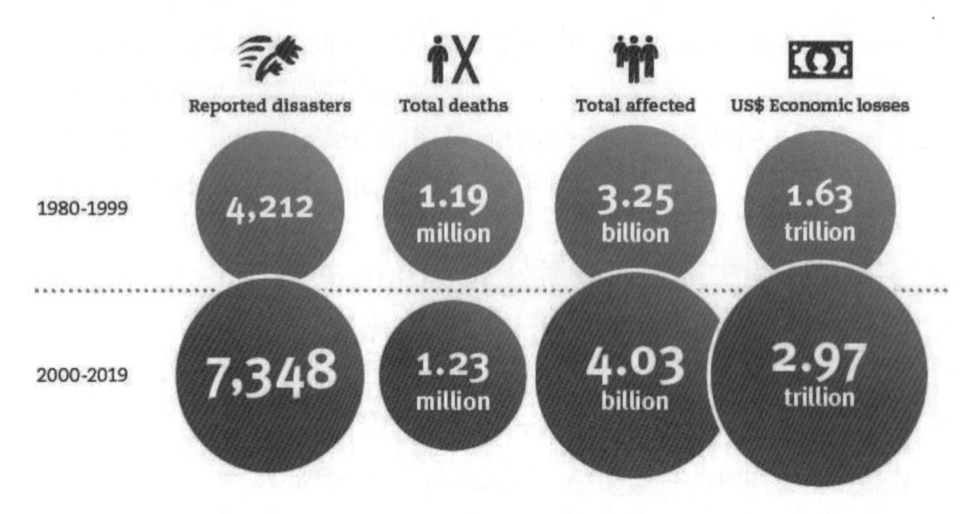

圖13-4　2000年至2019年，全球記錄7,348起重大災害，造成123萬人死亡，受災人口總數高達42億，經濟損失高達2.97萬億美元

資料來源：https://www.undrr.org/publication/human-cost-disasters-overview-last-20-years-2000-2019.

從1,457次增加到2,034次。洪水和風暴是最常見的事件。從災害發生的地區層面來看，過去二十年亞洲遭受的自然災害最多，達3,068件，全球十個受災最多的國家，其中有八個亞洲國家，其地區特點大多爲地形複雜，如森林平原、河流流域、地震斷層線等，並且在危險地區之人口密度相對較高[16]。

[16] Van Loenhout, J., Below, R., & McClean, D. (2020). *The human cost of disasters: an overview of the last 20 years (2000–2019)*. Tech. rep., Centre for Research on the Epidemiology of Disasters (CRED) and United Nations Office for Disaster Risk Reduction (UNISDR), https://www.preventionweb.net/files/74124_humancostofdisasters20002019reportu. pdf (2023/7/30).

五、1965年至2020年聯合國暨國際四種（氣候、風險、環境及發展）機構發展與國際法相關文件、宣言或行動方案大事記

世界各國從一系列相互關聯全球性或區域性的行動框架與國際法律文書中，得到指引與啓迪，並以災害經驗教訓與各國相互合作爲大前提，其中，氣候變化是現代文明國家、社會所必須加以面對的關鍵問題之一，國際社會幾十年來一直在努力解決這一問題。《聯合國氣候變化綱要公約》確定了目標。另外，重要之國際法文件乃爲《京都議定書》（2008年至2013年）、2012年締約方大會（COP18）《京都議定書》之「多哈修正案」（Doha Amendment），包括《京都議定書》第二承諾期（2013年至2020年）。再者，2015年全球通過《巴黎氣候協定》，最大限度地凝聚了各國共識，奠基於「國家自主貢獻」，締約方承諾將全球平均氣溫上升「控制在2℃以下」，控制平均氣溫上升的目標定於1.5℃努力，以降低全球氣候變化風險[17]。

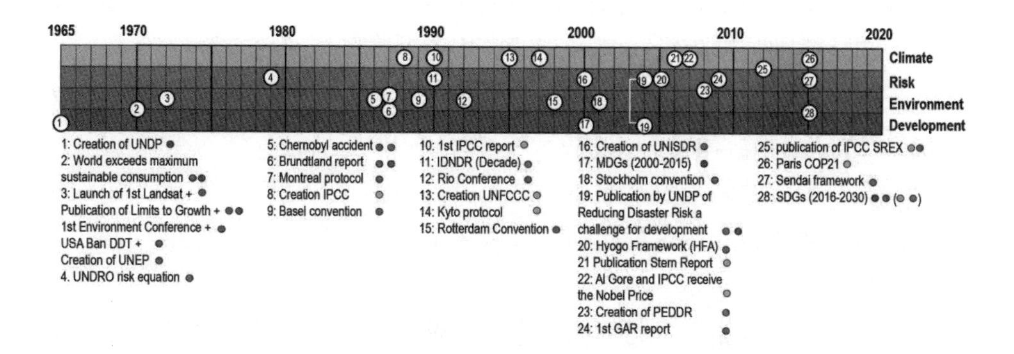

圖13-5　1965年至2020年聯合國暨國際四種（氣候、風險、環境及發展）機構發展與國際法相關文件、宣言或行動方案大事記

資料來源：Peduzzi, P., "The Disaster Risk, Global Change, and Sustainability Nexus," *Sustainability*, Vol. 11, No. 4, 2019, p. 957.

---

[17] Peduzzi, P., "The Disaster Risk, Global Change, and Sustainability Nexus," *Sustainability*, Vol. 11, No. 4, 2019, p. 957.

第二節　國際災害防救機制與國際法相關文件之規範

一、《兵庫行動綱領》（Hyoko Framework for Action, HFA 2005-2015）

於2005年1月在日本兵庫縣橫濱市，舉辦減少災害問題世界會議（World Conference on Disaster Reduction），世界168個國家於2005年，通過《2005-2015年兵庫行動綱領》[18]，HFA確定2005年至2015年的世界減災戰略目標與行動重點，強調應使各國建立減災觀念並落實以後的可持續發展行動，加強減災體系建設，開發應對災害的早期預警系統，提高減災能力，降低災後重建階段的風險。根據張歆儀、莊明仁、李香潔等人之研究成果，HFA戰略目標如下[19]：

（一）更有效地將災害風險因素納入各級的可持續發展政策、規劃及方案，同時特別強調防災、減災、備災和降低脆弱性。

（二）在各級社區重點發展和加強各種體制、機制及能力，俾利系統地推動加強針對危害的抗災能力。

（三）系統地將減少風險辦法納入受災害影響的社區的應急準備、應對及恢復方案的設計與落實活動。該會議確立減災政策的重要性，促使各國執行其目標。

《兵庫行動綱領》具體建構國家與社區降低災害與增強回復力之行動

---

[18] UNISDR, U. (2005). Hyogo framework for action 2005-2015: Building the resilience of nations and communities to disasters. In Extract from the final report of the World Conference on Disaster Reduction (A/CONF. 206/6). Vol. 380. Geneva: The United Nations International Strategy for Disaster Reduction.

[19] 張歆儀、莊明仁、李香潔（2013）。聯合國減災策略發展回顧。財團法人臺灣災害管理學會電子報。第13期。http://www.dmst.org.tw/e-paper/13/13/001b.html。瀏覽日期：2020年1月5日。

策略，以保障所有民眾之生命與社會經濟各面向之安全，在面臨自然災害時降低損失。其主要包含五大行動重點[20]：

（一）確保降低災害風險是國家與地方最優先之事項，在國家與社會各層面有堅強的機制支持與實踐。

（二）確定、評估與監測災難風險並加強預警。

（三）利用知識、創新及教育在各級培養安全與抗災意識。

（四）減少潛在的風險因素。

（五）爲有效應變，應強化各層級之災害整備之能力。

聯合國國際減災策略（United Nations International Strategy for Disaster Reduction, UNISDR）於2007年提出評估指標後，針對全球各國之執行狀況，每兩年發表全球評估報告（Global Assessment Report, GAR），另爲能使各國能針對當前的重點行動和對策互相討論與分享訊息，每兩年召開「減輕災害風險全球平台會議」（Global Platform for Disaster Risk Reduction），藉由會議了解各國執行《兵庫行動綱領》之階段性評估，逐一檢視歷次（年）減輕災害風險全球平台會議之討論主軸議題、結論與方向[21]。

二、《仙台減災綱領》（Sendai Framework for Disaster Risk Reduction, 2015-2030）

《仙台減災綱領》之起緣，係於2015年3月，在日本宮城縣仙台市，舉辦第3屆減少災害問題世界會議，通過的不具約束力的全球性自願協議，並獲得了聯合國大會第69/283號決議的批准。《仙台減災綱領》肯認，雖然國家在減少災害風險上發揮主要作用，但應與其他利益相關方

---

[20] 國家防災科技中心（2005）。兵庫行動綱領。http://ncdr.nat.gov.tw/news/newsletter2/003/Hyogo%20Declaration.pdf。瀏覽日期：2020年1月10日。

[21] See Report Review of the Yokohama Strategy and Plan of Action for a Safer World (2004). (A/CONF.206/L.1), specifically paragraphs 37-39. http://www.unisdr.org/wcdr/intergover/official-doc/L-docs/YokohamaStrategy-English.pdf (2020/1/10).

共同擔負責任，包括地方政府與私營部門及其他相關組織。《仙台減災綱領》的制定是各國在《兵庫行動綱領》、之前之相關性公約、國際法文件，包括：1999年的《國際減災戰略》（*The International Strategy for Disaster Reduction of 1999*）、《橫濱戰略——建立更加安全化之世界：自然災害預防、整備及減災指南暨其行動計畫》（*The Yokohama Strategy for a Safer World: Guidelines for Natural Disaster Prevention, Preparedness and Mitigation and its Plan of Action, adopted in 1994*）與《國際減輕自然災害十年的國際行動框架》（*International Framework for Action for the International Decade for Natural Disaster Reduction of 1989*）的基礎制定的，從而確保所開展工作的連續性。《仙台減災綱領》的關鍵創新包括要大幅減少個人、企業、社區和國家的經濟、實物、社會、文化與環境資產造成生命、生計及健康方面的災害風險與損失[22]。

《仙台減災綱領》包含主要目標、基本原則、優先工作、利益關係者等。規定要採取行動減少現有風險，旨在指導「大幅減少災害風險和損失」，防止新風險的產生，同時提升建立抗災力能力，並訂定出未來十五年減災協議。其中，《仙台減災綱領》之七大目標及四大優先工作，爲國際討論工作重點，如下所述[23]。

（一）七大目標

1. 在2030年前，實質降低因災害而成的死亡率。
2. 在2030年前，實質減少因災害影響的人數。
3. 在2030年前，減少災害造成的直接經濟損失。
4. 在2030年前，實質減少災害對關鍵基礎設施的破壞，及造成基本服務的中斷。

---

22 UNISDR (2015). *Sendai Framework for Disaster Risk Reduction 2015-2030*, United Nations Office for Disaster Risk Reduction: Geneva, Switzerland.

23 UNISDR (2015). Sendai Framework for Disaster Risk Reduction 2015-2030. http://www.wcdrr.org/uploads/Sendai_Framework_for_Disaster_Risk_Reduction_2015-2030.pdf (2020/1/10).

5. 在2020年前，大幅增加具有國家和地方減災策略的國家數目。

6. 在2030年前，大幅度強化針對開發中國家的國際合作。

7. 在2030年前，實質改善民眾對多重危害的早期預警系統，和災害風險資訊與評估的資訊之可及性和管道。

（二）四大優先工作如下[24]

1. 了解災害風險。
2. 強化災害風險治理。
3. 投資減災。
4. 對應變及重建作更完善的事先整備。

《仙台減災綱領》之各項優先工作下，有細項工作之條列，包括國家層級及國際層級兩個部分。此四大優先工作之中，了解災害風險爲基本面，也是延續《兵庫行動綱領》之重要工作。了解風險後，始可更進一步談及災害治理並進行投資。《仙台減災綱領》使用適應性治理（Adaptive governance, AG）新觀念，是一套非傳統管理（requires non-traditional management）之方法，其核心新觀念是互相合作，多層次的溝通行動，不斷學習以建立知識及建立有效的社會生態系統（social-ecological systems, SES）的新式管理方法[25]。《仙台減災綱領》肯認，應變及重建工作作好的前提，係應事先進行整備工作，並爲減災工作之重要一環[26]。

---

24 李維森、陳宏宇（2015），第三次世界減災會議與2015-2030仙台減災綱領——簡潔、聚焦、具有前瞻性和行動導向的世界減災策略，土木水利，第42卷5期，頁49-55。

25 Munene, M. B., Swartling, Å. G., and Thomalla, F., “Adaptive governance as a catalyst for transforming the relationship between development and disaster risk through the Sendai Framework?” *International journal of disaster risk reduction*, Vol. 28. 2018, pp. 653-663.

26 Renn, O. (2008). Governance generally refers to actions, processes, traditions and institutions (formal and informal) by which collective decisions are reached and implemented. Risk Governance: Coping with Uncertainty in a Complex World. Earthscan Risk in Society Series.

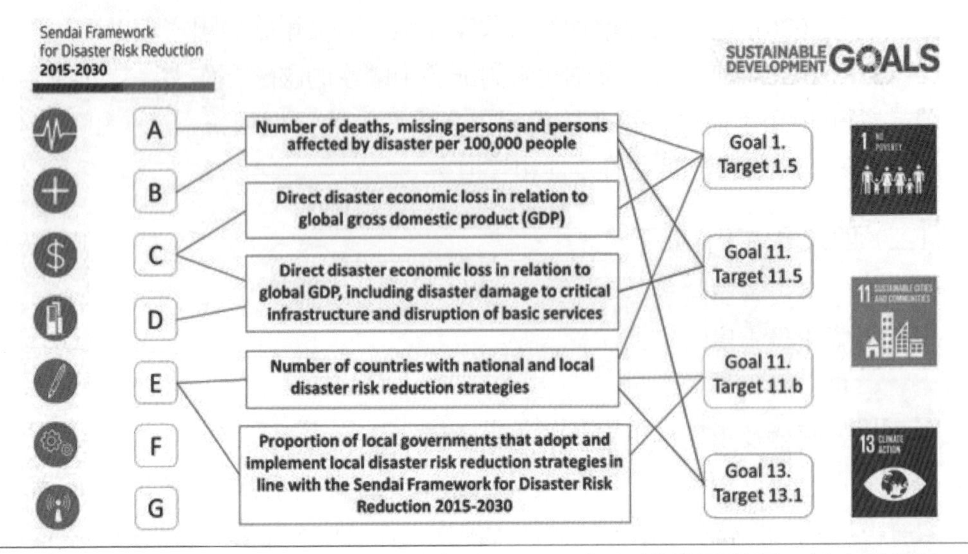

圖13-6　《仙台減災綱領》七大目標與「2030年永續發展議程」其中三個永續發展目標（目標1、11、13）暨十一個細項目標協同合作架構圖

資料來源：聯合國減少災害風險辦公室（PreventionWeb）。Sendai framework, 2020 retrieved from https://www.preventionweb.net/sendai-framework/sendai-framework-monitor/common-indicators。

綜上，從《兵庫行動綱領》過渡到《仙台減災綱領》，強調了災害防治與發展方法，災害管理從被動方式轉變爲主動方式的過程中，發揮了關鍵作用。主題已從「預防、防範和緩解」到「減少災害」，又轉變爲「減少災害風險」，其願景是保護人類生命，減少經濟損失並促進可持續發展，成果由提高認識、風險評估、預警系統與應變能力，支持制定與執行政策及相關措施[27]。《仙台減災綱領》被認爲是實現永續發展目標（Sustainable Development Goals, SDG）的推動力[28]，並且與聯合國所修

[27] Briceño, S., "Looking back and beyond Sendai: 25 years of international policy experience on disaster risk reduction," *International Journal of Disaster Risk Science*, Vol. 6, No. 1, 2015 pp. 1-7.

[28] UNISDR (2016a). Implementing the Sendai framework to achieve the sustainable development goals. Geneva, Switzerland: UNISDR.

訂的氣候變化與人道主義協議相互參照。本文認爲，實現《仙台減災綱領》目標，與永續發展目標所需的政治、行爲及知識本質之變化，需要更深入的分析與應用。

三、《聯合國氣候變化綱要公約》（United Nations Framework Convention on Climate Change, UNFCCC）

（一）二種氣候變化之定義

本文特別整理《聯合國氣候變化綱要公約》及政府間氣候變化專門委員會報告，臚列二種氣候變化（climate change）定義如下：

1. 依1992年《聯合國氣候變化綱要公約》第1條之規範，氣候變化定義爲「『氣候變化』指除在類似時期內所觀測的氣候的自然變遷之外，由於直接或間接的人類活動改變了地球大氣的組成而造成的氣候變化」[29]。

2. 聯合國環境規劃署（Unite Nations Environment Programme, UNEP）與世界氣象組織（WMO）於1988年，共同所成立的政府間氣候變化專門委員會，於2007年發表的第四次評估報告（AR4），界定氣候變化的科學定義是：「氣候變化是指氣候狀態的變化，利用統計檢驗，透過其特徵的平均值及／或數據的變化予以判定。氣候變化具有一段延伸期間，通常爲數十年或更長期間。氣候變化乃是隨時間發生的任何變化，無論是自然變率，亦或人類活動引起的變遷過程。」[30]

---

[29] ARTICLE 1

2....“Climate change” means a change of climate which is attributed directly or indirectly to human activity that alters the composition of the global atmosphere and which is in addition to natural climate variability observed over comparable time periods. UNFCCC (United Nations Framework Convention on Climate Change) (1992). United Nations Framework Convention on Climate Change. Bonn: UNFCCC.

[30] “Climate change refers to a change in the state of the climate that can be identified (e.g., by using statistical tests) by changes in the mean and/or the variability of its properties, and that persists for an extended period, typically decades or longer. Climate change may

（二）制定《聯合國氣候變化綱要公約》背景

最近幾十年，世界遭受災害的頻率和影響越來越大，危害類型以及對人類福祉構成威脅的潛在風險發生了極大轉變，包括氣候變化[31]。與氣候有關的自然災害，例如颶風、乾旱及野火，變得更加嚴重和頻繁，據估計目前平均一週發生一次災害[32]。世界各國應對氣候變化，需要採取一致行動，不僅須要減少排放大氣中之溫室氣體，而且還需要制定可靠的適應戰略，包括氣候基礎設施，縮小保險保護差距以及擴大公共和私人適應資金。這將要求政府和企業識別風險並確定其優先項目，建議進行量化分析機制（metrics）與策略以對其進行管理[33]。

《聯合國氣候變化綱要公約》將尋求具有法律約束力的條約來應對氣候變化。重點是緩解氣候變化的努力，這意味著減少溫室氣體之排放。任何協定都可能包括適應氣候變化、減少氣候變化的預期不利影響以及應用可能的利益的許多要素。

（三）《聯合國氣候變化綱要公約》的實質內容概述

聯合國大會在1990年爲因應人類活動造成的溫室氣體排放，成立氣

---

be due to natural internal processes or external forcings such as modulations of the solar cycles, volcanic eruptions, and persistent anthropogenic changes in the composition of the atmosphere or in land use." IPCC (Intergovernmental Panel on Climate Change) (2014). IPCC fifth assessment report. Geneva: IPCC.

[31] Kelman, I., "Climate change and the Sendai framework for disaster risk reduction," *International Journal of Disaster Risk Science*, Vol. 6, No. 2, 2015. doi:10.1007/s13753-015-0046-5.

[32] Harvey, F. (2019). "One Climate Crisis Disaster Happening Every Week, UN Warns." The Guardian. January 10, 2020. https://www.theguardian.com/environment/2019/jul/07/one-climate-crisis-disaster-happening-every-week-un-warns (2020/1/20).

[33] Zurich (2019). Managing the Impacts of Climate Change: Risk Management Responses—Second Edition. Zurich: Zurich Insurance Company. https://www.zurich.com/en/knowledge/topics/global-risks/managing-impacts-climate-change-risk-management-responses-second-edition (2020/1/20).

候變化綱要公約政府間談判委員會，該委員會議定該公約，並於1992年在紐約聯合國總部通過《聯合國氣候變化綱要公約》，該公約共計26條。旨在爲穩定大氣中溫室氣體濃度的行動制定了框架，以防止氣候系統受到危險的人爲干擾，該公約第7條詳細規定所謂締約方會議（Conference of the Parties, COP），自1995年起每年舉行1次，另稱爲「聯合國氣候變化大會」，提供締約方進行談判磋商及決策的平台，《京都議定書》在COP3訂定，《巴黎協定》則是在COP21訂定。

其中第3條確立「共同但有區別的責任」原則（in accordance with their common but differentiated responsibilities）：這是該公約的核心原則，因爲全球的減量目標無法只憑藉已開發國家的努力，開發中國家也應共同承擔減量責任。已開發國家應先實施減排，並向發展中國家提供資金技術支持。發展中國家在得到已開發國家資金技術的支持下，採取措施減緩或適應氣候變化，這一原則在歷次締約方會議上，均爲決議的形成，提供原則上之依據[34]。

表13-1　《聯合國氣候變化綱要公約》與《京都議定書》

歷史沿革	聯合國大會在1990年決議設立「政府間氣候變化綱要公約談判委員會」（INC），並授權起草有關氣候變化公約條文及所有認定爲有必要的法律文件，該委員會於1992年通過該公約。《聯合國氣候變化綱要公約》於1994年3月21日正式生效，秘書處設於德國波昂，迄今已有197個締約方（196個國家及歐盟）。
第2條　公約目的	公約目的將大氣中溫室氣體的濃度，穩定在防止氣候系統受到危險的人爲干擾的水準上。這一水準應當在足以使生態系統能夠自然地適應氣候變化、確保糧食生產免受威脅並使經濟發展能夠可持續地進行的時間範圍内實現。

[34] Schneider, L. (2008). A Clean Development Mechanism (CDM) with atmospheric benefits for a post-2012 climate regime. Öko-Institut eV Discussion Paper, 25.

表13-1 《聯合國氣候變化綱要公約》與《京都議定書》（續）

第3條　公約原則	1. 各締約方應當在公平的基礎上，且根據它們共同但有區別的責任和各自的能力，爲人類當代和後代的利益保護氣候系統。 2. 應當充分考慮到發展中國家締約方尤其是特別易受氣候變化不利影響的那些開發中國家締約方的具體需要和特殊情況。 3. 各締約方應當採取預防措施，預測、防止或儘量減少引起氣候變化的原因，並緩解其不利影響。 4. 各締約方有權並且應當促進可持續的發展。 5. 各締約方應當合作促進有利的和開放的國際經濟體系。
後續1997年《京都議定書》（里程碑）	1997年舉行第3屆締約方大會（COP3）時通過具法律約束力之《京都議定書》（*Kyoto Protocol*），前言規定該議定書生效條件，必須達到55個並占全球排放量55%以上締約國簽署同意，遲至2005年始正式生效，今已有192個締約方。 「市場機制」（market-based mechanism）被納入國際氣候談判，重要議題有：該議定書第6條「聯合履行」（Joint Implementation, JI）、第12條「清潔發展機制」（Clean Development Mechanism, CDM）[35]與第17條「排放權交易」（Emission Trading, ET）等三個。其目的是幫助《聯合國氣候變化綱要公約》之附件一國家締約國（均爲已開發國家）遵守在議定書中所承擔的約束性溫室氣體減排義務，並有益於非附件一國家之締約國（多數均爲開發中國家）的永續發展與公約最終目標的實現。 根據議定書第3條之規範，38個國家及歐盟（即所謂附件B國家），以個別或共同的方式控制人爲排放之溫室氣體數量，以期減少溫室效應對全球環境所造成的影響。附件B國家必須在2008年至2012年間將該國溫室氣體排放量降至1990年水準，平均至少減5%（at least 5per cent below 1990

[35] The sustainable development objective was written into the language creating the CDM (Article 12.2 of the Kyoto Protocol). UNFCCC (1998). Kyoto Protocol.

表13-1　《聯合國氣候變化綱要公約》與《京都議定書》（續）

	levels）[36]。因美國並未簽署，中國屬開發中國家並不在議定書的規範內，故到2020年均未能達成此設定目標。
評論	1. 1992年《聯合國氣候變化綱要公約》奠定原則：公平原則、不同發展水平的國家「共同但有區別的責任」、可持續發展及預防原則。 2. 1997年京都議定書係各國政府第一次考慮接受具有法律約束力的限控或減排溫室氣體的義務，具有里程碑意義。

資料來源：UNFCC, United Nations Framework Convention on Climate Change, 2020. https://unfccc.int/.

本文特別提及「清潔發展機制」（CDM），根據《京都議定書》第12條之規範與要求，建立已開發國家協助開發中國家進行溫室氣體減量，一起合作減排溫室氣體的靈活機制，更有效減緩全球氣候變遷之過程，主要有三個目標[37]：

1. 非附件一國家締約國（多數均爲開發中國家）推行符合永續發展之政策，爲實現最終目標作出應有貢獻。

2. 附件一國家（均爲已開發國家）透過資金與技術的提供，進行專

---

[36] Article 3

1. The Parties included in Annex I shall, individually or jointly, ensure that their aggregate anthropogenic carbon dioxide equivalent emissions of the greenhouse gases listed in Annex Ado not exceed their assigned amounts, calculated pursuant to their quantified emission limitation and reduction commitments inscribed in Annex B and in accordance with the provisions of this Article, with a view to reducing their overall emissions of such gases by at least 5per cent below 1990 levels in the commitment period 2008 to 2012.

[37] A mechanism under the Kyoto Protocol, the purpose of which, in accordance with Article 12 of the Kyoto Protocol, is to assist nonAnnex I Parties in achieving sustainable development and in contributing to the ultimate objective of the Convention, and to assist Annex I Parties in achieving compliance with their quantified emission limitation and reduction commitments under Article 3 of the Kyoto Protocol.

案級的減排量抵消額的轉讓與獲得，獲取投資專案所產生的部分及全部減排額度，作爲已開發國家履行減排義務的組成部分。

3. 已開發與開發中國家共同製造「雙贏」，形成現存的唯一國際公認的碳交易機制，適用於世界各地的減排計畫。

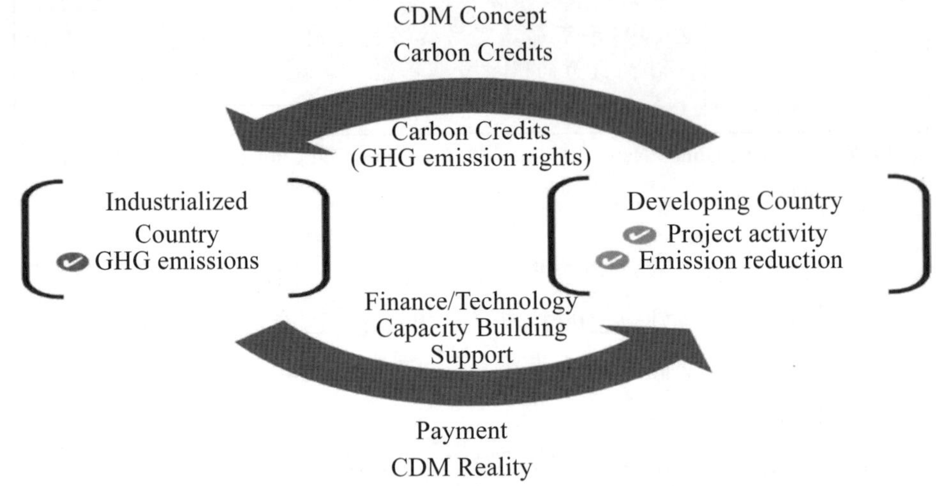

圖13-7　「清潔發展機制」（CDM）示意圖

資料來源：Adams, L., Sorkin, L., Zusman, E., and Harms, N., Making Climate Finance Work for Women, 2014 retrieved from https://www.think-asia.org/bitstream/handle/11540/598/climate-finance-work-women.pdf?sequence=1.

四、《巴黎氣候協定》

2015年聯合國通過了2項事關人類未來發展的重大協定：一是聯合國「2030年永續發展議程」，二是第21屆締約方大會通過《巴黎氣候協定》（*The Paris Agreement*），這2項協定的目標年均訂爲2030年。

《巴黎氣候協定》於2016年11月4日正式生效，是具有法律約束力的國際條約。目前，共有194個締約方（193個國家及歐盟）加入《巴黎氣候協定》。《巴黎氣候協定》在加強《聯合國氣候變化綱要公約》之實施力道與強度，該協定有規定包括減緩、適應、資金、技術開發及轉讓、能力建設之力道與強度以及行動與支援的透明度方面的工作，協定的執行將按照不同的國情，體現平等以及共同但有區別的責任和各自能力的原則。

《巴黎氣候協定》包括所有國家對減排和共同努力適應氣候變化的承諾，並呼籲各國逐步加強承諾。協定為發達國家提供了協助發展中國家減緩和適應氣候變化的方法，同時建立透明監測和報告各國氣候目標之框架。《巴黎氣候協定》第3條使用國家自主貢獻（National Determined Contributions, NDCs）這一法律制度，來明確規範各締約方的減排義務及承諾，故是本協定最重要精神及核心，NDC是《巴黎氣候協定》最重要之核心重點。早在2013年，第19屆締約方大會（COP19）形成的華沙機制，已建立Durban增強平台（Further Advancing the Durban Platform），要求締約方在巴黎氣候大會前提交國家計畫自主貢獻[38]。在2014年第20屆締約方大會（COP20）利馬氣候行動（Lima Call for Climate Action）確認溫室氣體減量是各國共同的責任，並規定2015年11月30日前提交國家計畫自主貢獻[39]。巴黎協定機制確立的國家自主貢獻仍在共同但有區別的責任原則下，奠定國際環境法軟法（soft law），對不同發展階段的締約方規定了相同和不同的法律標準。NDCs之法律性質，事實上，僅為國際法上之軟法。與京都議定書發達國家強制分配減排義務不同的是，締約方根據各自能力提出第一個五年期的自主減緩和適應方案。

---

[38] Further Advancing the Durban Platform (2014). Dec.1/CP.19 (Nov. 23, 2013), in COP Report No. 19, Addendum, at 3, UN Doc. FCCC/CP/2013/10/Add.1 (Jan. 31, 2014).

[39] 締約方在通報時，締約方本國可事先預擬所作出的貢獻程度，為促進明晰度、透明度及理解度而提供的資訊，可酌情包括：關於參考點（酌情包括基準年）、執行時間框架和（或）期限、實施範圍和覆蓋面、規劃進程、假設和方法的量化資訊，包括關於估計和核算人為溫室氣體排放量，可能的清除量所用方法的量化資訊，及如何能促進實現公約第2條明列的目標。Lima Call for Climate Action (2015), Dec. 1/CP.20 (Dec. 14, 2014), in COP Report No. 20, Addendum, at 2, UN Doc. FCCC/CP/2014/10/Add.1 (Feb. 2, 2015).

聯合國環境規劃署2022年10月發布「2022年排放差距報告」（Emissions Gap Report 2022）[40]顯示，自2021年在英國格拉斯哥舉行COP26會議以來，各國最新承諾對預測2030年排放量的影響甚微，離《巴黎氣候協定》將全球變暖限制在「遠低於2℃，最好是1.5℃」目標還有一大段路努力。到本世紀末，氣溫將上升2.8℃，實施目前承諾只能將本世紀末的溫度上升降低至2.4-2.6℃。本文整理該報告共計11點摘要如下[41]：

1. 應對氣候危機之行動不力和轉型的必要性。

2. 2021年全球溫室氣體排放可能創下新紀錄。

3. 各地區、各國和各個家庭之間的溫室氣體排放量非常不平衡。

4. 儘管呼籲各國「重新審視和加強」其2030年目標，但自締約方大會第26會議召開以來取得的進展仍然不足。

5. 二十國集團成員國在兌現2030年減排承諾方面遠遠落後於進度，

---

40 United Nations Environment Programme. (2023). *Emissions gap report 2022*. UN.

41 11點摘要原文如下：

1. Testimony to inadequate action on the climate crisis and the need for transformation;
2. Global GHG emissions could set a new record in 2021;
3. GHG emissions are highly uneven across regions, countries and households;
4. Despite the call for countries to “revisit and strengthen” their 2030 targets, progress since COP 26 is highly inadequate;
5. G20 members are far behind in delivering on their mitigation commitments for 2030, causing an implementation gap;
6. Globally, the NDCs are highly insufficient, and the emissions gap remains high;
7. Without additional action, current policies lead to global warming of 2.8°C over this century. Implementation of unconditional and conditional NDC scenarios reduce this to 2.6°C and 2.4°C respectively;
8. The credibility and feasibility of the net-zero emission pledges remains very uncertain;
9. Wide-ranging, large-scale, rapid and systemic transformation is now essential to achieve the temperature goal of the Paris Agreement;
10. The food system accounts for one third of all emissions, and must make a large reduction;
11. Realignment of the financial system is a critical enabler of the transformations needed.

造成了實施差距。

6. 從全球來看，國家自主貢獻的雄心嚴重不足，排放差距仍然很大。

7. 如果不採取額外行動，當前政策將導致本世紀全球變暖2.8℃。如果無條件和有條件的國家自主貢獻情景得以實施，氣溫升幅將分別降低到2.6℃和2.4℃。

8. 淨零排放承諾的可信度和可行性仍然非常不確定。

9. 現在，大範圍、大規模、快速和系統性的轉型對於實現《巴黎氣候協定》之溫度目標至關重要。

10. 糧食系統占總排放量的三分之一，必須進行大規模之減排。

11. 金融體系的重新調整是實現所需轉型之一個關鍵因素。

表13-2　《巴黎氣候協定》之條文內容概述

歷史沿革	2015年第21屆締約方大會（COP21）通過《巴黎氣候協定》，計有29條，將取代《京都議定書》，《巴黎氣候協定》成爲具有法律約束力的全球溫室氣體減量新協議，於2016年11月4日生效，迄今已有188個締約方。
第2條 公約目的	1. 把全球平均氣溫升幅控制在工業化前水準以上低於2℃之內，並努力將氣溫升幅限制在工業化前水準以上1.5℃之內，同時認識到這將大大減少氣候變化的風險和影響。 2. 高適應氣候變化不利影響的能力並以不威脅糧食生產的方式增強氣候抗禦力和溫室氣體低排放發展。 3. 使資金流動符合溫室氣體低排放和氣候適應型發展的路徑。
第3條 國家自主貢獻	作爲全球應對氣候變化的國家自主貢獻，所有締約方將保證並通報第4條（減緩）、第7條（適應）、第9條（減緩及適應提供資金）、第10條（技術開發及轉讓）、第11條（能力建設及合作）和第13條（透明度）所界定的有力度的努力，以實現本協定第2條所述的目的。所有締約方的努力將隨著時間的推移而逐漸增加，同時認識到需要支援發展中國家締約方，以有效執行本協定。

表13-2 《巴黎氣候協定》之條文內容概述（續）

第4條 國家自主貢獻作法	該條共計19款，為該協定文字規定最詳盡字數最多的條款，其中規定每五年要通報一次國家自主貢獻，整理其中第4、5、6款，如下述： 4. 發達國家締約方應當繼續帶頭，努力實現全經濟絕對減排目標。發展中國家締約方應當繼續加強它們的減緩努力，應鼓勵它們根據不同的國情，逐漸實現全經濟絕對減排或限排目標。 5. 應向發展中國家締約方提供協助，以根據本協定第9條、第10條及第11條執行本條，同時認識到增強對發展中國家締約方的協助，將能夠加大行動力度。 6. 最不發達國家和小島嶼發展中國家可編制與通報反映它們特殊情況的關於溫室氣體低排放發展的戰略、計畫及行動。
評論	1. 該協定對締約方提交國家自主貢獻的要求，即國家自主貢獻應載明的法律標準，這也是締約方履行協定的首要法律義務。 2. 該協定對國家自主貢獻的規定反映了締約方的自我區分，即由締約方按照自身國情和能力向締約方大會（COP）提交溫室氣體減排目標和行動計畫。 3. 計有《巴黎氣候協定》之190個締約國，向《巴黎氣候協定》之公約秘書處，提出應對氣候變遷的國家自主貢獻，占全球總排放量的98.8%，聯合國應讓台灣加入，用以補足缺口[42]。 4. 2014年至2019年是有史以來最熱的五年，2018年全球碳排放量達到有史以來最高水平，表示各國需負責任加大力道快速減排[43]。

資料來源：UNFCCC, Adoption of the Paris Agreement (Decision 1/CP.21) [R/OL], 2015, 2016. http://unfccc.int/files/essential_background/convention/application/pdf/chinese_paris_agreement.pdf.

---

42 陳家慶（2020）。《極憲國際》巴黎氣候協定是什麼？http://www.focusconlaw.com/eu_ratify_paris_agreement/。瀏覽日期：2020年1月15日。

43 World Meteorological Organization (2019). The Global Climate in 2015-2019. https://library.wmo.int/doc_num.php?explnum_id=9936 (2020/1/25).

五、聯合國2030年永續發展議程（2030 Agenda for Sustainable Development）

本文在此特別提出聯合國大會於2015年9月25日，以第70/1號決議通過「2030年永續發展議程」，它的核心是17個永續發展目標，這是所有國家（無論是發達國家還是發展中國家）在全球夥伴關係中迫切需要採取的行動。提供一個有遠見的路線圖，指引著國際社會努力建設一個享有可持續繁榮、社會包容與平等的世界，同時保護地球，且不遺漏任何一個國家（leaving no one behind）[44]。「2030年永續發展議程」之內容，包含[45]：

（一）17個永續發展目標[46]、169個細項目標和230個指標。

（二）實施手段與全球夥伴關係。

（三）審查和追蹤。

---

[44] Desa, U. N. (2016). Transforming our world: The 2030 agenda for sustainable development.

[45] 康廷嶽（2017）。台灣應持續關注聯合國永續發展目標。https://www.tier.org.tw/comment/pec5010.aspx?GUID=f63469f1-965d-49df-b7c4-50736dc6bee3。瀏覽日期：2020年1月16日。

[46] 17個永續發展目標：1. 在世界各地消除一切形式的貧困；2. 消除饑餓、實現糧食安全、改善營養、促進永續農業；3. 確保健康的生活方式、促進各年齡層所有人的福祉；4. 確保包容性和公平的優質教育，爲全民提供終身學習機會；5. 實現性別平等，賦予所有婦女和女童的權力；6. 確保爲所有人提供並以永續方式管理之水源和衛生系統；7. 確保人人獲得負擔得起、可靠和永續的現代能源；8. 促進持久、包容和永續的經濟增長，促進實現充分和生產性就業及人人享有有尊嚴的工作；9. 建設有復原力的基礎設施、促進包容與永續的產業化、推動創新；10. 減少國家內部和國家之間的不平等；11. 建設包容、安全、有復原力和永續城市和人類社區；12. 確保永續的消費和生產模式；13. 採取緊急行動應對氣候變遷及其影響；14. 保護和永續利用海洋和海洋資源促進永續發展；15. 保護、恢復和促進永續利用陸地生態系統、永續管理森林、防治荒漠化、制止和扭轉土地退化現象、遏制生物多樣性的喪失；16. 促進有利於永續發展的和平和包容性社會、爲所有人提供訴諸司法的機會，以及在建立各層級有效、問責和包容的制度；17. 加強實施手段、重振永續發展全球夥伴關係。引自：康廷嶽（2017）。台灣應持續關注聯合國永續發展目標。https://www.tier.org.tw/comment/pec5010.aspx?GUID=f63469f1-965d-49df-b7c4-50736dc6bee3。瀏覽日期：2020年1月16日。

圖13-8　聯合國「2030年永續發展議程」（2030 Agenda for Sustainable Development）

資料來源：United Nations Development Programme, 2030 Agenda for sustainable development, 2020 retrieved from https://www.undp.org/content/undp/en/home/sustainable-development-goals.html.

另我國行政院配合「2050淨零轉型」的目標，逐步完善相關政策、法制及組織，其中「環境部氣候變遷署籌備處」已於2023年4月22日地球日揭牌運作，環境保護署將在2023年8月22日升格爲環境部；而由國發基金與台灣證券交易所共同設立的台灣碳權交易所，也將在2023年8月7日正式營運，逐步完備碳交易機制。

第三節　我國災害防救機制的現況

一、溫室氣體減量及管理法

基於我國特殊之國際地位，迄今仍未簽署《聯合國氣候變化綱要公約》、《京都議定書》與《巴黎氣候協定》等重要氣候協議，惟台灣身為地球村之一員，仍應依據公約精神，承擔共同但有區別的責任，以成本有效及最低成本來防制氣候變遷，並追求永續發展，故行政院環保署擬具「溫室氣體減量法草案」，歷經近十年，於2015年7月1日公布施行「溫室氣體減量及管理法」[47]。

後為達成「2050淨零轉型」目標，行政院於111年4月21日通過環境保護署擬具之「溫室氣體減量及管理法」修正草案，並將法案名稱修正為「氣候變遷因應法」。本次修法不僅是完備氣候法制的第一步，也兼具指標性與實質性意義，除將國家長期減碳目標修改為「2050年淨零排放」，也增訂氣候變遷調適專章、氣候治理的基本方針及重大政策等，並規定由行政院國家永續發展委員會協調、分工與整合，地方政府也要設立「氣候變遷因應推動會」，同時也納入實施碳定價，並加強氣候變遷人才培育與技術發展。

二、國家因應氣候變遷行動綱領

環保署依氣候變遷因應法第9條第1項擬訂「國家因應氣候變遷行動綱領」[48]，同法第9條第2項規定中央主管機關應參酌聯合國氣候變化綱要

---

[47] 立法院（2015）。立法院公報，第104卷第54期，院會紀錄。頁2-3。https://www.epa.gov.tw/DisplayFile.aspx?FileID=91F5650F7E46E427&P=35d1f8b4-6b25-478b-9dbf-da6e5e2d6db6。瀏覽日期：2020年1月20日。

[48] 第9條第1項：「中央主管機關應依我國經濟、能源、環境狀況、參酌國際現況及前條第一項分工事宜，擬訂國家因應氣候變遷行動綱領（以下簡稱行動綱領），會商中央目的事業主管機關，報請行政院核定後實施，並對外公開。」

公約與其協議或相關國際公約決議事項及國內情勢變化，至少每四年檢討一次；推動方案應包括階段管制目標、推動期程、推動策略、預期效益及管考機制等項目。國家因應氣候變遷行動綱領共分前言、願景及目標、基本原則、政策內涵及後續推定五個項目[49]，如圖13-9國家因應氣候變遷行動綱領架構圖及本文特別整理之重點詳如表13-3。

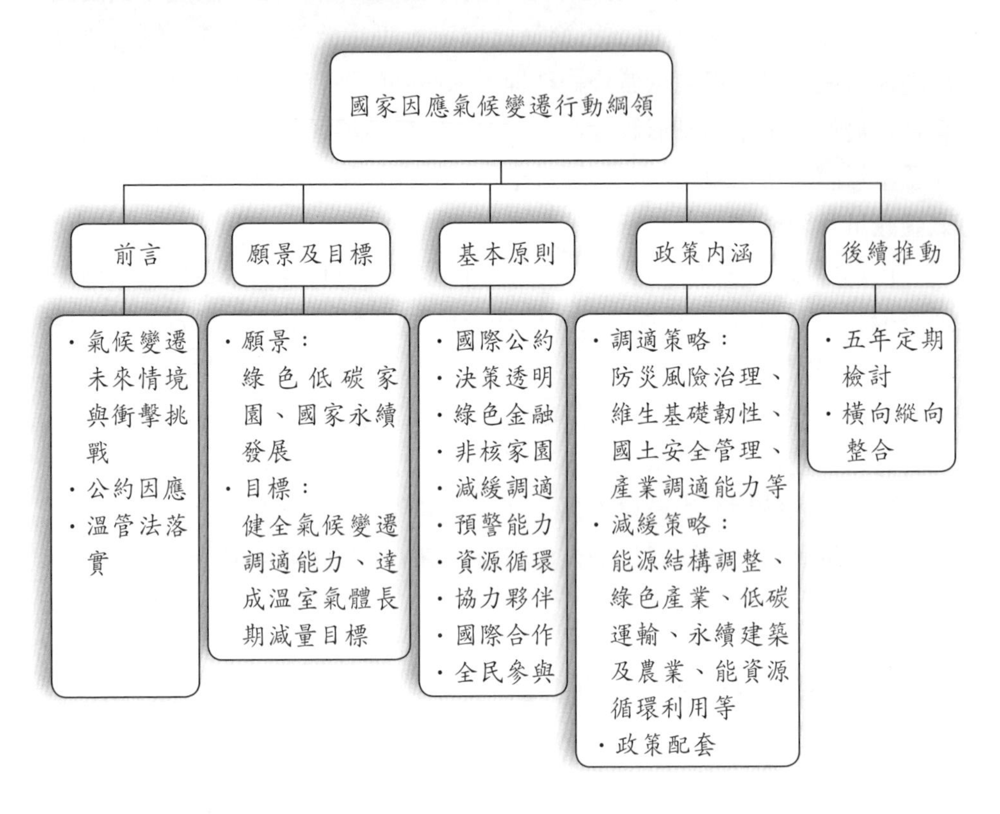

圖13-9 「國家因應氣候變遷行動綱領」架構圖

資料來源：行政院環保署網站（2020）。國家因應氣候變遷行動綱領。https://ghgrule.epa.gov.tw/action/action page/50。

---

49 行政院環境保護署（2017），國家因應氣候變遷行動綱領（行政院106年2月3日院臺環字第1060003687號函核定），台北：環境保護署。

表13-3　「國家因應氣候變遷行動綱領」重點摘要

前言	未來全球氣候變遷的挑戰相當嚴峻，儘管能源及產業結構調整不易，我國仍將依循《巴黎協定》及聯合國「永續發展目標」，貢獻最大努力減少溫室氣體排放，以因應氣候變遷。中央主管機關（即行政院環境保護署）依據104年公布施行之「溫室氣體減量及管理法」第9條第1項規定，擬訂「國家因應氣候變遷行動綱領」（以下簡稱本行動綱領）及溫室氣體減量推動方案，作爲全國溫室氣體減量及施政之總方針。
願景及目標	願景： 制定氣候變遷調適策略，降低與管理溫室氣體排放，建構能適應氣候風險之綠色低碳家園，確保國家永續發展。 目標： 一、健全我國面對氣候變遷之調適能力，以降低脆弱度並強化韌性。 二、分階段達成於139年溫室氣體排放量降爲94年溫室氣體排放量50%以下之國家溫室氣體長期減量目標。
基本原則	一、遵循《巴黎協定》，促進減緩溫室氣體排放，並依《蒙特婁議定書》吉佳利修正案，凍結及減少高溫暖化潛勢溫室氣體氫氟碳化物之使用。 二、決策制定與落實公開透明，並考量各種環境議題的共同效益，在最低成本精神下，推動溫室氣體減量及氣候變遷調適策略。 三、推動綠色金融及碳定價機制，透過溫室氣體總量管制與排放交易制度及相關稅費制度，強化或增加經濟誘因機制，促使溫室氣體減量、協助綠色產業發展及提升國家競爭力，促進社會公益。 四、依據非核家園目標，不以新增核能發電作爲因應氣候變遷措施。 五、政府政策與個案開發行爲，應將氣候變遷調適及減緩策略納入環境影響評估考量。 六、強化科學基礎，建構全面預警能力，提升因應氣候變遷之調適作爲及建構韌性發展。 七、提高資源與能源使用效率，促進資源循環使用，確保國家能源安全及資源永續利用。

表13-3 「國家因應氣候變遷行動綱領」重點摘要（續）

<table>
<tr><td></td><td>八、建立中央及地方政府夥伴關係、公私部門協力關係及溝通平台，具體推動在地化之調適及減緩工作。
九、促進國際合作及交流，秉持互利互惠原則，推動有意義之參與及實質貢獻，維護產業發展之國際競爭力。
十、提升全民氣候變遷認知及技能，並積極協助民間團體推展相關活動及事項。</td></tr>
<tr><td>政策內涵</td><td>一、氣候變遷調適
（一）加強災害風險評估與治理。
（二）提升維生基礎設施韌性。
（三）確保水資源供需平衡與效能。
（四）確保國土安全、強化整合管理。
（五）防範海岸災害、確保永續海洋資源。
（六）提升能源供給及產業之調適能力。
（七）確保農業生產及維護生物多樣性。
（八）強化醫療衛生及防疫系統、提升健康風險管理。
二、溫室氣體減緩
（一）調整能源結構與提升效率。
（二）轉型綠色創新企業，執行永續生產及消費行動。
（三）發展綠運輸，提升運輸系統能源使用效率。
（四）建構永續建築與低碳生活圈。
（五）促進永續農業經營。
（六）促進永續農業經營。
三、政策配套
（一）推動綠色金融，活絡民間資金運用，促進綠能產業發展及低排放韌性建構。
（二）落實溫室氣體排放外部成本內部化，推動總量管制及綠色稅費等碳定價制度。
（三）建立便於民眾取得氣候變遷相關資訊管道，提供獎勵或補助措施，促進全民行爲改變及落實低碳在地行動。
（四）推廣氣候變遷環境教育，培育因應氣候變遷人才，提升全民認知及技能，轉化低碳生活行動力。</td></tr>
</table>

表13-3　「國家因應氣候變遷行動綱領」重點摘要（續）

後續推定	一、爲健全因應氣候變遷調適能力，中央有關機關應依本行動綱領續行推動各領域調適行動方案及相關工作。 二、透過氣候變遷協力合作平台，國家能源、製造、運輸、住商、農業及環境各部門之溫室氣體排放管制行動方案，地方政府之溫室氣體管制執行方案，進行橫向及縱向整合，推動跨部門溫室氣體排放減量有效管理，創造社會、經濟、環境永續發展及維護全民健康的共同效益。

資料來源：行政院環境保護署（2017），國家因應氣候變遷行動綱領（行政院106年2月3日院臺環字第1060003687號函核定），台北：環境保護署。

三、氣候變遷因應法

台灣爲響應《聯合國氣候變化綱要公約》精神，於2015年公布施行溫室氣體減量及管理法，成爲我國氣候治理主要法源。隨著第一期減量目標到期（2020年），加上國際氣候行動加快，環保署2021年10月首度提出修正草案，並修改法案名稱爲氣候變遷因應法。立法院2023年1月10日經立法院第10屆第6會期第15次會議三讀通過。本次爲全案修正，共計七章共63條文（詳如表13-4），重點包括：長期減量目標爲2050年時淨零排放，並將徵收碳費入法；分階段對直接排放源、間接排放源徵收碳費，費率由費率審議會訂定；成立溫室氣體管理基金，專供執行溫室氣體減量及氣候變遷調適之用；新增調適專章，提升國家整體因應氣候變遷之能力。本法修正施行後，期能促進溫室氣體減量，發展低碳經濟，邁向淨零排放，成爲亞洲少數將淨零排放入法，並且實施碳定價的政府，達到永續發展目標[50]。

50 立法院網站（2023）。https://www.ly.gov.tw/Pages/Detail.aspx?nodeid=33324&pid=226867。

表13-4　氣候變遷因應法章節架構暨重要修正條文及說明

中華民國112年2月15日總統華總一義字第11200010681號令修正公布名稱及全文63條；並自公布日施行

章節架構	重點條文
第一章 總則	第2條 本法所稱主管機關：在中央爲行政院環境保護署；在直轄市爲直轄市政府；在縣（市）爲縣（市）政府。 第4條 〔1〕國家溫室氣體長期減量目標爲中華民國一百三十九年溫室氣體淨零排放。 第5條 〔1〕政府應秉持減緩與調適並重之原則，確保國土資源永續利用及能源供需穩定，妥適減緩及因應氣候變遷之影響，兼顧環境保護、經濟發展、社會正義、原住民族權益、跨世代衡平及脆弱群體扶助。
第二章 政府機關權責	第8條 〔1〕爲推動氣候變遷因應及強化跨域治理，行政院國家永續發展委員會（以下簡稱永續會）應協調、分工、整合國家因應氣候變遷基本方針及重大政策之跨部會氣候變遷因應事務。 第9條 〔1〕中央主管機關應依我國經濟、能源、環境狀況、參酌國際現況及前條第一項分工事宜，擬訂國家因應氣候變遷行動綱領（以下簡稱行動綱領），會商中央目的事業主管機關，報請行政院核定後實施，並對外公開。 〔2〕前項行動綱領，中央主管機關應參酌聯合國氣候變化綱要公約與其協議或相關國際公約決議事項及國內情勢變化，至少每四年檢討一次。 第10條 〔1〕爲達成國家溫室氣體長期減量目標，中央主管機關得設學者專家技術諮詢小組，並應邀集中央及地方有關機關、學者、專家、民間團體，經召開公聽會程序後，訂定五年爲一期之階段管制目標，報請行政院核定後實施，並對外公開。
第三章 氣候變遷調適	第17條 〔1〕爲因應氣候變遷，政府應推動調適能力建構之事項如下：

表13-4　氣候變遷因應法章節架構暨重要修正條文及說明（續）

章節架構	重點條文
第三章 氣候變遷調適	一、以科學爲基礎，檢視現有資料、推估未來可能之氣候變遷，並評估氣候變遷風險，藉以強化風險治理及氣候變遷調適能力。 二、強化因應氣候變遷相關環境、災害、設施、能資源調適能力，提升氣候韌性。 三、確保氣候變遷調適之推動得以回應國家永續發展目標。 四、建立各級政府間氣候變遷調適治理及協商機制，提升區域調適量能，整合跨領域及跨層級工作。 五、因應氣候變遷調適需求，建構綠色金融機制及推動措施。 六、推動氣候變遷新興產業，輔導、鼓勵氣候變遷調適技術開發，研發、推動氣候變遷調適衍生產品及商機。 七、強化氣候變遷調適之教育、人才培育及公民意識提升，並推展相關活動。 八、強化脆弱群體因應氣候變遷衝擊之能力。 九、融入綜合性與以社區及原住民族爲本之氣候變遷調適政策及措施。 十、其他氣候變遷調適能力建構事項。 〔2〕國民、事業、團體應致力參與前項氣候變遷調適能力建構事項。 第19條 〔1〕中央目的事業主管機關應就易受氣候變遷衝擊之權責領域，訂定四年爲一期之該領域調適行動方案（以下簡稱調適行動方案），並依第五條第三項、第六條及第十七條訂定調適目標。
第四章 減量對策	第21條【相關罰則】第1項→第47條；第1項、第2項→第49條 〔1〕事業具有經中央主管機關公告之排放源，應進行排放量盤查，並於規定期限前登錄於中央主管機關指定資訊平台；其經中央主管機關公告指定應查驗者，盤查相關資料並應經查驗機構查驗。 〔2〕前項之排放量盤查、登錄之頻率、紀錄、應登錄事項與期限、查驗方式、管理及其他應遵行事項之辦法，由中央主管機關定之。

表13-4 氣候變遷因應法章節架構暨重要修正條文及說明（續）

章節架構	重點條文
第四章 減量對策	第32條 〔1〕中央主管機關應成立溫室氣體管理基金，基金來源如下： 一、第二十四條與前條之代金及第二十八條之碳費。 二、第二十五條及第三十六條之手續費。 三、第三十五條拍賣或配售之所得。 四、政府循預算程序之撥款。 五、人民、事業或團體之捐贈。 六、其他之收入。
第五章 教育宣導及獎勵	第42條 〔1〕各級政府應加強推動對於國民、團體、學校及事業對因應氣候變遷減緩與調適之教育及宣導工作，並積極協助民間團體推展有關活動，其相關事項如下： 一、擬訂與推動因應氣候變遷減緩與調適之教育宣導計畫。 二、提供民眾便捷之氣候變遷相關資訊。 三、建立產業及民眾參與機制以協同研擬順應當地環境特性之因應對策。 四、推動氣候變遷相關之科學、技術及管理等人才培育。 五、於各級學校推動以永續發展爲導向之氣候變遷教育，培育師資，研發與編製教材，培育未來因應氣候變遷之跨領域人才。 六、鼓勵各級政府、企業、民間團體支持與強化氣候變遷教育，結合環境教育、終身教育及在職教育之相關措施。 七、促進人民節約能源及提高能源使用效率。 八、推動低碳飲食、選擇在地食材及減少剩食。 九、其他經各級政府公告之事項。
第六章 罰則	第47條 〔1〕事業有下列情形之一者，處新臺幣二十萬元以上二百萬元以下罰鍰，並通知限期改善；屆期仍未完成改善者，按次處罰；情節重大者，得令其停止操作、停工或停業，及限制或停止交易： 一、依第二十一條第一項規定有盤查、登錄義務者，明知爲不實之事項而盤查、登錄。

表13-4　氣候變遷因應法章節架構暨重要修正條文及說明（續）

章節架構	重點條文
第六章 罰則	二、依第三十六條第二項規定登錄者，明知爲不實之事項而登錄。 〔2〕有前項第二款情形者，中央主管機關應於重新核配排放量時，扣減其登錄不實之差額排放量。 第48條 〔1〕規避、妨礙、拒絕依第四十條之檢查或要求提供資料之命令者，由主管機關或目的事業主管機關處新臺幣二十萬元以上二百萬元以下罰鍰，並得按次處罰及強制執行檢查。
第七章 附則	第60條 〔1〕未依第二十四條第二項、第二十八條第四項及第三十一條第三項所定辦法，於期限內繳納代金、碳費者，每逾一日按滯納之金額加徵百分之零點五滯納金，一併繳納；逾期三十日仍未繳納者，移送強制執行。 〔2〕前項應繳納代金、碳費，應自滯納期限屆滿之次日起，至繳納之日止，依繳納當日郵政儲金一年期定期存款固定利率按日加計利息。 第62條 〔1〕本法施行細則，由中央主管機關定之。

資料來源：立法院法律系統（2023）。氣候變遷因應法。https://lis.ly.gov.tw/lglawc/lglawkm。

四、災害防救法

民國88年台灣發生的921地震爲催生災害防救法之重要契機，當時國家層級的災害緊急應變的機制仍未完成法制化。台灣展現驚人生命力，921地震災害應變及復原重建之寶貴經驗，並促成日後我國訂定災害防救法及建置各級災害防救組織體系的立法。災害防救法於民國89年7月19日公布實施，迄今歷經10次修正，最近1次係111年6月15日修正公布。災害防救法共分爲總則、災害防救組織、災害防救計畫、災害預防、災害應變措施、災後復原重建、罰則與附則，災害防救法計八章66條條文，建構全國災害防救體系及應變機制，就中央至地方防災體制及各機關於災害發生前之預防、災害發生時之應變措施及災後之復原重建應實施之事項，作明確規範及通盤性之規定，為針對各種災害應適用之特別法[51]。

依據災害防救法第2條第1項規定，「災害」係指由風災、水災、震災、旱災、寒害、土石流及大規模崩塌災害、火山災害等天然災害、火災、爆炸、公用氣體與油料管線、輸電線路災害、礦災、空難、海難、陸上交通事故、森林火災、毒性及關注化學物質災害等，及依「核子事故緊急應變法」、「傳染病防治法」規範的輻射災害與生物病原災害等，總計二十二種災害類型。舉聯合國緊急災害資料庫說明，共計三十種子型態，涵蓋完整，本文建議第2條第1項在「天然災害」項下增加冰雹、超強對流風暴、坡地災害、大範圍地層下陷及「其他類」因人為破壞與攻擊所產生之災害[52]。

民國98年發生的莫拉克風災，帶來規模極大、影響層面極大，且屬複合型之災害[53]，當時災害防救體系已無法因應此類重大災害，為建構完備之中央政府及地方各級政府整體災害防救體系，並強化國軍迅速主動支援救災機制，民國99年進一步修正強化災害防救法，其中重點係行政院設立中央災害防救委員會，並設災害防救辦公室，規定直轄市、縣（市）、鄉（鎮、市、區）設置災害防救辦公室，執行各該地方災害防救會報事務。增訂國軍主動進行救災任務，及國防部得為災害防救需要，運用應召之後備軍人支援災害防救[54]。

---

51 內政部（2019），一起走過攜手向前：921震災20週年紀念專書，新北：消防署，頁248-267。陳統壹。災害防救體制與現況。https://www.chimi.gov.tw/userfiles/penghu/files/。

52 Emergency Events Database (2020). General Classification. https://www.emdat.be/classification (2020/2/10).

53 柯孝勳（2016），面對複合型災害的挑戰與新思維，新北：國家災害防救科技中心。

54 立法院（2010）。立法院公報，第99卷第49期，院會紀錄。頁35-36。行政院災害防救辦公室。從災害防救觀點談如何因應複合性災害。https://www.aec.gov.tw/webpage/control/emergency/files/train_4-100_3.pdf。

災害防救法最後一次修正草案於111年5月24日經立法院第10屆第5會期第13次會議三讀通過。修法主要係鑑於全球氣候變遷影響，導致各國災害發生頻率增加且規模擴大，臺灣更常受到颱風、地震等天然災害之威脅，爰修正將「直轄市山地原住民區」納入災害防救體系，並增訂直轄市、市政府下轄區公所得設災害防救會報及專責單位、成立應變中心。明定中央災害應變中心得視災情需要，於地方成立前進協調所；爲便利災變時各級災害防救機關調派機具，增訂各級政府應定期針對政府及民間救災機具與專業人力調查整備，並建立資料庫。爲使贈與莫拉克災民的永久屋使用與原興建政策目的一致，增訂該等住宅不得作爲強制執行標的之規定。各級政府應結合民防與全民防衛動員準備體系，以及相關民間團體，實施相關災害整備及應變事項，共同參與或協助訓練、演習，有助於強化全民防救災共識，提升整體防救災量能[55]。本文特別整理最新111年災害防救法章節架構暨重要修正條文及說明，詳如表13-5。

表13-5　111年災害防救法章節架構暨重要修正條文及說明

修正條文	說明
第一章　總　則	章名未修正。
第一條　爲健全災害防救體制，強化災害防救功能，提升全民防災意識及災害應變能力，以確保人民生命、身體、財產之安全及國土之保全，特制定本法。	一、考量災害形態多元，且常造成嚴重衝擊，爲建立全民防救災正確觀念，落實防救災工作，無論災前、災時、災後都能充分因應，以利瞬間災害襲擊時，能在第一時間自救並救人，遠離災害，降低災害損失，爰修正第一項增訂提升全民防災意識及災害應變能力之立法目的，並列爲修正條文。

[55] 立法院（2022），立法院公報，第111卷第75期第5046號，院會紀錄，頁147-167。

表13-5　111年災害防救法章節架構暨重要修正條文及說明（續）

修正條文	說明
第二條　本法用詞，定義如下： 一、災害：指下列災難所造成之禍害： （一）風災、水災、震災（含土壤液化）、旱災、寒害、土石流及大規模崩塌災害、火山災害等天然災害。 （二）火災、爆炸、公用氣體與油料管線、輸電線路災害、礦災、空難、海難、陸上交通事故、森林火災、毒性及關注化學物質災害、生物病原災害、動植物疫災、輻射災害、工業管線災害、懸浮微粒物質災害等災害。 二、災害防救：指災害之預防、災害發生時之應變及災後之復原重建等措施。 三、災害防救計畫：指災害防救基本計畫、災害防救業務計畫及地區災害防救計畫。 四、災害防救基本計畫：指由中央災害防救會報核定之全國性災害防救計畫。 五、災害防救業務計畫：指由中央災害防救業務主管機關及公共事業就其掌理業務或事務擬訂之災害防救計畫。 六、地區災害防救計畫：指由直轄市、縣（市）、鄉（鎮、市）及直轄市山地原住民區（以下簡	一、序文依法制體例酌作修正；另大規模崩塌災害係政府未來災害防救之重點工作，爰修正第一款第一目「土石流災害」為「土石流及大規模崩塌災害」。 二、配合「毒性化學物質管理法」於一百零八年一月十六日修正公布名稱為「毒性及關注化學物質管理法」，爰修正第一款第二目「毒性化學物質災害」為「毒性及關注化學物質災害」。 三、配合地方制度法於一百零三年一月二十九日修正公布，增訂第四章之一有關「直轄市山地原住民區」為地方自治團體相關規定，爰於第六款增訂「直轄市山地原住民區」（以下簡稱山地原住民區）之規定，並酌作文字修正。

表13-5　111年災害防救法章節架構暨重要修正條文及說明（續）

修正條文	說明
稱山地原住民區）災害防救會報核定之直轄市、縣（市）、鄉（鎮、市）及山地原住民區災害防救計畫。	
第三條　各種災害之預防、應變及復原重建，以下列機關爲中央災害防救業務主管機關： 一、風災、震災（含土壤液化）、火災、爆炸、火山災害：內政部。 二、水災、旱災、礦災、工業管線災害、公用氣體與油料管線、輸電線路災害：經濟部。 三、寒害、土石流及大規模崩塌災害、森林火災、動植物疫災：行政院農業委員會。 四、空難、海難、陸上交通事故：交通部。 五、毒性及關注化學物質災害、懸浮微粒物質災害：行政院環境保護署。 六、生物病原災害：衛生福利部。 七、輻射災害：行政院原子能委員會。 八、其他災害：依法律規定或由中央災害防救會報指定之中央災害防救業務主管機關。 前項中央災害防救業務主管機關就其主管災害防救業務之權責如下： 一、中央及直轄市、縣（市）政府與公共事業執行災害防救工作等相關事項之指揮、督導及協調。 二、災害防救業務計畫訂定與修正之研擬及執行。 三、災害防救工作之支援、處理。	一、配合修正條文第二條第一款第一目規定，爰修正第一項第三款爲「土石流及大規模崩塌災害」。 二、配合修正條文第二條第一款第二目規定，爰修正第一項第五款爲「毒性及關注化學物質災害」。

表13-5　111年災害防救法章節架構暨重要修正條文及說明（續）

修正條文	說明
四、非屬地方行政轄區之災害防救相關業務之執行、協調及違反本法案件之處理。 五、災害區域涉及海域、跨越二以上直轄市、縣（市）行政區，或災情重大且直轄市、縣（市）政府無法因應時之協調及處理。 六、執行災害資源統籌、資訊彙整與防救業務，並應協同教育部及相關機關執行全民防救災教育。	
第四條　本法主管機關：在中央爲內政部；在直轄市爲直轄市政府；在縣（市）爲縣（市）政府。 直轄市、縣（市）政府及鄉（鎮、市）、山地原住民區公所應依地方制度法第十八條第十一款第二目、第十九條第十一款第二目、第二十條第七款第一目、第八十三條之三第七款第一目及本法規定，分別辦理直轄市、縣（市）、鄉（鎮、市）及山地原住民區之災害防救自治事項。 直轄市、市政府下轄區公所之災害防救業務事項，得由直轄市、市政府參照本法有關鄉（鎮、市）公所規定訂定之。	一、第二項增訂「山地原住民區」及地方制度法相關條文，理由同修正條文第二條說明三。 二、鄉（鎮、市）公所爲縣之下級自治機關，區公所則爲直轄市、市政府派出機關，自治事務之角色不同，但於災害防救業務事項（如設置災害防救會報及專責單位、成立應變中心等）仍應有所規劃，爰增訂第三項。
第二章　災害防救組織	章名未修正。
第六條　行政院設中央災害防救會報，其任務如下： 一、決定災害防救之基本方針。 二、核定災害防救基本計畫及中央災害防救業務主管機關之災害防救業務計畫。 三、核定重要災害防救政策及措施。	一、第三款酌作文字修正。 二、爲配合修正條文第十條第三款有關鄉（鎮、市）及山地原住民區災害防救會報增訂災後復原重建之任務規定，爰增訂第六款。 三、爲配合修正條文第三條第一項第八款規定，爰增訂第七款。

表13-5　111年災害防救法章節架構暨重要修正條文及說明（續）

修正條文	說明
四、核定全國緊急災害之應變措施。 五、督導、考核中央及直轄市、縣（市）災害防救相關事項。 六、督導、推動災後復原重建措施。 七、指定本法或其他法律未規定之其他災害及其中央災害防救業務主管機關。 八、其他依法令規定事項。	四、現行第六款移列至第八款，並酌修文字。
第七條　中央災害防救會報置召集人、副召集人各一人，分別由行政院院長、副院長兼任；委員若干人，由行政院院長就政務委員、秘書長、有關機關首長及具有災害防救學識經驗之專家、學者派兼或聘兼。 為執行中央災害防救會報核定之災害防救政策，推動重大災害防救任務及措施，行政院設中央災害防救委員會，置主任委員一人，由行政院副院長兼任，並設行政院災害防救辦公室，置專職人員，處理有關業務。 行政院災害防救專家諮詢委員會、國家災害防救科技中心提供中央災害防救會報及中央災害防救委員會有關災害防救工作之相關諮詢，加速災害防救科技研發及落實，強化災害防救政策及措施。 為有效整合運用救災資源，中央災害防救委員會設行政院國家搜救指揮中心，統籌、調度國內各搜救單位資源，執行災害事故之人員搜救及緊急救護之運送任務。	一、第一項酌作文字修正。 二、第二項後段有關中央災害防救委員會組織部分，因其屬任務編組性質，任務、人員組成等事項以行政規則之設置要點訂定即可，無須於本法授權，爰予刪除；另酌作文字修正。 三、第三項酌作標點符號修正。 四、本法所定災害防救事項包含災害之預防、應變及復原重建等，涉及各中央機關及地方政府權責，內政部消防署所負責之災害防救業務業於內政部組織法定明，爰刪除第五項規定。 五、現行第六項移列至修正條文第三條第二項第六款，爰予刪除。

表13-5 111年災害防救法章節架構暨重要修正條文及說明（續）

修正條文	說明
第十一條　鄉（鎮、市）、山地原住民區災害防救會報置召集人、副召集人各一人，召集人由鄉（鎮、市）長、山地原住民區長擔任，副召集人由鄉（鎮、市）、山地原住民區公所主任秘書或秘書擔任；委員若干人，由鄉（鎮、市）長、山地原住民區長就各該鄉（鎮、市）、山地原住民區地區災害防救計畫中指定之單位代表派兼或聘兼。 鄉（鎮、市）、山地原住民區災害防救辦公室執行鄉（鎮、市）、山地原住民區災害防救會報事務。	一、第一項及第二項增訂「山地原住民區」，理由同修正條文第二條說明三，另酌作文字修正。又現行第二項後段有關鄉（鎮、市）災害防救辦公室組織部分予以刪除，理由同修正條文第七條說明二。 二、因修正條文第四條第三項已增訂直轄市、市政府得參照鄉（鎮、市）公所規定訂定其下轄區公所之災害防救業務事項，無須再另行規範，爰刪除現行第三項。
第十二條　爲預防災害或有效推行災害應變措施，於災害發生或有發生之虞時，直轄市、縣（市）政府及鄉（鎮、市）、山地原住民區公所首長應視災害規模成立災害應變中心，並擔任指揮官，另得視需要成立前進指揮所，就近處理各項救災及後勤支援事宜。 前項災害應變中心或前進指揮所成立時機、程序及編組，由直轄市、縣（市）政府及鄉（鎮、市）、山地原住民區公所定之。	一、第一項修正如下： （一）現行災害防救會報多爲決策會議性質，而執行主體係各級政府，爰將「直轄市、縣（市）及鄉（鎮、市）災害防救會報召集人」修正爲「直轄市、縣（市）政府及鄉（鎮、市）、山地原住民區公所首長」，以更符合實務執行狀況，至增訂山地原住民區之理由同修正條文第二條說明三，另酌作文字修正。 （二）「前進指揮所」係指受災之地方政府爲即時掌握事故現場最新狀況，就近統籌、監督、協調、指揮、調度及處理應變相關事宜，而於災害現場設置之

表13-5　111年災害防救法章節架構暨重要修正條文及說明（續）

修正條文	說明
	臨時任務編組，當災害現場未有上級機關成立前進協調所，前進指揮所亦有協調聯繫、調度支援各救災單位之功能，爰增訂得視需要成立之。 二、第二項修正如下： （一）爲使地方政府成立前進指揮所之機制法制化，以利實務運作，爰納入第二項。 （二）增訂「山地原住民區」，理由同修正條文第二條說明三。
第十三條　重大災害發生或有發生之虞時，中央災害防救業務主管機關首長應視災害之規模、性質、災情、影響層面及緊急應變措施等狀況，決定中央災害應變中心開設時機及其分級，應於成立後，立即報告中央災害防救會報召集人，並由召集人指定指揮官。 前項中央災害應變中心得視災情研判情況或聯繫需要，於地方災害應變中心或適當地點成立前進協調所，整合救災資源，協助地方政府執行救災事宜。	一、重大災害發生或有發生之虞時，各地方政府均會主動且立即成立地方災害應變中心，而非在中央災害應變中心成立後，經中央災害應變中心通知才成立，且修正條文第十二條第二項業已規範地方災害應變中心成立時機由地方政府定之，另爲整合救災資源並協助地方政府執行救災事宜，爰第二項增訂成立前進協調所規定，並酌作文字修正。 二、第二項所定「前進協調所」係中央災害應變中心爲掌握災害現場救災情形及支援需求，強化各救災單位之協調聯繫、調度支援機制，有效整合救災資源，協助受災之地方政府救災而於災害現場設置之臨時任務編組，併予說明。

表13-5　111年災害防救法章節架構暨重要修正條文及說明（續）

修正條文	說明
第十五條　各級政府應結合民防與全民防衛動員準備體系及相關公、私立學校、急救責任醫院、團體、公司、商業、有限合夥，實施相關災害整備及應變事項；其實施辦法，由內政部會商有關機關定之。	一、現行災害防救會報多爲決策會議性質，而執行主體係各級政府，爰將「各級災害防救會報」修正爲「各級政府」，以更符合實務執行狀況。 二、災害防救工作含括災前預防、災時應變及災後復原重建，除政府致力推動相關措施外，近年亦辦理許多演習、訓練、宣導等，以強化及提升民眾「自助互助」觀念與防災應變能力，爰爲加強相關公、私立學校、急救責任醫院、團體、公司、商業、有限合夥亦能共同參與災害防救工作，爰增訂各級政府應結合相關公、私立學校、急救責任醫院、團體、公司、商業、有限合夥實施相關災害整備及應變事項之規定。又所定「商業」，係依商業登記法第三條規定，以營利爲目的，以獨資或合夥方式經營之事業。 三、爲落實主管機關權責並簡化行政程序，爰將實施辦法之訂定程序，由「會同」修正爲「會商」，並酌作文字修正。
第三章　災害防救計畫	章名未修正。
第十八條　災害防救基本計畫內容之規定如下： 一、整體性之長期災害防救計畫。 二、災害防救業務計畫及地區災害防救計畫之重點事項。	一、第二項第四款增訂「山地原住民區」，理由同修正條文第二條說明三，另酌作文字修正。 二、行政機關依其他法律作成之災害防救計畫是否牴觸本法，仍應視

表13-5　111年災害防救法章節架構暨重要修正條文及說明（續）

修正條文	說明
三、其他中央災害防救會報認爲有必要之事項。 前項各款之災害防救計畫、災害防救業務計畫、地區災害防救計畫內容之規定如下： 一、災害預防相關事項。 二、災害緊急應變對策相關事項。 三、災後復原重建相關事項。 四、其他行政機關、公共事業、直轄市、縣（市）、鄉（鎮、市）及山地原住民區災害防救會報認爲必要之事項。	各該法律性質以法律競合理論釐清，爰刪除第三項。
第二十條　直轄市、縣（市）政府應依災害防救基本計畫、相關災害防救業務計畫及地區災害潛勢特性，擬訂地區災害防救計畫，經各該災害防救會報核定後實施，並報中央災害防救會報備查。 前項直轄市、縣（市）地區災害防救計畫不得牴觸災害防救基本計畫及相關災害防救業務計畫。 直轄市、縣（市）政府應配合地區災害防救計畫調整土地使用計畫。 鄉（鎮、市）、山地原住民區公所應依上級災害防救計畫及地區災害潛勢特性，擬訂地區災害防救計畫，經各該災害防救會報核定後實施，並報所屬上級災害防救會報備查。 前項鄉（鎮、市）、山地原住民區地區災害防救計畫，不得牴觸上級災害防救計畫。	一、有關直轄市、縣（市）層級之地區災害防救計畫，應由直轄市、縣（市）政府擬訂，至直轄市、縣（市）政府交由何所屬機關擬訂係其自治權責，爰將第一項計畫擬訂者由「直轄市、縣（市）災害防救會報執行單位」修正爲「直轄市、縣（市）政府」。 二、爲透過國土災害空間劃設策略規劃以達災害防救之目的，爰增訂第三項。 三、第三項及第四項分別移列爲第四項及第五項，並增訂「山地原住民區」，理由同修正條文第二條說明三。
第四章　災害預防	章名未修正。

表13-5 111年災害防救法章節架構暨重要修正條文及說明（續）

修正條文	說明
第二十二條　爲減少災害發生或防止災害擴大，各級政府平時應依權責實施下列減災事項，並鼓勵公、私立學校、急救責任醫院、團體、公司、商業、有限合夥主動或協助辦理： 一、災害防救計畫之擬訂、經費編列、執行及檢討。 二、災害防救教育、訓練及觀念宣導。 三、災害防救科技之研發或應用。 四、治山、防洪及其他國土保全。 五、老舊建築物、重要公共建築物與災害防救設施、設備之檢查、補強、維護及都市災害防救機能之改善。 六、災害防救上必要之氣象、地質、水文與其他相關資料之觀測、蒐集、分析及建置。 七、災害潛勢、危險度、境況模擬與風險評估之調查分析及適時公布其結果。 八、地方政府及公共事業有關災害防救相互支援協定之訂定。 九、災害防救團體、災害防救志願組織之促進、輔導、協助及獎勵。 十、災害保險之規劃及推動。 十一、有關弱勢族群災害防救援助必要事項。 十二、災害防救資訊網路之建立、交流及國際合作。 十三、利用各類型供公眾使用之場所推廣全民防救災教育。	一、第一項修正如下： （一）政府資源有限，民間力量無窮，爲鼓勵公、私立學校、急救責任醫院、團體、公司、商業、有限合夥主動或協助辦理減災工作，希冀由政府與企業共同合作，降低災害發生對企業及社會經濟之衝擊，爰增訂序文文字。 （二）第七款酌作標點符號修正。 （三）爲落實並透過多元管道宣導全民防救災教育，爰增訂第十三款。 （四）鑑於國內具備多種災害潛勢，且全球氣候變遷與極端氣候下，面對災害之威脅愈趨複雜，僅靠政府單方面之防救災作爲，恐力有未逮，爰增訂第十四款，強化社區之災害防救能力，並冀使透過培訓社區居民具備防救災基本知識技能，以成爲第一線在地化參與防救災工作核心者，自主或協助推動社區災害防救工作，深植自助、互助、公助觀念，以減輕政府防救災工作之負擔。

表13-5　111年災害防救法章節架構暨重要修正條文及說明（續）

修正條文	說明
十四、培訓居民自主或成立社區志願組織協助推動社區災害防救工作。 十五、企業持續營運能力與防救災能量強化之規劃及推動。 十六、其他減災相關事項。 前項所定減災事項，各級政府應列入各該災害防救計畫。 公共事業應依其災害防救業務計畫，實施有關減災事項。 第一項第七款有關災害潛勢之公開資料種類、區域、作業程序及其他相關事項之辦法，由各中央災害防救業務主管機關定之。	（五）另考量企業之營運發展影響社會經濟甚鉅，推動企業防災之企業，能有效減低災後衝擊，並在災後快速恢復營運，以保障員工工作與收入，減少社會負擔及經濟損失，甚至發揮企業責任，進一步協助公部門或社區合作推動防救災工作，爰增訂第十五款。 （六）現行第十三款移列至第十六款。 二、第一項業規定各級政府應依權責實施減災事項，第二項「依權責」文字尚無規定必要，爰予刪除。
第二十五條　各級政府機關（構）、公共事業、公、私立學校、急救責任醫院、團體、公司、商業、有限合夥，應實施災害防救訓練及演習。 各級政府應舉辦防救災教育及宣導，公共事業、公、私立學校、急救責任醫院、團體及傳播媒體應協助推行、指派所屬人員共同參與。 各級政府應製作全民防救災教育影片、文宣資料、教導手冊或相關多元化宣導教材，於傳播媒體播放、刊載或於公共場所宣導、張貼。 實施第一項災害防救訓練、演習，相關政府機關（構）、公共事業及其他經各級政府擇定之公、私立學校、急救責任醫院、團體、公司、商業、有限合夥有共同參與或協助之義務。	一、配合修正條文第十五條，第一項增訂公、私立學校、急救責任醫院、團體、公司、商業、有限合夥應實施災害防救訓練及演習。 二、爲強化執行災害整備及應變事項過程之聯結，爰增訂第二項。 三、爲積極凝聚社會大眾之全民防救災共識，建立全民防救災理念，爰增訂第三項；另所定「相關多元化宣導教材」適用各項種類及新興宣導教材與宣導方式。 四、第二項及第三項分別移列至第四項及第五項，除配合第一項酌作文字修正外，另考量各級政府須依各類災害擬訂演習情境，並就演練重點規劃應參與演習之公私部門，經相關會議協調後擇定

表13-5　111年災害防救法章節架構暨重要修正條文及說明（續）

修正條文	說明
前項參與或協助災害防救訓練、演習之人員，其所屬機關（構）、公共事業、公、私立學校、急救責任醫院、團體、公司、商業、有限合夥應給予公假。	有參加演習之必要性者，即有共同參與或協助之義務，第四項爰增訂經各級政府擇定之公、私立學校、急救責任醫院、團體、公司、商業、有限合夥有共同參與或協助之義務，第五項並定明應給予參與或協助人員公假。至人員部分則由經擇定參與之公私部門，依演習情境動員所管人員配合參演。
第五章　災害應變措施	章名未修正。
第三十條　各級政府成立災害應變中心後，指揮官於災害應變範圍內，依其權責分別實施下列事項，並以指揮官指定執行之各該機關名義爲之： 一、緊急應變措施之宣示、發布及執行。 二、劃定警戒區域，製發臨時通行證，限制或禁止人民進入或命其離去。 三、指定道路區間、水域、空域高度，限制或禁止車輛、船舶或航空器之通行。 四、徵調相關專門職業、技術人員及所徵用物資之操作人員協助救災。 五、徵用、徵購民間搜救犬、救災機具、車輛、船舶或航空器等裝備、土地、水權、建築物、工作物。 六、指揮、督導、協調國軍、消防、警察、相關政府機關、公共事業、民防團隊、災害防救團體及災害防救志願組織執行救災工作。	一、條次變更。 二、第一項修正如下： （一）各級政府成立災害應變中心後，應係以「指揮官指定執行之各該機關」名義執行本條規定事項，如風災中央災害應變中心成立，由內政部執行徵調措施，以內政部名義爲之；水災中央災害應變中心成立，由經濟部執行徵用措施，以經濟部名義爲之；生物病原災害中央災害應變中心成立，由衛生福利部執行徵購措施，以衛生福利部名義爲之；又如某一地方政府劃定警戒區域，則以該地方政府名義爲之，其後續執行及對違反規定者之裁罰，亦由該地方政府本權責辦理，爰修正序文。 （二）第八款酌作文字修正。

表13-5　111年災害防救法章節架構暨重要修正條文及說明（續）

修正條文	說明
七、危險建築物、工作物之拆除及災害現場障礙物之移除。 八、優先使用傳播媒體及通訊設備，蒐集與傳播災情及緊急應變相關資訊。 九、國外救災組織來臺協助救災之申請、接待、責任受災地區分配及協調聯繫。 十、災情之彙整、統計、陳報及評估。 十一、其他必要之應變處置。 災害應變中心指揮官指定各該機關依前項第二款及第三款規定所爲製發臨時通行證以外之處分，應予公告，並刊登政府公報、新聞紙、利用電信網路傳送或其他足以使公眾得知之方式揭示；撤銷、廢止或變更時，亦同。 違反第一項第二款、第三款規定致遭遇危難，並由各級災害應變中心進行搜救而獲救者，各級政府得就搜救所生費用，以書面命獲救者或可歸責之業者繳納；其費用之計算、分擔、作業程序及其他相關事項之辦法，由內政部定之。 第一項第六款所定民防團隊、災害防救團體及災害防救志願組織之編組、訓練、協助救災及其他相關事項之辦法，由內政部定之。 對於各該機關依第一項第四款、第五款、第七款及第八款規定所爲之處分，任何人均不得規避、妨礙或拒絕。	（三）爲利與修正條文第五十一條所定義之「災區」區分，爰修正第九款「災區」爲「受災地區」。 三、各級災害應變中心指揮官指定執行之各該機關依第一項第二款及第三款規定所爲處分之性質，除製發臨時通行證外，屬一般處分，應予公告，並刊登政府公報、新聞紙等方式使公眾知悉，且違反者分別依修正條文第五十五條第二款及第三款處以罰鍰。考量上開事項現規定於本法施行細則第十二第二項因涉及人民權利義務，宜提升至本法規範，爰增訂第二項。 四、現行第二項及第三項移列至第三項及第四項，均酌作文字修正。 五、爲利各級政府進行災害應變處置，爰增訂第五項定明各該機關依第一項第四款、第五款、第七款規定所爲之處分，任何人均有配合之義務，不得規避、妨礙或拒絕。

表13-5　111年災害防救法章節架構暨重要修正條文及說明（續）

修正條文	說明
第三十一條　各級政府為實施第二十七條第一項及前條第一項所定事項，對於救災所需必要物資之製造、運輸、販賣、保管、倉儲業者，得徵用、徵購或命其保管。 為執行依前項規定作成之處分，得派遣攜有證明文件之人員進入業者營業場所或物資所在處所檢查。 對於各級政府依第一項規定所為之處分及依前項規定所為之檢查，任何人均不得規避、妨礙或拒絕。	一、條次變更。 二、任何人對於各級政府依第一項所為之處分及第二項所為之檢查，均有配合之義務，不得規避、妨礙或拒絕，爰增訂第三項。
第三十二條　各級政府得為依本法執行災害防救事項人員、受徵調之相關專門職業、技術人員及所徵用物資之操作人員投保相關保險。	一、本條新增。 二、為保障依本法執行災害防救事項人員、受徵調之相關專門職業、技術人員及所徵用物資之操作人員權益，爰增訂各級政府得為上開人員投保相關保險。
第三十三條　依本法執行徵調、徵用、徵購或優先使用，應給予適當之補償；其作業程序、補償基準、給付方式及其他相關事項之辦法，由內政部定之。	一、條次變更。 二、查現行條文之立法過程係立法院審議本法草案時，有委員認為本法應另納入有償徵調、徵用之精神，與現行第三十三條規定人民因處分、強制措施或命令，致其財產遭受特別損失或犧牲始得請求補償之立法目的不同，爰予提案並經制定公布。考量現行條文使用補償二字與有償之概念仍有差距，復依財產權因法規受有限制且限制存續時間過長或限制強度過大，致人民財產權受有損害構成特別犧牲，應給予一定補償之行政損失補償法理，並參考其他法律就機關徵調、徵用人民

表13-5　111年災害防救法章節架構暨重要修正條文及說明（續）

修正條文	說明
	財產給予適當補償之規範體例，爰將因徵調、徵用、徵購所致特別犧牲之損失補償統一規定於本條，並增訂依修正條文第二十三條第一項第十款、第二十七條第一項第一款及第三十條第一項第八款規定優先使用傳播媒體及通訊設備應給予適當補償規定，俾資明確。又爲臻周妥，後段授權事項酌作文字修正。
第六章　災後復原重建	章名未修正。
第三十七條　爲實施災後復原重建，各級政府應依權責實施下列事項，並鼓勵公、私立學校、急救責任醫院、團體、公司、商業、有限合夥主動或協助辦理： 一、災情、受災地區民眾需求之調查、統計、評估及分析。 二、災後復原重建綱領與計畫之訂定及實施。 三、志工之登記及分配。 四、捐贈物資、款項之分配與管理及救助金之發放。 五、傷亡者之善後照料、受災地區民眾之安置及受災地區秩序之維持。 六、衛生醫療、防疫及心理輔導。 七、學校廳舍及其附屬公共設施之復原重建。 八、受災學生之就學及寄讀。 九、古蹟、歷史建築、紀念建築及聚落建築群搶修、修復計畫之核准或協助擬訂。	一、條次變更。 二、第一項修正如下： （一）政府資源有限，民間力量無窮，爲鼓勵公、私立學校、急救責任醫院、團體、公司、商業、有限合夥主動或協助辦理減災工作，希冀由政府與公、私立學校、急救責任醫院、團體、公司、商業、有限合夥共同合作，降低災害發生對相關團體及社會經濟之衝擊，爰增訂於序文。 （二）第一款及第五款「災區」修正爲「受災地區」，理由同修正條文第三十條說明二、（三）。 （三）第九款及第十款配合文化資產保存法一百零五年修正文化資產類別，爰將「古蹟、歷史建築」修正

表13-5　111年災害防救法章節架構暨重要修正條文及說明（續）

修正條文	說明
十、古蹟、歷史建築、紀念建築及聚落建築群受災情形調查、緊急搶救、加固等應變處理措施。 十一、受損建築物之安全評估及處理。 十二、住宅、公共建築物之復原重建、都市更新及地權處理。 十三、水利、水土保持、環境保護、電信、電力、自來水、油料、氣體等設施之修復及民生物資供需之調節。 十四、鐵路、道路、橋梁、大眾運輸、航空站、港埠及農漁業之復原重建。 十五、環境消毒與廢棄物之清除及處理。 十六、受災民眾之就業服務及產業重建。 十七、災害事故原因之調查。 十八、其他有關災後復原重建事項。 前項所定復原重建事項，各級政府應列入各該災害防救計畫。 公共事業應依其災害防救業務計畫，實施有關災後復原重建事項。	爲「古蹟、歷史建築、紀念建築及聚落建築群」。 （四）第十四款「橋樑」修正爲「橋梁」。 （五）災害事故原因之調查有利於後續災害防救政策規劃及相關預防、整備措施之執行，爰增訂第十七款規定，將之納入各級政府於災後復原重建應實施之權責。 （六）現行第十七款移列至第十八款。 三、第二項刪除「依權責」文字，理由同修正條文第二十二條說明二。
第四十五條　災區受災之全民健康保險保險對象，於災後一定期間內，其應自付之全民健康保險保險費、受災就醫之醫療費用部分負擔及住院一般膳食費用，由中央政府支應並得以民間捐款爲來源。未具全民健康保險保險對象資格者於災區受災，其屬全民健康保險給付範圍之受災就醫醫療費用及住院一般膳食費用，亦同。	一、條次變更，理由同修正條文第四十一條說明二。 二、現行條文前段規定酌作文字修正，並列爲第一項前段。另爲周全照顧災區受災就醫之民眾，補助對象不應限於全民健康保險之保險對象，惟因不具全民健康保險保險對象資格者就醫，須自付全額醫療費用及住院一般膳食

表13-5　111年災害防救法章節架構暨重要修正條文及說明（續）

修正條文	說明
災區範圍公告前，遇有大量受災傷病患須收治之情形時，衛生福利部得劃定大量受災傷病患區域，該區域受災民眾就醫，準用前項有關受災就醫醫療費用及住院一般膳食費用規定。 第一項適用對象之資格、條件、期間與前項大量受災傷病患區域之劃定程序及其他相關事項之辦法，由衛生福利部定之。	費，而非全民健康保險部分負擔，故增訂第一項後段文字，將其受災就醫屬全民健康保險給付範圍之醫療費用及住院一般膳食費用一併納入由中央政府支應，以齊一災區受災民眾就醫醫療費用補助之權益保障範圍。 三、考量民眾於災害發生當下就醫之急迫性及院所收取相關醫療費用之即時性，爲能落實本法照顧災民美意，於災害發生後短時間內即能對受災之民眾進行協助，且避免與行政院公告之災區範圍衝突，爰增訂第二項因災害造成大量受災傷病患須收治之情形時，於行政院公告災區範圍前，衛生福利部得劃定大量受災傷病患區域，該區域受災民眾因受災就醫所產生之醫療費用及住院一般膳食費用，準用第一項規定，由中央政府支應並得以民間捐款爲來源。至行政院公告災區範圍後，衛生福利部原劃定之大量受災傷病患區域不再適用，併予說明。 四、現行條文後段移列第三項，授權事項增訂大量傷病患區域之劃定程序由衛生福利部定之，並酌作文字修正。
第五十一條　第四十二條至前條所稱災區，指因災害造成嚴重人命傷亡或建物毀損等之受創地區，其範圍由行政院公告並刊登政府公報。	一、條次變更。 二、現行條文第四十四條之十移列修正條文第五十一條，理由同修正條文第四十一條說明二。

表13-5 111年災害防救法章節架構暨重要修正條文及說明（續）

修正條文	說明
	三、考量各類災害造成嚴重災情，均有公告災區使其適用修正條文第四十二條至第五十條之需要。現行「風災、震災、火山災害或其他重大災害」解釋上有限於天然災害之疑義，爰修正為「災害」，以臻明確。 四、一百零五年零二零六震災後，本法增訂相關濟助規定，並定明因災害致嚴重人命傷亡地區將劃定為災區，於災區內並有受災事實者，方能適用上開濟助之規定。惟考量災區亦可能多為建物毀損而少有人命傷亡，為強化民眾之災後生活照顧，爰增訂建物毀損為劃定災區之要件；另配合條次變更，酌作文字修正。 五、本條所稱「災區」係針對因災害造成嚴重人命傷亡或建物毀損等之受創地區，因涉及相關濟助規定，爰訂定較嚴謹之定義；修正條文第三十條、第三十七條、第三十九條至第四十一條及第五十二條所稱「受災地區」係泛指受災區域，不依受災程度等區分，爰不於條文定明該名詞之範圍，以維持相關處置之彈性，併予說明。
第八章　附　則	章名未修正。
第五十八條　鄉（鎮、市）、山地原住民區公所無法支應重大天然災害之災後復原重建等經費時，得報請各該上級縣、直轄市政府補助。	一、條次變更。 二、考量各級政府最基層之鄉（鎮、市）、直轄市山地原住民區於面臨災害時，需額外支付應變、復

表13-5　111年災害防救法章節架構暨重要修正條文及說明（續）

修正條文	說明
直轄市、縣（市）政府無法支應重大天然災害之災後復原重建等經費時，得報請中央政府補助。 前二項所定補助之時機、要件、基準、請求程序及其他相關事項之辦法，分別由各該上級縣、直轄市政府及行政院定之。	原重建、人員傷亡之撫卹金等費用，造成財政上極大壓力，爰增訂第一項，定明鄉（鎮、市）、直轄市山地原住民區公所無法支應重大天然災害之災後復原重建等經費時，得報請各該上級縣、直轄市政府補助。 三、配合增訂第一項規定，現行第一項移列至第二項，內容未修正。 四、配合增訂第一項規定，現行第二項移列至第三項，並酌作文字修正。
第五十九條　民間捐贈救災之款項，由政府統籌處理災害應變及復原重建等相關事宜者，應依公益勸募條例規定辦理。	一、條次變更。 二、爲使民間捐贈救災款項運用更切符實際救災所需，爰政府於統籌處理災害應變及復原重建等相關事宜時，應依公益勸募條例規定辦理。
第六十條　各級政府針對實施下列各款全民防救災教育工作具有傑出貢獻或顯著功勞之機關（構）、災害防救團體、災害防救志願組織或個人，應依法令予以表彰： 一、民間運用公、私有閒置空間或建築物設置防救災教育設施、場所。 二、民眾擔任防救災教育志工。 三、民營事業提供經費、設施或其他資源，協助全民防救災教育之推展。 前項表彰對象之資格、條件、適用範圍、審查程序、審查基準、表彰方式及其他相關事項之辦法，由中央災害防救業務主管機關定之。	一、條次變更。 二、現行條文列爲第一項。爲利各級政府及目的事業主管機關推動全民防救災教育，爰第一項增訂各款相關表彰之情形，序文並配合修正。 三、增訂第二項，授權中央災害防救業務主管機關就表彰對象之資格、條件等事項訂定相關辦法。

資料來源：立法院法律系統（2023）。災害防救法。https://lis.ly.gov.tw/lglawc/lglawkm。

第四節　我國災害防救機制的困境

台灣位於歐亞板塊與菲律賓海板塊兩大板塊相互碰撞的交界帶，且是位於季風盛行帶，每年經常發生地震、颱風、水災、坡地災害及土石流等重大天然災害，近年又產生極端降雨現象，重大天然災害經常以複合式型態發生，增加我國災害防救機制的困難度[56]。依據世界銀行2005年出版《天然災害熱點——全球風險分析》（*Natural Disaster Hotspots: A Global Risk Analysis*）一書中指出，台灣同時暴露於3項以上天然災害之土地面積為73.1%，面臨災害威脅之人口為73.1%，竟高居世界第一，2項指標數值遠高於排名第八的日本（如表13-6）。台灣經歷2019年COVID-19、2021年臺鐵408次列車事故、2022年百年大旱及池上地震等，從天災、疾病到人為之多重及複合式災害教訓，不過2023年社會討論最多議題，多是圍繞在總統選舉話題，本文希望喚起全民防災意識，不要讓政治口水淹沒災害防救專業，應思考台灣面臨災害防救機制的困境。

表13-6　各國暴露3項以上天然災害之土地及面臨災害危險之人口綜合排行表

國家名稱	暴露於天然災害之總體土地面積之比例	面臨災害危險之人口比例	面臨各類災害之最大數量
中華民國（Republic of China）	73.1	73.1	4
哥斯大黎加	36.8	41.1	4
萬那杜共和國	28.8	20.5	3
菲律賓	22.3	36.4	5
瓜地馬拉	21.3	40.8	5
厄瓜多共和國	13.9	23.9	5

56 國家災害防救科技中心（2016），臺灣氣候變遷災害衝擊風險評估報告，新北：行政法人國家災害防救科技中心。

表13-6　各國暴露3項以上天然災害之土地及面臨災害危險之人口綜合排行表（續）

國家名稱	暴露於天然災害之總體土地面積之比例	面臨災害危險之人口比例	面臨各類災害之最大數量
智利	12.9	54.0	4
日本	10.5	15.3	4

資料來源：Dilley, M., Chen, R. S., Deichmann, U., Lerner-Lam, A. L., and Arnold, M. (2005). *Natural disaster hotspots: a global risk analysis*, The World Bank.

所謂「天有不測風雲」，對災害防治與發展的研究，所得出的結論是，這些都是變化的綜合過程，人類長期的科學研究證明了這一點，說明人類無能力去避免陷入個人和集體災害之中，同時又發展了相對健康和良好的生活。災害發展的綜合結果，不斷加速變化，使人類學到教訓，科學及經濟進步，卻也破壞、改變大自然，討論天災與人禍的相互影響，吾人宜開始思考如何先行預測風險，並作到減少災害的方法，實現世界可持續發展的目標，這是人類共同要面對的功課[57]。

《兵庫行動綱領》明確建議，成功的抗災能力需要具備來自物理（physical）、社會（social）、經濟、衛生及工程（engineering）學科的投入的科學和與技術能力。隨著《兵庫行動綱領》等後續國際救災協議之訂定，需要更加綜合的減少災害風險（disaster risk reduction, DRR）之機制與流程，該機制與流程必須包括自下而上（bottom-up）與自上而下（top-down）的行動，當地科學和技術知識以及眾多利益相關者[58]。聯合國國際減少災害戰略通過每兩年舉辦一次「減輕災害風險全球平台會議」提供了一個合作的平台，召集政府、學術界、私營部門實體、非政府組織（NGOs）與社區，「減輕災害風險全球平台會議」分享各國經驗與案

---

57 Collins, A. E., "Linking disaster and development: Further challenges and opportunities," *Environmental Hazards*, Vol. 12, No. 1, 2013, pp. 1-4.

58 Gaillard, J. C., J. Mercer, "From knowledge to action: Bridging gaps in disaster risk reduction," *Progress in Human Geography*, Vol. 37, No. 1, 2012, pp. 93-114.

例，吸取教訓以追求減少災害的共同目標[59]。

我國災害防救法第一章總則及第二章災害防救組織設計，各階段災害防救任務皆以各級政府作爲任務主體，災害防救或可考慮改採「地方負責、中央支援」模式，地方政府扮演第一線執行角色，中央政府則扮演後續增援協助角色[60]，然「行政院災害防救辦公室」[61]掌理事項爲災害防救政策與措施之研擬、重大災害防救任務及措施之推動，並負責災害防救基本方針及災害防救基本計畫之研擬，但受限於只是行政院業務單位之角色，無法主管重大法案與獨立編列預算。比較2018年行政院成立二個新機關：促進轉型正義委員會（負責有關轉型正義的事項）與海洋委員會（作爲海洋政策的統合機關），台灣實應更迫切需要成立專責災害防救的行政院二級機關之「部」或「委員會」之組織，始能權責相符，整合各部會政策，有效執行災害防救法所賦予之任務：中央災害防救會報核定之災害防救政策，推動重大災害防救任務與措施並統籌、調度國內各搜救單位資源，眞正負責統籌規劃國家防災政策、整合各部會之防災相關工作、督導

---

59 Chatterjee, R., K. Shiwaku, R. Das Gupta, G. Nakano, and R. Shaw, "Bangkok to Sendai and beyond: Implications for disaster risk reduction in Asia," *International Journal of Disaster Risk Science*, Vol. 6, No. 2, 2015, doi: 10.1007/s13753-015-0055-4.

60 李長晏、馬彥彬、曾士瑋（2014），強化地方政府災害防救效能之研究，國家發展委員會委託之研究報告（編號：NDC-DSD-102-012），未出版。

61 災害防救法第7條：「中央災害防救會報置召集人、副召集人各一人，分別由行政院院長、副院長兼任；委員若干人，由行政院院長就政務委員、秘書長、有關機關首長及具有災害防救學識經驗之專家、學者派兼或聘兼。

爲執行中央災害防救會報核定之災害防救政策，推動重大災害防救任務及措施，行政院設中央災害防救委員會，置主任委員一人，由行政院副院長兼任，並設行政院災害防救辦公室，置專職人員，處理有關業務。

行政院災害防救專家諮詢委員會、國家災害防救科技中心提供中央災害防救會報及中央災害防救委員會有關災害防救工作之相關諮詢，加速災害防救科技研發及落實，強化災害防救政策及措施。

爲有效整合運用救災資源，中央災害防救委員會設行政院國家搜救指揮中心，統籌、調度國內各搜救單位資源，執行災害事故之人員搜救及緊急救護之運送任務。」

跨部會共通防災業務等。

我國災害防救機制的困境部分，如下所述：

一、基於我國特殊之國際地位，台灣迄今仍未簽署《聯合國氣候變化綱要公約》、《京都議定書》與《巴黎氣候協定》等重要氣候協議，成爲國際政治上的對抗氣候變遷減排缺口（Emissions Gap）。

二、台灣迄今仍未加入世界衛生組織（WHO），突顯全球2020年新型冠狀病毒肺炎防疫出現缺口之重大風險。

三、我國災害防救法第2條第1項規定，「災害」係指由風災等十六種災難所造成的災害，及依核子事故緊急應變法、傳染病防治法規範的輻射災害與生物病原災害等，總計十八種災害類別，似乎涵蓋不足。

四、「行政院災害防救辦公室」掌理事項爲災害防救政策與措施之研擬、重大災害防救任務及措施之推動，並負責災害防救基本方針及災害防救基本計畫之研擬，「行政院災害防救辦公室」之角色與任務，異常重要，但受限於行政院業務單位之角色，無法主管重大法案與獨立編列預算。

五、涉及因應氣候變遷、災害防救、溫室氣體減量及管理、國土保護、環境保護之重要相關國際法文件，我國尚未內國法化，嚴重地與國際社會脫節。

六、有關核電災害之預防及防治機制，我國尚未充分到位，以致於影響核電政策與核四電廠之啓用，並嚴重地危及經濟、工業發展所需之電力。

七、國土安全保護機制尚未健全、周延，以致於重大國土安全災情、暴雨、淹水、土石流、地震、火災頻傳。

八、消防救災實屬不易，內政部消防署所屬之消防人員殉職、重傷等重大意外事件時有所聞，如何保障消防人員之生命、身體權，成爲非常重大之議題。

九、近百年來，全球性之遽烈氣候變遷，導致我國常發生重大之自然災害，氣候變遷之防治實屬國家高度戰略層級，攸關台灣未來永續發展。但是，氣候變遷之防治，未受到高度重視。

十、國人對於災害防救、溫室氣體減量及管理、國土安全保護、環境保護之問題意識薄弱，缺乏防治之共識。

十一、PM 2.5之空污危害力道頗鉅，嚴重地侵害民眾生命、身體之安全。

十二、火力發電之污染問題，業已嚴重地危及民眾之生命、身體、健康法益，火力發電污染之受害民眾求助無門。

十三、天然氣之發電效益與成本價格未被精準地加以評估，造成天然氣之實際效能與成本，有關其價格之合理性、公平性及實用性議題，爭議不休。

十四、過去十年，全球溫室氣體排放量創下歷史新高，每年排放高達540億噸二氧化碳，導致加速全球暖化進程。

十五、2022年全球平均溫度比1850年至1900年的平均水準高出了約1.15℃，2023年7月成爲有記錄以來最熱月分，氣候變化就在眼前。

十六、根據世界經濟論壇「2023年全球風險報告」（Global Risks Report 2023），自然災害及極端天氣事件（Natural disasters and extreme weather events）被列爲未來二年全球面臨的第二大風險和未來十年的第三大風險。

第五節　小結

聯合國減少災害風險辦公室在2022年發布的「2022全球減災風險評估報告」（Global assessment report on disaster risk reduction 2022, GAR2022）[62]，指出經過新型冠狀病毒肺炎及地球氣溫記載最炎熱的十年，國際社會改變風險管理方式採滾動式修正。儘管國際間在建設恢復

[62] UNDRR (2022). Global Assessment Report on Disaster Risk Reduction 2022: Our World at Risk: Transforming Governance for a Resilient Future. Summary for Policymakers. Geneva. www.undrr.org/GAR2022 (2023/5/25).

力、應對氣候變化和創建可持續發展方面做出諸多承諾因應，但當前各國因利益卻與承諾背道而馳。這不僅危及《2015-2030年仙台減災綱領》的實現，還阻礙實現《巴黎氣候協定》與聯合國「2030年永續發展議程」（United Nations, 2015a, 2015b, 2015c）中提出可持續發展目標（SDGs）。在充滿不确定性的世界，改變形勢需要採國際合作，了解並降低風險是實現可持續發展之基礎（Understanding and reducing risk in a world of uncertainty is fundamental to achieving sustainable development）。應對未來衝擊的最佳防禦措施是立即轉變系統（to transform systems），透過應對氣候變化來增強抵禦能力，並減少導致災難的脆弱性、暴露性和不平等（addressing climate change and reducing the vulnerability, exposure and inequality that drive disasters）。過去十年中，實施減少災害風險（disaster risk reduction, DRR）政策與措施速度已加緊腳步，但顯然與全球對自然災害的脆弱性增長的速度，不成比例[63]。所有國家及聯合國暨相關組織都希望盡最大之努力，減少因人爲氣候變化災害而造成的人類傷亡[64]。

防災對策之實施與執行，應結合中央政府各部會、地方政府、民間非政府組織、學校、社區及民眾，彼此進行密切協調與參與，始能發揮最大功效。本文舉2020年2月全球爆發新型冠狀病毒肺炎疫情爲例，居家檢疫個案依傳染病防治法之要求，須整合衛生、民政、社區及警政等單位，進

63 GNDR (Global Network of Civil Society Organisations for Disaster Reduction) (2013). Views from the frontline. http://www.globalnetwork-dr.org/views-from-the-frontline/vfl-2013.html (2020/1/5).

64 Below, R., and P. Wallemacq (2018). Natural disasters 2017. Brussels: Centre for Research on the Epidemiology of Disasters (CRED).

行通報或執行[65]，各單位列案嚴格控管[66]，村（里）幹事及社區村（里）長、鄰長宜堅守好社區感染這道防線，發現里民不遵守居家隔離擅自外出，應立即通報派出所員警配合執行訪視勸導，全民共同防疫。

雖然人類知道要敬畏大自然，天災與人禍爭論不休，本文引用《仙台減災綱領》之規範內容加以說明，《仙台減災綱領》指出：國家負有保護境內人民和財產免遭各種危害影響的首要責任[67]。因此，根據本國能力及具備的資源，在國家政策中，爲減少災害風險的工作，係安排高度優先地位至關重要。災害依然是對人民和社區、特別是對窮人生存、尊嚴、生計及保障的重大威脅之一，因此迫切需要通過加強國家努力和增加雙邊、區域及國際合作，包括通過提供技術援助和資金援助，增強易受災發展中國家，特別是最不發達國家和小島嶼發展中國家減少災害影響的能力[68]。

---

65 第58條：「主管機關對入、出國（境）之人員，得施行下列檢疫或措施，並得徵收費用：

一、對前往疫區之人員提供檢疫資訊、防疫藥物、預防接種或提出警示等措施。

二、命依中央主管機關規定詳實申報傳染病書表，並視需要提出健康證明或其他有關證件。

三、施行健康評估或其他檢疫措施。

四、對自感染區入境、接觸或疑似接觸之人員、傳染病或疑似傳染病病人，採行居家檢疫、集中檢疫、隔離治療或其他必要措施。

五、對未治癒且顯有傳染他人之虞之傳染病病人，通知入出國管理機關，限制其出國（境）。

六、商請相關機關停止發給特定國家或地區人員之入國（境）許可或提供其他協助。

前項第五款人員，已無傳染他人之虞，主管機關應立即通知入出國管理機關廢止其出國（境）之限制。

入、出國（境）之人員，對主管機關施行第一項檢疫或措施，不得拒絕、規避或妨礙。」

66 第36條：「民眾於傳染病發生或有發生之虞時，應配合接受主管機關之檢查、治療、預防接種或其他防疫、檢疫措施。」

67 UNISDR（2015），2015-2030仙台減災綱領（Sendai Framework for Disaster Risk Reduction 2015-2030），新北：行政法人國家災害防救科技中心編譯。

68 International Strategy for Disaster Reduction (2005). Hyogo framework for action 2005-2015: Building the resilience of nations and communities to disasters. In World Conference on Disaster Reduction.

台灣因特殊國際地位，我國雖非《聯合國氣候變化綱要公約》簽署國、締約國，爲接軌國際應依據公約精神，以防制全球氣候變遷。爲防止產生新的災害風險，各國政府應了解災害風險，教育人民改變自私行爲，加強災害風險治理，投資復原之能力，並加強防災準備，爲此要採取綜合與包容各方的經濟、結構、法律、社會、衛生、文化、教育、環境、技術、政治、金融及體制之適切性與可行性之措施，追求聯合國2030年永續發展議程所訂之目的、宗旨、目標，尤其2020年我國對抗新型冠狀病毒肺炎疫情，再再展現世界一流的防疫能力，因此台灣絕不能掉隊！

未來，我國災害防救機制可行之對策，如下所述：

一、內政部規劃建構台灣計126處韌性社區，建議擴大培訓防災士，規劃一定時數訓練，考試通過取得「防災士」合格證書，以達到全民防災的目標。

二、比較2018年行政院成立二個新機關：促進轉型正義委員會（負責有關轉型正義的事項）與海洋委員會（作爲海洋政策的統合機關），台灣實應更迫切需要成立專責災害防救的行政院二級機關之「部」或「委員會」之組織，始能權責相符，整合各部會政策，有效執行災害防救法賦予任務。

三、涉及有關氣候變遷[69]、災害防救、溫室氣體減量及管理、國土保護、環境保護之重要相關國際法文件之區塊，我國宜落實地加以實踐之爲佳，俾利與國際社會無縫接軌。

四、健全化有關核電災害之預防及防治機制，同時，精準地評估使用核電之可行性、安全性，避免危及民生、經濟、工業發展所需之電力。

五、核電災害之防治及核電政策議題，宜與政治動員與選舉之課題，相互脫勾，並植基於核電專業知識與智能之基礎上，對於核電政策作出合理、科學、中立、客觀化之抉擇。

六、健全化、精進化、周延化我國國土安全保護之各項機制，以防治

69 諸如：《聯合國氣候變化綱要公約》、《京都議定書》與《巴黎氣候協定》等。

重大國土安全災情、暴雨、水災、土石流、地震、火災之發生。

七、周延化、精實化建物安全之相關法令，以防治建物崩倒事件之發生。

八、消防法2019年修法納入生命三權：「退避權、調查權、資訊權」，降低消防救災風險、保護消防同仁，另爲因應司法院釋字第785號解釋有關消防人員勤休方式與超勤補償案，建議消防署檢討消防人員之服勤時數及連續休息最低時數，以保障消防人員健康權（憲法第22條所保障之基本權利），俾符合憲法保障人民服公職權與健康權。

九、舉聯合國緊急災害資料庫共計三十種災害子型態爲例加以說明之，其涵蓋範圍完整，然災害防救法111年6月15日修正條文，雖將「土石流災害」修正爲「土石流及大規模崩塌災害」及「毒性化學物質災害」修正爲「毒性及關注化學物質災害」，我國災害防救法總計二十二種災害類型，本文建議修改災害防救法第2條第1項，在「天然災害」項下增加冰雹、超強對流風暴、坡地災害、大範圍地層下陷及「其他類」因人爲破壞與攻擊所產生之災害。

十、因應近百年來全球性之遽烈氣候變化，又氣候變遷係屬國家戰略的層級，應檢討台灣產業調整、能源供需、國土資源與資源分配，涉及一國永續發展政策，以上事項，責成環保署負責，環保署恐力有未逮且行政體制權責不符，本文建議主管機關應改爲行政院爲宜，以利跨部會整合。

十一、加強民眾對於災害防救、溫室氣體減量及管理、國土安全保護、環境保護之議題之教育、訓練能量，以利形成防治之共識。

十二、積極研議防治PM 2.5空污危害之有效措施，以保護民眾生命、身體之安全。並積極研發降低火力發電污染之措施與方法。

十三、精準地評估天然氣之發電效益與成本價格，建置天然氣價格符合合理性、公平性之機制。

十四、我國電力來源之比例配置，宜以科學化、脫政治化、學術化、中立化之方法， 求合理客觀之分配，避免以極具污染之火力發電爲首位選項。

十五、爲對抗新型冠狀病毒肺炎疫情，台灣已發生「社區感染」

（local transmission）病例，爲避免進一步成爲「社區傳播」（community spread），宜從國境線上阻絕於境外與落實機場篩檢，應用《仙台減災綱領》，應逐漸調整防疫策略，由阻絕境外轉向「減災」的目標，亦即中央流行疫情指揮中心發布政策，如禁止國際運動賽事、大型之集會遊行活動，或相關大型宗教集會，並結合地方政府，衛生局、里長、里幹事、警察等機關、人員，共同合作執行防疫，最重要是個人應遵守居家隔離及居家檢疫規定，一起努力減少社區感染。

十六、根據世界經濟論壇「2023年全球風險報告」，與氣候變遷相關聯之環境危機，二年間（短期）占了前十大風險中的5項；十年間（長期）前十大風險中的6項，各國間必須合作並採取行動。

十七、氣候變遷因應法已於112年2月15日公布施行，相關施行細則環保署應儘速訂定，參考各國設立氣候變遷部專責處理氣候問題，我國則是成立行政院國家永續發展委員會，由行政院院長兼任主任委員，本文表示肯定，然下設置4位副執行長，由衛福部、經濟部、國家發展委員會，及環境保護署副首長兼任，本文建議各部會協調應以環境保護署（未來環境部）主導。

十八、立法院112年5月9日三讀通過環境部組織法，行政院環境保護署將升格爲環境部。下屬機關設有4署（氣候變遷署、資源循環署、化學物質管理署、環境管理署）與1院（國家環境研究院），以提升環境治理效能，並處理氣候變遷等相關政策，本文表示肯定。其中行政院核定的氣候變遷署籌備處正式員額增爲65人，然未來除將專責辦理氣候變遷因應法施行後急需優先推動的12項子法，本文建議應儘速循國家考試管道招考增加人力以推展業務。

十九、經過新型冠狀病毒肺炎疫情，台灣再度展現世界一流防疫能力，爲了確實防堵社區感染，建請世界衛生組織應重視台灣加入之權利，共同對抗疫情，始能嚴密全球防疫網，達成其「人人享有健康權」（health for all）宗旨及聯合國2030年永續發展議程「不遺漏任何人」之使命（2030 Agenda for Sustainable Development is to ensure that no one is left behind），共同追求世界各國人類及兩岸民眾的健康人權與永續發展。

參考書目

一、中文文獻

UNISDR（2015），2015-2030仙台減災綱領（Sendai Framework for Disaster Risk Reduction 2015-2030），新北：行政法人國家災害防救科技中心編譯。

內政部（2019），一起走過攜手向前：921震災20週年紀念專書，新北：消防署，頁248-267。

立法院（2015）。立法院公報，第104卷第54期，院會紀錄。頁2-3。https://www.epa.gov.tw/DisplayFile.aspx?FileID=91F5650F7E46E427&P=35d1f8b4-6b25-478b-9dbf-da6e5e2d6db6。瀏覽日期：2020年1月20日。

立法院（2010）。立法院公報，第99卷第49期，院會紀錄。頁35-36。https://lci.ly.gov.tw/LyLCEW/lcivComm.action。瀏覽日期：2020年1月20日。

立法院法律系統（2023）。災害防救法。https://law.moj.gov.tw/LawClass/LawAll.aspx?pcode=D0120014&kw=%e7%81%bd%e5%ae%b3%e9%98%b2%e6%95%91%e6%b3%95。瀏覽日期：2020年1月30日。

立法院法律系統（2023）。氣候變遷因應法。https://law.moj.gov.tw/LawClass/LawAll.aspx?pcode=O0020098&kw=%e6%b0%a3%e5%80%99%e8%ae%8a%e9%81%b7%e5%9b%a0%e6%87%89%e6%b3%95。瀏覽日期：2020年1月30日。

行政院環保署網站（2020）。中華民國國家溫室氣體清冊報告。http://unfccc.saveoursky.org.tw/2019nir/tw_nir_2019.php。瀏覽日期：2020年1月20日。

行政院環保署網站（2023）。國家因應氣候變遷行動綱領。https://ghgrule.epa.gov.tw/action/action page/50。

行政院環保署網站（2023）。溫室氣體減量及管理法專區。https://www.

epa.gov.tw/ghgact/938F2CA57D9159C6。
行政院環境保護署（2017），國家因應氣候變遷行動綱領（行政院106年2月3日院臺環字第1060003687號函核定），台北：環境保護署。
行政院環境保護署（2018），溫室氣體減量及管理法相關方案彙編，台北：環境保護署。
李長晏、馬彥彬、曾士瑋（2014），強化地方政府災害防救效能之研究，國家發展委員會委託之研究報告（編號：NDC-DSD-102-012），未出版。
李維森、陳宏宇（2015），第三次世界減災會議與2015-2030仙台減災綱領——簡潔、聚焦、具有前瞻性和行動導向的世界減災策略，土木水利，第42卷第5期，頁49-55。
柯孝勳（2016），面對複合型災害的挑戰與新思維，新北：國家災害防救科技中心。
國家災害防救科技中心（2016），臺灣氣候變遷災害衝擊風險評估報告，新北：行政法人國家災害防救科技中心。
國家防災科技中心（2005）。兵庫行動綱領。http://ncdr.nat.gov.tw/news/newsletter2/003/Hyogo%20Declaration.pdf。瀏覽日期：2020年1月10日。
張歆儀、莊明仁、李香潔（2013）。聯合國減災策略發展回顧。財團法人臺灣災害管理學會電子報，第13期。http://www.dmst.org.tw/e-paper/13/13/001b.html。瀏覽日期：2020年1月5日。
聯合國網站（2023）。2030年永續發展議程。https://www.un.org/sustainabledevelopment/development-agenda/。瀏覽日期：2020年1月25日。
聯合國網站（2023）。聯合國氣候變化綱要公約。https://www.un.org/zh/documents/treaty/files/A-AC.237-18(PARTII)-ADD.1.shtml。瀏覽日期：2020年1月20日。

二、外文文獻

Below, R., and P. Wallemacq (2018). *Natural disasters 2017*, Brussels: Centre for Research on the Epidemiology of Disasters (CRED).

Briceño, S., "Looking back and beyond Sendai: 25 years of international policy experience on disaster risk reduction," *International Journal of Disaster Risk Science*, Vol. 6, No, 1, 2015, pp. 1-7.

Centre for Research on the Epidemiology of Disasters and United Nations Office for Disaster Risk Reduction (2018). "Economic losses, poverty and disasters: 1998-2017."

Chatterjee, R., K. Shiwaku, R. Das Gupta, G. Nakano, and R. Shaw, "Bangkok to Sendai and beyond: Implications for disaster risk reduction in Asia," *International Journal of Disaster Risk Science*, Vol. 6, No. 2, 2015, doi:10.1007/s13753-015-0055-4.

Christopher B. Field and others, eds. (2012). "Glossary of terms," in Intergovernmental Panel on Climate Change, Managing the Risks of Extreme Events and Disasters to Advance Climate Change Adaptation: Special Report of the Intergovernmental Panel on Climate Change. New York, Cambridge University Press.

Collins, A. E. (2013). Linking disaster and development: Further challenges and opportunities.

Contribution of working group II to the fifth assessment report of the Intergovernmental Panel on Climate Change. New York: Cambridge University Press.

Desa, U. N. (2016). Transforming our world: The 2030 agenda for sustainable development.

Dilley, M., Chen, R. S., Deichmann, U., Lerner-Lam, A. L., and Arnold, M. (2005). *Natural disaster hotspots: a global risk analysis*, The World Bank.

Emergency Events Database. Environmental Hazards Vol. 12, No. 1, pp. 1-4,

2020 retrieved from https://www.emdat.be/classification (2020/2/10).

European Commission (2018). Human impact by disasters in 2017. Brussels: ECHO.

European Commission. Human impact by disasters in 2017. Brussels: ECHO, 2018 retrieved from http://erccportal.jrc.ec.europa.eu/emaildailymap/title/ECHO%20Daily%20Map%20of%2016%20April%202018 (2020/1/2).

Further Advancing the Durban Platform (2014). Dec.1/CP.19 (Nov. 23, 2013), in COP Report No. 19, Addendum, at 3, UN Doc. FCCC/CP/2013/10/Add.1 (Jan. 31, 2014)

Gaillard, J. C., J. Mercer, "From knowledge to action: Bridging gaps in disaster risk reduction," *Progress in Human Geography*, Vol. 37, No. 1, 2012, pp.93-114.

GNDR. Global Network of Civil Society Organisations for Disaster Reduction, 2013 retrieved from http://www.globalnetwork-dr.org/views-fromthe-frontline/vfl-2013.html (2020/1/5).

Guha-Sapir, D. and Ph, H. (2015). Annual disaster statistical review 2014: The numbers and trends.

Harvey, F., "One Climate Crisis Disaster Happening Every Week, UN Warns." The Guardian, 2019, January 10, 2020 retrieved from https://www.theguardian.com/environment/2019/jul/07/one-climate-crisis-disasterhappening-every-week-un-warns (2020/1/20).

International Strategy for Disaster Reduction (2005). Hyogo framework for action 2005-2015: Building the resilience of nations and communities to disasters. In World Conference on Disaster Reduction.

IPCC (Intergovernmental Panel on Climate Change) (2014). Climate change 2014: Impacts, adaptation, and vulnerability. Part B: Regional aspects.

IPCC (Intergovernmental Panel on Climate Change) (2014). IPCC fifth assessment report. Geneva: IPCC.

Kelman, I., "Climate change and the Sendai framework for disaster risk reduction," *International Journal of Disaster Risk Science*, Vol. 6, No. 2, 2015, doi:10.1007/s13753-015-0046-5.

Lima Call for Climate Action (2014). Dec. 1/CP.20 (Dec. 14, 2014), in COP Report No. 20, Addendum, at 2, UN Doc. FCCC/CP/2014/10/Add.1 (Feb. 2, 2015).

Lowe, M., Whitzman, C., Badland, H., Davern, M., Aye, L., Hes, D., and Giles-Corti, B., "Planning healthy, liveable and sustainable cities: How can indicators inform policy?" *Urban Policy and Research*, Vol. 33, No. 2, 2015, pp. 131-144.

Munene, M. B., Swartling, Å. G., and Thomalla, F., "Adaptive governance as a catalyst for transforming the relationship between development and disaster risk through the Sendai Framework?" *International journal of disaster risk reduction*, Vol. 28, 2018, pp. 653-663.

Peduzzi, P., "The Disaster Risk, Global Change, and Sustainability Nexus," *Sustainability*, Vol. 11, No. 4, 2019, p. 957

Quarantelli, E., "The criteria for evaluating the management of community disaster," *Disaster*, Vol. 21, No. 1, 1997, pp. 9-18.

Renn, O. (2008). Governance generally refers to actions, processes, traditions and institutions (formal and informal) by which collective decisions are reached and implemented. Risk Governance: Coping with Uncertainty in a Complex World. Earths can Risk in Society Series.

Report Review of the Yokohama Strategy and Plan of Action for a Safer World. (A/CONF.206/L.1), specifically paragraphs 37-39, 2004 retrieved from http://www.unisdr.org/wcdr/intergover/official-doc/L-docs/YokohamaStrategy-English.pdf.

Schneider, L. (2008). A Clean Development Mechanism (CDM) with atmospheric benefits for a post-2012 climate regime. Öko-Institut eV Discussion Paper, 25.

The Intergovernmental Panel on Climate Change, Assets, 2017 retrieved from https://www.ipcc.ch/site/assets/uploads/2018/09/AC6_brochure_en-1.pdf (2020/2/10).

The United Nations Office for Disaster Risk Reduction, Who we are, 2020 retrieved from http://www.unisdr.org/who-we-are/history (2020/1/2).

UN World Conference on Disaster Risk Reduction, Sendai Framework for Disaster Risk Reduction 2015-2030, 2015 retrieved from http://www.wcdrr.org/uploads/Sendai_Framework_for_Disaster_Risk_Reduction_2015-2030.pdf (2020/1/10).

UNDDR. (2020). The human cost of disasters: an overview of the last 20 years (2000-2019). Report. Centre for Research on the Epidemiology of Disasters, United Nations Office for Disaster Risk Reduction. https://www.undrr.org/publication/human-cost-disasters-overview-last-20-years-2000-2019.

UNDRR (2022). Global Assessment Report on Disaster Risk Reduction 2022: Our World at Risk: Transforming Governance for a Resilient Future. Summary for Policymakers. Geneva. www.undrr.org/GAR2022 (2023/5/25).

UNFCCC (1992). United Nations Framework Convention on Climate Change. Bonn: UNFCCC.

UNFCCC (1998). Kyoto Protocol. UNFCCC.

UNISDR (2013). Proposed elements for consideration in the post 2015 framework for disaster risk reduction: By the UN special representative of the secretary-general for disaster risk reduction.

UNISDR (2015). Sendai Framework for Disaster Risk Reduction 2015-2030. United Nations Office for Disaster Risk Reduction: Geneva, Switzerland.

UNISDR (2015). Sendai framework for disaster risk reduction 2015-2030.

UNISDR (2016). Implementing the Sendai framework to achieve the sustainable development goals. Geneva, Switzerland: UNISDR.

UNISDR (2020). n.d.b. History.

UNISDR and CRED (United Nations International Strategy for Disaster Reduction and Centre for Research on the Epidemiology of Disasters) (2016). Poverty & death: Disaster mortality 1996-2015. Geneva and Brussels: UNISDR and CRED.

UNISDR, Proposed elements for consideration in the post 2015 framework for disaster risk reduction: By the UN special representative of the secretary-general for disaster risk reduction, 2013 retrieved from http://www.preventionweb.net/files/35888_srsgelements.pdf (2020/1/5).

UNISDR, U. (2005). Hyogo framework for action 2005-2015: Building the resilience of nations and communities to disasters. In Extract from the final report of the World Conference on Disaster Reduction (A/CONF.206/6) (Vol. 380). Geneva: The United Nations International Strategy for Disaster Reduction.

United Nations (2015a). Resolution adopted by the General Assembly on 3 June 2015, Sendai Framework for Disaster Risk Reduction 2015-2030. 23 June. A/RES/69/283. https://www.un.org/en/development/desa/population/migration/generalassembly/docs/globalcompact/A_RES_69_283.pdf.

United Nations (2015b). Paris Agreement. https://unfccc.int/sites/default/files/english_paris_agreement.pdf.

United Nations (2015c). Resolution adopted by the General Assembly on 25 September 2015, Transforming Our World: The 2030 Agenda for Sustainable Development. 21 October. A/ RES/70/1. https://www.un.org/en/development/desa/population/migration/generalassembly/docs/globalcompact/A_RES_70_1_E.pdf.

United Nations Environment Programme. (2023). *Emissions gap report 2022*. UN.

Van Loenhout, J., Below, R., & McClean, D. (2020). *The human cost of disasters: an overview of the last 20 years (2000-2019)*. Tech. rep., Centre for Research on the Epidemiology of Disasters (CRED) and United Nations Office for Disaster Risk Reduction (UNISDR), https://www.preventionweb.net/files/74124_humancostofdisasters20002019reportu.pdf (2023/7/30).

World Economic Forum Official Site (2023a). The Global Risks Report 2023 (2023/8/1).

World Economic Forum Official Site (2023b). The Global Risks Report 2023 Key Findings (2023/8/1).

World Economic Forum, A Platform for Impact, 2019 retrieved from http://www3.weforum.org/docs/WEF_Institutional_Brochure_2019.pdf (2020/1/10).

World Meteorological Organization (2019). The Global Climate in 2015-2019. Xiang, Y. T., Li, W., Zhang, Q., Jin, Y., Rao, W. W., Zeng, L. N., and Hall, B. J. (2020). Timely research papers about COVID-19 in China. The Lancet.

World Meteorological Organization, The Global Climate in 2015-2019, 2019 retrieved from https://library.wmo.int/doc_num.php?explnum_id=9936 (2020/1/25).

Zurich, Managing the Impacts of Climate Change: Risk Management Responses, 2nd ed.. Zurich: Zurich Insurance Company, 2019 retrieved from https://www.zurich.com/en/knowledge/topics/global-risks/managingimpacts-climate-change-risk-management-responses-second-edition.

國家圖書館出版品預行編目資料

國境管理與國土安全／許義寶，高佩珊，蔡政杰，王寬弘，黃文志，林盈君，江世雄，陳明傳，游智偉，洪銘德，柯雨瑞，曾麗文，黃翠紋，吳冠杰著；柯雨瑞主編．——二版．——臺北市：五南圖書出版股份有限公司，2023.11
面；　公分
ISBN 978-626-366-698-6（平裝）

1.CST：國家安全　2.CST：入出境管理
3.CST：文集

599.707　　112016954

1PTL

國境管理與國土安全

主　　編 — 柯雨瑞（486.4）

作　　者 — 許義寶、高佩珊、蔡政杰、王寬弘、黃文志
林盈君、江世雄、陳明傳、洪銘德、游智偉
柯雨瑞、曾麗文、黃翠紋、吳冠杰

發 行 人 — 楊榮川

總 經 理 — 楊士清

總 編 輯 — 楊秀麗

副總編輯 — 劉靜芬

責任編輯 — 林佳瑩

封面設計 — 陳亭瑋

出 版 者 — 五南圖書出版股份有限公司

地　　址：106台北市大安區和平東路二段339號4樓

電　　話：(02)2705-5066　　傳　　真：(02)2706-6100

網　　址：https://www.wunan.com.tw

電子郵件：wunan@wunan.com.tw

劃撥帳號：01068953

戶　　名：五南圖書出版股份有限公司

法律顧問　林勝安律師

出版日期　2020年7月初版一刷
2023年11月二版一刷

定　　價　新臺幣780元

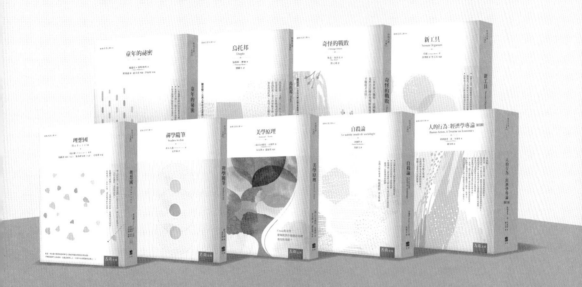